El proyecto constructivo en arquitectura— del principio al detalle

José Luis Moro

El proyecto constructivo en arquitectura—del principio al detalle

Volumen 2 Concepción

 Springer

José Luis Moro
Stuttgart, Baden-Württemberg, Germany

ISBN 978-3-662-67607-3   ISBN 978-3-662-67608-0   (eBook)
https://doi.org/10.1007/978-3-662-67608-0

This Springer imprint is published by the registered company Springer-Verlag GmbH, DE, part of Springer Nature.
The registered company address is: Heidelberger Platz 3, 14197 Berlin, Germany

Paper in this product is recyclable.

Dedicado a mi esposa María Julia

y a mis hijos Diana, Julia y Luis

Prólogo

Planificar, diseñar y construir, los temas estrechamente interrelacionados de estos tres libros, son en principio procesos extremadamente complejos porque no proceden de forma lineal sino cíclica y concéntrica. Se ejecutan en círculos o bucles decrecientes, en cuyo perímetro se vuelven a consultar las condiciones de contorno que deben cumplirse en cada momento: función, estabilidad, forma e integración en el entorno, protección térmica, acústica y contra incendios, durabilidad, producción, montaje, economía, etc. Así es como se llega finalmente al „punto", es decir, a una de las muchas soluciones posibles subjetivamente satisfactorias, de la que luego surge „la solución" en nuevos pasos iterativos, de ida y vuelta. También se deduce que nunca hay una solución objetivamente correcta, ni siquiera la mejor, sino innumerables soluciones subjetivas, porque el diseño en particular también puede definirse como un proceso mixto a la vez deductivo e inductivo, es decir, un proceso lógicamente científico localizado „en la cabeza" y sintéticamente creativo desarrolándose „en la intuición". De lo contrario, por poner un ejemplo obvio, no haría falta un jurado para decidir un concurso, sino una ingeniosa hoja Excel de cálculo.

De ello se desprende que esta compleja secuencia queda literalmente despojada de su carácter cuando se lineariza compulsivamente en un libro „página a página". De hecho, la mayoría de los autores que tratan este tema—y últimamente son tantos que el entusiasmo por un libro más de este tipo es ya de primeras muy escaso—añaden título a título o componente a componente, es decir, por ejemplo, forjados, vigas, pilares, cimientos. Luego dejan al lector la tarea de atar cabos y, en el mejor de los casos, muestran ejemplos de aplicación sin explicar por qué son así o de qué otra manera podrían haber sido.

Resulta embarazoso, además, cuando este encadenamiento de componentes típicos de la construcción se clasifica también según el material, como si un propietario quisiera expresamente construir una estructura de hormigón, acero o madera. No—quiere un buen edificio y ahí es donde se prestan a menudo, y cada vez más hoy en día, los métodos de construcción mixtos, compuestos o por capas.

Esta reducción, desgraciadamente frecuente, de un proceso difícil, pero creativo y sencillamente bello, a una mera adición es fatal para un libro de texto y especialmente para ingenieros, porque de esa manera se les educa para ser calculistas de estructuras o, en el mejor de los casos, proyectistas constructivos y se les priva así de la parte más bella de su profesión: el diseño subjetivo creativo, en el que pueden y deben utilizar con entusiasmo sus conocimientos adquiridos y su imaginación innata.

¡Está claro a lo que esto conduce! La buena noticia es que con estos libros, que el lector de estas líneas tiene en sus manos, se ha intentado, de forma expresamente consciente y muy enfática, presentar la planificación, el diseño y la construcción de edificios en su totalidad, en el sentido de que los capítulos individuales no se suman sin más, sino que se enlazan de forma diversa y acertada a través de sus necesarias conexiones cruzadas, naturalmente a través de toda la gama de materiales y en toda su amplitud. Se aprende por qué algo es como es y cómo se desarrollan los distintos principios de solución a partir de los principios físicos activos característicos. Por otro lado, no se oculta que la creciente división de la planificación entre especialistas es conflictiva y no favorece necesariamente la calidad, por lo que uno de los principales objetivos de estos libros es mirar más allá de la propia disciplina. Un grupo de individualistas, que es lo que todos queremos ser, sólo puede crear calidad en conjunto si todos sienten curiosidad por los conocimientos de los demás y no importa qué procede de quién, sino sólo que el conjunto sea bueno.

Deseo que el mensaje bien formulado, intensamente argumentado y muy vívidamente ilustrado de estos libros sea escuchado y tomado en serio no sólo por jóvenes arquitectos sino también por ingenieros. Se verán recompensados con la grata experiencia de que los profesionales de la construcción seguimos siendo generalistas. Podemos y estamos autorizados a acompañar a un edificio desde el primer trazo de lápiz hasta el último clavo y somos responsables de su calidad. Al mismo tiempo, no queremos dormirnos en los laureles, sino hacer una autocrítica de lo que hemos conseguido, pensando en nuestro próximo proyecto.

Jörg Schlaich

Introducción

Este libro explora la cuestión de *por qué* las construcciones de edificios son como son. En un mundo de la construcción muy complejo, fragmentado y difícil de abarcar en su totalidad, el profesional de la construcción, y aquí en particular el joven estudiante, merece ser conducido a los orígenes de la transformación de materiales brutos en una construcción de edificios utilizable, lo que en definitiva es el objetico final del proyecto constructivo. Sin ese conocimiento fundamental, cualquier ocupación con la construcción carece de sentido y de finalidad, y en última instancia está condenada al fracaso. Al mismo tiempo, la profesión de arquitecto, obsesionada con las imágenes, debería recordar que su obra sólo puede desplegar sus múltiples dimensiones intelectuales precisamente porque tiene una base *material*, a saber, la construcción de los edificios, que —lo reconozcamos o no— está determinada en gran medida por la geometría, la gravedad y otros fenómenos físicos. En última instancia, es la *estructura* del edificio que percibimos y que afecta a nuestros sentidos lo que es el punto de partida y el vehículo de la expresión artística, en definitiva de la arquitectura.

Los mismos *principios* de la construcción de edificios que esta obra lleva en su título subyacen a nuestro trabajo de igual forma que al de nuestros predecesores y antepasados, porque se basan en leyes de la materia, en efectos físicos y en relaciones geométricas que son válidas ayer como hoy. Son fácilmente accesibles para una mente despierta si, impulsado por la curiosidad, uno se involucra en el tema. Sólo hay que liberarlos de debajo de los escombros de unos conocimientos especiales desbordantes que nuestro mundo de la construcción altamente desarrollado ha acumulado (sólo en algunas áreas subalternas), que algunos sumos sacerdotes del especialismo alimentan celosamente, pero que, sin incorporarlos en un contexto dotado de sentido, sólo deslumbran y extravían nuestra mente. Con este trabajo me he comprometido a acercarme algo más a este objetivo.

Con esta meta en mente, el primer paso fue elaborar *funciones* o *tareas* para las distintas subáreas del proyecto, para luego presentar varios *principios de solución*, que se basan en su mayoría en principios físicos característicos de acción y órdenes geométricos, y luego, en un último paso, pasar a la *materialización* del diseño. Esta secuencia también es la que sigue esencialmente la estructura de la presente obra, dividida en su cuerpo central igualmente en tres volúmenes.

Si ya es un reto abstraer principios fundamentales de solución *dentro* de una disciplina concreta, es un reto mucho mayor identificar las relaciones e interdependencias *entre* las disciplinas que confluyen en la construcción de edificios y expresarlas en forma comprensible y manejable. Para ello, he intentado integrar los contenidos de las distintas materias en una estructura lógica lo más coherente y continua posible. Para ello, hubo que introducir algunos términos para designar conceptos para los que, por lo que entiendo, no había términos técnicos hasta ahora. Por esta presunción pido al mundo profesional, ya de primeras, benévola comprensión. Se valora mucho en esta obra el flujo continuo y argumentativo del texto, así como las referencias cruzadas que lo acompañan, con las que se pretende dejar claros los múltiples vínculos y dependencias mutuas entre las distintas subáreas y disciplinas. También se buscó la mayor claridad posible de las ilustraciones para facilitar la comprensión inmediata del mensaje. Para ello, a veces se han violado deliberadamente (o incluso sin saberlo) convenciones (ortodoxas), pero creo que siempre con buenas razones.

Para cubrir el enorme alcance del tema que se aborda con coherencia y con una adecuada profundidad de penetración, era inevitable adentrarse en territorio ajeno. Por lo tanto, pido ya de primeras indulgencia a los expertos en campos ajenos por posibles imprecisiones y vaguedades. Con su ayuda, espero ir limando poco a poco estas deficiencias.

Me daría por satisfecho si otros encontraran el mismo placer en la lectura de este libro que yo en su redacción.

Publicaciones del alcance y la amplitud de la presente obra son siempre el resultado de la colaboración. El origen del proyecto está en los apuntes de nuestra lección, que se desarrolló desde cero a lo largo de varios años. Además de los contribuyentes al presente trabajo Matthias Rottner y Dr. Bernes Alihodzic, a los que se unió un poco más tarde Dr. Matthias Weißbach, sin cuya contribución de paciencia, constancia y compromiso este ambicioso proyecto no podría haberse llevado a cabo, cabe mencionar además, en parte, a antiguos colaboradores: entre ellos, en particular, Dr. Peter Bonfig, que aportó ideas esenciales durante la fase de desarrollo conceptual de nuestros apuntes de la lección, pero también Christian Büchsenschütz, Christoph Echteler, Melanie Göggerle, Karin Jentner, Magdalene Jung, Stephanie Krüger, Lukas Kohler, Christopher Kuhn, Julian Lienhard, Manuela Langenegger, Gunnar Otto, Alexandra Schieker, Ying Shen, Brigitta Stöckl, Xu Wu, y, por último, Ole Teucher, responsable de numerosos dibujos.

También hay que agradecer especialmente a los colegas que se encargaron de corregir secciones del manuscrito, algunas de ellas muy extensas, como Prof. K. Gertis, Prof. H. W. Reinhardt y Prof. S. R. Mehra, y también Prof. Jörg Schlaich por su amable prólogo. También estoy en deuda con colegas y amigos como Dr. Jenö Horváth por responder pacientemente a mis preguntas, Karl Humpf por su cuidadosa corrección del manuscrito, y también Dr. Ch. Dehlinger. Prof. K. Ackermann, Prof. P. C. v. Seidlein, Prof. Th. Herzog, Prof. F. Haller, Prof. U. Nürnberger, Prof. P. Cheret y Prof. D. Herrmann nos han proporcionado generosamente un amplio material gráfico. Agradecemos a los Sres. Lehnert y Kumm de Springer su apoyo incondicional y su paciencia.

En nombre de todos los autores, también queremos dar las gracias a todos los amigos y colegas que siempre nos han apoyado y animado durante la preparación de estos libros.

Agradecimiento

Stuttgart, junio de 2008
José Luis Moro

Prefacio a la primera edición española

Tras haber experimentado la presente obra una notable difusión en países de habla alemana después de su primera edición en esa lengua en el año 2009, se tomó la decisión de editar una versión en lengua española con objeto de difundir la obra en España y otros países de habla hispana. Esta decisión viene avalada no sólo por el hecho de que el autor mismo es español, sino también por la rápida convergencia entre las técnicas constructivas habituales y bien arraigadas en España, por un lado, y las de los países del resto de Europa, sobre todo los países de la Unión Europea, por el otro. Este proceso se ha visto fuertemente impulsado por la disponibilidad y el uso efectivo en España de numerosos productos de construcción procedentes de otros países europeos (y aquí en gran medida de Alemania) así como por la progresiva armonización de la normativa de construcción, que hoy por hoy en su mayor parte se basa en las normas EN, que son comunes a todos los países de la Unión Europea.

No obstante, la traducción de un tratado de la presente envergadura y grado de detalle, consistente por ahora en cuatro voluminosos tomos, a la lengua española requiere —a pesar de lo anteriormente dicho— la transposición de un texto concebido para una determinada cultura y tradición técnica (la alemana) a otra (la española), dos culturas que en muchos ámbitos (aún) difieren profundamente una de otra. Este obstáculo se ve agravado por el hecho de que la normativa de construcción, si bien se encuentra en el proceso de armonización europea —que en un futuro próximo conducirá a la equiparación definitiva— aún contiene numerosas normas nacionales que cubren áreas técnicas aún no legisladas por la normativa común europea. Esto es el caso con las normas españolas UNE y, en particular, con las normas alemanas DIN.

Tratándose de una obra que originalmente se redactó en alemán, para un público y un mercado alemán, ésta no sólo se basa en la normativa europea (normas UNE-EN en español y normas DIN EN en alemán), que son prácticamente idénticas en cuanto a contenido, sino también extensivamente en las normas alemanas nacionales DIN en aquellos ámbitos que no están aún regulados por la normativa europea EN. Esto se aplica, por ejemplo a áreas tan importantes como la protección higrotérmica (DIN 4108), la protección acústica (DIN 4109) o la protección contra incendios (DIN 4102). Modificar, es decir volver a redactar, el texto basándolo alternativamente en la correspondiente normativa nacional española (normas UNE, Código Técnico de la Edificación—Documentos Básicos) hubiera sido una tarea hercúlea que quedaba más allá de las posibilidades del autor.

Hubo, pues, que hallar un compromiso viable. El camino más razonable pareció ser mantener básicamente las referencias a las normas alemanas DIN y complementarlas, donde parecía factible, con extractos de la normativa española. Se da, pues, a menudo el caso de aparecer una tabla de datos extraída de una norma DIN junto a una procedente de un Documento Básico español. Esto quizá pueda aparecer irritante, pero hay que tener en cuenta que lo que la presente obra pretende no es reflejar la normativa tal cual (para ese propósito existen otras publicaciones), sino transmitir de la manera más fácilmente comprensible la reglas básicas del oficio de la construcción de edificios que, aplicadas correctamente, conducen al proyectista al éxito y le ayudan a evitar problemas y patologías. Se podrá, como parece razonable, asumir con alguna justificación que existe un consenso en círculos profesionales sobre la hipótesis que ambas normativas nacionales, la española y la alemana en este caso, persiguen el mismo propósito: ofrecer un compendio de estas reglas básicas, aunque en el detalle puedan diferir una de otra. Otro factor que propició esta solución de compromiso fue que la presente obra en lengua española por supuesto no sólo se dirige a lectores españoles sino a todos los lectores hispanoparlantes. Mantener el protagonismo de las normas alemanas DIN, que gozan de gran prestigio internacional y frecuentemente proporcionaron el modelo para normas europeas emitidas posteriormente a su redacción, pareció por tanto por menos una solución aceptable y justificable.

El autor se esforzó por utilizar la nomenclatura española más común y técnicamente correcta, si bien, como es sabido, el mundo de la construcción de por sí no es muy estricto en lo que respecta al uso preciso de términos técnicos. Incluso en la normativa frecuentemente se utilizan términos diferentes para designar el mismo objeto o concepto. No obstante, cabe la posibilidad de que se haya empleado alguna denominación poco usual en la práctica española de la construcción o que suene extraña al profesional o estudiante de la misma—o que simplemente no sea correcta. El autor pide disculpas ya de antemano y asegura que en futuras ediciones se hará todo lo posible por subsanar tales deficiencias.

Stuttgart, abril de 2023
José Luis Moro

RESUMEN DEL CONTENIDO DE LA OBRA COMPLETA

VOLUMEN 3 – EJECUCIÓN

VOLUMEN 4 – PRINCIPIOS

CONTENIDO DEL VOLUMEN 2

COMPOSICIÓN DE ENVOLVENTES `VIII`

IX **ESTRUCTURAS PRIMARIAS**

IX-1 **Fundamentos**

Deformaciones   IX-3

Cimentación   IX-4

Construcción de madera

X-3   **Construcción de acero**

**Construcción de hormigón
prefabricado**

X-4

X-4   Construcción de hormigón in situ

ANEXO

VOLUMEN 2
CONCEPCIÓN

El presente segundo volumen trata principalmente de cuestiones constructivas que influyen directamente en el diseño conceptual del edificio en general. Mientras que el primer volumen se centra en los fundamentos relacionados con los materiales, la producción y la funcionalidad de la construcción de un edificio, este volumen se adentra, partiendo de esos prerrequisitos básicos, en otras consideraciones relativas al modo en que los componentes materiales individuales se ensamblan para formar un edificio global que cumpla su cometido.

En primer lugar, se discute la cuestión fundamental de cómo se pueden ensamblar envolventes de edificios con utilidad práctica a partir de piezas individuales sin que queden huecos. Esta cuestión tiene una gran relevancia constructiva, ya que define las condiciones básicas en las que se elaboran posteriormente los detalles constructivos. El tipo de composición de una superficie envolvente visible es también de gran importancia desde el punto de vista estético. Esta cuestión es especialmente importante para la composición de superficies envolventes curvas. El modo cómo se compone una superficie curva a menudo determina si dichas superficies pueden fabricarse con material de base plano disponible en el mercado, un factor de coste muy importante.

Las consideraciones sobre la transmisión de fuerzas aplicadas a componentes elementales, tal como se hicieron en el Volumen 1 en el Capítulo VI-2, se amplían en este Volumen 2 al nivel jerárquico de un elemento estructural o de la estructura global. Esto se profundiza analizando numerosos tipos estructurales comunes. No sólo se examinan las estructuras de hoja plana uniforme o las compuestas de barras rectilíneas como están en uso generalizado, sino también las estructuras curvas y las de membrana. Este estudio se complementa con capítulos sobre deformaciones y cimientos.

Por último, se discuten los métodos de construcción más importantes, que se clasifican aquí, como es usual, al nivel jerárquico más alto en función del material principal utilizado. Se examinan en detalle tanto las particularidades relacionadas con los materiales como los conceptos de edificio establecidos en la práctica de la construcción. Se presta especial atención a explicar en profundidad la lógica constructiva inherente a cada método constructivo. En la mayoría de los casos, se discuten las razones plausibles por las que cada método constructivo respectivo prevaleció efectivamente en la práctica en una forma específica. Asimismo, se presentan soluciones estándar para los puntos de detalle constructivo más importantes del método constructivo en cuestión. Los capítulos se completan con una breve reseña histórica de la evolución de los métodos constructivos.

VII GENERACIÓN DE SUPERFICIES

© Springer-Verlag GmbH Germany, part of Springer Nature 2024
J. L. Moro, *El proyecto constructivo en arquitectura—del principio
al detalle*, https://doi.org/10.1007/978-3-662-67608-0_1

1.

La formación de superficies planas continuas a partir de componentes individuales

☞ **Vol. 3**, Cap. XI Empalmes de superficies
☞ Cap. VIII Composición de envolventes,
pág. 130

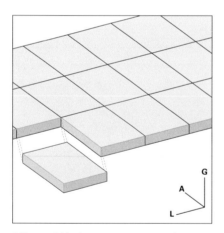

1 Composición de un componente envolvente en la superficie del mismo, definida por la **longitud L** y la **anchura A**.

1.1

Condiciones dimensionales de los elementos de partida

■ Los componentes de la envolvente, así como las capas individuales de la misma, deben ser, por regla general, **planas** y **continuas** para poder cumplir su cometido. Esto requiere la creación de componentes planos a gran escala, para los que se pueden utilizar diversas variantes de fabricación, geométricas y de diseño, que se analizarán a continuación. En este capítulo se estudiará en primer lugar la unión de piezas individuales en el área de los componentes, es decir, comprendidos en las dos dimensiones de **longitud** y **anchura** (☐ **1**). Para ello, deben investigarse por separado las hojas o las capas individuales de una estructura multicapa con subfunciones constructivas específicas (como en ☐ **2–7**). En cada caso, se considera que la superficie viene compuesta de piezas idénticas. Las transiciones constructivas entre elementos diferentes dentro de una determinada hoja o capa funcional (como en ☐ **8**, **9**) deben ser cuidadosamente planificadas y ejecutadas. El diseño de la junta en sí se trata en detalle en el *Capítulo XI*, teniendo en cuenta los aspectos geométricos, mecánicos y de sellado. En el *Capítulo VIII* se examina más detenidamente el diseño constructivo del componente compuesto, con especial consideración de la estratificación en la tercera dimensión, es decir, el espesor.

El modo cómo se agregan los elementos individuales para generar una superficie continua depende inicialmente de decisiones fundamentales sobre:

- la posición geométrica de las piezas entre sí, es decir, la **geometría de despiece**;

- la posición geométrica de los **cantos** de las piezas entre sí, por ejemplo, si van unidos a tope o se solapan;

- la **geometría de la superficie**, es decir, si la superficie es plana o curva, o qué tipo de curvatura presenta la superficie;

- la **naturaleza** de los componentes individuales que se van a combinar, que puede resultar de la naturaleza del material o del proceso de fabricación.

Estas especificaciones son también de importancia esencial para el posterior diseño constructivo de la **junta** de los componentes. Esto se trata en el *Capítulo XI*, como ya se ha mencionado.

■ Según el material utilizado, sirven como elementos de partida en nuestra consideración los materiales **maleables**, generalmente mezclados a partir de diferentes materias primas, como el hormigón, o los productos **sólidos semiacabados**, en su mayoría productos industriales, como perfiles de acero, la madera de construcción, etc. Alternativamente, se pueden emplear los siguientes elementos, siempre utilizando el tamaño del componente envolvente (pared, forjado, etc.)

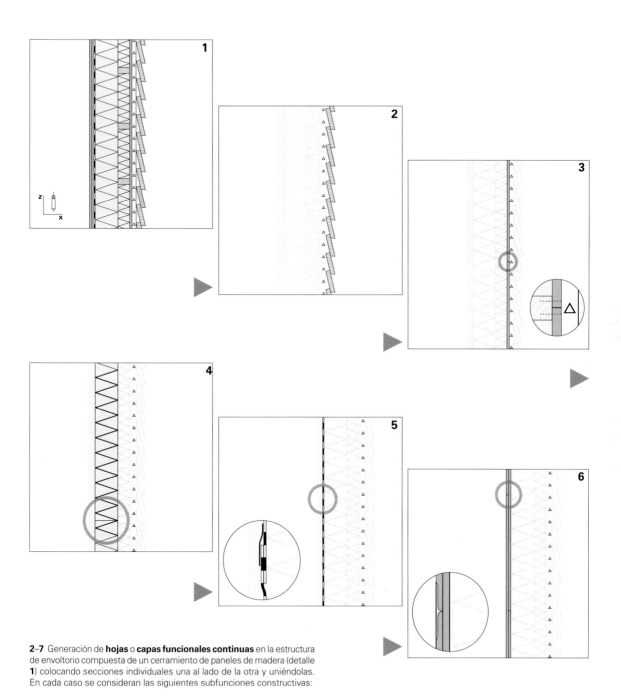

2–7 Generación de **hojas** o **capas funcionales continuas** en la estructura
de envoltorio compuesta de un cerramiento de paneles de madera (detalle
1) colocando secciones individuales una al lado de la otra y uniéndolas.
En cada caso se consideran las siguientes subfunciones constructivas:

1 construcción
2 sellado contra la humedad (1ª fase)
3 sellado contra la humedad (2ª fase)/transmisión de fuerzas
4 aislamiento térmico
5 bloqueo o frenado de vapor
6 cierre espacial interior/transmisión de fuerzas

Cada capa funcional se une con la ayuda de juntas adecuadas para formar
una superficie funcional continua.

como escala de referencia:

- Materiales **moldeables** o **colables** que se vierten en un **molde negativo** y que posteriormente se solidifican para formar un componente sólido y plano de dimensiones mayores, teóricamente incluso ilimitadas (⊡ **10**). El molde negativo se suele retirar tras la solidificación, pero a veces se deja en su sitio si las circunstancias lo aconsejan (el llamado encofrado perdido). Ejemplos de esto son paredes de hormigón armado, forjados, soleras, pavimentos colados.

  También hay procesos de moldeado de algunos materiales que no permiten producir componentes envolventes de tamaño arbitrario porque las dimensiones de las piezas coladas vienen limitadas por razones de material o tecnología de producción, como en el caso del acero fundido, por ejemplo. Esto puede significar que, a pesar de la producción de colado, no obstante sea necesario utilizar componentes de las categorías que se comentan a continuación para aplicaciones constructivas de mayores dimensiones.

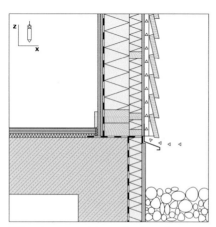

8 Base de una pared de paneles de madera.

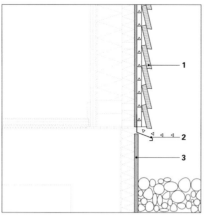

9 Realización de la continuidad de la capa funcional de la *pantalla climática* en la transición constructiva entre la pared exterior regular y la base del edificio en las siguientes etapas:

1 entablado solapado (pantalla climática del cerramiento, 1ª fase)
   aplacado (pantalla climática del cerramiento, 2ª fase)
2 vierteaguas
3 tablero de fibrocemento en la zona del zócalo

- Elementos en forma de **banda** o **cinta** en los que una dimensión (la longitud) puede ser de tamaño arbitrario, otra (la anchura) está limitada a una dimensión media determinada por diversas razones, como la producción, el transporte o la manejabilidad, y la tercera (la altura o el grosor) es relativamente pequeña, como en el caso del acero plano laminado o las membranas. Dependiendo de las características del material y del grosor de la banda, el elemento puede cortarse a veces en longitudes largas y, por lo general, enrollarse después, como en el caso de bandas de acero, textiles o películas de plástico (⊡ **11**).

- Elementos en forma de **placa** cuyo grosor es mucho menor que las otras dos dimensiones, la longitud y la anchura, que también están limitadas por razones específicas como el proceso de fabricación (como en caso de vidrio flotado o paneles de derivado de madera) (⊡ **12**, **13**).

- Elementos en forma de **barra** que, por ejemplo, como resultado de las características del material—como en el caso de la madera—o como resultado del procedimiento de transformación—como en el caso del acero de sección laminado—tienen una dimensión (longitud) que es mucho mayor que las otras dos (anchura, altura) (⊡ **14**, **15**). En algunos casos, la longitud puede ser arbitraria si el elemento se fabrica en un proceso continuo. Posteriormente, las piezas individuales se cortan a la medida requerida.

- Elementos con forma de **bloque** en los que las tres dimensiones tienen órdenes de magnitud comparables (⊡ **16**), que entonces están naturalmente limitados por

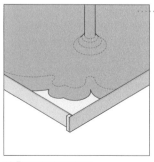

elementos de partida moldeados

10 Ejemplo: hormigón

11 Ejemplo: banda textil

elementos de partida tipo banda

elementos de partida tipo placa

12 Ejemplo: panel de derivado de madera

13 Ejemplo: teja

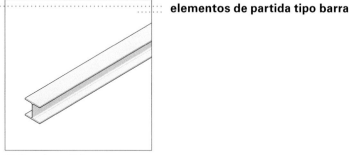

elementos de partida tipo barra

14 Ejemplo: escuadría de madera

15 Ejemplo: perfil de acero

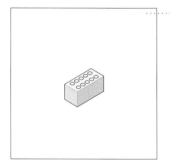

elementos de partida tipo bloque

16 Ejemplo: ladrillo

la dimensión más pequeña del componente envolvente que se va a crear, es decir, por su **grosor**. Los bloques de construcción, por su parte, también pueden crearse en un proceso de colado. Diversas razones pueden llevar a reducir aún más las dimensiones del bloque de construcción, como restricciones del proceso de fabricación, por ejemplo en el caso de ladrillos.

1.2

Principios geométricos de la formación de superficies a partir de elementos individuales

17 Despiece solapado de elementos individuales para sellar contra el agua. A pesar de la medida de solape, los elementos tienen una forma (más o menos) teselable.

☞ *Aptdo. 2. Definición geométrica de superficies curvas continuas, pág. 40*

☞ *Cap. X-3, Aptdo. 3.5 Celosías espaciales, pág. 635*

☞ ***Vol. 3**, Cap. XI Empalmes de superficies*

■ Para crear una hoja o capa de un componente específico en forma de superficie continua y sin huecos—inicialmente se supone plana—de dimensiones arbitrarias y teóricamente ilimitadas a partir de elementos de partida de dimensiones limitadas, son importantes los siguientes criterios:

• Por regla general, es aconsejable producir una superficie de una sola capa a partir de elementos **no solapados**, sino meramente contiguos. Esto ofrece la posibilidad de cubrir una superficie determinada con la menor cantidad de material posible, así como de enrasar la superficie sin resaltos, salientes, etc. El requisito para ello es que los elementos de partida—en principio siempre idénticos—puedan ser **teselados** en el sentido matemático general, es decir, que tengan una geometría adecuada para ello (p. e. ⊟ **22–27**). Los requisitos básicos para la teselación de la superficie se analizarán a continuación. Las condiciones son mucho más complejas cuando se cierran superficies curvas o facetadas no planas sin generar huecos. Los aspectos esenciales relacionados se tratan a continuación; el llenado sin huecos del espacio tridimensional con módulos espaciales individuales también puede desempeñar un papel constructivo en casos concretos: por ejemplo, en el diseño de celosías espaciales.

• Si los elementos de partida se van a **solapar**, también se puede obviar este requisito previo. Los solapamientos pueden resultar beneficiosos en la construcción, por ejemplo, por razones de estanqueidad o para absorber deformaciones. No obstante, para estos fines suele ser suficiente, y deseable por razones de economía de material, un solapamiento limitado, por lo que se deben respetar, si bien no un teselado estricto, sí ciertas geometrías básicas de los elementos de partida a la hora de generar una superficie continua (⊟ **17**).

En la aplicación constructiva, los lados de los elementos de partida pueden entenderse tanto como uniones a tope de piezas planas (⊟ **18**) como barras de una celosía (⊟ **19**).

1.2.1

Teselado de la superficie

■ Una teselación o embaldosado de una superficie (en inglés *tesselation* o *tiling*) se define como sigue: [1]

en matemáticas, la cobertura completa y sin solapamientos del plano con polígonos regulares mutuamente congruentes.

Algunas formas del elemento básico están excluidas ya de principio; por ejemplo, el círculo (⊟ **20**). Se pueden realizar variantes elementales de relleno de la superficie con polígonos (⊟ **22–43**). La definición más restrictiva del teselado postula, como hemos visto, un único polígono regular como módulo básico. Dado que los ángulos de las esquinas en las que convergen los polígonos deben sumar 360° y, con esta definición estricta, todos los ángulos de las esquinas deben ser iguales, sólo existen tres **teselaciones regulares** de la superficie:

- Con **triángulos equiláteros** (⊟ **22**): 6 ángulos de esquina contiguos de 60° cada uno dan como resultado 360°. Esta variante es relativamente rara para recubrimientos y revestimientos en la construcción. Esto se debe a que la proporción de juntas en la superficie es relativamente grande; a que los elementos tienen esquinas puntiagudas que son susceptibles de romperse; a que, si se interpreta la teselación como una celosía de barras, ésta tiene el inconveniente de que convergen un gran número de barras (es decir, seis) en un mismo nudo, lo que generalmente complica la ejecución constructiva; por otro lado, la malla triangular presenta, ejecutada como celosía estructural, rigidez geométrica debido a la indeformabilidad del triángulo, ventaja importante de la que carecen todas las siguientes variantes de teselado.

18 Aplacado: El principio de teselado geométrico determina las posiciones de las juntas.

19 Celosía de superficie completa basada en un principio de teselación modular (aquí facetas cuadradas), que en este caso (también) regula los grupos de barras.

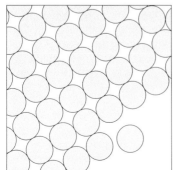

20 Un elemento básico con geometría circular no es apto para el teselado.

21 Cerámica de botones: con esta técnica se colocan mosaicos redondos y se rellenan los espacios entre ellos con mortero. La proporción de juntas es grande en términos de superficie, lo que limita la impermeabilidad al agua. Sin embargo, al no haber un encaje de forma de los elementos individuales, los conjuntos de mosaico pueden adaptarse bien a superficies de doble curvatura.

22 Teselado por **triángulos equiláteros**. Esta es una de las tres teselaciones con polígonos regulares congruentes. Los seis ángulos contiguos de 60° suman 360°. El módulo base se gira 180° para obtener la posición complementaria.

23 Teselado por **cualquier triángulo**. Un módulo triangular se transfiere a la posición complementaria mediante una rotación de 180°. También en este caso, un solo elemento es suficiente para un teselado completo.

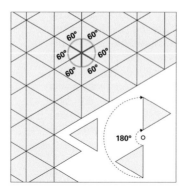
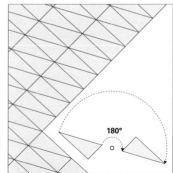

24 Teselado por medio de **cuadrados**. Esta es una de las tres teselaciones con polígonos regulares congruentes. Los cuatro ángulos contiguos de 90° suman 360°.

25 Suelo con losas de piedra cuadradas.

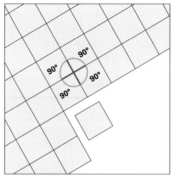

26 Teselado mediante **hexágonos regulares**. Esta es la última de las tres teselaciones con polígonos regulares congruentes. Los tres ángulos contiguos de 120° suman 360°.

27 Suelo de baldosas cerámicas hexagonales.

- Con **cuadrados** (⊟ **24**, **25**): 4 ángulos de esquina contiguos de 90° cada uno dan como resultado 360°. Esta variante es la más importante para efectos constructivos, especialmente en su variación como rectángulos. No obstante, en una celosía de barras se pierde la rigidez por triangulación, como se comentó.

- Con **hexágonos regulares** (⊟ **26**, **27**): 3 ángulos de esquina contiguos de 120° cada uno dan como resultado 360°. Esta variante tiene un significado especial, ya que tiene la menor proporción entre el perímetro y el área contenida, es decir, se incluye el área más grande dentro del perímetro más pequeño, o en este caso la menor longitud de junta. Del mismo modo, en celosías de barras, la superficie puede reticularse (para un tamaño de malla determinado) con la menor longitud total de barra. En este caso, también tiene la ventaja de que se encuentran en un nudo sólo tres barras, lo que simplifica notablemente su ejecución constructiva. Por otro lado, la falta de rigidez geométrica del hexágono tiene, como se comentó, un efecto desventajoso desde el punto de vista estructural, a diferencia de la triangulación mencionada al principio. Esta variante se da con frecuencia en la naturaleza, por ejemplo en espumas, panales o tejidos celulares. En estos casos prima la inmejorable relación entre superficie envolvente y volumen encerrado, pasando la rigidez estructural a un segundo plano.[5]

Las definiciones más generales de la teselación a partir de **un único elemento básico**, no necesariamente un polígono regular como en las opciones examinadas previamente, incluyen las siguientes variantes:

- Cualquier **triángulo irregular** (⧉ **23**). Cualquier triángulo, junto con la posición complementaria por rotación de 180°, permite rellenar el área sin huecos.

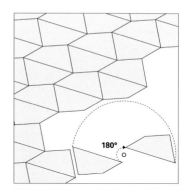

28 Teselado con cualquier **cuadrilátero irregular**. El módulo base debe girarse 180° para obtener la posición complementaria. Por lo tanto, un solo módulo básico es suficiente para el teselado.

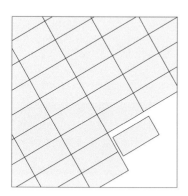

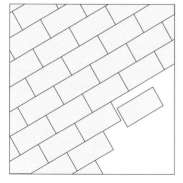

29 Teselado de elementos de partida rectangulares colocándolos uno al lado del otro.

30 Revestimiento de fachada con paneles rectangulares dispuestos en retícula.

31 Teselado de elementos de partida rectangulares colocándolos uno al lado del otro y desplazándolos en filas la mitad de la longitud del elemento, es decir, colocándolos al tresbolillo.

32 Aparejo de ladrillos, ejemplo de la configuración descrita en ⧉ **31**.

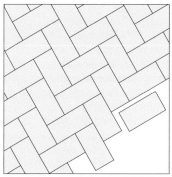

33 Teselado con elementos de partida rectangulares dispuestos en espiga. Rotación como en ⬚**38**.

34 Parqué en espinapez.

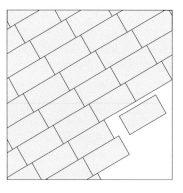

35 Teselado con elementos de partida rectangulares colocándolos uno al lado del otro y desplazándolos en filas por una dimensión diferencial.

36 Revestimiento de fachada con paneles rectangulares de fibrocemento ligeramente desplazados.

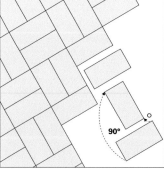

37 Teselado con elementos de partida rectangulares con una relación de lados de 1:2, colocándolos uno al lado del otro en parejas y girándolos 90°.

38 Parqué colocado en forma de damero.

- Cualquier **cuadrilátero irregular** (⬚**28**). Cualquier cuadrilátero, junto con la posición complementaria por rotación de 180°, permite rellenar el área sin huecos. El caso especial de rectángulos con distintas relaciones de lados (⬚**29**–**38**) es particularmente importante para la construcción.

- 15 variantes de **pentágonos irregulares** (⬚**39**).[2] Los pentágonos regulares no se pueden teselar porque sus ángulos de las esquinas (108°) nunca pueden sumar 360° al multiplicarlos. Si es necesario, el elemento básico debe reflejarse, de modo que no se necesita uno, sino dos elementos básicos modulares para llenar el área para efectos prácticos (⊞ **39**).

- 3 variantes de **hexágonos irregulares**.[3] Para rellenar la superficie mediante un único elemento básico, deben respetarse determinadas longitudes de lado y ángulos de esquina.

Además, se distingue la **teselación semirregular**, es decir, aquella en la que la superficie se rellena con combinaciones de dos o más elementos básicos congruentes sin formar huecos (⊞ **40–43**).[4] Además, se aplica la condición de que debe encontrarse siempre en cada esquina el mismo número de polígonos regulares manteniendo la misma secuencia.

También hay numerosas **teselaciones irregulares** (⊞ **46– 49**), algunos de los cuales son de gran importancia para la construcción. Pueden consistir en varias combinaciones de diferentes elementos básicos modulares, en su mayoría polígonos, de naturaleza regular o no regular. Estos tipos de teselado suelen tener un carácter ornamental y son especialmente característicos de la arquitectura árabe (⊞ **41**, **44**).

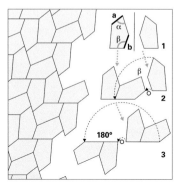

39 Teselado por medio de **pentágonos irregulares**. Este es un ejemplo de una de las 15 posibilidades conocidas. El requisito es que **a** = **b** y la suma de α y β = 180°. La reflexión (**1**) y la doble rotación (**2**, **3**) crean los módulos básicos que teselan la superficie. Se necesitan dos módulos básicos simétricos.

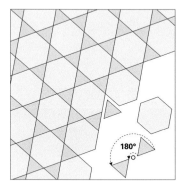

40 Teselación semirregular por medio de hexágono regular y triángulo equilátero. El triángulo se gira 180° para obtener la posición complementaria. Se necesitan dos módulos básicos diferentes.

41 Variación del teselado en ⊞ **40** con hexágonos y estrellas de seis puntas. Estas últimas se crean uniendo un hexágono con seis triángulos equiláteros circundantes.

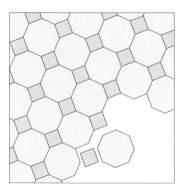

42 Teselación semirregular por medio de hexágono regular y cuadrado. Se necesitan dos módulos básicos diferentes.

43 Artesonado de madera con trama de superficie completa según ⊞ **42**.

También es posible la teselación no poligonal, siempre que se cumplan ciertos requisitos (⊟ **48**, **49**). Buenos ejemplos de esta variante son las figuras de M C Escher (⊟ **45**).

Con algunas restricciones, los patrones de teselado presentados también pueden aplicarse a superficies no planas (⊟ **50**, **51**, **53**). Sin embargo, en la mayoría de los casos hay que abandonar el requisito de utilizar sólo elementos idénticos y geométricamente regulares. Los rellenos de superficie con **facetas de cuadriláteros irregulares** desempeñan un papel importante en la definición de superficies curvas de forma libre, actuando estos tanto como poliedros de control o como mallas. Las **triangulaciones** irregulares, es decir, las teselaciones parcialmente modulares o completamente no modulares compuestas de triángulos irregulares, son de gran importancia, especialmente como mallas para superficies curvas de forma libre, ya que cualquier superficie puede facetarse a partir de ellas mediante elementos planos. Además, las triangulaciones son siempre resistentes a cortante, lo cual, por razones estructurales, es un aspecto importante para las estructuras de celosía. A continuación se expondrán otras reflexiones al respecto.

☞ *Aptdo. 2.5 Mallas, pág. 72*

☞ *Aptdo. 2.5 Mallas, pág. 72*

44 Teselado de superficie ornamental en la arquitectura árabe. Los patrones se basan en estructuras geométricas modulares y repetitivas simples, pero varían los elementos de relleno para generar complejidad.

45 Relleno de superficie en una fachada con motivos no poligonales de M C Escher.

46 Teselado con dos módulos básicos no regulares.

47 Teselado de la superficie de una puerta con módulos básicos no regulares pero poligonales según un patrón repetitivo típico de la arquitectura árabe.

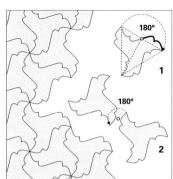

48 Teselado con módulo base no regular. En este caso, su geometría se basa en un triángulo equilátero. Las aristas son curvas, pero son congruentes entre sí y se crean girando 120°. El módulo básico resultante se gira 180° para obtener la posición complementaria. Por tanto, basta con un único módulo básico.

49 Teselado con módulo básico no regular, basado en un triángulo equilátero. La mitad de la arista curva se gira 180° alrededor del centro del lado del triángulo; luego se gira toda la arista dos veces 120° (**1**). El módulo básico resultante se gira 180° para obtener la posición complementaria (**2**). Por tanto, basta con un único módulo básico.

50 Superficie curva (helicoide). Las reglas básicas del teselado de superficies también se aplican (con modificaciones) a esta superficie no plana. Aquí, por ejemplo, se realiza el principio según ⌗ **19**.

51 Superficie poliédrica formada por superficies planas parciales. También se aplican aquí los principios básicos de la teselación (aquí, por ejemplo, el principio según ⌗ **18**).

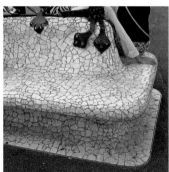

52 Pavimento de superficie completa, hecho de losas de piedra irregulares, prácticamente sin trabajar y sin bordes rectos. Aquí se da un relleno superficial, pero no hay teselación regular ni semirregular. Hay un ajuste aproximado de los formatos tal y como se presentan. Las juntas, que también son irregulares, se rellenan con material de moldeo (argamasa).

53 Revestimiento de superficie completa hecho de fragmentos de baldosín (*trencadís*). El principio es comparable al de ⌗ **21**.

1.3

Formación de superficies mediante la conjunción de elementos individuales

1.3.1

Elementos de partida colados

☞ *Cap. X-5, Aptdo. 5.6 Juntas de hormigo-nado, pág. 716*

☞ ***Vol. 1**, Cap. V-3, Aptdo. 6.4 Acero fundido, pág. 447*

■ Gracias a su principio de fabricación, los métodos de construcción por colado ofrecen, al menos en teoría, la posibilidad de producir superficies sin juntas de dimensiones ilimitadas. Las cuestiones geométrico-modulares de la división de la superficie o las cuestiones del diseño constructivo de las juntas entre los elementos de partida son en gran medida innecesarias por esta razón. Se da pues, en este caso, el **principio de construcción integral**.

Sin embargo, en la práctica, la mayoría de las técnicas de colado topan con límites que obligan a dividir el proceso de vertido de una superficie mayor en secciones o etapas individuales o a limitar las dimensiones del componente que se va a colar de forma deliberada desde el principio. Esto, a su vez, produce uniones entre componentes sólidos individuales y, por tanto, equivale a la aplicación del principio de construcción **cuasi-integral** o **diferencial**. En ese caso, hay que resolver los mismos problemas de despiece y formación de juntas que cuando se utilizan técnicas sin vertido como se discutirán a continuación. Sin embargo, hay condiciones específicas del colado que merecen un examen más detallado.

La forma más sencilla y fácil de ejecutar las juntas es dejando que el material plástico se **adapte** a la tongada previamente vertida y solidificada. A su vez, la sección de vertido precedente generalmente se encofra para producir un canto de empalme definido (🔲 **54**, **55**), o puede dejarse tal cual para que se endurezca en su cara orientada hacia la siguiente sección de vertido si el componente está en posición vertical y la superficie de junta es horizontal. Cuando se vierte la siguiente tongada (🔲 **56**), el material plástico se adapta a la superficie del borde ya endurecido, de modo que, tras el fraguado de la segunda sección, suele surgir una junta capilar entre las dos secciones, o un cuasi continuo de material (🔲 **57**). Los esfuerzos de compresión pueden transmitirse por contacto directo; los de tracción y cortante pueden transmitirse mediante armaduras incorporadas o—siempre que el material de vertido sea de por sí lo suficientemente resistente a tracción o cortante—ejecutando los bordes en forma de diente o cola de milano.

Si hay que unir componentes individuales sólidos, ya prefabricados, en un principio se pueden aplicar técnicas de unión correspondientes al principio de construcción diferencial, es decir, uniones atornilladas, por ejemplo. Alternativamente, se puede utilizar la misma técnica de colado formando una **junta** o **cavidad de vertido** entre los componentes que se encuentran, es decir, un espacio de unión abierto en la parte superior y cerrado en los otros lados, que se rellena después de colocar las piezas (🔲 **60**, **61**). El espacio y los flancos de la junta deben diseñarse de forma que se garantice una distribución uniforme del material vertido, sobre todo en el caso que posea gran viscosidad. Los espacios de junta verticales son, naturalmente, mucho más difíciles de rellenar que los espacios de junta en posición horizontal, ya

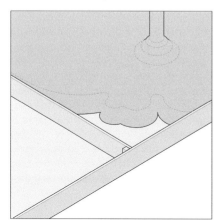

54 Vertido de la primera sección.

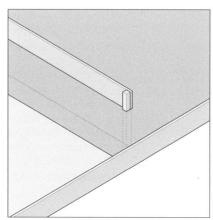

55 Retirada del encofrado despúes del fraguado.

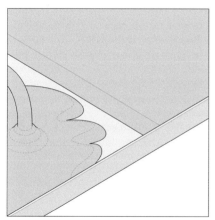

56 Vertido de la segunda sección.

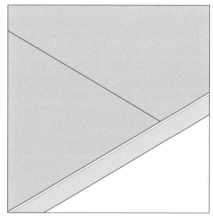

57 Junta de contacto entre las dos secciones de vertido.

58 Armadura de enlace (esperas) en preparación para el vertido de otra tongada de hormigonado (tramo y rellano de escalera).

59 Junta de hormigonado: A la izquierda se ve la junta irregular de vertido con el segundo tramo de hormigonado (superior) añadido directamente; a la derecha se insertó un listón triangular en el encofrado a la altura de la junta para conseguir un aspecto limpio.

que estos últimos están abiertos en toda su longitud (como en el ejemplo de 🔲 **60** y **61**). Por regla general, se elige una sección transversal del espacio de junta con un ángulo lo más obtuso posible (> 90°) para facilitar la distribución del relleno. Además, dependiendo de la viscosidad de la lechada plástica, debe respetarse un tamaño mínimo del espacio de junta. En lo que respecta a la unión mecánica entre las piezas, se aplica lo mismo que se mencionó anteriormente en el contexto de piezas vertidas.

Los solapamientos en los cantos de las piezas, como se utiliza ocasionalmente en el principio de construcción diferencial para unir piezas contiguas, no ofrecen ninguna ventaja en una unión por vertido.

<table><tr><td>**1.3.2**</td></tr></table>

Elementos de partida en forma de banda

Ejecución del empalme

✎ *Este es el caso, por ejemplo, con placas aislantes en capas de aislamiento térmico.*

■ Se pueden formar capas continuas de mayores dimensiones a partir de material en bandas simplemente colocando tiras una al lado de la otra, siempre y cuando no se impongan otros requisitos a la junta a tope, como la resistencia a la tracción, la impermeabilidad, etc. (🔲 **62**). Si este es el caso, la junta a tope debe diseñarse en consecuencia para absorber estos esfuerzos o solicitaciones. Dado que el material de la cinta—especialmente si es enrollable—suele ser muy delgado, es difícil crear una conexión mecánica entre los bordes de las piezas unidas a tope, por lo que en estos casos es más aconsejable una **unión solapada** (🔲 **63–65**). Las cintas contiguas permanecen entonces en un mismo plano; sólo la franja de solape—que suele pertenecer a una de las dos cintas—se coloca sobre la banda vecina mediante un ligero retranqueo. La medida de solape determina la superficie que puede utilizarse para la unión o el sellado, que en cualquier caso es mayor que con una simple junta a tope, en la que sólo se dispone del grosor de la banda para este efecto. La desventaja del aumento del grosor de la capa en los solapamientos es, en su mayor parte, insignificante

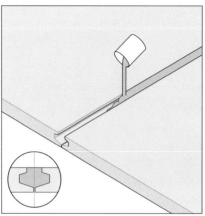

60 Junta de vertido entre elementos contiguos. Con relleno resistente al corte, la sección transversal de la junta permite que se transmitan esfuerzos cortantes en perpendicular a la superficie del componente.

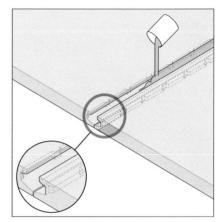

61 Como 🔲 **60**; adicionalmente con enclavamiento a esfuerzo cortante en el plano debido a la formación de bolsas en los flancos de la junta de vertido (efectiva en la dirección longitudinal de la junta).

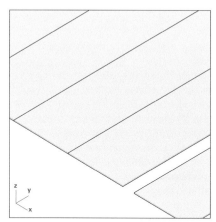

62 Bandas a tope.

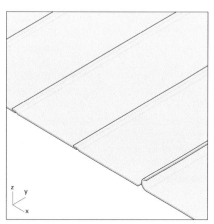

63 Bandas solapadas.

64 Franjas de membrana soldadas con solape, como en ⊡ **63**.

65 Soldadura por solapamiento de telas de impermeabilización de cubierta, tal y como se representa en ⊡ **63**.

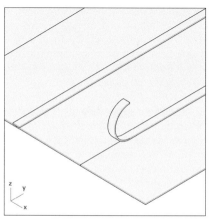

66 Bandas contiguas con tiras tapajuntas.

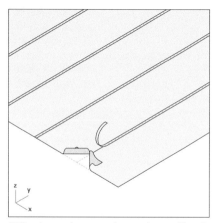

67 Bandas contiguas con tiras tapajuntas. Ejemplo de bandas textiles con cinta tapacosturas cosida.

en términos constructivos debido al ya de por sí pequeño grosor de la misma.

Condiciones similares prevalecen cuando se **cubre** la junta con tiras del mismo material o de un material similar (⊟ **66–68**). Si la franja de cobertura se ensancha hasta la misma anchura de la banda, la solución equivale a colocar las bandas en varias capas, contrapeadas entre sí (⊟ **69**, **70**). La respectiva banda superpuesta garantiza una conexión adecuada y, en caso necesario, el sellado de la junta inferior, siempre que—al menos en la zona de las juntas—se produzca una conexión en toda la superficie (por ejemplo, adhesivado) de las láminas superpuestas.

También se puede conseguir una mayor superficie de unión en comparación con la simple unión a tope **doblando** hacia arriba los bordes de la banda (⊟ **71**, **72**). Las tiras de empalme, que son perpendiculares a la superficie de la capa, permiten una conexión bidimensional entre las bandas. Debido a los nervios que sobresalen, no es posible la incorporación en un estratificado de capas, sino sólo la posición exterior (o interior) en el mismo. Como superficie horizontal o inclinada, esta solución ofrece la ventaja añadida de que la junta expuesta se levanta del plano de flujo del agua. En la mayoría de los casos, los bordes elevados contribuyen además a dar rigidez a la capa, que por lo demás siempre es delgada y en su mayoría blanda a la flexión. Alternativamente, la tira de conexión doblada en alto también puede ser abatida lateralmente si el material es flexible (⊟ **73**), en cuyo caso prevalecen condiciones similares a las del solapamiento simple.

☞ *Vol. 3*, *Cap. XI, Aptdo. 3. Medidas conceptuales y de diseño*

Geometría de despiece

■ La geometría de despiece de las bandas no desempeña el mismo papel que en el caso de elementos de partida en forma de placa o barra, debido a la longitud relativamente grande de las bandas y al hecho de que éstas, en su mayoría flexibles, se extienden sobre fondos portantes de superficie completa, y no sobre subestructuras en forma de armazón. Por lo demás, las condiciones son esencialmente las mismas que para aquéllos.

1.3.3

Elementos de partida en forma de placa

Ejecución del empalme

■ Se puede producir una superficie continua simplemente colocando paneles con juntas a tope uno al lado del otro (⊟ **74**, **75**); pero esta solución sólo es aplicable si:

- los paneles reposan en **toda su superficie** sobre un fondo portante. Sobre una subestructura lineal, sin sujeción adicional, es de esperar que cargas puntuales o asimétricas sobre un panel hagan que los bordes se desplacen unos contra otros ortogonalmente a la superficie y se produzca un resalto en la superficie de la hoja o capa (⊟ **76**).

- y una **sobrecarga** o un afianzado adecuado evitan—por ejemplo, mediante capas superpuestas en una estratificación—que un borde se levante debido a la deformación

68 Bandas de membrana de ETFE soldadas con cinta tapacosturas extendidas antes del montaje, como se muestra en ⊟ **66**, **67**.

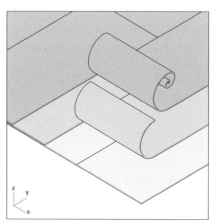

69 Bandas en varias capas contrapeadas.

70 Membranas de impermeabilización multicapa colocadas en capas desplazadas entre sí (ver desplazamiento de la junta en el borde anterior), como se representa en ⊟ **69**.

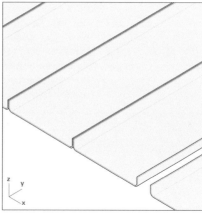

71 Bordes de banda levantados.

72 Bandas de chapa metálica con costura levantada, como en ⊟**71**.

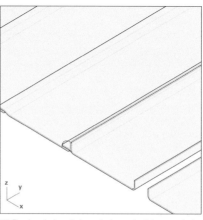

73 Bordes de banda levantados y abatidos a un lado.

no deseada de un panel (⧉ **77**).

Si el panel se apoya en una **subestructura** de elementos lineales, como por ejemplo rastreles, tiene sentido colocar el empalme a tope sobre una de las barras (⧉ **78**), de modo que:

- la carga puede ser transferida a la subestructura en este punto y al mismo tiempo:
- al fijar los bordes de los paneles a esta subestructura, se evita que se desplacen mutuamente o se levanten.

☞ *Aptdo. Geometría de despiece, pág. 26*

Si el panel descarga de modo unidireccional entre soportes paralelos, los otros dos bordes que discurren en ángulo recto permanecen, sin embargo, sin asegurar, por lo que se requiere allí una unión a esfuerzo cortante, por ejemplo en forma de tira o perfil fijado en la parte inferior o posterior, para evitar el desplazamiento mutuo de los bordes del panel (en →**z**, como en ⧉ **76**) (⧉ **79**). Esto puede ser el caso tanto con una carga distribuida de forma desigual actuando transversalmente a la superficie (→ **z**) como con una carga de cizallamiento actuando en la misma superficie (es decir, en **xy**). En este último caso, se crea un **recuadro rígido a cortante** en la superficie.

Los formatos de panel mayores, como los que se suelen encontrar en el mercado, hacen que la longitud/anchura del panel sea considerablemente mayor que la luz que puede salvar debido a su grosor, que es relativamente pequeño. Esto puede utilizarse para extender el panel sobre varios vanos de la subestructura. Al mismo tiempo, esto permite aprovechar un efecto de continuidad sobre las barras de la subestructura y, en consecuencia, reducir notablemente los momentos flectores sobre el panel (véase p. e. ⧉ **76**).

La fijación del panel a una subestructura también da lugar a un **respaldo** de la junta, así como a una **prolongación** y **angulación** de la trayectoria de la junta, lo cual es una ven-

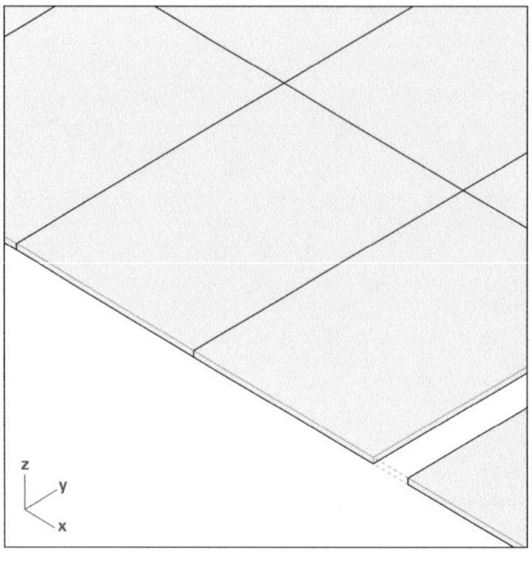

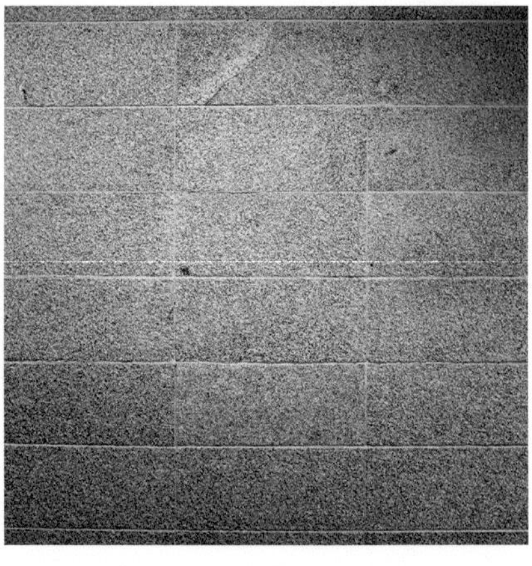

74 Colocación a tope de paneles uno al lado del otro.

75 Relleno de área en el caso de un revestimiento de losas de un muro colocando una encima de otra, como en ⧉ **74**.

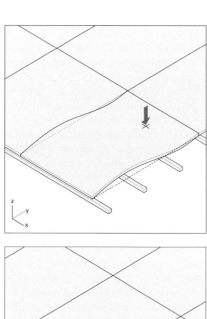

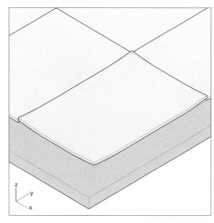

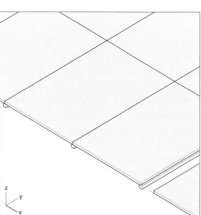

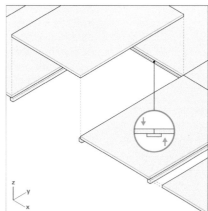

76 Deformación de placas contiguas sobre subestructura debido a una carga desigual mostrando el ejemplo de una placa de tres vanos. Separación de los bordes de placas adyacentes.

77 Separación de los bordes de placas contiguas debido a la deformación de la placa.

78 Placas fijadas a una subestructura.

79 Unión a corte de los bordes de las placas que no se apoyan en la subestructura, por ejemplo, por medio de tiras de tablero añadidas o de respaldo.

80 Revestimiento de tableros formando superficie entre o debajo de una estructura de soporte hecha de costillas de madera, sin restricción de esfuerzo cortante (como en ⊟ **79**) en las juntas a tope de sus extremos (horizontales en la imagen). La relación entre el grosor del panel y la anchura del vano puede permitir esta solución según ⊟ **78**.

81 Revestimiento de paneles formando superficie sobre una subestructura de costillas de madera, como en ⊟ **79**. Los travesaños (horizontales en la imagen, arriba y abajo) proporcionan una fijación para las juntas transversales de los paneles y evitan que se desplacen unos contra otros.

taja a efectos de sellado. Un solapamiento de los bordes del panel (⊟ **82**) conduce a un efecto comparable, pero aquí hay que tener en cuenta las condiciones geométricas así como la rigidez del panel. Esto se desprende de la observación en ⊟ **83**: La medida de solapamiento **s** determina el tamaño de la zona de contacto disponible para el sellado o la unión entre elementos contiguos. En la superficie de solapamiento,

☞ **Vol. 3**, Cap. XI, Aptdo. 5.1 Prolongación del recorrido de la junta—medidas geométricas

las piezas están siempre en contacto con toda su superficie cuando la base de las piezas superpuestas es plana. La dimensión de solapamiento da lugar a la dimensión del vano **v** restándola de la longitud del elemento **l**. Es obvio que a medida que el ángulo de inclinación α disminuye, también lo hace el grado de solapamiento **s**, hasta llegar al caso límite en el que los elementos sólo se tocan en los bordes más externos (**l** = **v**; **s** = 0), un caso que no tiene relevancia en términos prácticos. Por razones pragmáticas, el ángulo α suele elegirse de forma que la dimensión **s** sea suficiente para los fines de sellado o fijación previstos. Todo lo que vaya más allá supondrá un consumo innecesario de material.

Si estas consideraciones se aplican a placas relativamente delgadas (gran longitud/anchura, pequeño espesor)—en comparación con las proporciones de una sección transversal de barra—(🗗 **84**), queda claro que la sección de la placa de luz libre **v** es muy grande en relación con el grosor **g**—que es decisivo para la rigidez—, de modo que si se presentan cargas mayores (por ejemplo, cargas vivas), si se da una rigidez moderada de la placa o si también existen grandes dimensiones de la misma, esto suele conducir a una deformación por flexión indeseable de la placa (cf. 🗗 **84** centro), así como a una **separación** de la junta de solapamiento por un ángulo ϕ, lo que es contrario a la finalidad del solapamiento (sellado, fijación).

Sin embargo, esto no es así si no se aplican las condiciones generales que acabamos de mencionar. Siempre que se trate de elementos pequeños y delgados sometidos a pequeñas cargas superpuestas, es decir, por ejemplo, paneles de fachada o también tejas, es prefectamente posible realizar este tipo de superficie escamada con placas solapadas. Es importante recordar que el escamado sobre un sustrato curvado también conduce a uniones abiertas (cf. 🗗 **84** abajo).

En comparación con la instalación a tope, los bordes de placa doblados (🗗 **85**, **86**) también aumentan la superficie de la junta disponible para la fijación y el sellado entre las placas contiguas. Por lo demás, las ventajas son similares a las de las bandas. Por regla general, esta solución se recomienda especialmente para paneles que resultan de un proceso de fabricación que permite el moldeado directo de los montantes; por ejemplo, piezas moldeadas como prefabricados de hormigón o vidrios en U. En los procesos de fabricación que producen esencialmente **material laminar plano** (por ejemplo, paneles a base de madera, vidrio flotado), la aplicación posterior de este tipo de costilla de borde no suele ofrecer ventajas particulares.

Los **galces** (🗗 **87**, **88**) y las **juntas machihembradas** (🗗 **89**) proporcionan una unión favorable entre los bordes de los paneles contiguos. Ambos diseños exigen un cierto grosor mínimo del panel, ya que de lo contrario los delicados cantos perfilados pueden resultar dañados durante el montaje o la instalación. Los sencillos galces permiten una fácil instalación, ya que el siguiente elemento se coloca siempre

☞ Aptdo. Geometría de despiece, pág. 26

☞ Aptdo. 1.3.2 Elementos de partida en forma de banda, pág. 18

☞ Véase **Vol. 3**, Cap. XI, Aptdo. 6.6 y 6.7

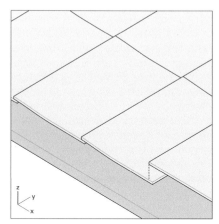

82 Solapar los paneles no tiene sentido con las proporciones habituales entre anchura/longitud y grosor.

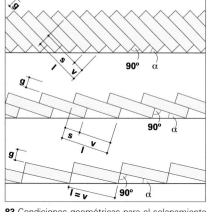

83 Condiciones geométricas para el solapamiento de piezas contiguas en función del ángulo de colocación α; **g** grosor del componente; **s** medida de solape; **v** medida de vano; **l** longitud total del componente.

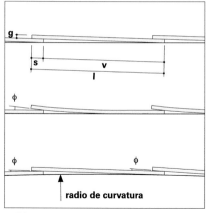

84 Disposición solapada de paneles delgados.

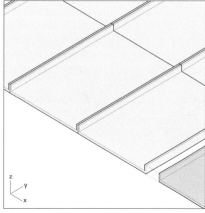

85 Bordes de panel levantados.

86 Fachada de vidrio perfilado con sección transversal en forma de U, según el esquema de ⊟ **85**.

sobre el ya instalado desde arriba/afuera ($\rightleftharpoons$ **87**). También se pueden realizar galces en ambos lados (largo y ancho) ($\rightleftharpoons$ **88**). Las uniones con machihembrado ($\rightleftharpoons$ **89**), en cambio, sólo permiten una dirección de instalación, es decir en el plano del panel, lo que dificulta el proceso. Sin embargo, crean una superficie continua y enrasada, establecen una unión contra esfuerzo cortante transversal entre los bordes del panel—en ambas direcciones, a diferencia del galce simple—sin necesidad de otras medidas y pueden ofrecer ventajas de sellado. También hay que asegurarse de que durante el montaje no se produzca un desplazamiento significativo ortogonal al plano del panel entre los bordes que se van a unir—por ejemplo, debido a diferentes flexiones de los paneles adyacentes—para que la lengüeta pueda introducirse fácilmente en la ranura. Esto significa que, por lo general, sólo se opta por esta solución para determinados espesores mínimos de panel o para piezas que reposan planas sobre un fondo portante (por ejemplo, paneles de solado).

Debido a las diferentes geometrías de los cantos en los lados opuestos de un panel, tanto los galces como las uniones machihembradas producen **más desechos** por recorte que las simples uniones a tope, ya que las piezas sobrantes pueden no ser utilizables debido a un perfilado inadecuado de los cantos.

Geometría de despiece

■ Si los elementos se encuentran sobre un **sustrato portante** de superficie completa, se puede aplicar en principio cualquier geometría de despiece. En el caso de la instalación en varias capas, es aconsejable desplazar las dos retículas de juntas superpuestas por una dimensión diferencial ($\rightleftharpoons$ **90**), ya que recubrir la junta inferior puede ofrecer ventajas dependiendo de la aplicación, por ejemplo, para evitar de forma fiable que los bordes de la capa inferior se levanten, para sellar las juntas o para desentrañar geométricamente entre sí el afianzado de las dos capas.

Si los paneles se apoyan en una subestructura de elementos lineales, se recomienda en cualquier caso colocar la junta a tope de dos paneles en sentido longitudinal sobre una barra de apoyo ($\rightleftharpoons$ **91**). Si se trata de una **subestructura unidireccional** (en $\rightarrow$**x**), la otra dirección del canto ($\rightarrow$**y**), que no tiene subestructura, debe estar conectada por perfiles de acoplamiento **p** para evitar el desplazamiento mutuo de los bordes (véase también $\rightleftharpoons$ **79**). En este caso, la placa descarga en una sola dirección (en $\rightarrow$**y**). Las distancias **a** entre las barras de soporte dependen de la capacidad de carga de la placa, que a su vez depende primordialmente de su espesor.

También si se decide contrapear los bordes ($\rightleftharpoons$ **92**), tiene sentido asegurar que las juntas paralelas a la subestructura (en $\rightarrow$**x**) siempre se apoyen en una barra de soporte. Por lo tanto, el resalte **v** de la junta es siempre igual a la distancia **a** entre las barras de apoyo, o bien un múltiplo de la misma. En el caso de dos capas de paneles, es ventajoso desagre-

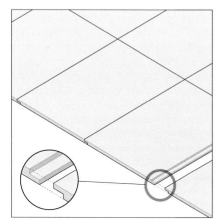

87 Cantos de placa con galce.

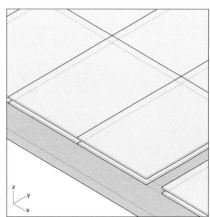

88 Cantos de placa con galce perimetral.

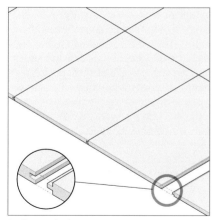

89 Cantos de placa machihembrados.

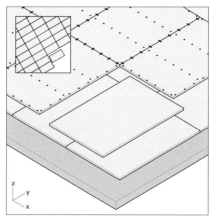

90 Geometría de colocación con juntas reticuladas en dos capas desplazadas sobre una losa portante.

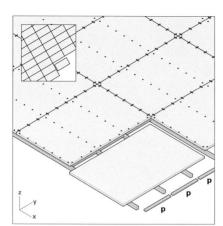

91 Geometría de despiece con juntas en retícula sobre subestructura unidireccional. Perfiles de empalme **p** en los cantos sin soporte.

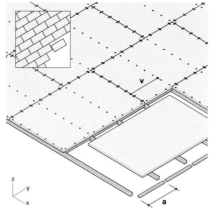

92 Geometría de despiece con resalte sobre subestructura unidireccional. El desplazamiento de la junta **v** es idéntico o un múltiplo de la separación **a** de las barras de la subestructura.

gar las juntas de las capas mediante un doble contrapeado, es decir, desplazándolas en ambas direcciones principales en cada caso (en →**x** y en →**y**) (⊟ **93**). El desplazamiento **v** transversal a la alineación de la subestructura (es decir, en →**x**) debe basarse en la separación **a** de sus barras, es decir, ser igual o un múltiplo de la misma. Esto asegura que todas las juntas en esta dirección se apoyen en una barra. Debido a la doble capa, las juntas transversales (en →**x**) están siempre aseguradas contra el levantamiento o el desplazamiento perpendicular al plano sin necesidad de otras medidas (como en ⊟ **79**), ya que siempre están cubiertas o respaldadas por la otra capa respectiva. También dentro de la misma capa del panel es posible una colocación contrapeada (⊟ **94**).

Las subestructuras bidireccionales consistentes en carreras de barras portantes que se entrecruzan (⊟ **95**) son posibles y también ofrecen la ventaja de que un panel puede apoyarse linealmente en todo su perímetro, es decir, que descarga en ambas direcciones (en →**x** y en →**y**), pero esta solución es relativamente rara porque se suele evitar la complicación constructiva resultante de la penetración mutua de las carreras de barras. Una excepción se da cuando estas barras de apoyo descansan sobre una superficie portante en toda su longitud. Este tipo de soporte también se encuentra en acristalamientos, ya que el esfuerzo flector de los vidrios es crítico, especialmente en las superficies de vidrio horizontales, por lo que puede ser necesario un soporte de cuatro lados. Un apoyo lineal perimetral es también ventajoso por razones de estanqueidad de las juntas.

Con una subestructura bidireccional, es aconsejable que los recuadros sean lo más cercanos al cuadrado posible, ya que de este modo la flexión biaxial aprovecha al máximo la rigidez del panel. Dado que los vidrios siempre se colocan

☞ *Cap. IX-1, Aptdo. 2.1 Transferencia de cargas unidireccional y bidireccional, pág. 208*

✎ *Ejemplo: durmientes descansando sobre un suelo*

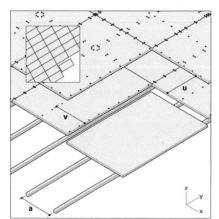

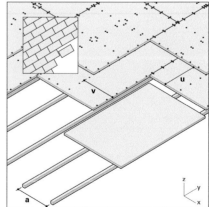

93 Apoyo del panel sobre subestructura unidireccional. Desplazamiento entre las capas de panel en ambas direcciones principales. El desplazamiento **v** transversal a la alineación de la subestructura debe ser igual a la distancia entre barras **a** o un múltiplo de la misma. Así, las juntas longitudinales siempre se apoyan sobre una barra. El resalto **u** es arbitrario.

94 Apoyo como en ⊟ **93**. En este caso, sin embargo, los paneles de ambas capas se colocan con resalto, es decir, con los cantos testeros desplazados. El desplazamiento **v** transversal a la alineación de la subestructura es de nuevo **a** o un múltiplo, el desplazamiento **u** arbitrario.

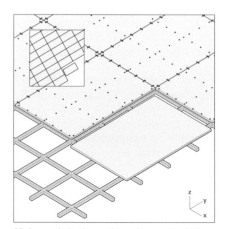

95 Apoyo de la placa sobre subestructura bidireccional.

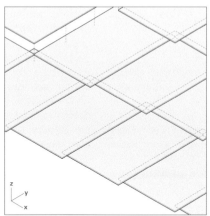

96 Disposición imbricada de placas delgadas de pequeño formato con poca carga. Los bordes de los paneles se solapan aquí en ambas direcciones.

97 Colocación imbricada de losas planas de piedra en una cubierta con solapamiento en las dos direcciones principales, como en ⊟ **96**.

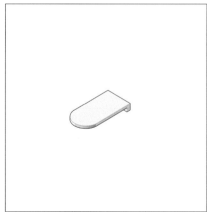

98 Teja lisa.

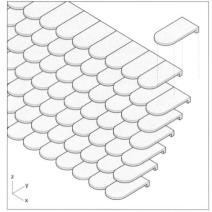

99 Tejado de teja lisa.

100 Tejado de teja lisa en obra.

☞ **Vol. 1**, *Cap. IV-8 Vidrio, pág. 338*

☞ *Véase arriba, apartado Ejecución del empalme*

☞ **Vol. 3,** *Cap. XI, Aptdo. 6.5 Junta solapada*

Elementos de partida en forma de barra

Ejecución del empalme

☞ [a] *Véase* **Vol. 3**, *Cap. XI, Aptdo. 4.3 Junta cerrada*

☞ [b] *Véase* **Vol. 3**, *Cap. XI, Aptdo. 4.1 Junta abierta*

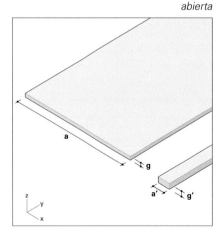

preferentemente a tope sobre un apoyo lineal, esta consideración conduce a formatos de vidrios aproximadamente cuadrados, cada uno de los cuales cubre un recuadro entre las barras de apoyo.

También son posibles, en determinadas condiciones, configuraciones **solapadas** a modo de **escamas** (⊟ **96**). En particular, el solapamiento se aprovecha, desde el punto de vista de la estanqueidad, orientándolo según la dirección del flujo de agua en superficies expuestas a la intemperie verticales o inclinadas (⊟ **97–100**).

■ El rasgo característico esencial de un elemento con forma de barra es el orden de magnitud comparable de dos dimensiones, la anchura y la altura, en comparación con la longitud, considerablemente mayor. En cambio, con paneles, la anchura y la longitud son de un orden de magnitud comparable, mientras que el grosor es mucho menor. Esto tiene como consecuencia que las barras—naturalmente siempre en comparación con la anchura **b** de un mismo elemento—tengan una mayor rigidez en la dirección de su anchura que las placas, ya que las secciones transversales siempre tienen proporciones más compactas (⊟ **101**).

Como en el caso de las placas, la simple colocación de elementos de partida lineales **lado a lado** produce superficies continuas (⊟ **102, 103**).[a] También es posible dejar huecos (⊟ **104, 105**),[b] si, por ejemplo, hay que absorber deformaciones de las barras (como en el caso de la madera). Esto no hace que la superficie sea realmente impermeable, pero este tipo de soluciones puede utilizarse, por ejemplo, para revestimientos exteriores de fachadas en los que sólo se requiere resistencia a la lluvia y no una estanqueidad total.

Con respecto a la acción de una fuerza perpendicular al plano (→**z**), se aplican las mismas restricciones que para las placas: Si no hay una unión a esfuerzo cortante entre los bordes contiguos, pueden desplazarse uno contra otro bajo

101 (Arriba) En relación con las anchuras respectivas **a/a'** de la placa y la barra, el grosor **g'** de la barra, mayor en comparación, conduce a una mayor rigidez en la dirección de la anchura **a**, es decir, en →**x**.

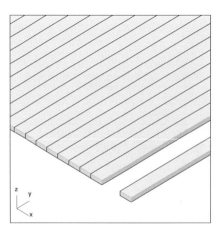

102 Barras colocadas a tope lado a lado.

103 Revestimiento de fachada compuesto de barras colocadas lado a lado.

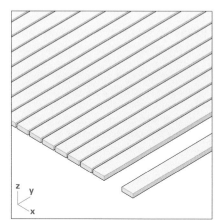

104 Barras colocadas lado a lado con hueco.

105 Entablado con juntas abiertas según ⊡ **103**. Los huecos pueden tener diferentes cometidos, por ejemplo, como aquí, el drenaje de la superficie.

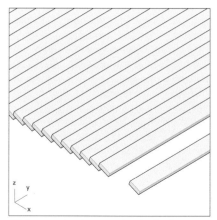

106 Barras colocadas con solape inclinado.

107 Entablado con solapado oblicuo.

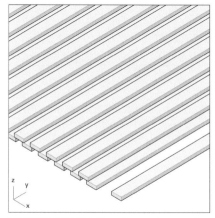

108 Barras colocadas alternativamente por encima y por debajo de las otras.

109 Entablado formado por tablas colocadas alternativamente por delante y por detrás.

☞ *Véase **Vol. 3**, Cap. XI, Aptdo. 6.6 y. 6.7*

☞ *Para el concepto de distribución transversal de la carga, véase Cap. IX-1, Aptdo. 2.1.1 Comportamiento de carga, pág. 208 sobre todo 🗗 60, pág. 210*

☞ *Véase **Vol. 3**, Cap. XI, Aptdo. 6.3 a 6.5*

diversas influencias, como sobrecarga desigual o deformación inherente. Los **galces** y las **juntas machihembradas** (🗗 **110**) proporcionan un remedio en este caso y conectan la superficie para formar un panel resistente a la flexión en la dirección de las barras ($\rightarrow$**y**) y con una buena distribución de carga transversal. De este modo, las cargas puntuales o desiguales orientadas en perpendicular con respecto a la superficie se reparten siempre entre las barras vecinas, de modo que se produce una cooperación y los bordes no se desplazan mutuamente en perpendicular con respecto a la superficie del componente. En la mayoría de los casos, insertar este tipo de bordes perfilados entre sí no presenta problemas con barras en comparación con los mayores formatos de paneles, ya que los elementos con forma lineal suelen ser más fáciles de manejar.

También son posibles disposiciones **solapadas**, **escalonadas** o **imbricadas** (🗗 **106**, **107**) de las barras. Las disposiciones solapadas de las barras alternativamente por encima y por debajo (🗗 **108**, **109**) son también capaces de formar superficies. Al igual que la instalación con hueco (🗗 **104**), estas soluciones permiten deformaciones laterales de las barras (en $\rightarrow$**x**), por lo que son especialmente adecuadas para la construcción en madera al neutralizar los efectos de la característica hinchazón y merma. Si la junta solapada se asegura adicionalmente contra la apertura, como suele ser necesario, también se crea una unión efectiva contra cizallamiento entre los elementos colindantes en ambas direcciones perpendiculares ($\rightarrow$**z**, $\rightarrow$**−z**), de modo que pueda tener lugar una distribución de carga transversal en ángulo recto con respecto al eje del miembro en el plano de la capa (es decir, en $\rightarrow$**x**).

Geometría de despiece

■ La colocación de las barras según una cuadrícula de **juntas cruzadas** (🗗 **111–115**) es la geometría de despiece más sencilla que se puede concebir. Si la hoja está fijada a una subestructura hecha de barras, es obvia la conveniencia de colocar

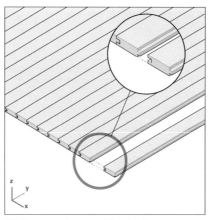

110 Barras con junta machihembrada.

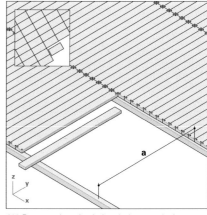

111 Barras colocadas lado a lado en retícula.

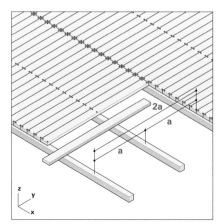

112 Barras colocadas lado a lado en retícula. Efecto de continuidad de la barra que abarca varios vanos (aquí dos).

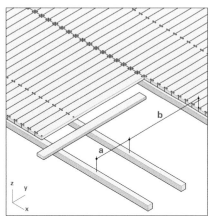

113 Una barra atraviesa dos vanos diferentes **a** y **b**. La rigidez a la flexión de la barra no está bien aprovechada.

114 Entablado de una fachada con juntas en cuadrícula, presumiblemente según el diagrama en ⊟ **111**, o también según ⊟ **112**.

115 Entablado de una fachada en retícula. Cada tabla abarca un total de cinco rastreles del armazón de la subestructura, como puede verse en el clavado. Corresponde al esquema de ⊟ **112**, pero con tres barras intermedias.

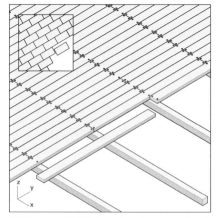

116 Despiece de tablas escalonadas una medida de vano, es decir, colocación al tresbolillo.

117 Entarimado, colocado según ⊟ **116**.

las líneas de unión de los extremos de las barras axialmente sobre los perfiles portantes de la subestructura, que entonces consiste razonablemente en un **sistema unidireccional** de barras portantes paralelas entre sí, es decir, en ángulo recto con la barra de cubierta (→**x**). Esta solución permite fijar los extremos de la barra directamente a la subestructura y, en consecuencia, evita el levantamiento indeseado del canto del extremo de la barra, como ocurriría si ésta estuviera en voladizo libre mas allá del elemento de apoyo. La distancia máxima **a** entre las barras de apoyo viene determinada, como siempre en este tipo de sistemas, por la capacidad de carga de la barra. Sin embargo, con esta solución, la barra puede abarcar varios tramos de la subestructura (⊟ **112**, **115**), lo que activa la **acción continua** y reduce la flexión sobre la barra de cubierta. A partir de esto, las posibles longitudes de una barra de cubierta resultan de un múltiplo de la distancia **a** entre barras de apoyo, en el ejemplo mostrado 2**a**. La variación de esta distancia (⊟ **113**) conduce generalmente a una peor utilización del material de la barra de cobertura, si las condiciones permanecen inalteradas, ya que su dimensión viene determinada por la luz más grande que debe cubrir (es decir, **b**) y en luces más pequeñas (es decir, **a**) resulta un sobredimensionamiento si se mantiene el espesor de la barra.

El **desfase** en tresbolillo de los bordes extremos de las barras adyacentes (⊟ **116**, **117**), que se realiza convenientemente en múltiplos de la distancia entre barras portantes, para que los bordes extremos puedan estar siempre fijados a un soporte, no ofrece ninguna ventaja de diseño significativa sobre la solución anterior, aparte del efecto de continuidad de las barras que cubren más de un tramo. Sin embargo, visualmente da lugar a un patrón de juntas menos pronunciado, lo que a veces puede ser deseable. Además, el mismo despiece de barras a tresbolillo da lugar (a diferencia de la solución de juntas en cruz de ⊟ **112**) a una unión resistente al cizallamiento en su plano transversal al eje de la barra (es decir, en →**x**), lo que puede ser ventajoso en algunas aplicaciones (como algunos suelos donde no existe el afianzado a una subestructura).

La colocación de las barras en **espinapez** sobre una subestructura (⊟ **118**, **119**) da lugar a condiciones estructuralmente menos favorables, comparado con sistemas de barras que se cruzan en ángulo recto, en la medida en que la barra de recubrimiento, sin beneficio aparente, debe abarcar un vano mayor, a saber, la distancia entre barras portantes dividida por el cos 45°, es decir, un 41% más. No se puede crear un efecto continuo, al menos mas allá del ángulo de unión de las barras de cubierta. Las geometrías en espinapez se utilizan con esfuerzos moderados, especialmente como patrón visualmente interesante. No presentan estas desventajas, obviamente, cuando las barras descansan con toda su superficie sobre un fondo portante, como en un parqué.

Las geometrías de despiece tipo **damero** sobre una subestructura con orientación alternante de las barras (⊟ **120**)

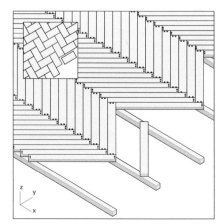

118 Despiece de las barras en espinapez.

119 Parqué colocado en espinapez sobre rastreles.

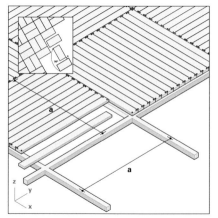

120 Despiece de las barras sobre una subestructura bidireccional con cambio de orientación vano a vano.

121 Despiece en damero de las barras sobre una estructura de soporte bidireccional según ⊟ **119** para aprovechar una transferencia de carga más favorable.

sólo pueden realizarse sobre un sistema bidireccional de barras portantes con dos direcciones de barras que se cruzan. En cuanto a la transferencia de cargas a la subestructura, la ventaja en comparación con un sistema unidireccional compuesto por una sola orientación de barras es que cada barra de apoyo tiene que soportar la carga de la mitad de un vano de apoyo **a** en lugar de la de todo el vano como en las soluciones unidireccionales. Esto es especialmente importante cuando las barras portantes no se apoyan en toda su longitud sobre un soporte, sino que actúan como vigas bajo flexión. La disposición de las barras en forma de damero permite así una transferencia global de cargas bidireccional a la subestructura, a pesar de la utilización de elementos portantes unidireccionales (barras de cubierta). Esta solución se utiliza a veces para emparrillados de vigas (⊟ **121**). En este caso, evidentemente no es posible utilizar un efecto de continuidad de las barras de cobertura.

☞ *Véase **Vol. 3**, Cap. XIII-5, Aptdo. 4.2 Cubiertas y forjados de emparrillados de vigas*

Elementos de partida en forma de bloque

Ejecución del empalme

■ Los elementos con forma de bloque sirven sólo en casos excepcionales para formar componentes autoportantes. Sus tres dimensiones longitud, anchura y altura, todas de magnitud similar, tienen un tamaño que viene limitado por el grosor del componente superficial. A diferencia de los elementos de partida en forma de placa y barra, en los que al menos una dimensión—la longitud y la anchura en el caso de la placa o la longitud en el de la barra—puede utilizarse como dimensión que resiste esfuerzos flectores y abarca libremente un vano para crear superficies, el elemento en forma de bloque debe colocarse normalmente sobre una base portante en toda su superficie para crear un plano. Las subestructuras portantes compuestas de elementos lineales, como las que se utilizan para placas y barras, no son prácticas en este caso debido a las cortas distancias entre juntas que son inherentes al sistema. Este tipo de uso de elementos en forma de bloque sobre superficies portantes se encuentra, por ejemplo, en pavimentos, que son horizontales (⊟ **123**, **125**, **127**). Aparte de fuerzas de compresión perpendiculares al plano de la capa, no cabe esperar esfuerzos significativos en este caso, por lo que no existen requisitos especiales para la conexión entre bloques adyacentes.

Geometrías de despiece

■ Con este tipo de uso de elementos tipo bloque, la geometría de despiece no juega un papel en la conducción de fuerzas. Por ejemplo, en el caso de pavimentos (⊟ **122–127**), sólo tiene un significado visual y decorativo o, bajo ciertas condiciones, puede ser adecuado por razones de minimización de desechos o también si se desea una unión a esfuerzo cortante en el plano por el desfase a tresbolillo (⊟ **124**, **125**).

La única excepción—aunque significativa—son los **aparejos de obra de fábrica** (⊟ **129–131**). Se trata esencialmente de componentes de superficie plana, formados por elementos de partida tipo bloque, que son verticales o sólo ligeramente inclinados. Por las razones mencionadas anteriormente, las superficies planas sobre vano hechas de elementos tipo bloque sólo pueden producirse con gran dificultad o no pueden producirse en absoluto. Para ello, la junta de contacto entre elementos adyacentes debe hacerse resistente a la tracción y al esfuerzo cortante, lo que suele suponer una complicación injustificada. Esta solución también puede generalmente descartarse desde el principio por razones de falta de resistencia a la tracción del material más utilizado como bloque (el mineral).

↪ *Excepciones son, por ejemplo, construcciones segmentadas en la construcción de hormigón pretensado, así como algunas bóvedas históricas, muy poco frecuentes, las bóvedas planas de sillares adovelados (véase ⊟ **127**), en las que, sin embargo, no es necesaria, en principio, la resistencia al corte y a la tracción de la junta. Véase a este respecto* **Vol. 1**, *Cap. VI-2, Aptdo. 9.3.2 Aparejo—solapamiento actuando por compresión, pág. 630, sobre todo* ⊟ **125**.

Por otra parte, en posición vertical, el enclavamiento adecuado—el denominado aparejo—de las piezas da lugar a un comportamiento de carga que permite a la superficie absorber no sólo fuerzas de compresión, sino también esfuerzos cortantes y tracción en el plano, e incluso, hasta cierto punto, las de flexión en perpendicular al mismo. Siempre que la carga en el plano del componente sea lo suficientemente grande, es decir, la carga que provoca compresión en la superficie, las tensiones de tracción y

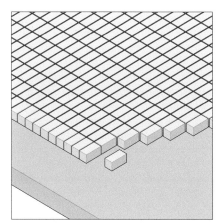

122 Despiece de elementos tipo bloque en retícula sobre una base plana.

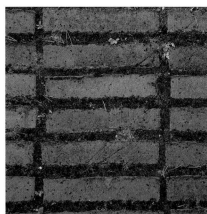

123 Pavimento de ladrillo, colocado en retícula, como en 🔁 **122**.

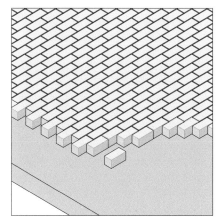

124 Despiece de elementos tipo bloque sobre una base plana con juntas escalonadas al tresbolillo.

125 Empedrado con juntas resaltadas, como en 🔁 **124**.

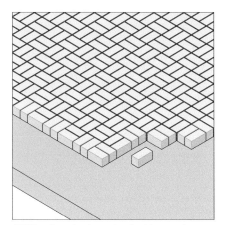

126 Despiece de elementos tipo bloque sobre una base plana con dirección alternada por parejas.

127 Los bloques sobre base portante pueden colocarse en cualquier patrón, escogido a menudo con intención decorativa.

☞ **Vol. 1,** *Cap. IV-3, Aptdo. 5. Propiedades mecánicas, pág. 261, así como* **Vol. 3,** *Cap. XII-2, Aptdo. 3.3.2 Cierre por fuerza tangencial (cierre por fricción), así como Cap. X-1 Construcción de obra de fábrica, pág. 460*

esfuerzos cortantes dentro de su plano—que provocarían la separación o el deslizamiento de la junta entre los bloques—pueden neutralizarse por sobrecompresión, es decir mateniendo la compresión lo suficientemente grande para compensar las tracciones que surjan. Se hace efectiva en tal caso una combinación de **carga vertical** y **fricción** en la **junta horizontal**, o el **tendel**, entre bloques superpuestos. Otro requisito esencial para la eficacia es, como se comentó, el aparejo, que requiere que las **llagas**, o juntas verticales, entre los bloques vecinos de una hilada se desplacen por hiladas formando tresbolillo. Esta disposición proporciona al elemento superficial, básicamente, rigidez a cortante en su plano en dirección de la llaga. De este modo, se pueden fabricar componentes superficiales portantes.

También pueden realizarse en casos excepcionales geometrías de **juntas en cruz** (⛶ **132–134**) sin contrapeado de llagas, siempre que se trate de superficies no portantes o sólo autoportantes (como paredes de bloques de vidrio) en las que, aparte de la carga muerta, no se producen otros esfuerzos significativos.

128 Bóveda prácticamente plana hecha con dovelas. El efecto portante resulta del encaje mutuo de las mismas (las superficies de contacto en forma de anillo son cónicas, no cilíndricas). Se trata de un raro ejemplo de superficie horizontal autoportante hecha con bloques de construcción. La ejecución requiere los más profundos conocimientos de cantería (Monasterio de San Lorenzo del Escorial).

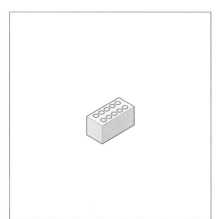

129 Ladrillo.

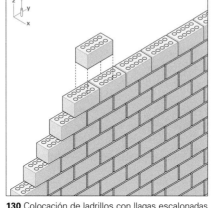

130 Colocación de ladrillos con llagas escalonadas (en aparejo) en forma de un muro vertical.

131 Albañilería—aparejo típico de ladrillos con llagas escalonadas al tresbolillo.

132 Piedras del *opus reticulatum* romano dispuestas en cuadrícula: encofrado perdido no portante de un núcleo de muro de hormigón.

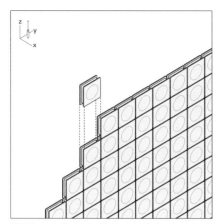

133 Geometría de despiece en retícula; ejemplo de una pared no portante de bloque de vidrio.

134 Bloques de vidrio colocados en retícula en una fachada.

2.

Definición geométrica de superficies curvas continuas

☞ P. e. encofrados de madera para hormigón

2.1

Características especiales de superficies curvas

*☞ **Vol. 1,** Cap. II-2, Aptdo. 4.2 Utilización de nuevas técnicas de planificación digital y de fabricación con control digital en la construcción, pág. 60*

■ Si se desea ejecutar superficies curvas utilizando los elementos básicos disponibles en el mercado en forma de **bandas**, **placas**, **barras** o **bloques**, hay que tener en cuenta restricciones especiales, que se examinarán a continuación utilizando algunos ejemplos. Cabe recordar que los **componentes moldeados** también pueden estar sujetos a estas restricciones si se fabrican utilizando moldes u otras formas negativas que a su vez están hechas de material base sólido.

■ Mientras que las condiciones mencionadas son válidas en gran medida para superficies planas, con las superficies curvas se presentan en cambio condiciones especiales, que se examinarán con más detalle a continuación. Aunque las superficies curvas no tienen la misma importancia que las planas en la práctica de la construcción, tienen puntos fuertes específicos frente a ellas: En aplicaciones portantes, pueden ganar considerablemente en rigidez y capacidad de carga por virtud de su forma. En determinadas construcciones, como cascarones, bóvedas o cúpulas, la curvatura es incluso un requisito indispensable para su capacidad de carga. También tienen un gran potencial de expresión estética. En los últimos años han surgido formas de construcción escultóricas hechas con superficies curvas en numerosos ejemplos muy espectaculares y mediáticos.

La multitud de superficies curvas es prácticamente inabarcable. Además de las **variantes regulares**, es decir, las que aún constituyen el repertorio básico de superficies curvas que se utilizan hoy en día en la construcción, existen innumerables **superficies de forma libre** que no pueden definirse por medios sencillos y que, en su mayoría, se han considerado hasta ahora ser casi inviables porque:

* sólo podían trasladarse del dibujo o la maqueta a la escala 1:1 con gran dificultad;

* su **comportamiento de carga** difícilmente podía calcularse de antemano;

* las superficies complejas sólo podían producirse con la mayor complicación y gasto a partir de los elementos básicos disponibles, en su mayoría **planos** o en forma de **barra recta**. Esto también se extiende a los encofrados para elementos moldeados.

Las **herramientas de planificación digital** han provocado un cambio fundamental en las condiciones generales. Hoy en día existen potentes herramientas que permiten describir tanto la geometría como el comportamiento de carga de superficies complejas con formas libres. Además, los modernos sistemas de producción controlados por CNC también ofrecen la posibilidad de ejecutar las formas definidas en el proyecto. Aunque, en comparación con componentes planos, siempre cabe esperar una complicación adicional, no es menos cierto que las superficies curvas son mucho más fáciles y baratas de producir hoy que hace poco tiempo.

Por el contrario, esto no significa en absoluto que, a la vista de la moderna tecnología de construcción y fabricación, sea indiferente cómo se define y crea geométricamente una superficie curva. Como en todos los demás ámbitos del diseño y la construcción, las herramientas avanzadas no abren la puerta a la total arbitrariedad ni mucho menos. En este sentido, es fundamental que el diseñador haga que tanto el proceso de desarrollo geométrico-técnico como el de realización final sean lo más sencillos posible dentro de los límites de lo previsto en el diseño. En lo que respecta a las superficies curvas, esto significa que siempre se debe dar preferencia a una superficie regular sobre una superficie de forma libre, siempre y cuando aquella realice satisfactoriamente la forma de diseño deseada.

Para entender las características geométricas de las superficies curvas más importantes, conviene hacer algunas consideraciones teóricas en los siguientes apartados.

■ La definición geométrica de elementos rectilíneos y planos es trivial y sólo requiere unas pocas coordenadas espaciales. La situación es diferente con líneas curvas o superficies curvas, especialmente curvas o superficies de forma libre, que se diferencian de las primeras por su falta de planeidad, es decir su **curvatura**. Por lo tanto, para entender su geometría, primero hay que aclarar algunos conceptos básicos relacionados con la curvatura.

■ Por cada punto regular **P** de una superficie general, es decir, plana o de curvatura continua **S** (⌑ **135**), pasan las curvas superficiales (**c**$_u$, **c**$_v$), que resultan cuando la superficie es intersecada por planos (Π_u, Π_v) que contienen este punto. A estas curvas superficiales planas se les pueden asignar tangentes **t**$_u$, **t**$_v$ en el punto **P**, que definen o extienden un **plano tangencial** característico Π_T. El plano tangente contiene las tangentes de todas las curvas superficiales

☞ **Vol. 4**, *Cap. 5., Aptdo. 9. La nueva libertad formal: un llamamiento*

Fundamentos geométricos `2.2`

Plano tangencial, vector normal `2.2.1`

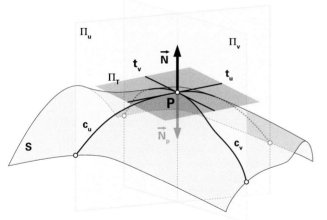

135 Superficie curva **S** con plano tangencial Π_T y vector normal **N**. Los planos seccionales Π_u y Π_v mostrados aquí son perpendiculares a la superficie y, por tanto, son planos seccionales normales. Ambos contienen el vector normal **N** o el vector normal principal **N**$_p$.

concebibles que pasan por el punto **P**. Las excepciones a esta regla son los puntos no regulares, como un vértice cónico. Las superficies curvas se distinguen de las planas porque no todos los puntos de la superficie tienen el mismo plano tangencial.

El vector unitario en **P** que es perpendicular al plano tangencial es también perpendicular a la superficie en **P** y se llama **vector normal N**. Dos vectores orientados en direcciones opuestas cumplen esta condición: por una parte el vector orientado hacia el lado convexo, por otra el vector orientado hacia el lado cóncavo de la superficie. En geometría, este último, es decir, el que apunta al centro del círculo osculador asociado (véase más adelante), se elige como el característico y se denomina **vector normal principal N_p**. Si los planos seleccionados Π_u y Π_v son perpendiculares a la superficie en el punto **P**, ambos contienen los vectores normales **N** y N_p respectivamente (como en 🖫 **135**). Se denominan entonces **planos seccionales normales**, y las curvas superficiales c_u y c_v que yacen en ellos se denominan **curvas superficiales normales**.

2.2.2   Curvatura

■ La curvatura de una curva **a** en un punto **P** puede describirse como la desviación o cambio de dirección de la curva respecto a la tangente en la vecindad a ambos lados del punto (🖫 **136**). Es igual a la curvatura del **círculo osculador s** a la curva en este punto **P** y, en consecuencia, se puede calcular como **k** = 1/**r**, donde **r** es el radio del círculo osculador.

La curvatura de una superficie en un punto **P** puede describirse, análogamente a la curva, como el cambio de dirección de la superficie con respecto al plano tangencial en la vecindad de **P**. Cuanto mayor sea la curvatura, mayor será la desviación. Depende de la respectiva orientación considerada de las curvas superficiales asociadas a través de **P** con respecto a un sistema de coordenadas →**u/v** con centro en **P** y orientación a lo largo de los planos seccionales mutuamente perpendiculares Π_u y Π_v(🖫 **137**). Estas direcciones son libremente seleccionables, es decir, el par de planos Π_u/Π_v gira en principio de forma libre alrededor del eje →**z**. La curvatura de la superficie en una dirección determinada →**u** ó →**v** se define a su vez por la curvatura del círculo osculador asociado o_u u o_v de la respectiva curva superficial. Se calcula de la siguiente manera:

$$k_u = 1/r_u$$

$$k_v = 1/r_v$$

donde r_u y r_v son los radios de los dos círculos osculadores en las direcciones →**u** y →**v**.

Entre las distintas orientaciones seleccionables →**u** y →**v** hay una orientación en la que las curvaturas k_u y k_v asumen valores máximos y mínimos respectivamente. Se denominan **curvaturas principales k_1 y k_2** y son siempre

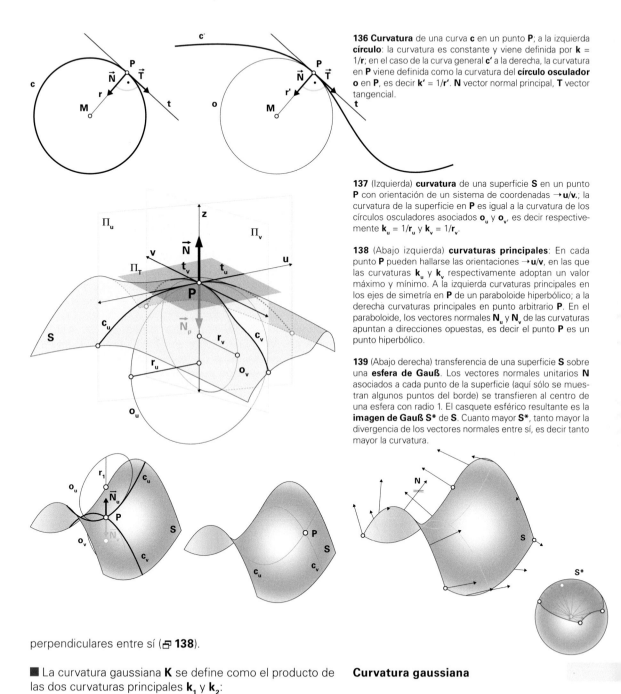

136 Curvatura de una curva **c** en un punto **P**; a la izquierda **círculo**: la curvatura es constante y viene definida por **k** = 1/**r**; en el caso de la curva general **c'** a la derecha, la curvatura en **P** viene definida como la curvatura del **círculo osculador o** en **P**, es decir **k'** = 1/**r'**. **N** vector normal principal, **T** vector tangencial.

137 (Izquierda) **curvatura** de una superficie **S** en un punto **P** con orientación de un sistema de coordenadas →**u/v.**; la curvatura de la superficie en **P** es igual a la curvatura de los círculos osculadores asociados **o**$_u$ y **o**$_v$, es decir respectivemente **k**$_u$ = 1/**r**$_u$ y **k**$_v$ = 1/**r**$_v$.

138 (Abajo izquierda) **curvaturas principales**: En cada punto **P** pueden hallarse las orientaciones →**u/v**, en las que las curvaturas **k**$_u$ y **k**$_v$ respectivamente adoptan un valor máximo y mínimo. A la izquierda curvaturas principales en los ejes de simetría en **P** de un paraboloide hiperbólico; a la derecha curvaturas principales en punto arbitrario **P**. En el paraboloide, los vectores normales **N**$_u$ y **N**$_v$ de las curvaturas apuntan a direcciones opuestas, es decir el punto **P** es un punto hiperbólico.

139 (Abajo derecha) transferencia de una superficie **S** sobre una **esfera de Gauß**. Los vectores normales unitarios **N** asociados a cada punto de la superficie (aquí sólo se muestran algunos puntos del borde) se transfieren al centro de una esfera con radio 1. El casquete esférico resultante es la **imagen de Gauß S*** de **S**. Cuanto mayor **S***, tanto mayor la divergencia de los vectores normales entre sí, es decir tanto mayor la curvatura.

perpendiculares entre sí (⊟ **138**).

■ La curvatura gaussiana **K** se define como el producto de las dos curvaturas principales **k**$_1$ y **k**$_2$:

$$K = k_1 \cdot k_2 = 1/r_1 \cdot 1/r_2$$

El concepto de curvatura gaussiana también puede derivarse a partir de la **imagen gaussiana** de una superficie, o de un sector de la misma (⊟ **139**). Para ello, los vectores normales unitarios **N** de cada punto de la superficie **S** se trasladan al

Curvatura gaussiana

centro de una esfera de radio 1, la llamada **esfera gaussiana**. Definen o barren un sector **S*** de la superficie de la esfera. El tamaño de este sector es una medida de la curvatura de la superficie **S**: cuanto mayor sea **S***, mayor será la curvatura (⊟ **140**). La relación entre el área de la imagen gaussiana **S*** y el área de la superficie original **S** es igual a la curvatura gaussiana **K**:[6]

$$K = S*/S = k_1 \cdot k_2 = 1/r_1 \cdot 1/r_2$$

Los casos especiales de curvatura gaussiana son:

- Los **planos** tienen curvatura gaussiana $K = 0$ (⊟ **140**, caso **1**), porque ambas curvaturas principales k_1 y k_2 son iguales a cero.

- Las superficies **de curvatura uniaxial** (ver más adelante) tienen una curvatura gaussiana $K = 0$, porque una de las dos curvaturas principales k_1 y k_2 es necesariamente igual a cero. Sin embargo, también puede ser el caso de puntos singulares de las superficies de curvatura biaxial, por ejemplo con los vértices de una superficie toroidal. Los puntos con una curvatura principal igual a cero se denominan **puntos parabólicos** o **puntos planos** con respecto a la curvatura de la superficie en ellos.

☞ *P. e. los puntos* **P**₂ *y* **P**₄ *sobre las superficies toroidales en* ⊟ **81** *y* **82**.

- Las **superficies esféricas** tienen curvaturas principales iguales k_1 und k_2, cada una igual a $1/r$ (⊟ **140**, caso **2**); la curvatura gaussiana de una esfera es, por tanto, siempre:

$$k_1 \cdot k_2 = k^2 = 1/r \cdot 1/r = 1/r^2$$

- Si las dos curvaturas principales k_1 y k_2 apuntan en la misma dirección espacial, ambos valores tienen el mismo signo; la curvatura gaussiana es, por tanto, positiva. Se trata de superficies curvas **sinclásticas** (ver más adelante). Los puntos de este tipo de superficie se denominan **puntos elípticos** con respecto a la curvatura de la superficie en ellos (⊟ **140**, casos **2** a **4**).

- Si las dos curvaturas principales k_1 y k_2 apuntan en direcciones opuestas, ambos valores tienen signos diferentes; la curvatura gaussiana es, por tanto, negativa. Se trata de superficies curvas **anticlásticas** (ver más adelante). Los puntos de este tipo de superficie se denominan **puntos hiperbólicos** con respecto a la curvatura de la superficie en ellos (⊟ **138**, **139**).

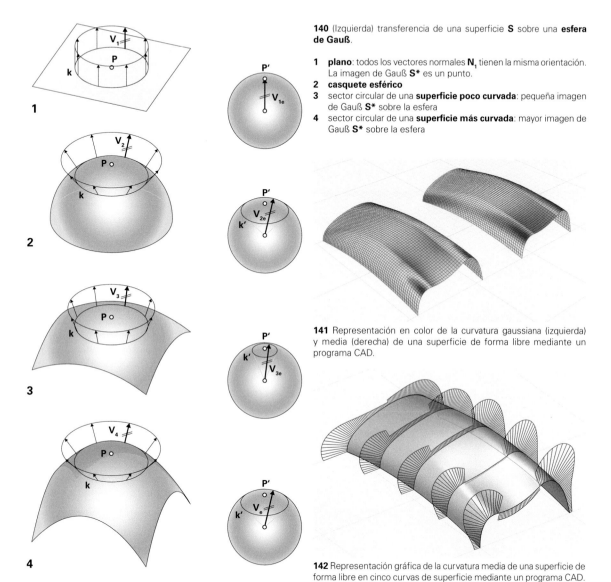

140 (Izquierda) transferencia de una superficie **S** sobre una **esfera de Gauß**.

1 **plano**: todos los vectores normales N_1 tienen la misma orientación. La imagen de Gauß **S*** es un punto.
2 **casquete esférico**
3 sector circular de una **superficie poco curvada**: pequeña imagen de Gauß **S*** sobre la esfera
4 sector circular de una **superficie más curvada**: mayor imagen de Gauß **S*** sobre la esfera

141 Representación en color de la curvatura gaussiana (izquierda) y media (derecha) de una superficie de forma libre mediante un programa CAD.

142 Representación gráfica de la curvatura media de una superficie de forma libre en cinco curvas de superficie mediante un programa CAD.

■ La curvatura media K_m es la media aritmética de las dos curvaturas principales k_1 y k_2.

$$K_m = (k_1 + k_2)/2$$

Las superficies con curvaturas principales iguales y opuestas tienen, por tanto, una curvatura media igual a cero. Se trata de las llamadas **superficies mínimas**, que se dan en el modelo físico en las películas de jabón y son de especial importancia en la construcción de membranas.

Curvatura media

☞ *Cap. IX-2, Aptdo. 3.3.2 Membrana y estructura de cables, con pretensado mecánico, sobre apoyos lineales, pág. 392, sobre todo* ⊟ **299**. *Véase también Cap. IX-1, Aptdo. 4.4.3 Detección de la forma de estructuras laminares bajo fuerzas de membrana, pág. 260*

2.3
Tipos de superficie regulares

■ Las superficies curvas regulares se pueden clasificar para nuestros propósitos de forma simplificada con respecto a:

• la **naturaleza** de su **curvatura**;

• la posibilidad de convertirlas o desarrollarlas en un plano, así como:

• su **ley generatriz**.

La división en estos grandes grupos es el resultado de diferentes perspectivas. Esto significa, por ejemplo, que superficies que derivan de la misma ley generatriz pueden presentar diferentes tipos de curvatura; o superficies con el mismo tipo de curvatura pueden ser el resultado de diferentes leyes generatrices. Por tanto, algunas superficies pueden clasificarse en diferentes categorías al mismo tiempo; por ejemplo, los paraboloides hiperbólicos son superficies regladas y superficies de traslación al mismo tiempo.

2.3.1
Por tipo de curvatura

■ Se distingue entre superficies de curvatura **uniaxial** o unilateral (simple) o **biaxial** o bilateral (doble). En el caso de la curvatura uniaxial, la superficie tangencial en cada punto es también simultáneamente tangente a la superficie a lo largo de una línea recta contenida en la superficie (⊟ **143**). O dicho de otro modo: En cada punto se puede definir siempre una recta contenida en la superficie, cuyos puntos tienen siempre el mismo plano tangencial. Este no es el caso con las superficies de curvatura biaxial: Allí la superficie tangencial en un punto toca la superficie sólo en ese punto y no hay ninguna recta contenida en la superficie desde un principio (⊟ **144** arriba); o, en caso de haberla, los puntos de la recta contenida en la superficie tienen cada uno diferentes planos tangenciales (⊟ **144** abajo).

Como se ha comentado anteriormente, las superficies de curvatura uniaxial siempre tienen una curvatura gaussiana igual a cero.

☞ Anteriormente 2.2.2 Curvatura > Curvatura gaussiana, pág. 43
☞ Véase la definición, más adelante en Aptdo. 2.3.3 Por ley generatriz, pág. 48

De esta definición se deduce que todas las superficies curvas uniaxiales son **superficies regladas**, es decir están generadas por líneas rectas. Sin embargo, no todas las superficies regladas tienen curvatura uniaxial. Las superficies de curvatura biaxial se diferencian además en:

• Superficies curvas dobles **equidireccionales (sinclásticas)** (⊟ **145**). Las curvaturas apuntan ambas a un mismo semiespacio. Son las superficies con forma aproximada de **cúpula**. Su curvatura gaussiana es mayor que cero.

• Superficies curvas dobles en **direcciones opuestas (anticlásticas)** (⊟ **146**). Cada una de las curvaturas apunta a diferentes semiespacios. Estas superficies presentan una forma aproximada de **silla de montar**. Su curvatura gaussiana es menor que cero.

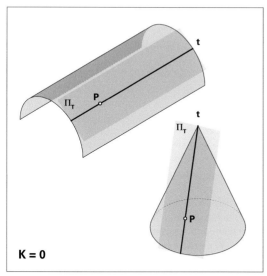

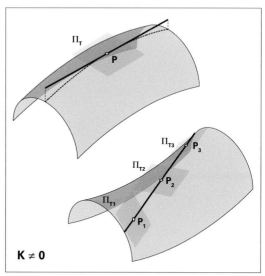

143 En el caso de las superficies curvas **uniaxiales**, para cada plano tangencial Π_T en cualquier punto **P**, se puede hallar una tangente **t** que pase por **P** en la que el plano sea tangente a la superficie. Su curvatura gaussiana **K** es igual a cero.

144 En el caso de superficies curvas **biaxiales**, o bien no se puede hallar ninguna línea recta **t** que pase por **P** y esté contenida en la superficie (arriba); o de lo contrario los puntos P_i de dicha recta siempre tienen diferentes planos tangentes (Π_{T1}, Π_{T2}, Π_{T3} …) (abajo). Su curvatura gaussiana **K** es distinta de cero (excepto para algún punto parabólico, en su caso).

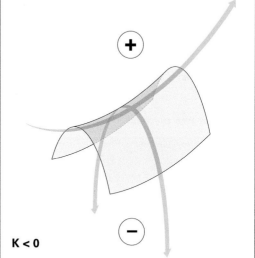

145 Superficie curvada en una sola dirección o **sinclástica**. Su curvatura gaussiana **K** es mayor que cero.

146 Superficie curvada en dos direcciones opuestas o **anticlástica**. Su curvatura gaussiana **K** es menor que cero.

Las superficies con curvatura uniaxial o simple utilizadas habitualmente en la construcción son:

• **superficies cilíndricas**;

• **superficies cónicas**;

Las que tienen una curvatura biaxial o doble:

- **superficies esféricas** o sus recortes, como **cúpulas**;

- **superficies tipo silla de montar**, como los **paraboloides hiperbólicos**;

- **superficies toroidales**, etc.

Por regla general, las superficies de curvatura uniaxial pueden construirse con mucha menor complicación que las de curvatura biaxial. Esto puede atribuirse al hecho de que siempre pueden fabricarse a partir de elementos básicos rectilíneos, en aproximación incluso a partir de placas ensambladas de forma poliédrica, en casos especiales incluso a partir de placas curvadas—a su vez uniaxialmente. En cambio, las superficies curvas biaxiales sólo pueden producirse a partir de estos elementos en casos excepcionales, y a menudo sólo como meras aproximaciones.

☞ *Aptdo. 3.2 Realización de superficies curvas biaxiales, pág. 104*

2.3.2

Por desarrollabilidad sobre el plano

☞ *Aptdo. 2.3.1 Por tipo de curvatura, pág. 46*
☞ *Véase la definición en Aptdo. 2.3.3 Por ley generatriz > Superficies regladas, pág. 54*

■ Para que una superficie curva sea desarrollable sobre un plano, debe tener una curvatura que sea sólo **uniaxial**. Las superficies de doble curvatura no son nunca desarrollables en el plano. Como ya se ha dicho anteriormente, la desarrollabilidad supone una importante facilitación para realizar una superficie en obra. Las superficies desarrollables son siempre **torses**.

2.3.3

Por ley generatriz

■ En cuanto al modo en que se generan las superficies siguiendo una ley geométrica de formación, se distingue entre las siguientes variantes básicas.

Superficies de revolución

■ Las superficies de revolución se crean girando una **generatriz**—una línea recta, un plano o también una curva no plana—alrededor de un **eje de revolución**. Todo plano perpendicular al eje de revolución interseca siempre la superficie de revolución en un círculo, un llamado **círculo de latitud** o **círculo latitudinal**. Cada plano que contiene el eje de revolución interseca siempre la superficie en una curva idéntica, el **meridiano**.
   Superficies de revolución especiales son:

- **Cilindro circular**: Si una línea recta gira alrededor de una línea recta paralela a ella, se crea un cilindro circular (⊟ **147, 148**). En este caso, cada círculo de latitud es idéntico. El meridiano es una línea recta (**recta de manto**). Todas las rectas de meridiano o manto son paralelas entre sí en el espacio. Siendo un caso especial de la superficie cilíndrica general, el cilindro circular también puede clasificarse como **superficie reglada**.

- **Cono circular**: Si una línea recta gira alrededor de otra que la interseca, se crea un cono circular (⊟ **149, 150**).

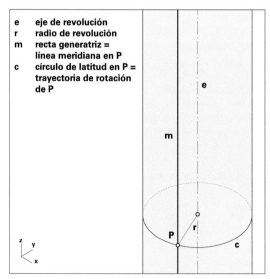

e   eje de revolución
r   radio de revolución
m   recta generatriz =
     línea meridiana en P
c   círculo de latitud en P =
     trayectoria de rotación
     de P

147 Cilindro circular, una superficie de revolución.

148 Cilindro circular hecho de chapa metálica. Los círculos latitudinales se reflejan en los cordones de soldadura.

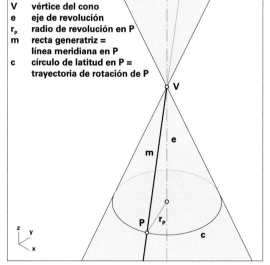

V   vértice del cono
e   eje de revolución
r_P radio de revolución en P
m   recta generatriz =
     línea meridiana en P
c   círculo de latitud en P =
     trayectoria de rotación de P

149 Cono circular, una superficie de revolución.

150 Chimenea cónica circular de ladrillo (cono truncado; punta
cortada).

Los meridianos son líneas rectas (rectas de manto) que se
cruzan con el eje en un único punto, el **vértice** del cono, y
por tanto no son paralelos entre sí. El cono circular también
puede considerarse una **superficie reglada**.

- **Esfera**: Si un círculo gira alrededor de una línea recta contenida en su plano que pasa por su centro, se forma una
  esfera (🗗 **151–154**). Los meridianos—como los círculos
  de latitud—son círculos centrados en el eje de revolución.

Cualquier plano que interseque la esfera crea un círculo como línea de intersección. En la construcción, las esferas aparecen en particular como superficies parciales, sobre todo como casquetes esféricos.

- **Superficies toroidales**: Si un círculo gira alrededor de una línea recta contenida en su plano que no pasa por su centro, se forma un toroide (⊟ **155–158**). En consecuencia, el meridiano es un círculo completo (toroide abierto, ⊟ **156**)

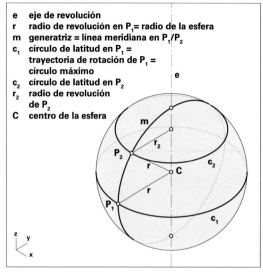

e   eje de revolución
r   radio de revolución en P_1= radio de la esfera
m   generatriz = línea meridiana en P_1/P_2
c_1 círculo de latitud en P_1 =
    trayectoria de rotación de P_1 =
    círculo máximo
c_2 círculo de latitud en P_2
r_2 radio de revolución
    de P_2
C   centro de la esfera

151 Esfera, una superficie de revolución.

152 Depósito esférico.

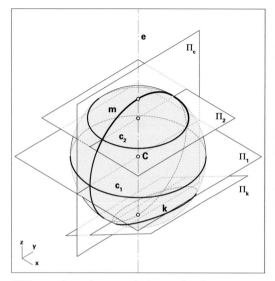

153 Las secciones planas a través de una esfera siempre generan círculos: círculos máximos si el plano (Π_c, Π_1) pasa por el centro **C**.

154 En la construcción, la esfera suele aparecer como casquete, como en esta cúpula. La sección plana a nivel de suelo, o sea la traza, da lugar a un círculo.

o un segmento de círculo (toroide cerrado, ⌨ **155**). Los círculos de latitud son simples (toroide cerrado) o dobles y concéntricos (toroide abierto).

Las superficies de revolución que se crean cuando curvas regulares que pueden describirse fácilmente de forma matemática, como las secciones cónicas, giran alrededor de un eje, también tienen cierta importancia constructiva. Éstas son:

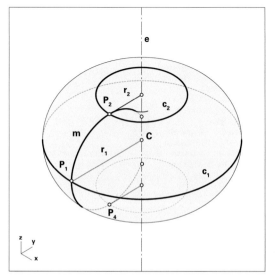

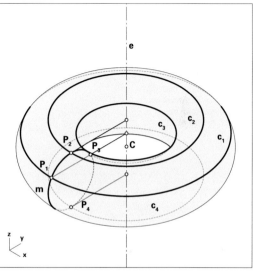

155 Toroide cerrado, una superficie de revolución. La generatriz es el segmento circular **m**.

156 Toroide abierto, una superficie de revolución. La generatriz es un círculo completo **m**.

157 Superficie toroidal abierta: bóveda en anillo (Palacio de Carlos V en la Alhambra de Granada).

158 Superficie toroidal abierta: base de columna.

- **Paraboloide de revolución**: al girar una parábola alrededor de su eje, se forma un paraboloide de revolución (⌗ **159**).

- **Hiperboloide de revolución** de **una sola hoja**: Si dos ramas de hipérbola giran alrededor de su eje de simetría común, se forma un hiperboloide de revolución de una sola hoja (⌗ **161**, **165**). Por lo tanto, el meridiano es siempre la misma hipérbola. Una característica especial de esta superficie es que también puede definirse como una **superficie reglada**: Si una línea recta sesgada respecto

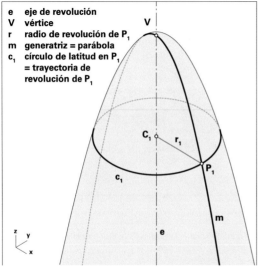

e   eje de revolución
V   vértice
r   radio de revolución de P_1
m   generatriz = parábola
c_1 círculo de latitud en P_1
    = trayectoria de
    revolución de P_1

159 Paraboloide de revolución.

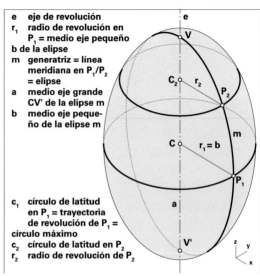

e   eje de revolución
r_1 radio de revolución en
    P_1 = medio eje pequeño
b de la elipse
m   generatriz = línea
    meridiana en P_1/P_2
    = elipse
a   medio eje grande
    CV' de la elipse m
b   medio eje peque-
    ño de la elipse m

c_1 círculo de latitud
    en P_1 = trayectoria
    de revolución de P_1 =
círculo máximo
c_2 círculo de latitud en P_2
r_2 radio de revolución de P_2

160 Elipsoide de revolución.

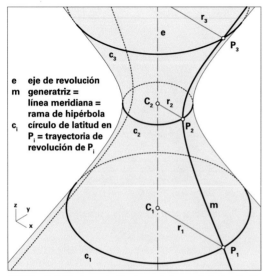

e   eje de revolución
m   generatriz =
    línea meridiana =
    rama de hipérbola
c_i círculo de latitud en
    P_i = trayectoria de
    revolución de P_i

161 Hiperboloide de revolución de una hoja a partir de la rotación de una hipérbola.

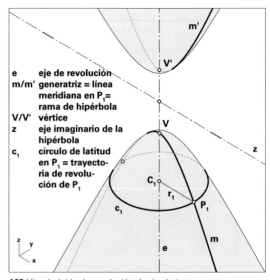

e   eje de revolución
m/m'   generatriz = línea
        meridiana en P_1=
        rama de hipérbola
V/V'   vértice
z   eje imaginario de la
        hipérbola
c_1 círculo de latitud
        en P_1 = trayecto-
        ria de revolu-
        ción de P_1

162 Hiperboloide de revolución de dos hojas.

al eje—es decir, que no lo interseca sino que sólo lo cruza—gira alrededor del mismo, se crea el mismo tipo de superficie que cuando gira una hipérbola (⊟ **169, 170**).

- **Hiperboloide de revolución** de **dos hojas**: Si las hipérbolas giran en torno al eje común, se forma el hiperboloide de revolución de dos hojas (⊟ **162**).

- **Elipsoide de revolución**: Si una elipse gira alrededor de uno de sus ejes principales, se forma el elipsoide de revolución (⊟ **163**, **164**).

163 Cubierta de un reactor en forma de un elipsoide de revolución.

164 Cúpula barroca en forma de elipsoide de revolución bisecado a lo largo del eje principal (*San Carlo alle Quattro Fontane*, arqu.: F Borromini).

165 Torre de refrigeración: hiperboloide de revolución de una sola hoja.

Superficies regladas

■ Las superficies regladas se crean mediante el movimiento de una **línea recta generatriz** en el espacio, por ejemplo, deslizándose a lo largo de una **curva directriz** (⟱ **166**).

Superficies regladas especiales son aquellas en las que el plano tangente a lo largo de una recta generatriz o de una recta de manto permanece inalterado. Estas superficies se denominan **torses**— ejemplos: cilindros, conos o superficies tangenciales a una curva espacial. [7] Las líneas generatrices vecinas o bien se encuentran en un plano, es decir, se intersecan en un punto, como en el caso de un cono; o bien son paralelas entre sí en el espacio, es decir, se intersecan en un punto en el infinito, como en el caso de un cilindro, por ejemplo; o bien son tangentes a una curva espacial (⟱ **167**). Las **torses** tienen una **curvatura uniaxial** y siempre pueden **desarrollarse en el plano**.

En el resto de las superficies regladas, el plano tangencial de un punto **P** que se desliza a lo largo de una recta generatriz cambia; por lo tanto, gira continuamente alrededor de esta generatriz. O expresado de otra manera: las rectas generatrices vecinas están **sesgadas** entre sí. Esta distinción entre **torses** y superficies regladas genéricas, es decir, la cuestión de si una superficie puede ser desarrollada, tiene una importancia fundamental para las aplicaciones constructivas.

☞ Aptdo. 3. La realización constructiva de superficies de capa curvas y continuas, pág. 92

Las superficies regladas estándar para uso constructivo son, entre otras:

- **superficies cilíndricas genéricas**: deslizamiento de una recta con dirección constante a lo largo de una curva directriz (⟱ **171–173**);

167 Una **superficie tangencial a una curva espacial** tiene curvatura uniaxial: el poliedro de la izquierda está formado por superficies parciales triangulares planas, ya que sus lados se cortan en un punto; por ejemplo, P_1Q_1 se interseca con P_2Q_2 en el punto Q_1. Por subdivisión progresiva de la superficie del poliedro (centro), en el caso límite se llega a una superficie reglada de curvatura continua con generatrices **g**, que son tangentes a una curva espacial de borde **r**. Un plano tangente Π_t a una de las generatrices es tangente a la superficie en todos los puntos de esta recta y, por tanto, la superficie cumple la condición de ser desarrollable en el plano.

- **superficies cónicas genéricas**: deslizamiento de una línea recta, que siempre pasa por un punto fijo, a lo largo una curva directriz (⟱ **174**);

- **superficies conoides**: deslizamiento de una línea recta a lo largo de una curva directriz y una recta directriz (⟱ **175, 176**);

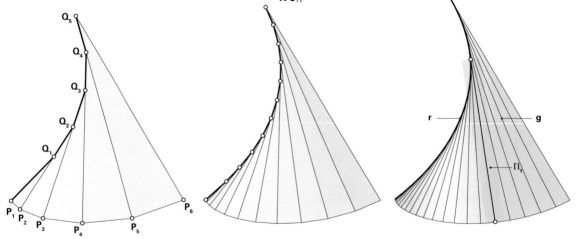

- **hiperboloide** de **una sola hoja**: recorrido de una línea recta a lo largo de dos elipses o, en el caso especial (**a** = **b**), de dos círculos (⊟ **169**, **170**); o también: recorrido de hipérbolas a lo largo de una curva guía, a saber, una elipse o un círculo, en el vértice de la hipérbola (⊟ **161**);

- **superficie helicoidal** (especial): deslizamiento de una línea recta a lo largo de una línea helicoidal (⊟ **198**, **199**);

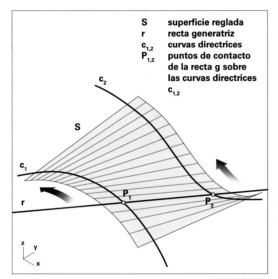

S	**superficie reglada**
r	**recta generatriz**
c$_{1,2}$	**curvas directrices**
P$_{1,2}$	**puntos de contacto de la recta g sobre las curvas directrices**

166 Superficie reglada genérica.

168 Fachada de vidrio con forma de superficie reglada genérica. Los montantes rectilíneos siguen las líneas rectas generatrices. No son paralelos entre sí. Por lo tanto, las facetas de vidrio resultantes son alabeadas (no planas). Por este motivo, se introducen resaltos en las juntas de los travesaños, que pueden apreciarse en las sombras y las reflexiones (*Staatsgalerie* en Stuttgart; arqu.: J Stirling).

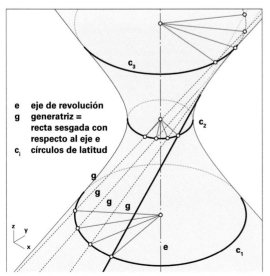

e	**eje de revolución**
g	**generatriz = recta sesgada con respecto al eje e**
c$_i$	**círculos de latitud**

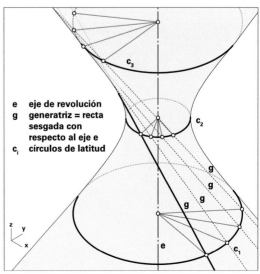

e	**eje de revolución**
g	**generatriz = recta sesgada con respecto al eje e**
c$_i$	**círculos de latitud**

169, 170 Hiperboloide de revolución de una sola hoja a partir de la rotación de una recta sesgada con respecto al eje (cf. superficies regladas), en cada caso en dos direcciones opuestas.

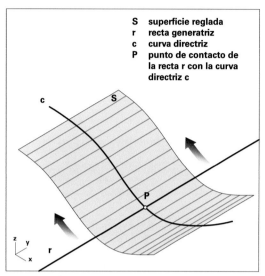

S   superficie reglada
r   recta generatriz
c   curva directriz
P   punto de contacto de
    la recta r con la curva
    directriz c

171 Superficie cilíndrica genérica.

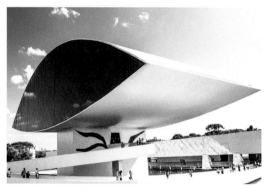

172 La fachada de la torre y la fachada lateral curva que se intersecan son ambas superficies cilíndricas. Los montantes verticales de la fachada principal siguen las líneas rectas generatrices, que discurren paralelas entre sí. En la fachada lateral, los que siguen las generatrices son los bordes de forjado. Las superficies, que sólo presentan curvatura uniaxial en su totalidad, pueden ser fácilmente facetadas generando superficies parciales planas, que se rellenan con vidrios planos.

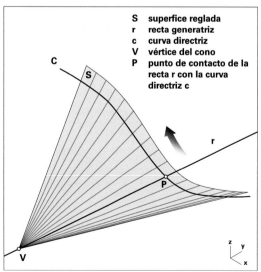

173 Edificio formado por dos superficies cilíndricas acopladas. Las líneas rectas generatrices son paralelas al borde recto (Museo Curitiba, arqu.: O. Niemeyer).

S   superfice reglada
r   recta generatriz
c   curva directriz
V   vértice del cono
P   punto de contacto de la
    recta r con la curva
    directriz c

174 Superficie cónica genérica.

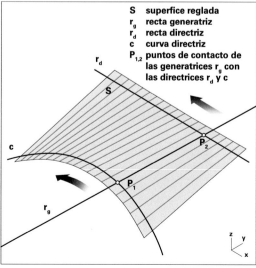

S   superfice reglada
r_g recta generatriz
r_d recta directriz
c   curva directriz
$P_{1,2}$ puntos de contacto de
     las generatrices r_g con
     las directrices r_d y c

175 Superfice conoide.

176 Pared con forma conoidal según ⊟ **175**. Las líneas rectas generatrices son claramente reconocibles por el perfilado rectilíneo.

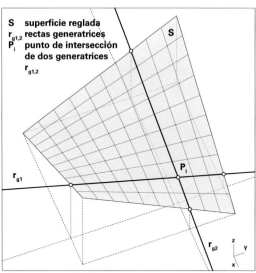

S   **superficie reglada**
r$_{g1,2}$ **rectas generatrices**
P$_i$ **punto de intersección
de dos generatrices**

r$_{g1,2}$

r$_{g1}$

P$_i$

r$_{g2}$

177 Paraboloide hiperbólico interpretado como producto de dos conjuntos de rectas que se intersecan.

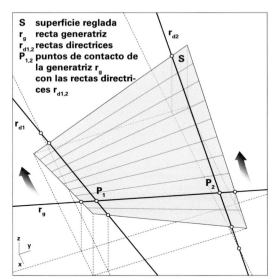

S   **superficie reglada**
r$_g$ **recta generatriz**
r$_{d1,2}$**rectas directrices**
P$_{1,2}$ **puntos de contacto de
la generatriz r$_g$
con las rectas directrices r$_{d1,2}$**

r$_{d2}$

S

r$_{d1}$

P$_1$

P$_2$

r$_g$

178 Paraboloide hiperbólico interpretado como superficie reglada. Una recta generatriz r$_g$ se desliza sobre dos rectas directrices r$_{d1,2}$ sesgadas mutuamente.

179 Cascarones de hormigón en forma de paraboloide hiperbólico. La característica de superficie reglada es reconocible por las huellas de encofrado claramente visibles de las tablas de encofrado rectilíneas.

180 Paraboloide hiperbólico cortado en línea recta a lo largo de rectas generatrices (sección como en ⊟ **177–181**).

• **paraboloide hiperbólico**: una línea recta que se desliza a lo largo de dos líneas rectas sesgadas mutuamente (⊟ **177–181**).

Superficies de traslación

■ Las superficies de traslación se crean mediante el desplazamiento paralelo de una **curva generatriz** a lo largo de una **curva directriz** (⊟ **182**). La curva generatriz y la curva directriz siempre se intersecan en un punto. En el transcurso del desplazamiento, la generatriz puede permanecer inalterada, o puede modificarse continuamente según una ley fija: por escalamiento o estiramiento homotético.

En un caso especial, la generatriz o la directriz puede ser una línea recta. En este caso, se crea una **superficie reglada**, es decir, una **superficie cilíndrica** si la generatriz permanece inalterada, o una **superficie cónica** si la generatriz se estira continuamente por homotecia. Si tanto la generatriz como la directriz son rectas, el resultado es un **plano**.

Es lógico que, incluso combinando las curvas más sencillas como generatrices o directrices, se crea una gama muy amplia de superficies de traslación. Algunas de las más comunes en la construcción hasta ahora son las siguientes:

• **superficies cilíndricas**: desplazamiento paralelo de una generatriz invariante a lo largo de una directriz (⊟ **171–173**);

• **superficies cónicas**: desplazamiento paralelo de una generatriz estirada continuamente por homotecia a lo largo de una línea recta (⊟ **174**);

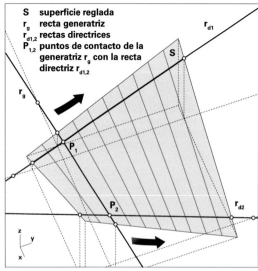

181 Paraboloide hiperbólico interpretado como superficie reglada. Una recta generatriz **r$_g$** se desliza sobre dos rectas directrices **r$_{d1,2}$** sesgadas mutuamente. Dirección recíproca a ⊟ **177**.

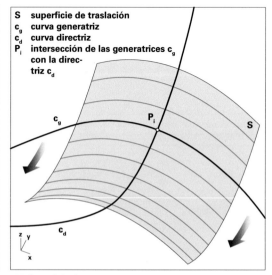

182 Superficie de traslación genérica. Una curva generatriz **c$_g$** barre a lo largo de una curva directriz **c$_d$**.

- **paraboloide hiperbólico**: deslizamiento de una parábola a lo largo de otra parábola (⊟ **183**, **184**). Las intersecciones planas de la superficie paralelas al plano de coordenadas **xz** dan lugar a parábolas congruentes (⊟ **185**), al igual que las paralelas a **yz** (⊟ **186**). Las intersecciones planas paralelas a **xy** dan lugar a hipérbolas—de ahí el nombre de paraboloide hiperbólico—, en el caso especial del propio plano **xy**, a dos rectas que se intersecan (⊟ **187**).

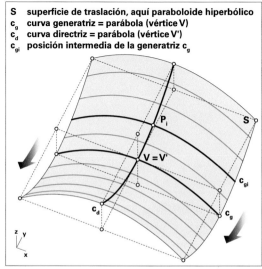

S　superficie de traslación, aquí paraboloide hiperbólico
c_g　curva generatriz = parábola (vértice V)
c_d　curva directriz = parábola (vértice V')
c_{gi}　posición intermedia de la generatriz c_g

183 Ejemplo de superficie de traslación a partir de dos parábolas. La generatriz c_g barre a lo largo de c_d en su vértice **V**. La sección de la superficie está centrada en el vértice de la misma (= vértice de la línea directriz **V'**). Es un paraboloide hiperbólico.

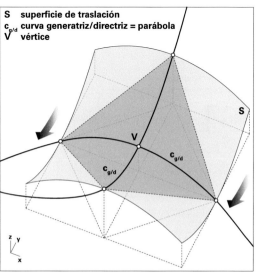

S　superficie de traslación
$c_{g/d}$　curva generatriz/directriz = parábola
V　vértice

184 Paraboloide hiperbólico interpretado como superficie de traslación con una parábola c_g como curva generatriz y una parábola c_d como curva directriz. Ambas pueden ser consideradas como curva generatriz o directriz respectivamente.

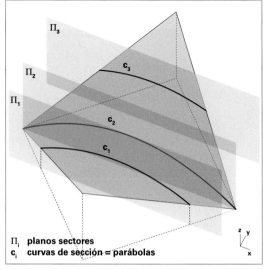

Π_i　planos sectores
c_i　curvas de sección = parábolas

185 Las secciones perpendiculares en planos paralelos a **xz** producen parábolas.

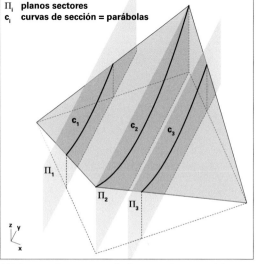

Π_i　planos sectores
c_i　curvas de sección = parábolas

186 Las secciones perpendiculares en planos paralelos a **yz** producen parábolas. Dirección recíproca a ⊟ **185**.

Las superficies de traslación tienen una gran importancia para aplicaciones constructivas. Aunque suelen tener doble curvatura y no pueden desarrollarse en el plano—es decir, no son torses—, son aptas para ser convertidas en una superficie poliédrica, es decir, en un poliedro formado por superficies parciales planas. Aunque sólo se trata de una aproximación a la superficie de traslación de curvatura continua, la diferencia suele ser apenas perceptible a simple vista en el caso de curvaturas pequeñas, facetas suficientemente pequeñas, así como con las escalas habituales en la construcción.

En detalle: Tanto la curva generatriz como la directriz

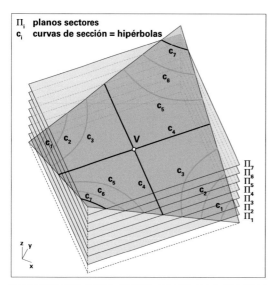

Π_i **planos sectores**
c_i **curvas de sección = hipérbolas**

188 (Arriba) sección no recta de un paraboloide hiperbólico (ver diagrama en ⊟ **188** (Capilla Las Lomas de Cuernavaca, México; arqu.: F Candela).

187 (Izquierda) las secciones en dirección **xy** dan lugar a hipérbolas. La sección horizontal que pasa por el vértice **V** (plano sector Π_4) da lugar a dos rectas que se intersecan.

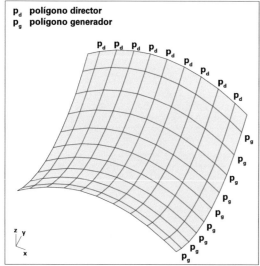

p_d **polígono director**
p_g **polígono generador**

190 Aproximación de una superficie de traslación por resolución en un poliedro de paralelogramos, aplicada al ejemplo de ⊟ **182–184**.

191 Cascarón de celosía: geométricamente es una superficie de traslación. Las facetas de vidrio son planas.

se transforman en **líneas poligonales** (⊟ **190**, **191**). Dos vértices adyacentes de la línea poligonal generatriz **A** y **B** se convierten en los dos puntos **A'** y **B'** mediante un desplazamiento o traslación paralela (⊟ **192**). Se da que las líneas **AB** y **A'B'** son espacialmente **paralelas** entre sí, ya que forman parte de polígonos congruentes, meramente desplazados (paralelos). Por tanto, la condición de que la superficie **ABA'B'** sea plana ya se cumple.

Como la línea poligonal generatriz no cambia durante el desplazamiento, **ABA'B'** es incluso un paralelogramo, ya que las distancias **AA'** y **BB'** son también paralelas entre sí (⊟ **193**).

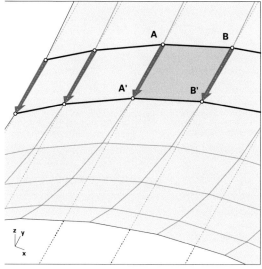

192 Detalle del poliedro en ⊟ **190** con representación gráfica del proceso de traslación.

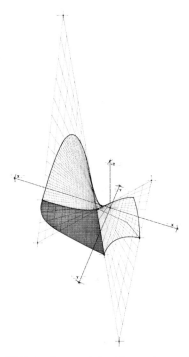

189 Derivación geométrica del cascarón en ⊟ **188**. Resulta como una sección, dada según criterios de diseño, del paraboloide cortado en línea recta a lo largo de la generatriz, mostrado aquí como un dibujo lineal.

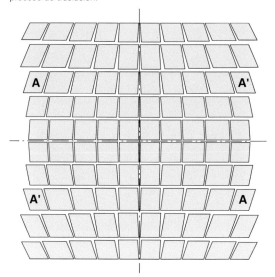

193 Paralelogramos planos del poliedro mostrado en ⊟ **190** abatidos sobre el plano (las facetas externas cortadas más estrechas). Como el vértice de la superficie se encuentra en el centro de la sección y ambas parábolas c_g y c_d son simétricas, cualquier elemento **A** se presenta dos veces en forma idéntica y dos veces en forma especular (**A'**). En un mismo cuadrante, todos los elementos son geométricamente diferentes.

Superficies de traslación transformadas por homotecia

■ También se puede crear una superficie de traslación **desplazando** y simultáneamente transformando por **homotecia** la curva generatriz (⊟ **194**). También es posible extender de este modo sólo parcialmente la generatriz, es decir, sólo una sección de la misma. Una superficie de traslación de este tipo también puede transformarse en un poliedro. Si la línea poligonal generatriz se extiende continuamente (⊟ **195**), sólo **AB** y **A'B'** son paralelos entre sí; **AA'** y **BB'** se encuentran en líneas rectas que se intersecan y, por consiguiente, se

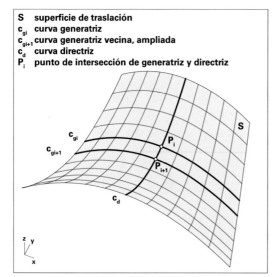

S   superficie de traslación
c_{gi} curva generatriz
c_{gi+1} curva generatriz vecina, ampliada
c_d curva directriz
P_i punto de intersección de generatriz y directriz

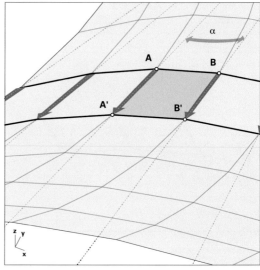

194 Superficie de traslación por desplazamiento y extensión simultánea por homotecia de una curva generatriz c_g a lo largo de una curva directriz c_d.

195 Superficie de traslación estirada por homotecia, transformada en un poliedro como en ⊟ **194** (detalle). **AA'B'B** es un trapecio.

196 Superficie de traslación extendida por homotecia a lo largo de la línea directriz curva (véase la línea de cumbrera): cascarón de celosía con sección transversal en disminución. También aquí las facetas de vidrio son siempre planas (estación central de Berlín).

197 Vista general del cascarón de celosía en ⊟ **196**.

encuentran en un plano y forman entre sí un ángulo α que depende naturalmente del factor de homotecia. La superficie parcial **AA'B'B** resultante es un **trapecio** (plano).

Como resultado, se puede generar una gran variedad de superficies de traslación, que en la implementación práctica siempre se puede aproximar satisfactoriamente mediante el uso de **material plano tipo placa**.

■ Las superficies helicoidales se crean por el deslizamiento de una línea recta o curva generatriz a lo largo una **hélice**, que actúa aquí como curva directriz (⊟ **198–201**). Una hélice o línea helicoidal, por su parte, se crea **girando** y **deslizando** simultáneamente un punto alrededor y a lo largo de un eje. Una revolución completa del punto está asociada al desplazamiento en una distancia fija, la llamada **fase**. Si la generatriz es una línea recta, la superficie helicoidal especial también puede considerarse una **superficie reglada**. Sin embargo, las superficies helicoidales no son torses, por lo que no pueden desarrollarse.

Superficies helicoidales

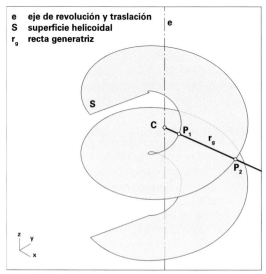

e   **eje de revolución y traslación**
S   **superficie helicoidal**
r_g **recta generatriz**

198 Superficie helicoidal a partir de la rotación y el desplazamiento simultáneo de una recta generatriz r_g a lo largo de un eje.

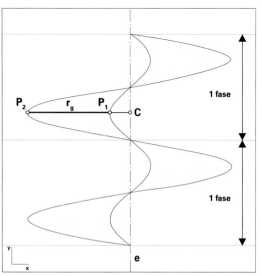

199 Vista lateral ortogonal de la superficie helicoidal. La distancia recorrida en una revolución completa de 360° es la llamada fase.

200 La parte inferior de esta rampa en espiral es una superficie helicoidal. Las líneas rectas generatrices pueden reconocerse por las impresiones de encofrado. Siempre están alineadas con el eje central del cilindro de soporte y lo intersecan a diferentes alturas (Centro Niemeyer, Avilés; arqu.: O Niemeyer).

201 El tablero de esta escalera de caracol es una aproximación discreta a una superficie helicoidal. Las rectas generatrices son a su vez reconocibles en los bordes escalonados del intradós (*Deutsches Historisches Museum*, Berlín; arqu.: I M Pei).

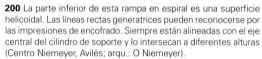

Métodos digitales de definición de superficies

■ Las superficies mencionadas anteriormente pueden definirse y describirse con la ayuda de su **ley generatriz**. A menudo surgen por desplazamiento espacial y, en ocasiones, también por transformaciones afines simultáneas de una línea de partida subyacente. De este modo, algunas secciones de esta superficie pueden, desde un principio, describirse matemática o geométricamente. En otras palabras, esto significa que, para la ejecución en fábrica, las dimensiones necesarias pueden ser **calculadas** o al menos **construidas geométricamente** con suficiente precisión. Por ejemplo, si las secciones características de una superficie son siempre una parábola de segundo orden, se puede calcular cualquier número de puntos intermedios utilizando su función:

$$f(x) = a_1 x^2 + a_2 x + a_3$$

una vez que los parámetros a_1 a a_3 hayan sido definidos por especificaciones correspondientes. Es aún más fácil crear una superficie en obra con **medios manuales**, por ejemplo, moviendo paso a paso una plantilla reutilizable, con lo que se crea una superficie de traslación.

Es lógico que una ley generatriz conocida, al estar predeterminada, sea un facilitador esencial para la ejecución material de un proyecto. Además, el conocimiento exacto de la geometría también puede ser un requisito básico para el **modelado estático** y el cálculo previo del **comportamiento de carga** de dicha forma.

Esta es la razón por la que las superficies de este tipo,

dentro del grupo de las formas curvas, fueron dominantes en la construcción durante mucho tiempo y, esencialmente, lo siguen siendo hoy. Aunque algunas formas libres también se construían con frecuencia en el pasado, siempre se requería un alto nivel de artesanía para ello, algo que se ha perdido en gran medida en la actualidad. Un buen ejemplo de los métodos tradicionales y puramente artesanales para construir formas curvas complejas es la construcción naval histórica. Los ingenieros navales o bien dibujaban directrices aproximadas en trazas, que luego se utilizaban para producir las superficies a ojo (por ejemplo, el entablado a lo largo de las cuadernas), o bien definían primero la forma libre en un **modelo a escala** y luego la registraban para la producción tomando medidas a partir de ella con la mayor precisión posible.

Un cambio fundamental en estas condiciones generales se ha producido con la introducción de ayudas de planificación digital como el software CAD para la definición de formas, los métodos de cálculo de elementos finitos asistidos por ordenador para determinar el comportamiento de carga y los programas para la producción y el montaje automatizados. Los programas CAD modernos permiten al planificador no sólo modelar virtualmente las superficies regulares convencionales en el espacio tridimensional, como se ha comentado en los apartados anteriores, sino también generar cualquier superficie definiendo libremente las condiciones de contorno o incluso distorsionando manual o interactivamente un elemento básico. Aunque una definición matemática de la superficie mediante un sistema de coordenadas y una función matemática característica es teóricamente posible, este paso no es especialmente eficaz ni necesario para el proyectista, ya que:

- la elección de una función matemática para generar una determinada superficie requiere amplios conocimientos matemáticos a priori, que normalmente no están presentes en grado suficiente entre los proyectistas o que sólo pueden ser aplicados en estrecha colaboración con matemáticos;

- el programa puede proporcionar en cualquier momento cualquier número de dimensiones definitorias para el fabricante u otros planificadores especializados implicados, con la ayuda de métodos alternativos, más sencillos y descriptivos, de definición geométrica y con casi cualquier grado de precisión deseado;

- el archivo digital puede transmitirse a planificadores y contratistas especializados, que pueden utilizar la información que contiene para sus propios fines, por ejemplo, para cálculos estáticos o para su uso en una instalación de producción totalmente automatizada, controlada por CNC o totalmente robotizada.

☞ *Cap. IX-1, Aptdo. 4. Cuestiones de forma de estructuras con esfuerzos axiales, pág. 240*

Esto abre un nuevo y enorme repertorio de formas para la industria de la construcción, al menos geométricamente en el sentido de una definición exacta de formas.

Por lo tanto, una ventaja importante de los métodos CAD digitales de definición de formas es la posibilidad, además de una definición puramente numérica, de generar formas de manera visual e intuitiva a través de la entrada manual (ratón o tableta), manteniendo al mismo tiempo una salida de datos matemática precisa. Elementos de forma desarrollados especialmente para este fin permiten definir y manipular gradual y táctilmente curvas y superficies con el fin de optimizar la forma según los deseos, es decir, la **valoración visual** del diseñador. Este proceso es esencialmente un proceso analógico, no digital, que tiene grandes similitudes con el dibujo a mano. En este proceso de definición digital de la forma, se conserva, al menos parcialmente, el procedimiento directo de traducir una idea o concepto formal, de la manera más inmediata e intuitiva posible, en una forma precisa, un procedimiento que resulta familiar de la tradicional definición analógica de la forma—como se practica, por ejemplo, utilizando un dibujo a mano o una plantilla—.

A pesar del rápido aumento de la potencia de cálculo de los ordenadores en los últimos años, la creación de superficies curvas complejas sigue siendo un proceso intensivo desde el punto de vista informático y, en ocasiones, muy lento. Por lo tanto, es importante que la complejidad del modelo digital sea lo más baja posible, manteniendo una precisión suficiente, con objeto de limitar la potencia de cálculo necesaria para la definición de la forma. Esto es especialmente importante para el modelado digital en películas de animación, donde cada fotograma de la película tiene que ser modelado y renderizado por separado. Para ello, por ejemplo, se distingue cuidadosamente entre objetos en la distancia, que se modelan de forma más imprecisa y, por tanto, con menos datos, y los del primer plano, que se elaboran de forma correspondientemente más precisa y elaborada.

Existen restricciones comparables en la construcción. También en este caso se trata esencialmente de mantener la cantidad de datos que hay que procesar para una definición de forma dentro de unos límites tolerables. Los métodos especialmente intensivos en computación, como la generación de superficies basadas en curvas continuas, se utilizan para curvaturas particularmente visibles o particularmente complejas, especialmente aquellas en las que una curvatura continua y sin rupturas es importante por razones visuales; para las zonas menos críticas se utilizan métodos más sencillos y menos intensivos desde el punto de vista informático, como la aproximación de superficies curvas mediante mallas.

En la construcción, a diferencia de la industria cinematográfica, no suelen ser necesarias precisiones muy elevadas, ya que en la construcción, de todos modos, casi nunca se producen superficies de curvatura muy afinada. Esto tiene que ver con las características geométricas de los elementos básicos habituales en la construcción, es decir, barras rectilíneas o paneles planos (⊟ **202**). Ya de por sí imponen una cierta discretización en el modelado de superficies, es decir, una resolución de líneas curvas o de superficies curvas transformándolas en líneas poligonales discontinuas o en poliedros facetados (⊟ **202**). Esto también coincide con los objetivos del procesamiento digital, porque estos componentes elementales pueden definirse geométricamente con los medios más sencillos: una línea recta con dos puntos en el espacio, un plano con tres. Esto reduce considerablemente la potencia de cálculo necesaria. El **refinamiento** continuo de los poliedros espaciales es entonces posible mediante diversos métodos gráficos, en la medida en que la continuidad visual deseada de la curvatura sigue estando satisfactoriamente garantizada, pero, por otra parte, el tamaño de las facetas sigue siendo lo suficientemente grande como para cumplir los requisitos de fabricación, estructurales o de montaje. Las superficies discretizadas compuestas por polígonos individuales (o estructuras constructivas tridimensionales compuestas por poliedros, como celosías espaciales) se denominan **mallas** o **mallas poligonales** (en inglés *meshes* o *polygon meshes*) en la modelización asistida por ordenador (⊟ **204**, **206**).

202 Facetado o **discretización** de una superficie de curvatura biaxial en lunas de vidrio planas.

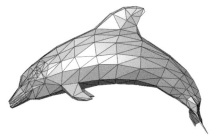

203 Modelado aproximado de un delfín por **discretización** mediante una malla triangular. Si es necesario, se puede afinar más para obtener una representación más realista de las curvas.

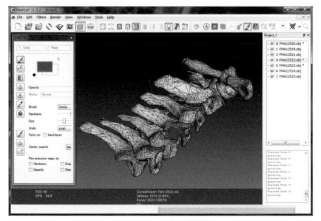

204 Malla poligonal para el modelado aproximado de superficies curvas continuas.

205 Con mallas es posible modelar las formas irregulares más complejas: aquí, en una aproximación, vértebras modeladas por mallas.

206 Cascarón de celosía de forma libre con facetas triangulares basadas en una malla poligonal generada digitalmente (*The British Museum,* Londres; arqu.: Foster Ass.)

207 Superficie curva continua, no discreta, con las máximas exigencias de precisión y continuidad (*Cloud Gate*, Chicago).

Sin embargo, hay que tener en cuenta que los polígonos de la malla no son necesariamente planos. Esto es naturalmente cierto para los polígonos con más de tres vértices, especialmente el cuadrilátero, que es el más común en las aplicaciones prácticas (como en 🗗 **204**). Las mallas triangulares siempre tienen áreas parciales planas. No obstante, si se desea, las mallas poligonales discretas también pueden generarse de forma que estén formadas exclusivamente por superficies poligonales planas. Para ello, la planeidad puede establecerse por defecto en el algoritmo de generación.

Los polígonos o las mallas poligonales suelen definirse primero en el proceso de diseño como una aproximación a la forma deseada (🗗 **208**, **209**) y, a continuación, se suavizan o refinan visualmente mediante diversos métodos (🗗 **210**, **211**). El resultado final de este proceso pueden ser alternativamente polígonos más refinados (como en 🗗 **210**, **211**) o, como caso límite tras un número suficiente de pasos de refinamiento, curvas no discretas y curvadas continuamente (por ejemplo, curvas Bézier, curvas B-spline, curvas NURBS) (🗗 **212**) o superficies tridimensionales generadas a partir de ellas (🗗 **213**).

Aunque, desde un punto de vista estrictamente matemático, las curvas (🗗 **212**) o las superficies de curvatura continua (🗗 **213**) pueden considerarse como un caso límite de perfeccionamiento de polígonos tras un número teóricamente infinito de pasos (🗗 **210**, **211**), este proceso normalmente no se lleva a cabo de esta forma en el diseño porque es poco práctico. Nunca se refinará una malla poligonal paso a paso hasta que desaparezca totalmente la discretización, sino sólo hasta donde sea necesario para construirla a partir de partes

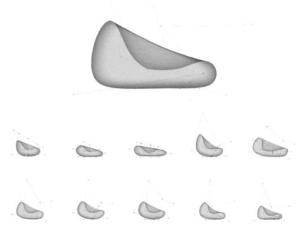

214 Manipulación de la forma cambiando los **polígonos de control** respecto a la forma inicial (arriba). El control a través de los polígonos garantiza un modelado general consistente sin rupturas irritantes.

bidimensional

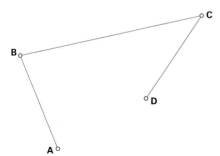

208 (Arriba) **polígono** de tres lados **ABCD**: aproximación a un elemento de forma deseado.

209 (Derecha) **malla poligonal espacial**: aproximación a una superficie deseada.

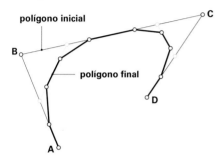

210 (Arriba) suavizado o refinamiento del polígono original de tres lados **ABCD** generando un polígono discreto, similar a una curva, mediante un procedimiento matemático definido de **subdivisión** de los lados del polígono.

211 (Derecha) suavizado o refinamiento de la malla poligonal original espacial generando una malla discretizada mediante un procedimiento matemático definido de **subdivisión** de los lados del polígono.

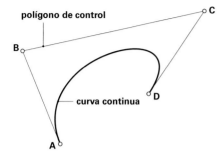

212 (Arriba) conversión del **polígono de control** de tres lados **ABCD** en una curva continua, aquí no discretizada, mediante un procedimiento matemático especificado.

213 (Derecha) conversión de la malla de **polígonos de control** en una superficie curva mediante un procedimiento matemático definido.

tridimensional

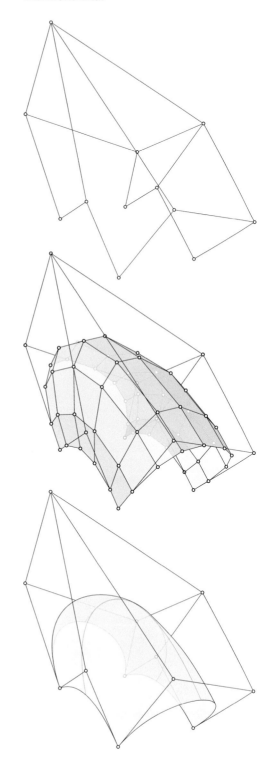

planas individuales. Esto corresponde al trabajo con **mallas**. Esta práctica ahorra tiempo de cálculo, ya que las mallas no son más que una matriz con las coordenadas espaciales de los puntos implicados, los datos de vinculación entre ellos y posiblemente otros datos complementarios.

Sólo en casos especiales en los que una curvatura continua y no discreta sea esencial, se recurrirá a curvas perfectamente continuas (como en ⊟ **207**, **212** y **213**). La derivación de estas curvas a partir de los llamados **polígonos de control** asociados (⊟ **214**) se realiza directamente mediante un algoritmo, sin pasos intermedios como en el caso anterior de la subdivisión poligonal. La cantidad de datos que hay que procesar es mucho mayor que en el caso anterior, al igual que la potencia de cálculo necesaria.

Dado que estas curvas son el resultado de la modificación matemática de los polígonos originales, pueden modificarse como se desee manipulando estos polígonos originales (⊟ **214**) sin tener que interferir con el conjunto de datos de la forma final ya refinada, lo que posiblemente causaría perturbaciones en la continuidad de la superficie.

Es por esta razón por la que estos polígonos de origen se denominan polígonos de control. Garantizan un diseño general uniforme, fluido y coherente, sin discontinuidades ni rupturas locales, como se suele buscar en el diseño arquitectónico (⊟ **214**).

No obstante, también existen métodos para manipular las mallas localmente, de forma manual o a ojo, si es necesario. De esta manera, por ejemplo, se pueden introducir protuberancias o depresiones locales de forma arbitraria en una superficie sin referencia a la forma general. Este proceso puede compararse con la huella de un dedo en arcilla plástica. Esto contrasta con la deformación por flexión de una delgada tira de madera al presionarla con el dedo, donde el elemento completo se deforma de forma constante, no sólo localmente. Esto es un proceso que se parece más a la defor-

215 Modelo de elementos finitos (modelo EF) de un componente curvado bajo carga que muestra los niveles de tensión locales (véase la escala de colores). En el fondo, la malla poligonal subyacente.

mación de una superficie mediante polígonos de control. La deformación local, plástica por así decirlo, de las superficies de forma libre no obstante se produce principalmente en el modelado de formas vivas, como en dibujos animados, pero con menos frecuencia en la construcción (⊟ **205**).

Además de las superficies planas, como las que se suelen utilizar en las mallas antes mencionadas para facilitar su ejecución, son también de especial importancia para la construcción las **superficies desarrollables**. Sólo presentan curvatura uniaxial y pueden componerse o combarse a partir de elementos planos de partida como placas, tiras o bandas, siempre que el material sea lo suficientemente flexible. Como las superficies desarrollables son siempre superficies regladas, también pueden construirse con relativa facilidad a partir de material lineal recto. En consecuencia, las superficies curvas biaxiales más complejas también pueden estar compuestas por superficies desarrollables en forma de tira que están interconectadas en sus bordes, como alternativa a las mallas discretas compuestas de polígonos planos que se han comentado anteriormente. Este tipo de superficies, por así decirlo, parcialmente facetadas se denominan **semidiscretas**.

Por supuesto, las superficies no discretas con curvatura biaxial continua también pueden ejecutarse en la práctica, por ejemplo, mediante técnicas de fundición o por deformación térmica de un material de partida plano, como el vidrio. Las caras cuadriláteras no planas de una malla son superficies de curvatura biaxial no desarrollables y requieren los correspondientes procesos de fabricación. Sin embargo, estas formas son más complicadas de construir. Por lo tanto, en estos casos, debe preverse siempre en el proyecto un aumento de costes de producción, lo que a menudo descarta estas soluciones estructurales desde el principio.

A pesar de la gran libertad en el diseño de formas constructivas que brindan métodos digitales, debe analizarse siempre el comportamiento estático de las superficies como estructuras laminares o celosías autoportantes. Las reservas de carga de una superficie o estructura de celosía curva sólo pueden aprovecharse plenamente mediante una conformación o subdivisión estáticamente compatible. También en este caso existen programas informáticos modernos para determinar un diseño estáticamente optimizado.[8] Se trata de un sustituto de los métodos experimentales que hasta hace poco se utilizaban exclusivamente para la búsqueda de formas estáticas optimizadas utilizando modelos físicos.[9] Los métodos de cálculo por elementos finitos, que también se basan en la formación de polígonos y que normalmente adoptan para el cálculo estático los modelos digitales de malla desarrollados para la definición de formas, permiten hoy en día realizar análisis estáticos de mucho mayor alcance de lo que era posible en el pasado con modelos físicos (⊟ **215**).

2.5   Mallas

☞ *Aptdo. 2.6 Refinamiento de mallas poligonales—aproximación a una curvatura, pág. 74*

216 Implementación de una malla mediante placas planas de corte poligonal en una estructura de cascarón autoportante.

217 Realización de una malla como armazón con paneles de vidrio de cobertura apoyados en ella.

☞ *Aptdo. 1.2.1 Teselado de la superficie, pág. 9*

■ Las mallas son el método más sencillo, más eficiente en términos de esfuerzo computacional y más flexible para modelar digitalmente superficies complejas de forma libre con suficiente precisión para fines constructivos. Son la herramienta elemental del diseño y la construcción asistidos por ordenador y pueden perfeccionarse tanto como sea necesario mediante diversos procesos. Estos métodos se explican con más detalle en los siguientes apartados.

Las mallas se componen de **vértices** (en inglés *vertices*), **aristas** (en inglés *edges*) y **caras** (en inglés *faces*) encerradas en ellas. Los vértices van unidos entre sí por aristas en un tipo específico de conectividad (en inglés *connectivity*) que es característico de la malla respectiva. Un grupo de aristas que rodean una superficie parcial forma un **polígono**. Las superficies parciales se conectan entre sí en las aristas de manera que se crea una superficie facetada continua (🗗 218, 219).

En la construcción práctica, las caras pueden ejecutarse como placas o paneles autoportantes, correspondiendo las aristas a las juntas (🗗 216); las mallas también pueden realizarse como celosías, en las que las aristas representan una barra, los vértices de la malla un nudo constructivo y las caras, a su vez, un componente plano de cobertura (🗗 217).

Las mallas pueden tener diferentes grados de regularidad (🗗 220). En construcción, las mallas completamente carentes de regularidad, sin una regla de enlace reconocible entre los vértices, no suelen ser útiles para generar superficies de forma libre (🗗 220-1). Las más comunes son las mallas estructuradas en las que existe una regla de enlace claramente reconocible entre los vértices, por ejemplo, el número de aristas que convergen en un vértice (🗗 220-2). Las mallas regulares con reglas de enlace adicionales (por ejemplo, los ángulos de las aristas que convergen en un vértice) (🗗 220-3, -4) aparecen con superficies especiales (por ejemplo, de curvatura uniaxial).

Las mallas poligonales compuestas por caras **triangulares** y **cuadriláteras** son las más frecuentes en el diseño arquitectónico (🗗 218, 219). Las mallas hexagonales sólo se utilizan en pocos casos. Las siguientes propiedades de la respectiva subdivisión de la malla son de interés:

- **Malla triangular** (en inglés *triangle mesh*) (🗗 219): Ya quedó claro durante la discusión de la teselación del plano que una superficie se puede componer de la forma más simple por medio de triángulos. Cualquier malla de caras cuadriláteras puede transformarse en una malla de caras triangulares introduciendo una diagonal en cada cara. En cada vértice interior regular convergen seis aristas, es decir, los vértices tienen seis valores. Las excepciones a esta regla se denominan vértices irregulares.

  Las superficies parciales triangulares de las mallas son, por necesidad geométrica, siempre planas, lo que es de gran importancia para la aplicación constructiva. Además, los triángulos de barras son siempre rígidos al cizallamiento, lo que es estáticamente ventajoso para cascarones de celosía. Sin embargo, una desventaja es el número relativamente grande de barras (seis) que convergen en el nudo de una celosía, lo que complica la construcción.

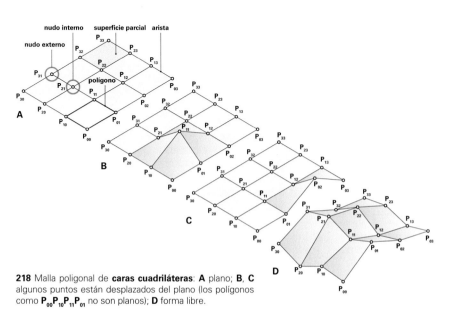

218 Malla poligonal de **caras cuadriláteras**: **A** plano; **B**, **C** algunos puntos están desplazados del plano (los polígonos como $P_{00}P_{10}P_{11}P_{01}$ no son planos); **D** forma libre.

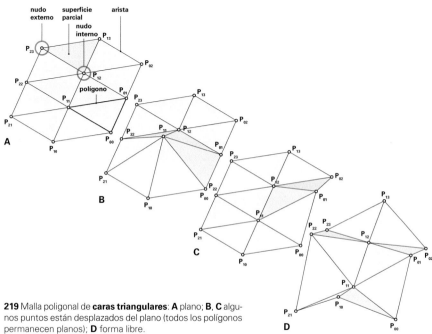

219 Malla poligonal de **caras triangulares**: **A** plano; **B**, **C** algunos puntos están desplazados del plano (todos los polígonos permanecen planos); **D** forma libre.

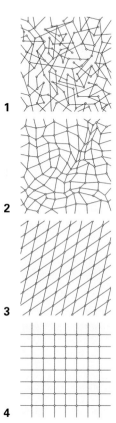

220 Diferentes grados de regularidad de mallas: **1** sin orden reconocible; **2** estructurada; **3** estructurada y regular; **4** estructurada, regular y ortogonal.

☞ Aptdo. 1.2.1 Teselado de la superficie,
pág. 9

• **Malla cuadrangular** o **cuadrilátera** (en inglés *quadrilateral mesh* o abreviado *quad mesh*) (⊟ **218**): Los cuadrados o rectángulos también teselan el plano de forma elemental. Cuatro cuadriláteros convergen en un vértice interior regular, es decir, allí siempre convergen cuatro aristas (los nudos son cuadrivalentes). Las excepciones a esta regla se denominan vértices irregulares. Este es el caso cuando (sobre todo por razones de topología geométrica) hay que introducir localmente caras diferentes (no cuadriláteras). Como se ha señalado, las caras cuadriláteras no son necesariamente planas (⊟ **218 B–D**).

La malla cuadrilátera es la geometría de malla más utilizada en el diseño arquitectónico. El resultado es un formato de panel fácil de fabricar y de manipular y da lugar a una densidad de juntas relativamente baja o, en el caso de celosías de barras, a un número relativamente pequeño de barras. Es posible desarrollar geometrías de malla de manera que todas las caras cuadriláteras sean planas, lo que simplifica enormemente la producción. En celosías, las caras cuadriláteras, a diferencia de las triangulares, no son rígidas al descuadre. Esto suele ser una desventaja desde el punto de vista estático.

2.6 Refinamiento de mallas poligonales—aproximación a una curvatura

☞ Véase también Aptdo. 2.7.1 Curvas de subdivisión, pág. 76, y 2.8.1 Superficies de subdivisión, pág. 82

■ Las mallas poligonales pueden **refinarse** utilizando varios métodos para ajustarse mejor a una forma libre deseada y conseguir un aspecto visual más satisfactorio. Existen varios métodos de refinamiento, por ejemplo una **subdivisión** (⊟ **221**, **222**). En este caso, se introducen vértices adicionales de acuerdo con una regla determinada. Esto abre la posibilidad de reubicar estos nudos en el espacio para una mejor adaptación y así perfeccionar la malla. Este proceso puede repetirse indefinidamente hasta obtener teóricamente una superficie de curvatura continua, pero—como se comentó—esto es poco práctico y no se efectúa de esta forma.

Además, también existen algoritmos que generan **curvas continuas** a partir de un polígono (polígono de control). A partir de ellas, se pueden generar superficies tridimensionales, también de curvatura continua y no discretas.

Partiendo de formas libres bidimensionales, a continuación se investigarán diferentes métodos de refinamiento que producen tanto superficies discretizadas (por subdivisión) como no discretizadas (curvas de forma libre).

2.7 Curvas de forma libre

■ Las curvas de forma libre son la base para la creación de superficies curvas continuas. Se pueden manipular fácilmente a mano modificando ciertos elementos de referencia: puntos característicos, polígonos de contorno o tangentes. Al mismo tiempo, sin embargo, queda garantizada la plena definibilidad matemática de la forma con la ayuda de conjuntos de datos tan precisos como se desee, ya que estas curvas se basan en algoritmos definidos matemáticamente. Estos algoritmos están programados de tal manera que se dan desde el principio curvaturas y transiciones armónicas

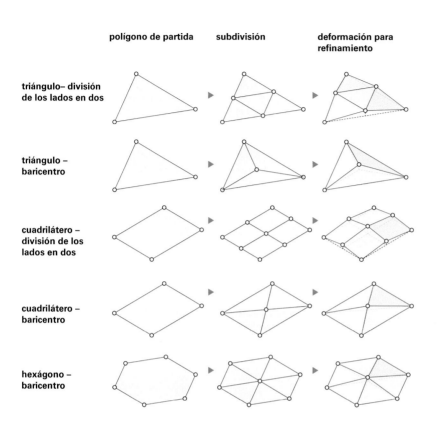

	polígono de partida	subdivisión	deformación para refinamiento

triángulo– división de los lados en dos

triángulo – baricentro

cuadrilátero – división de los lados en dos

cuadrilátero – baricentro

hexágono – baricentro

221 Formas de **refinar** una cara de malla subdividiéndola para aproximar mejor geometrías curvas. aquí se muestran caras iniciales planas; pero los métodos también son aplicables a caras no planas.

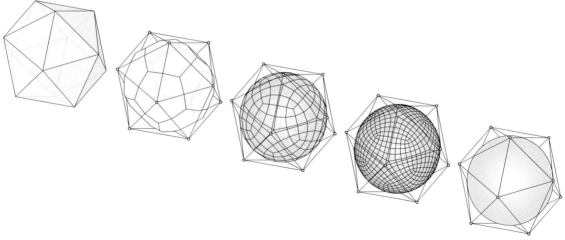

222 Conversión de un icosaedro (poliedro de 20 caras) en una esfera en un proceso de refinamiento por subdivisión (algoritmo Catmull-Clark).

y sin rupturas.

Estos elementos de forma se derivan de las **curvas de subdivisión** y las **curvas Bézier** desarrolladas a mediados del siglo XX para el diseño de automóviles y posteriormente para la gráfica por ordenador.[10] Debido a la gran importancia que han adquirido entretanto para el diseño arquitectónico gracias a la difusión de los programas informáticos de CAD y a que son la base de numerosas superficies de forma libre, éstas, así como las superficies que pueden derivarse de ellas, serán tratadas en sus características esenciales en lo que sigue.

Los siguientes tipos de curvas se han desarrollado para el diseño con herramientas digitales o se utilizan en los programas CAD habituales:

- **curvas de subdivisión**: suavizado de un polígono convirtiéndolo en una curva por interpolación lineal de los lados del polígono;

- **curvas Bézier**: creadas por interpolación gráfica basada en el algoritmo de Casteljau;

- **curvas B-spline**: manipulación más versátil con control local de la forma;

- **curvas NURBS** (*Nonuniform Rational B-Spline*): para la definición de curvas más complejas; manipulación posterior de la curva mediante la aplicación de parámetros adicionales.

Estos tipos de curvas se examinarán con más detalle a continuación.

Curvas de subdivisión

2.7.1

■ Las curvas de subdivisión se crean en un sencillo proceso de suavizado cortando progresivamente las esquinas de los polígonos. Al hacerlo, los lados del polígono se dividen en una proporción determinada de manera que los nuevos puntos encontrados crean un nuevo polígono más redondeado. Se distinguen diferentes algoritmos:[11]

- **Algoritmo de Chaikin** (⊟ **223**, **224**): Los lados del polígono se dividen en ambos extremos en la proporción 1/4 a 3/4. Los puntos intermedios resultantes se conectan y crean un polígono más suavizado. Tras sucesivos pasos, surge una curva continua que es tangente a los lados del polígono original. El resultado es una curva B-spline cuadrática (como se muestra en ⊟ **238**).

☞ *Véase más adelante el Aptdo. 2.7.3 Curvas B-spline, pág. 78*

- **Algoritmo de Lane-Riesenfeld** (⊟ **225**): Supone una reducción a la mitad de los lados del polígono inicial y una interpolación doble de las esquinas del polígono. El resultado final se aproxima a una curva B-spline cúbica. Como generalización, **n** interpolaciones dan lugar a una

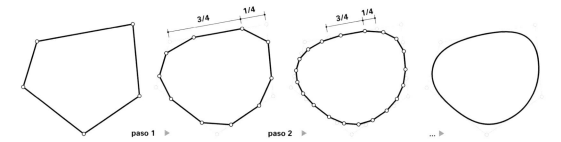

paso 1 ▶   paso 2 ▶   ... ▶

223 Algoritmo de Chaikin: refinamiento y alisado progresivo de un polígono cerrado (izquierda) cortando las esquinas según un método determinado. En este caso, se aplica una interpolación lineal en la que los lados del polígono se acortan en la proporción de 1/4 a 3/4. Tras un número suficiente de pasos de subdivisión, se crea la **curva de subdivisión** continua (derecha).

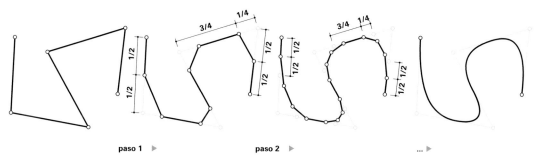

paso 1 ▶   paso 2 ▶   ... ▶

224 Algoritmo de Chaikin: suavizado de un polígono abierto (izquierda) cortando las esquinas según el algoritmo de Chaikin como en 🔁 **223**. En el caso de curvas abiertas, el primer o el último lado del polígono en ambos extremos no se divide según la proporción especificada, sino que se divide por la mitad.

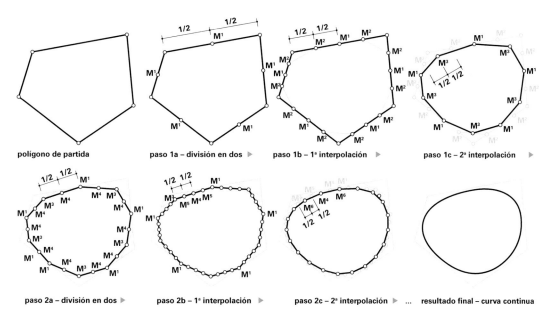

polígono de partida   paso 1a – división en dos ▶   paso 1b – 1ª interpolación ▶   paso 1c – 2ª interpolación ▶

paso 2a – división en dos ▶   paso 2b – 1ª interpolación ▶   paso 2c – 2ª interpolación ▶ ...   resultado final – curva continua

225 Algoritmo de Lane-Riesenfeld: suavizado de un polígono (izquierda) dividiendo por la mitad los lados del polígono (paso **a**) e interpolando dos veces (pasos **b** y **c**). El nuevo polígono se construye conectando el primer punto promediado (**M¹** en el paso **1**) con el último determinado (**M³** en el paso **1**).

☞ *Véase más adelante el Aptdo. 2.7.3 Curvas B-spline, pág. 78*

curva B-spline de orden **n** + 1 (como en 🗗 **239**).

2.7.2 **Curvas Bézier**

◼ Una curva Bézier está definida por un polígono de control, manipulando el cual también se puede modificar la curva de forma indirecta (🗗 **229**, **230**). Según el número de lados o vértices que tenga el polígono, se distinguen las curvas Bézier de primer (🗗 **226**), segundo (🗗 **228**), tercer (🗗 **229**) orden, etc. Por interpolación lineal en función de un parámetro **t**, se obtienen los puntos de la curva Bézier por aplicación sucesiva del algoritmo de Casteljau (🗗 **234–236**). Las curvas Bézier también aparecen en tres dimensiones (🗗 **227**).

2.7.3 **Curvas B-spline**

◼ Una curva B-spline [12] se compone de varias secciones de curva Bézier. En el software CAD habitual, las secciones están distribuidas uniformemente (en inglés *uniform* B-spline). Por consiguiente, a diferencia de una curva Bézier continua, en la que el cambio de un solo punto de control modifica todos los puntos de la curva (véase 🗗 **230**), las curvas Bézier también pueden modificarse localmente sólo en una o en algunas secciones seleccionadas, si se desea (🗗 **240**). Esto aumenta enormemente la flexibilidad del diseño y elimina la necesidad de un tedioso montaje manual de secciones de curvas Bézier. Además, el algoritmo B-spline garantiza que las secciones de las curvas Bézier se fusionen siempre de forma armoniosa, es decir, sin cambios bruscos de curvatura.
Una curva B-spline se define por:[13]

* el número **m** de lados del polígono de control;

* el número de puntos de control **m** + **1**;

* el orden **n** de las secciones de curva Bézier y la propia B-spline (siempre idénticos);

* el vector nodal.

226 (Arriba) curva Bézier de **primer orden**: línea recta. La generación se realiza aplicando el algoritmo de Casteljau como en 🗗 **231–233**, pero en un solo paso. La curva es idéntica al polígono de control (aquí al segmento de control).

227 (Derecha) curva Bézier tridimensional. El polígono de control es **P₀**–**P₃**; los planos Π_{t1} y Π_{t2} son ambos planos tangentes a la curva en los puntos **P₀** y **P₃**.

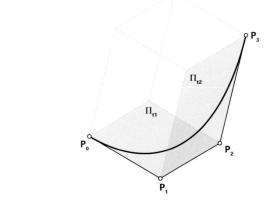

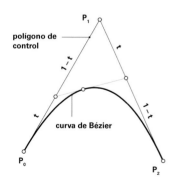
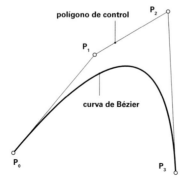
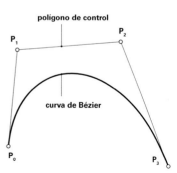

228 Curva Bézier de **segundo orden**: rama de parábola. La aplicación del algoritmo Casteljau como en ⊟ **231–233** da la construcción de hilo convencional de la parábola.

229 Curva Bézier de **tercer orden**. El polígono de control es manipulado manualmente por el diseñador y define el curso de la curva.

230 Si se modifica el polígono de control de la curva en comparación con ⊟ **229**, la forma de la curva cambia en consecuencia. Ya al cambiar un solo punto de control, cambian todos los puntos de la curva Bézier.

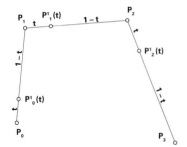
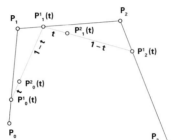
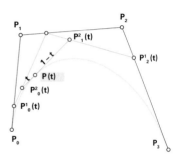

231 Generación de la curva Bézier en ⊟ **230** por **interpolación gráfica** (algoritmo de Casteljau). **Paso 1**: partiendo del polígono de control P_0–P_3, determinación de los tres puntos intermedios $P^1_0(t)$, $P^1_1(t)$ y $P^1_2(t)$ por subdivisión de los lados del polígono en la proporción $t : (1 − t)$, siendo $0 < t < 1$.

232 Paso 2: partiendo del polígono $P^1_0(t)$–$P^1_2(t)$, determinación de los dos puntos intermedios $P^2_0(t)$, $P^2_1(t)$ por subdivisión de los lados del polígono en la misma proporción $t : (1 − t)$.

233 Paso 3: subdivisión del segmento $P^2_0(t)$–$P^2_1(t)$ en la misma proporción $t : (1 − t)$ determinando el punto intermedio $P(t)$. $P(t)$ es un punto de la curva Bézier para el parámetro t. $P^2_0(t)$–$P^2_1(t)$ es la tangente en el punto de la curva $P(t)$, P_0P_1 en el punto P_0 y P_2P_3 en el punto P_3. Como este caso es una curva de tercer orden, también hay tres jerarquías de puntos intermedios presentes, es decir $P^1_i(t)$, $P^2_i(t)$ y $P(t)$.

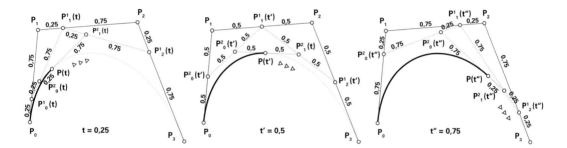

234–236 Generación de la curva Bézier en ⊟ **230** por aplicación sucesiva del algoritmo de Casteljau en ⊟ **231–233**, en cada caso para diferentes valores del parámetro **t** de 0 a 1. Aquí se muestran tres pasos intermedios ejemplares para **t** = 0,25, **t** = 0,5 y **t** = 0,75.

A diferencia de las curvas Bézier, el orden de la curva B-spline no está determinado por el número de lados del polígono, sino que puede elegirse libremente ($\boxminus$ **237–239**). Sin embargo, el orden máximo **n** de una curva B-spline es igual a **m**. Una curva B-spline puede ser abierta ($\boxminus$ **239**, **241**) o cerrada ($\boxminus$ **242**).

2.7.4   Curvas NURBS

■ Las curvas NURBS se caracterizan por un parámetro de forma adicional, la **ponderación p** de algunos puntos del polígono de control. Son proyecciones centrales **n**-dimensionales de una curva B-spline **n+1**-dimensional; por ejemplo, en $\boxminus$ **244** la proyección bidimensional de una curva B-spline tridimensional. (En consecuencia, las curvas NURBS tridimensionales son proyecciones de curvas B-spline cuatridimensionales.) La determinación individual de las ponderaciones de cada uno de los puntos de control de la curva B-spline asociada permite una manipulación diferenciada de la curva NURBS con fines de diseño ($\boxminus$ **244**). Las figuras $\boxminus$ **245** a **247** muestran el efecto de cambiar una sola ponderación en la forma de una curva NURBS plana. Las ponderaciones se fijan numérica o gráficamente (por ejemplo, mediante deslizadores) en las ventanas de diálogo de los programas CAD.

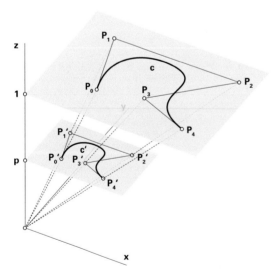

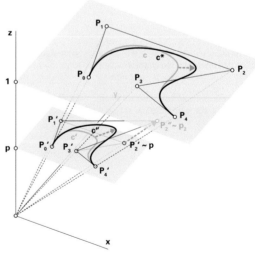

243 La curva NURBS plana **c** es una proyección central de la curva B-spline espacial **c'** sobre el plano con coordenada →**z** 1. A cada punto de **c'**, es decir, a todos los **P'$_i$**, se le asigna una ponderación **p$_i$**. Estas **p$_i$** son todas idénticas a las respectivas coordenadas →**z** de los puntos **P'$_i$**. En este caso especial, las ponderaciones de todos los puntos **P'$_i$** son iguales, a saber **p**, de modo que la curva B-spline **c'** se sitúa en el plano **z** = **p**. En este caso particular, **c** es una imagen afín de **c'**. Una curva B-spline, por tanto, también es uns curva NURBS especial con ponderaciones siempre iguales.[14]

244 Caso estándar de una curva NURBS: las ponderaciones **p** de los puntos **P'$_i$** se fijan individualmente según los deseos del diseñador: aquí, por ejemplo, **P'$_2$** se desplaza hacia arriba, es decir, se le asigna una nueva ponderación **p$_2$**. La curva B-spline **c'** se desplaza fuera del plano **z** = **p** y se vuelve espacial; la curva NURBS cambia en consecuencia. El cambio de la curva **c** se produce en la dirección del punto **P$_2$**. Ajustando individualmente los valores **p$_i$**, la curva NURBS puede ser manipulada deliberadamente.[15]

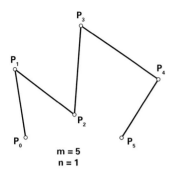

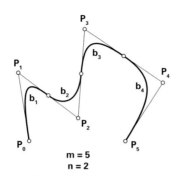

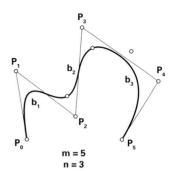

m = 5
n = 1

m = 5
n = 2

m = 5
n = 3

237 Curva B-spline con polígono de control de cinco lados (**m** = 5), curva de **primer orden** (**n** = 1): La curva es idéntica al polígono de control (véase también 🔲 **226**).

238 Curva B-spline con polígono de control de cinco lados (**m** = 5), curva de **segundo orden** (**n** = 2): La curva B-spline se compone de cuatro secciones de curva Bézier **b₁** a **b₄**.

239 Curva B-spline con polígono de control de cinco lados (**m** = 5), curva de **tercer orden** (**n** = 3): La curva B-spline se compone de tres secciones de curva Bézier **b₁** a **b₃**. Obsérvese que la curva se desprende cada vez más del polígono de control. Este efecto aumenta con el incremento del orden de la curva B-spline.

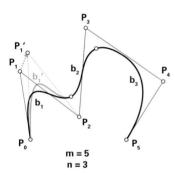

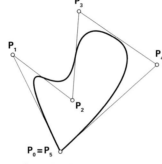

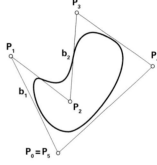

m = 5
n = 3

240 Cuando se modifica un punto de control **P₁** de una curva B-spline, por ejemplo el de 🔲 **239**, sólo se modifica la sección de la curva asociada **b₁**. El resto de la curva (**b₂**, **b₃**) permanece inalterado.

241 Curva B-spline **abierta** con puntos inicial y final **P₀** y **P₅** idénticos; no existe una curvatura continua en ellos, se forma un vértice.

242 Curva B-spline **cerrada** con puntos inicial y final **P₀** y **P₅** idénticos; la curva tiene una curvatura continua en todos los puntos.

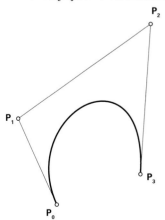

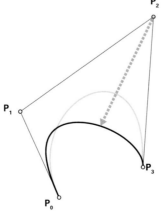

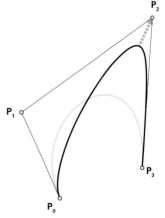

245 Curva NURBS con polígono de control de cuatro lados. Aquí, todas las ponderaciones **p₁** a **p₄** de los puntos **P′₁** a **P′₄** de la curva B-spline (imaginaria) asignada son iguales.

246 Disminución de la ponderación **p₂** del punto **P′₂**. La curva se deforma separándose del punto **P₂**.

247 Aumento de la ponderación **p₂** del punto **P′₂**. La curva se deforma acercándose al punto **P₂**.

2.8

Superficies de forma libre a partir de curvas

■ Sobre la base de las curvas de forma libre consideradas hasta ahora, se examinarán a continuación las **superficies** que pueden producirse a partir de ellas. Siguiendo las categorías de curvas consideradas hasta ahora, en lo siguiente se analizan las **superficies de subdivisión**, las **superficies Bézier**, las **superficies B-spline** y las **superficies NURBS**. Se supone que una superficie está generada por un conjunto de curvas en una dirección ($\to$**u**) así como en la dirección complementaria ($\to$**v**). Al igual que con las curvas, estas superficies están definidas por polígonos de control en ambas direcciones. En conjunto, forman una malla que rodea la superficie, cuyos vértices pueden manipularse con fines de diseño.

2.8.1

Superficies de subdivisión

☞ *Aptdo. 2.7.1 Curvas de subdivisión, pág. 76*

■ Al igual que las curvas de subdivisión resultan del alisamiento de un polígono original mediante el corte sistemático de las esquinas según un algoritmo fijo, también pueden alisarse, actuando en la tercera dimensión, superficies definidas por polígonos para formar superficies de malla más fina mediante la subdivisión gradual y, de este modo, aproximarse visualmente más a superficies curvas continuas.

Al igual que con las curvas de subdivisión, se pueden aplicar muchos algoritmos diferentes. En ⊟ **248** se muestra como ejemplo la aplicación del algoritmo de Chaikin, que ya se aplicó a curvas anteriormente (⊟ **223**, **224**). Se utilizan otros algoritmos, por ejemplo, el algoritmo Doo-Sabin, el algoritmo Catmull-Clark, el algoritmo Loop, la subdivisión basada en triángulos, la modelización multirresolución (*Mul-*

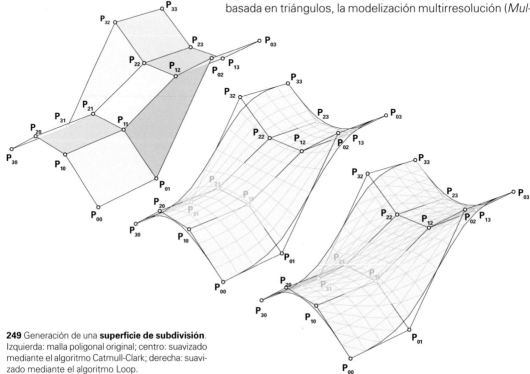

249 Generación de una **superficie de subdivisión**. Izquierda: malla poligonal original; centro: suavizado mediante el algoritmo Catmull-Clark; derecha: suavizado mediante el algoritmo Loop.

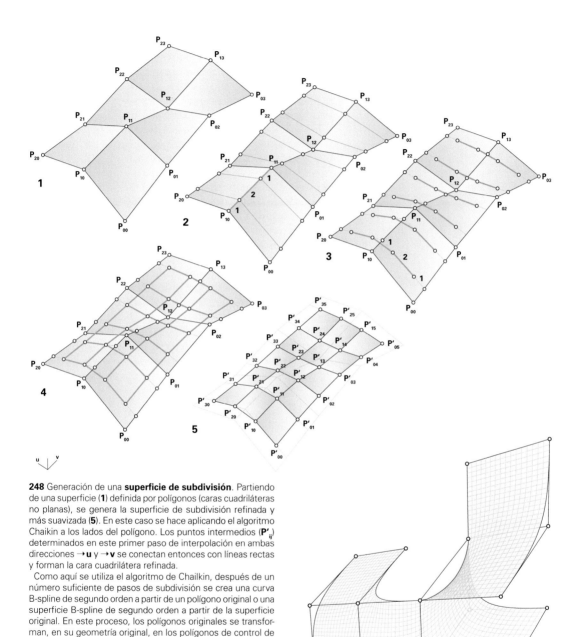

248 Generación de una **superficie de subdivisión**. Partiendo de una superficie (**1**) definida por polígonos (caras cuadriláteras no planas), se genera la superficie de subdivisión refinada y más suavizada (**5**). En este caso se hace aplicando el algoritmo Chaikin a los lados del polígono. Los puntos intermedios (**P'**$_{ij}$) determinados en este primer paso de interpolación en ambas direcciones →**u** y →**v** se conectan entonces con líneas rectas y forman la cara cuadrilátera refinada.

Como aquí se utiliza el algoritmo de Chailkin, después de un número suficiente de pasos de subdivisión se crea una curva B-spline de segundo orden a partir de un polígono original o una superficie B-spline de segundo orden a partir de la superficie original. En este proceso, los polígonos originales se transforman, en su geometría original, en los polígonos de control de las curvas B-spline resultantes.[17]

1 superfice de partida; las caras cuadriláteras son paraboloides hiperbólicos (superficies regladas).
2 los lados del polígono en dirección →**v** se subdividen en la proporción 1 : 2 : 1 (algoritmo de Chaikin) y, transversalmente (en dirección →**u**), unidas con rectas; las rectas son generatrices de la superficie reglada y, por tanto, se sitúan sobre ella.
3 las líneas rectas halladas se dividen de nuevo en la misma proporción y se cortan las esquinas.
4 los polígonos recién hallados en la dirección →**u** se completan con una malla en la dirección →**v**.
5 la superficie de subdivisión hallada tiene un mayor número de mallas de menor formato.

250 Superficie de subdivisión sobre la base del algoritmo Catmull-Clark.

ti-Resolution Modeling), etc.[16]

Los algoritmos pueden configurarse de manera que las subdivisiones produzcan siempre caras planas. Esto es importante para las aplicaciones constructivas porque se puede utilizar material plano en esas condiciones, lo que simplifica enormemente el proceso de fabricación.[18]

La subdivisión se realiza paso a paso hasta que se obtiene un resultado satisfactorio o surgen tamaños de malla adecuados para la ejecución constructiva.

2.8.2   Superficies Bézier

■ La superficie genérica Bézier está definida por la red de polígonos de control circundantes (⊟ **251–253**). Se distingue entre **polígonos de fila** en dirección →**u** y **polígonos de columna** en dirección →**v**. Estos no son necesariamente congruentes entre sí, ni forman caras cuadriláteras planas. Las curvas de superficie pueden obtenerse aplicando el algoritmo de Casteljau a cada uno de los polígonos de control (véase ⊟ **251**). (Sin embargo, en los programas CAD esto se hace automáticamente.) Sólo se incluyen en la superficie las curvas Bézier de los cuatro polígonos de borde. La notación de la superficie Bézier resulta del orden de los polígonos, respectivamente en dirección →**u** y →**v**, por ejemplo **3,2** (como en ⊟ **252** y **253**).

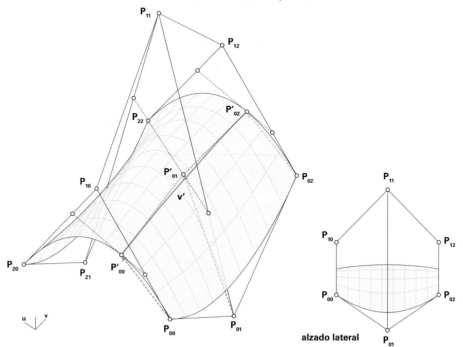

251 Superficie Bézier de forma libre (orden **2,2**). La superficie está definida por la red circundante de polígonos de control con los vértices P_{ij}. Los polígonos de control no son necesariamente congruentes; los cuadriláteros de la red no son necesariamente planos. La superficie contiene las curvas de malla en dirección →**u** (pertenecientes a polígonos de fila) y de dirección →**v** (pertenecientes a polígonos de columna). Al aplicar el algoritmo de Casteljau a los polígonos de fila, se crean puntos intermedios P'_{0j}. Estos abren un polígono de control (aquí $P'_{00}\ P'_{01}\ P'_{02}$) que define la curva de superficie **v'** (de nuevo aplicando el algoritmo de Casteljau). El mismo proceso puede llevarse a cabo en la dirección complementaria →**v** utilizando los polígonos de columna.

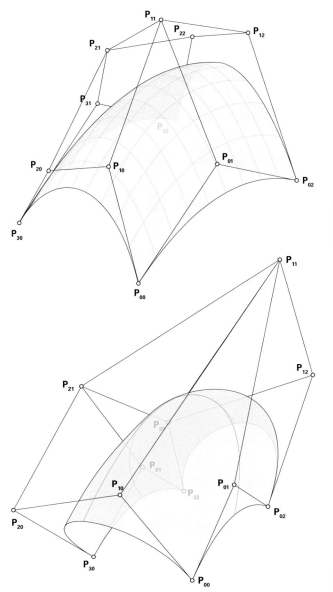

252 Superficie genérica Bézier con forma libre
(orden **3**,**2**). Al definir con gran libertad los polígonos
de control, se puede generar una gran variedad de
superficies de forma libre para el diseño.

253 Superficie genérica Bézier con forma libre
(orden **3**,**2**). Variante a la superfice en ⊟ **252**.

Superficies Bézier de traslación

■ Un caso especial de una superficie Bézier es una superficie Bézier de traslación. Surge del deslizamiento de una curva Bézier a lo largo de otra (⊟ **254**). Se distinguen dos direcciones de traslación →**u** y →**v** y los correspondientes polígonos de control. Como alternativa, se puede aplicar el algoritmo de Casteljau a los polígonos de fila en la dirección →**u** y a los polígonos de columna en la dirección →**v**, respectivamente (⊟ **255**).

Las superficies Bézier de traslación son un caso especial de las superficies Bézier de forma libre. Todos los polígonos de control en una de las dos direcciones (→**u**, →**v**) son congruentes entre sí; lo mismo ocurre con las curvas generatrices u_i y v_i. Las caras cuadriláteras de la malla de polígonos de control son siempre planas. Como todas las superficies de traslación, este tipo de superficie puede transformarse con relativa facilidad en un facetado de superficies parciales planas. Esto simplifica notablemente su ejecución constructiva.

☞ *Aptdo. 2.3.3 Por ley generatriz > Superficies de traslación, pág. 58*

Superficies Bézier regladas

■ De nuevo, un caso especial de las superficies Bézier son las superficies Bézier regladas. Se producen cuando las curvas de Bézier son de primer orden en la dirección →**u** y/o →**v**. Éstas son entonces idénticas a líneas rectas. Si la curva Bézier es de orden 1 en una sola dirección y no se hacen más especificaciones a los polígonos de control en la dirección opuesta, surgen **superficies regladas generales** (⊟ **256**). Si, por el contrario, se realizan especificaciones de mayor alcance para los polígonos de control en sentido contrario,

255 Generación de una **superfice Bézier de traslación** partiendo de una curva de Bézier de 2° orden u_0 y una de 3er orden v_0 (orden **2,3**). Además del proceso de traslación descrito en ⊟ **254**, que puede aplicarse de forma análoga a este caso, la superficie también puede crearse aplicando el algoritmo de Casteljau a los polígonos de control: se obtiene el punto intermedio P'_{00}, al que se desplaza una curva **v**, dividiendo la cuerda en el polígono de la línea $P_{00} P_{10} P_{20}$. Los puntos intermedios interpolados P'_{00} a P'_{03} dan lugar al polígono de control de la curva aplicada **v'**. Mediante la interpolación sucesiva de puntos se crea la superficie. El mismo proceso se puede realizar en dirección →**v** aplicando el algoritmo de Casteljau de forma análoga a los polígonos de columna. Sólo las curvas de Bézier de los polígonos límite $P_{00} P_{10} P_{20}$ y $P_{03} P_{13} P_{23}$ van contenidas en la superficie. Lo mismo ocurre en sentido complementario →**v**.

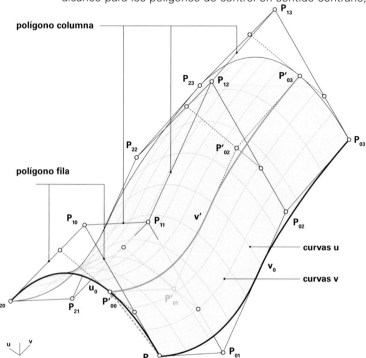

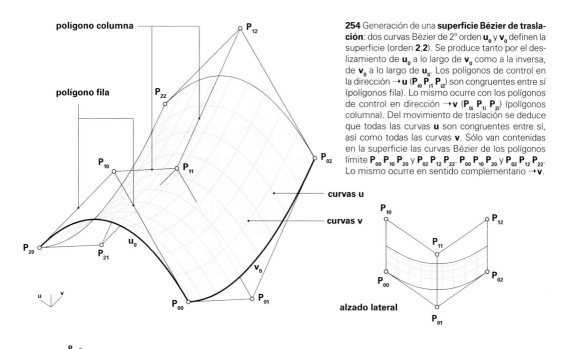

polígono columna

polígono fila

P_{12}

P_{22}

P_{02}

P_{10}

P_{11}

curvas u

curvas v

P_{20}

u_0

P_{21}

v_0

P_{01}

P_{00}

u v

P_{10} P_{12}

P_{11}

P_{00} P_{02}

P_{01}

alzado lateral

254 Generación de una **superficie Bézier de trasla-ción**: dos curvas Bézier de 2° orden u_0 y v_0 definen la superficie (orden **2,2**). Se produce tanto por el des-lizamiento de u_0 a lo largo de v_0 como a la inversa, de v_0 a lo largo de u_0. Los polígonos de control en la dirección $\to u$ ($P_{i0}\,P_{i1}\,P_{i2}$) son congruentes entre sí (polígonos fila). Lo mismo ocurre con los polígonos de control en dirección $\to v$ ($P_{0i}\,P_{1i}\,P_{2i}$) (polígonos columna). Del movimiento de traslación se deduce que todas las curvas **u** son congruentes entre sí, así como todas las curvas **v**. Sólo van contenidas en la superficie las curvas Bézier de los polígonos límite $P_{00}\,P_{10}\,P_{20}$ y $P_{02}\,P_{12}\,P_{22}$, $P_{00}\,P_{10}\,P_{20}$ y $P_{02}\,P_{12}\,P_{22}$. Lo mismo ocurre en sentido complementario $\to v$.

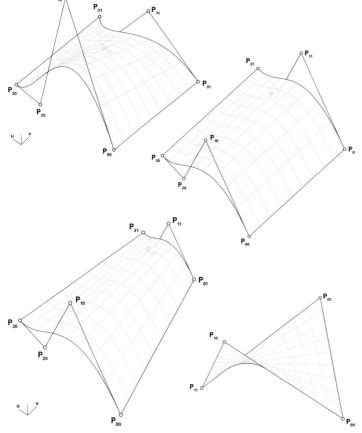

P_{10} P_{31} P_{11}

P_{30}

P_{20}

P_{01}

P_{00}

u v

P_{31} P_{11}

P_{10}

P_{30}

P_{20}

$P_{0'}$

P_{00}

256 (Izquierda) la **superficie Bézier de forma libre** de orden **3,1** es una superfice reglada. Dado que en este caso ambos polígonos de fila son diferentes, aquí se presenta una **superficie reglada** (general), es decir, las rectas generatrices en la direc-ción $\to v$ no son paralelas ni se intersecan en un punto.

257 (Derecha) esta **superficie Bézier de forma libre** de orden **3,1** es también una superficie reglada. Como en este caso am-bos polígonos de fila son congruentes en la dirección $\to u$, aquí se da una **superficie cilíndrica** (general) (orden **3,1**), es decir, las rectas generatrices en la dirección $\to v$ son paralelas entre sí.

P_{31} P_{11}

P_{10}

P_{30}

P_{01}

P_{20}

P_{00}

P_{01}

P_{10}

P_{11}

P_{00}

u v

258 (Izquierda) **superficie Bézier de forma libre** de orden **3,1**. Dado que en este caso ambos polígonos de fila son afines, aquí se presenta una **superficie cónica** (gene-ral), es decir, las rectas generatrices en la dirección $\to v$ se intersecan en un punto.

259 (Derecha) una **superficie Bézier de forma libre** de orden **1,1** es un paraboloide hiperbólico, que se crea por este método como una superficie reglada por líneas rectas como curvas **u** y **v**.

surgen casos especiales:

- con polígonos de control congruentes y paralelos en la dirección opuesta, resulta una **superficie cilíndrica general** (⊟ **257**);

- con polígonos de control afines y paralelos en la dirección opuesta, se crea una **superficie cónica general** (⊟ **258**).

Si las curvas en dirección →**u** y →**v** son de orden 1, surge un paraboloide hiperbólico (⊟ **259**).

<table>
<tr><td>2.8.3</td><td>

Superficies B-spline
</td></tr>
</table>

■ Las propiedades características de las curvas B-spline también pueden transferirse a las superficies B-spline: Son más flexibles que las superficies Bézier porque pueden modificarse mejor localmente; el orden de las curvas en ambas direcciones →**u** y →**v** es—independientemente del número de lados del polígono **m**, pero no mayor que éste—libremente seleccionable (⊟ **260**).

<table>
<tr><td>2.8.4</td><td>

Superficies NURBS
</td></tr>
</table>

■ Al igual que en las curvas NURBS, las ponderaciones **p** de cada uno de los vértices pueden ajustarse libremente. Esto abre, más allá de la elección del orden de las curvas, posibilidades más diversas de manipulación de la forma con fines de diseño (⊟ **261**).

<table>
<tr><td>2.9</td><td>

Superficies de forma libre a partir de superficies parciales desarrollables
</td></tr>
</table>

■ Muchas de las superficies consideradas hasta ahora que han sido discretizadas convirtiéndolas en mallas poligonales persiguen el propósito de crear una aproximación aceptable a una superficie curva por un lado, pero por otro lado, por razones de una mejor y más simple implementación constructiva, ser realizables en la medida de lo posible a partir de superficies parciales planas. A veces pueden aceptarse ligeras desviaciones de la planeidad, dependiendo de la elasticidad o plasticidad del material, ya que pueden forzarse pequeños alabeos de superficies parciales mediante deformación deliberada, forzándolas, por así decirlo, hasta conseguir la forma deseada. Este es el caso, por ejemplo, del vidrio laminado, si bien dentro de ciertos límites.

Sin embargo, algunos materiales de base planos a veces pueden combarse fácilmente, de modo que son capaces de generar superficies espaciales curvas. Esto ocurre, por ejemplo, con paneles delgados de madera, textiles, láminas o chapas finas. Para ello, además de la elasticidad característica del material, es decisiva la relación entre el grosor y el radio con el que se efectua el combado. El elemento debe ser lo suficientemente delgado como para ser deformable con radios de curvatura lo suficientemente pequeños. En el modelo físico, por ejemplo, se pueden utilizar tiras de papel con el fin de aproximar la forma en las primeras fases de diseño (⊟ **265**).

Como ya se ha comentado anteriormente, sólo se pueden producir de esta manera **superficies de curvatura uniaxial**,

☞ *Se hacen consideraciones más detalladas sobre la creación de superficies curvas a partir de elementos individuales en el siguiente Aptdo. 3. La realización constructiva de superficies de capa curvas y continuas, pág. 92*

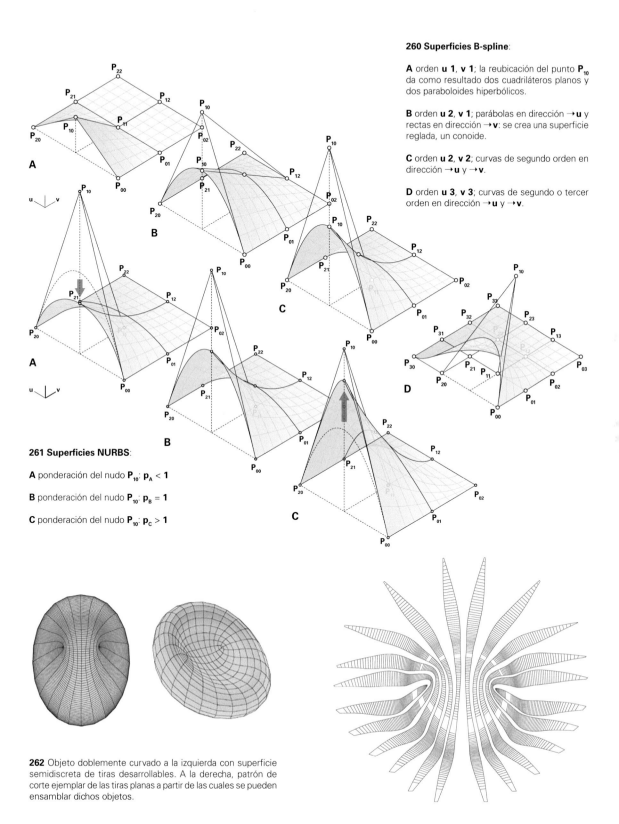

260 Superficies B-spline:

A orden **u 1**, **v 1**; la reubicación del punto P_{10} da como resultado dos cuadriláteros planos y dos paraboloides hiperbólicos.

B orden **u 2**, **v 1**; parábolas en dirección →**u** y rectas en dirección →**v**: se crea una superficie reglada, un conoide.

C orden **u 2**, **v 2**; curvas de segundo orden en dirección →**u** y →**v**.

D orden **u 3**, **v 3**; curvas de segundo o tercer orden en dirección →**u** y →**v**.

261 Superficies NURBS:

A ponderación del nudo P_{10}: $p_A < 1$

B ponderación del nudo P_{10}: $p_B = 1$

C ponderación del nudo P_{10}: $p_C > 1$

262 Objeto doblemente curvado a la izquierda con superficie semidiscreta de tiras desarrollables. A la derecha, patrón de corte ejemplar de las tiras planas a partir de las cuales se pueden ensamblar dichos objetos.

263 Escultura hecha con tiras dobladas desarrollables (ICD/ITKE, Universidad de Stuttgart).

264 Pabellón hecho de tiras de material de madera desarrollables entrelazadas espacialmente (ICD/ITKE, Universidad de Stuttgart).

es decir, **superficies regladas**, y dentro de este grupo sólo las torses. Se trata, por así decirlo, del proceso inverso al de desarrollado, es decir, la transformación de un elemento de superficie plana en una superficie curva (🗗 **265**). Dado que las superficies parciales curvadas desarrollables pueden recortarse en el plano en sus bordes laterales como se desee, es posible, no obstante, generar superficies de curvatura biaxial no desarrollables, consideradas en su totalidad, incluyendo superficies de forma libre, mediante el ensamblaje discretizado de superficies parciales flexibles (🗗 **262**). En este proceso, éstas se unen en sus bordes laterales, lo que da lugar a una superficie de curvatura continua en una dirección, pero discretizada o facetada en la otra. Éstas se denominan **superficies semidiscretas**.

Del mismo modo, una superficie de doble curvatura puede cubrirse con tiras flexibles y planas sin formar arrugas (🗗 **266**, **267**). Las franjas, en tal caso, siguen **líneas geodésicas**, es decir, las conexiones más cortas entre dos puntos de la superficie. Según este método, dichas superficies pueden cubrirse sin huecos durante la ejecución constructiva con tiras que pueden desarrollarse y colocarse unas junto a otras, por ejemplo, chapas delgadas o paneles delgados de madera. Sin embargo, hay que recortar los márgenes laterales para que no queden huecos. En la aplicación práctica, es mejor elegir la mayor curvatura de la superficie para la alineación de las tiras, ya que son más flexibles en su eje longitudinal. Transversalmente, en la dirección de menor curvatura, las aristas de la discretización aparecen menos evidentes.

266 Las tiras desarrollables pueden disponerse a lo largo de una superficie de doble curvatura sin producir arrugas siempre que sigan una **línea geodésica**, es decir, la distancia de conexión más corta **s** entre dos puntos P_1 y P_2 de la superficie.

267 Trayectoria de cinta alternativa a 🗗 **266**. La cinta adhesiva se colocó libremente a lo largo de su eje, sin tirar hacia los lados, sobre la superficie de doble curvatura del jarrón. Inicialmente, el punto de partida y la dirección se eligieron de forma arbitraria, luego la dirección surgió por sí misma. El extremo coincide al final con el inicio. La cinta sigue automáticamente una **línea geodésica**.

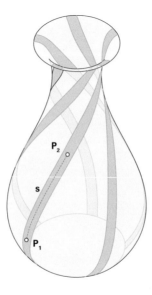

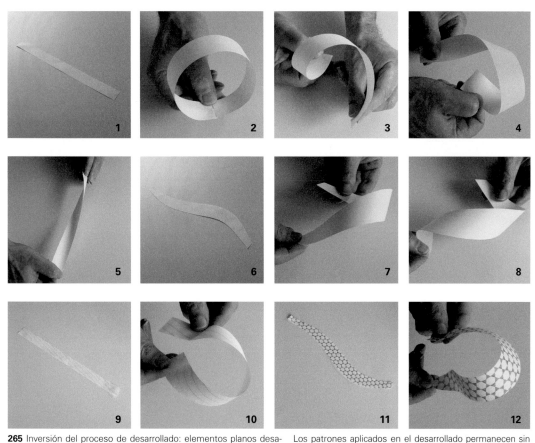

265 Inversión del proceso de desarrollado: elementos planos desarrollados que son lo suficientemente delgados y elásticos para ser combados (en este caso, tiras de papel) pueden adoptar una variedad de formas curvas. Siempre surgen superficies curvas uniaxiales: cilindros, conos o superficies tangenciales a una curva.

1–5   Tiras con bordes laterales rectos paralelos
6–8   Tiras con bordes laterales arbitrarios, no paralelos

Los patrones aplicados en el desarrollado permanecen sin distorsión en la superficie curva. Los patrones modulares o repetitivos permiten rellenar la superficie con elementos modulares planos en la ejecución constructiva.

9,10   Tiras con conjuntos de líneas paralelas formando cualquier ángulo con los bordes laterales (**9**). De esta forma (**10**) se puede cubrir la superficie curvada con bandas siempre del mismo ancho sin formar huecos. Dado que las líneas rectas en el desarrollado (**9**) son la conexión más corta entre dos puntos situados en ellas, también lo son en la superficie curva (**10**): es decir, son en cada caso líneas geodésicas.

11,12   Cualquier patrón de relleno de área en el desarrollado (**11**) permanece sin distorsión en la superficie curva (**12**). Se puede cubrir con baldosas siempre iguales, por ejemplo.

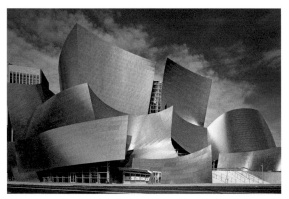

268 Superficies cubiertas con tiras metálicas desarrollables (*Walt Disney Concert Hall*, Los Angeles; arqu: F Gehry)

3.

La realización constructiva de superficies de capa curvas y continuas

3.1

Realización de superficies de curvatura uniaxial

3.1.1

Elementos de partida en forma de banda

☞ *Aptdo. 2.9 Superficies de forma libre a partir de superficies parciales desarrollables, pág. 88*

■ Partiendo de las consideraciones teóricas sobre la geometría de superficies curvas, tal y como han sido objeto de los últimos apartados, se examinará a continuación cómo las formas geométricas regulares más importantes, de curvatura uniaxial y biaxial, pueden transformarse en construcción material con la ayuda de elementos básicos comúnmente utilizados en la edificación. Siguiendo la clasificación ya introducida, se distinguirá entre elementos con forma de banda, de barra, de placa y de bloque.

■ El material en forma de banda o cinta puede colocarse sobre **superficies cilíndricas** a lo largo de la dirección de mayor curvatura, es decir, a lo largo de la **curva generatriz**, apoyándose en toda la superficie sin arrugas, en trayectorias paralelas y contiguas (🗗 **269**). En el caso de un cilindro circular, esta dirección de colocación es la del círculo de latitud (🗗 **269**). Incluso a lo largo de la línea recta, es decir, en la dirección de la curvatura cero, puede adaptarse el material en bandas a la curvatura de la superficie del cilindro sin arrugas debido a su flexibilidad en el estado desarrollado (🗗 **270**). De este modo, es posible cubrir toda la superficie con material de cinta en bandas paralelas y adyacentes. Además, el material de banda también puede desplegarse sobre superficies cilíndricas a lo largo de **líneas geodésicas** que discurren oblicuamente a las generatrices o rectas de la envoltura (🗗 **271**, **274**). Dado que la superficie del cilindro se puede desarrollar sobre el plano, también se puede desarrollar sobre el mismo una banda en cualquier posición oblicua $P_1P_2P_3P_4$. Cuando se transforma en una superficie

274 Cilindros hechos de tiras de chapa metálica originalmente planas enrolladas helicoidalmente a lo largo de líneas geodésicas (ver la costura de soldadura).

273 Superficie cilíndrica dispuesta a lo largo de los círculos latitudinales con bandas desarrollables. Ejemplo de la variante en 🗗 **269**.

cilíndrica, el recorrido de la cinta da lugar a una **línea helicoidal espacial** ($P'_1P'_4$, $P'_2P'_3$) en la que la cinta envuelve, por así decirlo, el cilindro sin formar pliegues. En el caso de recortes relativamente rebajados de superficies cilíndricas que se producen con frecuencia en la construcción, el curso de la banda parece ser aproximadamente recto en la vista en planta (⊟ **272**).

En la práctica, esto significa que las superficies cilíndricas también pueden cubrirse con material de banda en cualquier

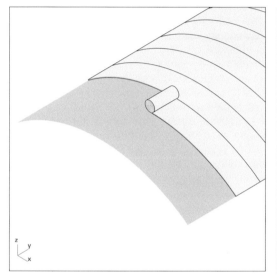

269 El material tipo cinta puede desarrollarse a lo largo de la curva directriz de una superficie cilíndrica sin arrugas.

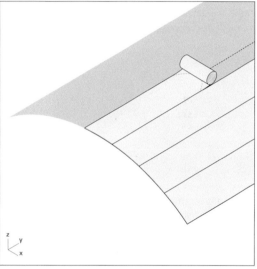

270 El material tipo cinta también puede colocarse sin arrugas a lo largo de la recta generatriz de la superficie del cilindro.

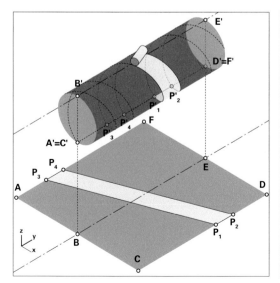

271 Envoltura sin arrugas de la superficie de un cilindro con una cinta $P_1P_2P_3P_4$ oblicua al eje del cilindro a lo largo de una hélice $P'_1P'_2P'_3P'_4$. Es una línea geodésica. Abajo en estado desarrollado.

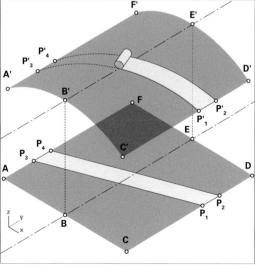

272 Para secciones rebajadas de superficies cilíndricas, el curso de la banda a lo largo de una línea geodésica en la proyección en planta se aproxima a una línea recta. Abajo, superfice del cilindro en estado desarrollado.

ángulo sin que se produzcan arrugas, siempre que la cinta siga la línea geodésica resultante del respectivo ángulo de arrollamiento.

El uso de material de cinta en **superficies cónicas** es algo más restringido. Allí ya no se puede colocar sin arrugas a lo largo de la curva generatriz, es decir, los círculos de latitud en el caso de un cono circular regular, ya que no es una línea geodésica (⊟ **276**). Cada uno de los dos bordes laterales de la banda recorre diferentes círculos de latitud c_1 y c_2, que tienen radios diferentes. El lado de la cinta que sigue el círculo más pequeño de latitud c_1 forma necesariamente pliegues. Cuando se desarrolla, el círculo de latitud describe un arco en el plano[a] que la cinta no puede seguir cuando se desarrolla sobre el mismo. Por otro lado, es posible un desarrollado sin pliegues a lo largo de una línea recta generatriz r_g (⊟ **277**). Con una banda de anchura constante, los bordes ya no siguen las rectas de la envoltura. Para ello, la banda debe cortarse en forma de cuña a lo largo de dos líneas generatrices r_{g1} y r_{g2}, lo que da lugar a una zona de recorte **R**. A continuación, las bandas recortadas en forma de cuña pueden colocarse a tope para cubrir toda la superficie (⊟ **278**), con los bordes siguiendo las rectas generatrices. Sin embargo, la cinta también puede colocarse en tiras paralelas **sin ningún recorte**. Todos los patrones de despiece libre de huecos en el desarrollo plano pueden, en consecuencia, ser transferidos a la superficie cónica curvada sin arrugas. No importa si las trayectorias mutuamente paralelas siguen una determinada recta generatriz (⊟ **279**) o si asumen cualquier ángulo (líneas geodésicas) (⊟ **280**). La cobertura de la superficie cónica siempre estará libre de arrugas. En consecuencia, dependiendo de la posición de una cinta

☞ [a] *En cambio, las cintas como las mostradas en* ⊟ **281** *quedan planas cuando se desarrrollan y no se arrugan cuando se transfieren a la superficie del cono*

275 Superficie de cubierta cónica cubierta a lo largo de círculos de latitud con tiras flexibles desarrollables (*ESC Armadillo*, Glasgow; arqu.: Foster Ass).

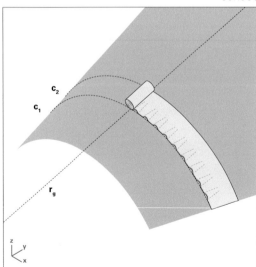

276 Un cinta colocada a lo largo de una curva directriz c_i forma arrugas en un lado (no es línea geodésica).

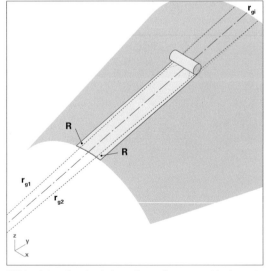

277 La cinta colocada a lo largo de una línea generatriz de manto r_{gi} queda sin pliegues. Sin embargo, los bordes no siguen las líneas de manto r_{g1} y r_{g2}. Puede haber un recorte **R** al cortar a medida.

desarrollada en línea recta en el plano, siempre se puede encontrar una curva guía en la superficie del cono asociada, que permite desarrollar la cinta completamente sin pliegues sobre la misma (⊟**281**, **282**).

Trasladado a una superficie cónica completa, esto significa que—de forma análoga a la superficie cilíndrica en ⊟**271**—una superficie cónica también puede cubrirse de forma continua a lo largo de una hélice—en este caso con

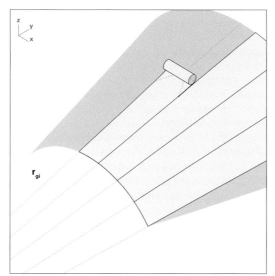

278 Las cintas cortadas en forma de cuña pueden colocarse sin pliegues a lo largo de rectas generatrices r_{gi}.

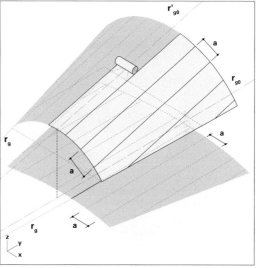

279 Cintas colocadas en paralelo a una línea generatriz seleccionada r_{g0}. El patrón de colocación plano y continuo en el desarrollado puede transferirse a la superficie cónica, donde la cubre sin pliegues (líneas geodésicas).

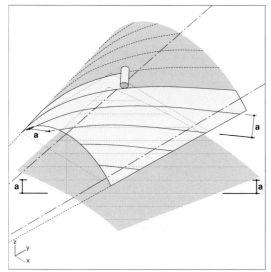

280 Las tiras paralelas colocadas en cualquier ángulo en el desarrollado cubren la superficie del cono asociado sin pliegues (a lo largo de líneas geodésicas).

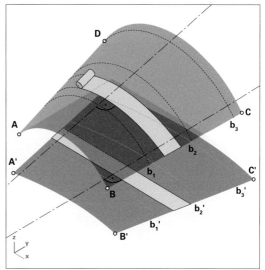

281 Cualquier posición de una cinta recta extendida en el desarrollado puede ser transferida a la superficie del cono de modo que la cinta pueda ser desarrollada sobre él sin arrugas (a lo largo de líneas geodésicas).

un radio de hélice continuamente cambiante—con una cinta sin arrugas.

3.1.2 **Elementos de partida en forma de placa**

☞ *Aptdo. 2.3.3 Por ley generatriz > Superficies de traslación, pág. 58*

■ El material en forma de placa puede colocarse sobre una **superficie cilíndrica** de manera que una sola placa toque la superficie en una línea recta generatriz r_g (⊟**283**). Con la disposición elegida, se crea un hueco con una distancia constante **d** a la superficie del cilindro bajo la junta a tope. Cada sección de panel es un **rectángulo**. Si las distancias entre las juntas son iguales, los formatos de los paneles son todos iguales entre sí. Si, además, se determina que las distancias entre juntas sean las mismas en ambas direcciones—la recta generatriz y la curva directriz—los paneles se convierten en **cuadrados**. Es obvio que cuanto más denso sea el facetado, es decir, cuanto más pequeña se defina la distancia entre juntas, más se aproximará la superficie del poliedro resultante a la superficie del cilindro. Aquí se utiliza la característica del cilindro como **superficie de traslación**.

El material en forma de placa puede colocarse sobre una superficie cónica de manera análoga a la del cilindro (⊟**284**). Las secciones de placa son cada una tangente a la superficie del cono en una **línea recta generatriz r_g**. En las juntas de las placas hay de nuevo una distancia d_i, pero en este caso es variable: Se hace mayor cuanto más se aleja del vértice del cono (⊟**285**). Los elementos de panel se cortan en forma trapezoidal (⊟**284**). Esto se deduce de la propiedad de la superficie del cono como **superficie de traslación** (extendida por homotecia). Una fila a lo largo de una curva directriz c_d puede estar formada por elementos iguales, siempre que los ángulos entre las líneas de junta en la dirección de las líneas generatrices sean iguales.

3.1.3 **Elementos de partida en forma de barra**

■ El material en forma de barra permite un buen ajuste a una superficie cilíndrica si las barras van en la dirección de **líneas rectas generatrices r_g** (⊟**286**). Es precisamente la pequeña anchura del material de barra lo que permite que el poliedro esté facetado densamente en dirección de la mayor curvatura y, en consecuencia, se ajuste bien a la superficie curva del cilindro. De forma análoga al material de placa, la barra individual se encuentra aquí también en una recta generatriz r_g sobre la superficie del cilindro y es tangente a ella. En la unión a tope también se forman distancias **d** hacia la superficie del cilindro, pero son mínimas debido al fino facetado. En el caso de material flexible, también pueden cerrarse mediante un afianzado si es necesario. Además, una superficie cilíndrica también puede, en principio, cubrirse en la dirección de la **curva directriz c_d** con material en forma de barra colocado lado a lado en paralelo (⊟**287**). Esto puede ser necesario, por ejemplo, si hay que tener en cuenta la dirección del flujo de agua a lo largo de la mayor curvatura, es decir, la curva directriz, y debe atravesarla el menor número posible de juntas. El requisito para ello es, por supuesto, que el material de la barra pueda soportar

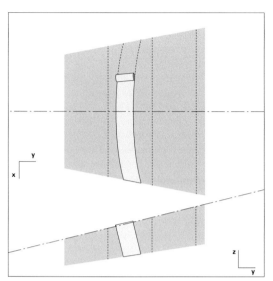

282 Proyección diédrica de la superficie del cono mostrado en ⯗ **281** con cinta desarrollada.

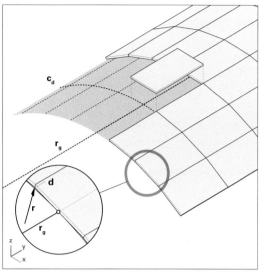

283 Formación de una superficie poliedrica a partir de secciones de placas rectangulares planas como aproximación a una **superficie cilíndrica**.

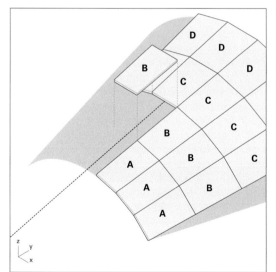

284 Superficie poliedrica de elementos de placa plana trapezoidales como aproximación a una **superficie cónica**.

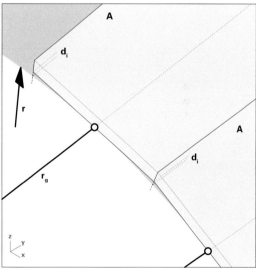

285 Detalle de la superficie poliédrica en ⯗ **284**. Tangente a una línea generatriz r_g, distancia variable d_i a la superficie del cono en la junta.

la curvatura de la superficie en la dirección de la curva directriz c_d. Esto requiere barras delgadas, material flexible o curvaturas muy pequeñas. La cobertura reposa entonces completamente sobre toda la superficie del cilindro. Si la curvatura es demasiado grande para este tipo de cobertura, el material de barra también puede colocarse en un ángulo con respecto al eje del cilindro (⯗ **288**). La curvatura a la que se someten las barras puede controlarse gradualmente seleccionando el ángulo de colocación. Sin embargo, hay que tener en cuenta que las barras que discurren en ese ángulo experimentan una **torsión** a lo largo de su eje, que el material debe ser capaz de soportar. Las condiciones geométricas pueden compararse con las de una banda sobre una superficie cilíndrica (véase ⊟ **271**, **272**).

En una **superficie cónica**, la forma más fácil de crear una aproximación utilizando material en forma de barra es colocar las barras a lo largo de las rectas generatrices r_{gi} (⊟ **289**). Al igual que en el caso del material de panel, las barras también deben cortarse en forma trapezoidal para evitar que se produzcan juntas abiertas. Dado que el material de las barras suele estar sujeto a una **anchura máxima d**, las barras también pueden colocarse con **juntas escalonadas** para evitar anchuras excesivas y demasiados formatos diferentes (⊟ **290**). Partiendo de una **recta de referencia** común (recta generatriz r_{g0}), las barras, siempre idénticas, pueden colocarse en filas continuas desplazadas entre sí.

Si las barras no pueden colocarse a lo largo de la recta generatriz r_g por razones especiales—por ejemplo, debido a la dirección del flujo de agua—, también es posible implementar patrones de despiece análogos a los del recubrimiento de superficies cónicas con material en tiras, en los que las barras se colocan a lo largo de la **curvatura** reposando sobre la superficie (⊟ **291**). Entonces, siguen una línea que resulta de transferir el curso de la línea recta sobre la superficie desarrollada plana a la superficie del cono curvo (línea geodésica). Al igual que con el material de cinta, el ángulo de colocación puede seleccionarse libremente.

La colocación de las barras a lo largo de la **curva directriz** c_d, es decir, en ángulo recto con respecto a las rectas generatrices (⊟ **292**), tropieza con límites con el cono, ya que la diferencia de longitud entre ambas curvas directrices bajo los respectivos bordes laterales de una barra no suele ser absorbida por ésta. Si una barra se apoya con un borde lateral en una de las curvas directrices del cono, se crea un **hueco** hacia la superficie del cono en el opuesto. El resultado de esto es un escalonamiento de las barras contiguas (⊟ **292**, detalle). Otro requisito básico para este tipo de colocación es que el material de la barra pueda soportar la curvatura.

3.1.4   Elementos de partida en forma de bloque

■ Si se van a cubrir o crear superficies de curvatura uniaxial, como el cilindro o el cono, con la ayuda de elementos con forma de bloque, cada uno puede adoptar diferentes posiciones con respecto a la superficie: Dado que sus dimensiones longitud/anchura/altura, a diferencia de las bandas, placas o barras, no difieren mucho entre sí, el bloque puede ocupar cualquier posición con respecto a la superficie (en ángulo recto, en cada caso, la longitud, la anchura o la altura) (⊟ **293, 294**). Gracias a la libertad de elección de la posición del bloque, se puede determinar muy fácilmente, por ejemplo, el **grosor** del revestimiento o del cascarón autoportante compuesto por elementos individuales: es decir, alternativamente igual a la longitud, anchura o altura del bloque. El pequeño tamaño del elemento de partida también permite una buena adaptación a la curvatura, independientemente de la posición del bloque en relación con la superficie. Se pueden realizar disposiciones a lo largo de la línea recta generatriz o de la curva directriz (⊟ **293–295**), así como alineaciones diagonales (⊟ **300**).

En principio, el uso de componentes en forma de bloque confiere una gran adaptabilidad a una amplia gama de geometrías de superficie. La curvatura se puede acomodar tanto por el **corte** o la estereotomía adecuada del bloque, que en ciertos casos también puede requerir cortes especiales y una correspondiente complicación constructiva, como también por **juntas en forma de cuña** con siempre los mismos formatos de bloque. Esto último se utiliza sobre todo con elementos prefabricados como el ladrillo.

La variedad de disposiciones concebibles de componentes tipo bloque sobre una superficie de curvatura uniaxial es muy grande, por lo que aquí sólo se mostrarán algunas posibilidades a modo de ejemplo. También se pueden realizar posiciones no rectangulares del bloque en relación con la superficie, así como filas oblicuas de bloques (⊟ **296–299**), lo que puede ser ventajoso para casos estructurales particulares. Puede ser necesario tener en cuenta que en cilindros circulares o conos circulares pueden tener que colocarse según líneas que ya no son circulares y, en consecuencia, esto da lugar a diferentes formatos de bloque (para cortes adovelados) o a diferentes anchos de junta (para juntas en cuña).

La formación de superficies curvas, tanto con curvatura uniaxial como biaxial, con la ayuda de elementos en forma de bloque es de gran importancia, especialmente para aplicaciones de carga en la construcción de **obra de fábrica**. Para ello, se salvan vanos en la dirección de la mayor curvatura, es decir, en la de la curva directriz, con construcciones de arco o de bóveda. La colocación de bloques a lo largo de un **anillo** continuo en esta dirección, es decir, en forma de arco, es fundamental para la capacidad de carga de estas construcciones. Las geometrías de despiece—se denominarían **aparejos** en la albañilería—también son decisivas para el comportamiento de carga de las construcciones de arco, bóveda o cúpula. Las diferentes disposiciones de los bloques de construcción (⊟ **293–301**) se explican ante todo por el comportamiento estático y la fabricación de este tipo de construcciones.

◼ Las superficies con curvatura biaxial plantean dificultades particulares cuando se trata de aproximar geométricamente lo más posible el recubrimiento con componentes en forma de banda, placa o barra. El inmenso número de superficies de doble curvatura concebibles hace imposible tratar este tema con detalle en este contexto. En su lugar, se examinarán a continuación con más detalle en cuanto a su viabilidad

✎ *Un ejemplo son las bóvedas nubias con capas de ladrillo inclinadas.*

☞ *Cap. X-1 Construcción de obra de fábrica, pág. 460, así como Cap. IX-2, Aptdo. 2.2 Sistemas de compresión—cubiertas inclinadas y bóvedas, pág. 322*

Realización de superficies de curvatura biaxial

3.2

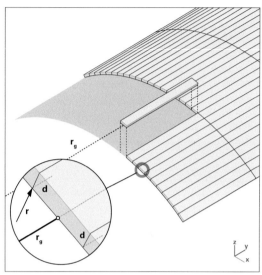

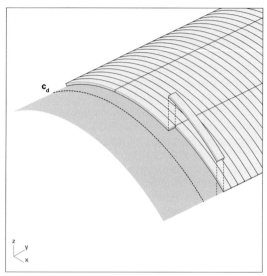

286 Colocación de material en forma de barra sobre una superficie cilíndrica a lo largo de la línea generatriz r_g.

287 Colocación de material en forma de barra sobre una superficie cilíndrica a lo largo de la curva directriz c_{d}, es decir, a lo largo de la mayor curvatura.

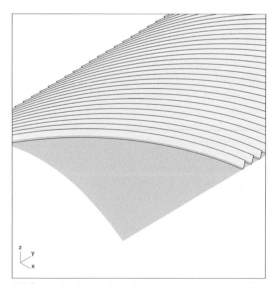

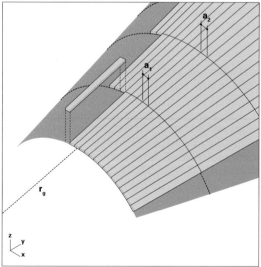

288 Colocación de material en forma de barra sobre la superficie de un cilindro en ángulo con el eje del mismo. Se produce una torsión de las barras, mientras que la curvatura disminuye en comparación con el caso en ⏣ **287**.

289 Colocación de material en forma de barra sobre una superficie cónica a lo largo de las rectas generatrices r_g. Las barras se cortarán en forma trapezoidal y serán más anchas cuanto más se alejen del vértice del cono.

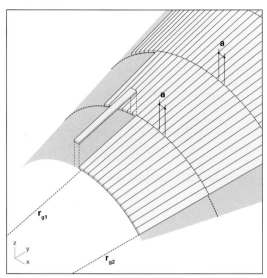

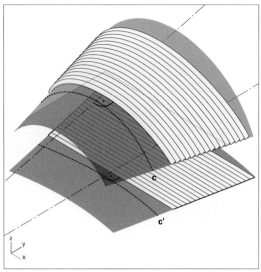

290 Si no se debe sobrepasar una anchura de barra fija **a**, las filas de barras adyacentes, por ejemplo, partiendo de una recta generatriz común r_{g0}, deben subdividirse con **juntas escalonadas**.

291 Colocación de material en forma de barra sobre una superficie cónica a lo largo de la curvatura (línea geodésica). El patrón de colocación de líneas rectas sobre el desarrollado plano se convierte en una curva en la superficie cónica curvada. Cualquier ángulo sirve como dirección de colocación.

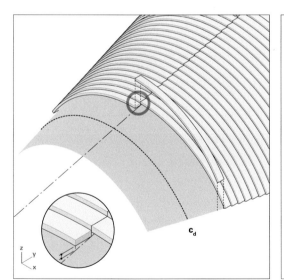

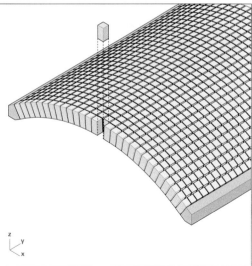

292 Colocación de material en forma de barra sobre una superficie cónica a lo largo de la mayor curvatura, es decir, a lo largo de una curva directriz c_d. Este tipo de instalación da lugar a una disposición escalonada de las barras.

293 Bóveda de bloques colocados verticalmente con aparejo en retícula. Para la transmisión de fuerzas entre bloques adyacentes, éstos deben fabricarse en forma de dovela o las juntas adoptan forma de cuña y deben rellenarse con material plástico.

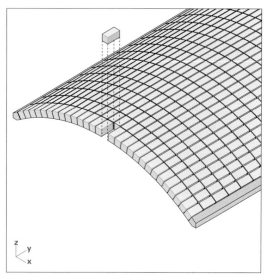

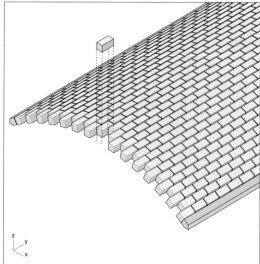

294 Bóvedas de bloques colocados horizontalmente en retícula. Puede entenderse como una adición de arcos individuales separados debido a las juntas transversales continuas.

295 Bóveda de bloques colocados horizontalmente en **aparejo resaltado** al tresbolillo. El enclavamiento de los bloques adyacentes en dirección longitudinal de la bóveda activa un efecto de carga como una cáscara coherente y no sólo como adición de arcos paralelos separados como en ⊟ **294**.

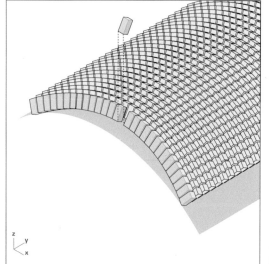

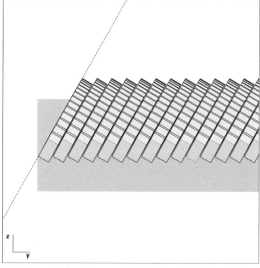

296 Colocación de bloques en forma de anillo en planos paralelos e inclinados respecto al eje del cilindro. En el caso del cilindro circular regular, los anillos siguen una elipse.

297 Proyección lateral ortogonal de la disposición en ⊟ **296**.

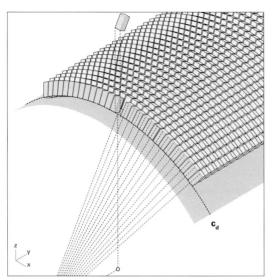

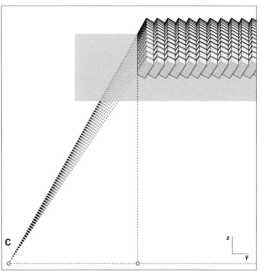

298 Colocación de bloques en forma de anillo a lo largo de las curvas directrices c_d en posición inclinada. Los bloques individuales de un anillo están orientados hacia un centro común **C**. Sus caras laterales forman cilindros.

299 Proyección lateral ortogonal de la disposición en ⊟ **298**.

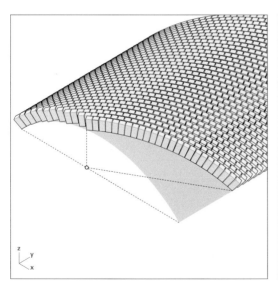

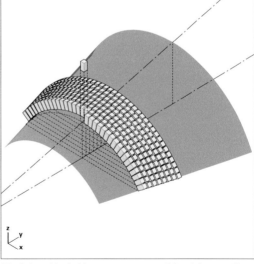

300 Colocación en forma de anillo de los bloques en planos verticales oblicuos al eje del cilindro. Con el cilindro circular regular se crean anillos en forma de elipses.

301 Colocación de bloques en una superficie cónica en anillos a lo largo de curvas directrices. En el caso del cono circular, se trata de segmentos de círculo con radios variables.

302 (Página izquierda, ilustración izquierda) bóveda cilíndrica con juntas en cruz según ⊟ **294**.

303 (Página izquierda, ilustración derecha) bóveda cilíndrica con fábrica en aparejo según ⊟ **295**.

304 (Derecha) bóvedas cónicas con hiladas de piedras a lo largo de los círculos latitudinales, según ⊟ **301** (Trulli en Apulia).

constructiva dos superficies de curvatura biaxial representativas, el **paraboloide hiperbólico** y la **esfera**, formas que se han realizado con relativa frecuencia en la construcción hasta ahora, como ejemplos de este tipo de superficies. Las superficies esféricas fueron muy importantes en la construcción histórica de cúpulas; los paraboloides hiperbólicos se realizaron a menudo en la construcción moderna de cascarones de hormigón.

☞ *Aptdo. 2.2 Fundamentos geométricos, pág. 41*

Como ya se ha explicado, el paraboloide hiperbólico puede considerarse como una superficie de traslación y una superficie reglada al mismo tiempo. Muchos de los aspectos tratados pueden trasladarse a otras superficies de estas categorías. Análogamente, la esfera es un ejemplo de superficie de revolución, por lo que muchas observaciones sobre la esfera pueden extenderse también a otras superficies de revolución.

3.2.1

El paraboloide hiperbólico

■ Considerado como una **superficie de traslación**, el paraboloide hiperbólico surge del deslizamiento de una parábola generatriz c_g a lo largo de una parábola directriz c_d (☐ **305**), por lo que cada una de las dos parábolas puede asumir también la otra función en cada caso (☐ **306**). El punto de encuentro de los vértices de ambas parábolas es, a su vez, el **vértice V** de la superficie.

Alternativamente, esta superficie también puede entenderse como una **superficie reglada** que se genera a partir de dos conjuntos de líneas rectas r_g (☐ **307**). A diferencia de las superficies con curvatura uniaxial, como los cilindros y los conos, dos rectas adyacentes están **sesgadas** entre sí, es decir que ni son paralelas en el espacio ni se intersecan en un punto. Este hecho tiene una importancia esencial para la ejecución constructiva de la superficie.

Elementos de partida en forma de banda

■ Al cubrir el paraboloide hiperbólico con material en forma de cinta, se aplican restricciones aún más estrictas que para la superficie cónica: Tanto a lo largo de las curvas generatrices c_g como de las curvas directrices c_d las cintas desarrolladas presentan pliegues (☐ **309**). Sólo las bandas que discurren por parábolas cercanas al vértice **V** pueden absorber las distorsiones sin arrugas, suponiendo una cierta característica elástica o plástica del material (☐ **308**). Es más fácil colocar las bandas a lo largo de las líneas rectas generatrices r_g (☐ **310**). Sin embargo, hay que tener en cuenta que, aunque el eje central de la banda siga la línea recta r_g, resulta una clara **torsión** de la banda alrededor de este eje. Depende entonces de la deformabilidad elástica o plástica del material en la propia superficie de la banda hasta qué punto la torsión puede ser absorbida sin arrugas. Además, hay que tener en cuenta que debido a la posición sesgada de las rectas generatrices vecinas entre sí, lo que es la causa de la mencionada torsión, las bandas no pueden cortarse con una anchura constante, sino que deben cortarse con anchuras variables a_1 a a_3.

☞ *Véanse también las reflexiones sobre coberturas de elementos en forma de barra en el Aptdo. 3.1.3 Elementos de partida en forma de barra, pág. 96, sobre todo ☐ **289**.*

Básicamente, en el paraboloide hiperbólico, a diferencia de las superficies desarrollables como los cilindros o los conos, no existe la posibilidad de desarrollar una cinta a lo largo de una determinada línea—incluso curva—completamente sin arrugas, ya que se trata de una superficie no desarrollable.

■ Si se va a utilizar material en forma de placa, la aproximación más sencilla al paraboloide hiperbólico es el **poliedro** resultante de la resolución de las parábolas generatrices y las parábolas directrices en **líneas poligonales** (⊟ **311**). Dos pares de polígonos adyacentes que se intersecan definen en cada caso un elemento individual trapezoidal plano. Como ya se ha mencionado (⊟ **193**), por razones de simetría, en el mejor de los casos se pueden encontrar dos elementos iguales y dos opuestos. Por lo demás, todas las superficies parciales tienen patrones de corte diferentes.

Elementos de partida en forma de placa

☞ *Aptdo. 2.3.3 Por ley generatriz > Superficies de traslación, pág. 58*

■ Las condiciones mencionadas para el material en forma de banda son aplicables aún más estrictamente al material en forma de barra. El tendido a lo largo de la **parábola generatriz c_g** o de la **parábola directriz c_d** sólo es viable con barras planas y delgadas y con material flexible. Los problemas son similares a los del cono cuando se colocan barras a lo largo de la curva directriz (cf. ⊟ **292**): Aparecen huecos de separación entre barras adyacentes.

Más obvio es colocar barras a lo largo de una de los dos conjuntos de **líneas rectas generatrices**. Aunque se puede mantener la rectitud de las barras de la cobertura, surgen otros problemas geométricos: Si las barras se colocan como en ⊟ **313**, por ejemplo, cada una tangente a una **parábola principal c_{g0}** que pasa por el vértice **V**, con una arista lateral **$P_i P'_i$** a lo largo de una línea recta **r_g** y siempre con el mismo ancho de barra **a**, se puede observar lo siguiente (⊟ **312**): En un lado de la parábola principal, las barras se alejan unas de otras; aparecen juntas abiertas que se ensanchan cuanto más se alejan de la parábola principal; en el otro lado, las barras intersecan con la superficie del paraboloide hiperbólico y aparecen intersecciones entre barras adyacentes.

No obstante, puede ser posible formar una superficie continua de barras si éstas pueden **retorcerse**. Su torsión permite cerrar las juntas abiertas. Las barras se fuerzan, por así decirlo, sucesivamente a adoptar la inclinación de las parábolas generatrices **c_{gi}** vecinas mediante su torsión (⊟ **314**). Sin embargo, el requisito previo para ello es la flexibilidad o también la plasticidad del material, que a veces se da en la práctica dentro de ciertos límites dependiendo del material, así como también el corte de las barras en forma de **cuña**, ya que éstas también tienen diferentes anchos **a** y **b** en diferentes extremos. En la práctica, esto se puede conseguir, por ejemplo, fijando tablas planas a una subestructura formada por parábolas paralelas e idénticas (⊟ **315**). El mismo afianzado obliga a los tableros flexibles a situarse en la posición deseada. Deben cortarse en forma de cuña

Elementos de partida en forma de barra

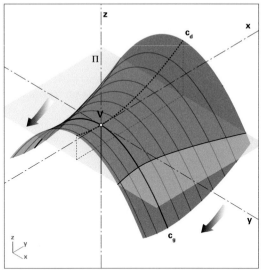

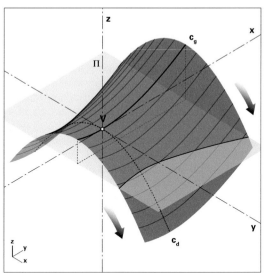

305 El paraboloide hiperbólico contemplado como superficie de traslación: Una parábola generatriz c_g se desliza a lo largo de una parábola directriz c_d.

306 Cada parábola puede asumir la función de la curva generatriz c_g o curva directriz c_d.

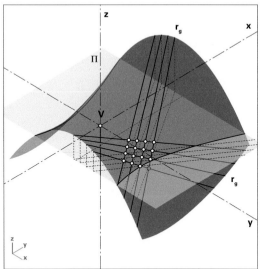

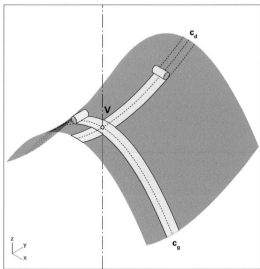

307 El paraboloide hiperbólico contemplado como superficie reglada: dos conjuntos de líneas rectas r_g que se cruzan.

308 Las cintas colocadas a lo largo de las parábolas situadas cerca del vértice **V** pueden desarrollarse casi sin arrugas.

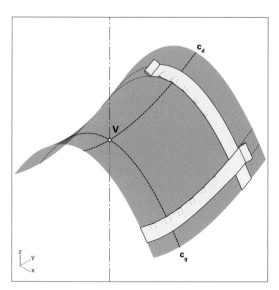

309 Si se colocan a lo largo de parábolas alejadas del vértice **V**, la cinta forma arrugas.

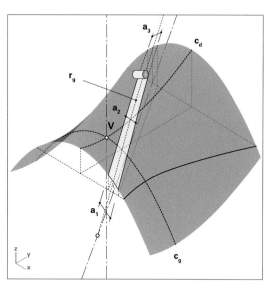

310 Colocada a lo largo de una línea recta generatriz r_g, la cinta se retuerce y debe cortarse con anchos variables a_1 a a_3.

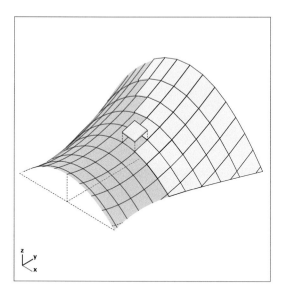

311 Cobertura del paraboloide hiperbólico con placas planas, utilizando su propiedad como **superficie de traslación**.

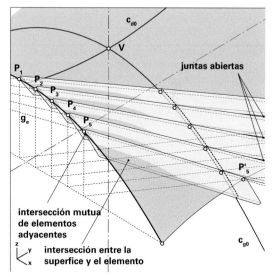

312 Detalle. El resultado de la doble curvatura del paraboloide hiperbólico son juntas abiertas e intersecciones mutuas.

📖 *Herzog Th, Moro J L (1992) „arcus 18: Entrevista con Félix Candela el 10. de mayo de 1991 en Madrid", Colonia*

Elementos de partida en forma de bloque

☞ *Un contraejemplo singular son las estructuras laminares de ladrillo de Eladio Dieste. Es este caso, las juntas se armaban para soportar las tracciones.*

o, al menos, montarse alternativamente con separadores en forma de cuña. Al igual que con el facetado hecho de placas, es posible una mejor aproximación a la superficie si se utilizan barras más estrechas (⌗ **316**).

En principio, ambas direcciones recíprocas de rectas generatrices r_{gi} se prestan para este tipo de cobertura (⌗ **317**).

■ El tamaño pequeño de los elementos de partida en forma de bloque y el fino facetado resultante de una superficie compuesta por ellos permite adaptarse bastante fácilmente a cualquier superficie con curvatura biaxial, incluido el paraboloide hiperbólico considerado en esta sección. Sin embargo, esta variante sólo tiene una importancia constructiva marginal, ya que las aplicaciones prácticas de superficies de curvatura biaxial hechas de bloques son extremadamente raras. El único método de construcción basado en el uso de bloques, es decir, la construcción clásica de obra de fábrica con aparejo de ladrillo o sillar, no es adecuado para crear superficies curvas autoportantes y anticlásticas, ya que no puede absorber las inevitables fuerzas de tracción que surgen en este caso particular.

Sin embargo, la situación es diferente en el caso de superficies sinclásticas hechas de bloques, por ejemplo, las superficies esféricas, que fueron de gran importancia en la construcción histórica de cúpulas.

318 Paraboloide hiperbólico de cuatro módulos en construcción: Las tablas de encofrado visibles en los bordes muestran las direcciones de las líneas rectas generatrices. Se puede ver cómo se insertan algunas tablas en forma de cuña entre grupos de tablas paralelas (por ejemplo, abajo a la derecha) para resolver prácticamente el problema de no ser paralelas espacialmente las generatrices (Bolsa de México, arqu.: F Candela).

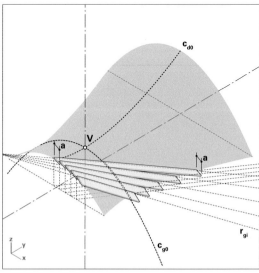

313 Cobertura de un paraboloide hiperbólico con barras a lo largo de rectas generatrices r_{gi}, tangentes a una parábola principal c_{g0}.

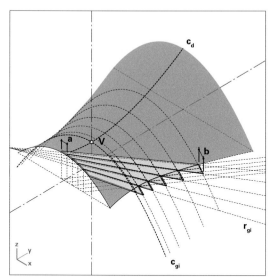

314 Las barras de ⊟ **313** pueden retorcerse y cortarse en forma de cuña para producir una superficie cerrada.

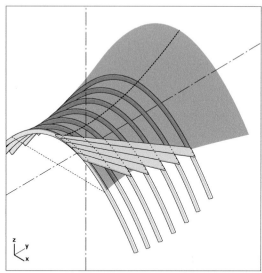

315 Posible ejecución constructiva con la ayuda de una subestructura a lo largo de parábolas generatrices.

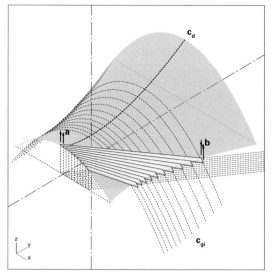

316 Las subdivisiones más densas con barras más estrechas permiten ajustarse mejor a la forma del paraboloide.

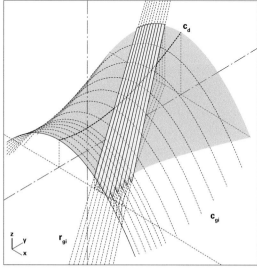

317 También se puede utilizar la dirección recíproca del conjunto de líneas rectas r_{gi} para la cobertura con barras.

3.2.2   **La esfera**

☞ *Cap. IX-2, Aptdo. 3.2.5 Cúpula compues-*
ta de barras, pág. 368

■ La superficie esférica, al igual que el paraboloide hiperbóli-co, es también una superficie **no desarrollable**, de **curvatu-ra biaxial**, pero **sinclástica**. Para la realización constructiva, es necesario subdividir esta superficie esférica según un patrón geométrico lo más favorable posible. Posteriormen-te, el despiece puede servir como retícula para cubrirla con elementos planos como paneles o, alternativamente, como referencia para crear una celosía portante de barras.

Dado que la esfera es una **superficie de revolución**, la forma más obvia de dividirla es, de primeras, utilizar el patrón radial de **círculos meridianos** m_i y **círculos de la-titud** l_i ($\boxminus$ **321**). Los formatos de los recuadros resultantes disminuyen notablemente hacia el **polo V** de la esfera, lo que significa una cierta desventaja, especialmente si se trata de barras que convergen allí en la dirección meridiana en un cascarón de celosía. Estos recuadros pueden fusionarse alternativamente para formar otros más grandes ($\boxminus$ **322**).

Otra forma de dividir una esfera de forma razonable es intersecándola con planos paralelos ($\boxminus$ **323**) (en →**y**). El resultado son **segmentos circulares** c_i, que se presentan en pares simétricos c_i y c'_i cuando se dividen regularmente. Sus radios son naturalmente diferentes y disminuyen con el aumento de la distancia al segmento circular central c_0. Si la superficie esférica se secciona adicionalmente con planos paralelos en la dirección ortogonal (en →**x**), se generan formatos recortados con dimensiones de borde similares ($\boxminus$ **324**).

En principio, se pueden concebir dos variantes:

- Las distancias entre los planos de intersección son siem-pre las mismas. Como resultado, los bordes laterales de los recuadros se alargan constantemente a medida que aumenta la pendiente de la superficie, es decir, la distancia desde el punto **V**.

- Las distancias de los planos de intersección disminuyen continuamente con el aumento de la distancia desde el punto **V**, de modo que los bordes laterales de los formatos, es decir, los segmentos circulares en cada caso, tienen longitudes aproximadamente iguales. Con esta subdivisión no se pueden realizar longitudes de segmento exactamen-te iguales con la superficie esférica. Una aproximación útil para propósitos constructivos con siempre las mismas longitudes de lado la proporciona la **superficie de tras-lación**.

☞ *Aptdo. 2.3.3. Por ley generatriz > Super-*
ficies de traslación, pág. 58

También es importante que las esquinas de las secciones de la esfera no se encuentran en un plano con esta seg-mentación, es decir que los recuadros no son planos. En el caso de celosías portantes hechas de barras que siguen esta geometría de subdivisión, también puede haber des-ventajas con respecto al comportamiento de carga, ya que los formatos cuadriláteros hechos de barras no son rígidos a cortante sin medidas adicionales. Por tanto, puede resultar ventajoso intersecar la superficie esférica con **tres** grupos de planos paralelos en ángulos de **120°** ($\Box$ **324**). Esto crea un entramado **triangulado**, es decir, intrínsecamente resistente al cizallamiento. Los segmentos circulares resultantes, es decir, los tres conjuntos c_{1i}, c_{2i} y c_{3i}, son cada uno de ellos paralelos a los tres segmentos principales c_1, c_2 y c_3, que pasan por el vértice **V**. El resultado son formatos con una forma aproximadamente triangular, cada uno de ellos delimitado por tres segmentos circulares. Si, por ejemplo, se crea un cascarón de celosía de barras según este patrón, los formatos son triangulares y, en consecuencia, rígidos a cortante sin medidas adicionales.

En determinadas condiciones, también puede servir como sustituto de la esfera una **superficie de traslación** que resulta del deslizamiento de un segmento circular generador c_g a lo largo de un segmento circular director c_d. Ambos segmentos circulares tienen inicialmente el mismo radio.

319 Cúpula esférica de barras a lo largo de círculos meridianos y latitudinales, correspondiente a la variante en $\Box$ **321**.

320 Cúpula esférica de barras en retícula triangular, correspondiente a la variante en $\Box$ **325**.

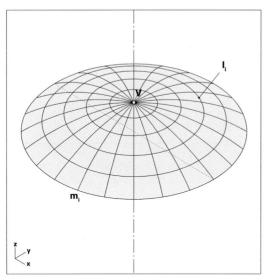

321 División radial de la superficie esférica con círculos meridianos m_i y círculos latitudinales l_i.

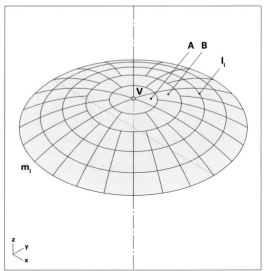

322 Los pequeños formatos de faceta que surgen en la zona del vértice **V** pueden fusionarse formando otros más grandes **A** y **B**.

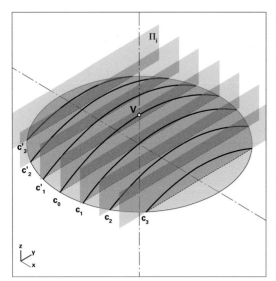

323 División de la superficie esférica por la intersección con planos paralelos Π_i, que crean segmentos circulares c_i.

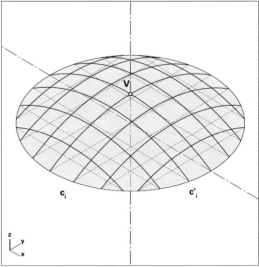

324 División de la superficie esférica por dos conjuntos de segmentos circulares c_i y c'_i ortogonales vistos en planta.

La superficie traslacional resultante se aproxima mucho a la superficie esférica con el mismo radio, siempre que se considere una sección parcial en forma de casquete (⊟ **326, 327**). Sólo en diagonal a la cruz formada por c_g/c_d se desvía algo más de la superficie esférica. Cuanto más plano sea el

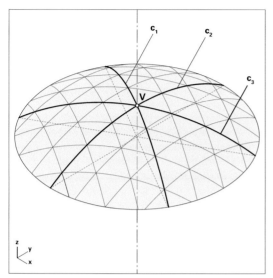

325 División por tres grupos de segmentos de círculo c_{1-3} orientados en un patrón triangular de 120° en proyección en planta.

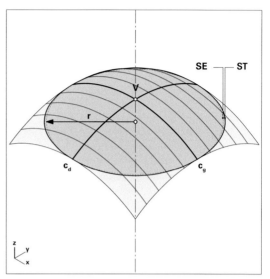

326 Sustitución de la superficie esférica por una superficie de traslación. La línea de intersección de la superficie de traslación con un plano horizontal (**ST**) sólo presenta una ligera desviación respecto al círculo de intersección de la esfera (**SE**).

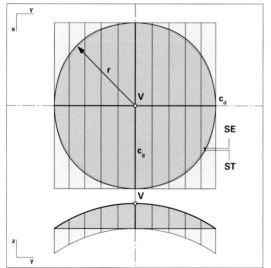

327 Proyección diédrica de la superficie esférica y traslacional superpuestas como en ⌗ **326**.

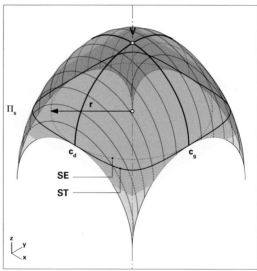

328 La desviación entre la superficie de traslación y la esfera es mucho mayor con recortes menos rebajados, como se puede ver en la desviación entre la curva de intersección de la superficie de traslación (**ST**) y el círculo de intersección de la esfera (**SE**).

casquete, menor será la desviación. Sin embargo, con una semiesfera (⌗ **328**), las diferencias se hacen más evidentes. Al igual que las demás superficies de traslación, ésta también ofrece claras ventajas en la ejecución constructiva con la ayuda de componentes planos.

Elementos de partida en forma de banda

✆ Como en el caso de una cúpula revestida con chapa de costura alzada

Elementos de partida en forma de placa

■ Si la superficie de la esfera se va a cubrir con material en forma de banda, éste se puede desarrollar a lo largo de su eje central siguiendo un meridiano (⊟ **330**); sin embargo, como resultado de la doble curvatura, los bordes de la banda hacen ondas. Esto puede neutralizarse con ciertos materiales si son lo suficientemente deformables y es menos perceptible con anchos de banda pequeños o radios de curvatura grandes. También cuando se coloca a lo largo de un círculo latitudinal (⊟ **331**), la cinta se curvará en el lado más cercano al vértice, ya que el círculo de latitud tiene un radio menor allí. Como la superficie esférica no se puede desarrollar en el plano, tampoco es posible desarrollar una cinta completamente sin arrugas en este caso.[19] En la práctica constructiva se suele optar por una solución radial en la que las bandas siguen los meridianos (⊟ **329**, **332**) y se cortan en forma triangular. A menudo, esta geometría de despiece se explica también por la dirección del flujo del agua de lluvia desde el vértice **V** hacia abajo a lo largo de los meridianos. La curvatura biaxial debe entonces ser absorbida por la deformabilidad elástica o plástica de las bandas. Cuanto menor sea la anchura de la banda **a**, más fácil será neutralizar la doble curvatura.

■ Si las coberturas hechas de material en forma de placa se diseñan según un patrón radial, los recuadros resultantes se cubren cada uno con un elemento plano de corte trapezoidal (⊟ **333**). La placa puede situarse de forma que sea tangente a la esfera en un punto P_T (⊟ **335**) o puede apoyarse con los puntos de esquina en las intersecciones de los meridianos m_i y los círculos de latitud I_i (⊟ **336**). Las aristas laterales sobre los círculos latitudinales son paralelas entre sí, las aristas de los meridianos se cruzan necesariamente en el eje central a través de **V**, de modo que todas las aristas de la placa se encuentran en un mismo plano.

Alternativamente, si la superficie de la esfera se divide a lo largo de segmentos circulares paralelos en un patrón cuadrangular (⊟ **337**), se crean formatos que son similares pero no idénticos entre sí. Las distancias de los planos de intersección Π_i pueden elegirse de forma que los segmentos de círculo que delimitan los recuadros tengan siempre la misma longitud; pero los ángulos en los que se intersecan en un punto de cruce siempre serán diferentes. Cada faceta que se crea puede ser cubierta con un panel plano, de forma análoga al patrón radial. Sin embargo, esto sólo se consigue con una cierta desviación resultante del hecho de que tres puntos de esquina del elemento de la placa (**A**, **B**, **C**) pueden ponerse en congruencia con tres puntos de la esfera, pero no la cuarta esquina **D** (⊟ **338**). Allí aparece un hueco **d** entre la esfera y la placa, que puede plantear dificultades constructivas en función del formato de la placa y de la curvatura de la esfera. Para evitarlo, habría que dividir el panel mediante una junta diagonal **AC** en dos secciones triangulares **ABC** y **ACD** (⊟ **339**) para poder llevar el punto de esquina **D** a su posición nominal. De este modo, se crea

329 Cúpula esférica con revestimiento de banda a lo largo de los círculos meridianos, correspondiente a ⊟ **332**.

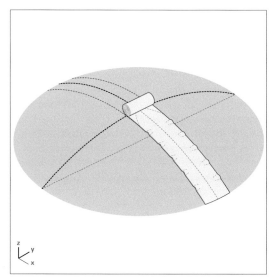

330 Desarrollado de una banda sobre la superficie esférica a lo largo de un círculo meridiano.

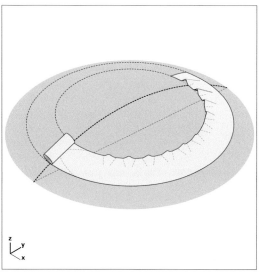

331 Desarrollado de una banda sobre la superficie esférica a lo largo de un círculo latitudinal.

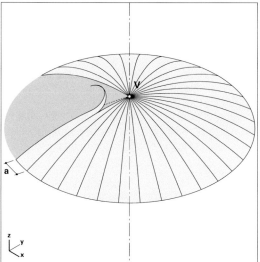

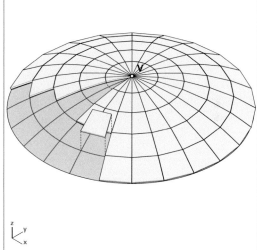

332 (Arriba izquierda) recubrimiento de una superficie esférica a lo largo de los círculos meridianos con tiras de cinta cortada en forma de cuña.

333 (Arriba derecha) recubrimiento de una superficie esférica en forma radial con material plano tipo placa.

334 (Derecha) aproximación de una superficie esférica con ayuda de un material en forma de placa plana, en este caso vidrios, correspondiente a la variante en ⌧ **333** (cúpula del *Reichstag*, Berlín, arqu.: Foster Ass).

un patrón triangular.

Como alternativa, se puede elegir, ya de principio, una retícula triangular regular según ⊟ **325**, en la que las esquinas de los triángulos, planos de por sí, pueden hallarse siempre en la superficie de la esfera (⊟ **340**). Especialmente en el caso de cascarones de celosía formados por barras, este tipo de subdivisión puede ofrecer ventajas notables en términos de conducción de fuerzas (⊟ **342**).

☞ **Vol. 1,** Cap. VI-2 Conducción de fuerzas,
pág. 530

Es más fácil colocar material en forma de placa sobre una **superficie de traslación** generada por segmentos circulares (según el principio en ⊟ **327**). A diferencia de la esfera, las facetas cuadrangulares pueden cubrirse con elementos planos con aproximadamente los mismos formatos, sin desviaciones dimensionales de las esquinas respecto a la superficie como se muestran en ⊟ **338** (⊟ **341**).

Elementos de partida en forma de barra

■ Si se quiere crear una cobertura continua de una superficie esférica a partir de elementos en forma de barra, la primera opción es colocarlos según **círculos meridianos** (⊟ **343**), es decir, los que tienen centros idénticos al de la propia esfera. El requisito previo para ello es, de nuevo, que la barra sea lo suficientemente flexible o plástica como para adaptarse a la curvatura de la superficie esférica curvándose por un lado a lo largo de su eje central. La barra es tangente a la superficie esférica a lo largo del círculo meridiano asociado. Los radios de los círculos meridianos, y por tanto el radio de curvatura de la barra, son naturalmente siempre iguales al radio de la esfera. El recubrimiento de la superficie esférica con barras sigue el principio radial, análogo al del material en forma de cinta (⊟ **332**); el polo, no obstante, no tiene que estar necesariamente sobre el casquete recortado

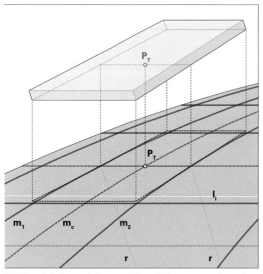

335 Recubrimiento de la superficie esférica con una placa plana que es tangente a ella en un punto P_T (y sólo en este punto).

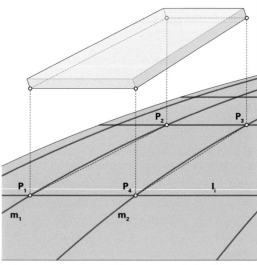

336 Como alternativa a ⊟ **335**, pueden servir de referencia de ubicación las intersecciones P_{1-4} de los círculos meridianos m_i y los círculos latitudinales c_i.

(como en 🗗 **345–347**). Las barras deben cortarse en forma de **cuña** y, para evitar una anchura excesiva de las mismas, deben colocarse en filas sucesivas con **resalte de juntas**, si es necesario.

Como alternativa, también se puede cubrir una superficie esférica con elementos en forma de barra a lo largo de los **círculos de latitud**. Se sitúan en planos paralelos y tienen radios cambiantes. En consecuencia, cada capa de barra también tiene un radio de curvatura diferente. Si la barra sólo se curva uniaxialmente en la dirección del círculo de

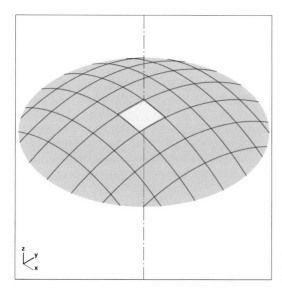

337 Recubrimiento de la esfera con elementos tipo placa plana según subdivisión por segmentos circulares intersecándose en ortogonal.

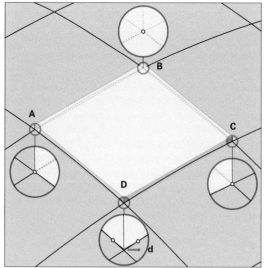

338 Los puntos de intersección **A–D** de los segmentos circulares no se encuentran en un plano en el caso de una esfera. Se produce una desviación dimensional **d** en el punto **D**.

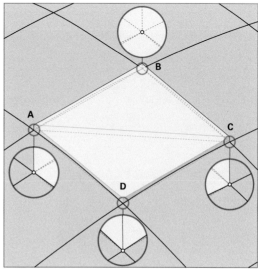

339 Al dividir la placa en dos secciones triangulares, el punto **D** puede hacerse coincidir con la intersección de los segmentos circulares.

latitud, puede colocarse de forma que sea tangente a la superficie de la esfera en un borde lateral (⊟ **348**). El otro borde no puede hacerse coincidir con la esfera debido a la doble curvatura de ésta, por lo que se crea un hueco entre la barra y la esfera. Este se hace cada vez más grande con el aumento de la distancia desde el vértice hasta que la unión entre barras adyacentes—dependiendo del grosor de la barra—se abre (detalle ⊟ **348**, ⊟ **349**).

Si se quiere conseguir un recubrimiento sin juntas según este principio de colocación, la barra debe ser forzada sobre la superficie esférica de tal manera que estas juntas se cierren. Esto requiere una flexión biaxial de la barra, es decir, una **flexión** y **torsión** a lo largo del eje de la misma (⊟ **350–352**). Cuanto más se acerquen los círculos de latitud al polo, más pronunciado será este efecto. Con la mayoría de los materiales utilizados habitualmente en construcción, esta deformación de la barra sólo es posible dentro de un pequeño margen, por lo que sólo se pueden cubrir según esta geometría casquetes esféricos con pequeñas curvaturas.

Elementos de partida en forma de bloque

■ Crear una superficie esférica con elementos en forma de bloque, de forma análoga a los ejemplos comentados con curvatura uniaxial, es relativamente sencilla desde el punto de vista geométrico porque el elemento de partida, muy pequeño en comparación, permite realizar facetas a muy pequeña escala. Si se excluyen cuestiones relativas a la conducción de fuerzas, como en el caso de revestimientos no portantes sobre una base esférica portante, existen muchos modelos concebibles de despiece de bloques cubriendo toda la superficie. No se discutirán aquí debido a su poca importancia constructiva. En cambio, los patrones de despiece tienen un significado completamente diferente para las superficies esféricas autoportantes laminares, es decir, para las construcciones de **cúpulas de obra de fábrica**, por ejemplo. Aunque éstas tienen más interés histórico que actual, se abordarán a continuación algunos ejemplos. En el caso de construcciones de cúpulas de fábrica, no es sólo la función portante lo que determina el patrón de despiece o aparejo, sino también el proceso de construcción, en el que un objetivo clave suele ser reducir el trabajo de cimbrado y andamiaje.

La organización geométrica más sencilla y, desde el punto de vista de la albañilería, más sensata de los bloques es a lo largo de **círculos de latitud** horizontales (⊟ **354**). Cada hilada de bloques sigue un círculo de latitud, tiene un radio diferente y, por tanto, suele tener un número diferente de bloques, así como diferentes anchuras de junta. Por razones de capacidad de carga, es necesario mantener una dimensión mínima de solapo de los bloques, es decir, un **enclavamiento** suficiente entre bloques de hiladas superpuestas. Si se cierra la llamada hilada anular, ésta actúa como anillo de compresión e impide que el sector de arco inacabado **AB** o **CD**, que actúa a lo largo de un meridiano

344 División de la esfera según una retícula triangular, análoga a ⊟ **340**. En este caso se trata de la geometría divisoria especial de la cúpula geodésica (*Parc de la Villette*, Paris; arqu.: B Tschumi) (ver también ⊟ **250** en pág. 372).

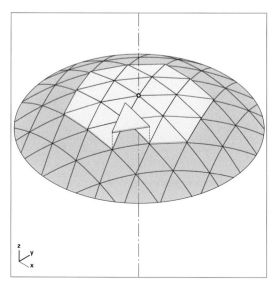

340 Recubrimiento de una superficie esférica con elementos planos de placa triangulares.

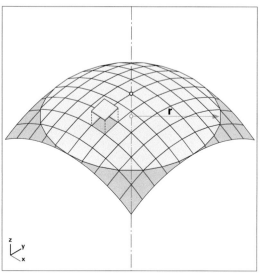

341 Alternativa: Recubrimiento de una superficie de traslación con elementos de placa planos aproximadamente cuadrados.

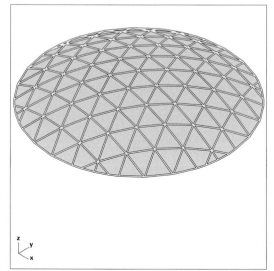

342 Celosía de barras según retícula triangular.

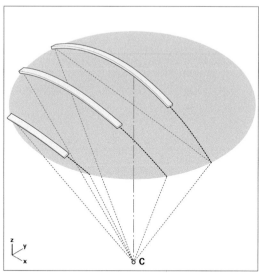

343 Barras sobre superfice esférica. Curvatura uniaxial a lo largo de círculos meridianos.

en el estado acabado (**ASD**), colapse (🖫 **355**). Para que esta línea de arco de hecho soporte la carga como un arco en el estado acabado, las juntas entre los bloques de la sección meridiana deben abrirse en abanico **radialmente**. Así, los bloques de la última hilada anular mostrada en la figura se colocarán tangencialmente a un cono imaginario con rectas generatrices **MB** y **MC**. Mientras las líneas **MB** y **MC** tengan poca inclinación, los bloques pueden colocarse sin cimbrado

345 Cobertura total de la superficie esférica con barras a lo largo de círculos meridianos.

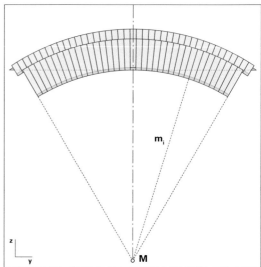

346 Vista lateral ortogonal de la superficie en ⊞ **345**. Círculos meridianos m_i. Las barras se cortan en forma de cuña.

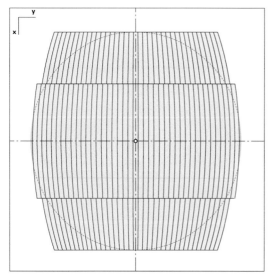

347 Proyección en planta de la superficie en ⊞ **345**.

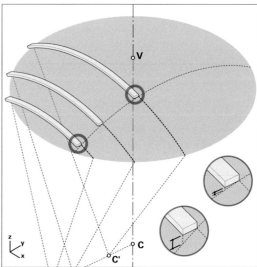

347 Colocación de barras sobre una superficie esférica a lo largo de círculos latitudinales sin torsión.

en determinadas condiciones, antes de que se produzca el mencionado cierre del anillo en la hilada anular y los bloques ya no puedan deslizarse por razones geométricas porque se encajan entre sí. Sólo a partir de una determinada pendiente crítica de **MB** y **MC**—y antes de llegar al cierre del anillo en cada hilada—son necesarias medidas auxiliares como cimbras o andamios para evitar el deslizamiento de los bloques.[20]

Numerosas cúpulas históricas se han erigido según este

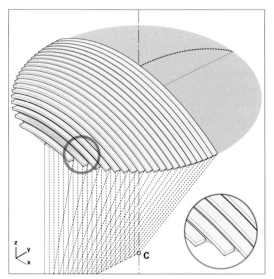

349 Debido a la doble curvatura de la esfera, aparecen juntas abiertas en las zonas exteriores.

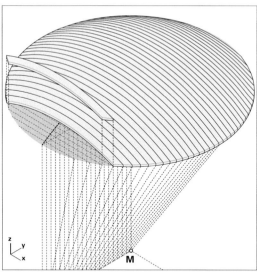

350 Para el recubrimiento de toda la superficie con juntas cerradas, las barras deben estar torcidas.

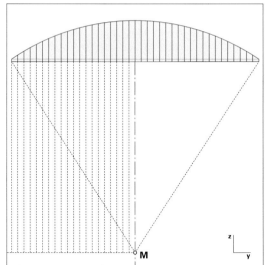

351 Vista lateral ortogonal de la superficie en ⌗ **350** con la posición de los círculos latitudinales.

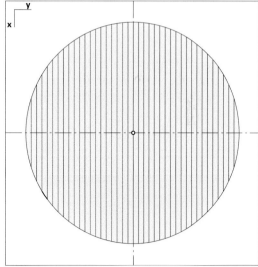

352 Proyección en planta de la superficie en ⌗ **350**.

principio de construcción, en el que las condiciones geométricas se entrelazan estrechamente con los requisitos de transmisión de fuerzas y fabricación. También se utilizaron en ocasiones otros principios geométricos de organización. A continuación se expondrán, a modo de ejemplo, algunas alternativas, algunas de las cuales se encuentran en la muy sofisticada técnica de bóveda bizantina.[21]

Las soluciones basadas en superficies de traslación, como

☞ *Como trompas y pechinas: véase Cap.*
IX-2, Aptdo. 3.2.6 Cascarón homogéneo, de
curvatura sinclástica, sobre apoyos puntua-
les, pág. 374

en el caso ⊟ **356**, se crean mediante la colocación sucesiva de segmentos de arco dispuestos verticalmente, como **AB**, a lo largo de una directriz circular en forma de segmento **TV'U**. En términos de construcción, esto puede lograrse con medios sencillos, como una cimbra estrecha reutilizable para cada arco. Desde el punto de vista geométrico, esta variante resuelve desde un principio el conflicto entre la forma esférica y el cuadrilátero de la pared de soporte, que históricamente produjo una variedad de soluciones improvisadas. Por otro lado, es una desventaja que la construcción sea claramente **unidireccional**, ya que los arcos tienen un efecto de descarga en una sola dirección—su propia orientación—y, en consecuencia, no se activa un efecto portante laminar. En cuanto a la transmisión de fuerzas, la falta de enjarje entre los arcos paralelos es una desventaja. Este aparejo también contradice la geometría básica de simetría céntrica de la superficie esférica. En consecuencia, el facetado de la superficie también es diferente en ambas direcciones ortogonales (⊟ **357**), lo que también puede resultar visible.

Una respuesta a estos inconvenientes es dividir la superficie de la cúpula en cuatro sectores independientes e idénticos que se unen en las diagonales y que pueden encajarse allí, aunque normalmente no sin conflictos geométricos. Las figuras ⊟ **358** a **361** muestran un ejemplo con arcos en los planos **MAB** o **MBC** abanicados radialmente desde **M**. Por lo tanto, siguen los círculos meridianos de la esfera. Dado que las juntas entre los bloques de los arcos se abren a su vez en abanico, en el estado final actúan arcos reales en cada punto de la superficie en ambas direcciones principales de la lámina, es decir, paralelas a **AB** y a **BC**. Sin embargo, la variación de la anchura de las juntas entre los arcos individuales en abanico tiene aquí un efecto desventajoso. Esta se reduce continuamente hacia los extremos. La trayectoria curva de los arcos de borde **AB**, **BC**, **CD** y **DA** en planta también es desfavorable, pues también presupone un apoyo sobre muros curvos en planta.

En las figuras ⊟ **362** a **365** se muestra una variante en la que también se utilizan arcos individuales como **AB** y **BC** hechos de bloques abanicados. Sin embargo, a diferencia del ejemplo anterior, éstos se disponen en planos verticales como **AA'BB'** o **BB'CC'**. A su vez, siguen una directriz circular creándose una **superficie de traslación**. Los inconvenientes de la primera variante en forma de superficie de traslación (⊟ **356**, **357**) se evitan colocando los bloques inclinados en lugar de verticales, de forma análoga a la bóveda de ⊟ **298**, **299**. A pesar de la posición vertical de los planos de los arcos, se produce un **abanicado biaxial** de los bloques en cada punto de la superficie. Los bloques inclinados son más fáciles de colocar sin cimbrado que los verticales; los arcos de arista pueden apoyarse en paredes rectas.[22]

Los patrones de organización **radiales** de los bloques a lo largo de círculos meridianos son bastante raros, especialmente si el polo está situado en la superficie de la cúpula,

353 Cúpula construida por hiladas anulares, correspondiente a la variante en ⊟ **354**.

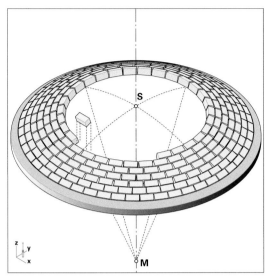

354 Colocación de bloques de construcción a lo largo de círculos latitudinales en forma de hiladas anulares que, una vez cerradas, actúan como anillos de compresión estables durante el proceso de construcción, impidiendo que los bloques inclinados caigan escurriendo sobre la argamasa fresca.

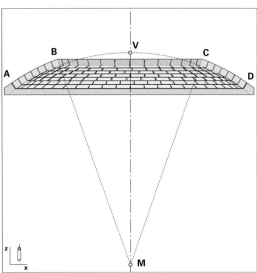

355 Sección a lo largo de un círculo meridiano. Los bloques se abren en abanico desde el centro **M**.

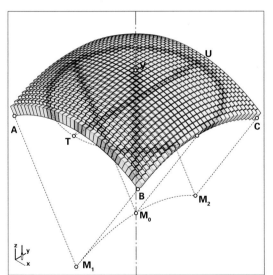

356 Los arcos **AB** se desplazan paralelamente a lo largo de una directriz circular **TV'U**. Se crea una superficie de traslación.

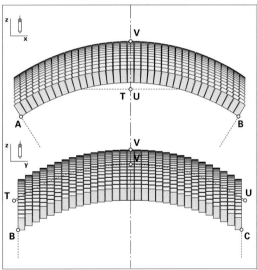

357 Diferentes vistas laterales de la configuración geométrica en ⊟ **356** desde dos direcciones →**x** e →**y**. La hilada de bloques **BC** no está abanicada y, por tanto, no actúa estáticamente como un verdadero arco.

es decir, en el vértice de la misma. Se producen conflictos geométricos debido a las transiciones graduales entre círculos meridianos vecinos, que son difíciles de resolver con bloques de construcción.

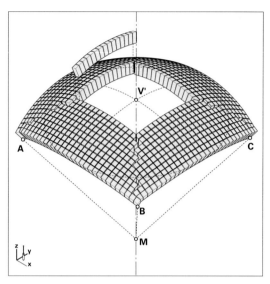

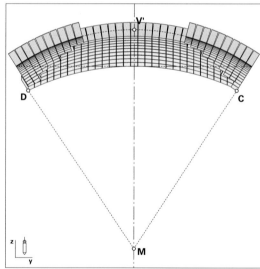

358 Disposición de arcos como **AB** y **BC** en planos abanicados radialmente con punto de giro **M**.

359 Vista superior de la cúpula en ⏚ **358** en estado inacabado.

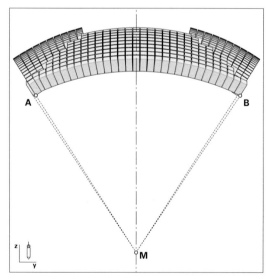

360 Vista lateral de la cúpula en ⏚ **358**.

361 Sección a través de la cúpula en ⏚ **358**.

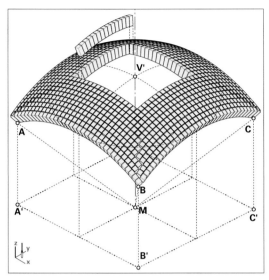

362 Arcos simples en planos verticales como **AA'BB'** o **BB'CC'**. Bloques de construcción inclinados, tangenciales a la superficie cónica **MAB** o **MBC**.

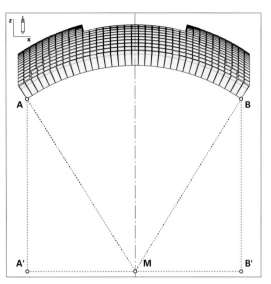

363 Vista lateral de la cúpula en ⊟ **362**.

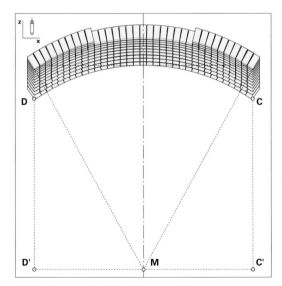

364 Sección a través de la cúpula en ⊟ **362**.

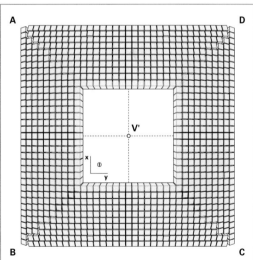

365 Vista superior de la cúpula en ⊟ **362**.

Notas

1   *Brockhaus Enzyklopädie*, Vol. 16, pág. 550, ed. 19ª, 1991
2   Hasta hace poco, se conocían 14 variantes (Pottmann et al (2007) *Architectural Geometry*, pág. 152). Recientemente se ha descubierto una nueva variante (Süddeutsche Zeitung 12.08.2015 *Das magische Pentagon*). No se descarta que otras sigan.
3   Pottmann et al (2007), pág. 152
4   Ibidem pág. 154
5   Thompson D W (1992) *On Growth and Form*, pág. 499
6   Pottmann et al (2007), pág. 496
7   Otra superficie que se puede desarrollar es el oloide, una superficie reglada que se apoya en dos círculos directores iguales (https://de.wikipedia.org/wiki/Oloid).
8   Véase el trabajo teórico pionero de Prof. K. Linkwitz.
9   Véase, por ejemplo *IL 18 Seifenblasen*, *IL 34 Das Modell*, Publicaciones del Instituto de Estructuras Laminares Ligeras de la Universidad de Stuttgart
10 El método de las curvas de subdivisión fue desarrollado en 1947 por G. de Rahm sobre la base de la relación de división 1/3 a 2/3 y, posteriormente (1974), derivado de nuevo por G. Chaikin con la relación de división 1/4 a 3/4 para la infografía. Las curvas de Bézier fueron desarrolladas por los fabricantes de automóviles franceses Citroën y Renault a finales de los años 50. Incluso antes de eso, había enfoques comparables en los Estados Unidos. Paul de Casteljau (Citroën) desarrolló el algoritmo subyacente en 1959. Sin embargo, esto no se publicó por razones de secreto industrial. Pierre Bézier (Renault) lo desarrolló independientemente de Casteljau y lo publicó en 1962. Por eso las curvas se llaman curvas de Bézier (véase Pottmann H (2007) *Architectural Geometry*, pág. 259, 280)
11 Pottmann et al (2007), pág. 279
12 B-spline = *Basis-Spline*. En el dibujo a mano, el término inglés *spline* se refiere a una plantilla flexible que se lleva a la forma deseada mediante varios puntos fijos. Este tipo de plantillas se utilizaban hasta hace poco en la arquitectura y la construcción naval (véase Pottmann H (2007) pág. 256, 269)
13 Pottmann et al (2010) *Architekturgeometrie*, pág. 262
14 Según Pottmann (2007)
15 Según Pottmann (2007)
16 Pottmann et al (2007), pág. 397
17 Ibidem
18 Ibidem pág. 405
19 Excepto a lo largo de líneas geodésicas, con anchos de banda pequeños y bandas cortadas lateralmente, donde puede ser inevitable un punto singular al final, dependiendo de la orientación de las bandas y de la inclinación del casquete.
20 Son interesantes las innovadoras técnicas de albañilería que Brunelleschi desarrolló a este respecto al construir la cúpula florentina: Hizo construir costillas intermedias verticales y espaciadas radialmente a intervalos pequeños en cada hilada de un anillo. Los ladrillos de la hilada anular se colocaron en los espacios entre ellos apoyando con su tabla. La forma de

cuña de estos espacios impedía que los ladrillos se desliza-
ran. El efecto de cuña de la hilada anular cerrada al final se
consiguió así de forma imaginativa en tramos de hilada mucho
más pequeños. Los trabajos de andamiaje de apoyo para
los ladrillos inclinados con riesgo de deslizamiento dentro
de estas zonas pequeñas (no para la capa anular completa,
donde no eran necesarios) fueron, por tanto, sencillos y
económicos. Véase Mislin (1997).

21   Descrito en Choisy A (1883) *L'Art de Batir Chez les Byzan-
      tins*, París
22   Choisy A (1883), pág. 99

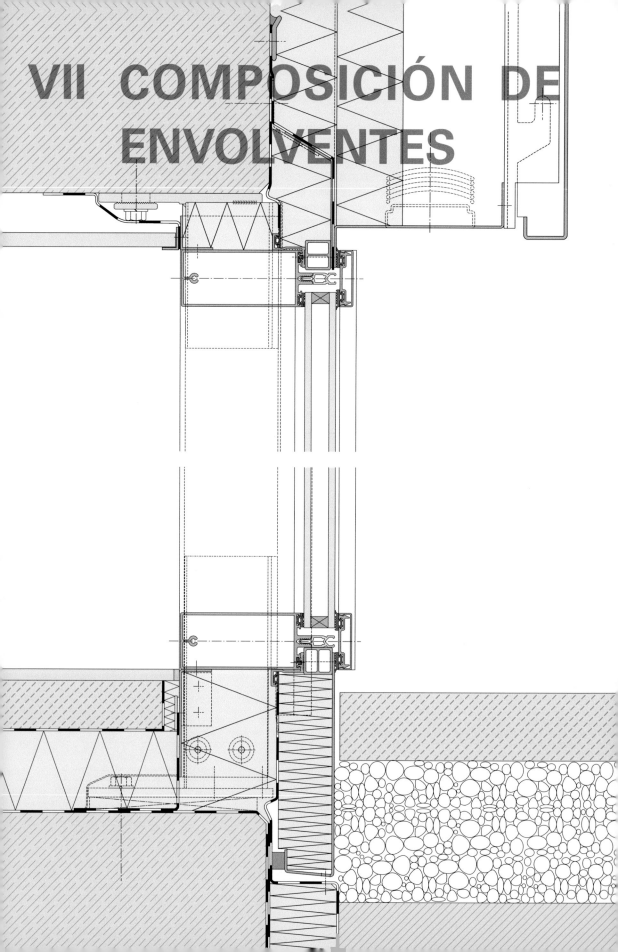

VII COMPOSICIÓN DE ENVOLVENTES

© Springer-Verlag GmbH Germany, part of Springer Nature 2024
J. L. Moro, *El proyecto constructivo en arquitectura—del principio al detalle*, https://doi.org/10.1007/978-3-662-67608-0_2

1.

Implementación constructiva de las funciones parciales—principios básicos de solución

☞ **Vol. 1**, Cap. VI Funciones, pág. 500

☞ **Vol. 1**, Cap. II-1, Aptdo. 2.2 Subdivisión según aspectos funcionales > 2.2.2 según función constructiva individual, pág. 34, así como Cap. VI-1, Aptdo. 3. Asignación de funciones parciales a componentes, pág. 511

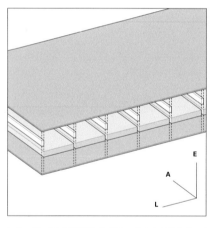

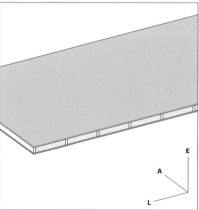

1 Composición de un componente envolvente, considerada en su dimensión de espesor **E**.

■ A continuación, se tratará con más detalle la implementación constructiva de las funciones básicas de conducción de fuerzas y de protección descritas en el **Volumen 1**, denominadas subfunciones constructivas, así como las cuestiones constructivas y físicas asociadas. Para ello, se discuten varias alternativas de **configuración constructiva** de envolventes. Las funciones se cumplen en cada caso por la interacción de los componentes individuales de la construcción de la envolvente.

Como ya se ha señalado, no se puede asumir ya de primeras que una subfunción pueda asignarse claramente a un componente material independiente de la estructura del edificio. Más bien, es frecuente que un componente, o una capa de componente, tenga que cumplir varias funciones parciales al mismo tiempo. Una hoja sólida de hormigón puede, por ejemplo, desempeñar funciones de conducción de fuerzas, aislamiento acústico, protección contra incendios, etc. A la inversa, es igualmente imposible suponer que una sola función parcial la cumpla siempre un solo componente o una sola capa. A menudo, es responsable de garantizar una función parcial específica una **estratificación** formada por varias capas dispuestas detrás o encima de otras. Un ejemplo de ello son sellados de varias etapas.

En la mayoría de los casos, el proyectista o diseñador debe contar con el hecho de que en el componente confluyen varios elementos constructivos con asignaciones funcionales muy diferentes en un espacio muy reducido. Estos deben estar coordinados entre sí **espacial** y **geométricamente**, pero también **funcionalmente**. Con bastante frecuencia se producen conflictos entre subfunciones: Elementos con función de conducción de fuerzas (por ejemplo, los anclajes de una fachada) pueden perjudicar, por ejemplo, la función de aislamiento térmico (debido a los puentes térmicos que ocasionan) y la función de protección contra la humedad en la construcción (se produce condensación). O se da el caso que paneles de aislamiento térmico perjudican la función de aislamiento acústico de un revestimiento de pared debido a su rigidez a la flexión.

Para arrojar más luz sobre la relación, no pocas veces compleja, entre el componente ejecutado materialmente y la función asignada, o mejor dicho, las funciones asignadas, el siguiente apartado examinará más de cerca los **principios constructivos** esenciales de la implementación de las funciones parciales mencionadas en un componente envolvente plano genérico, concretamente por la **interacción** de las funciones individuales dentro de la construcción general. Naturalmente, la forma en que la envolvente se compone de elementos constructivos individuales, es decir, su **estructura constructiva básica**, desempeña un papel esencial en este sentido y se examinará en diferentes variante a continuación.

■ En la mayoría de los casos, las mencionadas funciones parciales de los componentes de la envolvente se cumplen mediante una **estratificación constructiva** formada por **capas** individuales. Cada una de ellas tiene propiedades físicas específicas que le permiten desempeñar una—o posiblemente más de una—tarea. Las capas con mayor rigidez a la flexión se denominan **hojas**.[1] A diferencia de las capas sin carácter de hoja, pueden absorber cargas y transmitirlas a sus soportes. Esta definición corresponde esencialmente a una definición constructiva del concepto de hoja, que también es la base de nuestra clasificación principal en el *Apartado 1.2*. Además, también existe una definición *acústica* de la hoja. En este último sentido, hojas son todas las capas que son capaces de actuar como una masa vibrante en un sistema elástico (sistema masa-resorte). Por lo tanto, algunas capas que no se consideran hojas en un sentido constructivo pueden en cambio considerarse como tales en cuanto a su efecto acústico. Un ejemplo de ello es una capa de revoque sobre un sistema compuesto de aislamiento térmico.

El término **estratificado** o **estratificación** también se utilizará ocasionalmente con diferentes acepciones. Mientras que el estratificado constructivo de un componente se refiere a la forma en que está compuesto por capas individuales, un componente superficial también puede estar provisto de un estratificado de capas adicional—término que a veces se simplificará y abreviará como **trasdosado**—, es decir, un conjunto de capas que se aplica o se adhiere al componente. En el contexto de nuestra clasificación, sólo hablamos de una estratificación (adicional) o trasdosado cuando esto comprende una capa de aislamiento térmico.

■ Después de que en el *Capítulo VII* se trataron las cuestiones que surgen en la composición sin huecos de una capa de un componente en su área, definida por las dimensiones longitud y anchura, a continuación se tratará la estructura completa de un componente envolvente, incluyendo todos los elementos constructivos relevantes, teniendo en cuenta las tres dimensiones longitud, anchura y **espesor** (⊟ **1**). Dado que el espesor del componente es la dimensión que separa el interior del exterior en el caso de componentes envolventes exteriores, o dos espacios interiores en el caso de componentes envolventes interiores, desempeñan un papel especialmente importante en este contexto las cuestiones de física constructiva, además de las cuestiones de geometría, transmisión de fuerzas y fabricación. Por esta razón, se tienen en cuenta las consideraciones de subfunciones de protección higrotérmica, acústica y contra incendios cuando es necesario y pertinente.

Un aspecto esencial de la perspectiva actual de este apartado es, como ya se ha mencionado, la **combinación** y **confluencia** de las distintas subfunciones constructivas, como la conducción de fuerzas, el aislamiento acústico o el

Definicion de términos

☞ **Vol. 1**, Cap. VI-4, Aptdo. 3.3.3 Comportamiento acústico aéreo de componentes > Componentes de doble hoja, pág. 759

Estructuras básicas de envolventes

☞ Cap. VII Generación de superficies, pág. 4

☞ **Vol. 1**, Cap. VI-1 a VI-6, pág. 500

aislamiento térmico, que se examinaron por separado en el *Capítulo VI*, en un único componente constructivo. Además de las funciones parciales definidas y tratadas allí, también juegan un papel fundamental cuestiones geométricas elementales de ensamblaje, como siempre ocurre en el proyecto constructivo. Este aspecto también está en primer plano de las siguientes consideraciones, aunque la compatibilidad geométrica de los elementos constructivos no se definió como un requisito o función independiente.[2]

En este contexto, distinguimos, siguiendo en parte la clasificación ya introducida en el *Capítulo VI-2* según principios de conducción de fuerzas, las siguientes **estructuras básicas** de componentes envolventes: [3]

☞ **Vol. 1**, *Cap. VI-2, Aptdo. 9. Implementación constructiva de la función de transmisión de fuerzas en el elemento—principio estructural del elemento, pág. 616*

- **sistemas de hoja simple**, es decir, los que consisten esencialmente en una sola hoja (de área completa), posiblemente complementada con un trasdosado añadido;

- **sistemas de hoja doble**, es decir, los que constan de dos hojas acopladas o también separadas entre sí, con o sin capas intermedias;

- **sistemas compuestos multicapa**, es decir, aquellos en los que las características de hoja se reproducen aproximadamente mediante una construcción sustitutiva plana que, en su mayor parte, ahorra material;

- **sistemas de costillas** o **sistemas nervados**, es decir, todos los sistemas en los que la superficie se crea a partir de uno o más conjuntos de elementos lineales espaciados, cuya función primaria es conducir fuerzas, y una construcción envolvente separada y afianzada a ellos que forma la superficie;

- **sistemas de membrana**, es decir, los que constan de una o más capas de membrana. Están pretensados mecánica o neumáticamente y, por tanto, son capaces de absorber fuerzas.

2. Sistemas de hoja sólida simple

2.1 Hoja sólida simple sin trasdosado

☞ **Vol. 3**, *Cap. XIII-3 Sistemas de hoja sólida*

■ La tarea de rodear o envolver un espacio puede realizarse, de primeras, de la forma más sencilla utilizando componentes envolventes de una sola hoja (⊟ **2**). La función de cerramiento del espacio, la función de soporte de cargas y otras funciones, como las de física constructiva, las cumple el mismo componente, estructuralmente no diferenciado, es decir, la propia hoja. Esto ya pone de manifiesto una importante ventaja de esta variante, a saber, su **simplicidad constructiva** y su **insensibilidad** a problemas estructurales o físicos derivados de la interacción de diversos componentes constructivos.

Una ventaja importante del diseño consistente en una sola hoja con respecto a la función de la conducción de fuerzas radica en la **estructura homogénea** del componente, en la que las fuerzas, o las tensiones resultantes de ellas, pueden distribuirse esencialmente de forma libre sin concentraciones peligrosas. En particular, las cuestiones relativas a la rigidez a descuadre de las estructuras portantes, que a menudo implican medidas separadas en el caso de sistemas de barras o costillas, por ejemplo, pueden resolverse con medios sencillos en el caso del componente homogéneo de una sola hoja utilizando la rigidez de diafragma del propio componente. Esto también se aplica a los siguientes ejemplos, en los que la función principal de soporte de cargas también se asigna a una hoja.

Si el componente monohoja está formado por una sola capa, es decir que no existe un estratificado adicional, todas las subtareas exigidas al componente envolvente las debe cumplir en este caso el mismo material de esta capa, que es idéntico al de la hoja. En el caso de componentes de la envolvente exterior, esto sólo puede lograrse en contadas ocasiones sin capas de protección adicionales, como membranas de sellado, revestimientos, revoques, etc. Los requisitos individuales que debe cumplir un solo material en un componente monocapa y monohoja suelen entrar en conflicto entre sí: por ejemplo, la protección térmica, para la que resulta beneficiosa una estructura material lo más ligera y porosa posible, y la protección contra la humedad, así como la conducción de fuerzas, dos subfunciones cuyo cumplimiento se ve favorecido fundamentalmente por una estructura material densa. En particular, el altísimo nivel de exigencia que se aplica hoy en día a los componentes envolventes difícilmente puede cumplirse en condiciones tan adversas. Por esta razón, los componentes de la envoltura exterior de una sola hoja y una sola capa desempeñan actualmente un papel constructivo muy limitado. Por otro lado, algunos elementos envolventes interiores pueden—en casos excepcionales—construirse de este modo, por ejemplo, tabiques de ladrillo sin revestir. En particular, cuando la masa o la densidad del material es lo único que se requiere para una subtarea específica, como la protección acústica o contra el fuego, puede resultar ventajoso un diseño de una sola hoja.

■ Una variante con relevancia constructiva de un componente de una sola hoja, pero de varias capas, es el muro exterior de ladrillo revocado (en una o normalmente dos caras). Las funciones parciales de conducción de fuerzas y protección térmica las realiza la hoja principal. Los materiales utilizados para la misma, como material de ladrillo aligerado u hormigón celular, ofrecen un compromiso tolerable entre las tareas parciales en conflicto en el sentido mencionado. Por consiguiente, tanto la capacidad de carga como el aislamiento térmico son limitados, por lo que esta variante constructiva está restringida a aplicaciones específicas (construcción residencial de baja altura). Las capas de revoque asumen esencialmente las tareas parciales de protección contra la humedad y el viento.

☞ *Aptdo. 2.2, 2.3, pág. 134*

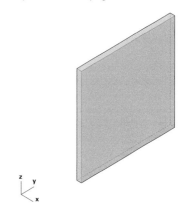

2 Hoja simple sin trasdosado.

Componentes envolventes exteriores 2.1.1

☞ **Vol. 1**, Cap. VI-4, Aptdo. 3.3.3 Comportamiento acústico aéreo de componentes > Componente de una hoja, pág. 755

☞ **Vol. 1**, Cap. VI-3, Aptdo. 3.7 Muro exterior de fábrica aligerada de una hoja, pág. 702

Desde el punto de vista **acústico**, este componente también representa un sistema de hoja simple cuyo aislamiento acústico aéreo y de impacto dependen únicamente de la masa repartida sobre el área y la rigidez dinámica de la hoja principal. Como hemos visto, la masa, que tiene un efecto favorable en términos de sonido, está limitada por razones de aislamiento térmico. Por otro lado, la rigidez del componente es relativamente grande por razones de la capacidad de carga requerida. Estas condiciones deben valorarse como bastante desfavorables en términos acústicos, a pesar de que estos cerramientos exteriores ofrecen una mejor protección acústica en comparación con cerramientos ligeros de construcción nervada.

2.1.2   **Componentes envolventes interiores**

■ Si las cuestiones de aislamiento térmico no son importantes, como en el caso de tabiques entre habitaciones interiores de la misma temperatura, la masa y la densidad del componente pueden aumentarse en la medida necesaria para buena capacidad de carga, por ejemplo, si se trata de muros de carga interiores. En el caso de un componente superficial de una sola hoja, la masa repartida sobre el área también aumenta, por lo que también se puede lograr un aislamiento acústico suficiente.

La protección contra el fuego del componente superficial viene garantizada principalmente por la duración de resistencia al fuego de la hoja principal. Al tratarse normalmente de un componente fabricado con materiales minerales (obra de fábrica, hormigón), la protección contra el fuego suele ser suficiente con los espesores de componentes ya requeridos por razones estructurales. En el caso de cerramientos modernos de madera maciza, hay que tener en cuenta los espesores de carbonizado, que deben añadirse a la sección transversal necesaria por razones estructurales.

2.2   **Hoja simple con trasdosado por un lado sin subestructura**

■ Por las razones que acabamos de exponer, suele ser necesario diferenciar **capas funcionales** en el componente de la envolvente, es decir añadírselas a la hoja principal, para cumplir con mayores requisitos. Para ello, a la hoja sólida se le suele asignar, debido a su rigidez a la flexión y al cizallamiento dada desde el principio, primordialmente la tarea de conducir fuerzas. Esta hoja se complementa con una **superestructura añadida**, es decir, un **trasdosado** con capas funcionales adicionales (⊟ **3**). Casi siempre se compone a su vez de varias capas. En principio, puede fijarse alternativamente en cualquiera de los dos lados de la hoja, o en ambos lados; pero esto último no suele hacerse, porque la mayoría de las veces es posible y en términos constructivos mucho más fácil cumplir las tareas asignadas al trasdosado con un solo estratificado de capas añadido. (Los tabiques de madera maciza constituyen una cierta excepción, cuando, en caso necesario, debe garantizarse una protección contra incendios suficiente en ambos lados sin prever para este fin un espesor de carbonizado, por ejemplo, usando paneles de protección

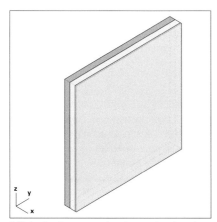

3 Hoja simple con trasdosado exterior sin subestructura.

4 Muro exterior monohoja de obra de fábrica aligerada con revoque en ambas caras, un ejemplo de muro exterior monohoja sin trasdosado.

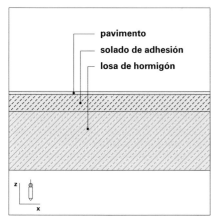

pavimento
solado de adhesión
losa de hormigón

5 Losa de hormigón con solado adherido. En cierto modo, el ejemplo representa una forma de transición entre las variantes del elemento monohoja sin y con trasdosado.

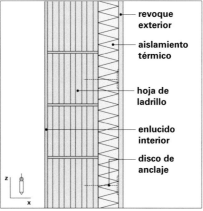

revoque exterior
aislamiento térmico
hoja de ladrillo
enlucido interior
disco de anclaje

6 Sistema compuesto de aislamiento térmico exterior en una pared externa, un ejemplo de cerramiento exterior de una sola hoja con trasdosado.

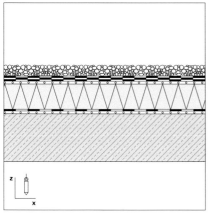

7 Estratificado de una cubierta plana; un ejemplo de componente envolvente de una sola hoja con trasdosado externo.

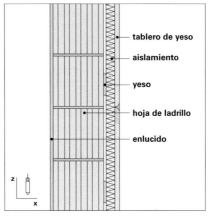

tablero de yeso
aislamiento
yeso
hoja de ladrillo
enlucido

8 Trasdosado de material aislante y tableros de yeso añadidos a un lado a una hoja de ladrillo: un ejemplo de un componente envolvente interior con trasdosado.

Componentes envolventes exteriores

☞ *Aptdo. 1. Implementación constructiva de las funciones parciales—principios básicos de solución, pág. 130*

☞ **Vol. 3**, *Cap. XIII-3, Aptdo. 2.3 Cubiertas planas sobre losa portante*

☞ **Vol. 1**, *Cap. VI-3, Aptdo. 1.1.1 Sellado monofásico contra la humedad, pág. 679*

contra el fuego.) Esto se aplica de la misma manera a todas las variantes con trasdosado que se comentan a continuación. En el caso de componentes de la envolvente exterior, el trasdosado se encuentra casi siempre en el exterior por razones físicas.

■ Una capa funcional esencial del trasdosado añadido de componentes envolventes exteriores es la **capa de aislamiento térmico**. Dentro de una estratificación de envolvente, ésta es determinante para la construcción de forma similar a una hoja portante debido a los espesores de aislamiento habituales hoy en día y el espacio que en consecuencia ocupa dentro de un estratificado. Esto no es cierto para la mayoría de las otras capas funcionales. Además, es en la capa de aislamiento térmico donde surgen—como se ha indicado anteriormente—los conflictos más graves entre los diferentes requisitos, en este caso en particular entre la función de aislamiento térmico y la función de conducción de fuerzas y protección contra la humedad. Además de la capa de aislamiento térmico—indispensable en nuestras latitudes geográficas—, se requiere al menos una capa más en forma de **pantalla climática**—un revestimiento exterior—para la protección contra la humedad procedente del exterior. Ésta ya es indispensable porque, de lo contrario, la capa aislante porosa absorbería el agua y perdería su funcionalidad. Otras capas, como la hoja situada detrás, naturalmente también deben estar protegidas contra la humedad.

Lo ideal es que, además de la impermeabilidad necesaria para este fin, la pantalla climática exterior tenga también (al menos cierta) capacidad de difusión de vapor de agua. Esto permite que la humedad procedente del interior (vapor de agua) y, en su caso, la humedad que haya penetrado en la estructura desde el exterior (por ejemplo, a través de grietas o huecos) se disipe hacia el exterior. Esto es el caso, por ejemplo, con revoques de sistemas compuestos de aislamiento térmico exterior. La ventilación trasera como opción alternativa para la eliminación de la humedad no es posible con esta última variante constructiva debido a su concepto particular, ya que en este caso la pantalla climática—es decir, el revoque—debe adherirse al aislamiento térmico en toda la superficie, puesto que no hay subestructura.

En cambio, esta capacidad de difusión de la pantalla climática hacia el exterior no es factible en cubiertas planas no ventiladas, que representan el estándar efectivo hoy en día (⊟ **7**). (La pantalla climática es la impermeabilización en este caso). Por esa razón, se toman precauciones adecuadas. En estos casos, por ejemplo, es indispensable la instalación adicional de un freno de vapor, o incluso de una barrera de vapor, por el lado interior. De lo contrario, existe el peligro de que se produzca una especie de trampa de humedad, ya que la humedad penetrada no puede difundirse hacia el exterior y forma ampollas en la cara interior de la pantalla climática—la membrana impermeabilizante—o la destruye a largo plazo.

En la versión constructiva más sencilla, el trasdosado consiste en un estratificado compuesto de una capa de aislamiento térmico y una pantalla climática (⊟ **6**, **7**). En lo que respecta a la conducción de fuerzas, esto significa que las fuerzas que actúan sobre el componente envolvente desde el exterior, por ejemplo el viento, deben transmitirse a través del estratificado del trasdosado a la hoja interior, principal conductora de fuerzas. En este caso particular, no lo hacen costillas, nervios o anclajes locales, sino la resistencia del propio trasdosado, es decir, en primer lugar la de la capa de aislamiento térmico, que es una parte esencial del mismo. Por lo tanto, las cargas superficiales que inciden en el componente se transfieren uniformemente a través de la capa de aislamiento térmico a la hoja portante. En el caso de cargas lineales y concentradas, se efectúa una cierta distribución de fuerzas dentro del trasdosado, en función de la rigidez global limitada del estratificado. Ambos efectos son beneficiosos. Sin embargo, un estratificado cuya capa central consiste necesariamente—por razones de protección térmica—en un material poroso y relativamente blando no puede normalmente absorber grandes concentraciones de fuerza, ya que de lo contrario se producirían fuertes deformaciones, por ejemplo, compresiones. Se trata de una desventaja para un componente exterior que no debe subestimarse, especialmente cuando se tiene en cuenta el efecto de las cargas de personas o las cargas de impacto sobre componentes envolventes. Este hecho se observa, por ejemplo, en los sistemas compuestos de aislamiento térmico (⊟ **6**), que son extremadamente sensibles a daños mecánicos.

Los factores cruciales que determinan la capacidad del trasdosado añadido para transferir de forma fiable las cargas concentradas a la hoja portante son:

- La **resistencia** de la **capa central** del trasdosado, es decir, la capa de aislamiento térmico. Tanto la resistencia a la compresión como a la tracción son importantes en este caso, ya que ambas cargas no se transfieren por elementos de fijación.

- El **anclaje del trasdosado** a la hoja portante. Mientras que las fuerzas de compresión puras se transmiten por simple contacto entre la hoja y el trasdosado, éste último debe estar asegurado contra la tracción y el cizallamiento en su interfaz con la hoja. Dependiendo de la carga esperada, esto puede lograrse mediante simple fricción, por ejemplo, cuando no se espera ningún esfuerzo de tracción sino, como mucho, un esfuerzo de cizallamiento limitado.[a] Puede ser necesario un adhesivado para cargas más pesadas.[b] Un lastrado también puede neutralizar las fuerzas de elevación, siempre que los componentes sean horizontales.[c] (⊟ **6**). Aunque este principio de fijación contradice aparentemente el concepto, a primera vista sensato, de evitar por completo elementos de fijación que penetran

☞ ***Vol. 3**, Cap. XIII-3, Aptdo. 2.1.1 Paredes exteriores con sistema compuesto de aislamiento térmico*

✏ *[a] Al igual que con un suelo flotante, por ejemplo*
✏ *[b] Al igual que en el caso de una estratificado de cubierta plana, ⊟ **7**, donde las capas deben estar unidas para evitar el levantamiento.*
✏ *[c] Al igual que con una capa de grava sobre una cubierta plana*

✎ *Al igual que con un sistema de aisla-miento térmico compuesto*

la capa de aislamiento, se suelen aceptar sin embargo los puentes térmicos locales debidos a los anclajes, porque son sólo limitados.

• La **rigidez** y la **resistencia a la compresión** y a la **trac-ción** de la **pantalla climática**. Por lógica del concepto, esta capa no debe ser especialmente pesada en el caso de componentes inclinados o verticales, porque debe poder ser soportada por la capa de aislamiento térmico sin más elementos de fijación. De lo contrario, se producirá un fuerte esfuerzo cortante en la capa de aislamiento térmico, ya que la capa exterior tenderá a deslizarse. Cuanto más grueso es el aislamiento, más fuerte es este efecto, ya que aumenta el momento de desalineación entre la capa exterior y la hoja portante.

☞ *Aptdo. 3. Sistemas de doble hoja, pág. 146*

Una excepción son los **componentes horizontales**, siempre que pueda suponerse que, aparte de las fuerzas de compresión, no actúan otras cargas significativas sobre la capa exterior. Este es el caso cuando la capa exterior está ejecutada como una hoja pesada con peso muerto que neutraliza cualquier fuerza de elevación, por ejemplo soleras sobre capas de aislamiento. En este caso, la capa exterior puede diseñarse como una hoja con suficiente resistencia y rigidez a la flexión para una buena distribución de carga. De este modo, es capaz de repartir grandes fuerzas de compresión, incluso cargas puntuales, sobre la base blanda. Conceptualmente, esto se corresponde mucho más con el caso de una estructura de doble hoja, que se analizará más adelante, y sólo se discutirá con más detalle allí.

☞ *Aptdo. 3. Sistemas de doble hoja, pág. 146*
☞ [a] ***Vol. 1**, Cap. VI-4, Aptdo. 3.3.3 Compor-tamiento acústico aéreo de componentes > Componentes de doble hoja, pág. 759*

En cuanto al **aislamiento acústico**, puede tratarse, depen-diendo de la masa de la capa exterior, de un sistema de hoja doble en el sentido acústico, formado por masas elásticas.[a] Los revestimientos de cierto peso, como capas de revoque sobre sistemas compuestos de aislamiento térmico o capas de revestimiento de placas de yeso (🔲 **9**), cumplen este requisito. Los factores decisivos para el aislamiento acústico de la construcción completa son:

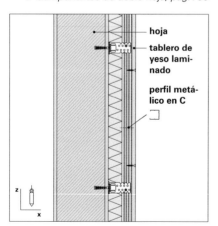

hoja

tablero de yeso lami-nado

perfil metá-lico en C

9 Trasdosado formado por una placa flexible (placa de yeso laminado) y un sistema de nervaduras consistente en una subestructura metálica elás-tica para mejorar el aislamiento acústico de una pared: un ejemplo de componente envolvente monohoja con trasdosado ejecutado en construc-ción nervada.

• La **distribución de la masa** en ambas hojas. En este caso, debido al concepto particular que analizamos, la hoja principal será la más pesada.

• La **rigidez dinámica** del aislamiento térmico. Las capas blandas y elásticas tienen un efecto favorable sobre el ais-lamiento acústico, pero sólo pueden realizar en una medida limitada una de las principales tareas del trasdosado, a saber, transferir las fuerzas a la hoja principal portante: otro ejemplo de conflicto de objetivos constructivos. Debido a que algunas capas de aislamiento son demasiado rígidas, estas estructuras añadidas a las hojas a veces incluso tienen un efecto negativo sobre el aislamiento acústico.

- La **distancia** entre la hoja principal y el revestimiento exterior. Ésta también se corresponde con el grosor del aislamiento. Las distancias mayores (y los mayores espesores de aislamiento) tienen un efecto favorable en términos de aislamiento térmico y acústico.

El objetivo del ajuste fino de los parámetros mencionados es desplazar la frecuencia de resonancia del sistema masa-resorte oscilante tanto hacia la zona de frecuencias más altas o más bajas que se impida una coincidencia con las frecuencias de ruido audibles que se producen.

   En resumen, el sistema constructivo descrito puede considerarse como una solución extraordinariamente ventajosa, especialmente en términos de **aislamiento térmico**, cuando se utiliza en componentes envolventes exteriores, ya que:

✏ *Éstas varían de un caso a otro: con el ruido del tráfico, por ejemplo, son las frecuencias medias.*

- se puede realizar un componente multicapa, de modo que se puede integrar en la construcción una **capa de aislamiento térmico eficaz** con un grosor de capa relativamente grande. En algunos casos, especialmente con componentes horizontales, es posible incluso realizar espesores de aislamiento de cualquier tamaño.

- esta capa de aislamiento térmico no ve mermada su eficacia por ningún elemento de fijación que la atraviese. Por lo tanto, no hay riesgo de que se forme condensación en puentes térmicos.

Sin embargo, existen ciertos límites en cuanto al grosor y al peso, así como al diseño, de la pantalla climática exterior. Por lo general, se trata de revestimientos o películas delgadas que se extienden o adhieren sobre toda la superficie del aislamiento térmico. Por ello, suelen ser sensibles a daños mecánicos y representan una cierta **debilidad** de este principio constructivo.

✏ *Por ejemplo, los sistemas de aislamiento térmico compuestos o las membranas de impermeabilización sobre cubiertas planas, que requieren una protección muy elaborada.*

Componentes envolventes interiores

2.2.2

■ Los componentes monocapa con un trasdosado añadido son poco frecuentes como **tabiques**. Las funciones principales de esta aplicación, es decir, la protección acústica y posiblemente contra el fuego, suelen estar ya cubiertas por las propiedades de la hoja principal. Sólo en el caso de renovaciones de envolturas que no alcanzan los valores requeridos se producen estos trasdosados, especialmente como medida adicional de aislamiento acústico. Los tabiques con una estructura añadida proporcionando aislamiento térmico también pueden utilizarse entre habitaciones con temperaturas diferentes. A veces, como se ha mencionado, tabiques de madera maciza están provistos de revestimientos en ambas caras para mejorar la protección acústica o contra el fuego, que la hoja descubierta no puede garantizar por sí sola.

   Por otra parte, los forjados que consisten en una hoja principal portante, como forjados de losa de hormigón, a menudo tienen que ser provistos de un trasdosado adicional con el fin

✏ *Los parámetros que deben observarse se han mencionado anteriormente en relación con los componentes exteriores del edificio (Aptdo. 2.2.1).*

de garantizar protección suficiente contra el ruido de impacto. Los suelos flotantes pueden entenderse como revestimientos rígidos a la flexión que se colocan simplemente sobre una capa de aislamiento sin elementos de fijación. Como ya se ha indicado anteriormente, representan un caso límite hacia los sistemas de hoja doble y se discutirán en otro lugar.

☞ Aptdo. 3.1 Dos hojas con capa intermedia, pág. 146

2.3 Hoja simple con trasdosado por un lado con subestructura

2.3.1 Nervadura simple

☞ Aptdo. 3. Sistemas de doble hoja, pág. 146

■ En este caso, el trasdosado fijado o aplicado delante o encima de la hoja portante consiste esencialmente en un sistema de **costillas**, una hoja delgada exterior fijada a ellas, que es resistente a la flexión al menos en una medida limitada, y generalmente un **aislamiento** insertado en las cavidades entre las costillas (🗗 **10**, **11**). Este diseño difiere de los sistemas de hoja doble, como se describen a continuación, en que la hoja exterior no tiene suficiente rigidez a la flexión para ser afianzada con un anclaje mínimo, o para prescindir de él, sino que debe fijarse a una subestructura lineal de barras. Esto tiene una influencia importante sobre las condiciones constructivas.

En comparación con el caso anterior, hay una mayor **diferenciación de funciones** en el conjunto constructivo. La transferencia de las cargas externas desde la capa exterior o pantalla climática, que las absorbe inicialmente, a la envolvente portante ya no tiene lugar a través del aislamiento como en el trasdosado sin costillas, sino a través del sistema de costillas. Por razones de conducción de fuerzas, estos nervios deben ser de un material rígido y denso, de modo que actúan como **puente térmico** dentro de la capa de aislamiento o, según los requisitos y la aplicación, también como **puente acústico**. A diferencia de los anclajes puntuales de sistemas de hoja doble, se trata de puentes térmicos *lineales*, que son mucho más críticos que los puntuales.

La distancia **d** entre las costillas (🗗 **10**) resulta de la rigidez a la flexión de la hoja exterior. Siempre que se trate de material de panel con espesores de entre 2 y 3 cm, esta dimensión suele ser de alrededor de 40 a 80 cm.

Las costillas pueden apoyarse linealmente en la hoja portante o estar unidas a ella tantas veces como se desee, de

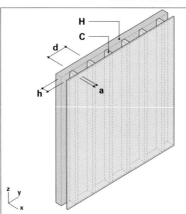
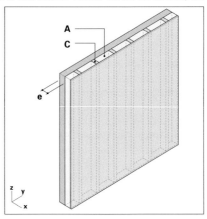

10 Trasdosado no portante formado por un sistema de costillas de un solo nivel **C** sobre una hoja portante **H**. **d** distancia entre costillas; **a** ancho de sección de costilla; **h** altura de sección de costilla.

11 Las cavidades entre las costillas **C** se rellenan con material aislante **A** (con espesor **e**) completamente o dejando una cámara de aire.

modo que sólo experimenten **compresión/tracción** (perpendicular al plano del componente, en el eje de coordenadas →**x**) o **esfuerzo cortante** (en el eje de las costillas →**z**), pero ninguna flexión significativa. En consecuencia, su altura de sección transversal **h** (⊟**10**) no viene determinada por el esfuerzo flector, sino, en el contexto del diseño constructivo y en función de la aplicación:

- por el **espesor** requerido **e** de la **capa de aislamiento térmico** colocada entre las costillas. Los espesores de aislamiento muy grandes conducen a dimensiones de costillas muy grandes también, lo que puede no ser práctico porque:

  - •• por regla general, con el aumento del grosor del aislamiento se agrava el problema del **puente térmico** en el nervio;

  - •• a medida que aumenta la anchura **a** de la sección transversal de la costilla—que debe estar en una relación razonable con la altura **h**—aumenta a su vez el efecto del **puente térmico** a través de esta costilla;

  - •• en el caso de componentes inclinados o verticales, una capa exterior relativamente pesada genera fuertes fuerzas de cizallamiento en las costillas como resultado del momento de desalineación entre éstas y la hoja portante. Esto también requiere un dimensionamiento correspondiente de las costillas, lo que aumenta su efecto como puente térmico e incrementa innecesariamente el peso total y el consumo de material del trasdosado.

- o también por una distancia mínima **s** entre las hojas, que puede tener que mantenerse por razones de **aislamiento acústico**.[a]

En principio, hay que encontrar un compromiso tolerable a la hora de determinar la **separación de las costillas** (**d**), ya que cuanto más grande sea la separación, menos puentes térmicos se producirán, por un lado, pero, por otro, la hoja exterior será normalmente más pesada, lo que a su vez dará lugar a unas costillas más fuertes con mayor anchura de la sección transversal **a** y, en consecuencia, a un efecto de puente térmico intensificado.

Con este tipo de construcción, la humedad que pueda haber penetrado en la construcción—ya sea agua de precipitación que haya entrado desde el exterior a través de grietas o huecos o vapor de agua que haya penetrado desde el interior—no tiene por qué disiparse hacia el exterior (únicamente) a través de la capacidad de difusión de la pantalla climática (como en la variante anterior sin nervaduras en el trasdosado), sino que puede eliminarse de forma más fiable

☞ [a] **Vol. 1**, Cap. VI-4, Aptdo. 3.3.3 Comportamiento acústico aéreo de componentes > Componentes de doble hoja, pág. 759, así como ibid. Aptdo. 3.3.4 Variantes constructivas de componentes envolventes de doble hoja > Elemento formado por una hoja rígida y otra flexible, pág. 768

☞ ᵃ **Vol. 1**, Cap. VI-3, Aptdo. 6.3.1 Requisitos míninmos de protección térmica y
protección contra la humedad relacionada
con el clima, pág. 734

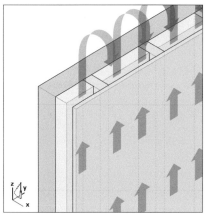

12 Ventilación posterior o **subventilación** del revestimiento exterior en un trasdosado nervado de un
solo nivel añadido a la hoja principal, rellenando sólo
parcialmente las cavidades con material aislante.

con la ayuda de una **ventilación posterior** o **inferior**. Para
ello, basta con no rellenar completamente la profundidad de
la costilla (es decir, la altura **h** de la sección transversal de
la costilla (en →**x**) con material de aislamiento térmico, sino
dejar una cavidad entre ella y la pantalla climática (🗇 **12**). En
el caso de cerramientos exteriores, esto requiere que las nervaduras sean verticales. En el caso de cubiertas ventiladas,
en las que también se utiliza esta variante, debe garantizarse
que la sección transversal ventilada esté suficientemente
dimensionada para el movimiento de aire en pendiente o—
en el caso de cubiertas planas—incluso en horizontal.ᵃ Si es
necesario, debe controlarse adicionalmente la penetración
de vapor de agua desde el interior mediante retardantes de
vapor adecuados o barreras de vapor aplicadas en la parte
interior (🗇 **13**, **14**).

En cuanto a la **acústica**, se presenta un sistema masa-resorte oscilante de doble hoja. La forma en que el sistema
de costillas está conectado a la hoja principal portante juega
un papel decisivo en este caso. Cuanto más flexible sea el
acoplamiento, mejor será el aislamiento acústico. Las conexiones puntuales de la costilla a grandes distancias tienen
un efecto favorable, mientras que no lo tienen las conexiones lineales, ya que actúan como puentes sonoros. Como
en el caso de la variante del *Apartado 2.1*, un trasdosado
demasiado rígido puede incluso provocar un deterioro del
aislamiento acústico. Si las cavidades se rellenan con un
material aislante suficientemente flexible—lo que en este
caso, a diferencia de la solución del *Apartado 2.1*, es posible
debido a la conducción de fuerzas a través de las costillas,
no a través de la capa aislante—no hay que preocuparse por
la resonancia de la cavidad.

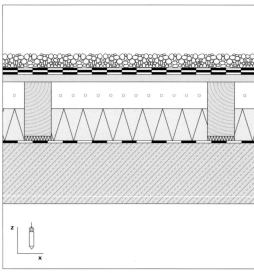

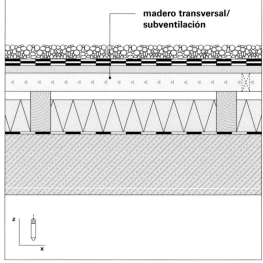

madero transversal/
subventilación

13 Estructura de cubierta plana subventilada sobre maderos portantes apoyando sobre losa de hormigón. La ventilación es paralela
a éstos en la cavidad entre el aislamiento y la cubierta superior.

14 Estructura de cubierta plana subventilada sobre dos niveles de
maderos portantes apilados apoyando sobre losa de hormigón. La
ventilación es paralela al nivel superior de maderos.

Con respecto al uso del diseño constructivo discutido para **tabiques**, se aplican esencialmente las mismas afirmaciones que en el *Apartado 2.1.2*.

■ En el caso de grandes espesores de aislamiento, que son el estándar para las envolventes altamente aisladas de hoy en día, el sistema de costillas en un solo nivel puede ser sustituido por un sistema de **dos niveles**, con el fin de evitar las dificultades mencionadas anteriormente resultantes del aumento constante del espesor de la capa de aislamiento (⊟ **16**). Para ello, se añade un grupo de costillas transversal en la parte exterior de las costillas principales. Desde el punto de vista térmico, esta construcción tiene la ventaja de que los puentes térmicos que se producen en las nervaduras se reducen a las superficies de contacto entre niveles de costillas, siempre que los espacios de ambos niveles se rellenen con material aislante (⊟ **17**, **18**).

Aunque también es posible formar una **cámara de aire** en sistemas nervados de un solo nivel realizando un grosor de aislamiento menor que el de la cavidad disponible (⊟ **12**), hay que cerciorarse en tal caso de que las mantas de aislamiento estén aseguradas en su posición y no bloqueen el espacio de aire desprendiéndose, lo cual es un riesgo particular en el caso de componentes verticales. Mayor seguridad proporciona en este caso, no obstante, un sistema de costillas de dos niveles, en el que la capa de aislamiento y la cámara de aire están separadas entre sí en términos constructivos (⊟ **20**).

La **orientación** de los niveles de costillas, que inicialmente es arbitraria en cuanto a la conducción de fuerzas ortogonal al plano de los componentes (en →**x**), ya que suponemos que las costillas principales se apoyan linealmente en una hoja portante, o van unidas en línea a ella, puede, sin embargo, ser predeterminada por la dirección del flujo del aire debido al la ascensión térmica cuando se forma una cámara de aire en contacto con el espacio exterior. Esto se aplica a componentes **inclinados** y, en particular, a los **verticales** (⊟ **22**). En el caso de los horizontales, hay varios factores que pueden llevar a preferir una orientación específica; en lo que respecta al movimiento del aire en la cavidad, la orientación debe elegirse donde las diferencias de presión dinámica entre las aberturas opuestas de entrada y salida de aire sean mayores.

Desde el punto de vista de la **acústica**, una capa de nervadura doble conectada localmente en los puntos de cruce representa un sistema vibratorio de doble hoja con un mayor efecto de resorte que con un nivel de una sola nervadura. Por lo tanto, básicamente tiene un aislamiento acústico mejorado.

Nervadura doble

2.3.2

☞ *Vol. 3*, *Cap. XIII-3, Aptdo. 2.3 Cubiertas planas sobre losa portante > Ventilación*

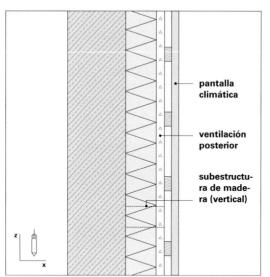

pantalla
climática

ventilación
posterior

subestructu-
ra de made-
ra (vertical)

15 Pared exterior con hoja de respaldo de hormigón y trasdosado ligero de dos niveles nervados. Ventilación trasera en el saliente de la sección de la costilla trasera respecto a la capa de aislamiento.

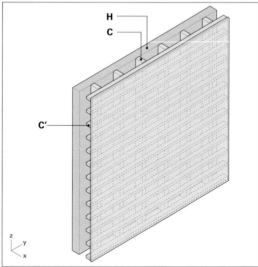

16 Trasdosado formado por un sistema nervado de dos niveles con costillas colocadas transversalmente **C**, **C'** una encima de la otra sobre la hoja portante **H**.

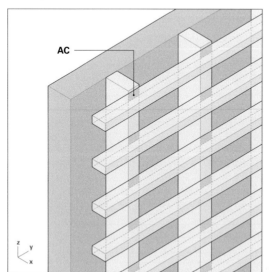

17 Con una construcción de costillas de dos niveles, el puente térmico se reduce al área de contacto **AC** entre dos costillas que se cruzan.

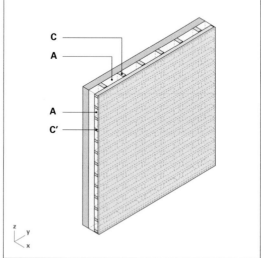

18 Elemento como en 🗗 **16**; los espacios entre ambos niveles de costillas **C**, **C'** van rellenos de material aislante **A**.

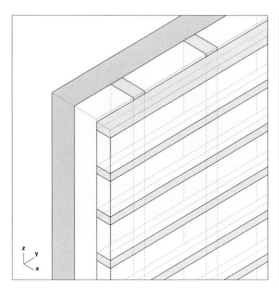

19 Detalle del trasdosado mostrado en ⏛ **18**.

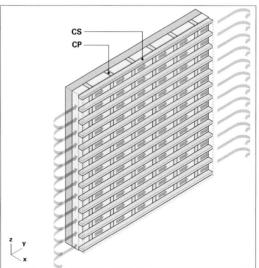

20 Clara separación constructiva de la capa de aislamiento situada en el espacio entre las costillas principales **CP** de la capa de aire en las cavidades entre las costillas secundarias **CS**. Véase el detalle en ⏛ **21**.

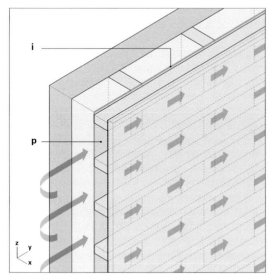

21 Una placa o lámina delgada **p**, permeable a la difusión y repelente al agua, en la interfaz entre los dos niveles de costillas (**i**), protege el aislamiento de la humedad procedente del exterior. Al mismo tiempo, permite que la capa de aislamiento, posiblemente húmeda, se seque por difusión de vapor a través de ella hacia la cámara de aire.

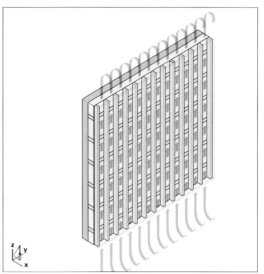

22 La orientación de los niveles de costillas puede estar predeterminada por la posición del componente. En el caso de componentes inclinados y verticales, hay que tener en cuenta la dirección del flujo del aire debido a la ascensión térmica.

3.

Sistemas de hoja doble

3.1

Dos hojas con capa intermedia

☞ ***Vol. 3***, *Cap. XIII-3 Sistemas de hoja sólida*

■ En esta variante, el componente envolvente está formado por **dos hojas planas rígidas a la flexión** que están dispuestas en paralelo con un cierto espacio entre ellas (⊟ **23**, **25**). A diferencia de las variantes comentadas anteriormente, cada una de las dos hojas tiene suficiente rigidez para transferir las fuerzas que surgen sin una subestructura elaborada como un sistema de costillas. No obstante, ambas hojas pueden, aunque no deben necesariamente, estar acopladas, al menos parcialmente, entre sí (⊟ **24**).

Desde el punto de vista de la conducción de fuerzas, el principio constructivo básico de esta variante no prevé, por tanto, ningún nervio o alma que pueda conectar las dos hojas para formar un sistema que **colabore estructuralmente** (según el principio I) y que esté formado por un alma—el hipotético nervio—y dos cordones, es decir, las dos hojas mismas. Por lo tanto, cada una de las dos hojas actúa por su cuenta, lo que significa que, aunque sus respectivas rigideces a la flexión frente a la aplicación de fuerzas en ángulo recto con respecto al plano de la envolvente (→**x**) se suman en ciertos casos—siempre que, por ejemplo, puedan transmitirse fuerzas de compresión y/o de tracción a través del espacio intermedio—, el **canto H** teóricamente disponible (⊟ **23**) no se aprovecha totalmente cuando el componente se somete a esfuerzos flectores. Por lo que respecta a la conducción de fuerzas, la solución de doble hoja, si se considera la complicación constructiva asociada, no ofrece ninguna ventaja específica.

Dependiendo de la posición del componente envolvente, también pueden surgir dificultades características:

- **Componente horizontal**: La capacidad de carga del componente horizontal no resulta—como hemos visto—del momento resistente de dos hojas que cooperan estructuralmente. Las rigideces a la flexión de las dos hojas separadas, que no colaboran estáticamente, deben, en cambio, contabilizarse por separado o, si se apoyan la una en la otra, en su simple suma aritmética. En el caso de elementos horizontales, por razones de simplicidad, se suele ejecutar **una sola hoja** como estructura portante. Casi sin excepción, se diseña como único elemento portante la hoja inferior, de modo que todas las demás capas u hojas pueden colocarse simplemente sobre esta superficie portante. De este modo, la hoja superior se apoya sobre la inferior, normalmente en toda su superficie sobre una o varias capas intermedias—en el caso de componentes exteriores, al menos una capa de aislamiento térmico—(por ejemplo, solado sobre capa de aislamiento sobre losa de hormigón). Aunque su rigidez a la flexión no influye en la capacidad de carga global del componente, actúa por su capacidad de distribución de carga, que tiene un efecto favorable en el comportamiento de carga global para grandes cargas puntuales.

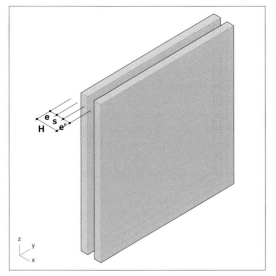

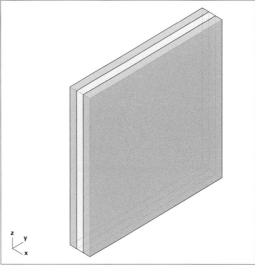

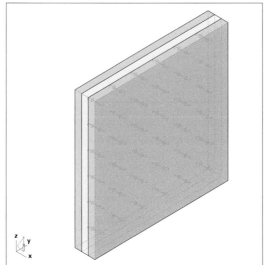

23 (Arriba izquierda) dos hojas sin relleno de la cámara. **H** altura o grosor total de la construcción; **e**, **e'** espesores de las hojas; **s** espesor del hueco entre hojas.

24 (Arriba derecha) dos hojas con cámara rellena.

25 El anclaje de la hoja exterior a la interior—mostrado aquí como un ejemplo de obra de fábrica de doble hoja—necesariamente perfora la capa intermedia.

- **Componente inclinado** o **vertical**: En este caso hay que considerar, debido a la carga muerta de las hojas, cómo se pueden absorber las componentes de carga paralelas a la superficie de la envolvente. Dado que, por lo general, la hoja interior está directamente unida a la estructura primaria o ya forma parte de ella, es necesario aclarar primero cómo se sujeta la hoja exterior.

  La suma de las cargas externas puede convertirse en dos componentes de fuerza (⊟ **29–31**): una perpendicular al plano de la envolvente (**F**) y otra paralela a ella (**G**). A la componente **F** se aplica lo mismo que a los elementos horizontales. La componente **G** puede ser absorbida de dos maneras:

•• a través de un **soporte separado** de la hoja exterior, que transfiere la carga por el exterior de la capa de aislamiento en paralelo al plano de la envolvente hacia la estructura portante primaria o el terreno—en análogo a la pared exterior ventilada por detrás en 🗗 **35**. Esta solución tiene la ventaja de no requerir una conexión importante entre las hojas, lo que es favorable en términos de **aislamiento térmico** (no hay puentes térmicos o son mínimos). Sin embargo, esta solución presupone crear una estructura de soporte o cimentación suplementaria que esté separada de la hoja portante y sea estable por sí misma. Dado que la hoja exterior no tiene conexión mecánica con la interior—y, por tanto, en la mayoría de los casos con la estructura primaria—, no puede ser sujetada por esta última.

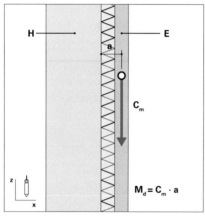

26 La carga muerta C_m de la hoja exterior **E**, que está anclada a la hoja portante **H**, genera un momento de desalineación M_d por consecuencia del desplazamiento **a** .

•• la componente de fuerza **G** paralela a la superficie de la envolvente se transfiere a través de **anclajes** adecuados a la hoja interior y, por tanto, a la estructura portante primaria. Esto se hace razonablemente a pequeños intervalos para que la fuerza se distribuya lo mejor posible y, en consecuencia, los anclajes también puedan ser limitados en su dimensión y especialmente en su sección transversal, porque siempre hay que recordar que estas conexiones representan **puentes térmicos** a través de la capa de aislamiento.

El brazo de palanca entre la componente de fuerza **G** y la hoja interior, a la que se debe transmitir esta fuerza, genera un **momento de desalineación**, que es tanto mayor cuanto mayor sea la distancia entre las hojas (🗗 **26**, **27**). Como resultado, los grandes espesores de aislamiento, como se requieren para las envolventes altamente aisladas de hoy en día, también implican secciones transversales de anclaje correspondientemente grandes y, en consecuencia, puentes térmicos. Naturalmente, el momento de desalineación también aumenta con el aumento del peso de la hoja exterior, es decir, con el aumento de la componente de fuerza **G** (🗗 **28**).

Estas observaciones revelan una cierta **contradicción inherente** a este diseño cuando se aplica a componentes envolventes exteriores: Desde un punto de vista estructural, el material de ambas hojas no se puede utilizar de forma económica, ya que o bien:

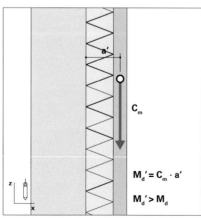

27 A medida que aumenta la distancia **a'**, aumenta el brazo de palanca y, por tanto, también el par de desalineación M_d'.

• la hoja interior siempre está unida a la estructura primaria, o forma parte de ella, y, por lo tanto, desempeña la función **portante principal**. La hoja exterior es entonces, por así decirlo, sólo *masa muerta* y debe ser soportada por la hoja interior. Es, pues, inevitable que se creen puentes térmicos, excepto en el caso de un componente horizontal.

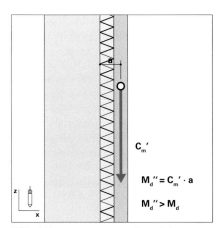

$$M_d'' = C_m' \cdot a$$

$$M_d'' > M_d$$

C_m'

28 También con una carga creciente C_m', aumenta el par de desalineación M_d'' incluso con un brazo de palanca constante **a**.

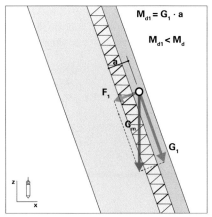

$$M_{d1} = G_1 \cdot a$$

$$M_{d1} < M_d$$

F_1 C_m G_1

29 En la hoja inclinada, la carga C_m se divide en dos componentes G_1 y F_1. La componente de fuerza G_1 < C_m genera un par de desalineación reducido M_{d1}.

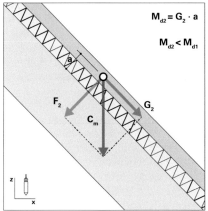

$$M_{d2} = G_2 \cdot a$$

$$M_{d2} < M_{d1}$$

F_2 C_m G_2

30 A medida que la inclinación disminuye, la componente de fuerza G_2 se hace más pequeña (G_2) y, por tanto, también el momento de desalineación M_{d2}.

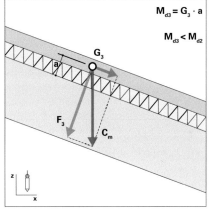

$$M_{d3} = G_3 \cdot a$$

$$M_{d3} < M_{d2}$$

G_3 F_3 C_m

31 Inclinaciones más pequeñas aún conducen a componentes de fuerza G_3 y pares de desalineación M_{d3} cada vez menores.

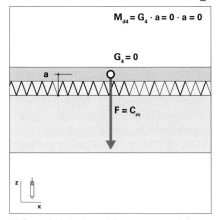

$$M_{d4} = G_4 \cdot a = 0 \cdot a = 0$$

$$G_4 = 0$$

$$F = C_m$$

32 En posición horizontal, la componente de fuerza paralela a la superficie envolvente $G_4 = 0$ y por tanto también el momento de desalineación M_d.

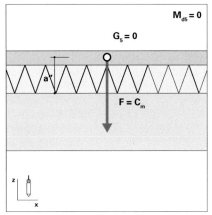

$$M_{d5} = 0$$

$$G_5 = 0$$

$$F = C_m$$

33 En posición horizontal, la distancia entre hojas, equivalente aquí al grosor del aislamiento, no influye en la transmisión de fuerzas, por lo que se puede dimensionar según requisitos físicos.

o bien la hoja exterior se hace autoportante—o tiene que ser soportada con la ayuda de una estructura de soporte suplementaria en gran parte separada, lo que conlleva una correspondiente complicación constructiva: en cierto sentido, esto equivale a una duplicación de la construcción portante de la envolvente. A menudo es sencillamente imposible hacer que la hoja exterior sea estable sin utilizar la rigidez de la estructura primaria mediante un anclaje posterior, ya que aquella no soportaría la carga por sí misma debido a su extrema esbeltez que viene causada, por así decirlo, por el mismo concepto de este tipo de construcción. Esto se agrava aún especialmente cuando se alcanzan mayores alturas en posición vertical.

En el caso más común, esta construcción suele darse en muros exteriores macizos de doble hoja, por ejemplo de obra de fábrica (☞ **35**, **36**) o de hormigón armado. La hoja exterior siempre actúa, en términos de subfunciones constructivas, únicamente como una pantalla climática, función que, en principio, también puede realizarse con menos complicación constructiva con una capa o revestimiento ligero. Algunas peculiaridades específicas de la variante de fábrica conducen a otros problemas constructivos difíciles de resolver, como se verá en otro lugar.

Sólo en el caso de un componente horizontal se resuelve este problema por sí mismo, por así decirlo: La hoja exterior, es decir, la cubierta, puede desempeñar una función útil de distribución de carga actuando como revestimiento rígido a la flexión sin puentes térmicos para grandes cargas concentradas—como sobre cubiertas de azoteas transitables—, lo que justifica su grosor y su masa (☞ **34**).

En cuanto a la **acústica**, así como esta vez en cuanto a la estática, esta variante actúa como un sistema de hoja doble: un sistema vibrante de masa-resorte. Las resonancias problemáticas de cavidad en el espacio intersticial no son de temer generalmente, ya que la cámara va rellena de material aislante casi siempre. De nuevo, lo siguiente es crucial para un buen aislamiento acústico:

- la **distribución de masas** entre las hojas. En este caso, diferentes masas superficiales de las dos hojas tienen un efecto favorable en términos de aislamiento acústico. Esto se corresponde esencialmente con el caso práctico normal, ya que ambas hojas cumplen diferentes tareas desde el punto de vista constructivo y suelen tener también diferentes espesores—y materiales, si se da el caso—.

- la **rigidez dinámica** del aislamiento térmico. En el caso de componentes verticales, se pueden utilizar materiales aislantes correspondientemente blandos. Sólo en el caso de los horizontales puede ser necesario instalar capas de aislamiento más rígidas para transferir la carga de la hoja superior a la inferior. En este caso, el aislamiento acústico

☞ *Hoja con trasdosado en Aptdo. 2.2 y 2.3, pág. 134*

☞ ***Vol. 3**, Cap. XIII Envolventes exteriores*

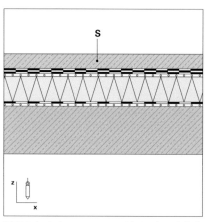

34 Solado de terraza en una cubierta plana: la hoja consistente en la solera de hormigón armado **S** distribuye cargas y descansa en toda la superficie sobre la capa de aislamiento: un ejemplo de componente envolvente horizontal en construcción de doble hoja.

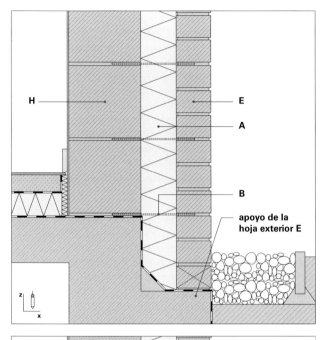

H

E

A

B

apoyo de la
hoja exterior E

z
x

35 Muro de obra de fábrica de hoja doble con aislamiento **A**, sin cámara de aire: Apoyo de la hoja exterior **E** sobre una cimentación (o muro de sótano) para transferir la componente vertical de fuerza **G** por separado de la hoja posterior **H**. Los anclajes de alambre **B** conducen solamente la componente de fuerza horizontal **F** (ver ⊟ **29–33**). Aislamiento térmico **A** hecho de material hidrófugo.

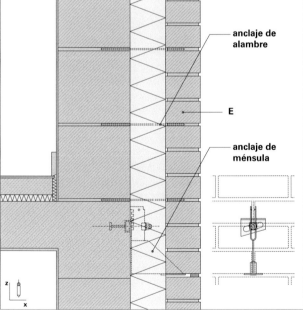

anclaje de
alambre

E

anclaje de
ménsula

z
x

36 Anclaje posterior de la hoja **E** mediante anclajes de ménsula (componente de fuerza vertical **G**) y anclajes de alambre (componente de fuerza horizontal **F**). Con este diseño (apoyo de 2/3), el apoyo intermedio se efectúa cada dos pisos de acuerdo con *EN 1996-1-1*, 8.4.3.

debe garantizarse influyendo en otros parámetros.

• la **distancia** entre las hojas. Tal y como se ha comentado, en el caso de distancias mayores, que suelen tener un efecto acústico favorable, deben aclararse las cuestiones relacionadas con la conducción de fuerzas.

Una **conexión mecánica** entre las hojas tiene un efecto desfavorable en términos de aislamiento acústico, porque crea puentes sonoros. Cuanto más pequeñas y flexibles sean las secciones de conexión, más favorables serán las condiciones. Un buen ejemplo de la eficacia acústica constructiva del sistema masa-resorte vibrante es un **suelo flotante** sobre una losa portante, si bien la hoja del solado puede considerarse, en el contexto de nuestra clasificación, un caso límite entre una hoja real y un trasdosado adicional ligero debido a su pequeño grosor y poca masa.

Desde el punto de vista **higrotérmico**, son básicamente concebibles dos variantes para el elemento de doble hoja en nuestra región climática:

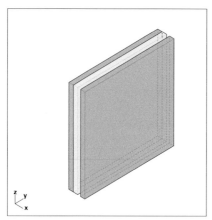

37 Dos hojas con capa intermedia y cámara de aire.

* Hay una barrera de vapor en el lado interior de la capa de aislamiento térmico. Ésta impide la penetración de vapor de agua en el aislamiento y, por tanto, también evita la condensación. Esta solución se halla, por ejemplo, en cubiertas planas (⊟ **34**), donde la instalación de la barrera de vapor no supone realmente un costo adicional, ya que puede extenderse simplemente sobre la horizontal.

* La presión de vapor se iguala por difusión a través de todo el estratificado de capas. Esta solución se halla en muros exteriores de doble hoja realizados con materiales minerales (obra de fábrica, hormigón) (⊟ **35**, **36**). En este caso, el elemento de doble hoja debe considerarse una unidad higrotérmica: Dado que en la estructura de capas considerada no hay ventilación posterior—a diferencia de la variante siguiente—, la difusión de vapor entre el interior y el exterior sólo puede tener lugar a través de ambas hojas. Como cabe esperar, en condiciones adversas puede formarse condensación en el interior de la hoja exterior cuando está fría. Seleccionando las resistencias a la difusión de vapor adecuadas de las capas, hay que asegurar que no se cree humedad permanente dentro del componente. Pueden surgir conflictos de objetivos con la hoja exterior, que debe tener una estructura material lo más densa posible desde el punto de vista de protección contra la intemperie. Esto suele ser bastante difícil de compaginar con una alta permeabilidad a la difusión de vapor. Una mayor resistencia a la difusión de vapor de la propia capa aislante también tiene un efecto favorable en este sentido.

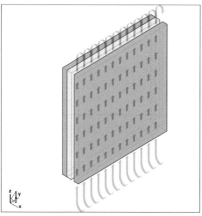

38 Ventilación posterior o inferior en el espacio intersticial. Hay que tener en cuenta la posición del componente con respecto a la vertical. Influye de forma decisiva en la velocidad de circulación del aire.

Dos hojas con capa intermedia y cámara de aire

■ Si la cavidad entre las hojas no está completamente rellena con material de aislamiento térmico (⊟ **37**), es posible—como en las variantes con costillas en el trasdosado—implementar una **ventilación posterior** o **inferior** de la construcción para eliminar hacia el exterior la humedad que pueda haber penetrado desde el interior o el exterior. Así se evita la posible formación de condensación en la cara interior de la hoja exterior, como ocurría potencialmente con la variante anterior.

La introducción de una ventilación posterior entre el relleno de material aislante y la hoja exterior (⊟ **38**) supone—para un grosor de aislamiento preestablecido—un **aumento de la distancia** entre las hojas. Esta dimensión adicional debe ser lo suficientemente grande para que se pueda producir un movimiento de aire efectivo. El aumento de la distancia entre las hojas agrava los problemas de conducción de fuerzas que acabamos de mencionar en el elemento envolvente de doble hoja, mientras que la ventilación posterior suele dar lugar a una mejora del comportamiento higrotérmico del elemento.

En este caso, la transferencia de la compresión actuando sobre la hoja exterior a través de la capa de aislamiento hacia la hoja interior y a la estructura portante primaria (en →**x**) no es posible—como en la solución comentada anterior-mente—de forma directa y en toda la superficie, porque no hay contacto entre la capa de aislamiento y la hoja exterior. Para ello hay que utilizar elementos de unión resistentes a la compresión que, debido al riesgo de pandeo, deben di-mensionarse con más grosor que los elementos de tracción (como anclajes de alambre) y tienen un efecto negativo como puentes térmicos (⊟ **25**). Por esta razón, esta solución se uti-liza a menudo para elementos envolventes **verticales** (⊟ **39** a **41**), y con menos frecuencia para horizontales (⊟ **42**), en los que, debido a su posición, hay que transferir todo el peso propio de la hoja exterior, además de las cargas externas. En el caso de componentes **horizontales**, esta solución rara vez se encuentra, ya que el problema de la transmisión de fuerzas de la hoja superior a la inferior a través de la capa de aislamiento ya se ve agravado por razones geométricas,

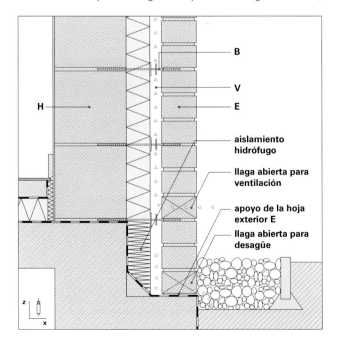

B

V

E

H

aislamiento
hidrófugo

llaga abierta para
ventilación

apoyo de la hoja
exterior E

llaga abierta para
desagüe

z

x

39 Muro de obra de fábrica de doble hoja con ventilación posterior **V**: Apoyo de la hoja exterior **E** sobre una cimentación (o muro de sótano) para la transferencia de la componente de fuerza vertical **G** (cf. **29–33**) por separado de la hoja posterior **H**. Los anclajes de alambre **B** conducen la componente de fuerza horizontal **F**.

concretamente por la mayor componente de fuerza **F** en ángulo recto con la superficie del componente (⊟ **32**). Dado que, debido a la cámara de aire, no hay contacto en toda la superficie entre la hoja superior y la hoja principal, la transmisión de fuerzas debe realizarse a través de soportes locales idóneos, que—al menos con cargas mayores—se hacen notar inevitablemente como puentes térmicos, ya que deben

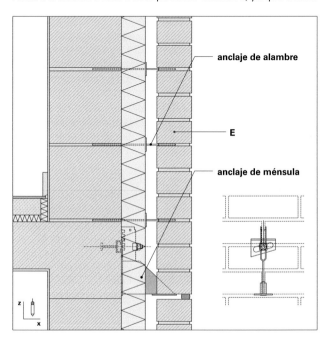

40 Anclaje posterior de la hoja de cara vista **E** mediante anclajes de ménsula (componente de fuerza **G**) y anclajes de alambre (componente de fuerza **F**). Con este diseño (apoyo de 2/3), los apoyos intermedios de ménsula se sitúan en cada dos pisos de acuerdo con *EN 1996-1-1 8.4.3.*

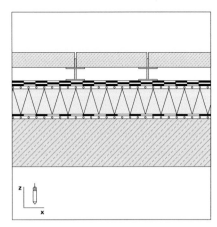

41 (Derecha) anclaje posterior de una placa vista de hormigón a una hoja de hormigón portante mediante un sistema de anclaje (*marca Halfen*).

42 (Arriba) pavimento de terraza elevado sobre el trasdosado de la cubierta. Las cargas se transfieren a la capa de aislamiento a través de los soportes. Las placas anchas de los pies garantizan una distribución suficiente de la fuerza.

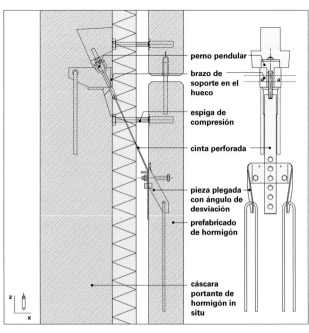

penetrar la capa de aislamiento hasta reposar sobre la hoja inferior. La ventaja fundamental de esta solución, a saber, la posibilidad de ventilación, en este caso subventilación, de la construcción de la envolvente, sólo puede desplegar su efecto de una forma razonablemente fiable en posición horizontal, debido a la falta de flotabilidad térmica, si existe suficiente espesor de la cámara de aire—y, por tanto, una mayor separación de las hojas—.

Al igual que en todas las variantes con ventilación posterior o inferior, siempre hay que tener en cuenta la **dirección** prevista del **flujo del aire** (⌗ **38**). No debe verse significativamente obstruido por elementos de anclaje en la cámara de aire.

En cuanto a la protección acústica, no hay cambios significativos en comparación con la variante discutida en el *Apartado 3.1*. Las resonancias de la cavidad se evitan con una capa de aislamiento blanda. Sin embargo, puede producirse un efecto de transmisión molesto a través de la cámara de aire (efecto de telefonía), que puede evitarse en componentes verticales sellando la capa de aire piso por piso. Esto tiene un efecto correspondiente sobre la ventilación posterior de la hoja exterior, por lo que es posible que también haya que prever aberturas de ventilación adecuadas piso por piso.

■ Las hojas capaces de conducir fuerzas, como las necesarias para que los sistemas comentados anteriormente soporten y sujeten todos los demás componentes de la envolvente, se caracterizan en la mayoría de los casos por su elevado peso o por su consumo de material. Especialmente en el caso de hojas de hormigón, uno de los pocos materiales capaces de formar hojas homogéneas portantes, hay que contar con grandes pesos muertos. Esta característica no tiene por qué ser siempre una desventaja, como cuando se trata de garantizar un buen aislamiento acústico entre plantas en el caso de forjados o de conseguir una buena capacidad de almacenamiento térmico en el caso de componentes interiores del edificio. Sin embargo, en muchos casos, un gran consumo de material y un elevado peso muerto son bastante indeseables en construcción.

Por ello, como alternativa a auténticas hojas homogéneas, se ofrecen a veces sistemas compuestos multicapa, que combinan esencialmente notables ventajas de la hoja sólida y pesos muertos reducidos al mismo tiempo. Estos pueden ser, por ejemplo:

• **sistemas sándwich** (⌗ **43**),

• **sistemas de núcleo de panel** (⌗ **44**).

A continuación, se analizan con más detalle.

Sistemas compuestos multicapa   `4.`

☞ *Vol. 1*, Cap. VI-4, Aptdo. 3.3.3 Comportamiento acústico aéreo de componentes, pág. 755, o ibid., Aptdo. 3.4.2 Comportamiento acústico de impacto de forjados, pág. 771

☞ *Vol. 3*, Cap. XIII-4 Sistemas compuestos multicapa

Sistemas sándwich

☞ **Vol. 1**, Cap. VI-2, Aptdo. 9.7 Elemento
compuesto multicapa, pág. 666

☞ **Vol. 1**, Cap. VI-2 Conducción de fuerzas,
como arriba

☞ **Vol. 1**, Cap. VI-3, Aptdo. 2.1 Principales
combinaciones de capas funcionales relevantes para la humedad, pág. 690

☞ **Vol. 1**, Cap. VI-2, Aptdo. 9.7 Elemento
compuesto multicapa, pág. 666

■ Los sistemas sándwich se describen en otro lugar en cuanto a su principio funcional físico y de conducción de fuerzas. En ellos, la masa se aligera allí donde no ofrece ventajas estáticas ni físicas, es decir, en el núcleo del elemento, o se sustituye por un material menos resistente, pero más ligero y mejor aislante del calor (⊟ **43**). Las finas capas u hojas exteriores tienen una estructura material más densa, soportan cargas y suelen ser también impermeables a la humedad, tanto en estado líquido como de vapor. Desde el punto de vista estático, representan por analogía un **sistema de doble T**, y desde el punto de vista higrotérmico, un sistema formado por un núcleo térmicamente aislante y una barrera de humedad o vapor de una sola etapa en ambas caras. De este modo, se crea un elemento envolvente extremadamente eficiente que ahorra material, sin que se produzcan puentes térmicos molestos, ya que las capas individuales se acoplan entre sí por autoadhesión o adhesivado y no se requieren costillas o nervios de refuerzo en el interior de la capa de aislamiento.

A diferencia de los sistemas de hoja doble que se analizan en el *Apartado 3.*, no existe una **jerarquía** entre las hojas en el sentido de conducción de fuerzas, como diferenciando entre una hoja portante y otra soportada. Por regla general, ambas tienen que absorber principalmente fuerzas de compresión y de tracción (alternas) en su plano. A la capa del núcleo también se le asigna una función conductora de fuerzas—a diferencia de los componentes de doble hoja—, especialmente la absorción de esfuerzo cortante. Los tres elementos—ambas hojas exteriores y la capa central—trabajan juntos en un sistema cooperativo desde un punto de vista estático. Gracias a la extrema simplicidad de esta variante constructiva, la instalación del elemento sándwich es posible en posición horizontal y vertical, sin cambiar su estructura constructiva (⊟ **47**, **48**).

Desde el punto de vista de **protección acústica**, un sándwich, a pesar de su estructura diferenciada en forma de hojas, debe considerarse como un sistema vibratorio de una sola

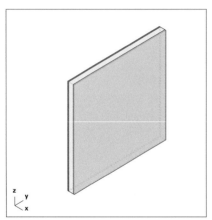

43 Elemento sándwich.

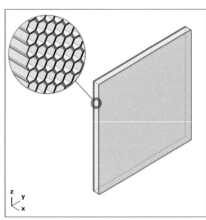

44 Elemento de núcleo de panel.

hoja y, en consecuencia, se comporta esencialmente como tal, ya que las capas están conectadas mecánicamente entre sí en toda su superficie. El modo de acción estático del sándwich requiere una capa central con alta rigidez dinámica, lo que no favorece el aislamiento acústico del elemento. Debido a la extrema eficiencia estática del sándwich—una ventaja significativa de esta construcción—tampoco hay masa digna de mención que pueda disipar la energía sonora. Por estas razones, se puede afirmar que aquí se dan unas condiciones excepcionalmente desfavorables en cuanto a protección acústica. Por lo tanto, las envolventes en construcción sándwich sólo son aplicables cuando se tolera un bajo aislamiento acústico, por ejemplo en la construcción industrial.

■ Alternativamente, el núcleo del elemento envolvente también puede consistir en una **estructura ligera de panal** (⊟ **44**). Esto crea un gran número de pequeñas cámaras de aire que pueden alcanzar un buen valor de aislamiento térmico gracias a la fuerte reducción de la convección. Si hay una unión por cizallamiento entre el núcleo de panal y las hojas de cobertura, se puede realizar una característica de doble T similar a la del elemento sándwich. Sin embargo, la función de puente térmico de las almas del panal, que crean una unión conductora de calor directa entre las capas cubrientes expuestas, puede tener un efecto desventajoso.

Sistemas de núcleo de panal

4.2

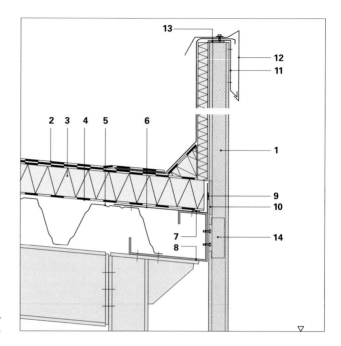

45 Cerramiento exterior sándwich, dirección de instalación vertical, detalle de conexión con la cubierta.

46 Cerramiento exterior sándwich, dirección de instalación vertical, detalle de zócalo.

1 panel sándwich
2 impermeabilización
3 aislamiento térmico
4 barrera de vapor
5 hoja portante, chapa trapezoidal
6 chapa de borde
7 cinta de sellado como barrera de vapor
8 ángulo de borde
9 cinta de sellado, continua
10 cinta de sellado, sólo en espacio de junta
11 fleje de soporte de la chapa de remate
12 perfil de remate
13 cinta de sellado
14 clip de fijación integral para el panel
15 cinta de sellado
16 posiblemente soporte de montaje
17 perfil de zócalo
18 sellado permanentemente elástico en la zona de la junta a tope
19 cinta de sellado, continua
20 ayuda para el montaje
21 cinta de sellado
22 ángulo de afianzado

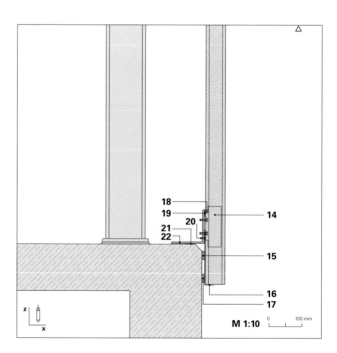

M 1:10

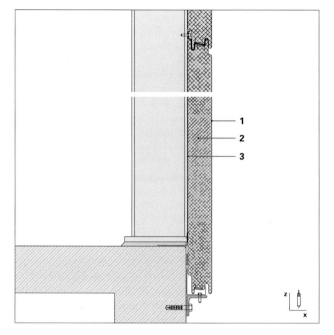

47 Detalle de la base de un cerramiento exterior sándwich con dirección de instalación horizontal (sistema *ThyssenKrupp Hoesch*).

1 chapa exterior de cobertura prepintada
2 núcleo aislante de poliuretano
3 chapa interior de cobertura prepintada

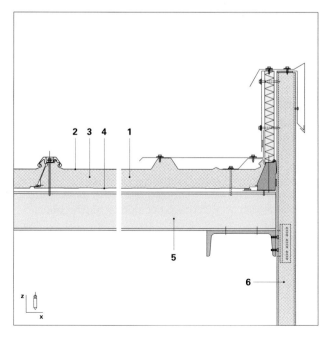

48 Elemento de cubierta sándwich (sección transversal a la pendiente) con representación de la conexión al cerramiento (sistema *ThyssenKrupp Hoesch*).

1 elemento de cubierta sándwich
2 chapa de recubrimiento exterior prepintada
3 núcleo aislante de poliuretano
4 chapa de recubrimiento interior prepintada
5 estructura primaria
6 elemento de cerramiento tipo sándwich

5.   Sistemas nervados

5.1   Principio constructivo

☞ *Aptdo. 2.1 Hoja sólida simple sin trasdosado, pág. 132*

☞ ***Vol. 3**, Cap. XIII-5 Sistemas nervados*

5.2   Sistemas nervados unidireccionales y bidireccionales

■ En cierto modo, los sistemas de costillas o sistemas nervados (⯐ **49**) son un sustituto de una hoja homogénea, como lo son los sistemas sándwich y de panal que acabamos de comentar, pero con medios diferentes. La hoja sólida ya cumple, como se acaba de comentar, la tarea constructiva fundamental de generar superficies y, por tanto, de envolventes debido a su morfología específica, pero suele caracterizarse por un elevado consumo de material, un gran peso muerto y, a veces, una capacidad de aislamiento térmico sólo moderada.

En el sistema nervado—a diferencia de los de hoja sólida y de los sistemas compuestos multicapa antes mencionados—existe una **separación funcional** entre la **formación de superficies** y la **transmisión de fuerzas**: La superficie se crea en los sistemas nervados mediante uno o dos paneles delgados que no tienen suficiente rigidez para abarcar el área total que cubren (ni tampoco se les exige), a diferencia de los sistemas de hoja simple y doble comentados anteriormente. En este sentido, los sistemas nervados son similares a los sistemas compuestos multicapa; sin embargo, la transmisión de fuerzas entre las capas de recubrimiento que forman la superficie en los sistemas nervados no se efectúa por un elemento bidimensional—como el núcleo del sándwich—sino por elementos especializados lineales: de uno o varios **conjuntos de barras**, que se fijan a estas placas dándoles la rigidez que les falta. De ahí el nombre común de estas barras, es decir **costillas**, por analogía con el término anatómico. Por lo tanto, el delgado aplacado o revestimiento que forma la superficie sólo cubre el vano entre costilla y costilla y, de este modo, proporciona la rigidez necesaria para la transmisión de fuerzas no obstante su pequeño grosor, pero en interacción con la estructura de las costillas. Sin embargo, si se desea, también puede ejecutarse de forma tan elástica que se garantice un buen aislamiento acústico realizando un sistema masa-resorte. A continuación se abordan otros aspectos de la interacción relativamente compleja de ambos elementos.

En principio, esto da lugar a un componente envolvente muy ligero con potencial de buen aislamiento térmico y acústico, que, sin embargo, consiste en parte en una estructura de barras más o menos compleja y suele estar sujeto a una mayor complicación constructiva, así como a posibles problemas de coordinación de los componentes individuales.

■ Dado que los paneles delgados del aplacado pueden encontrar suficiente apoyo con orientación uniaxial, es decir, sobre grupos de costillas orientadas uniaxialmente, la estructura nervada de estos elementos consiste en su mayoría en un solo grupo de costillas. Dos o más conjuntos de costillas cruzándose en el mismo elemento y en el mismo plano (⯐ **50**) mejoran fundamentalmente el comportamiento de carga de la estructura; también permiten vanos algo mayores—es decir, una mayor separación entre las costillas con el mismo grosor de panel—o, alternativamente, un material de panel algo más delgado debido a la transferencia de carga bidireccional del aplacado; la capacidad de carga de todo el elemento también puede mejorarse incorporando costillas biaxiales, tanto para las fuerzas en el plano del elemento (**yz**) como en perpendicular (→**x**). Los forjados de emparrillado son un ejemplo de ello. Sin embargo, esto se hace a costa de una considerable complicación adicional debido a los múltiples puntos de penetración mutua de las costillas, un factor que prohíbe tal estructura de costillas biaxiales en la mayoría de los casos. No obstante, hay ocasiones aisladas en las que estos nervios en rejilla sí se emplean, sin embargo, por otros motivos. La atención se centra siempre en la utilización de la transferencia de carga bidireccional bajo flexión, como en el caso de emparrillados de vigas.

Por otro lado, los elementos de costillas entrelazadas, es decir, con orientación biaxial, son siempre relativamente fáciles de construir si las barras se *cruzan* en planos diferentes, es decir, no se *intersecan* en uno mismo. Las barras pueden entonces hacerse continuas, sin empalmes. Esto es particularmente ventajoso en aquellos casos en los que no se requiere una conexión rígida a la flexión, sino sólo una conexión articulada en el nudo de barras. Una conexión rígida a la flexión en el nudo sería mucho más difícil de realizar con una disposición de barras escalonadas en el plano, como es el caso de barras continuas. Envolturas con costillas entrecruzadas, no intersecantes, se encuentran en algunos cascarones de celosía y también, en general, en las redes de cables. En éstas últimas, son los cables los que actúan como costillas. A diferencia de las barras, éstos no son rígidos a

☞ *Véase la discusión detallada de los elementos de costillas biaxiales desde el punto de vista de la conducción de fuerzas en **Vol. 1**, Cap. VI-2, Aptdo. 9.5 Elemento compuesto por costillas espaciadas biaxiales o multiaxiales, pág. 654.*

☞ *Estos casos se tratan con más detalle en la discusión de emparrillados de vigas: Cap. IX-2, Aptdo. 3.1.3 y 3.1.4, pág. 348; véase también **Vol. 3**, Cap. XIII-5, Aptdo. 4.1 Paredes de celosía o de marco*

☞ *Cap. IX-2, Aptdo. 3.2.5 Cúpula compuesta de barras, pág. 368*
☞ *Cap. IX-2, Aptdo. 3.3 Sistemas sometidos a tracción, pág. 380*

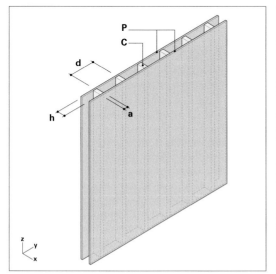

49 Elemento nervado compuesto por una carrera de costillas **C** y un panel **P** que forma la superficie en ambos lados. **d** distancia entre costillas; **a** ancho de sección de costilla; **h** altura de sección de costilla.

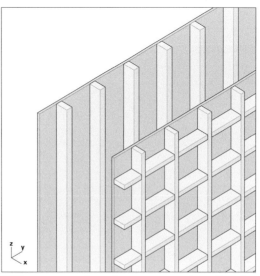

50 Elementos nervados, cada uno con grupos de costillas orientados en una y dos direcciones.

la flexión, pero por lo demás cumplen la misma función en el elemento envolvente. Los textiles de uso estructural, por ejemplo, los tejidos de membrana revestidos, son también una variante especial del principio de costillas, con costillas que se cruzan—no se penetran—, tampoco resistentes a la flexión, a saber, la trama y la urdimbre.

■ Al igual que en el *Apartado 2.3*, esta variante constructiva consiste en un sistema de costillas paralelas, que en este caso están provistas por ambas caras con un delgado aplacado (⊟ **49**). A diferencia de la estructura ligera no portante utilizada en la variante del *Apartado 2.3* (cf. ⊟ **9**), la combinación de nervio y placa delgada proporciona aquí una **estructura portante secundaria** que es capaz de transferir cargas externas por sí misma a lo largo de un vano a un apoyo o a la estructura portante primaria. Siempre que haya una unión a cortante en la conexión entre la costilla y la placa delgada—por ejemplo, con un encolado en la construcción de paneles de madera—, ambos elementos también actúan juntos bajo el esfuerzo flector de la costilla: Las costillas y el aplacado se combinan para formar un **sistema cooperante** en el que todo el grosor del elemento **D** y el material de los componentes se utilizan completamente para efectos estructurales. En este caso, una determinada **anchura de hoja coactiva** a ambos lados de la costilla se comporta estáticamente de forma análoga a un cordón de compresión o de tracción. De este modo, el canto disponible se ve incrementado por el grosor de ambas placas.

5.3 Sistemas nervados con construcción envolvente integrada

☞ *Aptdo. 2.3 Hoja simple con trasdosado por un lado con subestructura, pág. 140*

☞ *Vol. 1, Cap. VI-2, Aptdo. 9.4 Elemento compuesto por costillas espaciadas uniaxiales, ⊟ 178 en pág. 639 así como ⊟ 205 a 207 en pág. 652*

La variante examinada en este apartado supone una integración (al menos parcial) del grupo de costillas y la construcción envolvente—en este caso, en particular, la capa determinante, la de aislamiento—en el mismo plano. En el caso de componentes envolventes exteriores, la capa de aislamiento cumple principalmente una función de aislamiento térmico, y posiblemente también una función de aislamiento acústico. Pero también aparece en componentes envolventes interiores, donde se utiliza habitualmente con fines acústicos como amortiguador de cavidades.

Los nervios actúan como **vigas de flexión**, por lo que su altura de sección transversal **h**, es decir el canto, es decisiva para la rigidez a la flexión del componente de la envolvente frente a las cargas perpendiculares al plano de la misma (→**x**). Cuanto mayor sea el canto de las costillas, más espacio habrá para el aislamiento térmico en el hueco entre las costillas en el caso de componentes envolventes exteriores. Dado que la función portante, que en la variante del *Apartado 2.3* se confiaba únicamente a la hoja portante interior, se asigna ahora principalmente a las costillas, el canto así aumentado de las mismas, portantes en este caso, se puede utilizar razonablemente para aumentar el aislamiento térmico en la cavidad (⊟ **51**). Esta es una clara ventaja de esta solución para envolventes exteriores.

La distancia **a** entre las costillas (⊟ **49**) viene determi-

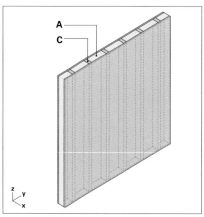

51 Elemento nervado como en ⊟ **49**. Los huecos entre las costillas **C** van rellenos con aislamiento **A**. Las funciones de carga y de envoltura se fusionan integralmente en un mismo plano.

nada a su vez por la rigidez a la flexión del aplacado. Dado que—siguiendo la lógica intrínseca del sistema—éste suele consistir en paneles relativamente delgados, esta dimensión suele ser inferior a 1 m.

Además de la contribución del aplacado como cordones de la costilla, ambos aplacados también contribuyen a asegurar la costilla, que es bastante esbelta en su anchura de sección transversal **a**, contra el **vuelco** o el **pandeo** en el plano de la envolvente (**yz**, es decir, en →**y**). La conexión mecánica de la costilla con el componente del aplacado que actúa como diafragma rígido en su plano impide la deflexión lateral (en →**y**) del esbelto perfil. Hay que temer el pandeo, en particular, si se introducen en el nervio (en →**z**) grandes fuerzas de compresión axial, por ejemplo, en paredes de carga.

Del mismo modo, el aplacado tiene un efecto rigidizante sobre el sistema global de costillas, que sin él no está asegurado contra el esfuerzo cortante, es decir el descuadre, en el plano del elemento (**yz**). El efecto diafragma de las dos placas transforma el componente envolvente en un elemento resistente al esfuerzo cortante. Los esfuerzos de compresión que se acumulan en las placas delgadas como resultado de este esfuerzo cortante y que, en casos extremos, pueden provocar el **pandeo** de este aplacado, son neutralizados a su vez por la unión entre el panel delgado y la costilla. El aplacado se afianza, en ángulo recto con el plano de la envolvente (→**x**), por la costilla, que activa su gran rigidez en esta dirección como resultado del canto **h** de la costilla (⊟ **49**). No es posible pues que la delgada placa pandee.

Queda claro cómo los componentes de esta construcción interactúan de forma muy ventajosa en un sistema estático global, tanto para las fuerzas perpendiculares al plano del elemento (→ **x**), provocando flexión, como para las del propio plano (**yz**), creando esfuerzo cortante en el diafragma. Además, este es un caso en el que las necesidades estáticas (canto de las costillas **h**) también conducen a condiciones favorables en términos de aislamiento térmico, es decir, a grandes espesores de aislamiento.

Es obvio que el nervio representa un **puente térmico** desde el punto de vista del aislamiento térmico, por lo que este sistema constructivo sólo puede realizarse razonablemente en este sencillo diseño con construcciones de madera, donde el nervio sólo tiene una conductividad térmica moderada. Si se van a utilizar otros materiales, por ejemplo, metales, o si hay que cumplir requisitos térmicos más elevados, es inevitable la separación térmica, es decir, la duplicación del sistema de costillas, una desconexión de elementos internos y externos o una estructura superpuesta. Las variantes de este tipo se analizan en el siguiente *Apartado 5.3.1*.

Al igual que en el caso de la variante de hoja simple con trasdosado sin subestructura, es ventajosa una **ventilación posterior** o **inferior** entre la capa de aislamiento térmico y la parte posterior de la placa exterior (⊟ **52**, **53**) y/o una capacidad de difusión de vapor de agua suficiente de la

☞ *Vuelco: **Vol. 1**, Cap. VI-2, Aptdo. 9.4 Elemento compuesto por costillas espaciadas uniaxiales,* ⊟ **211** *en pág. 654*

☞ *Pandeo: **Vol. 1**, Cap. VI-2, Aptdo. 9.4 Elemento compuesto por costillas espaciadas uniaxiales,* ⊟ **164** *en pág. 643*

☞ ***Vol. 1**, Cap. VI-2, Aptdo. 9.4 Elemento compuesto por costillas espaciadas uniaxiales,* ⊟ **184** *en pág. 647*

☞ *Cap. X-2, Aptdo. 3.4 Construcción de costillas, construcción de panel, pág. 534, así como **Vol. 3**, Cap. XIII-5, Aptdo. 2.1.1 Paredes de costillas de madera*

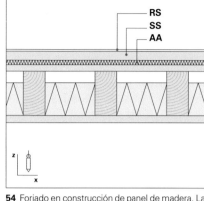

54 Forjado en construcción de panel de madera. La estructura del suelo por encima del elemento nervado portante se compone de aislamiento acústico al impacto (**AA**), solado seco (**SS**) y revestimiento del suelo (**RS**).

placa exterior para eliminar la humedad que pueda haber penetrado en la construcción. Esto se consigue, por ejemplo, con un revestimiento exterior suficientemente permeable a la difusión (🗗**53**). Por regla general, debe controlarse la penetración del vapor de agua desde el interior mediante retardantes o barreras de vapor adecuados aplicados en los estratos interiores.

En lo que respecta a la **acústica**, a pesar del evidente diseño constructivo de doble hoja, se presenta en este caso un sistema vibratorio de una sola hoja que actúa de manera no muy diferente a una hoja simple. La unión lineal entre la costilla y el tablero, necesaria desde el punto de vista de conducción de fuerzas, hace que el elemento actúe como un sistema global rígido. Además, paradójicamente, debido a su eficiencia estática, no tiene una masa significativa. Peor aún: además, la poca masa presente está distribuida de forma no homogénea, es decir, sobre las costillas y los tableros, por lo que no puede desarrollar su efecto acústico. Como resultado, el aislamiento acústico es entre moderado y bajo. Para evitar el deterioro adicional debido a la resonancia de cavidad, se requiere en cualquier caso amortiguar las cavidades entre las costillas por medio de material aislante blando.

5.3.1 **Sistemas nervados con trasdosado en un lado sin subestructura**

☞ *En analogía a la variante en Aptdo. 2.2 Hoja simple con trasdosado por un lado sin subestructura, pág. 134*

■ En esta variante, el trasdosado está formado por una capa aislante y una capa externa o placa delgada que se adhiere a ella o—en el caso de un elemento horizontal—reposa sobre ella. No hay subestructura ni elementos de fijación que penetren la capa de aislamiento. Por esta razón, la capa exterior de componentes verticales sólo puede ser una piel ligera y relativamente delgada; con los horizontales, el revestimiento superior también puede ser más pesado, ya que no hay riesgo de deslizamiento y su carga puede ser transferida en toda la superficie a través de la capa de aislamiento al elemento nervado portante. Básicamente, pueden incluirse en esta categoría los forjados de vigas con suelos flotantes (🗗**54**).

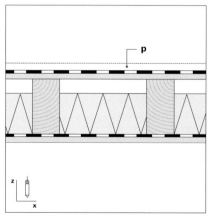

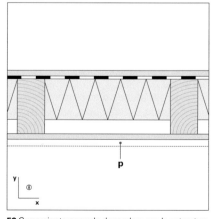

52 Cubierta inclinada con la estructura más sencilla posible. Capa de protección adicional **p** (cobertura), por ejemplo, de tejas bituminosas.

53 Cerramiento nervado de madera con la estructura más sencilla posible. Capa de protección adicional **p** (pantalla climática), p. e. un revoque.

En este caso, la capa aislante se encarga de desacoplar acústicamente el solado del elemento portante, es decir, la construcción principal del forjado; los puentes sonoros están excluidos debido a la falta de fijación de la hoja superior.

La capa aislante continua del trasdosado (⌐ **55**) neutraliza el puente térmico de la costilla en el caso de componentes envolventes exteriores y aumenta el grosor total del estratificado aislante más allá de la dimensión de altura **h** de la sección transversal de la costilla estrictamente necesaria

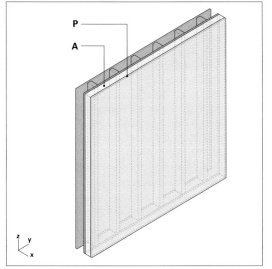

55 Elemento nervado con trasdosado tipo sándwich. El panel de superficie exterior **P** se adhiere a la capa aislante exterior **A** según el principio de sándwich. No hay penetraciones formando puente térmico en este trasdosado.

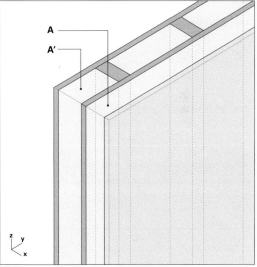

56 Vista detallada del trasdosado en ⌐ **55**, aquí con una capa de aislamiento **A'** adicional en el elemento nervado principal.

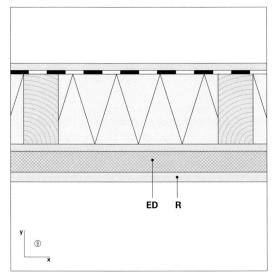

57 Cerramiento exterior nervado de madera. Trasdosado externo compuesto de placa de espuma dura (**ED**) y revoque (**R**).

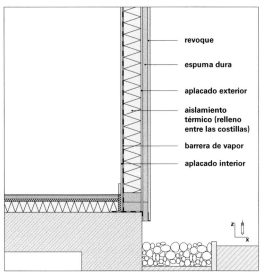

revoque

espuma dura

aplacado exterior

aislamiento térmico (relleno entre las costillas)

barrera de vapor

aplacado interior

58 Cerramiento exterior nervado de madera como en ⌐ **57** con representación de un posible diseño de la zona de zócalo.

☞ *Aptdo. 2.2 Hoja simple con trasdosado por un lado sin subestructura, pág. 134*

☞ *ᵃ **Vol. 3**, Cap. XIII-5, Aptdo. 3.2 Cubiertas inclinadas*
☞ *ᵇ **Vol. 3**, Cap. XIII-5, Aptdo. 3.3 Cubiertas planas*

☞ *Aptdo. 2.2 Hoja simple con trasdosado por un lado sin subestructura, pág. 134*

por razones estructurales (⊟ **57**). Al igual que en el caso de la hoja sólida con trasdosado sin subestructura, también en este caso debe garantizarse que la humedad que haya penetrado en la construcción pueda ser eliminada hacia el exterior. Esto, a su vez, requiere una capacidad suficiente de difusión de vapor de agua de las capas exteriores, es decir, en este caso, el aplacado estructural exterior del elemento nervado, la capa de aislamiento térmico y la pantalla climática exterior. En construcción de madera, esta solución puede hallarse en forma de pared nervada con un sistema compuesto de aislamiento térmico (⊟ **57** y **58**). En la posición inclinada, por ejemplo, se trata de una cubierta nervada con aislamiento sobre pares;[a] en la posición horizontal, de una cubierta plana de vigas con trasdosado no ventilado.[b] En este último caso, la difusión del vapor de agua a través de la pantalla climática (la impermeabilización en este caso) no es factible desde el punto de vista técnico (como tampoco lo es en el caso de una cubierta plana sobre hoja portante). En este caso, también son indispensables medidas adicionales, como una capa retardante de vapor o una barrera de vapor por el lado interior.

En general, las condiciones son comparables a las de la hoja simple con trasdosado, aunque en el presente caso del elemento nervado, la masa de la hoja principal se reduce significativamente. Debido a su capacidad de almacenamiento de calor, esta masa puede garantizar una inercia térmica posiblemente beneficiosa y también contribuir notablemente a un buen aislamiento acústico.

Desde el punto de vista de la **acústica**, se trata de un sistema masa-resorte vibrante de dos hojas, siendo una de ellas el elemento nervado completo y la otra la capa o placa delgada añadida formando parte del trasdosado. Por lógica del mismo concepto, la masa de esta capa exterior del trasdosado sólo es pequeña para elementos verticales debido al riesgo de deslizamiento, por lo que su efecto de aislamiento acústico es igualmente moderado. La situación es algo diferente con componentes horizontales. En este caso también se pueden utilizar hojas más pesadas, como suelos flotantes.

5.3.2

Sistemas nervados con trasdosado en un lado con subestructura

☞ *Aptdo. 2.3 Hoja simple con trasdosado por un lado con subestructura > 2.3.2 Doble nervadura, pág. 140*

◼ En este caso, las costillas del trasdosado tienen la función principal de crear una cavidad adicional por encima o por delante del elemento nervado portante, que puede utilizarse para **ventilación posterior** (⊟ **65**) o para **aislamiento térmico** (⊟ **59**). Las costillas van orientadas alternativamente en transversal al sistema de costillas principales (→**y**) (⊟ **59**) o en paralelo a éste (→**z**) (⊟ **64**, **65**), en cuyo caso la costilla secundaria se apoya longitudinalmente sobre la costilla principal para transmitirle directamente la fuerza.

De forma análoga a la solución del *Apartado 2.3.2* (⊟ **9**), cuando el sistema de costillas se duplica y la cavidad recién creada se rellena con aislamiento térmico, el puente térmico se reduce a la superficie de contacto de dos costillas

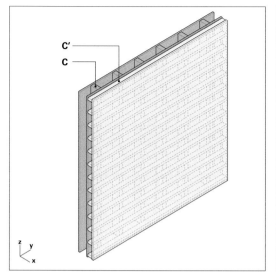

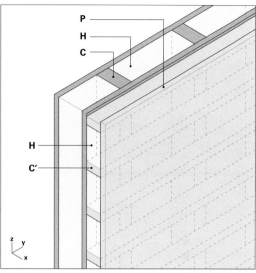

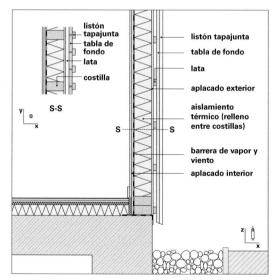

S-S

listón tapajunta
tabla de fondo
lata
costilla

listón tapajunta

tabla de fondo

lata

aplacado exterior

aislamiento
térmico (relleno
entre costillas)

barrera de vapor y
viento

aplacado interior

59 (Arriba izquierda) elemento nervado con trasdosado en dise-ño de costilla. Nivel principal de costillas **C**; nivel secundario de costillas **C'**.

60 (Arriba derecha) vista de detalle (huecos **H** rellenos de aisla-miento). A diferencia de la solución en ⊟ **55/56**, la placa exterior **P** (generalmente la pantalla climática) va anclada al grupo de costillas interior **C** por medio del grupo de costillas exterior **C'**. Los puentes térmicos, sin embargo, se reducen a las superficies de contacto entre ambos niveles de costillas **C** y **C'** (análogamente al caso en ⊟ **15**).

61 Cerramiento exterior en construcción nervada de madera con representación de la zona de zócalo. Lata transversal aplicada sobre el elemento nervado para afianzar el aplacado exterior (aquí entablado con listón tapajuntas). No hay ventilación trasera de la pantalla climática, lo que presupone poca incidencia de lluvia—por ejemplo, si existe suficiente protección por un voladizo de cubierta.

superpuestas que se cruzan, por lo que, en este sentido, la instalación transversal del sistema de costillas duplica-das es naturalmente preferible a la instalación longitudinal (véase también ⊟ **17**). El grosor total del aislamiento puede aumentar considerablemente con esta construcción (⊟ **60**).

Desde el punto de vista de la **acústica**, el resultado es un sistema masa-resorte formado por el elemento nervado y el sistema de costillas añadido del trasdosado, que no puede aportar ninguna masa de aislamiento acústico apreciable. Por lo tanto, el aislamiento acústico que proporciona es escaso. El acoplamiento entre el elemento nervado y las costillas añadidas debe ser lo más flexible posible para mejorar lige-ramente el aislamiento acústico.

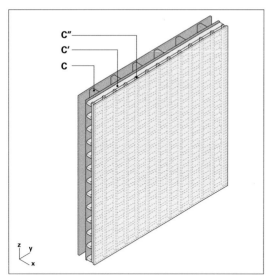

62 Elemento nervado con trasdosado doble externo, ambos en diseño de costillas. Nivel principal de costillas **C**; dos niveles secundarios de costillas **C'** y **C"**.

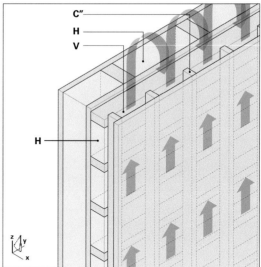

63 Vista detallada (huecos **H** rellenos de aislamiento térmico). El nivel exterior de costillas **C"** puede utilizarse para la ventilación trasera o la subventilación **V** de la construcción. También hay que tener en cuenta la posición del componente con respecto a la vertical.

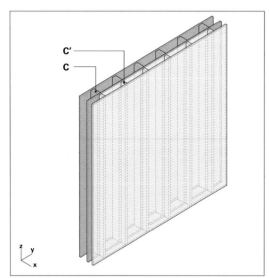

64 Nivel de costillas exterior **C'** colocado sobre el interior **C** con la misma orientación. El nivel **C'** ya no tiene función de soporte, sino simplemente sirve de relleno o espaciador.

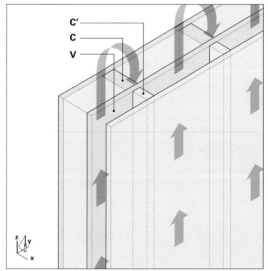

65 Vista detallada. En determinadas circunstancias, la orientación de las costillas **C'** (la misma que la de **C**) puede resultar ventajosa, por ejemplo, para permitir la ventilación trasera **V** cuando las costillas colocadas transversalmente (como en ⏚ **59**) la impedirían.

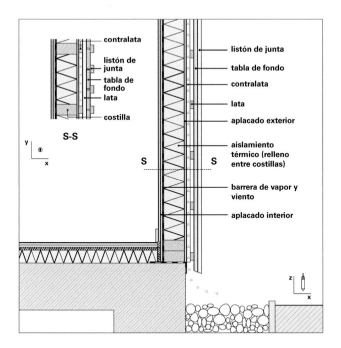

contralata

listón de junta

tabla de fondo

lata

costilla

S-S

listón de junta

tabla de fondo

contralata

lata

aplacado exterior

aislamiento térmico (relleno entre costillas)

barrera de vapor y viento

aplacado interior

66 Cerramiento exterior análogo a la solución en ⊟ **61**, pero con contralistones adicionales y una ventilación trasera vertical continua. La secuencia de latas y contralatas se invierte en comparación con el diagrama en ⊟ **63**, pero no hay ninguna diferencia significativa en términos de construcción.

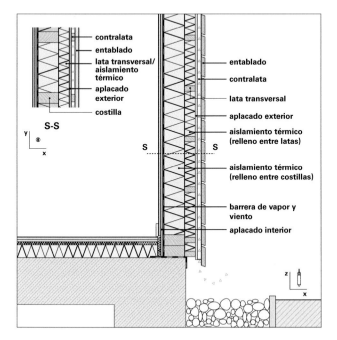

contralata

entablado

lata transversal/ aislamiento térmico

aplacado exterior

costilla

S-S

entablado

contralata

lata transversal

aplacado exterior

aislamiento térmico (relleno entre latas)

aislamiento térmico (relleno entre costillas)

barrera de vapor y viento

aplacado interior

67 Cerramiento exterior en construcción nervada de madera según ⊟ **63**. El nivel de las latas transversales se utiliza para duplicar el aislamiento térmico; el nivel de las contralatas se utiliza para la ventilación posterior del entablado exterior, cuyas tablas deben, en consecuencia, discurrir horizontalmente.

Sistemas nervados con nervadura añadida en un lado

☞ *Aptdo. 2.3 Hoja simple con trasdosado por un lado con subestructura > 2.3.2 Doble nervadura, pág. 140*

◼ Una superestructura adicional en forma de otro grupo de nervaduras colocadas ortogonalmente sobre la primera capa de nervaduras secundarias (⊟ **62**) no suele estar justificada por la necesidad de realizar un mayor espesor de aislamiento o de minimizar puentes térmicos. Sin embargo, puede a veces tener sentido con objeto de crear una cavidad para ventilar la construcción (⊟ **63**). En tal caso, es necesario garantizar, como se ha mencionado, que la orientación de las cavidades, que están en contacto con el aire exterior en sus extremos, facilite o permita el movimiento del aire: es decir, que siga la dirección de la ascensión térmica, por ejemplo, en el caso de componentes envolventes inclinados o verticales.

Desde el punto de vista **acústico**, la estructura añadida de doble costilla conduce a una notable complicación del sistema masa-resorte, ya que se presenta un **sistema de doble resonancia**, por así decirlo, que es extremadamente difícil de analizar a efectos de proyecto. En comparación con el trasdosado nervado simple, no hay una mejora significativa del aislamiento acústico.

Sistemas nervados con separación de la construcción envolvente y las costillas

☞ [a] *Como en el caso del acristalamiento a presión, por ejemplo, véase **Vol. 3**, Cap. XIII-5, Aptdo. 3.1.2 Fachada de mainel y travesaño > Separación térmica*

☞ [b] ***Vol. 1**, Cap. VI-2, Aptdo. 9.4 Elemento compuesto por costillas espaciadas uniaxiales, ⊟ **161** en pág. 641 y siguientes*

☞ [c] ***Vol. 1**, Cap. VI-2, Aptdo. 9.4 Elemento compuesto por costillas espaciadas uniaxiales, ⊟ **200** en pág. 651 hasta ⊟ **213** en pág. 656*

☞ [d] *Aptdo. 5.3 Sistemas nervados con construcción envolvente integrada, pág. 160*

◼ En este caso, la función de transferir cargas se asigna a un sistema de costillas que se ejecuta por separado de la propia construcción de la envolvente que forma la superficie (⊟ **69**). Por el momento, es irrelevante para nuestro razonamiento si estamos tratando con una o varias jerarquías de costillas que se construyen unas sobre otras (como en ⊟ **70**): El principio de diseño discutido no cambia. Unida a las costillas por un lado, se encuentra una placa que **cierra el espacio** y que tiene el grosor y la rigidez a la flexión suficientes para salvar la distancia **d** entre las costillas (⊟ **69**). Por razones térmicas, la secuencia de costillas portantes de componentes envolventes exteriores suele estar situada en el lado interior.[a]

La alineación del conjunto principal de costillas depende de su tarea más importante, la **transmisión de fuerzas**. Cuando la fuerza actúa en el plano del elemento (**yz**), las costillas se alinean a lo largo de esta fuerza (es decir, o bien en →**y** o bien en →**z**).[b] Siempre que la fuerza actúe en ángulo recto con respecto al plano del elemento (→**x**) y se trate, por tanto, de un **sistema de vigas de flexión unidireccional** sobre dos apoyos,[c] la alineación de esta posición de costillas depende de su apoyo: Las costillas se orientan de soporte a soporte, por ejemplo de pared a pared en el caso de un forjado de vigas de madera o de piso a piso en el caso de una fachada de montantes.

Al igual que en el caso de los sistemas de costillas integrados[d], el canto de la costilla **h** viene dictado en primer lugar por cuestiones de conducción de fuerzas, en particular la **rigidez a la flexión** necesaria de la costilla si está sometida a esfuerzos flectores. Esto sucede, en particular, con componentes horizontales, como forjados o cubiertas, ya que aquí suele dominar la componente de la fuerza perpendicular a la superficie del elemento (→**x**), como la carga muerta. Dado que en la presente variante constructiva los elementos

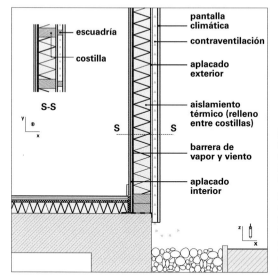

pantalla climática

contraventilación

aplacado exterior

aislamiento térmico (relleno entre costillas)

barrera de vapor y viento

aplacado interior

escuadría

costilla

S-S

S S

68 (Izquierda) cerramiento exterior en construcción nervada de madera: Se fija una escuadría delante de cada costilla para crear una cavidad para la ventilación posterior. Con esta posición del componente, ésta debe estar necesariamente alineada verticalmente, es decir, paralela a la costilla principal.

69 (Abajo izquierda) elemento nervado con separación del grupo de costillas portantes y de la placa que cierra el espacio. **d** distancia entre costillas; **a** ancho de sección de la costilla; **h** altura de sección de la costilla.

70 (Abajo derecha) alternativa con dos jerarquías de costilla: dos conjuntos que corren transversalmente el uno al otro: costilla principal **C**, costilla secundaria **C′** y placa superficial **P**.

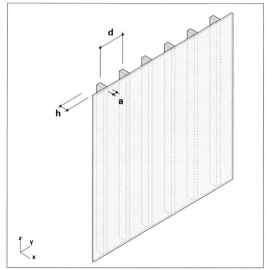

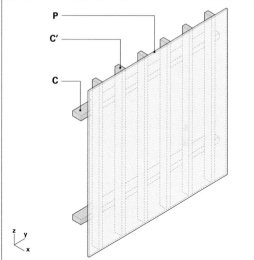

portantes están claramente separados de la construcción de cerramiento espacial, no surgen aquí conflictos de objetivos entre cuestiones de conducción de fuerzas y otras funciones parciales cubiertas por la estructura superficial continua (como el aislamiento térmico y acústico).

Incluso con una **carga axial**—posiblemente adicional—sobre las costillas (→ **z**), por ejemplo de compresión, la altura de la sección transversal **h** de la costilla así como también —si la costilla no está sujeta lateralmente—la anchura de la sección transversal **a** deben tener una dimensión mínima necesaria para evitar el pandeo (en → **y**).

☞ *Vol. 1,* Cap. VI-2, Aptdo. 9.4 Elemento compuesto por costillas espaciadas uniaxiales, 🗗 *164* en pág. 643 así como 🗗 *166* hasta **176** en pág. 643 a pág. 645

✏ *Como con una fachada de mainel afianzada a un forjado*

☞ **Vol. 1**, *Cap. VI-2, Aptdo. 9.4 Elemento compuesto por costillas espaciadas uniaxiales, pág. 639, así como Cap. IX-2, Aptdo. 2.1.2 Cobertura plana compuesta de conjuntos de barras, pág. 294*

☞ **Vol. 1,** *Aptdo. 9.4 Cobertura plana compuesta de conjuntos de barras, pág. 639, así como Cap. IX-2, Aptdo. 2.1.2 Cobertura plana compuesta de conjuntos de barras > Distribución transversal de cargas en sistemas de barras, pág. 304*

☞ *Véase acristalamientos en **Vol. 3**, Cap. XIII-5, Aptdo. 3.1.2. Fachada de mainel y travesaño*

El sistema de costillas paralelas no es de por sí rígido frente a **esfuerzos cortantes** en el plano del componente (**yz**). En este caso, el cizallamiento puede ser absorbido por apoyos no desplazables. Alternativamente, también puede rigidizar el sistema la **acción de diafragma** de la nervadura rigidizada por el aplacado—como en un forjado de vigas de madera con entablado rígido al cizallamiento—.

La distancia **d** entre las costillas viene determinada por la rigidez a la flexión de la placa exterior. Las cargas externas que actúan en ángulo recto con respecto al plano del elemento (es decir, en →**x**) se transfieren al conjunto de costillas por flexión como una placa unidireccional, es decir, descargando sobre dos costillas adyacentes.

Si las costillas, relativamente esbeltas, se sujetan lateralmente por medio de travesaños (🔁 **73**), su capacidad de carga mejora en dos aspectos:

- en el caso de que las costillas, además o alternativamente al esfuerzo flector debido por ejemplo a la fuerza del viento perpendicular a la superficie envolvente en →**x**, estén también bajo carga de **compresión**, es decir, a lo largo del eje de la barra paralelo al plano envolvente en →**z**, se dificulta el pandeo en la dirección de su dimensión transversal débil, es decir, la anchura **a** en la dirección →**y**;

- las cargas puntuales alineadas transversalmente al eje del elemento (→**x**) que inciden en una sola costilla son distribuidas por los travesaños a las costillas adyacentes porque existe una conexión a esfuerzo cortante entre la costilla y el travesaño o, de lo contrario, el travesaño es continuo por encima o a un lado de la costilla. El resultado es un alivio de la costilla afectada por cooperación de las adyacentes. De esta manera, se produce una **distribución transversal** de cargas puntuales.

Además, las costillas y los travesaños dispuestos a ras del exterior en ambas direcciones principales ofrecen la posibilidad de afianzar **linealmente** elementos planos situados sobre ellas en todo su perímetro (🔁 **74**). Esto puede ser importante en el caso de juntas de un revestimiento superficial, por ejemplo en fachadas con montantes, para garantizar la necesaria estanqueidad de la envolvente.

Desde el punto de vista del **aislamiento térmico**, es necesario que el aislamiento requerido lo proporcione el único componente de superficie completa, es decir, la placa delgada exterior. El **aislamiento acústico** también sólo puede ser proporcionado por este elemento por la misma razón. Para ello, es prácticamente inevitable dotar a la placa exterior de un **trasdosado**, o hacerla **multicapa**. A continuación se examinarán diseños alternativos de este tipo.

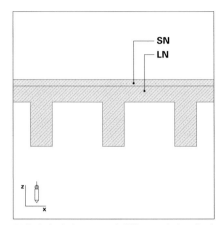

71 Forjado de losa nervada **LN** con solado adherido de nivelación **SN** sobre la losa en bruto como ejemplo de elemento nervado sin trasdosado ligero añadido, por ejemplo para un forjado de planta.

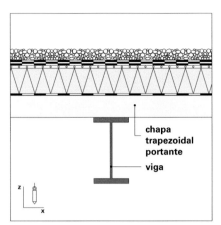

72 Cubierta con estructura de acero portante y trasdosado de cubierta ligero como ejemplo de elemento nervado con estratificado ligero añadido.

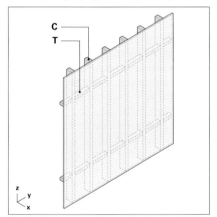

73 Elemento nervado como en ⊟**69**, pero con travesaños **T**.

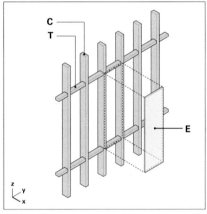

74 Encuadramiento perimetral de un elemento de cerramiento **E** al existir barras en ambas direcciones, en este caso **C** y **T**.

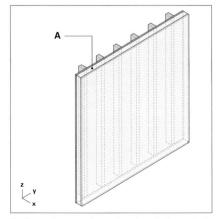

75 Elemento nervado con trasdosado ligero **A** sin subestructura.

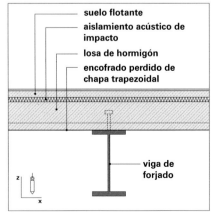

76 Forjado compuesto de acero-hormigón con suelo flotante como ejemplo de elemento nervado con trasdosado sin subestructura.

5.4.1

Sistemas nervados con hoja y trasdosado sin subestructura

☞ [a] *Aptdo. 2.2 Hoja simple con trasdosado por un lado sin subestructura, pág. 134*

✎ [b] *Véase un forjado de vigas de madera con solado como suelo flotante*

✎ *Como la capa de enfoscado de un sistema compuesto de aislamiento térmico*

☞ *Aptdo. 5.4.2 a 5.4.3, pág. 176*

☞ *Aptdo. 2.2 Hoja simple con trasdosado por un lado sin subestructura, pág. 134*

■ Aquí rigen las mismas condiciones (⊟ **75**) que las descritas anteriormente [a] (⊟ **3**). Esta solución es especialmente ventajosa para componentes horizontales, ya que en este caso concreto no hay riesgo de que el trasdosado se deslice.[b] Pero esta solución también puede utilizarse para componentes envolventes inclinados. Sin embargo, la fijación del estratificado del trasdosado puede tener que hacerse con anclajes que penetren la capa de aislamiento, lo que va en contra del concepto básico (⊟ **80**).

En el caso de componentes verticales, también es importante evitar la tendencia a que la capa exterior se deslice. Si se trata de estratos delgados, basta con la adhesión a un material aislante suficientemente resistente. En el caso de hojas exteriores más pesadas, se requieren de nuevo anclajes a la hoja portante interior o al conjunto de costillas, lo que en consecuencia conduce a una subestructura. Estos casos se examinarán a continuación.

Desde el punto de vista de la **acústica**, esta variante crea un sistema masa-resorte vibratorio de doble hoja consistente en la hoja nervada, por un lado, y en una placa u hoja delgada del trasdosado, por otro, siempre que exista un acoplamiento elástico entre ambas. La placa u hoja delgada del trasdosado debe tener una determinada masa mínima. Por regla general, se trata del acabado superficial exterior del trasdosado, que suele ser la pantalla climática en el caso de cerramientos o una placa de solado en el caso de forjados.

Las condiciones básicas son menos favorables que las del sistema comparable con una hoja homogénea, porque la distribución de la masa de la hoja nervada no es uniforme y, por tanto, no es ventajosa para el aislamiento acústico. Además, en general, la masa de la hoja nervada suele ser menor que la de la sólida, ya que es más eficiente estructuralmente y ahorra material. En consecuencia, las variantes abordadas en este apartado son bastante desfavorables en términos de protección acústica.

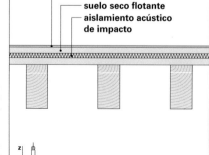

77 Forjado de vigas de madera con suelo flotante seco como ejemplo de elemento nervado con trasdosado sin subestructura.

78 Forjado como en ⊟ **77**, pero con lastre para efecto acústico, como ejemplo de elemento nervado con trasdosado sin subestructura.

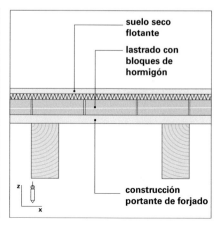

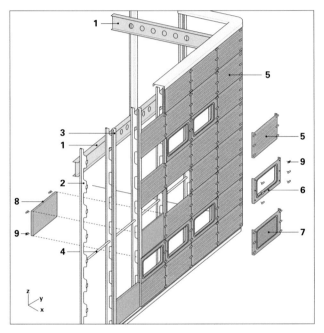

79 Fachada en construcción nervada (arqu.: N Grimshaw).

1 estructura primaria
2 montante de fachada
3 perfil de fijación
4 refuerzo transversal de los montantes para evitar el pandeo
5 panel exterior opaco
6 panel exterior von ventana
7 panel exterior con rejilla de ventilación
8 panel interior
9 clip de afianzado

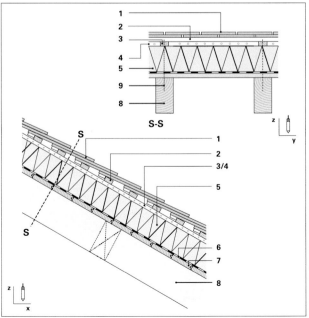

S-S

80 Construcción de cubierta inclinada con aislamiento térmico continuo añadido como ejemplo de sistema nervado. El anclaje de las latas y de la cubierta a la estructura portante se realiza mediante clavos continuos que penetran en los pares. Eliminación casi total de puentes térmicos. En esta variante, la impermeabilización se sitúa por debajo del aislamiento de espuma rígida no hidrófila.

1 tejado
2 lata
3 contralata
4 cámara de aire ventilada
5 aislamiento térmico (espuma rígida no hidrófila)
6 impermeabilización/barrera de vapor y viento
7 tablazón
8 par
9 clavado

5.4.2

Sistemas nervados con hoja y trasdosado con un solo grupo de costillas transversales

☞ *Aptdo. 2.3 Hoja simple con trasdosado por un lado con subestructura, pág. 140*

5.4.3

Sistemas nervados con hoja y trasdosado de doble nervadura

5.4.4

Sistemas nervados con hoja y trasdosado con nervadura longitudinal

☞ *Aptdo. 5.4 Sistemas nervados con separación de la construcción envolvente y las costillas, pág. 169*

Sistemas nervados con elemento superficial

☞ ***Vol. 1***, *Cap. V-4, Aptdo. 4.1 Acristalamiento aislante, pág. 464*

■ También aquí (⊟ **81**) se aplican las mismas condiciones que en el *Apartado 2.3* (⊟ **4**). El grupo de costillas transversales proporciona una cierta distribución transversal de cargas puntuales o asimétricas a las costillas principales adyacentes.

■ Compárese el *Apartado 2.3.2* (⊟ **16**). También en este caso, esta construcción permite una clara separación entre una capa de aislamiento (en los huecos de la nervadura interior) y una posible cámara de aire (en las cavidades de la nervadura exterior) (⊟ **82**).

■ En esta variante, las costillas del trasdosado están situadas **longitudinalmente** sobre las costillas principales (⊟ **84**). Desde el punto de vista estructural, esta variante se corresponde con la primera, ya que estas costillas subordinadas superpuestas no aumentan la capacidad de carga de la costilla principal. Tampoco proporcionan una distribución transversal de cargas puntuales como, por ejemplo, la solución con nervios transversales en el trasdosado.

■ Esta solución se utiliza en una forma modificada cuando la placa que encierra el espacio se divide en elementos individuales que se empalman a tope encima de la costilla principal. El nervio secundario del trasdosado se divide entonces en dos barras individuales contiguas separadas por una junta (⊟ **86**), que se asignan al elemento contiguo respectivo. A través de esta costilla de borde, pueden transferirse a la costilla principal las **fuerzas de compresión** necesarias para el afianzado de la placa.

Una fachada con montantes, o maineles y travesaños, con **acristalamiento a presión**, o alternativamente con **elementos sándwich**, representa un caso especial de este diseño constructivo y al mismo tiempo un ejemplo muy ilustrativo (⊟ **86**). En el caso de la fachada de montantes, no existen nervios transversales (travesaños) que conecten los nervios principales (en este caso los montantes) en zonas acristaladas, pues no están previstos en el sistema. Esto significa que la distancia **d** entre los montantes está naturalmente limitada por la capacidad de carga del vidrio, que aquí actúa como una placa apoyada linealmente por dos caras. En el ejemplo de la fachada de mainel y travesaño, también es posible el montaje de la luna de vidrio **por cuatro lados**, lo que—dependiendo de la relación de lados de la luna—mejora su capacidad de carga. Esta solución también conlleva el refuerzo transversal de las costillas (los maineles) por los travesaños, como se ha descrito anteriormente en este apartado.

Desde el punto de vista del **aislamiento térmico**, la **cavidad** entre los vidrios del doble acristalamiento, es decir, la capa de gas estancada que contiene, asume la tarea del aislamiento térmico, por lo que, en nuestro razonamiento, esta cavidad se entiende conceptualmente como una capa aislante. Esto sólo es posible porque la convección puede evitarse en gran medida limitando la dimensión del espacio entre los vidrios a unos 10 o 20 mm. La cierta desventaja constructiva de no poder acoplar los dos vidrios en el área entre los maineles mediante costillas o similares—lo que rigidizaría el acristalamiento—por razones de la necesaria transparencia, resulta en cambio una ventaja en términos de aislamiento térmico, ya que no se crean puentes térmicos. Sólo en la unión encima del nervio principal se forma uno, es decir, en el caso del acristalamiento aislante, en el separador.

En el caso de una fachada con elementos sándwich, la separación de los montantes **d**, o la separación entre cualquier travesaño portante, depende de nuevo de la capacidad de carga del panel sándwich.

En términos de **acústica**, se presenta de nuevo un sistema masa-resorte oscilante de doble hoja en el que los dos vidrios representan las masas y el gas en el espacio entre ambos representa el resorte. Al igual que en otras variantes, el aislamiento acústico del elemento de panel viene determinado por:

- la **distribución de masas** entre los vidrios. A este respecto, diferentes masas superficiales, en este caso diferentes grosores de vidrios, tienen un efecto ventajoso.

☞ **Vol. 1**, Cap. VI-4, Aptdo. 3.5 *Particularidades del aislamiento acústico de ventanas, pág. 776*

- la **rigidez dinámica** de la capa vibrante. Normalmente, los acristalamientos aislantes de hoy en día están rellenos de gases nobles dinámicamente inertes por razones térmicas, que tienen un efecto acústico favorable. Aquí apenas hay margen de maniobra para el proyectista.

- la **distancia** entre las dos hojas (los vidrios). Ésta sólo puede variarse dentro de estrechos límites.

☞ **Vol. 1**, Cap. VI-4, Aptdo. 3.5 *Particularidades del aislamiento acústico de ventanas, pág. 776*

Es inevitable que se cree un puente acústico en la unión de los vidrios, pero apenas puede evitarse, ya que en este caso las funciones de aislamiento térmico y transmisión de fuerzas tienen prioridad sobre el aislamiento acústico.

Otra variante de este principio constructivo es el **apoyo puntual** de los vidrios aislantes, que en este caso aparecen como elementos formadores de superficie (cf. ⊟ **87**). Aquí, el elemento de sellado (espaciador de acristalamiento) y el elemento de fijación, o la parte que transmite la fuerza, están separados. La función de sellado es asumida por un relleno de junta que no está bajo compresión. El soporte del acristalamiento ya no es lineal; desde un punto de vista estructural, se trata, por tanto, de una placa o panel apoyado en puntos. Dado que el montante también queda liberado de la función de sellado (como todavía era necesario en ⊟ **86**) y sólo realiza tareas de conducción de fuerzas, puede adoptar formas constructivas más libres. En esta variante, se efectúa una ulterior **diferenciación** de la construcción: Además de la separación de la función de conducción de fuerzas y de confinamiento del espacio, que es típica de

☞ **Vol. 3**, Cap. XIII-6 *Envolventes de vidrio apoyadas en puntos*

☞ *Junta con sellador según el principio de relleno con adherencia a flancos, cf.* **Vol. 3**, Cap. XI, Aptdo. 4.3.3 *Junta con relleno y adherencia a flancos*

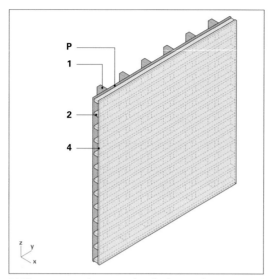

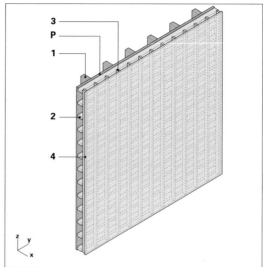

81 Elemento nervado con trasdosado de nervadura transversal de un solo nivel **2**. El aplacado **P** entre la costilla principal **1** y la secundaria **2** es opcional.

82 Elemento nervado con estructura de costillas de dos niveles, orientadas transversalmente de forma alternativa **2** y **3**. El aplacado **P** entre la costilla principal **1** y la secundaria **2** es opcional.

Leyenda

1 costilla principal
2 costilla secundaria de 1er orden
3 costilla secundaria de 2do orden
4 aplacado formando superficie
5 tejado
6 lata
7 contralata/cámara de aire ventilada
8 impermeabilización
9 tablazón
10 cámara de aire en movimiento
11 par
12 aislamiento térmico
(relleno entre pares)
13 barrera de vapor y viento
14 aplacado interior
15 montante
16 perfil de junta elástico
17 separador
18 barra de presión
19 vidrio aislante de doble luna

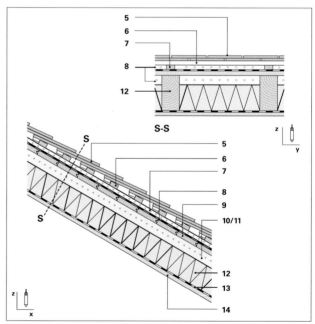

83 Cubierta inclinada ventilada, construcción según ⌗ **82**: La tablazón interior (**9**), tal y como figura en esta construcción, no suele asumir una función portante, por lo que se ha dejado de lado en la estructura básica asociada de ⌗ **82**. La secuencia de latas y contralatas se invierte en comparación con el diagrama de ⌗ **82**. Sin embargo, esto no cambia el principio básico de diseño.

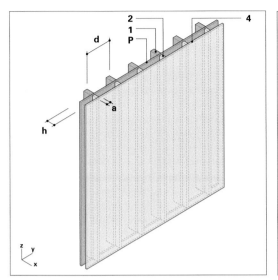

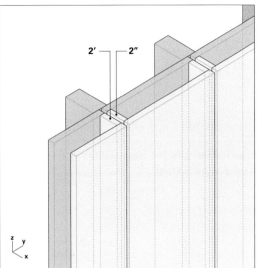

84 Elemento nervado con trasdosado de costillas simples **2** orientadas longitudinalmente. El aplacado **P** entre la costilla principal **1** y la secundaria **2** es opcional. **d** distancia entre costillas principales; **a** ancho de la costilla principal; **h** espesor del trasdosado.

85 Vista detallada del principio constructivo mostrado en ⊟ **84**. Aquí se representa una variante prefabricada de panel a panel, en la que la costilla longitudinal **2** se divide en dos medias hojas **2′** y **2″**. El principio básico se corresponde con el de acristalamientos de montante convencionales.

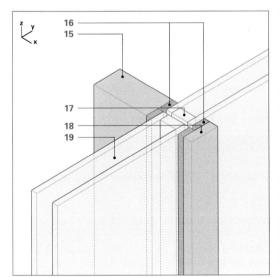

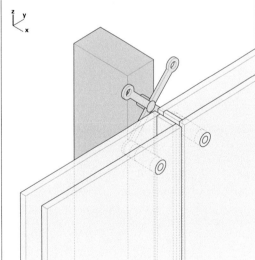

86 Concreción del principio constructivo mostrado en ⊟ **85** en forma de acristalamiento a presión.

87 El montaje del vidrio con conectores puntuales en lugar de un nervio continuo (como en ⊟ **86**) no modifica el principio básico de diseño.

☞ *Aptdo. 5.4 Sistemas nervados con separación de la construcción envolvente y las costillas, pág. 169*

los sistemas nervados, especialmente de los discutidos en último lugar, en el presente detalle de conexión también se produce una separación de las funciones de conducción de fuerzas y de sellado.

Desde el punto de vista de la **acústica**, el acristalamiento puntual tiene un efecto ligeramente más favorable que el acristalamiento lineal, ya que los vidrios pueden vibrar más libremente y la sección transversal global de transmisión del sonido es menor.

6. Elementos u hojas funcionales complementarios

☞ *Vol. 3*, Cap. XIII-7 Elementos funcionales añadidos

■ Todas las construcciones básicas analizadas de componentes envolventes pueden también aparecer con elementos suplementarios (⊟ **88**, **89**), que asumen una función específica, o que, entre ellos y la construcción de la envolvente primaria, forman un **espacio de aire** o **hueco** con un propósito específico. En los sistemas de doble hoja con capa intermedia y cámara de aire, como se describen en el *Apartado 3.2*, la hoja exterior ya representa un elemento funcional similar.

Los elementos u hojas superficiales suplementarios pueden cumplir las siguientes tareas:

- creación de una **pantalla climática** adicional con ventilación trasera;

- **protección solar** (⊟ **90**, **91**);

- protección contra el **deslumbramiento**;

- **comunicación visual**;

- mejora de la **protección acústica**;

- mejora de la **protección térmica**;

- creación de una **apariencia particular** del envoltorio;

- creación de una **cavidad cerrada** para diversos fines, como:

  - •• **trazado de conductos** (⊟ **92**);

  - •• **ventilación**, como es el caso, por ejemplo, con **fachadas dobles de vidrio** (⊟ **93**). En ese caso, la hoja añadida suele asumir funciones adicionales como protección solar, protección contra el deslumbramiento, aislamiento acústico, aislamiento térmico, etc.

Dichas estructuras añadidas pueden diseñarse de forma básicamente independiente de la construcción o el diseño de la envolvente principal. Esto, a su vez, significa que las construcciones u hojas añadidas pueden combinarse con prácticamente cualquiera de las variantes de envolvente comentadas anteriormente.

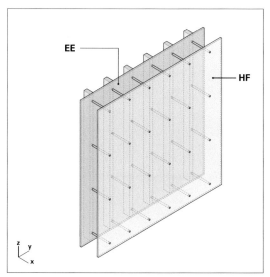

88 Elemento de envoltura **EE** (de cualquier diseño) con una hoja funcional **HF** añadida en el exterior.

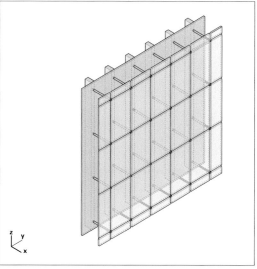

89 Variante segmentada de la solución en ⮌ **88** como se utiliza, por ejemplo, en la construcción de fachadas.

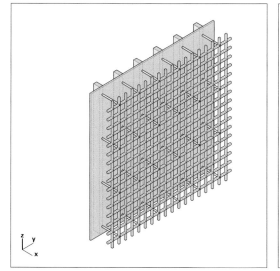

90 Entramado en forma de celosía añadido para diversas funciones, como la protección contra la lluvia, protección visual parcial o protección solar.

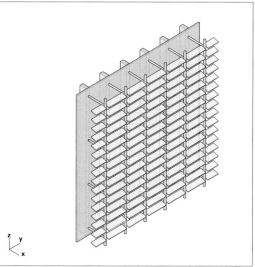

91 Sistema añadido de lamas fijas o ajustables.

El anclaje posterior o, dependiendo de la posición del elemento envolvente en el espacio, el soporte de la hoja añadida suele representar un **puente térmico**, o posiblemente también **acústico**, adicional. En determinadas condiciones, ciertas capas de la hoja principal también pueden ver perjudicada su función por estos elementos que transmiten fuerzas. Un ejemplo de ello es un piso de azotea sobre zancos reposando sobre una cubierta plana, en la que hay que tener cuidado de

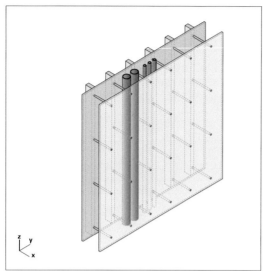

92 Hoja añadida con conductos en el espacio intersticial.

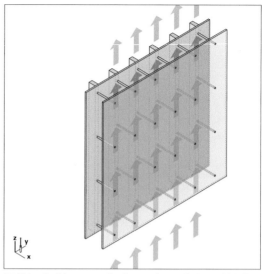

93 Hoja añadida con ventilación en el espacio intersticial. Este principio constructivo y funcional se utiliza para fachadas dobles de vidrio.

que la impermeabilización de la cubierta no resulte dañada por los apoyos puntuales de la losa.

En determinadas circunstancias, las hojas añadidas pueden influir en el **funcionamiento físico** y, por tanto, en el **diseño constructivo** del elemento principal envolvente. Las envolventes exteriores cerradas, como las que se encuentran en fachadas dobles de vidrio, protegen la envoltura principal de la intemperie directa y, por lo tanto, permiten simplificar considerablemente su ejecución constructiva. La construcción combinada de la envolvente principal y la envolvente añadida debe considerarse siempre, naturalmente, como un sistema de funcionamiento integral desde el punto de vista físico y operativo. Así, en ocasiones, la adición de una hoja puede provocar ciertos efectos indeseables, como la conducción del fuego en una cavidad de la fachada que actúa como chimenea en caso de incendio, o los llamados efectos de telefonía acústica entre plantas. En principio, estos sistemas combinados son difíciles de analizar en términos de acústica y su comportamiento es complicado de predecir, ya que siempre son circuitos en serie de sistemas de resonancia con interacciones acústicas complejas.

■ Cuando se utilizan como elementos envolventes, las membranas pueden ser utilizadas:

• como **membranas monocapa** sin función aislante para estructuras provisionales o simples coberturas, o:

• como **membranas multicapa** aislantes con cámara de aire o relleno de materiales aislantes adecuados.

Las funciones parciales de conducción de fuerzas y protección contra viento y lluvia se asignan a la propia membrana. Si existe una función aislante, ésta debe ser proporcionada por un cojinete de aire entre las capas de membrana, que no debe superar una anchura máxima para suprimir, en la medida de lo posible, fenómenos de convección que reducen el valor aislante de la construcción envolvente. Como alternativa, también pueden utilizarse como relleno materiales aislantes de fibra o granulados adecuados.

■ Los sistemas de membranas que adoptan su forma debido a un pretensado mecánico,[a] presentan geometrías anticlásticas con doble curvatura.[b] El pretensado puede efectuarse con los medios más sencillos apoyando la membrana en puntos, tal como suspensiones o soportes de mástil, separados convenientemente para crear la curvatura deseada. Típicas de estas construcciones de membrana [c] son las orillas en forma de arco, que se establecen libremente por el corte y el pretensado y que, como consecuencia de la curvatura de la membrana, producen siempre curvas espaciales, es decir, no planas. Las conexiones de los bordes con el suelo o con cualquier superficie plana de cerramiento, como fachadas, son, por tanto, uno de los puntos de detalle más difíciles y elaborados—además de formalmente problemáticos—de estas construcciones de membrana. Sin embargo, son indispensables si la membrana va a encerrar continuamente un espacio cerrado con otros componentes de la envoltura, al menos con el suelo. Por supuesto, estas conexiones de borde deben estar separadas térmicamente.

En el caso de membranas multicapa con función de aislamiento térmico, las distintas capas deben situarse lo más paralelamente posible entre sí, lo que requiere que se fijen a la distancia correcta entre sí mediante espaciadores en los puntos de fijación donde se acoplan. La cámara de aire, que desde el punto de vista físico conviene que sea de unos 10 a 15 mm, es muy difícil de conseguir con membranas, en su mayoría de grandes luces, por lo que apenas se pueden alcanzar altos valores de aislamiento térmico por aire debido a la casi inevitable convección en la cámara. Se pueden conseguir mejoras con rellenos aislantes granulares (como de aerogeles) o de fibra.

Con membranas sintéticas transparentes (por ejemplo, ETFE) se pueden conseguir balances energéticos favorables gracias a la ganancia pasiva de energía solar. El rendimiento

Sistemas de membrana

Sistemas de membranas tensadas mecánicamente

☞ [a] **Vol. 1**, *Cap. VI-2, Aptdo. 4.2 Sistemas móviles, pág. 548, así como ibid. Aptdo. 9.8 y 9.9., pág. 668–673*
☞ [b] *Cap. VII, Aptdo. 2.3. Tipos de superficie regulares > 2.3.1 Por tipo de curvatura, pág. 46*
☞ [c] *Cap. IX-1, Aptdo. 4.5.2 Membranas y redes de cables, pág. 266, así como Cap. IX-2, Aptdo. 3.3 Sistemas sometidos a tracción, pág. 380*

energético, así como la resistencia térmica, también pueden aumentarse mediante recubrimientos de baja emisividad aplicados a las membranas sintéticas.

Desde el punto de vista de la acústica, las membranas tienen una desventaja fundamental debido a su masa mínima, lo que se compensa en parte por la baja rigidez dinámica y la amortiguación que proporcionan los materiales habituales de las membranas. En función del peso por unidad de superficie, las membranas simples alcanzan valores de aislamiento acústico de 3 a 12 dB, y las bicapa, de 17 a 18 dB, con pesos por unidad de superficie entre 0,8 kg/m^2 y 1,5 kg/m^2.[4]

En principio, las membranas ofrecen condiciones muy favorables para la creación de envolventes climáticas de buena eficacia debido a su elemental simplicidad constructiva, así como por la superficie envolvente casi continua sin puentes térmicos y—aparte de las costuras o bordes adhesivos—carentes de juntas. Sólo sus moderados valores de aislamiento y su vida útil, a veces relativamente corta bajo la influencia de la intemperie dependiendo del material empleado, limitan su idoneidad para la construcción. En este contexto, también hay que señalar su limitada capacidad de aislamiento acústico.

7.2 Sistemas de membranas tensadas neumáticamente

■ Las condiciones de diseño para las membranas tensadas neumáticamente son similares a las de las membranas tensadas mecánicamente. Sin embargo, los bordes ejecutados rectos con el fin de simplificar las conexiones pueden realizarse aquí con medios relativamente sencillos, ya que los cojines neumáticos se diseñan a menudo con un borde fijo, que en la mayoría de los casos se realiza en línea recta por razones de simplicidad. Los cojines neumáticos multicapa, que alcanzan buenos valores de aislamiento térmico por efecto del aire encapsulado, no son problemáticos técnicamente, pero por razones geométricas no pueden diseñarse con una separación constante—y ciertamente no mínima—debido a las curvaturas inducidas neumáticamente de ambas capas que van orientadas en direcciones opuestas. Esto, a su vez, reduce un poco el valor de aislamiento alcanzable.

En términos de acústica, los cojines neumáticos ofrecen valores relativamente favorables. Al igual que las membranas tensadas mecánicamente, tienen una baja rigidez dinámica y una alta amortiguación por el material. Además, los cojines neumáticos actúan como amortiguadores del sonido, absorbiendo parte de la energía sonora ya en su superficie. El volumen de aire encerrado también tiene un efecto favorable en términos de aislamiento acústico, que puede medirse pero que aún no se puede explicar con todo detalle. Cojines puede alcanzar valores de aislamiento acústico del orden de 25 dB con pesos de área de las membranas simples de alrededor de 1 kg/m^2.[5]

1   Como en otros casos, el término *hoja*, tal y como se utiliza en este contexto para denotar una superficie de un estratificado con suficiente rigidez desde el punto de vista de la composición constructiva de un componente envolvente, debe distinguirse del término acústico de la *hoja*, tal y como se define en el **Volumen 1**, *Cap. VI-4, Aptdo. 3.3.3.*

2   A las cuestiones geométricas de la composición constructiva no se les suele atribuir la importancia fundamental que efectivamente tienen para el trabajo de proyecto. Estaría bastante justificado definir una subfunción separada de *compatibilidad geométrica.*

3   El objetivo de la clasificación de las estructuras constructivas básicas de componentes envolventes aplicada aquí es facilitar la comprensión de la lógica intrínseca de enfoques de solución fundamentalmente diferentes. Como todas las demás clasificaciones, debe aplicarse siempre con cuidado a cada caso concreto. Así, a menudo sucede que se realizan diferentes principios constructivos en la misma construcción envolvente. Por regla general, en estos casos se utilizan principios diferentes a distintos niveles jerárquicos de la construcción. Un ejemplo lo ilustrará: Una fachada de montante y travesaño adosada a forjados de una estructura primaria es, según nuestra clasificación, en principio, un sistema nervado. En cambio, unos posibles elementos sándwich que se aplican a los montantes y travesaños se denominarían sistemas compuestos multicapa. Sin embargo, éstos no están unidos a la estructura primaria (forjado) sino a partes de la estructura secundaria y, por tanto, se encuentran en un nivel jerárquico diferente del diseño constructivo. Además, algunos elementos del sistema constructivo pueden presentarse de forma modificada. Las costillas, tal y como las hemos introducido en este contexto, también pueden aparecer como cerchas de celosía, como cerchas de cable o elementos comparables, si se da el caso. Sin embargo, desde el punto de vista estructural, su función en el sistema general no cambia.

4   Datos del Departamento de Física de la Construcción de la Universidad de Stuttgart, Prof. S. R. Mehra

5   Datos del Departamento de Física de la Construcción de la Universidad de Stuttgart, Prof. S. R. Mehra

Notas

Normas y directrices

UNE-EN 1996: Eurocódigo 6: Proyecto de estructuras de fábrica
    Parte 1-1: 2013-11 Reglas generales para estructuras de fábrica armada y sin armar
    Parte 1-2: 2011-12 Reglas generales. Proyecto de estructuras sometidas al fuego
    Parte 3: 2011-12 Métodos simplificados de cálculo para estructuras de fábrica sin armar
UNE-EN 13022: Vidrio para la edificación. Acristalamiento con sellante estructural
    Parte 1: 2015-11 Productos de vidrio para los sistemas de acristalamiento con sellante estructural para acristalamiento monolítico y múltiple apoyado y no apoyado
UNE-EN 13187: 2000-11 Prestaciones térmicas de edificios. Detección cualitativa de irregularidades en cerramientos de edificios. Método de infrarrojos (ISO 6781:1983, modificada)
UNE-EN 13967: 2019-02 Láminas flexibles para impermeabilización. Láminas anticapilaridad plásticas y de caucho, incluidas las láminas plásticas y de caucho que se utilizan para la estanquidad de estructuras enterradas. Definiciones y características
UNE-EN 13970: 2019-07 Láminas flexibles para impermeabilización. Láminas bituminosas para el control del vapor de agua. Definiciones y características
UNE-EN 14509: 2016-10 Paneles sándwich aislantes autoportantes de doble cara metálica. Productos hechos en fábrica. Especificaciones
UNE-EN 15651: Sellantes para uso no estructural en juntas en edificios y zonas peatonales
    Parte 1: 2017-09 Sellantes para elementos de fachada
UNE-EN 15812: 2011-06 Kunststoffmodifizierte Bitumendickbeschichtungen zur Bauwerksabdichtung – Bestimmung des Rissüberbrückungsvermögens
UNE-EN 15814: 2022-03 Recubrimientos gruesos de betún modificado con polímeros para impermeabilización. Determinación de la capacidad de puenteo de fisuras

DIN 4095: 1990-06 Planning, design and installation of drainage systems protecting structures against water in the ground
DIN 4102: Fire behaviour of building materials and building components
    Part 1: 1998-05 Building materials; concepts, requirements and tests
DIN 4108 Thermal protection and energy economy in buildings
    Part 2: 2013-02 Minimum requirements to thermal insulation
    Part 3: 2018-10 Protection against moisture subject to climate conditions—Requirements, calculation methods and directions for planning and construction
    Part 4: 2020-11 Hygrothermal design values
    Part 10: 2021-11 Application-related requirements for thermal insulation materials
    Supplement 2: 2019-06 Thermal bridges—Examples for planning and performance
DIN 4109: Sound insulation in buildings
    Part 1: 2018-01 Minimum requirements

DIN 7863: Elastomer glazing and panel gaskets for windows and claddings—Material requirements
Part 1: 2022-02 Non cellular elastomer glazing and panel gaskets
Part 2: 2019-12 Cellular elastomer glazing and panel gaskets
DIN 18195: 2017-07 Waterproofing of buildings—Vocabulary
DIN 18533: Waterproofing of elements in contact with soil
Part 1: 2017-07 Requirements and principles for design and execution
DIN 18534: Waterproofing for indoor applications
Part 1: 2017-07 Requirements and principles for design and execution

DIN/TS 18599: Energy efficiency of buildings—Calculation of the net, final and primary energy demand for heating, cooling, ventilation, domestic hot water and lighting
Part 12: 2021-04 Tabulation method for residential buildings

VDI 6203: 2017-05 Façade planning—Criteria, degree of difficulty, assessment

IVD-Merkblatt Nr. 22: 2014-11 Anschlussfugen im Stahl- und Aluminium-Fassadenbau sowie konstruktivem Glasbau – Einsatzmöglichkeiten von spritzbaren Dichtstoffen

© Springer-Verlag GmbH Germany, part of Springer Nature 2024
J. L. Moro, *El proyecto constructivo en arquitectura—del principio
al detalle*, https://doi.org/10.1007/978-3-662-67608-0_3

1.

Precondiciones básicas

1.1

Estructura portante y diseño del edificio

☞ **Vol. 1**, Cap. VI-1, Aptdo. 1.3 Funciones constructivas principales, pág. 502, así como ibid. Cap. VI-3 a VI-6

☞ La base para comprender este capítulo es el contenido de **Vol. 1**, Cap. VI-2 Conducción de fuerzas, pág. 530

1.2

Interrelaciones funcionales

☞ **Vol. 1**, Cap. II-1, Aptdo. 2.2 Subdivisión según aspectos funcionales > 2.2.2 según función constructiva individual, pág. 34 así como ibid. Cap. VI-1, Aptdo. 3. Asignación de funciones parciales a componentes, pág. 511

1.3

Creación de espacios

☞ **Vol. 1**, Cap. VI-1, Aptdo. 1.2 Función constructiva básica, pág. 500

■ Dentro de las numerosas subtareas o subfunciones constructivas que debe cumplir la estructura de un edificio para garantizar su capacidad de servicio a largo plazo, hay que prestar especial atención a la tarea elemental de **transmisión de fuerzas** en la estructura portante primaria durante la concepción y posterior elaboración del proyecto de un edificio. A diferencia de otras subfunciones, que a menudo se realizan esencialmente a nivel de componente y sólo raramente tienen un impacto en el diseño global, el diseño estructural ejerce una influencia dominante sobre el concepto del edificio y sobre su expresión arquitectónica a nivel jerárquico del edificio global. Por esta razón, las reflexiones realizadas en el **Volumen 1** sobre el componente individual en cuanto a la conducción de fuerzas deben continuarse en este capítulo a un nivel jerárquico superior en el contexto de la **estructura primaria**, o de los módulos básicos pertinentes de la misma. Cuando se examinan elementos individuales, como en el *Capítulo VI-2*, se hace aquí—a diferencia del **Volumen 1**—específicamente en función de su uso como componentes de una estructura primaria, así como teniendo en cuenta su posición en relación con la vertical, como muros de carga, verticales, o forjados, horizontales.

■ Del mismo modo que componentes pueden diseñarse de forma monofuncional o multifuncional, a nivel de un edificio las estructuras primarias, paralelamente a su función principal de conducción de fuerzas, a veces tienen que desempeñar otras tareas que pueden estar estrechamente entrelazadas. Esto se aplica, por ejemplo, a métodos de construcción de pared en los que los componentes superficiales tienen que cumplir varias funciones físicas al mismo tiempo que conducen fuerzas. Del mismo modo, las estructuras portantes también vienen determinadas por las necesidades del uso del edificio, como la iluminación y ventilación adecuadas de espacios interiores. Estas dependencias siempre deben incluirse cuidadosamente en las consideraciones del diseño estructural.

■ Una tarea elemental de los edificios, de la que se puede derivar una variedad de subtareas relevantes para la construcción y la estructura portante, y que por esta razón merece especial atención en este contexto, es:

• la **cobertura** y sobre todo también:

• la **envolvente** total

de espacios.

   La necesidad fundamental de crear espacios da lugar a la formación característica de elementos constructivos bidimensionales en la construcción de edificios, que son un requisito básico para la delimitación del espacio (🗗 **7**).

   De consideraciones estructurales elementales, como

1, **2** Coberturas para el cerramiento espacial o para dar sombra. No están pensadas como protección contra la intemperie.

3 Diferenciación clara entre las superficies de las paredes y de la cubierta en la construcción de piedra convencional (casa en la ladera, Stuttgart; arqu.: H Schmitthenner).

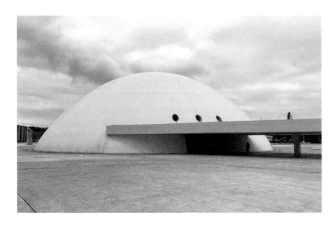

4 Envoltura continua de un espacio sin diferenciación entre pared y cubierta (*Centro Niemeyer*, Avilés; arqu.: O Niemeyer).

☞ *Aptdo. 1.6 Los elementos de la célula estructural, pág. 196*

haremos a continuación, se deriva la **diferenciación** entre la **cobertura** y el **cerramiento** lateral del espacio, lo que también se ha reflejado conceptual y lingüísticamente en la distinción entre **tejado**, o **piso**, y **pared** (⊟ **3**). Es cierto que a menudo hay edificios que sólo tienen una cobertura sin cerramiento lateral, ya sea de manera que la cobertura es curva y de esta manera encierra el espacio por sí sola (⊟ **4**), o que las cargas de la cobertura se transfieren al terreno bajo el edificio por medio de apoyos puntuales—como columnas, pilares, contrafuertes—, pero por lo demás no hay más cerramiento del espacio (⊟ **5**, **6**). Por otra parte, rara vez se encuentran recintos sin cobertura; dado el caso, más bien como complemento de un edificio cubierto, como es un patio, ya que la protección contra la lluvia es una tarea casi indispensable de la edificación (⊟ **8**).

Desde el punto de vista de la estructura portante, un cerramiento no tiene que pertenecer necesariamente a la misma. La separación de la estructura portante y la envolvente que encierra el espacio es una característica de la construcción de esqueleto (⊟ **9**). Sin embargo, los ejes estructurales proporcionan muy a menudo ubicaciones predestinadas para separaciones espaciales, ya que pilares o vigas, etc. también suelen tener un marcado efecto de segmentación espacial y suelen ser ubicaciones predestinadas para conectar tabiques.

☞ *Aptdo. 1.6 Los elementos de la célula estructural, pág. 196*

En el transcurso de un estudio más profundo del tema, también se pondrá de manifiesto lo decisiva que es la influencia del diseño estructural de la **cobertura**, en comparación con el del cerramiento, sobre la forma general del edificio. No en vano se suelen designar los tipos de estructuras según el tipo de cobertura o la parte de la estructura que cubre un vano (estructura en arco, estructura suspendida, etc.).

5, **6** Cubierta sin cerramiento lateral.

7 La creación de superficies es una tarea y un objetivo elemental de la construcción de edificios.

8 Patio: cerramiento lateral sin cobertura.

9 La transferencia de cargas concentrada mediante soportes lineales en la construcción de esqueleto libera a la envolvente plana de las tareas portantes y permite gran libertad en el diseño espacial de la relación entre interior y exterior, de la que carece la construcción de pared.

1.4

Estructuras elementales y compuestas

☞ *Un ejemplo histórico interesante es el espacio de la iglesia de Santa Sofía; véase* 🗗 **258** *a* **260** *en Cap. IX-2, Aptdo. 3.2.6 Cascarón homogéneo, de curvatura sinclástica, sobre apoyos puntuales, pág. 374*

☞ ***Vol. 1****, Cap. II-1, Aptdo. 1.3 Ordenamiento según aspectos constructivos, pág. 29, así como **Vol. 4**, Cap. 1. Escala*

■ En lo sucesivo, denominaremos **célula estructural básica** o, simplificando, **célula estructural**, a una unidad espacial delimitada por una cobertura con una luz definida y, si se da el caso, por un cerramiento lateral. En este sentido, los edificios de una sola sala o habitación suelen ser idénticos a la célula estructural básica (🗗 **10**, **11**). Muchos edificios, sin embargo, consisten en una **adición** de células estructurales individuales (🗗 **12**), cuyas unidades espaciales asociadas pueden, sin embargo, conectarse entre sí para fines de uso por medio de aberturas adecuadas. Esta interconexión de unidades espaciales puede llegar hasta el punto de hacer desaparecer casi por completo un tabique entre habitaciones vecinas, de modo que sólo quedan soportes puntuales. Puede ocurrir entonces que incluso los edificios de una sola habitación estén compuestos por un acoplamiento de varias células estructurales individuales.

Cada una de las reflexiones siguientes se basa en una célula estructural básica encerrando un espacio, que se examina en diversas variantes con respecto a su construcción y comportamiento de carga. Esta célula básica puede, en el caso de estructuras elementales, como hemos visto, ser idéntica a la propia estructura primaria (🗗 **10**) o, alternativamente, formar la base modular de una **estructura compuesta** resultante de la adición de la célula en una o más orientaciones espaciales (🗗 **12**). El análisis de la célula básica tiene carácter didáctico y no pretende—sobre todo en el caso de estructuras portantes compuestas—captar el comportamiento de carga de una estructura primaria en su totalidad, porque:

- el comportamiento de carga de una estructura compuesta también se deriva de la *forma* en que se ensamblan sus células básicas subyacentes;

- muchas estructuras portantes son compuestas pero **no modulares** en su composición, es decir, no constan de un módulo básico recurrente y siempre igual;

- las estructuras no pueden ser analizadas estáticamente independientemente de su escala.

A pesar de todas las reservas pertinentes, el estudio de una célula de este tipo permite tanto comprender el comportamiento de carga fundamental de estructuras portantes elementales como una clasificación básica de las estructuras portantes primarias compuestas, como se dan frecuentemente en la construcción de edificios, y una comprensión fundamental de la conducción de fuerzas en su estructura constructiva.

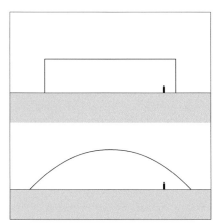

10 Las estructuras portantes elementales son idénticas a la célula estructural básica que las constituye.

11 Estructuras simples compuestas cada una de ellas por una célula base ortoédrica y una célula base curvada.

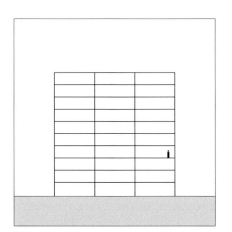

12 Las estructuras portantes compuestas modularmente consisten en la adición de células estructurales básicas.

13 Edificio multicelular.

1.5

Principios de proyecto de la adición de células estructurales

■ A continuación, se distinguirá entre la **adición horizontal** —en una o dos direcciones del plano—y la **adición vertical**. Una adición horizontal permite la creación de secuencias de espacios teóricamente ilimitadas, manteniendo un nivel de piso transitable en gran medida continuo. Aunque la adición vertical de células satisface la necesidad de generar un espacio total transitable, rara vez crea un espacio homogéneo, ya que las alturas de los pisos siempre tienen que superarse por escaleras, rampas, etc., creando así casi inevitablemente cesuras espaciales. No obstante, hay algunas excepciones en forma de conceptos espaciales y estructurales singulares.

☞ *P. e. el ‚Raumplan' de Adolf Loos*

1.5.1

Adición horizontal

■ Dado que las **luces** de las coberturas de espacios—y, por tanto, las dimensiones de la mayor habitación individual realizable—están siempre restringidas por los límites de lo que es material, técnica y económicamente factible, y no siempre pueden satisfacer la necesidad de espacio utilizable, el principio de la **adición horizontal** de una célula estructural básica en una o dos direcciones tiene un significado fundamental en el desarrollo de los tipos y formas de edificio (⊟ **14–19**). La agrupación de edificios individuales independientes en cuanto a su uso formando una estructura densa de pueblo o ciudad también suele presuponer adosar directamente a un edificio vecino (⊟ **44–51**). La célula estructural básica corresponde a la dimensión que es técnica y económicamente factible en cada caso y puede repetirse para formar un grupo de edificios conectados mediante la adición de los mismos o para formar un espacio interconectado más grande practicando aberturas adecuadas en los componentes de separación (⊟ **14**). Las condiciones geométricas son análogas a las de la **teselación** de superficies continuas a partir de elementos individuales.

☞ *Cap. VII, Aptdo. 1.2 Principios geométricos de la formación de superficies a partir de elementos individuales, pág. 8*

1.5.2

Adición vertical

■ Además, las células también se pueden añadir en vertical, es decir, se pueden apilar. La utilización múltiple del suelo que se consigue de esta manera es de gran importancia económica. Cuestiones similares a las que se plantean con la adición de una célula estructural básica en el plano también se plantean con su apilamiento (⊟ **12**). Sin embargo, las superficies de separación entre plantas, es decir, los pisos de las plantas, están—a diferencia de los tabiques de separación entre células contiguas—restringidas por la necesidad de una accesibilidad segura y sin esfuerzo a superficies planas, es decir los suelos, que—al menos en la parte superior—no pueden estar inclinadas o sólo mínimamente.

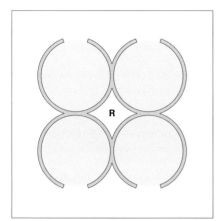

14 Agregación de células básicas redondas en planta. Los espacios residuales (**R**), difíciles de utilizar, son inevitables.

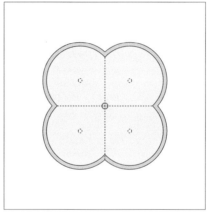

15 Agregación de células básicas redondas. Posible conexión de los espacios en puntos de contacto a través de estrechas aberturas, como puertas.

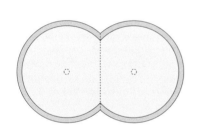

16 Agregación de dos células básicas redondas en planta, intersecándolas y creando una conexión espacial.

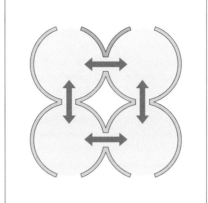

17 Agregación de cuatro células básicas redondas. Conexión de los espacios en las intersecciones. Transferencia de cargas en el centro por columna.

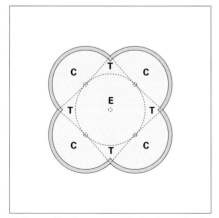

18 Agregación de cuatro células básicas redondas en forma de cúpula (**C**) complementadas con una cúpula central elevada (**E**) y cuatro casquetes de relleno (**T**).

19 Cabaña hecha de una cáscara curvada por todos los lados.

Los elementos de la célula estruc-tural

✎ Una excepción es el arriostramiento del edificio, que debe incluirse en el concepto espacial en una fase temprana. Un ejemplo de ello es el apoyo transversal mutuo de paños planos de muro.

☞ **Vol. 1**, Cap. VI-2, Aptdo. 9.2 a 9.5, pág. 626

■ Mientras que el diseño de los **límites laterales** de espacios, o cerramientos, se deriva principalmente de consideraciones funcionales, espaciales y estéticas y las condiciones de su comportamiento de carga sólo determinan en raras ocasiones su forma y diseño, el diseño de la **cobertura** suele estar, en cambio, dominado por aspectos estructurales que se derivan de la mera necesidad de salvar vanos de forma segura y permanente con material de construcción autoportante salvando la fuerza de gravedad (⊟ **20**). Este dominio es tanto más pronunciado cuanto mayor es el vano que hay que salvar.

Desde el punto de vista estructural, la principal dificultad constructiva de la cobertura se deriva de la inevitable necesidad de **redirigir las cargas** salvando el espacio a cubrir y dirigiéndolas a la cimentación.[1] Esto se aplica tanto a las cargas verticales debidas a la gravedad (⊟ **21**, **23**), que deben ser redirigidas abandonando la vertical, como a las cargas horizontales (⊟ **22**, **24**). Aunque hay ejemplos singulares de estructuras en las que la parte principal de las cargas se transmite efectivamente de forma vertical en línea recta—es decir, sin desviación—a través de la estructura hasta el suelo, éstas son—desde nuestro punto de vista actual—estructuras con funcionalidad restringida que sólo pueden cumplir requisitos de utilización muy limitados (⊟ **25**, **26**).

Por este motivo, en los siguientes apartados se examinará el comportamiento de carga ante todo de **coberturas** en numerosas variantes. El **cerramiento lateral** de la célula básica estructural se asume en los ejemplos comentados mayoritariamente como un paño de pared cerrado (⊟ **27**), pero es—salvo que se indique lo contrario—básicamente intercambiable con otros tipos de construcción como se comentan en el *Capítulo VI-2* (⊟ **28**–**29**).

La cobertura y la contención lateral están estrechamente relacionadas y, en algunos aspectos, son mutuamente dependientes. La selección de una cobertura decide sobre:

- las **dimensiones principales** de la célula estructural básica, ya que también fija la luz que se puede cubrir,

- así como, en la mayoría de los casos, su **alineación geométrica** o las relaciones de simetría existentes en el plano base, ya que esto define el apoyo de la estructura portante—como resultado, se producen estructuras portantes unidireccionales o bidireccionales.

A la inversa, a veces la predeterminación de una cierta geometría en planta del cerramiento de una célula estructural también puede establecer condiciones de contorno claras para la cobertura. Las especificaciones a este respecto pueden significar que sólo se puede considerar una selección limitada de coberturas, y en cualquier caso determinan los vanos a cubrir. Por ejemplo, la proporción geométrica de los bordes laterales de una célula rectangular determina en

20 Construir coberturas o voladizos autoportantes suele ser más difícil que levantar envolturas verticales.

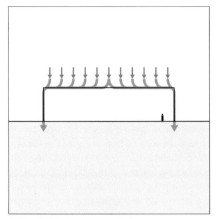

21 Desviación de cargas verticales en una estructura de edificio formando espacio.

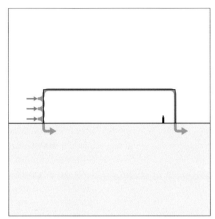

22 Desviación de cargas horizontales en una estructura de edificio formando espacio.

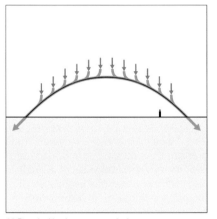

23 Desviación de cargas verticales en una estructura de edificio formando espacio.

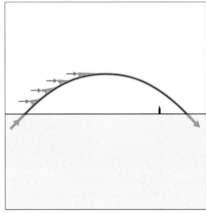

24 Desviación de cargas horizontales en una estructura de edificio formando espacio.

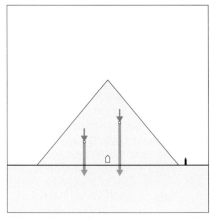

25 La transferencia directa, es decir, sin desviación, de las cargas al terreno bajo el edificio impone restricciones a la formación de espacios utilizables (ejemplo: pirámide).

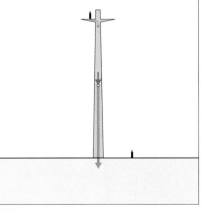

26 En este ejemplo (torre), que transfiere las cargas principales verticales (¡aunque no las horizontales!) en gran parte directamente de forma rectilínea, la plataforma superior ya requiere una redirección de fuerzas.

cada caso el vano más favorable—es decir, el más corto—. Curiosamente, estos casos son más frecuentes en el desarrollo histórico de las formas de edificios de lo que se podría suponer, en los que los recintos de los espacios interiores se diseñaban según criterios de *agregabilidad*—es decir, como veremos: dándoles forma ortogonal—, mientras que la cobertura dispuesta sobre ellos se diseñaba según consideraciones *estructurales* y de *eficiencia material* siguiendo una geometría completamente contraria, por ejemplo circular. Un excelente ejemplo de ello es la combinación de una subestructura cúbica fácilmente añadible y una cobertura en forma de cúpula de gran envergadura, que era relativamente fácil de construir—en algunos casos completamente sin cimbra—y, siendo elemento estructural predominantemente sometido a compresión, ofrecía ventajas decisivas usando materiales minerales frágiles (🗗 **27**). El estudio de las soluciones geométricas y técnicas a este conflicto de diseño desarrolladas por los arquitectos, algunas de ellas muy imaginativas, son una interesante y esclarecedora lección de proyecto constructivo.

☞ *Descrito en Schlaich, Heinle (1996); véase también Cap. IX-2, Aptdo. 3.2.6 Cascarón homogéneo, de curvatura sinclástica, sobre apoyos puntuales, pág. 374*

1.6.1

El elemento de cerramiento plano

■ En su forma más simple, la tarea de encerrar un espacio se cumple con una estructura en forma de cúpula que encierra este espacio con una geometría similar a una concha continua y aproximadamente semiesférica. Estas formas constructivas elementales de son muy antiguas y se realizaban tanto en piedra como en madera. Se encuentran en ejemplos como el de 🗗 **19**, se caracterizan por una gran simplicidad constructiva y tienen relaciones muy favorables entre el espacio encerrado y el área de los componentes que lo encierran. Por otro lado, tienen la desventaja de que no pueden ampliarse en cualquier dirección simplemente continuando el sistema constructivo básico. Además, no pueden añadirse para formar un conjunto mayor sin espacios residuales (🗗 **14**, **15**), ni en superficie ni en altura, y sólo permiten una interconexión limitada mediante intersecciones y penetraciones adecuadas (🗗 **16–18**). También las **estructuras abovedadas**, si bien pueden continuarse linealmente en dirección del eje de la bóveda en concordancia con el sistema constructivo, no pueden sin embargo, como tampoco lo puede la cúpula, añadirse lateralmente para formar un espacio mayor interconectado.

✎ *La denominada relación V/A entre el volumen cerrado del edificio (V) y el área de la envolvente (A) es una medida importante tanto de la economía de un proyecto como de la eficiencia energética del edificio; véase también **Vol. 4**, Cap. 1, Aptdo. 5.1 La influencia de la escala sobre las condiciones físicas*
☞ *Como en Cap. X-2, 🗗 **133**, **134** en pág. 327*

La conclusión geométrica de la aplicación del principio de adición en la superficie es el uso de **cerramientos perimetrales planos verticales**, en lugar de inclinados y/o abovedados como en estructuras tipo cúpula o bóveda mencionadas anteriormente, así como **geometrías de planta ortogonales** (🗗 **34**, **35**). Las paredes de cerramiento entre células contiguas se convierten por adición en tabiques divisorios entre dos módulos adyacentes. Tienen importantes ventajas sobre paredes curvas:

27 Transición gradual de la forma cúbica del edificio en la parte baja a la esférica en la alta (mezquita de Pocitelj, Bosnia-Herzegovina).

• Habitaciones contiguas pueden conectarse entre sí mediante **aberturas** mayores—puertas o pasos—sin perder

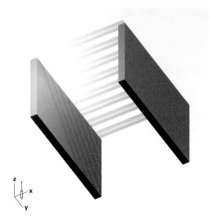

28 Ejemplo de una célula estructural básica formada por cerramiento y cobertura.

29 Sustitución de las paredes macizas de la célula en ⌨ **28** por una estructura nervada.

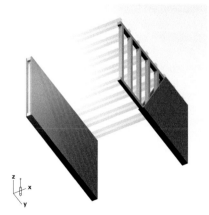

30 Formación de paredes mediante el aplacado por ambos lados del entramado de costillas en ⌨ **29**.

31 Arriostramiento de la estructura nervada del cerramiento con barras diagonales.

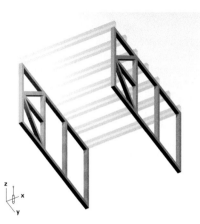

32 Sustitución de los muros macizos de ⌨ **28** por una pared de entramado.

33 Sustitución de los muros macizos de ⌨ **28** por pórticos.

34 Empaquetamiento espacial modular de poliedros regulares sin espacios residuales: los llamados octaedros truncados, tal y como se dan en la naturaleza con espumas (según Stevens).

📖 *Descrito p. e. en Stevens P (1974) „Patterns in Nature"*

☞ *En total, según Stevens P (1974), sólo hay 22 configuraciones espaciales sin huecos concebibles compuestas de poliedros regulares y semirregulares. Se encuentran en la naturaleza, por ejemplo, en espumas y redes cristalinas.*

ningún espacio residual (🗗 **39–43**).

* La geometría rectilínea de la pared en planta permite crear dos habitaciones **similares**, de **corte neutro**, a ambos lados de la pared (🗗 **38–42**).

* A diferencia de cerramientos de espacio inclinados o curvados, las superficies **cercanas a la pared** pueden aprovecharse bien, ya que en ellas se puede estar de pie (🗗 **52, 53**).

* Las paredes suelen estar dispuestas en **patrones ortogonales**, ya que estos conducen a esquinas en ángulo recto a ambos lados de un nudo de paredes, que son siempre idénticas—y por lo tanto igualmente bien utilizables—(🗗 **54, 55**).

La teselación de la superficie a partir de hexágonos, como se halla a menudo en la naturaleza (🗗 **37**), cuyas superficies de separación convergen en ángulos iguales de 120°—esto está relacionado, entre otras cosas, con las relaciones de fuerza en membranas delgadas—y encierran el máximo espacio con una superficie mínima, es muy rara en la construcción. Los paquetes espaciales libres de huecos ensamblados modularmente a partir de poliedros regulares, como se puede observar en algunas formas naturales (🗗 **34**), se pueden producir en la construcción de edificios exclusivamente a partir de **prismas**, ya que por razones funcionales siempre se requiere una superficie plana de suelo y techo que sea continua entre los módulos (🗗 **35–37**). La base del prisma debe ser naturalmente *teselable*. Por razones de simplicidad y por las ventajas prácticas del ángulo recto (véase más arriba), en la construcción de pisos se utilizan casi únicamente **ortoedros**, es decir, prismas de base rectangular o cuadrada con caras exclusivamente rectangulares. Otras agrupaciones de poliedros concebibles capaces de llenar el espacio son inutilizables para la construcción de edificios, en particular debido a las restricciones geométricas y funcionales para garantizar una fácil transitabilidad de suelos.

Una consecuencia de la creación de una célula estructural básica a partir de un conjunto de superficies planas es la **esquina**, el **canto** o la **arista** entre dos planos que convergen. También puede surgir una arista entre el elemento de cerramiento y la cobertura o cubierta: una cornisa, un alero o un remate lateral sobre hastial. En términos mecánicos (sensibilidad al impacto), así como de física y construcción del edificio, surgen condiciones especiales con la esquina que merecen especial atención durante el diseño y la construcción.

En su forma más sencilla, el elemento de cerramiento consiste en un **muro de carga** en el que las funciones de soporte y de cerramiento las cumple el mismo elemento. En principio, sin embargo, son concebibles todas las varian-

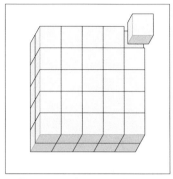

35 Empaquetamiento espacial modular de poliedros regulares sin huecos: cubo.

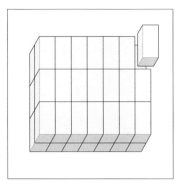

36 Empaquetamiento espacial modular de poliedros sin huecos: ortoedro.

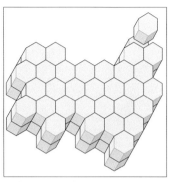

37 Empaquetamiento espacial modular de poliedros sin huecos: prisma con base hexagonal.

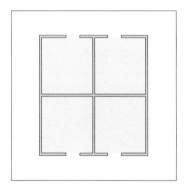

38 Adición en planta de células básicas rectangulares. No hay espacios residuales.

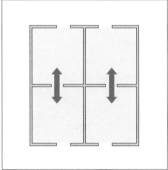

39 Conexión espacial en una dirección a través de puertas estrechas.

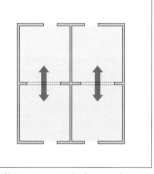

40 Aberturas ensanchadas permiten una amplia interconexión espacial.

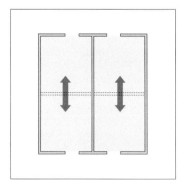

41 Eliminación completa de un tabique. Flujo espacial libre entre células individuales.

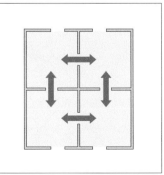

42 Conexión espacial de células adyacentes en dos direcciones mediante aberturas de puertas.

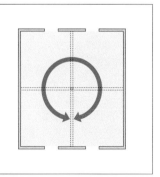

43 Interconexión espacial de cuatro células adyacentes con un soporte central. La construcción del techo suele apoyarse en al menos una viga.

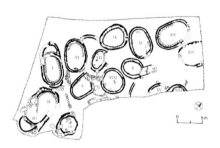

44 Agregación informal de edificios individuales de planta circular u ovalada en un asentamiento de la Edad de Piedra.

45 Agrupamiento de *Trulli* en Apulia.

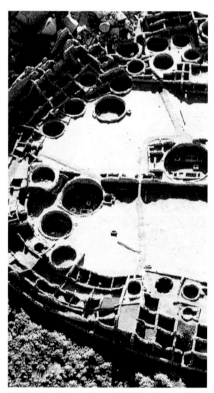

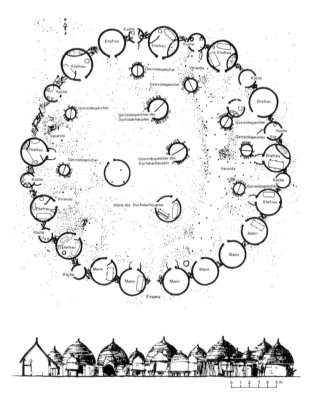

46 Combinación de formas básicas ortogonales y circulares en un asentamiento precolombino en América.

47 Estructura de asentamiento en forma de anillo de cabañas individuales redondas en un pueblo de Camerún. La mayoría de los edificios se agrupan en anillo y al mismo tiempo forman una especie de muralla. En el interior, algunos edificios de almacenamiento comunal y las cabañas del jefe de la tribu están dispuestos de forma separada.

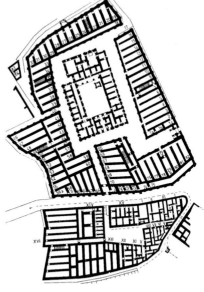

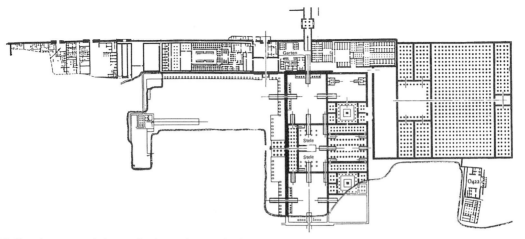

1 Straße
2 Hof
3 Salon
4 Küche
5 Latrine
6 Alkoven
7 Stall
8 Lagerraum
9 Zisterne
10 Vorhalle

48 (Arriba izquierda) agrupación de casas de adobe en Egipto. Diseños ortoédricos sencillos que se pueden adosar sin dejar huecos.

49 (Izquierda) trazado urbano anidado y densamente teselado de células de base rectangular (Cieza, España).

50 (Arriba derecha) agrupación lineal de células básicas rectangulares estrechas en secuencias a su vez oblongas. La dimensión de los lados cortos viene dada por la luz limitada de la cobertura (templo principal en *Hattusa*, Imperio hitita).

51 Ejemplo temprano de la creación de grandes espacios interconectados mediante la adición de un módulo básico cuadrado o rectangular (en este caso intercolumnio) en dos direcciones (complejo palaciego de *Tell el Amarna*, Egipto).

☞ **Vol. 1**, Cap. VI-2, Aptdo. 9. Implementación constructiva de la función de transmisión de fuerzas en el elemento—principio estructural del elemento, pág. 616

tes constructivas del componente superficial plano. Por lo demás, también es posible un **entramado** o **armazón** de barras formado por montantes o postes y vigas o viguetas que estén en un mismo plano (⊟ **28–33**). El cierre real bidimensional del espacio es entonces una **pared no portante** que, como se ha dicho, no tiene que estar necesariamente en el mismo lugar que el componente portante.

1.6.2 La cobertura

■ En la célula básica rodeada de paredes perimetrales verticales, el cierre superior del espacio está formado por un elemento independiente: una cobertura. En el caso de la célula básica de una sola planta, sólo se pueden derivar algunos pocos condicionantes para el diseño de la cobertura a partir del uso del espacio interior. A una altura que está fuera del alcance directo del usuario, en principio son concebibles diversos diseños: planos horizontales o inclinados, pero también, por ejemplo, superficies curvas en forma de bóveda o cúpula. Aquí juegan un papel determinante aspectos formales, cuestiones de conducción de fuerzas, como la creación de un gran canto en cubiertas inclinadas, o cuestiones de protección contra la intemperie, como la capacidad de drenar rápidamente el agua pluvial; del mismo modo, cuestiones de la forma del edificio, el diseño de los espacios y también la iluminación.

Para el diseño estructural de la cobertura es significativo el hecho de que, a diferencia de las paredes de cerramiento verticales, las cargas dominantes en la cobertura actúan **ortogonalmente** al plano del componente, lo que generalmente conduce a un **esfuerzo flector**, que es ineficiente en términos de material, especialmente en el caso de construcciones de forjados planos. Además de otros factores, esta circunstancia es la responsable de que a menudo se utilicen materiales o construcciones diferentes para coberturas y para paredes de cerramiento, por lo que, desde el punto de vista de la historia de la construcción, surgió una clara distinción, también formal, entre los dos elementos de la célula básica, es decir, entre **pared** y **piso**, o **pared** y **techumbre**. Un buen ejemplo de ello es la construcción tradicional de piedra, en la que los tejados y forjados se hacían tradicionalmente casi en su totalidad con vigas de madera (⊟ **3**).

☞ Véase la comparación en **Vol. 1**, Cap. VI-2, Aptdo. 3. Comparación de momentos flectores/esfuerzos cortantes y tensiones axiales o tensiones de membrana, pág. 547

Además de la adición en el plano, puede ser necesario desde un punto de vista económico—como ya se ha mencionado—apilar verticalmente células estructurales básicas, por lo que la cobertura del espacio inferior sirve como suelo del espacio superior (⊟ **56**). Esta exigencia de crear una superficie plana y accesible, es decir, horizontal, para la planta superior puede cumplirse, en principio, también mediante una bóveda con un relleno o falso suelo horizontal en la parte superior (⊟ **57**); sin embargo, la forma más sencilla de hacerlo es con la ayuda de un **forjado plano**.

☞ Véase también el ejemplo en Cap. IX-2, ⊟ **155**, **156**, pág. 333

Además de las cubiertas planas, también deben considerarse dentro de los elementos estructurales y envolventes las

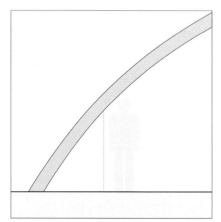

52 Zonas espaciales de utilidad restringida en los arranques de envolventes perimetrales inclinadas o curvas.

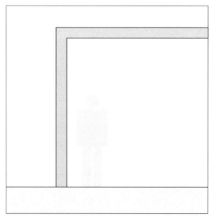

53 Mejor aprovechamiento del espacio con envolventes perimetrales verticales.

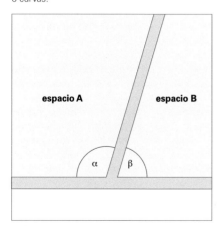

54 La conexión oblicua de tabiques da lugar a diferentes geometrías de espacios interiores contiguos que pueden no ser igualmente bien utilizables.

55 La conexión ortogonal de la pared divisoria permite formar las espacios interiores idénticos en ambos lados.

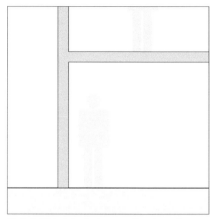

56 Apilabilidad de plantas con piso plano sin espacios residuales.

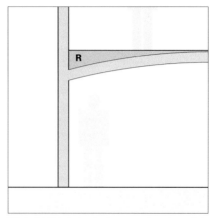

57 Apilabilidad de plantas con piso abovedado dejando espacios residuales **R**.

cubiertas inclinadas, cuya inclinación no sólo es inobjetable—la transitabilidad de una cubierta es sólo de importancia secundaria—sino que es deseable porque:

- se gana **canto utilizable** que se puede aprovechar para fines de carga. En determinadas construcciones de techumbre—como la de pares—la inclinación permite convertir una parte del **esfuerzo flector** estáticamente desfavorable de las vigas del cuchillo (los pares) en **fuerza normal** de mayor eficacia;

- la imposibilidad técnica de crear una superficie de cubierta realmente impermeable al agua de lluvia favoreció tradicionalmente la mayor inclinación posible del tejado;

- en edificios sencillos, se solía utilizar un tejado inclinado para eliminar el humo del hogar doméstico; la pendiente también favorece la **ventilación** de la estructura del tejado, siempre que existan espacios de aire continuos adecuados que lo permitan;

- las cubiertas inclinadas se utilizan a veces para la **iluminación** de espacios interiores (ejemplo: cubiertas de sierra).

1.7 La célula básica formada por cerramiento y cobertura

☞ *Cap. X Métodos constructivos, pág. 460*

☞ *Vol. 1*, *Cap. VI-2 Conducción de fuerzas, pág. 530*

☞ *Cap. IX-2, Aptdo. 1. Sinopsis de estructuras portantes elementales, pág. 276 a 281*

☞ *Vol. 1*, *Cap. VI-2, Aptdo. 9. Implementación constructiva de la función de transmisión de fuerzas en el elemento—principio estructural del elemento, pág. 616; véanse también los ejemplos de las variantes anteriores en* ⊟ *38–43*, *pág. 201*

■ La conocida estructura de elementos constructivos verticales y horizontales, o más o menos inclinados, esencialmente planos, resulta no sólo de las consideraciones elementales de proyecto que acabamos de hacer, sino también de leyes de **tecnología de producción** y también de la práctica de los **métodos de construcción convencionales**, en los que se utilizan principalmente muros de fábrica rectilíneos y elementos constructivos de acero o madera en forma de barra recta.

Dado que estos elementos básicos planos siguen constituyendo los componentes esenciales de un edificio incluso en los métodos de construcción modernos, su comportamiento individual de carga se examina con más detalle en el *Capítulo VI-2*. Junto con algunas estructuras portantes curvas seleccionadas, sus variantes y combinaciones esenciales se agruparán en lo siguiente formando estructuras portantes elementales, es decir, células estructurales básicas, y se clasificarán en grupos morfológicos.

Los elementos superficiales planos, es decir, los componentes de pared y de piso, pueden adoptar básicamente todas las configuraciones constructivas descritas en el *Capítulo VI-2*. En principio, las variantes estructurales investigadas también pueden aplicarse a componentes de superficie curva, aunque normalmente cabe esperar un comportamiento de carga diferente en comparación con la variante plana. Las posibilidades de combinación imaginables de las diferentes variantes de cerramiento y cobertura en la célula estructural elemental son muy numerosas y no pueden—ni deben necesariamente—examinarse exhaustivamente en este contexto. El respectivo comportamiento portante de un componente plano, con una estructura constructiva específica, se trata a grandes rasgos en el *Capítulo VI-2* mencionado, de modo que el lector puede aplicar los razonamientos de los siguientes apartados a casos análogos.

■ La principal tarea estática de una estructura portante es transferir las cargas al terreno bajo el edificio. Éstas pueden tener diferentes orientaciones, por lo que se pueden desglosar en dos componentes básicos, a saber:

- **cargas verticales** y

- **cargas horizontales**.

En este proceso, los componentes portantes del cerramiento y la cobertura trabajan conjuntamente. Transmiten las cargas dentro de una célula estructural básica y las transfieren o bien a los cimientos, y por tanto al terreno, o bien a otras células básicas vecinas, que a su vez son estables y capaces de absorber estas cargas.
   Para el cumplimiento seguro de esta tarea estática, debe garantizarse:

- una **capacidad de carga** y

- una **rigidez**

suficientes de los componentes y sus conexiones.

■ La capacidad de carga garantiza la estabilidad de la célula estructural básica y, por tanto, de toda la estructura, tanto bajo:

- **cargas de servicio** como el peso muerto, el tráfico, el viento, la nieve, aumentadas con un factor de seguridad γ_f, así como en:

- **casos de carga excepcionales**, como impactos, terremotos, incendios, etc.

Los requisitos asociados vienen definidos por el nivel de seguridad especificado en las normas.

■ La **rigidez** de los componentes y sus conexiones influye en el tipo y la magnitud de las deformaciones de las estructuras y, por tanto, en su capacidad de servicio. Debe permitir la absorción de las cargas de servicio bajo **deformaciones limitadas**, para que las actividades del usuario en la célula básica, y por tanto en todo el edificio, puedan desarrollarse sin restricciones. Además, la rigidez de la estructura portante garantiza la funcionalidad y la integridad de las estructuras de cerramiento no portantes conectadas a ella, así como del equipamiento técnico del edificio.

Las tareas estáticas   1.8

☞ *Para el desglose de cargas en componentes de carga, véase* **Vol. 1**, *Cap. VI-2, Aptdo. 2.2 Carga externa,* ⊟ **11** *a* **16** *en pág. 537*

Estabilidad   1.8.1

☞ *Cap. IX-3, Aptdo. 1.2 Requerimientos, pág. 404*

Capacidad de servicio   1.8.2

2. | **La transferencia de cargas**

☞ Aptdo. 1.6 Los elementos de la célula estructural, pág. 196

■ La **redirección de fuerzas**, típica de la construcción de edificios y ya comentada anteriormente, está asociada a la transferencia de cargas en la dirección de los apoyos. La forma en que esta transferencia de cargas tiene lugar en la estructura portante y, en particular, las direcciones o trayectorias de carga a lo largo de las cuales la fuerza se transfiere a los apoyos, tiene un profundo efecto no sólo sobre el diseño, sino también sobre la configuración y la geometría general de la estructura. A continuación se tratarán con más detalle las leyes estáticas y las consecuencias constructivas y geométricas.

2.1 | **Transferencia de cargas unidireccional y bidireccional**

☞ Cap. IX-2 Tipos, pág. 274

■ Se hace una distinción básica entre una transferencia de cargas **unidireccional** y **bidireccional**, o **uniaxial** y **biaxial**. La transferencia de cargas uniaxial es característica de los llamados sistemas de carga **direccionales**, la biaxial de los **no direccionales**, también denominados respectivamente **unidireccionales** y **bidireccionales**. Esta clasificación básica de las estructuras portantes con respecto a su modo de transferencia de cargas también va a constituir la base de la clasificación de las células estructurales básicas a analizar en el capítulo siguiente.

A continuación se explicarán las respectivas particularidades del efecto portante en ambos casos, utilizando como ejemplo la flexión longitudinal y transversal de un componente plano genérico. Los razonamientos realizados con este sistema sometido a esfuerzos flectores pueden aplicarse también de forma análoga a sistemas sometidos a esfuerzos de compresión y de tracción axiales.

2.1.1 | **Comportamiento de carga**

■ Una placa imaginaria, apoyada linealmente en dos lados opuestos, formada por tiras individuales paralelas e inconexas (◲ **58**) ilustra una transferencia puramente **unidireccional** de cargas perpendiculares incidentes a los soportes lineales enfrentados: es decir, la mencionada **redirección** de la carga externa, que actúa en principio en cualquier punto, hacia los dos soportes localizados espacialmente, donde la fuerza alcanza un equilibrio por la acción de las reacciones.

Si se aplica una carga puntual al elemento (◲ **58–65** en la siguiente página doble), sólo se deforma la banda afectada por la carga según el principio de transferencia de cargas unidireccional (◲ **58**). Sin embargo, si los listones están acoplados entre sí lateralmente, por ejemplo mediante una unión (articulada) machihembrada (◲ **60**), los elementos adyacentes se ven forzados por el listón cargado a deformarse también y, por tanto, a asumir parte de la carga. Esto alivia la banda cargada, distribuyendo así la carga puntual lateralmente (en →**y**). Esta transferencia de cargas se sigue considerando unidireccional; sin embargo, en este caso hay una **distribución** o **reparto transversal** de cargas. El efecto puede describirse como una cooperación forzada de componentes vecinos no afectados directamente por la carga. Esto permite un aprovechamiento más eficaz de la sección transversal total disponible. Cuanto más alejadas estén las tiras de la carga puntual, menos carga asumirán y menos se deformarán.

El mismo efecto de distribución transversal de cargas se produce para todas las cargas sobre el elemento que no están distribuidas uniformemente en dirección transversal a la orientación de las tiras (en →**y**).

Si se crea una **sección transversal homogénea** de placa en lugar de las uniones a esfuerzo cortante—capaces de distribuir fuerzas, pero articuladas—entre bandas separadas (🗗 **62**), el material se somete a flexión en esta dirección debido a la rigidez a la flexión activada en → **y** como resultado. Se produce una **deformación de flexión** continua reconocible en →**y**, transversal a la dirección de descarga original →**x**, una indicación de la presencia de **flexión transversal**. Al igual que en el caso de las bandas articuladas (caso **2**), cuanto más alejada esté la zona del panel considerada del centro cargado, menor será la deformación; será mínima, naturalmente, en el borde. La magnitud de la deformación, tanto en el centro como en el borde, se reduce en comparación con los casos **1** y **2**.

Si, a diferencia de los casos comentados anteriormente, en los que el componente se extiende entre dos soportes opuestos, se introducen otros dos soportes para sostener los bordes laterales, previamente sin apoyo (🗗 **64**), se crea una **transferencia de cargas bidireccional** con dos direcciones de descarga equivalentes. Como ahora se evita la deformación en los bordes (f_r) por el apoyo adicional, se reduce aún más la deformación en el centro (f_m).

Una carga lineal distribuida conduce en ambos casos sin flexión transversal (casos **1'** y **2'**, 🗗 **59**, **61**) a una flexión continua con igual deformación en el centro y en los bordes. Con una sección transversal homogénea, la sección transversal se curva ligeramente de forma convexa hacia arriba en →**y** (🗗 **63**). Una carga distribuida **q** tiene el efecto de reducir la deformación del centro en el caso de transferencia de cargas bidireccional, manteniendo, por lo demás, la misma magnitud de fuerza (🗗 **65**).

En determinadas condiciones, la flexión longitudinal y la transversal tienen el mismo orden de magnitud en el caso de transferencia de cargas bidireccional: se considera entonces un sistema portante **no direccional** o **bidireccional**.

Se puede observar en los diagramas que las franjas se **retuercen** (casos **2**, **3**, **4** y **4'**): es decir, dos secciones paralelas sucesivas giran alrededor del eje de la banda considerada. La rigidez torsional del material proporciona una resistencia adicional a la carga.

Los efectos descritos de la **distribución transversal**, la **flexión transversal** o la **transferencia de cargas bidireccional** conducen a un comportamiento de carga más favorable en comparación con el primer caso, lo que hace que el material se utilice de forma especialmente eficiente, sobre todo con cargas no uniformes.

☞ *Vol. 1*, *Cap. VI-2 Aptdo. 9.5 Elemento compuesto por costillas espaciadas biaxiales o multiaxiales > Flexión, pág. 655*

☞ *Vol. 1*, *Cap. VI-2 Aptdo. 9.5.1 Elemento nervado con apoyo lineal, pág. 657, y 9.5.2 Elemento nervado con apoyo puntual, pág. 660*

☞ *Véase la justificación en el pie de ilustración de 🗗 63 en pág. 211*

☞ *Véase el apartado siguiente*

☞ *Para la participación de bandas de placa en losas bidireccionales, véase Vol. 1*, *Cap. VI-2, Aptdo. 9.1.1 Placa sobre apoyo lineal en cuatro lados, pág. 620*

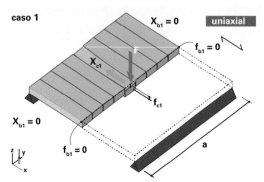

caso 1

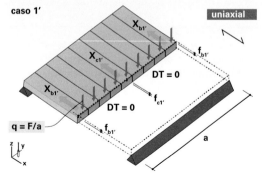

caso 1'

58 Modelo funcional seccionado de un sistema unidireccional (medio vano) formado de bandas independientes. Transferencia uniaxial de la carga concentrada **F** sin distribución transversal de cargas siendo bandas paralelas no cooperantes. Se supone que la deformación en el centro f_{c1} es 1. Como las bandas de borde no se ven afectadas por la carga puntual debido a la falta de cooperación, la deformación de borde f_{b1} es igual a cero.

$$f_{c1} = 1 \qquad f_{b1} = 0$$

59 El mismo sistema de la izquierda, pero bajo una carga lineal **q**, cuya suma es igual a **F** a efectos de comparación. Como resultado de la distribución uniforme de la carga sobre la longitud **a**, la deformación central $f_{c1'}$, y la deformación de borde $f_{b1'}$, son iguales. Su cantidad es menor que en el **caso 1** debido a la distribución de la carga sobre muchas bandas individuales.

$$f_{c1'} = 1/9 \qquad f_{b1'} = 1/9$$

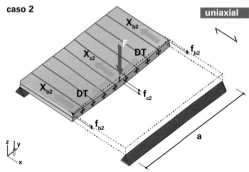

caso 2

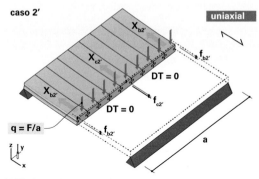

caso 2'

60 Transferencia de carga uniaxial con distribución transversal (**DT**) de la carga concentrada **F** que actúa sobre las bandas adyacentes mediante la unión a esfuerzo cortante. Se supone que el acoplamiento entre bandas es articulado, es decir, que en él no se transmiten momentos flectores (sólo esfuerzos cortantes), por lo que sólo se produce una *distribución* transversal y no una *flexión* transversal (como en el caso **3**). La deformación en el centro f_{c2} es mayor que la deformación en el borde f_{b2} porque el efecto de la fuerza céntrica **F** disminuye hacia el borde.

$$f_{c2} = 1/3 \qquad f_{b2} = 1/30$$

61 El mismo sistema de la izquierda, pero bajo una carga lineal **q**. En este caso, el grupo de bandas, que al igual que en el caso **2** de la izquierda se supone que está unida a cortante, se comporta como si no hubiera unión a cortante, es decir, como en el **caso 1'** anterior.

$$f_{c2'} = 1/9 \qquad f_{b2'} = 1/9$$

Leyenda

X_c	flexión en el centro
X_b	flexión en los bordes
DT	distribución transversal de carga
XT	flexión transversal
f_c	deformación en el centro
f_b	deformación en los bordes

caso 3

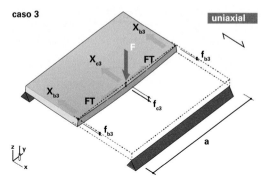

caso 3'

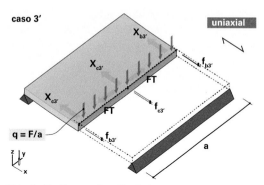

62 Transferencia de carga uniaxial con flexión transversal (**FT**) con sección transversal homogénea. La deformación en el centro f_{c3} se reduce en comparación con los casos anteriores debido a la rigidez a la flexión de la sección transversal (es decir, en $\rightarrow$**y**), que se opone al esfuerzo flector orientado transversalmente. Dado que la sección transversal es de por sí más rígida que en el **caso 2**, la deformación de borde f_{b3} es mayor que allí.

$$f_{c3} = 1/7 \qquad f_{b3} = 1/10$$

63 La flexión $X_{c/b3'}$, en dirección de descarga $\rightarrow$**x** provoca un esfuerzo de compresión en la zona superior de la sección, que en consecuencia también se ensancha transversalmente (en dirección $\rightarrow$**y**). Como resultado, se produce una ligera flexión negativa de la sección transversal—a pesar de la carga uniformemente distribuida **q**—que se manifiesta en una menor deformación central $f_{c3'}$, que la deformación de borde $f_{b3'}$.

$$f_{c3'} < 1/9 \qquad f_{b3'} > 1/8$$

caso 4

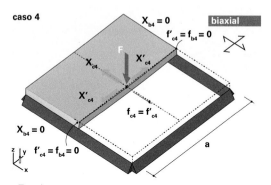

caso 4'

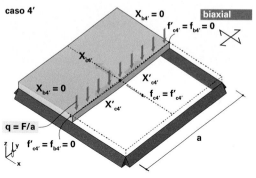

64 Transferencia de carga biaxial. La deformación en el centro f_{c4} es la más pequeña en comparación con los otros casos mostrados. Las deformaciones de borde f_{b4} son nulas debido al apoyo lineal de los bordes.

$$f_{c4} = 1/15 \qquad f_{b4} = 0$$

65 El mismo sistema de la izquierda, pero bajo una carga de línea **q**. La deformación central $f_{c4'}$ es menor que en el **caso 4** de la izquierda. Si la carga se distribuye uniformemente por toda la superficie $= \mathbf{a} \cdot \mathbf{a}$, con valor $= \mathbf{F/a^2}$ (no se muestra aquí), la deformación central $f_{c4'}$ se reduce aún más a 1/42.

$$f_{c4'} = 1/27 \qquad f_{b4'} = 0$$

2.2

Influencias de la transferencia de cargas sobre la geometría de la célula base

☞ *En la transferencia indirecta de la carga, la carga se transfiere primero desde el apoyo a través de otra barra en dirección transversal (por ejemplo, a través de una jácena) (véase ⊟ 136).*

■ Las cuestiones relativas a la transferencia de cargas influyen en el diseño en planta de la célula básica compuesta por el cerramiento y la cobertura, así como en la organización geométrica de conjuntos de barras de este último, dado el caso. Esto se discutirá en los próximos apartados. Las consideraciones siguientes se refieren en cada caso a una **transferencia directa de cargas** a los soportes, en la que las cargas se transfieren desde el apoyo directamente, es decir, en vertical, a la cimentación (o a la estructura primaria portante inmediatamente inferior) (véase ⊟ **135**). Aunque se aplican a coberturas planas sometidas a esfuerzos flectores—placas, carreras de vigas—también son aplicables de forma análoga a coberturas sometidas a esfuerzos axiales unidireccionales—como arcos o cables—.

2.2.1

Elección de la dirección de descarga para la transferencia de cargas unidireccional

■ Por razones de conveniencia, se suele elegir en principio la **menor luz posible** para todas las estructuras portantes de una cobertura, siempre que no haya otras consideraciones que lo desaconsejen. Si, como en el caso de una cuadrícula formada por cuatro paredes con dos posibles pares de apoyos opuestos, hay básicamente dos direcciones de descarga concebibles, es por supuesto aconsejable desde un punto de vista económico y de conveniencia general elegir la más corta.

Por este motivo, ya durante la proyectación de dichas células, se suelen evitar, desde el punto de vista estructural, proporciones cuadradas del espacio y luces iguales resultantes en dos direcciones cuando se utilizan sistemas con transferencia de cargas unidireccional, a menos que existan otras razones a favor de dicha solución. En lugar de ser cuadradas, las plantas se suelen hacer rectangulares alargadas con una **dirección de luz corta** (⊟ **66–71**). Así, es posible realizar habitáculos—al menos—igualmente bien utilizables, pero con una luz de cobertura considerablemente reducida.[2] Este principio se aplica tanto a placas unidireccionales como a carreras de barras. Un ejemplo práctico de células de habitación con una cobertura compuesta de conjuntos de barras es la construcción convencional de muros de obra de fábrica con pisos de vigas de madera (⊟ **72**, **73**).

Para minimizar los vanos, también se recomienda disponer las carreras de vigas en perpendicular a los apoyos paralelos (⊟ **75**). Grupos de barras orientados en oblicuo a los apoyos deben salvar vanos más grandes y, por lo tanto, estar más fuertemente dimensionados sin beneficio adicional (⊟ **76**). En cambio, en el caso de placas, la transferencia de cargas se ajusta por sí misma a la longitud de vano más corta posible (⊟ **74**).

2.2.2

Interacción entre la longitud del vano, el canto y la geometría en planta

■ La dependencia mutua entre la luz de una cobertura unidireccional, es decir, la distancia entre los dos apoyos situados sobre la envolvente, y su canto plantea otras cuestiones elementales e inmanentes al sistema en cuanto se desvía del principio ideal y típico de soportes rectos equidistantes

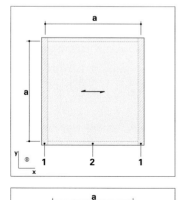

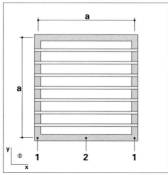

66 (Izquierda) célula espacial cubierta con una losa, con longitudes de lado iguales **a**.

1　muro portante, apoyo
2　tabique, no portante; si se da el caso, función de arriostramiento para el muro de carga **1**

67 (Derecha) célula espacial cubierta con barras, de igual longitud de lado **a**.

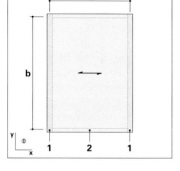

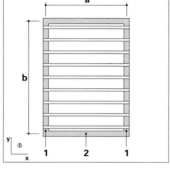

68 (Izquierda) célula espacial rectangular cubierta por una losa con una luz corta **a**, aquí a la vez la dirección de descarga de la cobertura.

69 (Derecha) célula espacial rectangular cubierta con un grupo de barras con una luz corta **a**, elegida aquí como la dirección de descarga de la cobertura.

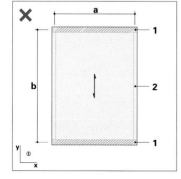

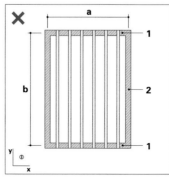

70 (Izquierda) célula espacial rectangular cubierta por una losa, aquí el lado largo **b** es la dirección de descarga. Esta disposición contradice el principio de eficiencia estática y sólo puede justificarse en función de otros requisitos, no estructurales.

71 (Derecha) célula espacial rectangular cubierta por un grupo de barras, aquí es el lado largo **b** la dirección de descarga de la cobertura, como a la izquierda. Tampoco se explica en términos estructurales.

y paralelos (⊟ **77**, caso **1**). En este caso, se puede conseguir la máxima eficiencia estática manteniendo el mismo canto y el mismo grosor de construcción. Sin embargo, también son concebibles en principio otras soluciones, cuestión que se aborda a continuación.

■ Si, por el contrario, una losa o forjado de vigas continuos abarca varias crujías o vanos adyacentes con diferentes luces (⊟ **77**, casos **2** a **4**), es obvio en principio ajustar las alturas estáticas de las losas o vigas a los vanos. El cubrimiento puede disponerse al ras por la parte inferior (caso **2**) o superior (caso **3**). Esta última variante es especialmente obvia en el caso de cubiertas o pisos continuos. Si se desea un canto continuo, el vano mayor es naturalmente el determinante, de

Vanos adyacentes con diferentes luces

☞ *Cap. IX-2, Aptdo. 2.1.1 Placa con descarga unidireccional > Extensibilidad, pág. 284, así como Aptdo. 2.1.2 Cubrimiento plano compuesto de conjuntos de barras > Extensibilidad, pág. 294*

72 Construcción convencional de obra de fábrica que consiste en varias células espaciales añadidas, que se cubren con conjuntos de barras, es decir, forjados y techumbres de vigas de madera.

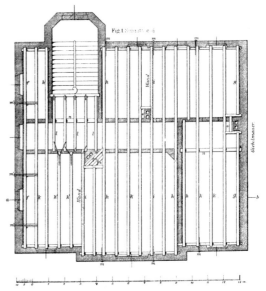

73 Posición de vigas de un edificio de obra de fábrica. Se puede observar que las vigas se colocan mayoritariamente—aunque no de forma sistemática—en dirección de la luz más corta. Aquí, consideraciones no estáticas, por ejemplo de una organización estructural racional o de facilitación del trabajo de obra, pueden ser el factor decisivo.

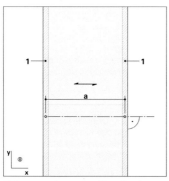

74 Losa con descarga unidireccional: transferencia de carga ortogonal con respecto a los apoyos—la carga se transfiere siempre a lo largo del tramo más corto posible **a**.

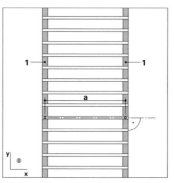

75 Alineación ortogonal de un conjunto de vigas con respecto a los apoyos: tramo más corto posible **a**.

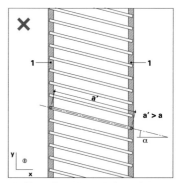

76 Alineación oblicua de la posición de vigas con respecto a los apoyos: aumento de la dimensión del vano **a'** con idéntica anchura del espacio. No se justifica esta disposición en términos estructurales.

modo que las vigas cubriendo los vanos más cortos están inevitablemente sobredimensionadas (caso **4**).

Apoyos no paralelos

■ Los apoyos no paralelos conducen necesariamente a vanos cambiantes en la cobertura (⯐ **78**, **79**), por lo que hay que decidir si los cantos se escalonan en consecuencia o se mantienen constantes. En el caso de losas, esto último significaría cambiar continuamente su grosor o escalonarlas

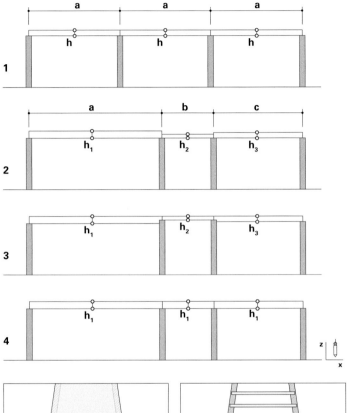

77 Posibles variantes de diseño para el canto de una cobertura con vanos adyacentes de diferentes luces:

caso 1 – Tres vanos iguales **a** se cubren con una cobertura con un canto de viga constante **h** dimensionado según cálculo estructural. Esto permite la máxima eficiencia estática de la cobertura en las condiciones dadas.

caso 2 – A tres vanos diferentes **a**, **b** y **c** se les asignan tres cantos de viga h_1, h_2 y h_3, cada uno de ellos dimensionado según el cálculo estructural. Vigas enrasadas a la altura del apoyo.

caso 3 – Cantos de vigas dimensionadas según estática como en el caso anterior; vigas enrasadas en la parte superior para crear un nivel de piso o cubierta sin escalones.

caso 4 – Cantos de vigas iguales = h_1, dimensionadas según la mayor luz **a**; las vigas sobre **b** y **c** están sobredimensionadas.

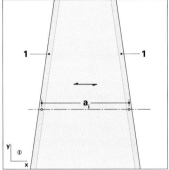

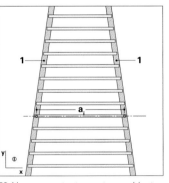

1   muro portante, apoyo

78 Vanos constantemente cambiantes a_i como resultado de la trayectoria no paralela de los apoyos; cobertura de losa.

79 Vanos constantemente cambiantes a_i como resultado de la trayectoria no paralela de los apoyos; cobertura de barras.

sección por sección. Si el espesor de la losa se mantiene igual, también es posible en la construcción de hormigón reaccionar a los diferentes esfuerzos adaptando la armadura. En el caso de conjuntos de vigas, hay que decidir si los cantos de las mismas se escalonan o si todas las vigas tienen el mismo canto y, en consecuencia, se sobredimensionan, a excepción de la de mayor luz.

apoyos curvados concéntricos

☞ Aptdo. 3.6.1 Emparrillados de barras,
pág. 232

■ Si las vigas están dispuestas en forma de abanico o radial-mente sobre soportes circulares concéntricos o de curvatura similar (⊟ **80–82**) con una longitud de vano constante, el área tributaria de carga aproximadamente trapezoidal (⊟ **81**, **82**) da lugar a una carga que cambia a lo largo de la viga (carga lineal **q**). El efecto aumenta con el incremento de la curvatura (⊟ **82**). Se puede elegir entre un canto continuo de viga (sobredimensionamiento) o el ajuste en forma de cuña de su canto en función de la carga. Lo mismo ocurre con una placa (⊟ **80**).

grupo de barras paralelas sobre apoyos curvos

■ La figura ⊟ **83** muestra las relaciones geométricas que inevitablemente conducen a vanos cambiantes con carreras de barras paralelas. Consideraciones similares a las expues-tas anteriormente también son aplicables a este caso. En cambio, las placas siempre soportan la carga en la dirección del vano más corto, es decir, siempre de forma radial (como en ⊟ **80**).

Por supuesto, siempre desempeñan un papel en cuestio-nes de este tipo un gran número de factores de proyecto no relacionados con la construcción. En algunos casos, esto puede conducir a que se acepten conscientemente las des-ventajas estáticas mencionadas. El diseñador debe sopesar cuidadosamente todas las condiciones determinantes.

Relación de vanos en la transferen-cia de cargas bidireccional

■ Si las dos direcciones de descarga tienen luces y rigideces *iguales* en un sistema con transferencia de cargas bidireccio-nal, la carga se **distribuye por igual** en ambas orientaciones (→**x** e →**y**). Dos vigas idénticas que se cruzan—como se muestra ejemplarmente en ⊟ **84**—transfieren la carga pun-tual a los apoyos en partes **estrictamente iguales**.

Sin embargo, si hay vanos o rigideces diferentes en cada dirección, la fuerza toma el camino de la mayor rigidez o del menor vano en mucha mayor medida (⊟ **85**). El sistema es **hiperestático**.

☞ Cap. IX-2, Apartados 3.1.3 y 3.1.4,
pág. 348

Los **emparrillados de vigas**, tal y como se comentan en el *Capítulo IX-2*, son estructuras de carga puramente bidi-reccionales. Tienen conjuntos de vigas idénticos en ambas direcciones de vano, que se penetran en los nudos y que están conectadas entre sí de forma rígida a la flexión. Para aprovechar al máximo las ventajas de la transferencia de cargas bidireccional, los emparrillados tienen **proporciones cuadradas** en planta, es decir, los dos vanos son de igual dimensión. La distribución de la carga, más eficiente en comparación con un sistema unidireccional, suele conducir a cantos mucho menores. Una desventaja del emparrillado suele ser la compleja formación de los nudos, en los que siempre hay que interrumpir al menos una barra.

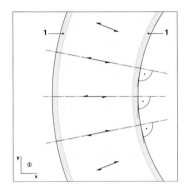

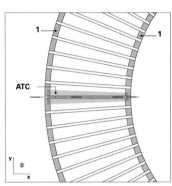

80 (Izquierda) losa con descarga unidireccional sobre apoyos curvos. La transferencia de cargas ortogonal por el camino más corto se establece por sí misma en alineación radial. La losa experimenta una carga menor en el lado con el radio más pequeño siendo la carga superficial constante.

81 (Derecha) alineación radial o en abanico del conjunto de vigas. Aunque los apoyos sean paralelos o concéntricos, la distribución de la carga sobre una viga no es constante a lo largo de su longitud (**ATC** = área tributaria de carga).

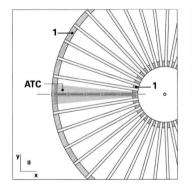

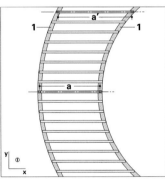

82 (Izquierda) el efecto en 🗗 **81** aumenta con mayor curvatura. En casos extremos, puede quedar poco espacio de apoyo en el interior (**ATC** = área tributaria de carga).

83 (Derecha) conjunto de vigas paralelas sobre un apoyo en forma de anillo. Luz mínima **a** y luces crecientes (como **a'**).

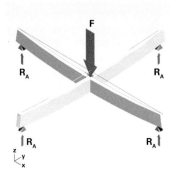

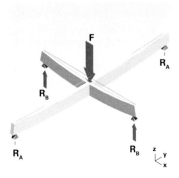

84 (Izquierda) transferencia de cargas bidireccional pura con dos luces iguales. Las fuerzas de reacción **R**$_A$ que se producen en los cuatro apoyos son idénticas.

85 (Derecha) transferencia de cargas bidireccional restringida con dos luces claramente diferenciadas. La sección de viga más corta, es decir, más rígida, también atrae las mayores cargas = **R**$_B$. Los otros dos apoyos, en cambio, apenas se cargan con las reacciones menores **R**$_A$. La utilización del material es peor que en 🗗 **84**.

2.4   **Transferencia de cargas y uso**

■ Las cargas habituales actuando sobre estructuras portantes pueden dividirse en dos grandes grupos:

• **Cargas permanentes**. Se trata, en particular, de las cargas **muertas**, que por definición se distribuyen de forma **continua** por toda la estructura.

• **Cargas cambiantes** como cargas vivas, cargas de nieve, cargas de viento, etc. Aunque en algunos casos pueden producirse de forma continua—como en el caso de una capa de nieve uniforme sobre un tejado—, suelen ser puntuales o localmente limitadas, o distribuidas de forma asimétrica. Se puede afirmar que este tipo de cargas son **discontinuas**. Las cargas alternas incluyen, en particular, las **cargas vivas**, cuya transferencia segura y útil constituye una parte esencial de la finalidad de una estructura portante.

✎ *Las condiciones indicadas en los casos 1' a 4' pueden transferirse básicamente a una carga de área continua (= F/a²) actuando sobre toda el área del componente.*

Si observamos los casos **1** a **4** y **1'** a **4'** de las ⊟ **58**–**65** desde este punto de vista, queda claro que estos últimos casos **1'** a **4'**—es decir, los que suponen una distribución uniforme de la carga—representan un caso especial, mientras que los casos **1** a **4**—con cargas *discontinuas*—reflejan más bien el caso normal en la construcción.

Los sistemas con transferencia de cargas unidireccional pura, sin distribución transversal alguna de cargas, como ocurre en el caso **1**, no sirven para la construcción de edificios porque se producen deformaciones locales que dificultarían su uso. Se requiere un mínimo de distribución transversal para garantizar una superficie de componente continua y sin escalones.

Además, los sistemas puramente unidireccionales funcionan **sin la participación** de elementos de carga vecinos, lo que generalmente conduce a un mal aprovechamiento del material y a grandes deformaciones, aunque sean locales. También por razones de eficiencia de la transferencia de cargas y de una deformación más favorable, es deseable una distribución transversal, o una flexión transversal como en el caso **3** o incluso una transferencia de cargas bidireccional como en el caso **4**.

La capacidad de distribuir las cargas transversalmente ya es inherente a la estructura del componente en el caso de secciones transversales homogéneas, como en los casos **3** y **4**, y no requiere otras medidas constructivas. La situación es diferente en el caso de componentes compuestos de barras (casos **1** y **2**), en los que la distribución transversal de cargas debe realizarse de forma constructiva con medidas adecuadas. En el caso **2** se ejemplifica una medida posible: una unión a cortante por machihembrado. Sin embargo, su importancia práctica es limitada. Se pueden concebir otras medidas que obliguen a cooperar a un grupo de barras separadas y orientadas uniaxialmente, aunque no necesariamente colocadas sin huecos. Estas son, por ejemplo:

☞ *Cap. IX-2, Aptdo. 2.1.2 Cobertura plana compuesta de conjuntos de barras > Distribución transversal de cargas en sistemas de barras, pág. 304*

- una losa de entrevigado rígida a cortante añadida (variante **2** en la sección siguiente);

- barras colocadas transversalmente que atraviesan las barras longitudinales y están conectadas a ellas de forma rígida a la flexión (variante **3** en la sección siguiente);

- barras colocadas transversalmente, que sólo están unidas a las barras longitudinales de forma resistente al esfuerzo cortante, pero que por lo demás están articuladas (variante **4** en la sección siguiente).

Numerosas estructuras portantes en la construcción de edificios consisten en una estructura de barras o de elementos lineales no rígidos, como cables, que asumen las principales funciones de carga y se cubren con un componente superficial—una placa delgada, un vidrio, etc.—que sólo tiene una capacidad de carga limitada. Por lo tanto, deben ser capacitadas para distribuir la carga transversalmente mediante una de las medidas de diseño mencionadas anteriormente.

La elección del principio constructivo utilizado para este fin influye profundamente el diseño de la estructura portante, así como su comportamiento de carga, su organización geométrica y, por último, pero no menos importante, su apariencia formal. Por este motivo, las variantes abordadas se analizarán con más detalle en los siguientes apartados y se caracterizarán por sus respectivas particularidades.

86–97 La siguiente doble página muestra varios ejemplos de sistemas de hoja sólida y nervados procedentes de diferentes sectores de la técnica.

3.

El diseño constructivo del elemento superficial envolvente

☞ **Vol. 1**, Cap. VI-2, Aptdo. 9. Implementación constructiva de la función de transmisión de fuerzas en el elemento—principio estructural del elemento, pág. 616

■ En el **Volumen 1** se analizan componentes de superficie planos con diferentes **configuraciones estructurales** en lo que respecta a la conducción de fuerzas. La clasificación de variantes elegida allí, que aspira a la mayor validez general posible, se utiliza como base para nuestras siguientes reflexiones en forma ligeramente modificada—con especial consideración de las condiciones particulares de las estructuras portantes primarias. Las variantes investigadas en el **Volumen 1** que tienen poca o ninguna importancia para las estructuras primarias se omiten; otras, en cambio, se estudian de forma más diferenciada.

Las variantes de diseño **1** a **4** (⊟ **98**) que se examinan a continuación se analizan, de primeras, principalmente en su versión plana, sometida predominantemente a esfuerzos flectores como se presentan ante todo en coberturas de espacios (el elemento envolvente más crítico en términos de carga, como se observó). No obstante, las reflexiones también pueden aplicarse a envolventes en otras posiciones o de otro tipo, como cerramientos, al igual que a envolventes curvas, en las que no existe diferenciación entre el plano horizontal y el vertical. A diferencia del **Volumen 1**, en este capítulo también se tratarán, pues, las estructuras portantes formadas por componentes curvos, al menos en sus características esenciales. En consecuencia, las consideraciones de este apartado pueden aplicarse también, mutatis mutandis, a componentes curvos sometidos predominantemente a esfuerzos de compresión o de tracción axial, como se ilustran en el resumen de ⊟ **99**. En las tablas de ⊟ **4** a ⊟ **8** del **Capítulo IX-2** se ofrece una buena panorámica de las alternativas estructurales elementales concebibles.

3.1

Elemento superficial uniforme
(variante **1**)

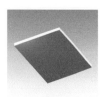

☞ [a] **Vol. 1**, Cap. VI-2, Aptdo. 9.1 Elemento sólido, pág. 618
☞ [b] **Vol. 1**, Cap. VI-2, Aptdo. 9.1 Elemento sólido, pág. 618
☞ [c] Cap. IX-2, Aptdo. 2.1.1 Placa con descarga unidireccional, pág. 282
☞ [d] **Vol. 1**, Cap. VI-4, Aptdo. 3.3.3 Comportamiento acústico aéreo de componentes, pág. 755
☞ [e] **Vol. 1**, Cap. VI-5, Aptdo. 9. Factores que influyen en la resistencia al fuego, pág. 807

■ Los elementos superficiales envolventes, que forman siempre una parte esencial de un edificio, consisten en su forma estructuralmente más simple en una **placa** o **diafragma**[a] plano uniforme de una sola hoja o en elementos curvos comparables, es decir, **láminas**. La ventaja de su simplicidad constructiva se ve contrarrestada por la desventaja de su **peso muerto**, que suele ser relativamente grande. Este hecho se discute en otra parte.[b] Cuanto mayor sea la escala del componente considerado, mayor será la proporción de la carga muerta—dejando, por lo demás, las condiciones generales sin cambio—, de modo que a partir de cierto punto sus reservas de carga se agotan en gran medida meramente para soportar su propio peso. Esta regla se hace patente, por ejemplo, en un forjado de losa de hormigón.[c]

Por otro lado, la masa relativamente grande del componente sólido puede tener un efecto favorable con respecto a otros tipos de funciones. Este es el caso, en condiciones específicas, con el aislamiento acústico[d] y la protección contra incendios[e], por ejemplo.

Además, a veces puede ocurrir que el componente de hoja sólida no sea capaz por sí solo de lograr ciertos efectos físicos fundamentales con la eficacia requerida. Esto incluye,

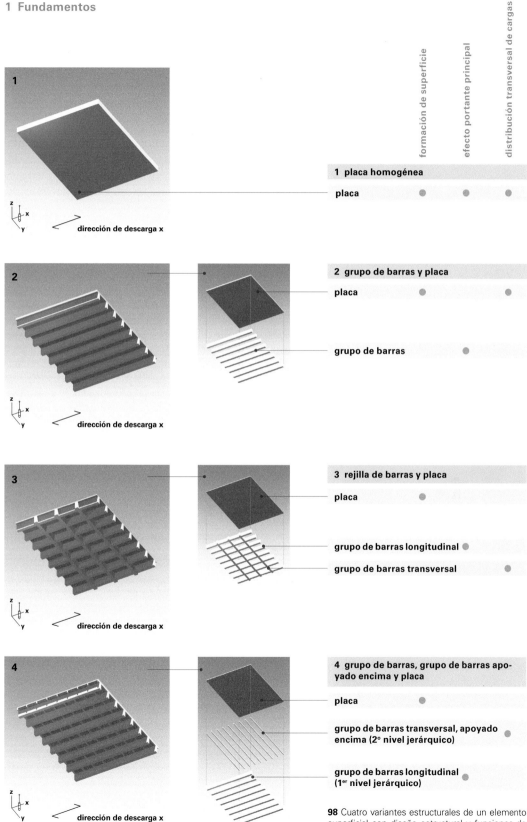

1 placa homogénea

placa

2 grupo de barras y placa

placa

grupo de barras

3 rejilla de barras y placa

placa

grupo de barras longitudinal

grupo de barras transversal

4 grupo de barras, grupo de barras apoyado encima y placa

placa

grupo de barras transversal, apoyado encima (2º nivel jerárquico)

grupo de barras longitudinal (1er nivel jerárquico)

formación de superficie

efecto portante principal

distribución transversal de cargas

dirección de descarga x

98 Cuatro variantes estructurales de un elemento superficial con diseño estructural y funciones de carga de los componentes.

por ejemplo, el aislamiento térmico, que los elementos de hoja sólida a menudo sólo pueden lograr en una medida limitada sin una capa adicional de aislamiento térmico o sólo mediante el uso de materiales específicos—por ejemplo, porosos—en la misma hoja del elemento. Esto suele limitar al mismo tiempo la capacidad de carga del componente.

Por otra parte, la buena distribución de la carga en la estructura homogénea de la placa o el diafragma representa una ventaja significativa. Esto se manifiesta, por ejemplo, en la buena **distribución transversal** de cargas puntuales o cargas asimétricas en el caso de losas, pero sobre todo en el **efecto de diafragma** o **lámina** presente sin otras medidas de rigidización contra esfuerzo cortante. Esta propiedad, importante desde el punto de vista estructural, puede perderse cuando el elemento superficial de hoja sólida se convierte en un entramado de barras, como se explica a continuación. En tal caso puede ser necesario restablecer el efecto de diafragma o lámina con elementos adicionales, como arriostramientos diagonales o aplacados resistentes al corte. Estas medidas de refuerzo se analizan a continuación.

☞ Aptdo. 2.2 a 2.4, pág. 212 a 221

☞ Aptdo. 3.5 El arriostramiento de sistemas de barras en su superficie, pág. 226

3.2 Elemento compuesto de grupo de barras y placa
(variante **2**)

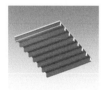

☞ Esto se discute en **Vol. 1**, Cap. VI-2, Aptdo. 9.4 Elemento compuesto por costillas espaciadas uniaxiales, pág. 639, véase 🗗 **178**.

☞ Aptdo. 3.7 Algunas consideraciones básicas de proyecto sobre grupos de barras, pág. 234

■ Se puede conseguir una reducción notable del peso muerto manteniendo una capacidad de carga comparable convirtiendo la losa maciza en un elemento nervado formado por un conjunto de barras con una placa de entrevigado de grosor bastante menor—en comparación con la losa maciza—. El principal efecto de carga lo proporciona el conjunto de barras, que está orientado a lo largo de la dirección del vano a cubrir. La placa de cobertura puede hacerse mucho más delgada que la placa maciza analizada previamente y asume la tarea de **transferir la carga** a las barras en la zona entre ellas, por ejemplo en un forjado el entrevigado, así como posiblemente una cierta **distribución transversal** de la carga a varias barras adyacentes.

Siempre que exista un continuo de materiales o una unión mecánica entre la barra y la placa, se puede activar una **colaboración estática** de ambos elementos. Por ejemplo, una franja de placa de un cierto ancho situada sobre una barra puede utilizarse como cordón de compresión de la misma.

Existe una dependencia mutua entre la separación de las barras y el espesor de la placa. Es lógico que cuanto menor sea la separación, más delgado puede resultar el panel (🗗 **120**, **121**). Sin embargo, su espesor debe ser suficiente para cumplir sus dos funciones principales, a saber, la transferencia de cargas y la distribución transversal de las mismas. Corresponde a la lógica de esta construcción portante que la separación de las barras, que determina la luz de la placa que forma la superficie, sea considerablemente menor que la luz de la construcción total. A continuación se exponen razonamientos más detallados al respecto.

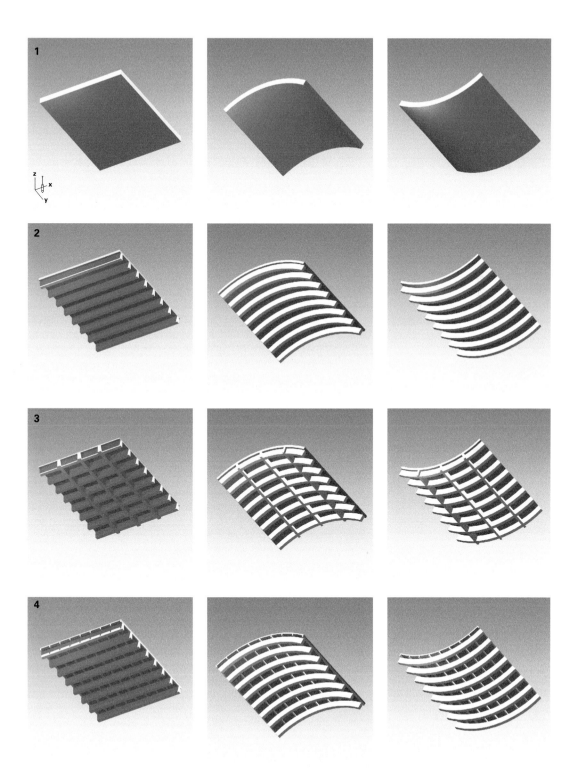

99 Modalidades planas y curvas cóncavas o convexas de las variantes estructurales consideradas de elementos superficiales.

3.3

Elemento compuesto de rejilla de barras y placa
(variante **3**)

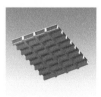

☞ *Véase también Aptdo. 3.6.1 Emparrillados de barras, pág. 232*

3.4

Elemento compuesto de grupo de barras, barras transversales subordinadas y placa (variante **4**)

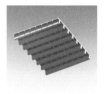

☞ [a] ⊞ **75**, *pág. 214*

☞ *Aptdo. 3.7 Algunas consideraciones básicas de proyecto sobre grupos de barras, pág. 234*

3.5

El arriostramiento de sistemas de barras en su superficie

3.5.1

Mallas triangulares

■ Si, además del conjunto de barras orientado longitudinalmente, se introduce otro grupo de barras orientado transversalmente con respecto a la dirección de descarga principal del elemento, se crea un **entramado de barras** que se cruzan y se penetran mutuamente, que se remata con una placa envolvente. Las barras transversales distribuyen la carga transversalmente al conjunto de barras principales orientado longitudinalmente. El panel cierra la superficie y transfiere la carga en la zona de los huecos a las barras—razonablemente, aunque no necesariamente, tanto a las barras longitudinales como a las transversales, que están enrasadas entre sí en el lado del panel, y normalmente también en el lado opuesto. Como resultado, la placa siempre puede apoyarse linealmente por los cuatro lados sobre un cuadrilátero de barras, es decir, puede descargar bidireccionalmente, por lo que básicamente puede ser más delgada que en la variante **2**.

■ A diferencia de la variante **3**, la carga exterior no se transfiere directamente de la placa envolvente al conjunto de barras longitudinales, sino primero al conjunto transversal, que a su vez transfiere la carga al grupo de barras longitudinales. Según este principio, se colocan barras adicionales encima de las principales, se cuelgan entre ellas o incluso se suspenden debajo de ellas (⊞ **70–73**), transversalmente (ortogonalmente) a su orientación, con el fin de utilizar la luz más corta disponible.[a] En consecuencia, se puede afirmar que existen diferentes **jerarquías de componentes**. Las barras longitudinales que recogen la carga están en un nivel jerárquico más alto que las barras transversales secundarias. A su vez, el aplacado que forma la superficie se asigna a un nivel aún más subordinado que los travesaños. Se trata entonces de una **gradación jerárquica** de diferentes **niveles de barras** o, al final, de **elementos superficiales**. Según el mismo principio estructural pueden formarse también elementos con más de dos jerarquías de barras, aunque esto no es muy frecuente en la práctica constructiva.

■ Si un elemento de hoja sólida, tal y como se ha descrito en el *Apartado 2.1*, se convierte en un sistema de barras aplacadas según los *Apartados 2.2 a 2.4*, es posible que la rigidez a descuadre en su plano—que viene dada a priori en el caso del elemento macizo de la variante **1**—tenga que asegurarse con **medidas de rigidización adicionales**. En principio, existen las siguientes opciones.

■ Si el propio sistema de barras está estructurado según una malla triangular, se presenta un armazón de módulos triangulares geométricamente rígidos (⊞ **104**). No es necesario ningún otro elemento para el refuerzo contra el cizallamiento.

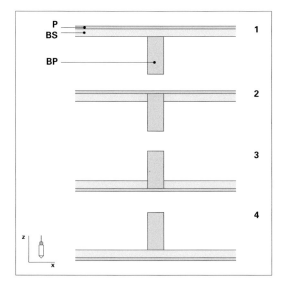

100 Modificaciones de la variante estructural **4** (**P** placa, **BP** barra principal, **BS** barra secundaria):

1 barras secundarias **BS** apoyadas encima de las primarias **BP**. La placa **P** tiene dos apoyos enfrentados sobre las barras secundarias **BS**, es decir que descarga uniaxialmente en →**y**.

2 barras secundarias **BS** insertadas entre las barras principales **BP** y conectadas a ras por su canto superior. El aplacado final **P** tiene un apoyo de cuatro lados sobre barras principales y secundarias en cada vano.

3 barras secundarias **BS** conectadas a ras por la parte inferior de las barras principales **BP**, de modo que prevalecen condiciones similares (aunque invertidas) a las de la configuración **2**.

4 barras secundarias **BS** suspendidas bajo las barras principales **BP**. En este caso, el aplacado final **P** de cada vano vuelve a tener un apoyo de dos lados sobre barras secundarias como en el caso **1** y transfiere la carga uniaxialmente en →**y**.

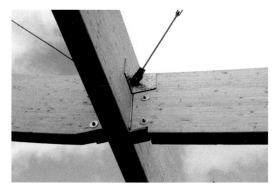

101 Conexión de dos vigas secundarias a una viga principal continua. Incluso si se diseñan con el mismo canto, la conexión tal como se aprecia no es capaz de crear una acción continua de las vigas enfrentadas a izquierda y derecha, un requisito previo para la igualdad de rango de ambos grupos de vigas y, por tanto, para una estructura bidireccional.

102 Conexión de dos vigas secundarias a una viga principal continua (variante **2** en ⊡ **100**). En este caso, las vigas secundarias están situadas a ras de la viga principal por la parte superior; tampoco en este caso se puede conseguir un efecto continuo.

103 Un ejemplo de un conjunto de vigas secundarias suspendido (variante **4** en ⊡ **100**). La placa de la cubierta se realiza en el plano de las vigas secundarias, de modo que las cerchas principales quedan al descubierto.

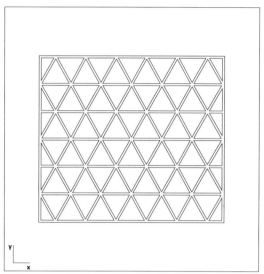

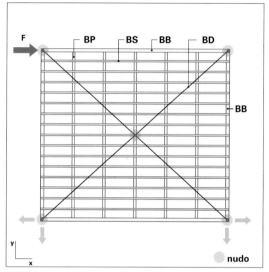

104 Celosía de barras resistente a cortante basada en una retícula triangular (una cercha rígida en su conjunto).

105 Rigidización de un entramado de barras de retícula cuadrilátera con la ayuda de barras de borde (**BB**) y un arriostramiento de barras diagonales (**BD**). Las barras principales (**BP**) y las secundarias (**BS**) no intervienen en la rigidización en este caso. Las componentes de fuerza diagonales sólo se introducen en los nudos de las cuatro esquinas y en el centro del entramado. Las fuerzas axiales en las barras de borde causadas por esto requieren una sección transversal más grande para las mismas que para las barras principales y secundarias igualmente orientadas.

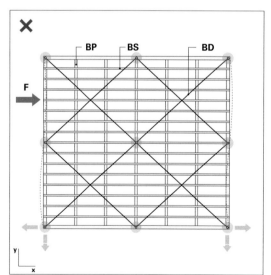

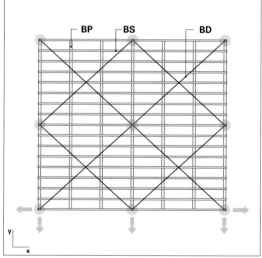

106 Entramado de barras con varias riostras diagonales. A pesar de las barras diagonales adicionales, el patrón de deformación es idéntico al del elemento en ⊟ **108**. El elemento no es más rígido como diafragma en su totalidad que los de ⊟ **105/108**. Una fuerza aplicada **F** como la mostrada conduce a las grandes deformaciones que se aprecian. Sólo se reducen las fuerzas en las barras diagonales individuales.

107 Arriostramiento del entramado de barras con varias diagonales como en ⊟ **106**, pero con un apoyo adicional en el eje central. De este modo, se pueden reducir notablemente las fuerzas diagonales y, por tanto, los alargamientos de los miembros diagonales. Esto deja claro que una conexión directa de las barras diagonales a los apoyos es siempre razonable.

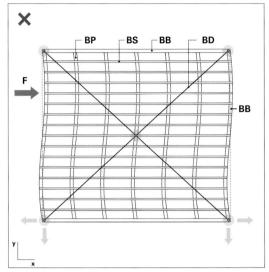

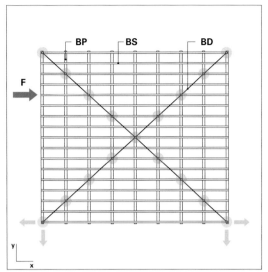

108 Elemento como en ⊟ **105** a la izquierda bajo una carga puntual **F** aplicada en lugar arbitrario. La carga debe ser transferida por flexión de las barras principales **BP** a los nudos de las barras diagonales **BD** (sólo en las esquinas y en el centro). Se producen grandes deformaciones. El elemento no es rígido como diafragma.

109 Rigidización del entramado de barras mediante la conexión de las barras principales (**BP**) y secundarias (**BS**) a las barras diagonales (**BD**) en sus puntos de cruce (nudos). Debido a la conexión múltiple de las barras secundarias a las diagonales, la carga puede ser transferida con deformaciones mucho menores que en los casos en ⊟ **105**, **106**, **108**. El elemento actúa como un diafragma rígido. Queda clara la eficacia de la conexión múltiple de las diagonales con los nudos del elemento base. El requisito básico es el diseño correcto de la geometría de la trama: mediante la elección adecuada de la retícula, deben crearse suficientes intersecciones entre las barras longitudinales, transversales y diagonales. En las variantes de ⊟ **105** y **106**, esto es el caso sólo en las esquinas y en el centro, o en el centro de la barra de borde.

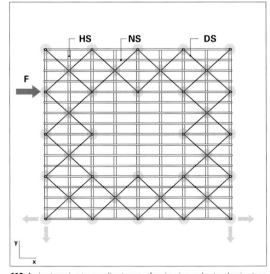

110 Arriostramiento mediante una franja circundante de riostras diagonales en forma de cerco. El elemento es más rígido que las variantes en ⊟ **106**, **108**, pero no puede considerarse un diafragma rígido. No obstante, este tipo de arriostramiento diagonal circunferencial puede utilizarse bien para arriostrar cubiertas de gran superficie o que deban permanecer abiertas en la zona central, por ejemplo, para la iluminación.

3.5.2   Riostras diagonales

☞ *Vol. 1, Cap. VI-2, 9.4 Elemento compuesto por costillas espaciadas uniaxiales, pág. 639, ⊟ 183 en pág. 647*

☞ *Ibid. ⊟ 185–189 en pág. 647, 649*

☞ *Aptdo. 3.4 Elemento compuesto de grupo de barras, barras transversales subordinadas y placa, pág. 226*

☞ *Aptdo. 3.3 Elemento compuesto de rejilla de barras y placa, pág. 224*

☞ *También corresponde a la variante estructural 3*

☞ *Cap. IX-2, Aptdo. 3.2.5 Cúpula compuesta de barras, pág. 368*

☞ *Vol. 1, Cap. VI-2, 9.4 Elemento compuesto por costillas espaciadas uniaxiales, ⊟ 189 en pág. 649*

3.5.3   Aplacados rígidos a esfuerzo cortante

✍ *Debido a que las fuerzas sobre los apoyos son difíciles de transmitir. Esto se complica aún más por la necesidad de poder sustituir los vidrios cuando sea necesario.*

■ Formar mallas triangulares rígidas también es posible introduciendo riostras diagonales. En este caso, las mallas cuadriláteras no rígidas formadas por los conjuntos de barras longitudinales y transversales articuladas se triangulan rigidizándose, en consecuencia, con la ayuda de barras diagonales. El arriostramiento diagonal de un recuadro rectangular puede realizarse mediante una o dos barras diagonales (⊟ 105). Con dimensiones mayores y esfuerzos de sección correspondientemente mayores en las diagonales, también se pueden formar varios recuadros diagonalizados acoplados (⊟ 106). Alternativamente, puede garantizar la rigidez necesaria una franja circunferencial, similar a un cerco, de recuadros arriostrados en diagonal (⊟ 110).

El arriostramiento diagonal es efectivo con conexiones articuladas entre los conjuntos de barras longitudinales y transversales. Por este motivo, son especialmente importantes para los elementos superficiales formados por niveles de barras escalonadas jerárquicamente según la variante **4**, en los que básicamente no existe, ni razonablemente puede existir, una conexión rígida a la flexión entre las barras que se cruzan a distintos niveles. El comportamiento de los emparrillados de vigas sometidos a cargas de flexión según la variante **3** es diferente, ya que es inherente al sistema una conexión rígida a la flexión entre los conjuntos de vigas—considerada en perpendicular al plano de los componentes—. Además, este nudo rígido de los emparrillados también se puede diseñar para ser rígido a la flexión en el mismo plano del componente—si hay razones especiales para hacerlo—, lo que resulta en un elemento reticular que es rígido al descuadre en su plano. El arriostramiento diagonal, por otro lado, se utiliza para estructuras de celosía curvadas en forma de cascarón con nudos de barras articulados.

A veces es difícil construir nudos formados por una barra longitudinal, una transversal y una diagonal, o incluso dos de ellas. Por un lado, es conveniente hacer converger los ejes de las barras en un punto, si es posible, para evitar momentos de desalineación; por otro lado, a menudo es inevitable desagregar el nudo en diferentes niveles, ya que de lo contrario hay que resolver penetraciones difíciles (⊟ 111, 112). En estos casos, los elementos diagonales se diseñan preferentemente como tirantes, ya que éstos no corren el riesgo de pandeo, sus secciones son delgadas y pueden diseñarse geométricamente de forma arbitraria, por ejemplo, como flejes planos o cables.

■ Dado que el elemento compuesto de barras casi siempre está acabado con una placa que cierra la superficie, ésta puede utilizarse en principio para el refuerzo a cortante de la estructura de barras. El requisito para ello es la necesaria **rigidez a cizallamiento** del tablero, que no suele estar presente en acristalamientos, por ejemplo. Por otro lado, en los casos en los que las barras son sólo rigidizadores de una losa continua que, por lo demás, es relativamente gruesa de

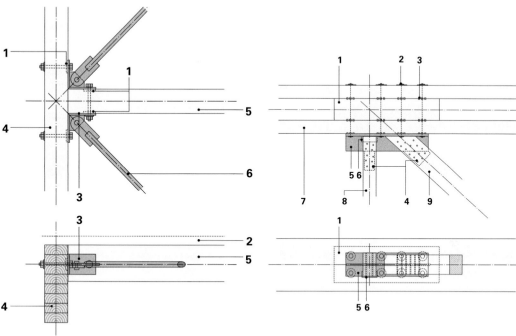

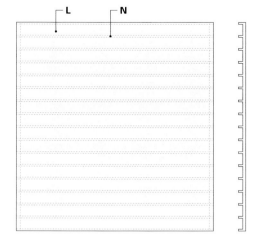

111 Conexión viga principal/secundaria con riostra diagonal.

1 conector de una cara de diseño especial con perno roscado
2 estratificado añadido
3 ángulo de conexión de acero
4 viga principal
5 viga secundaria
6 barra redonda de acero

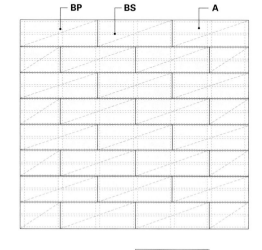

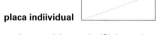

112 Conexión tipo pinza entre viga principal, viga secundaria y barra diagonal (s. Halász/Scheer).

1 madero de suplemento
2 perno roscado
3 conector de doble cara de diseño especial con perno de seguridad
4 pasador
5 medio perfil IPB
6 ángulo en L, soldado
7 viga principal
8 viga secundaria
9 barra diagonal

113 Elemento superficial resistente al cizallamiento formado por una losa monolítica (**L**) y nervios (**N**) según la variante **2** (véase *Aptdo. 3.2*), por ejemplo una losa nervada de hormigón.

114 Aplacado resistente al descuadre (**A**) de un elemento nervado compuesto por barras principales (**BP**) y secundarias (**BS**). Desplazamiento al tresbolillo de los paneles por hiladas para mejorar la resistencia a cortante.

placa indiividual

por sí (ejemplo: losa nervada de hormigón), la característica de diafragma ya está garantizada por la existencia de la losa misma (⊟ **113**), que en este caso suele asumir de todos modos la función portante principal.

La distribución de tareas entre las barras y el tablero ligero es la siguiente: Un tablero delgado proporciona la rigidez a descuadre de la estructura de barras en la superficie del elemento; las barras, a su vez, aseguran el delgado tablero contra el pandeo o el abombado. Esta cooperación entre las dos partes se describe con más detalle en otro lugar.

☞ **Vol. 1**, Cap. VI-2, 9.4 Elemento compuesto por costillas espaciadas uniaxiales, pág. 639, así como ⊟ **184** en pág. 647

Debe prestarse la debida atención a las juntas entre los elementos del aplacado, ya que éstas deben ser siempre resistentes al esfuerzo cortante (⊟ **114**) y se deben afianzar las fuerzas de elevación que pueden resultar de un pandeo por cortante de la placa. Una solución sencilla para esta tarea es colocar siempre las juntas sobre una barra y afianzar los elementos del aplacado a estas barras (⊟ **114**).

3.5.4 Creación de armazones rígidas

■ El arriostramiento de un elemento superficial formando un entramado ortogonal de barras rígido, sin diagonales, debe realizarse mediante una conexión rígida a la flexión de carreras de barras del mismo rango, es decir con longitudes y rigideces aproximadamente iguales en ambas direcciones principales del entramado. Esta opción es especialmente adecuada para rejillas de barras o emparrillados de vigas según el principio de la variante **3**. En comparación con el arriostramiento diagonal, esta solución se asocia con un alto coste de material y es adecuada para elementos superficiales de vanos pequeños y medianos en los que la formación del marco rígido con nudos de barras resistentes a la flexión se da desde el principio sin gasto adicional por su ejecución como emparrillado. También se presenta siempre que por motivos particulares, por ejemplo de uso o de estética, no se toleran riostras diagonales.

☞ Según ⊟ **98** en el Aptdo. 3. El diseño constructivo del elemento superficial envolvente, pág. 222

3.6 Remate de sistemas de barras para formar una superficie por medio de aplacados

■ Mientras que la superficie de los elementos de hoja maciza según la variante **1** es creada por el propio componente portante, por así decirlo, y las cargas se transfieren uniformemente al apoyo a través de la estructura homogénea del material, para cumplir las dos tareas de formación de superficie y transferencia de cargas en los elementos de viga según las variantes **2** a **4**, los conjuntos de barras—que por razones de economía de material se colocan casi invariablemente a intervalos—deben completarse para formar una superficie cerrada con un aplacado generalmente delgado. En este contexto, es necesario aclarar algunas cuestiones constructivas esenciales, que se analizarán a continuación.

3.6.1 Emparrillados de barras

■ Los entramados según la variante **3** constan de un conjunto de barras longitudinal y otro transversal. Si las barras transversales son travesaños aislados, dispuestos a mayores distancias, que distribuyen la carga (⊟ **117**, **118**), el tablero final descarga entonces esencialmente de forma

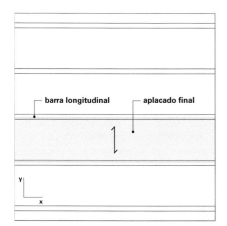

115 Conjunto de barras sin barras transversales con aplacado final apoyado encima. Este descarga unidireccionalmente entre barras paralelas (es decir, tiene un apoyo de dos lados).

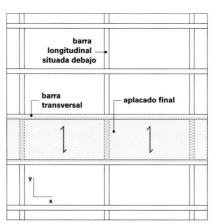

116 Apoyo en dos lados del aplacado final como en ⊟ **115**, aquí sobre travesaños. Hay una jerarquía superior de barras longitudinales, que se sitúa más abajo y no se utiliza para sostener el aplacado.

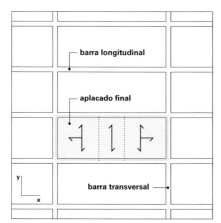

117 Transferencia de cargas predominantemente unidireccional del aplacado final sobre el enrejado de barras portantes formado por barras longitudinales y barras transversales dispuestas a mayor intervalo y a la misma altura que las barras longitudinales debido a las proporciones rectangulares acentuadas del módulo—a pesar del apoyo de cuatro lados. Sólo en las zonas laterales hay transferencia de cargas limitada bidireccional, mientras que en la mediana prevalece la descarga unidireccional.

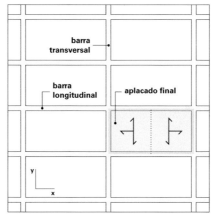

118 Circunstancias como en ⊟ **117**, pero proporciones de módulo más compactas. Se forman dos zonas de vano con transferencia de cargas bidireccional restringida.

119 Rejilla de barras con barras longitudinales y transversales de igual rango. Dado que los módulos son cuadrados, se activa una transferencia de cargas bidireccional auténtica en el aplacado final.

unidireccional entre las barras del grupo longitudinal (⊟ **117**), o con una mayor proporción bidireccional (como en ⊟ **118**), dependiendo de la proporción de ambos vanos (en ambas direcciones →**x**, →**y**). Si, por el contrario, los dos conjuntos de barras—longitudinal y transversal—son equivalentes en cuanto a su rango estático, como en el caso en un emparrillado, y por lo tanto se ejecutan con cantos iguales y van enrasados, proporcionan como resultado al tablero de cierre un soporte lineal de cuatro lados en cada vano a cubrir (⊟ **119**). En consecuencia, el aplacado descarga en ambas direcciones y, por lo general, puede hacerse más delgado y ligero que con un transferencia de cargas unidireccional (como se muestra en ⊟ **115**–**116**).

3.6.2   **Grupos de barras jerárquicos apilados en direcciones alternantes**

■ Los elementos descritos como variante **2** ó **4** en el *Apartado 2.4* constan de un conjunto de barras, o de varias jerarquías escalonadas de conjuntos de barras, cada una de ellas alineada ortogonalmente con respecto a la otra, y de un tablero de remate. El objetivo principal del diseño de esta estructura es reducir sucesivamente los vanos entre los elementos constituyentes hasta el punto de que el elemento que cierra la superficie—el tablero o aplacado—sólo tenga que abarcar una pequeña dimensión y pueda ser correspondientemente delgado y ligero. De este modo, el peso muerto del elemento superficial, que es necesariamente máximo en el componente de hoja sólida según la variante **1**, puede reducirse sensiblemente. El principio básico aquí es:

> El espacio entre barras del conjunto de barras de un determinado nivel jerárquico es igual a la luz que cubren los elementos del nivel jerárquico subordinado (⊟**122**, **123**).

El aplacado final suele cubrir el vano entre las barras del conjunto de barras correspondiente a la próxima jerarquía superior—normalmente situado inmediatamente debajo—, es decir, de forma **unidireccional**.

Por diversas razones—como limitaciones de espesor de la construcción—puede ser necesario enrasar miembros de dos jerarquías, es decir, insertar vigas secundarias entre vigas principales, por ejemplo. En tal caso también es posible un **apoyo perimetral** de cuatro lados de la placa delgada de remate, lo que mejora su capacidad de carga. Si las proporciones de los huecos delimitados por las barras principales y secundarias son aproximadamente cuadradas, también se puede aprovechar en esta construcción unidireccional una verdadera transferencia de cargas bidireccional de la placa de terminación.

3.7   **Algunas consideraciones básicas de proyecto sobre grupos de barras**

■ Como se ha mencionado anteriormente, existe una estrecha correlación entre la **separación** de las barras y el **dimensionamiento** del elemento que descansa sobre ellas, es decir, barra o placa. Aunque las reflexiones siguientes se hacen sobre la base de barras sometidas a esfuerzos

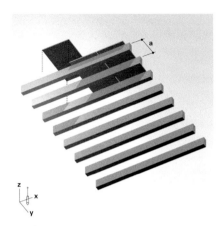

120 Cobertura de los vanos entre las vigas con placas de entrevigado delgadas. La separación de las vigas **a** debe ajustarse a la capacidad de carga de la placa.

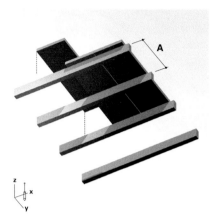

121 Placas más gruesas y, por tanto, de mayor capacidad de carga, permiten una mayor separación entre vigas **A**. O viceversa: mayores distancias entre vigas implican un mayor grosor de las placas.

122 Vigas maestras colocadas a poca distancia sólo requieren pequeñas vigas secundarias, ya que éstas sólo abarcan una pequeña distancia **a**.

123 Grandes distancias entre vigas principales requieren vigas secundarias de mayor dimensión, ya que éstas cubren una mayor luz **A**.

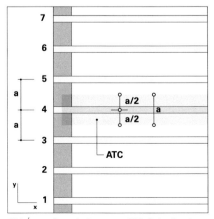

124 Área tributaria de cargas **ATC** de la viga **4** con distancia **a** entre vigas.

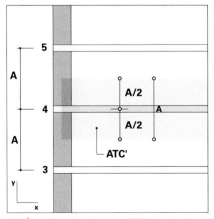

125 Área tributaria de cargas **ATC'** de la viga **4** con distancia **A** entre vigas.

flectores, son válidas en principio—aunque con diferencias cualitativas en cuanto a los esfuerzos—de la misma manera para barras sometidas a compresión o tracción.

Las distancias entre las barras principales son, de partida, **de libre elección**. Por su parte, determinan la luz que deben salvar las barras secundarias. O dicho de otro modo:

- Barras principales a **pequeña distancia** sólo requieren barras secundarias esbeltas, ya que su luz **a** es pequeña (⊟ **122**).

- Barras principales **más separadas** requieren barras secundarias más fuertes, ya que éstas tienen que salvar un gran tramo **A** (⊟ **123**).

Es obvio que las barras principales más separadas tienen una mayor área tributaria de cargas—calculada entre los centros de los entrevigados contiguos a ambos lados de las mismas (⊟ **124**, **125**)—y, en consecuencia, a pesar de tener la misma luz principal (en →**x**) que en la otra variante—en este caso la distancia entre los apoyos principales—deben ir dimensionadas más fuertes que si estuvieran más juntas.

☞ *Aptdo. 2.2.2 Interacción entre la longitud del vano, el canto y la geometría en planta > apoyos curvados concéntricos, pág. 216*

Una vez más, está básicamente en línea con la lógica de diseño de este sistema que el respectivo grupo de barras o placa de orden subordinado cubre una **luz más peque-ña** que el mayor orden. Si no fuera así (como se muestra hipotéticamente en ⊟ **126** y **128**), tendría sentido preferir el tramo—entonces más corto—en dirección del orden su-perior (→**x**) también para el conjunto de barras subordinado (como en ⊟ **127** y **129**), lo que llevaría el principio al absurdo y que, por así decirlo, transformaría el sistema en la variante **2**. No obstante, existe una excepción a esta regla en el caso de **transferencia indirecta de cargas**, como puede verse en el caso de ⊟ **130**.

La decisión de utilizar una combinación particular de luces y distancias entre barras puede basarse en una serie de consideraciones:

☞ *Véase la comparación en ⊟ **130** y **131**, pág. 238*

- **Cantos**: En principio, se aplica la regla de que pueden evitarse cantos excesivos de barras si una **barra princi-pal**, que por definición tiene un área tributaria de cargas mayor que las barras secundarias y, por lo tanto, soporta mayor carga de por sí, se coloca sobre la **luz más corta** (⊟ **130**, →**x**). Si se extiende sobre la luz mayor (⊟ **131**, →**x**), adquiere dimensiones desproporcionadas, ya que su canto requerido aumenta con la segunda potencia a medida que la longitud del vano aumenta linealmente. Estas condiciones, que están relacionadas causalmente con el apoyo puntual del sistema con transferencia indi-recta de cargas, contradicen, como ya se ha mencionado anteriormente, en cierto modo el principio, por lo demás válido, de la reducción constante de luces con disminución del nivel jerárquico.

- El componente plano que remata por la parte superior (por ejemplo, un entablado para un suelo o una cobertura de tejas para un tejado) determina, debido a su canto y sus propiedades materiales, una anchura de vano razonable—y, por tanto, la **separación de barras** para el siguiente grupo de barras situado debajo—en este caso para las barras secundarias—. Tiene sentido elegir una luz más grande para estas mismas. De este modo, se pueden derivar especificaciones concretas para el diseño.

- La **apariencia visual** del forjado o la cubierta desde abajo: Por razones de estética y consideraciones espaciales, puede tener sentido formar cesuras más fuertes en la construcción—mediante barras principales fuertes y más distanciadas—o, a la inversa, diseñar la carrera de barras de forma más uniforme y continua—con una separación pequeña entre ellas—.

- La integración de instalaciones en la construcción puede, en determinadas condiciones, especificar ciertos cantos de barra con el fin de crear suficiente espacio libre para el trazado del conducto (⊟ **132**). A partir de estos cantos, se pueden derivar, si es necesario, vanos y distancias de barras razonables.

En analogía al principio según la variante **4**, donde se produce la siguiente secuencia (véase el ejemplo en ⊟ **133**):

- **I barra principal**

- **II barra secundaria**

- **III placa** de entrevigado,

la gradación jerárquica de los conjuntos de barras apilados puede ejecutarse también con más de tres niveles jerárquicos. En el ejemplo de ⊟ **134**, se introdujo otro conjunto de barras, por lo que se pueden identificar **cuatro niveles jerárquicos**:

- **I barra principal**

- **II barra secundaria**

- **III barra terciaria**

- **IV placa** de entrevigado.

El principio de transferencia de cargas esencialmente **unidireccional** en sistemas de barras escalonadas jerárquicamente, también conocidos como **sistemas direccionales** o **unidireccionales**, ya se ha descrito anteriormente en el *Apartado 2.1*. Trasladado a los sistemas de barras escalo-

☞ *Vol. 1*, *Cap. VI-2, Aptdo. 9.4 Elemento compuesto por costillas espaciadas uniaxiales,* ⊟ **210** *en pág. 654*

☞ *Aptdo. 2.1 Transferencia de carga unidireccional y bidireccional, pág. 208*

nadas, se desarrolla de la siguiente manera (⌗ **135**, **136**):

- Al elemento superficial de remate, la placa final, se le aplica una **carga puntual**. Esta se transfiere por flexión en dirección de descarga del tablero—es decir, **unidireccionalmente**—hacia las dos barras adyacentes inmediatamente inferiores sobre las que se apoya el tablero. En

126 Sector de forjado según la variante constructiva **3** (véase *Aptdo. 3.3*) (no se muestra la placa final de entrevigado) con vigas secundarias sobre la luz mayor **b** y vigas principales sobre la luz menor **a**. Si hay una posibilidad de apoyo como los apoyos lineales **A** mostrados (transferencia directa de cargas posible), esta disposición de barras no tiene sentido desde el punto de vista estático. Es más aconsejable utilizar el tramo menor **a** como se muestra en ⌗ **127**.

127 Disposición de barras con un solo conjunto de barras cubriendo la luz corta **a** como alternativa más razonable a la organización de barras en ⌗ **126**.

128 (Centro izquierda) transferencia de cargas de la estructura en ⌗ **126**. Recorrido largo de la fuerza desde la carga aplicada **F** hasta la reacción de apoyo **R**.

129 (Centro derecha) transferencia de cargas de la estructura en ⌗ **127**. Recorrido mucho más corto de la fuerza desde la carga aplicada **F** hasta la reacción de apoyo **R**.

130 (Abajo izquierda) en el caso de un apoyo puntual **A'**, puede tener sentido colocar la viga principal sobre la luz más corta **a**, y la viga secundaria sobre la luz más larga **b**. Se trata de una **transferencia indirecta de cargas**. La luz de las vigas maestras **VM** es mucho menor que la de las viguetas **VI**. Como resultado, las vigas maestras **VM** están sometidas a una carga mucho menor que en ⌗ **131** y su canto puede aproximarse más al de las viguetas **VI**. Los recuadros de intercolumnio son entonces rectangulares alargados.

131 (Abajo izquierda) las viga maestras **VM** están sometidas a un gran esfuerzo, ya que tienen que soportar la carga total de las viguetas cubriendo una luz **a** bastante más grande que en ⌗ **130** (la luz se contabiliza con la segunda potencia al calcular el esfuerzo). Las luces de las vigas maestras y de las viguetas son de tamaño comparable en este caso, por lo que el recuadro de intercolumnio es un cuadrado o un rectángulo compacto. Las vigas maestras **VM** deben tener un canto bastante mayor que las viguetas **VI**.

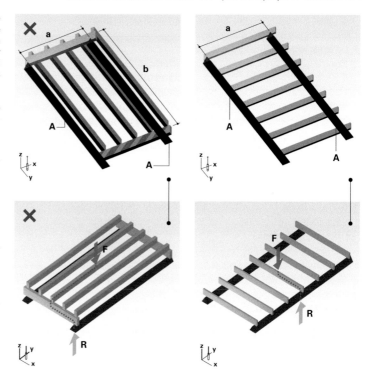

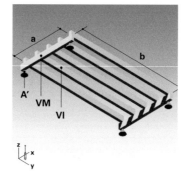

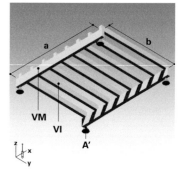

el caso de distribución transversal de cargas, también se cargan otras barras vecinas.

• Estas dos barras, posiblemente incluyendo otras barras cooperantes, transfieren a su vez sus partes de carga a través de flexión a lo largo de su propio eje—es decir, **girado en 90°**, pero de nuevo **unidireccionalmente**—al

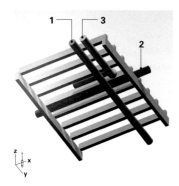

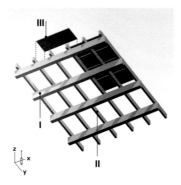

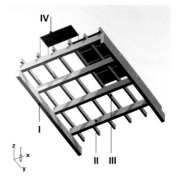

132 Los niveles de vigas superpuestos, como suelen encontrarse en sistemas unidireccionales, permiten una fácil conducción de instalaciones en la construcción de forjado. Ambos niveles permiten la instalación en dos direcciones ortogonales: Los conductos pueden tenderse longitudinalmente (**1**) en la posición de barras inferior, transversalmente (**2**) en la posición superior o alternativamente en la posición inferior y superior en ambas direcciones ortogonales (**3**) mediante un giro y un cambio de nivel.

133 Cobertura formada por 3 jerarquías: un conjunto de vigas principales (**I**), uno de vigas secundarias (**II**) y una placa de entrevigado (**III**).

134 Cobertura formada por 4 jerarquías: un conjunto de vigas principal (**I**), uno de vigas secundarias (**II**), uno de vigas terciarias (**III**) y una placa de entrevigado (**IV**).

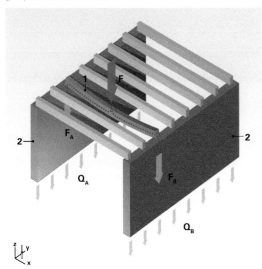

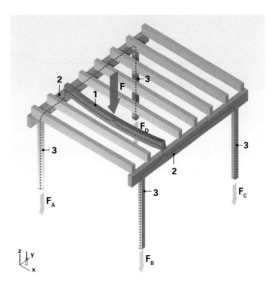

135 La **transferencia de cargas unidireccional** es una característica de los sistemas direccionales: longitudinalmente a lo largo de la viga sobre los muros de carga (**transferencia directa de cargas**). **1** viga, **2** muro.

136 Sistema estructural escalonado jerárquicamente: La conducción de la carga tiene lugar sucesivamente en tres etapas—de la viga (**1**) a la viga maestra (**2**) y de allí a la columna (**3**) (**transferencia indirecta de cargas**).

conjunto de barras jerárquicamente superior, situado debajo, etc.

Las ventajas de los **sistemas de barras apiladas** son:

- la posibilidad de acoplar barras adyacentes en ángulo recto de diferentes jerarquías simplemente colocándolas **una encima de la otra**. Esto significa que no se necesitan conexiones elaboradas.

- la posibilidad de ejecutar vigas superpuestas como **vigas continuas** de varios tramos, lo que permite reducir considerablemente los **momentos flectores**. El requisito previo es que las vigas puedan absorber momentos con signos alternos, como las secciones rectangulares de madera.

- poder conducir conductos en los espacios entre las barras (🗗 **132**). Suponiendo que haya al menos dos jerarquías de barras escalonadas en altura, es posible cambiar la dirección en 90° simplemente redirigiendo el conducto al siguiente grupo de barras más alto.

- poder conducir aire en los espacios entre las barras con el fin de **ventilar la construcción**. Al igual que con conductos, si hay al menos dos grupos de barras, el movimiento de aire puede producirse en dos direcciones.

☞ ***Vol. 3**, Cap. XIII-5, Aptdo. 2.3 Cubiertas planas*

4. **Cuestiones de forma de estructuras con esfuerzos axiales**

■ Las estructuras portantes de coberturas que se examinan a continuación se dividen en tres grandes categorías, que están asociadas a tres tipos de **esfuerzo** fundamentalmente diferentes (🗗 **137**):

- estructuras portantes principalmente sometidas a **compresión (c)**;

- estructuras portantes principalmente sometidas a **flexión (f)**;

- estructuras portantes principalmente sometidas a **tracción (t)**;

Las estructuras sometidas a cargas de compresión y de tracción (**c**, **t**) están sometidas a **fuerzas normales** y, en consecuencia, se considera que, a diferencia de las estructuras **f** sometidas a cargas de flexión, están bajo la acción de **esfuerzos axiales**. Lo ideal es que estén libres tanto de momentos flectores como de esfuerzos cortantes, que siempre aparecen en combinación con aquellos.

Los sistemas portantes esquematizados **c**, **f** y **t** que se muestran a la izquierda son ya casos especiales de estructuras portantes sometidas a compresión, flexión y tracción, debido a su combinación específica de forma y apoyo (arco-viga-cuerda). Sin embargo, debido a su importancia para

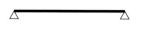

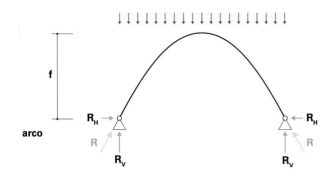

arco

c sometido a compresión

● **N fuerza normal   compresión**
                       tracción

  M momento flector = 0
  Q esfuerzo cortante = 0

viga

f sometido a flexión

  N fuerza normal = 0
● **M momento flector**
● **Q esfuerzo cortante**

cable

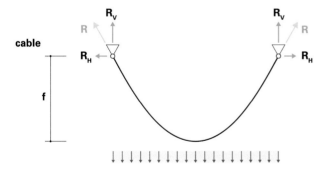

t sometido a tracción

● **N fuerza normal   compresión**
                       tracción

  M momento flector = 0
  Q esfuerzo cortante = 0

137 Comportamiento básico de carga de las tres categorías de coberturas, tal y como se asume en las siguientes consideraciones. En cada caso, se muestran los **esfuerzos dominantes** (**N**, **Q**, **M**), que son decisivos para entender la transferencia de cargas. Para los tres tipos de estructura que se muestran arriba a la izquierda, se supone un apoyo de dos lados (para transferencia de cargas bidireccional: cuatro lados), como ocurre en la gran mayoría de las coberturas en la construcción de edificios.

Los pasos intermedios graduales con diferentes tamaños de flecha **f** se examinan en ⌧ **140**.

cargas continuas

cargas discontinuas

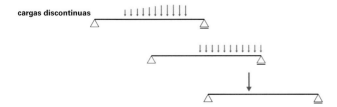

138 Ejemplos de cargas continuas y discontinuas.

la cobertura de espacios en la construcción de edificios, en adelante servirán como símbolos de identificación representativos de los tres grupos.

Mientras que el grupo de estructuras sometidas a esfuerzos flectores (**f**) transfiere las cargas principalmente a través del **par interno**, es decir, a través del **canto** del componente, el **par externo** (o **flecha fl**) entre la fuerza normal en la sección transversal y la reacción en el apoyo es el que juega el papel decisivo en la transferencia de cargas en los dos grupos de estructuras sometidas a esfuerzos axiales (**c**, **t**). Por lo tanto, para estos últimos, lo decisivo no es el **grosor** del componente, sino su **forma**. Por esta razón, las siguientes secciones se centrarán en la importancia de la *definición de forma* para las estructuras con esfuerzo axial.

☞ *Esto se desprende claramente de los dos gráficos de ⊟ 139 y 140 en la pág. 244, véase también el gráfico de la pág. 242*

■ El ***Volumen 1*** ya contiene consideraciones básicas sobre las influencias de la **forma** de la estructura en las **reacciones de apoyo** y los **esfuerzos** en la sección transversal del componente para sistemas estructurales ejemplares sometidos a compresión, flexión y tracción. Los siguientes cuadros de ⊟ **139** y **140** retoman estas líneas de razonamiento. El gráfico de ⊟ **139** reproduce el caso examinado en el ***Volumen 1***. Las condiciones que allí se describen para las estructuras habitualmente denominadas en la construcción como estructuras apuntaladas (sometidas a compresión), vigas (sometidas a flexión) y estructuras suspendidas (sometidas a tracción) se basan en una carga externa en forma de una **carga singular F**, en cada caso dispuesta centralmente. La estructura apuntalada y la suspendida tienen una forma tal que no experimentan ningún esfuerzo flector en las condiciones de carga dadas.

4.1 Interrelaciones entre apoyo, forma y esfuerzo

☞ ***Vol. 1***, *Cap. VI-2*, ⊟ **41** *en pág. 545*

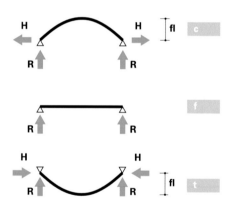

☞ *Aptdo. 4.2 Los conceptos de línea funicular y antifunicular, pág. 246*

La figura ⊟ **140** muestra el caso análogo de una carga externa modificada, es decir, una **carga q uniformemente distribuida**. Los sistemas portantes considerados son el arco (sometido a esfuerzos de compresión), la viga (sometida a esfuerzos de flexión) y la cuerda (sometida a esfuerzos de tracción) o el tirante en forma de cuerda colgante. También tienen una forma tal que no se producen momentos flectores.

Las afirmaciones del ***Volumen 1*** sobre estos estudios casuísticos también se aplican aquí mutatis mutandis. Debido a su extraordinaria importancia constructiva, conviene recordarlos aquí de forma resumida:

• La **flexión** somete a las secciones transversales y, por tanto, al material a esfuerzos muy desiguales en comparación con los **esfuerzos axiales**, es decir, la compresión o la tracción puras. La eficiencia de materiales, tal y como se exige especialmente en la construcción ligera, presupone que se evite la flexión en la medida de lo posible. En este sentido, la barra (**f**, véase el gráfico arriba a la izquierda) tiene un rendimiento muy pobre.

- Sin embargo, los ejemplos muestran que esta ventaja de los sistemas con esfuerzo axial se produce a costa de un aumento de la **altura total**. Los sistemas portantes a compresión y a tracción mostrados requieren un canto o flecha **fl**, que—en condiciones de contorno comparables—es en todo caso mayor que el canto **h** de la viga sometida a flexión. En determinadas condiciones de uso de la estructura, esto puede hacer que se dé preferencia a los sistemas bajo flexión a pesar de su escaso aprovechamiento del material.

☞ *Véase* ⊟ **139**, **140**
☞ *Aptdo. 1.6.2 La cobertura, pág. 204*

- Otra desventaja de los sistemas solicitados axialmente (**c**, **t**) es la existencia de fuerzas horizontales **H** en el apoyo, que van dirigidas en direcciones opuestas para las variantes sometidas a compresión y tracción. Se hacen más grandes conforme disminuye la altura, es decir, la flecha **fl**.

☞ [a] *Aptdo. 1.6 Los elementos de la célula estructural, pág. 196*

- Las coberturas están siempre asociadas a una **desviación de fuerzas**.[a] Cuanto mayor sea el grado de redirección de la fuerza, es decir, la luz, mayor será el esfuerzo del material. La conducción directa de la fuerza, como en los casos **1** y **9** de ⊟ **139** y **140**, es económica en términos de material, pero no es adecuada para coberturas y, en el mejor de los casos, puede utilizarse a nivel de componente (como barras de cerchas).

- Las condiciones para las estructuras sometidas a compresión (**c**) y tracción (**t**) son **análogamente simétricas** con respecto a la horizontal, y en algunos casos con signos invertidos: Los esfuerzos de compresión y tracción son comparables en su cuantía en cada caso. Lo mismo ocurre con las reacciones horizontales de apoyo **H**, que tienen signos opuestos respectivamente. En cambio, las reacciones verticales de apoyo **R** tienen el mismo signo.

- Con respecto al comportamiento de carga, no existe una transición continua entre las formas estructurales sometidas a compresión y tracción (**c**, **t**), por un lado, y las formas estructurales sometidas a flexión (**f**), por otro. Más bien, en cada caso hay un cambio cualitativo o una especie de **cambio repentino** para adoptar el estado de la viga.

Bajo una carga determinada no es sólo—como ya se ha mencionado—la **forma** del sistema portante lo que resulta decisivo para el esfuerzo, sino la combinación de **forma** y **apoyo**. Esto queda claramente ilustrado por los dos ejemplos de ⊟ **142**, cada uno de los cuales tiene la misma forma pero diferentes apoyos. Así, actúan respectivamente como una viga de flexión curva con apoyo deslizante (casos **A** y **B**) y como un arco o cable con dos apoyos articulados (no desplazables) (casos **A'** y **B'**). Las diferencias de esfuerzo son evidentes.

139, 140 (Siguiente doble página) representación de los esfuerzos en una estructura de barras plana con cambio escalonado de la geometría. A la izquierda, se muestra el paso de la barra cargada axialmente, pasando por una estructura de barras rectas apuntalada o suspendida, hasta la viga cargada transversalmente al eje. De manera análoga se muestra a la derecha la transición de una barra recta a un arco curvo o a un tirante o una cuerda.

Las diferencias esenciales entre los esfuerzos en la sección transversal de los componentes en las respectivas etapas se tratan detalladamente en el **Volumen 1**, *Capítulo VI-2 Conducción de fuerzas*, pág. 530 y siguientes. El diagrama muestra la eficacia de los sistemas portantes que trabajan sin flexión en comparación con los sometidos a flexión. Los casos sometidos a esfuerzos de tracción (las mitades inferiores de ambos diagramas) son particularmente eficaces porque, a diferencia de los casos sometidos a esfuerzos de compresión (mitades superiores), no están sujetos a riesgo de pandeo.

Los esfuerzos mostrados se refieren naturalmente a las condiciones de contorno definidas, como la carga y el apoyo. A la izquierda (⊟ **139**) se suponen condiciones ideales bajo carga puntual (**F**), a la derecha (⊟ **140**) bajo carga lineal (**q**). En construcción, cargas distribuidas o continuas **q** son las cargas muertas, por ejemplo. Cargas concentradas o discontinuas (**F**) suelen ser cargas vivas. En ambos diagramas, los componentes siguen las respectivas líneas de empujes de los patrones de carga y, por lo tanto, pueden considerarse—a excepción de la viga—como libres de flexión. Las desviaciones de la geometría del componente con respecto a estas líneas de empujes conducen necesariamente a la flexión y, por tanto, a un aumento de los esfuerzos en la sección transversal (cf. ⊟ **146**), en mayor medida cuanto mayor sea la desviación. Del mismo modo, si la geometría del componente permanece inalterada, los cambios en la carga conducen a momentos flectores adicionales comparables (cf. ⊟ **147**).

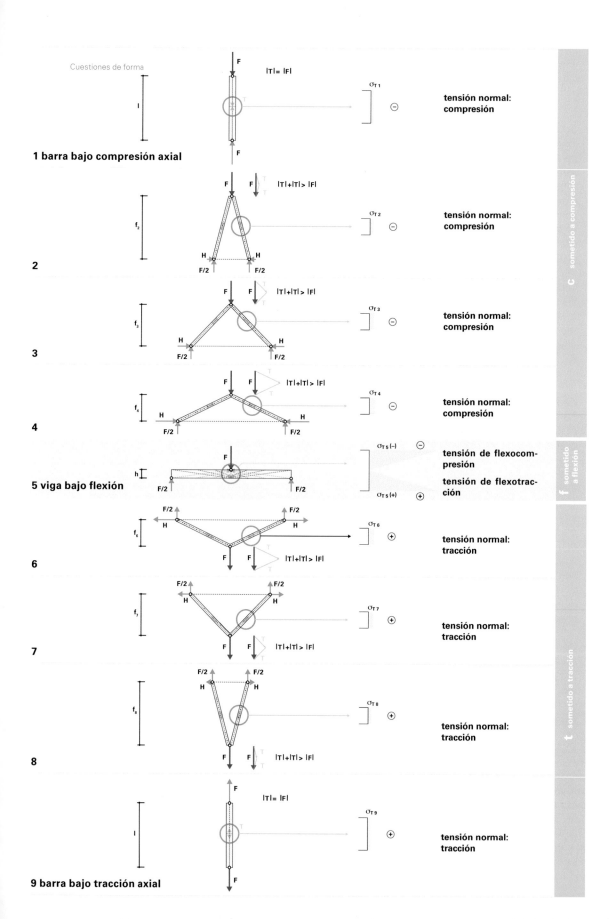

1 barra bajo compresión axial

$|T| = |F|$

σ_{T1} $\ominus$ tensión normal: compresión

2

f_2

$|T| + |T| > |F|$

σ_{T2} $\ominus$ tensión normal: compresión

3

f_3

$|T| + |T| > |F|$

σ_{T3} $\ominus$ tensión normal: compresión

4

f_4

$|T| + |T| > |F|$

σ_{T4} $\ominus$ tensión normal: compresión

5 viga bajo flexión

h

$F/2$ $F/2$

$\sigma_{T5}(-)$ $\ominus$ tensión de flexocompresión

$\sigma_{T5}(+)$ $\oplus$ tensión de flexotracción

6

$F/2$ $F/2$ H   H

f_6

F F $|T| + |T| > |F|$

σ_{T6} $\oplus$ tensión normal: tracción

7

$F/2$ $F/2$ H   H

f_7

F F $|T| + |T| > |F|$

σ_{T7} $\oplus$ tensión normal: tracción

8

$F/2$ $F/2$ H   H

f_8

F F $|T| + |T| > |F|$

σ_{T8} $\oplus$ tensión normal: tracción

9 barra bajo tracción axial

F $|T| = |F|$

σ_{T9} $\oplus$ tensión normal: tracción

F

C sometido a compresión

f sometido a flexión

t sometido a tracción

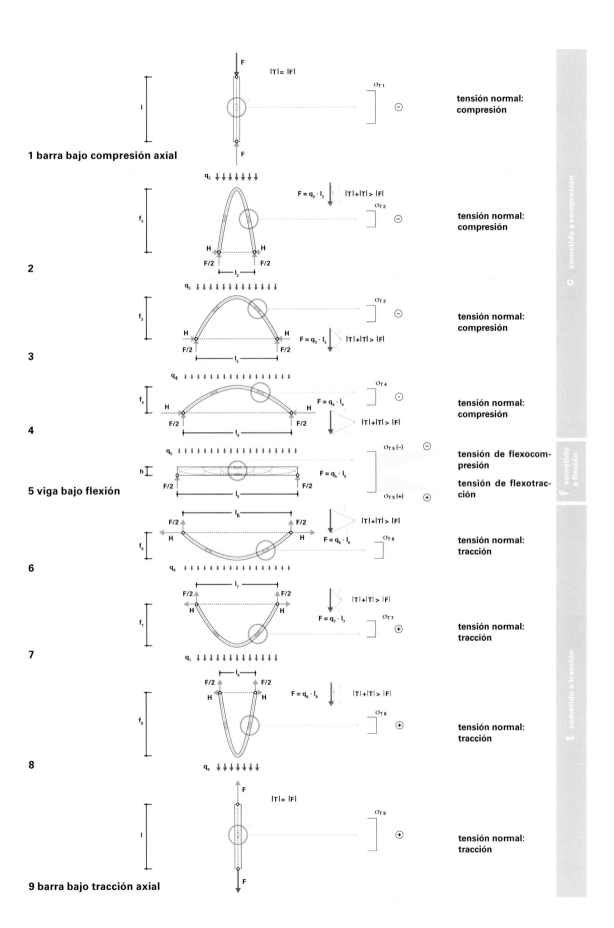

1 barra bajo compresión axial

$|T| = |F|$

σ_{T1} $\ominus$

tensión normal: compresión

2

q_2

$F = q_2 \cdot l_2$ $\quad |T| + |T| > |F|$

σ_{T2} $\ominus$

tensión normal: compresión

3

q_3

$F = q_3 \cdot l_3$ $\quad |T| + |T| > |F|$

σ_{T3} $\ominus$

tensión normal: compresión

4

q_4

$F = q_4 \cdot l_4$ $\quad |T| + |T| > |F|$

σ_{T4} $\odot$

tensión normal: compresión

5 viga bajo flexión

q_5

$F = q_5 \cdot l_5$

$\sigma_{T5}(-)$ $\ominus$

tensión de flexocompresión

$\sigma_{T5}(+)$ $\oplus$

tensión de flexotracción

6

q_6

$|T| + |T| > |F|$

$F = q_6 \cdot l_6$ $\quad \sigma_{T6}$

tensión normal: tracción

7

q_7

$|T| + |T| > |F|$

$F = q_7 \cdot l_7$ $\quad \sigma_{T7}$ $\oplus$

tensión normal: tracción

8

q_8

$F = q_8 \cdot l_8$ $\quad |T| + |T| > |F|$

σ_{T8} $\oplus$

tensión normal: tracción

9 barra bajo tracción axial

$|T| = |F|$

σ_{T9} $\oplus$

tensión normal: tracción

4.2

Los conceptos de línea funicular y antifunicular

4.2.1

Línea funicular

☞ *Por consiguiente, los sistemas bajo tracción (t) de los dos diagramas de ⊟ 139 y 140 son válidos tanto para una cuerda no rígida a la flexión como para un elemento bajo tracción rígido a la flexión. Las condiciones son idénticas.*

☞ *En ⊟ 141 se muestran diferentes líneas funiculares para patrones de carga cambiantes.*

☞ *Por este motivo, las estructuras de cable se consideran **estructuras móviles**. Véase **Vol. 1**, Cap. VI-2, Aptdo. 4.2 Sistemas móviles, pág. 548*

$$M = N \cdot e$$

M	momento flector
N	fuerza normal
e	excentricidad

4.2.2

Línea antifunicular

☞ *En ⊟ 141 se muestran varias líneas funiculares y antifuniculares relacionadas para patrones de carga cambiantes.*

■ Los sistemas portantes bajo esfuerzos de tracción (**t**) mostrados en ⊟ **139** y **140** en las mitades inferiores de los diagramas tienen cada uno la forma de las **líneas funiculares** correspondientes a las cargas externas aplicadas, es decir, **F** para la estructura apuntalada/suspendida y **q** para el arco/cuerda respectivamente. La línea funicular representa la geometría de una cuerda colgante imaginaria bajo una carga específica y unas condiciones de contorno determinadas, como la ubicación de los puntos de suspensión y la longitud de la cuerda. Por definición, una cuerda no es resistente a la flexión, es decir, *no puede* absorber momentos flectores. Como resultado, la forma suspendida que adopta la línea funicular está **libre de flexión** necesariamente. Incluso si se carga un tirante (resistente a la flexión) en lugar de una cuerda, éste permanece sin flexionarse mientras siga la geometría de la línea funicular.

Si la carga sobre la cuerda cambia, ésta adopta una nueva forma bajo el nuevo patrón de carga. Debido a su falta de rigidez a la flexión, se adapta a las respectivas condiciones de carga deformándose sin elongarse y, a su vez, asume la forma de una nueva línea funicular—entonces modificada—que corresponde a la carga modificada en cada caso. Una cuerda no tiene más remedio que asumir la línea funicular libre de flexión, ya que carece de rigidez a la flexión para oponerse al efecto de la fuerza con una resistencia (momento resistente).

Un **tirante rígido a la flexión** (⊟ **143**) se comporta de manera diferente a la cuerda. Si cambia el patrón de carga, según cuya línea funicular está formado el tirante, éste *no puede* adaptarse a las nuevas condiciones, es decir, a la nueva línea funicular, debido a su rigidez a la flexión. Conserva esencialmente su forma, sufre **esfuerzos flectores** y, en consecuencia, sólo se **deforma** (levemente). Además, en la sección transversal surgen **esfuerzos cortantes Q**. Cuanto mayor sea la desviación de la nueva línea funicular con respecto a la forma del tirante, es decir, al eje baricéntrico del mismo, mayores serán los momentos flectores y los esfuerzos cortantes resultantes, como deja claro la ecuación del recuadro de la izquierda. Esta desviación puede detectarse localmente en cualquier punto del eje baricéntrico y se denomina **excentricidad e**. El momento flector actuante en cada punto se calcula entonces como el producto de la **fuerza normal N** y la **excentricidad e** local.

■ En una analogía que suele dejar perplejos a los no expertos, las condiciones descritas para los sistemas sometidos a esfuerzos de tracción pueden trasladarse a los sometidos a esfuerzos de compresión (**c**), sencillamente **invirtiéndolas**. Esto se enuncia de la siguiente manera: Si un sistema estructural sometido a compresión se forma, bajo una carga específica y unas condiciones de contorno dadas (apoyo, articulaciones, etc.), de acuerdo con la **forma inversa** a la línea funicular, es decir, su reflejo en la horizontal, que asumiría una cuerda bajo las mismas condiciones de contorno e idéntica carga, la estructura se halla libre de flexión. Tampoco hay esfuerzos cortantes. La inversión de la línea funicular se denomina **línea antifunicular** o **línea de empujes**.

Si, a su vez, cambia el patrón de carga actuando sobre la estructura portante, ya no es posible, no obstante, adaptarse a la nueva línea de empujes—es decir, a la inversión de una nueva línea funicular imaginaria—cambiando la forma. Una cuerda no puede someterse a compresión, ya que pandearía por falta de rigidez a la flexión. En consecuencia, las estructuras sometidas a cargas de compresión *siempre* tienen necesariamente rigidez a la flexión. La forma de la estructura se mantiene y, al igual que en el caso del tirante resistente a la flexión, surgen **momentos flectores M** y **esfuerzos cortantes Q** en la sección transversal. Estos no provocan deformaciones sin elongación como en el caso de la cuerda. De nuevo, cuanto mayor sea la desviación o **excentricidad e** entre la línea de empujes y el eje baricéntrico de la estructura, mayores serán los momentos flectores y los esfuerzos cortantes.

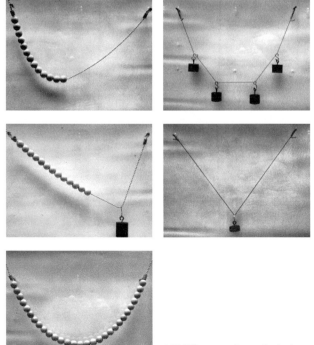

141 Diferentes líneas funiculares correspondientes a diveras cargas.

Desviaciones con respecto a la línea antifunicular

■ En construcción, las estructuras portantes bajo tracción suelen ser **estructuras de cables,** que aprovechan la extrema eficacia material de este tipo de transferencia de cargas. Siempre se da en ellas el estado ideal de perfecta correspondencia entre la línea funicular y el eje baricéntrico del componente. Por razones de *operatividad*—no de *capacidad de carga*—sólo deben compensarse los efectos indeseables de las fuertes deformaciones ocasionadas por cambios de carga; o éstos deben mantenerse dentro de límites tolerables con la ayuda de medidas adecuadas (un piso transitable, por ejemplo, sólo tolera deformaciones mínimas). Esto incluye, por ejemplo, el **atado** o el **lastrado**. Este último puede utilizarse para garantizar que un patrón de carga constante—el lastre—domine sobre cualquier carga cambiante. De este modo se pueden minimizar las desviaciones entre las líneas funiculares resultantes y, en consecuencia, también los cambios de forma asociados.

Hemos visto que las estructuras sometidas a esfuerzos de compresión son siempre rígidas a la flexión y, en consecuencia, no pueden adaptarse a cambios en las líneas de empujes. Por lo tanto, las desviaciones del eje baricéntrico con respecto a la línea de empujes pueden ser críticas con este tipo de construcción y deben ser tenidas en cuenta por el proyectista. Una coincidencia *exacta* entre el eje baricéntrico y la línea de empujes es difícil de conseguir en la práctica constructiva por varias razones:

- No suele haber una línea de empujes invariable desde el principio en la que poder orientarse a la hora de dar forma al componente, ya que los patrones de carga cambian en la construcción casi invariablemente con el tiempo. Esto se debe a que no sólo hay componentes de carga constantes, como la carga muerta, sino también cargas vivas u otras cargas cambiantes, como las de viento o nieve. Lo que importa es la relación entre las cargas permanentes y las alternas—la llamada **relación de cargas**—. Cuanto mayor sea la proporción de cargas permanentes, menores serán las desviaciones con respecto a la línea de empujes.

- La deformación de un arco bajo carga, es decir el acortamiento, conduce inevitablemente a una desviación de la geometría efectiva con respecto a la línea de empujes si el componente se formó de acuerdo con ella. En particular, si la carga permanece igual en su distribución—es decir, la línea de empujes no cambia—pero su magnitud aumenta y la deformación, en consecuencia, también—, la excentricidad entre el eje baricéntrico y la línea de empujes aumenta también. En este caso, se evidencia de nuevo el efecto perturbador de cargas alternas, incluso si los patrones de carga son afines entre sí. Los desplazamientos o asientos en los apoyos provocan el mismo efecto.

☞ *La influencia favorable de la carga permanente en presencia de una carga* **F** *no conforme con la línea antifunicular (por ejemplo, una carga alterna) puede observarse comparando los ejemplos* **5** *y* **6** *en* ⏛ **147**.

- Los arcos históricos de obra de fábrica tenían casi sin excepción forma **circular**, por lo que se desviaban de la línea de empujes real, en su mayoría aproximadamente parabólica. La razón por la que se prefirió la geometría circular es, sin duda, la dificultad de realizar arcos de fábrica no circulares, lo que implica utilizar dovelas cortadas individualmente en cada caso. Los arcos de medio punto, en cambio, pueden construirse con dovelas siempre idénticas. Además, la forma ideal del arco, que se ajusta a la línea de empujes, parece haber sido reconocida sólo en pocos casos por los constructores. Sin embargo, sí conocían las características básicas de su comportamiento de carga y dominaban los métodos para responder adecuadamente a las debilidades estructurales del arco no coincidente con la línea ideal. Los efectos negativos de la desviación entre el eje baricéntrico del arco y la línea antifunicular se compensaban con medios constructivos como el gran espesor de los arcos o las enjutas estabilizadoras del mismo. Los rellenos entre los arcos adyacentes en la zona del extradós, que aplicaban una presión externa adicional sobre los arcos, también tuvieron un efecto favorable similar al forzar, por así decirlo, la línea de empujes a acercarse a la línea baricéntrica del arco influyendo en el patrón de carga.

☞ *Las condiciones en el arco de fábrica circular se ilustran en* 🗗 **148**–**151**.

Durante siglos, los arcos de fábrica adovelados fueron la única estructura factible en términos constructivos solicitada predominantemente a compresión y casi exenta de flexión, que podía aprovechar las ventajas de los sistemas solicitados axialmente de forma compatible con el material, es decir, actuando bajo compresión en el caso de los materiales minerales y frágiles en uso en la época. En consecuencia, durante siglos, los vanos más grandes sólo pudieron salvarse con este tipo de estructura portante.

La disponibilidad de materiales tenaces resistentes a tracción, especialmente el acero y el hormigón armado, ya que la madera es poco adecuada para arcos debido a su crecimiento rectilíneo, abrió posibilidades completamente nuevas no sólo para las estructuras sometidas a esfuerzos de tracción, sino también para las sometidas a esfuerzos de compresión. Los arcos fabricados con materiales tenaces son capaces de absorber tanto esfuerzos de compresión como de tracción. Estos estados de tensión combinada son típicos de los esfuerzos flectores, por lo que los arcos modernos de acero u hormigón armado son mucho menos sensibles a las excentricidades que los arcos históricos de fábrica. Como resultado, también se pueden realizar arcos con geometrías que no se ajustan a la línea de empujes, algunos de los cuales tienen grandes excentricidades y a veces no difieren mucho de pórticos. De este modo, se pueden cumplir mejor requisitos funcionales que postulan ciertos perfiles espaciales, por ejemplo, evitando las zonas difíciles de utilizar bajo los arranques de los arcos.

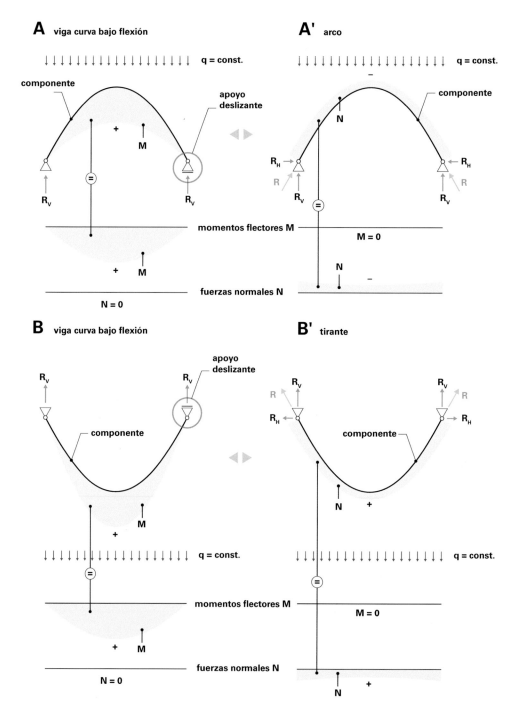

142 Comparación de vigas curvas bajo flexión (**A** y **B**) y arco (**A'**) o tirante (**B'**), en ambos casos con la misma forma. Estos últimos (**A'**, **B'**) están conformados según la línea antifunicular y funicular, respectivamente. En este caso, la diferencia decisiva en el comportamiento de carga no se deriva de la forma, sino del **apoyo**. Las vigas (**A** y **B**, izquierda) tienen ambas apoyos deslizantes. El arco (**A'**) y el tirante (**B'**) van apoyados en dos articulaciones (no deslizantes). En el lado derecho aparecen reacciones de apoyo horizontales **R$_H$** (como también en el izquierdo). En las vigas se generan momentos flectores **M** (y esfuerzos cortantes, no mostrados aquí), pero no fuerzas normales **N**. En el arco **A'** y en el tirante **B'**, se producen fuerzas normales **N** pero no momentos flectores.

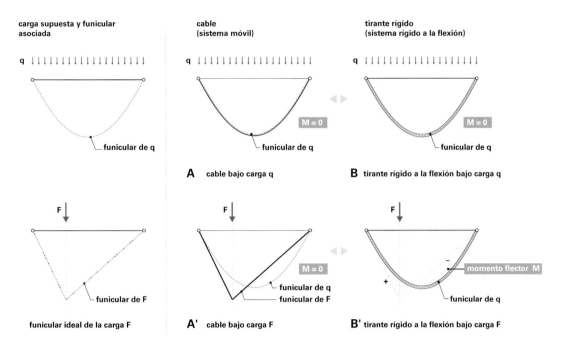

carga supuesta y funicular asociada

q ↓↓↓↓↓↓↓↓↓↓↓↓↓↓↓↓↓↓↓↓

funicular de q

cable (sistema móvil)

q ↓↓↓↓↓↓↓↓↓↓↓↓↓↓↓↓↓↓↓↓

M = 0

funicular de q

A   cable bajo carga q

tirante rígido (sistema rígido a la flexión)

q ↓↓↓↓↓↓↓↓↓↓↓↓↓↓↓↓↓↓↓↓

M = 0

funicular de q

B   tirante rígido a la flexión bajo carga q

F ↓

funicular de F

funicular ideal de la carga F

F ↓

M = 0

funicular de q
funicular de F

A'   cable bajo carga F

F ↓

−
momento flector M
+

funicular de q

B' tirante rígido a la flexión bajo carga F

143 Comparación del comportamiento de carga de una **cuerda** (flexible) (sistema móvil) y de un **tirante rígido** de geometría fija bajo carga alterna **q** y **F**. Debido a su falta de rigidez a la flexión, la cuerda adapta su forma a la línea funicular respectiva por sí misma y, como resultado, siempre permanece libre de esfuerzos flectores (**M = 0**). Por ello, se considera una estructura *móvil*. El tirante rígido a la flexión (formado según la línea funicular correspondiente a **q**) reacciona a la carga **F** y a la línea funicular así modificada con

momentos flectores (**B'**).

En consecuencia, la cuerda siempre está sometida a un esfuerzo mínimo en su sección transversal (debido a la pura tracción axial) y, por tanto, puede considerarse extremadamente eficiente. Por otro lado, los considerables cambios de forma asociados a este comportamiento portante tan favorable son a menudo un obstáculo por razones de uso de la estructura. Por lo tanto, las estructuras de cables a menudo deben ser rigidizadas adicionalmente.

144 Construcción de cables bajo tracción con rigidización combinada por lastre (losas de hormigón) y subtensado de cables (ing: Schlaich, Bergermann & P.).

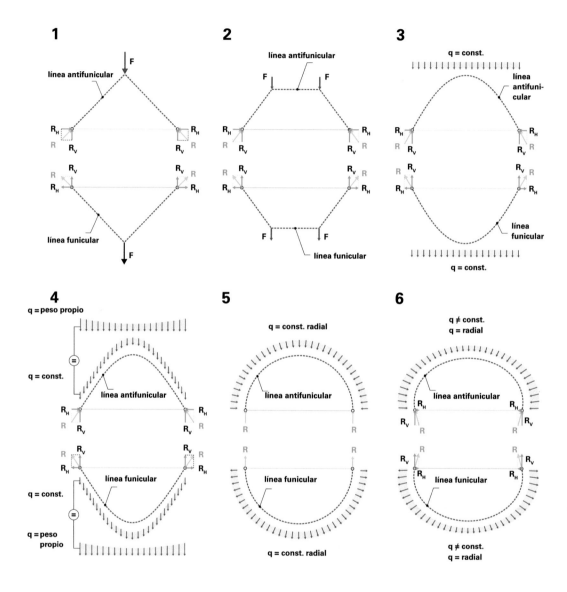

145 Formas de líneas **antifuniculares** (arriba) y **funiculares** correlativas (abajo) bajo diversas cargas suponiendo longitudes de barra/cuerda comparables. Los seis casos:

1 carga puntual céntrica: trayectoria recta (puntales)
2 dos cargas puntuales: segmento poligonal
3 carga lineal horizontal constante: parábola de 2° grado
4 carga muerta: catenaria (hipérbola)
5 carga lineal radial constante: arco de círculo
6 carga lineal radial no constante: elipse

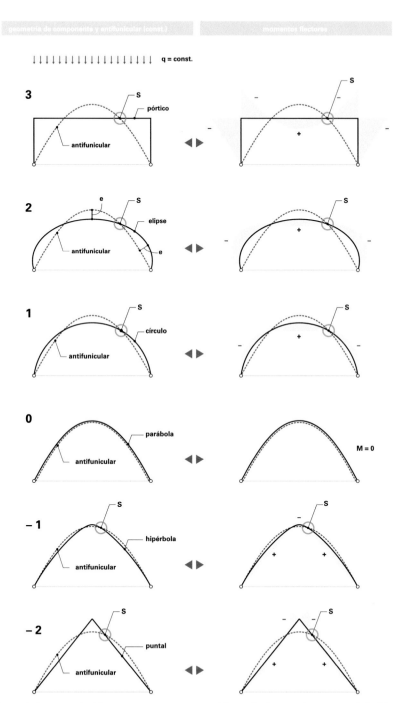

146 Las desviaciones de la geometría del componente con respecto a la línea antifunicular provocan momentos flectores que son proporcionales a la excentricidad **e**. Los ejemplos mostrados asumen una carga lineal horizontal constante **q**; la línea de empujes es en consecuencia una parábola cuadrática. Según el lado hacia el que se produzca la desviación de la línea antifunicular, surgen momentos positivos o negativos. Los puntos de momento cero se sitúan en las intersecciones entre el eje del componente y la línea antifunicular (**A**).

En el caso **0**—congruencia entre la línea antifunicular y la del componente—no surgen momentos ni esfuerzos cortantes. Sólo actúan entonces **fuerzas normales** en la sección transversal del componente. El aprovechamiento del material es óptimo en estas condiciones.

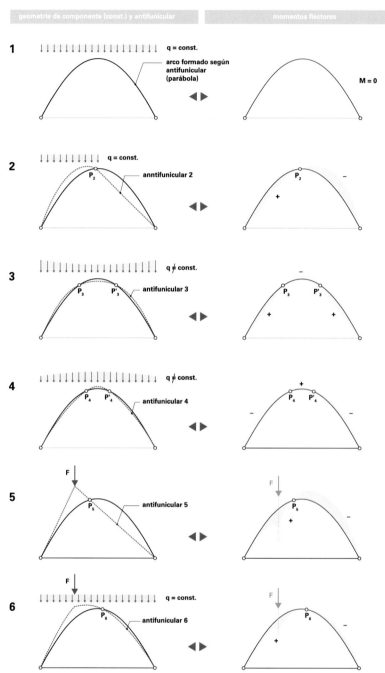

147 Desviaciones de la geometría del componente con respecto a la línea antifunicular. En este caso, la geometría del componente se mantiene sin cambios. Según la carga en el caso **1** (carga distribuida constante), es una parábola cuadrática. En los casos **2** a **6**, se varía la **carga** en cada caso de modo que se producen desviaciones entre la línea definida del componente y la línea antifunicular respectiva que cambia, lo que provoca momentos flectores.

Las cargas alternas, tal y como se producen mayoritariamente en las estructuras portantes, conducen a este tipo de esfuerzo flector, que en la mayoría de los casos requiere una rigidez mínima a la flexión del arco. En el caso de cargas compuestas (como se muestra en el caso **6**) formadas por una carga distribuida constante (**q**) y otros tipos de cargas (por ejemplo, una carga concentrada **F**), el esfuerzo flector se reduce cuanto más pequeña sea la carga perturbadora (aquí **F**) en relación con la carga distribuida (**q**).

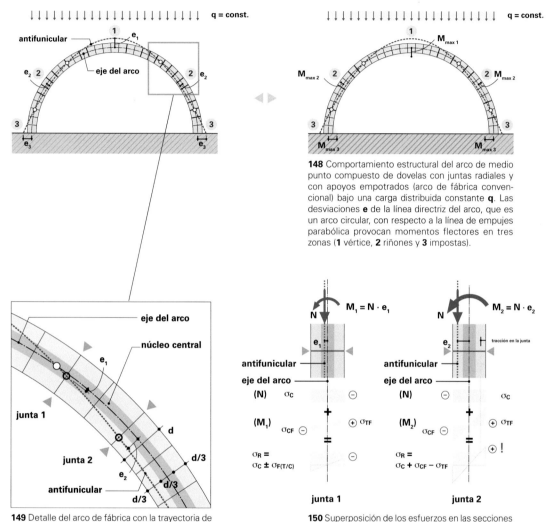

148 Comportamiento estructural del arco de medio punto compuesto de dovelas con juntas radiales y con apoyos empotrados (arco de fábrica convencional) bajo una carga distribuida constante **q**. Las desviaciones **e** de la línea directriz del arco, que es un arco circular, con respecto a la línea de empujes parabólica provocan momentos flectores en tres zonas (**1** vértice, **2** riñones y **3** impostas).

149 Detalle del arco de fábrica con la trayectoria de la línea antifunicular y su desviación **e** de la línea directriz del arco. El efecto de las excentricidades sobre el esfuerzo de la sección transversal de las juntas **1** y **2** se muestra en ⤵ **150** a la derecha.

150 Superposición de los esfuerzos en las secciones transversales de las juntas **1** y **2** (véase ⤵ **149** a la izquierda): compresión σ_C por la fuerza normal **N** así como flexocompresión (σ_{CF}) y flexotracción (σ_{TF}) por los momentos flectores $\mathbf{M} = \mathbf{N} \cdot \mathbf{e}$. En la junta **2** se producen esfuerzos de tracción en la sección transversal debido a la gran excentricidad $\mathbf{e_2}$ (eje de la fuerza fuera de la superficie del núcleo central).[3]

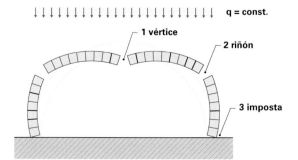

151 Fallo del arco de medio punto por rotura en las juntas correspondientes a las zonas sometidas a los mayores esfuerzos flectores (véase ⤵ **148**).

152 Arco convencional de sillería maciza.

153 Arcos de sillería del *Pont du Gard*, esbeltos y de gran envergadura, con enjutas rigidizantes.

154 El relleno entre los extradós de los arcos, la enjuta del arco, aplica una contrapresión lateral estabilizadora a los esbeltos arcos circulares, de modo que la línea de empujes es forzada, por así decirlo, a acercarse a la línea directriz circular de los arcos de fábrica por el patrón de carga alterado. Al mismo tiempo, el relleno permite el paso sobre el hueco entre los arcos.

155 Las enjutas del arco de este puente se disuelven en una hilera relativamente densa de pilares que soportan la calzada. Sobre el arco—aquí ejecutado en hormigón—la carga se aplica puntualmente, pero sin embargo está bien distribuida y se aproxima a una carga uniforme. Como resultado, la línea de empujes es poligonal, pero permanece dentro de la sección transversal del arco (puente de Sandö, Suecia).

156 Arco de tramos rectos con rigidización por medio del tablero de la calzada. La línea del arco tiene forma poligonal debido a la transferencia puntual de la carga a través de las columnas. Por consiguiente, se adapta al máximo a la línea de empujes de las cargas (puente de Viamala; ing.: Ch Menn).

157 Arco de hormigón armado: un arco de tres articulaciones con fuertes pantallas rigidizadoras en la zona de las secciones de arco simétricas sometidas a esfuerzos flectores como consecuencia de la alternancia de cargas de tráfico. En consecuencia, se van estrechando hacia las tres articulaciones (dos articulaciones de apoyo y una articulación apical). (puente del Salginatobel; ing.: R Maillart).

158 Arco moderno de celosía de acero: arco de tres articulaciones con fuertes desviaciones de la directriz del arco con respecto a la línea de empujes. Los momentos flectores provocados por estas desviaciones, así como por las cargas alternas, pueden ser absorbidos por la gran rigidez a la flexión de las secciones del arco en celosía (*Waterloo Station*, Londres; arqu.: N Grimshaw).

4.4

Estructuras laminares bajo esfuerzos de membrana

☞ *Aptdo. 4.2 Los conceptos de línea funicular y antifunicular, pág. 246*

☞ *Véase también la derivación del comportamiento de carga de una cúpula en Cap. IX-2, Aptdo. 3.2.4 Cúpula de cáscara homogénea, pág. 360*

✎ *ᵃ Aunque los conceptos de meridiano y círculo de latitud (anillo) se derivan de la geometría de las superficies de revolución, que sólo representan un caso especial de estructuras de superficie curva, pueden aplicarse a cualquier estructura laminar como direcciones principales ortogonales entre sí. La dirección del meridiano indica la orientación vertical, la dirección de latitud la horizontal.*

■ La interrelación entre la forma, el apoyo y el esfuerzo puede trasladarse a las estructuras superficiales o laminares, como se explicó para las estructuras de barras utilizando el ejemplo del arco y la cuerda. En cuanto a la eficiencia estática de la estructura, el objetivo del proceso de diseño es transferir las cargas dominantes exclusivamente a través de **compresión** y **tracción**. Si este es el caso, este tipo de transferencia de carga en la superficie de una lámina se denomina un **estado de membrana**. Se puede comparar por analogía con la tensión normal en barras. En estas condiciones, que se analizarán con más detalle a continuación, las estructuras laminares curvas alcanzan su máxima eficiencia estática—medida, por ejemplo, por la relación entre el grosor de los componentes y la luz que salvan—, una eficiencia que ningún otro tipo de estructura puede siquiera acercarse a alcanzar.

En las formas de equilibrio bidimensionales, es decir, contenidas en el plano, consideradas hasta ahora, a saber, arco y cuerda, la fuerza se transmitía axialmente a lo largo del componente lineal. Al convertir el sistema estructural en uno tridimensional, se puede imaginar primero que la forma de la lámina consiste, por ejemplo, en secciones de arco separadas situadas una al lado de la otra (🖵 **159**). En estas condiciones, la transmisión de la fuerza seguiría teniendo lugar a través de estos tramos de arco individuales siempre en la dirección meridiana, es decir de arriba a abajo. Esto no sería otra cosa que la extensión aditiva de la estructura de arco bidimensional a la tercera dimensión por una revolución. En consecuencia, las fuerzas axiales puras sólo se producirían si cada uno de los arcos tuviera una forma acorde con la línea de empujes de la carga actuante.

El comportamiento de una lámina auténtica, no obstante, es diferente. Esto se debe al hecho de que en una verdadera estructura de cascarón laminar y homogénea, las secciones de arco imaginarias no actúan por separado unas de otras. En cambio, hay una unión entre ellas (🖵 **160**). Además del efecto de carga en la dirección del meridiano, cabe esperar, por tanto, una segunda dirección de carga en la dirección del círculo latitudinal o dirección anular. El resultado de esta dirección portante adicional puede ilustrarse con un efecto de fuerza de bloqueo que impide que las secciones de arco separadas (imaginarias, tal como se ilustra en 🖵 **159**) se evadan bajo compresión o esfuerzo flector excesivos, como puede ocurrir en el sistema bidimensional del arco simple si el eje baricéntrico y la línea de empujes no coinciden. Este efecto portante anular aumenta notablemente la capacidad de carga de la lámina en comparación con un sistema aditivo de arcos separados.

La transferencia de cargas bidireccional a través de las fuerzas normales meridianas y anulares,ᵃ combinada con una capacidad de resistencia al cizallamiento suficiente—la propiedad hiperestática interna—permite, por tanto, que la lámina transfiera no sólo un único patrón de carga fijo, para el que se formó, en estado de membrana, sino también diferentes **cargas superficiales** que se desvían de él, siempre que se distribuyan de forma **continua**. El vínculo directo de la *forma* estructural con una *carga* específica, el principio de la línea antifunicular del arco o de la línea funicular de la cuerda, queda por tanto eliminado (!) para las estructuras laminares curvas. O dicho de otro modo: Una estructura laminar curva puede soportar cargas en estado de membrana aunque éstas se desvíen de la carga que define la forma. Téngase en cuenta que componentes curvos con forma de *barra*, como arcos o cuerdas, no pueden hacerlo.

Sin embargo, **cargas discontinuas**, como cargas de área parcial o cargas concentradas, también provocan una perturbación del estado de membrana en las estructuras laminares curvas. Una condición esencial para la existencia del estado de membrana en la superficie es un apoyo de la estructura portante **compatible con membranas**. Esto significa transferir las fuerzas normales de forma tangencial a la superficie de la membrana sin obstaculizar las deformaciones en ángulo recto con respecto a ella, que de otro modo conducirían en la estructura laminar a perturbaciones de flexión cercanas al borde (🗗 **161**).

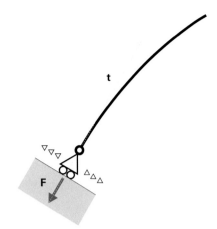

161 Vista seccional idealizada de la zona de apoyo de una estructura laminar: **Apoyo compatible con membranas** gracias a la orientación de la superficie de apoyo en ángulo recto con respecto a la tangente del borde del cascarón y al movimiento libre en esta dirección.

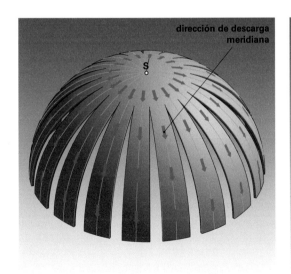

159 Estructura portante formada por arcos individuales añadidos radialmente sin conexión entre sí. El modo de acción estático corresponde al de una estructura de arco plano. Se aplican las correspondientes reglas de conformación de los arcos en relación con su línea de empujes. El efecto de carga es en cada caso unidireccional en dirección del meridiano.

160 Estructura de cascarón homogéneo: Además de la dirección portante de meridiano, la homogeneidad de la superficie también crea una dirección de descarga anular a lo largo de los círculos latitudinales. Esto puede entenderse como un efecto de fuerza rigidizante que impide que los arcos individuales (imaginarios, como en 🗗 **159**) se desvíen de su forma dada. Por lo tanto, el efecto de carga de la lámina es bidireccional (direcciones meridiana y anular). En este caso, se muestra una superficie esférica con fuerzas de compresión anulares en la zona superior del casquete y fuerzas de tracción anulares en la zona inferior del mismo (cf. *Cap. IX-2, Aptdo. 3.2.4 Cúpula de cáscara homogénea*, pág. 360 y siguientes).

4.4.1

Estado de membrana

✎ La línea central del cascarón es la que pasa siempre por el centro de la sección transversal

☞ ⊟ **230** en Cap. IX-2, Aptdo. 3.2.4 Cúpula de cáscara homogénea, pág. 364

■ El estado de membrana que se produce en las condiciones mencionadas se caracteriza por fuerzas de tracción y compresión en la superficie central de la lámina. Esto da lugar a tensiones normales, las **tensiones de membrana**, que se distribuyen uniformemente sobre el espesor de la lámina. Esto significa que para componentes laminares, tal y como se presentan en estructuras portantes espaciales, las fuerzas están orientadas **tangencialmente** a la superficie. Las fuerzas de flexión y de corte perpendiculares a la superficie, por otra parte, no son esfuerzos de membrana. Crean el llamado **estado de flexión** en la cáscara. Generan mucho más esfuerzo en el material. En ⊟ **162** se muestran algunos efectos de fuerza ejemplares en el componente de doble curvatura, marcados según el estado, es decir de membrana y de flexión.

Si se describen, como es habitual, en el sistema de coordenadas de la lámina, se distinguen fuerzas de membrana en las **direcciones meridiana** y **anular** respectivamente (n_ϕ, n_θ) y de esfuerzos cortantes asociados ($n_{\phi\upsilon} = n_{\upsilon\phi}$).

4.4.2

Estado de flexión

■ Una perturbación del estado de membrana, ya sea debido a un apoyo inadecuado de la lámina o a una carga no uniforme, provoca un **esfuerzo flector** de la estructura laminar curva. Esto se asocia con grandes deformaciones de la misma, que, sin embargo, disminuyen al aumentar la distancia de la anomalía. Por lo tanto, en el caso de láminas también se distinguen **perturbaciones de flexión decrecientes**, que son, sin embargo, decisivas para su estabilidad local y global y el dimensionado de su sección transversal.

4.4.3

Determinación de la forma de estructuras laminares bajo esfuerzos de membrana

☞ Aptdo. 4.2 Los conceptos de línea funicular y antifunicular, pág. 246

☞ **Vol. 4**, Cap. 1. Escala

☞ Aptdo. 4.2.2 Línea antifunicular, pág. 246

■ La búsqueda experimental de la forma con un **modelo físico** sirve para investigar la relación entre la forma y la carga. Esto es admisible, como ya se ha mostrado en el ejemplo de la analogía del arco y la cuerda, porque la distribución de tensiones que determina la forma en una estructura es función de su geometría, apoyo y tipo de carga, pero no de la escala. La escala tiene una influencia significativa sobre la relación entre el peso muerto y la carga útil, por lo que *nunca* debe excluirse de un análisis estático.

En la búsqueda experimental de la forma, se distinguen diferentes métodos. Entre ellos se encuentran el método de **flujo**, el método **neumático** y el método de **inversión**. Este último ya se ha explicado para la determinación de la línea antifunicular del arco. Su transferencia a estructuras laminares curvadas requiere una superficie flexible a la flexión y al cizallamiento—por ejemplo, una red o una tela—que encuentre su equilibrio en forma suspendida bajo una carga definida y unas condiciones de apoyo especificadas. Esta es la única forma posible que puede adoptar el modelo en las condiciones de contorno seleccionadas bajo el efecto de la gravedad. Su inversión, que no sólo es resistente a la tracción sino también a la compresión, es—como ya se ha señalado—capaz de soportar cargas uniformes en estado

1 estado de membrana

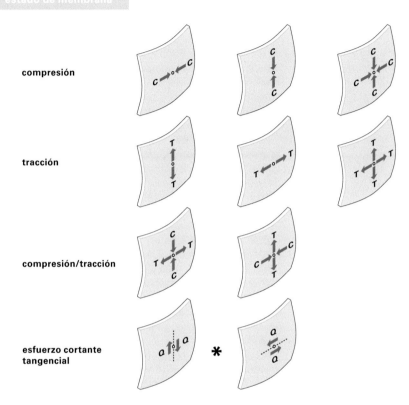

compresión

tracción

compresión/tracción

esfuerzo cortante
tangencial

2 estado de flexión

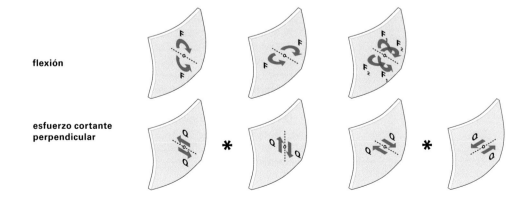

flexión

esfuerzo cortante
perpendicular

162 Representación de **esfuerzos de membrana** ejemplares (alineados tangencialmente) (compresión, tracción, esfuerzo cortante) y de **esfuerzos no de tipo membrana** (alineados transversalmente al componente) (flexión, esfuerzo cortante), utilizando el ejemplo de un componente laminar de doble curvatura. Los pares de esfuerzos cortantes marcados con * siempre aparecen juntos.

✍ *Forma hallada: Este término técnico designa la forma de cascarón que coincide con la forma colgante.*

☞ *Sobre el concepto de superficie mínima: Cap. VII, Aptdo. 2.2.2 Curvatura > Curvatura media, pág. 45, así como Cap. IX-2, Aptdo. 3.3.2 Membrana y estructura de cables, con pretensado mecánico, sobre apoyos lineales, pág. 392, sobre todo* ⊟ **301**

⊟ **301**

4.5   Variantes constructivas de estructuras laminares bajo esfuerzos de membrana

4.5.1   Cascarones

de membrana que se desvían de la forma hallada empíricamente. Esto significa que bajo la carga de conformación, despreciando las deformaciones axiales ($E_A \rightarrow \infty$), la lámina con forma hallada empíricamente trabaja puramente bajo **compresión**, mientras que cualquier otra carga apropiada para la membrana genera fuerzas de **tracción** y **compresión**. En este sentido, estructuras laminares de forma libre hallada empíricamente pueden denominarse **superficies funiculares** o **antifuniculares**. Sin embargo, esto no suele ser habitual.

Los **isotensoides**—superficies de membrana que tienen **la misma tensión de membrana** en cada punto de su superficie y en todas las direcciones—son un tipo especial de estructuras laminares de forma hallada empíricamente. El ejemplo más sencillo es el de una lámina esférica ingrávida sometida a una sobrepresión o subpresión hidrostática que actúa en todas las direcciones.

Aplicando el cálculo de variaciones, la minimización del potencial interno conduce a estructuras superficiales caracterizadas por un área mínima ($\iint dA = min$) y por una curvatura media $k_m = 0$ en cada punto de la superficie. Estas áreas se denominan **superficies mínimas**. Todas las superficies mínimas no planas se caracterizan, por tanto, en cada punto por una curvatura de **igual cuantía** pero orientada en **direcciones opuestas**. Una superficie mínima puede describirse gráficamente mediante películas de jabón abiertas, casi ingrávidas, con un borde arbitrario. Los ejemplos cotidianos más conocidos son las cáscaras de huevo o de nuez (⊟ **167**).

■ El término cascarón también existe en nuestro lenguaje común y se refiere a envolturas delgadas, en su mayoría curvas, con cierta rigidez, aunque limitada. En construcción, los cascarones son estructuras laminares portantes con propiedades comparables: Se caracterizan por su curvatura y tienen unas relaciones muy favorables entre la luz que abarcan y su grosor en comparación con estructuras portantes convencionales hechas de componentes planos (⊟ **168**).

Según su definición estática, los cascarones son estructuras portantes curvas cuyo comportamiento de carga está determinado por su **resistencia a la compresión** y a la **tracción** en la **superficie del cascarón**. Su estabilidad dimensional y su resistencia al pandeo están garantizadas por la rigidez a la flexión de la cáscara.

Según su forma, se distingue entre los cascarones curvados en la **misma dirección** y los curvados en **direcciones opuestas**:

- Los cascarones curvados en la misma dirección, es decir de curvatura sinclástica, que conocemos como construcciones de bóveda y cúpula, soportan esfuerzos de membrana predominantemente de **compresión** (⊟ **169–171**). Sin embargo, las cargas superficiales uniformes que no se ajustan a la superficie antifunicular generan, aparte de

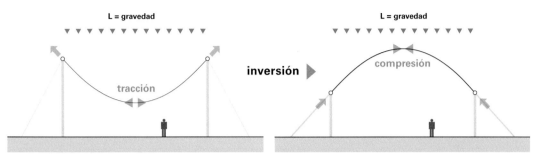

163 Estructura **suspendida** tridimensional sometida a tracción bajo carga perpendicular, en vista seccional.

164 Correspondiente estructura inversa tridimensional cargada por **compresión** bajo carga perpendicular—pero en dirección opuesta con respecto al componente—, en vista seccional.

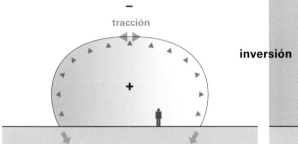

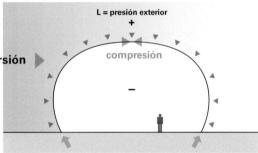

165 Estructura tridimensional de membrana neumática sometida a **tracción**, bajo presión interna, en vista seccional.

166 Correspondiente estructura inversa tridimensional sometida a **compresión** bajo presión externa, en vista seccional.

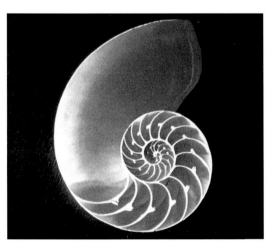

167 Cascarón natural: nautilus.

168 Cascarón técnico: restaurante en Xochimilco, México (arqu.: F Candela).

169 Cúpula clásica de construcción sólida (*Frauen-kirche*, Dresde).

☞ *ᵃ Aptdo. 3. El diseño constructivo del elemento superficial envolvente, pág. 222*

☞ *ᵇ Cap. VII, Aptdo. 2.3 Tipos de superficie regulares > 2.3.3 Por ley generatriz > Superficies de traslación, pág. 58*
☞ *ᶜ Cap. VII, Aptdo. 2.3 Tipos de superficie regulares > 2.3.3 Por ley generatriz > Superficies regladas, pág. 54, así como ibid. > Superficies de traslación, pág. 58*

170 Cúpula del Panteón de Roma.

fuerzas de compresión, también **fuerzas de tracción** de membrana, que se producen principalmente como **fuerzas de tracción anular** en cúpulas y bóvedas (⊟ **160**).

La construcción de cascarones es muy diversa y ha marcado claramente el desarrollo del arte de la construcción. Las primeras bóvedas de obra de fábrica ya se construyeron antes de la antigüedad. Estaban ejecutadas como bóvedas macizas exclusivamente sometidas a compresión. Su forma característica de transferir las cargas bajo esfuerzo de compresión casi puro también se adaptaba—además del hormigón—a los frágiles materiales minerales pétreos, que durante siglos fueron los materiales más eficaces y duraderos disponibles. Especialmente los espacios con las más grandes luces prácticamente no podrían cubrirse con ningún otro sistema portante. No es casualidad que el edificio histórico de mayor luz, el Panteón de Roma, sea precisamente una estructura de cascarón (⊟ **170**).

El desarrollo de las estructuras homogéneas de cascarón alcanza su punto álgido con la construcción de hormigón y hormigón armado. Este material, que puede moldearse a voluntad en encofrados y se caracteriza por su propia resistencia a la compresión y su capacidad de carga de tracción una vez armado, dio lugar a una gran variedad de nuevas formas de cascarón.

Los **cascarones de celosía** se crean disolviendo la cáscara homogénea en estructuras de malla y celosía de acero y madera (⊟ **171**). Corresponden, en el sentido ya definido,ᵃ a un principio estructural de la variante **3**. Por último, se cubren con una delgada placa que sólo abarca un módulo de la rejilla. Los cascarones de celosía han abierto nuevas posibilidades para la construcción de cascarones en el pasado reciente y han sustituido a la construcción de cascarones de hormigón en la época de métodos de construcción industriales sin cimbrado. Los modernos cascarones de celosía se caracterizan por su gran transparencia y su extraordinaria ligereza aparente (⊟ **173**).ᵇ El comportamiento portante laminar de estas construcciones requiere formar mallas triangulares para garantizar la rigidez a cortante. Por lo tanto, las mallas cuadriláteras, tal y como se producen en cascarones traslacionales,ᶜ requieren un arriostramiento con cables pretensados o el efecto rigidizante del vidrio u otras coberturas.

• Los cascarones con curvatura opuesta, o anticlástica, sólo se utilizan desde mediados del siglo XX y antes se diseñaban principalmente como paraboloides hiperbólicos (⊟ **168**). Recientemente, también se han implementado diversas formas libres o de equilibrio que no son fáciles de definir matemáticamente. En el estado de membrana, transfieren sus cargas por igual mediante fuerzas de tracción y compresión a los cordones de los bordes, que recogen las cargas verticales y las transfieren a los

171 Cascarón con curvatura biaxial sinclástica (Estación de Atocha, Madrid; arqu: R Moneo).

172 Cascarón de celosía (*Multihalle Mannheim*; arqu.: K Mutschler, F Otto).

173 Cascarón de celosía extremadamente ligero y esbelto de acero y vidrio (*Bosch-Areal*, Stuttgart; ing.: Schlaich, Bergermann & P).

cimientos. La superficie del paraboloide hiperbólico puede generarse como una superficie reglada por la traslación de generatrices rectas. Se trata de una ventaja decisiva, especialmente para la producción de cascarones de hormigón armado.

A diferencia de las células estructurales básicas formadas por componentes planos, es decir, envolturas verticales en forma de diafragma y cubrimientos horizontales en forma de placa, en las que las ventajas de la carga axial pueden aprovecharse, en el mejor de los casos, en los diafragmas de las paredes envolventes, pero nunca en las placas horizontales que siempre se ven sometidas a flexión, los cascarones aprovechan plenamente la eficacia de los esfuerzos axiales que producen tensiones de membrana y, además, combinan esto con la capacidad de encerrar espacios por todos los lados gracias a su curvatura, sin distinción del plano vertical y horizontal. Combinan la capacidad de *soportar cargas* eficazmente y al mismo tiempo de *cubrir* y *envolver* espacios.[4]

4.5.2

Membranas y redes de cables

☞ **Vol. 1**, Cap. VI-2, Aptdo. 4.2 Sistemas móviles, pág. 548

☞ Cap. VIII, Aptdo. 7. Sistemas de membrana, pág. 180

☞ **Vol. 1**, Cap. VI-2, Aptdo. 9.9 Membrana con pretensado mecánico, pág. 670

☞ **Vol. 1**, Cap. VI-2, Aptdo. 9.8 Membrana con pretensado neumático, pág. 668

■ Las estructuras laminares curvas formadas por elementos estructurales flexibles que sólo pueden someterse a esfuerzos de tracción (⊟ **174**) son **sistemas portantes móviles** de acuerdo con la definición ya efectuada, que son siempre estables en el sentido de capacidad de carga, pero tienden a sufrir grandes deformaciones. A menudo éstas entran en conflicto con los requisitos de uso de la estructura y la durabilidad de los materiales utilizados.

La estabilidad dimensional de estructuras sometidas exclusivamente a tracción puede garantizarse mediante un **pretensado mecánico** o **neumático**. Además, permite que la estructura de la superficie curvada absorba fuerzas de compresión por reducción del pretensado.

El pretensado mecánico crea una **doble curvatura** de la red de cables o de la membrana en **dos sentidos contrarios**. Los ejemplos más típicos son las superficies de paraboloide hiperbólico. Por lo tanto, para estabilizar la membrana o la red de cables se requiere una **tracción biaxial**, que sólo puede aplicarse a la membrana o a la red si las dos direcciones de tracción van en *sentidos opuestos*. La forma típica de membrana pretensada mecánicamente es, por tanto, la superficie curva biaxial opuesta o de curvatura **anticlástica**, que se asemeja a una silla de montar (⊟ **175**). Cada dirección de tracción requiere un conjunto de tirantes: la trama y la urdimbre en el caso de tejidos, y dos conjuntos de cables entrecruzándose en el caso de redes. Se distinguen ambas orientaciones según la **dirección portante** (colgando) y la **dirección de pretensado** (en bóveda).

El pretensado neumático suele dar lugar a una **doble curvatura** de la estructura superficial en la **misma dirección**, es decir, **sinclástica**, como suele ocurrir con los *airdomes*. En el interior de la nave bastan sobrepresiones de unos pocos centímetros de columna de agua, que se aseguran

174 Membrana de carpa.

175 La superficie tipo silla de montar típica de las membranas pretensadas mecánicamente.

mediante esclusas en las entradas.

El pretensado neumático se utiliza para estructuras laminares hechas de **membranas técnicas**. Se trata de tejidos de poliéster o fibra de vidrio recubiertos de PVC o PTFE. Una membrana de poliéster recubierta de PVC es adecuada para construcciones convertibles y pretensadas neumáticamente debido a su baja sensibilidad al plegado. Por lo tanto, es plegable según las necesidades.

Las membranas de fibra de vidrio recubiertas de PTFE se caracterizan por su favorable comportamiento frente al fuego (no son inflamables) y su durabilidad. Su sensibilidad al plegado requiere un diseño especialmente cuidadoso de los detalles de conexión, así como una ejecución profesional y sin pliegues. Se utilizan exclusivamente para membranas pretensadas mecánicamente.

Al igual que la cuerda, que debe tener una **flecha mínima fl** para poder soportar fuerzas transversales a su eje, la membrana o la red requiere una flecha mínima **fl** o—lo que es equivalente—una **curvatura mínima** para poder desarrollar su efecto portante. Al igual que en el caso de la cuerda, donde cuanto menor es la flecha **fl**, mayores son las fuerzas de tracción, también se da con membranas y redes que cuanto menor es la curvatura, mayores son las fuerzas de tracción en el elemento. Esto también se aplica a la sensibilidad a la deformación.

Lo mismo ocurre con las membranas **pretensadas neumáticamente**. La curvatura tiene la misma importancia para la estabilidad de la estructura portante que con las membranas pretensadas mecánicamente (⊟ **176**).

Tanto las redes de cables como las membranas están formadas por paneles de cables o de hilos que se entrecruzan. Las membranas textiles son telas tejidas o cosidas. Se caracterizan por sus propiedades claramente **ortótropas**, es decir, se comportan mecánicamente de forma diferente en la dirección de la urdimbre y de la trama. Así, el corte de la membrana y la orientación del tejido (dirección de la urdimbre y de la trama) desempeñan un papel importante en el diseño de la estructura laminar.

En cambio, los conjuntos de cables de redes pueden ejecutarse como direcciones de carga de igual rango. En este caso son concebibles dos o más conjuntos de cables (⊟ **177**).

Las redes de cables pueden cubrir superficies muy grandes. Sin embargo, requieren de una cobertura para formar superficie (⊟ **179**). Puede aplicarse como entablado de madera no portante, tejas de chapa o láminas. La sustitución del componente de superficie continua de la membrana autoportante por una malla portante como estructura de carga primaria, a la que se aplica a continuación una lámina plana no portante o un elemento secundario comparable para cerrar la superficie, es análoga a la ya comentada sustitución de elementos de hoja sólida por los correspondientes sistemas de barras o sistemas nervados. Según este principio, una red de cables con cobertura superficial, compuesta por grupos

*☞ Véanse los diagramas de ⊟ **139** y **140**, pág. 244, mitad inferior (tracción): Una cuerda tensada recta (flecha **f** = 0, fuerza de pretensado teóricamente ∞) no puede activar una fuerza de reacción transversal a su eje.*

✎ Ortótropo = anisótropo en direcciones ortogonales

☞ Aptdo. 3. El diseño constructivo del elemento superficial envolvente, pág. 222

176 Membrana pretensada neumáticamente, utilizada aquí como estructura portante secundaria de fachada (*SSE Hydro*, Glasgow; arqu.: Foster & P).

177 Construcción de red de cables (Estadio Olímpico Múnich; arqu.: G Behnisch, F Otto y otros).

178 Los conjuntos de cables que se cruzan en la red están cubiertos con un material plano por la parte superior (Estadio Olímpico Múnich).

de cables portantes orientados transversalmente y de igual
rango, puede considerarse una estructura correspondiente
a la variante **3**.

En el caso de membranas textiles, las luces libres son
bastante limitadas. Por lo tanto, a menudo se disponen como
una estructura secundaria soportada por una estructura
primaria compuesta de, por ejemplo, mástiles o tirantes de
cables. El diseño modular de la estructura portante permite
limitar el tamaño de los módulos individuales de membrana,
limitando así también los esfuerzos de tracción que debe
soportar la misma.

Notas

1   Véase al valor BIC en: Instituto de Estructuras Laminares
    Ligeras, Universidad de Stuttgart (ed) (1971) *IL 21*, pág. 43

2   La comparación directa entre los casos 1, 2 y 3 mostrados,
    suponiendo la misma superficie de base de la célula y
    aproximadamente las proporciones de la sala mostrada, da
    como resultado alturas de viga del 100%, 64% y 156% res-
    pectivamente, siempre que se desprecie el peso propio de
    las vigas. Cuando la escala aumenta, las condiciones de los
    casos 1 y 3 son aún menos favorables, teniendo en cuenta
    el peso muerto.

3   Véase también **Vol. 1**, *Cap. VI-2, Aptdo. 9.3.2 Aparejo—
    solapamiento actuando por compresión*, ⊟ **140**, *pág. 635*.

4   Esta acertada formulación está tomada de Heinle, Schlaich
    (1996) *Kuppeln aller Zeiten – aller Kulturen*, pág. 207.

IX-2 TIPOS

1.

Sinopsis de estructuras portantes elementales

☞ *Cap. IX-1, Aptdo. 4. Cuestiones de forma de estructuras con esfuerzos axiales, pág. 240*

☞ **Vol. 1**, *Cap. VI-2, Aptdo. 2. Términos básicos, pág. 532*

■ Los cuadros de las ⊟ **4** a **7** representan un intento de clasificar las formas estructurales en función de algunos criterios de distinción elementales. Se examina en términos de su forma y del tipo de apoyo con preferencia la **cobertura**, que es el componente más significativo de la estructura global por desempeñar la tarea estructural más exigente, a saber, soportar cargas perpendiculares a su eje. Es también este motivo por el cual las diferentes variantes estudiadas se clasifican según la hechura de la cobertura. Los elementos verticales de cerramiento intervienen en el análisis en la medida en que participan en el comportamiento estructural de la célula base y, por tanto, interactúan en términos estructurales con la cobertura.

No se pretende aquí abarcar la ilimitada variedad de formas estructurales concebibles. Tampoco se trata de encorsetar la imaginación del diseñador desde un principio. La clasificación pretende más bien ofrecer una ayuda sencilla para comprender mejor el funcionamiento de los sistemas de carga más sencillos. Las variantes más importantes para la práctica actual de la construcción se tratan en profundidad y, en consecuencia, se resaltan gráficamente en los cuadros. También se comentan algunas estructuras de importancia histórica por su especial interés, pero sólo de forma elemental. Otras variantes pueden derivarse de la sistemática, pero se omiten en este contexto debido a su limitada importancia práctica. Las variantes relevantes para nuestro análisis, que se discuten con más detalle en los siguientes apartados, se presentan en el resumen de ⊟ **8**.

Como ya se ha dicho, las variantes estructurales investigadas se dividen en tres grandes categorías:

• estructuras predominantemente sometidas a esfuerzos de **compresión** (**c**);

• estructuras predominantemente sometidas a esfuerzos de **flexión** (**f**);

• estructuras predominantemente sometidas a esfuerzos de **tracción** (**t**).

Como ya se ha mencionado, el tipo de esfuerzo depende básicamente de tres parámetros: de la **carga externa**, de la **forma** y del **apoyo**.

Para la clasificación mencionada, tomamos la carga externa como dada, es decir, en forma de **carga vertical distribuida** típica de la construcción de edificios. Esta componente de carga suele dominar el patrón general de cargas, especialmente en construcciones pesadas. Ni que decir tiene que también hay que incluir otras componentes de carga en una consideración individual más detallada. Debido a su importancia, en este capítulo se consideran adicionalmente en particular las **componentes de carga horizontales**. El comportamiento de carga de cada una de

1 Estructura sometida a compresión.

2 Estructura sometida a flexión.

3 Estructura sometida a tracción.

las variantes estructurales consideradas en este capítulo se investiga, por tanto, bajo cargas **verticales** y **horizontales**.

Los otros dos parámetros, la **forma** y el **apoyo**, se varían en los cuadros de ⊟ **4–7** con el fin de derivar sistemáticamente una selección lo más representativa posible de variantes estructurales elementales de relevancia práctica.

IX **Estructuras primarias**

1

4 Sinopsis de las formas estructurales elementales hechas de componentes superficiales de hoja o cáscara sólida. Las variantes marcadas con puntos son de especial interés y se examinarán con más detalle en las siguientes secciones.

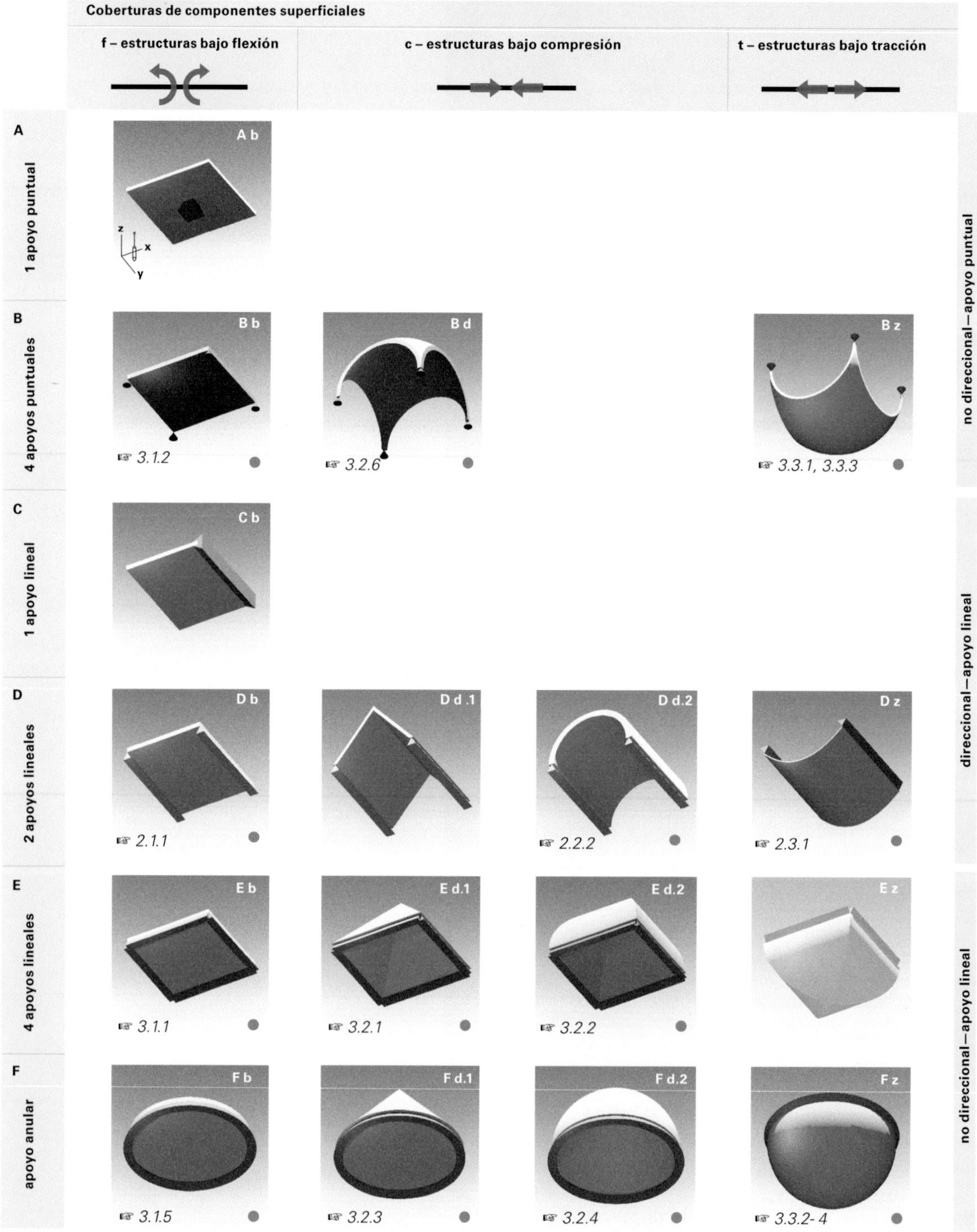

Coberturas de componentes superficiales

f – estructuras bajo flexión	c – estructuras bajo compresión	t – estructuras bajo tracción

A · 1 apoyo puntual

A b

B · 4 apoyos puntuales

B b
☞ *3.1.2*

B d
☞ *3.2.6*

B z
☞ *3.3.1, 3.3.3*

no direccional—apoyo puntual

C · 1 apoyo lineal

C b

D · 2 apoyos lineales

D b
☞ *2.1.1*

D d .1

D d.2
☞ *2.2.2*

D z
☞ *2.3.1*

direccional—apoyo lineal

E · 4 apoyos lineales

E b
☞ *3.1.1*

E d.1
☞ *3.2.1*

E d.2
☞ *3.2.2*

E z

no direccional—apoyo lineal

F · apoyo anular

F b
☞ *3.1.5*

F d.1
☞ *3.2.3*

F d.2
☞ *3.2.4*

F z
☞ *3.3.2- 4*

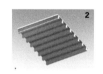

5 Sinopsis de las formas estructurales elementales hechas de componentes nervados unidireccionales (las variantes con recuadros grises no tienen sentido).

Coberturas de componentes nervados

	f – estructuras bajo flexión	c – estructuras bajo compresión	t – estructuras bajo tracción
		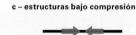	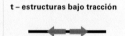

A 1 apoyo puntual   **A b**

B 4 apoyos puntuales   **B b**   **B d**   **B z**

C 1 apoyo lineal

 C b

D 2 apoyos lineales

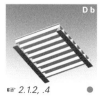 D b   D d.1   D d.2   D z

☞ 2.1.2, .4   ☞ 2.2.1   ☞ 2.2.2, .4   ☞ 2.3.1

E 4 apoyos lineales

E b   E d.1   E d.2   E z

☞ 3.2.1   ☞ 3.2.2

F apoyo anular

 F b   F d.1   F d.2   F z

☞ 3.1.6   ☞ 3.2.3   ☞ 3.2.4   ☞ 3.3.3

no direccional—apoyo puntual

direccional—apoyo lineal

no direccional—apoyo lineal

IX Estructuras primarias

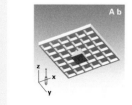

6 Sinopsis de las formas estructurales elementales hechas de componentes nervados bidireccionales.

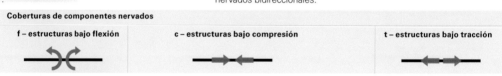

Coberturas de componentes nervados

f – estructuras bajo flexión	c – estructuras bajo compresión	t – estructuras bajo tracción

A

1 apoyo puntual

A b

B

4 apoyos puntuales

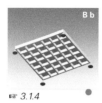
B b
☞ *3.1.4*

B d
☞ *3.2.6*

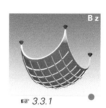
B z
☞ *3.3.1*

no direccional – apoyo puntual

C

1 apoyo lineal

C b

D

2 apoyos lineales

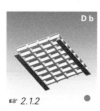
D b
☞ *2.1.2*

D d.1
☞ *2.2.1*

D d.2
☞ *2.2.4, 2.2.5*

D z
☞ *2.3.1*

direccional – apoyo lineal

E

4 apoyos lineales

E b
☞ *3.1.1, .3*

E d.1
☞ *3.2.1*

E d.2
☞ *3.2.2*

E z

no direccional – apoyo lineal

F

apoyo anular

F b
☞ *3.1.6*

F d.1
☞ *3.2.3*

F d.2
☞ *3.2.5*

F z
☞ *3.3.3*

7 Sinopsis de formas estructurales elementales a partir de componentes nervados unidireccionales escalonados jerárquicamente (las variantes con recuadros grises no tienen sentido)

Coberturas de componentes nervados

	f – estructuras bajo flexión	**c – estructuras bajo compresión**	**t – estructuras bajo tracción**

A
1 apoyo puntual

A b

B
4 apoyos puntuales

B b   B d   B z

no direccional—apoyo puntual

C
1 apoyo lineal

C b

direccional—apoyo lineal

D
2 apoyos lineales

D b   D d.1   D d.2   D z

☞ 2.1.2   ☞ 2.2.1, 2.1.2   ☞ 2.2.4   ☞ 2.3.1

E
4 apoyos lineales

E b   E d.1   E d.2   E z

☞ 3.2.1   ☞ 3.2.2

no direccional—apoyo lineal

F
apoyo anular

F b   F d.1   F d.2   F z

☞ 3.1.6   ☞ 3.2.3   ☞ 3.2.5

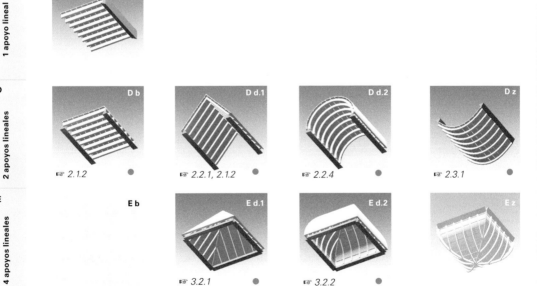

2 Estructuras direccionales ▼

2.1 sometidas a flexión ▼   ### 2.2 sometidas a compresión/flexión ▼   ### 2.3 sometidas a tracción ▼

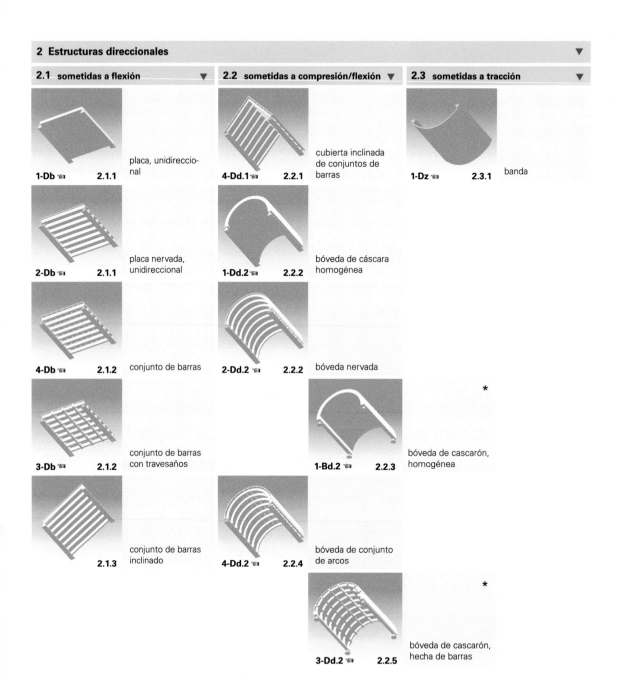

1-Db 🖰   **2.1.1**   placa, unidireccional

4-Dd.1 🖰   **2.2.1**   cubierta inclinada de conjuntos de barras

1-Dz 🖰   **2.3.1**   banda

2-Db 🖰   **2.1.1**   placa nervada, unidireccional

1-Dd.2 🖰   **2.2.2**   bóveda de cáscara homogénea

4-Db 🖰   **2.1.2**   conjunto de barras

2-Dd.2 🖰   **2.2.2**   bóveda nervada

3-Db 🖰   **2.1.2**   conjunto de barras con travesaños

1-Bd.2 🖰   **2.2.3**   bóveda de cascarón, homogénea

*

2.1.3   conjunto de barras inclinado

4-Dd.2 🖰   **2.2.4**   bóveda de conjunto de arcos

*

3-Dd.2 🖰   **2.2.5**   bóveda de cascarón, hecha de barras

8 (Izquierda y derecha) selección extraída del sistema de formas estructurales elementales derivadas en 🗗 **4** a **7** en función de la carga, la forma y el apoyo. Estos tipos de estructura se examinan con más detalle en los siguientes apartados; en esta compilación, los números de apartado y los títulos de los apartados correspondientes están anotados a la derecha de los gráficos. A la izquierda figuran los códigos de orden de las variantes estructurales seleccionadas tal como aparecen en los resúmenes 🗗 **4** a **7**. En algunos casos, son concebibles varias variantes de diseño estructural de los componentes superficiales en cuanto a la variante estructural realizable (variantes **1** a **4** según el *Capítulo IX-1, Apartado 3*, pág. 222 y siguientes), aunque aquí sólo se muestra un solo diseño. Las estructuras marcadas con * están sometidas tanto a compresión como a tracción debido a su apoyo puntual.

3 Estructuras no direccionales ▼

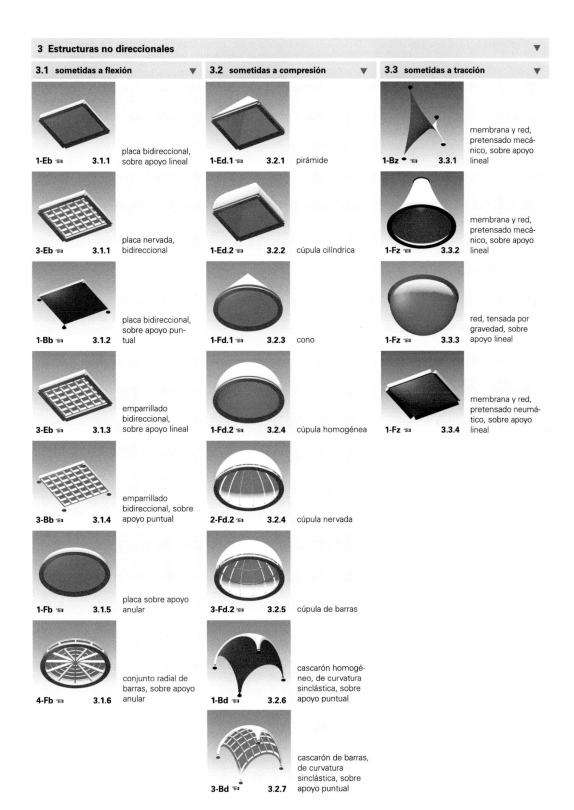

3.1 sometidas a flexión ▼

1-Eb ☎ **3.1.1** — placa bidireccional, sobre apoyo lineal

3-Eb ☎ **3.1.1** — placa nervada, bidireccional

1-Bb ☎ **3.1.2** — placa bidireccional, sobre apoyo puntual

3-Eb ☎ **3.1.3** — emparrillado bidireccional, sobre apoyo lineal

3-Bb ☎ **3.1.4** — emparrillado bidireccional, sobre apoyo puntual

1-Fb ☎ **3.1.5** — placa sobre apoyo anular

4-Fb ☎ **3.1.6** — conjunto radial de barras, sobre apoyo anular

3.2 sometidas a compresión ▼

1-Ed.1 ☎ **3.2.1** — pirámide

1-Ed.2 ☎ **3.2.2** — cúpula cilíndrica

1-Fd.1 ☎ **3.2.3** — cono

1-Fd.2 ☎ **3.2.4** — cúpula homogénea

2-Fd.2 ☎ **3.2.4** — cúpula nervada

3-Fd.2 ☎ **3.2.5** — cúpula de barras

1-Bd ☎ **3.2.6** — cascarón homogéneo, de curvatura sinclástica, sobre apoyo puntual

3-Bd ☎ **3.2.7** — cascarón de barras, de curvatura sinclástica, sobre apoyo puntual

3.3 sometidas a tracción ▼

1-Bz • ☎ **3.3.1** — membrana y red, pretensado mecánico, sobre apoyo lineal

1-Fz ☎ **3.3.2** — membrana y red, pretensado mecánico, sobre apoyo lineal

1-Fz ☎ **3.3.3** — red, tensada por gravedad, sobre apoyo lineal

1-Fz ☎ **3.3.4** — membrana y red, pretensado neumático, sobre apoyo lineal

2. **Sistemas unidireccionales**

■ Los sistemas portantes unidireccionales se caracterizan por la **transferencia de cargas uniaxial**. Son extremadamente importantes en la práctica de la construcción. En comparación con los no direccionales, se caracterizan generalmente por su simplicidad constructiva, su producción menos compleja y, a menudo, también por su característica isoestática interna. Por otro lado, los recorridos de las fuerzas son más largos que en sistemas no direccionales, ya simplemente por las circunstancias geométricas de transferencia de carga— sólo—uniaxial, lo que reduce desde un principio la eficiencia de la estructura. La interacción de los elementos portantes individuales en un sistema estático global también es menos pronunciada en estructuras unidireccionales, por lo que a menudo se requieren componentes de dimensiones más grandes que con descarga bidireccional.

2.1 **Sistemas bajo flexión**

☞ Cap. IX-1, Aptdo. 1.6.2 La cobertura, pág. 204

■ Por las razones ya mencionadas, las coberturas planas, esencialmente sometidas a flexión, son extremadamente importantes en la construcción de edificios y, por lo tanto, se tratarán en detalle a continuación en diferentes variantes.

2.1.1 **Placa con descarga unidireccional**

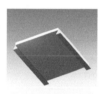

☞ a Aptdo. 3.1.1 Placa bidireccional sobre apoyos lineales, pág. 342
☞ b Cap. X-5, Aptdo. 7.1 Forjados semiprefabricados, pág. 724
☞ c Para el principio de funcionamiento de la flexión transversal, véase también **Vol. 1**, Cap. VI-2, sobre todo Aptdo. 9.1.1 Placa sobre apoyo lineal en cuatro lados, pág. 620

■ Las placas, con descarga unidireccional o, como se comenta más adelante,[a] bidireccional, son las coberturas más utilizadas en la construcción de edificios. Aunque en principio también se puede realizar en otros materiales—en los últimos años también en madera—, la placa suele ser más frecuente como componente sólido de hormigón armado, es decir como **losa**. Hoy en día, este tipo de placa se utiliza sobre todo en forma de losa hecha de **elementos semiprefabricados**.[b]

Las placas son formas constructivas jóvenes en la historia del desarrollo de la construcción. Se comenzaron a realizar con la introducción del hormigón armado moderno. Sólo la capacidad combinada del hormigón armado de formar un componente continuo sin juntas en tres dimensiones (longitud, anchura y grosor) y de absorber fuerzas de tracción y compresión, no sólo en una sino en dos direcciones,[c] creó el requisito previo para la producción de un componente superficial plano sometido a esfuerzos flectores, ideal para coberturas planas. El desarrollo técnico de la losa supuso una profunda revolución en el diseño y la forma de edificios.

Comportamiento portante

☞ Cap. IX-1, Aptdo. 2.1 Transferencia de cargas unidireccional y bidireccional, pág. 208

■ El efecto portante de una losa que se extiende entre dos apoyos lineales opuestos—por ejemplo, dos muros—, es decir, al mismo tiempo sin apoyo en los bordes laterales, corresponde a un elemento portante no sólo con flexión longitudinal, sino también con **flexión transversal**, tal y como se ha comentado en el *Capítulo IX-1* (🗗 **10**). La unión transversal en el componente, y la resultante rigidez a la flexión, es creada por la **continuidad material del hormigón** (absorción de los esfuerzos de flexocompresión en la zona superior de la losa) y por la armadura transversal incorporada (mallas R, absorción de los esfuerzos de flexotracción en la zona inferior). La flexión transversal hace que la placa

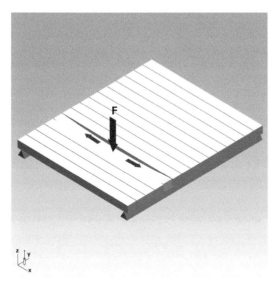

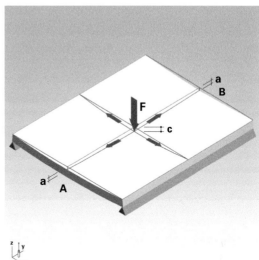

9 Modelo teórico de una placa con descarga unidireccional cortada en tiras según *Cap. IX-1*, 🗗 **58**, p. 210. El efecto placa se pierde; el sistema se asemeja a un conjunto apretado de barras que se sostienen individualmente. Transferencia de carga unidireccional pura.

10 Si, por el contrario, las tiras se funden para formar una placa homogénea, se produce la transferencia de carga bidireccional típica del efecto placa. En consecuencia, en los bordes no soportados **A** y **B** se producen deflexiones (**a**) menores que la que se da en el punto de aplicación de la fuerza (**c**).

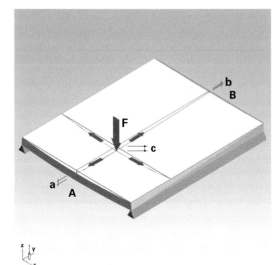

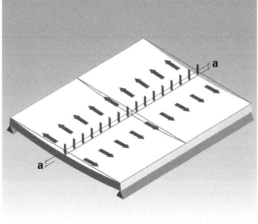

11 La aplicación asimétrica de la fuerza conduce a diferentes deflexiones **a** y **b** de los bordes **A** y **B** en comparación con la disposición simétrica en 🗗 **10**. Esto significa que incluso el borde más lejano (**B**) sigue participando en la transferencia de cargas.

12 Con una aplicación de carga estrictamente uniforme, en relación al apoyo, como la carga distribuida mostrada, la placa no se beneficia de su capacidad de distribución transversal. El efecto de carga en este caso especial es idéntico al de 🗗 **9**, es decir, la transferencia de cargas es estrictamente unidireccional.

se deforme no sólo en la dirección entre los soportes, sino también en la dirección entre los extremos no soportados. En el caso de la **carga discontinua** (🗗 **11**), esta deformación **a** en el extremo libre (**A**), que está más cerca de la carga única o de la componente de fuerza mayor, será mayor que la deformación **b** en el extremo lejano (**B**), pero en ambos casos menor que la deformación **c** en el punto de aplicación de la carga o en la zona de mayor concentración de la misma. Si, por el contrario, la fuerza se aplica en el centro (🗗 **10**), la deformación se distribuye uniformemente en los dos extremos libres **A** y **B**.

Aunque hay un sistema de carga unidireccional, tiene una clara **distribución transversal** de cargas, al igual que, como se comentó, una **flexión transversal**, lo que es beneficioso para cargas puntuales o discontinuas.

Sin embargo, la flexión transversal no ofrece ninguna ventaja decisiva con una carga que va uniformemente distribuida en paralelo a los soportes.

☞ *Véase* 🗗 *12 y Cap. IX-1,* 🗗 *62 en pág. 211*

La célula estructural básica

■ Al igual que otros sistemas unidireccionales, la losa con descarga unidireccional puede combinarse en una célula base estructural con cerramientos en forma de paredes sólidas proporcionando un soporte o, alternativamente, apoyarse en sistemas de esqueleto donde la losa reposa sobre el soporte lineal de una viga (🗗 **30**). En la construcción de hormigón, la viga y la losa pueden hacerse **monolíticas**, es decir, fundirse juntas, de modo que el canto efectivo de la viga se ve incrementado por el espesor de la losa (🗗 **35**).

Extensibilidad

■ Con un grosor de placa determinado, que no debe superar ciertos límites, y por lo tanto con una determinada luz máxima, la célula básica—como todos los demás sistemas unidireccionales—sólo puede ampliarse **añadiendo lateralmente** crujías individuales (🗗 **14**, **15**) (en →**x**). En cambio, en sentido transversal al vano de la cobertura (en →**y**), es teóricamente ampliable de forma infinita, simplemente **continuando la construcción** (🗗 **16**).

☞ *Aptdo. 2.1.2 Cobertura plana compuesta de conjuntos de barras > Extensibilidad, pág. 294*

En el caso de la extensión en altura, prevalecen condiciones similares a las de las coberturas de barras. Al apilar las células se crean estructuras de varios pisos (🗗 **17**, **18**). La transferencia de las cargas verticales en los muros debe considerarse teniendo en cuenta las placas de forjado que se incorporan al plano del muro. La integración de la construcción del forjado en el componente vertical de la pared no es problemática en el caso de losas de hormigón, ya que un forjado de losa puede ir conectado monolíticamente a un muro de hormigón (🗗 **19**) o ir integrado como una banda de hormigón en un muro de obra de fábrica (🗗 **20**). La compresión transversal de una losa de hormigón continua (como en 🗗 **21**) en el soporte del muro no es crítica e incluso puede ser ventajosa. Mejora el anclaje final de la armadura de tracción y aumenta la capacidad de la losa de soportar esfuerzos cortantes. Además, la sobrecarga del muro provoca un cierto empotrado en el apoyo final y activa la rigidez torsional de la losa. Sin embargo, este tipo de compresión transversal sí es crítica para placas de madera maciza que se integran en un muro de carga.[a]

☞ [a] *Cap. X-2, Aptdo. 3.6.5 Enlace pared-forjado, pág. 556*

Con respecto a los retranqueos de los muros (en →**x**), ocurre lo mismo que con coberturas de barras.[b]

☞ [b] *Aptdo. 2.1.2 Cobertura plana compuesta de conjuntos de barras > Extensibilidad, pág. 294*

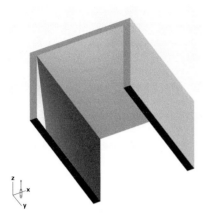

13 Una losa con descarga unidireccional (→**x**) es prácticamente comparable a un sistema de barras unidireccional según ⊟**31** en términos de transferencia de cargas. Sin embargo, tiene una clara capacidad para distribuir transversalmente cargas no uniformes (→**y**).

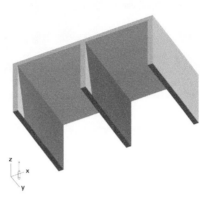

14 También la losa de descarga unidireccional sólo puede ampliarse en la dirección de descarga (→**x**) añadiendo crujías.

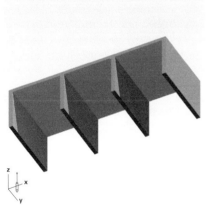

15 Posibilidad de ampliación en el sentido de la descarga (→**x**) mediante la adición sucesiva de crujías.

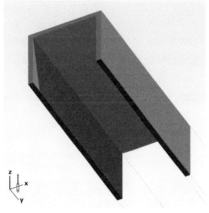

16 Extensibilidad ilimitada en dirección longitudinal (→**y**), es decir, transversal a la dirección de descarga, simplemente extendiendo el sistema.

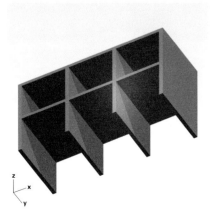

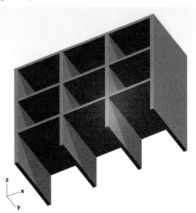

17, **18** Ampliación por apilamiento de células. Se crean edificios de varias plantas.

Placa nervada con descarga unidireccional

☞ **Vol. 4**, Cap. 1, Aptdo. 6.1 La influencia del plan de construcción

■ Las placas tienen una relación favorable entre el grosor y la luz (aproximadamente 1:30). Sin embargo, debido a su **peso** bastante grande por unidad de superficie, existen límites relativamente estrechos para el espesor de losas de hormigón. A partir de una determinada luz, que se alcanza en torno a los 8 m y que conlleva espesores de unos 30 cm, una buena parte de la capacidad de carga de la losa de hormigón se consume para soportar la propia carga muerta, por lo que resulta antieconómica.

Diferentes **variantes constructivas** de la placa dan respuesta a esta limitación. En ellas, la losa maciza se transforma en un elemento de sección ahuecada, lo que supone un primer paso hacia un verdadero elemento nervado. En este último, los nervios y el tablero de entrevigado están conectados monolíticamente e interactúan estáticamente de manera que una franja del tablero a lo largo del nervio actúa como un cordón de compresión del mismo, y el nervio a su vez actúa como un cordón de tracción, es decir su armadura de acero. Las placas de remate pueden disponerse en un lado encima de las costillas (como en losas nervadas) o en ambos lados de las mismas (como en losas alveoladas).

Las losas nervadas permiten una importante reducción de peso y un aumento de las luces, pero requieren mayores cantos. A continuación se comentan algunas de las variantes de diseño más comunes.

Variantes de ejecución

☞ **Vol. 3**, Cap. XIV-2, Aptdo. 5.1.1 Forjado de hormigón in situ

■ Las losas macizas y las losas nervadas pueden presentarse en la práctica de la construcción en las siguientes variantes de diseño:

• **losas macizas**:

•• **losa maciza** hormigonada in situ. Tipo de ejecución convencional.

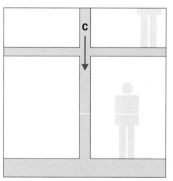

19 Integración monolítica de un piso de losa en un muro de hormigón; **C** carga.

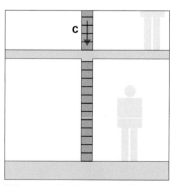

20 Incorporación de una losa sólida en un muro de carga de obra de fábrica en forma de viga de zuncho incorporada.

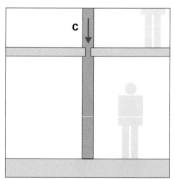

21 Incorporación de un piso no macizo, por ejemplo de madera, en un muro de carga. Debilitamiento de la sección transversal de la pared.

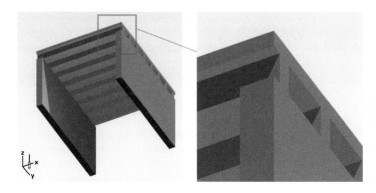

22 Reducción del peso muerto de la losa formando costillas. La losa y el nervio se fusionan y actúan juntos en la transferencia de cargas (losa nervada en hormigón armado).

23 Vista detallada.

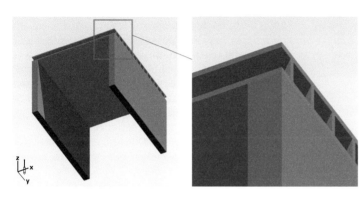

24 Al ahuecar la losa se consigue un efecto portante similar al de ⊟ **22** con una importante reducción de peso (losa alveolada en hormigón armado).

25 Vista detallada.

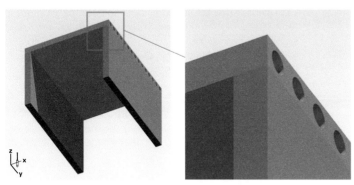

26 Losa alveolada análoga a ⊟ **24**, pero con cavidades cilíndricas.

27 Vista detallada.

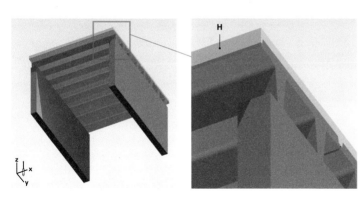

28 Losa nervada prefabricada compuesta de placas de doble costilla. Se consigue un efecto combinado de placa y diafragma añadiendo una capa de hormigón **H**.

29 Vista detallada.

•• forjado de **elementos semiprefabricados**: Hoy en día el tipo de ejecución más extendido. Por razones constructivas y de fabricación, esta versión requiere espesores de losa algo mayores y más acero de armadura que la losa de hormigón in situ. Por otro lado, es muy económica por su rápida y sencilla fabricación (con prelosa como encofrado perdido).

•• forjado de **losa alveolada** (⊟ **24–27**, **30**): Se fabrica como elemento prefabricado y tiene cavidades en la altura media de la sección donde los esfuerzos de flexocompresión y flexotracción son mínimos.

☞ *Cap. X-4*, ⊟ **53–55** *en pág. 676 así como*
***Vol. 3**, Cap. XIV-2, Aptdo. 6. Forjados en
construcción nervada > 6.3 Forjados de
hormigón armado en construcción nervada*

•• **losa nervada**, **losa en pi** (⊟ **22**, **23** así como **28**, **29**): Las nervaduras dan a la placa la rigidez necesaria para cubrir mayores luces. La placa en sí sola es un entrevigado que va de nervio a nervio, por lo que su grosor—y, por tanto, el peso muerto del forjado en general—puede reducirse en gran medida. Una franja de placa cooperante también actúa como cordón de compresión de la nervadura.

Las losas nervadas se prestan muy bien para la prefabricación, donde se producen, en particular, con el método de **pretesado** de unión inmediata.

Los forjados de losa alveolada representan ya una forma de transición hacia el **elemento nervado** (variante estructural **2**). Aunque los forjados de losa nervada ya pueden entenderse morfológicamente como elementos nervados, se caracterizan por una unión monolítica entre la costilla y la losa de entrevigado y, por tanto, conservan ciertos rasgos típicos de la losa sólida (variante estructural **1**).

☞ ***Vol. 3**, Cap. XIV-2, Aptdo. 6.2.2 Forjado
compuesto de acero y hormigón*

• **forjado compuesto** de acero y hormigón: Se activa una cooperación entre un perfil de acero y la losa de hormigón de entrevigado. El perfil de acero asume esencialmente las fuerzas de tracción, la losa de hormigón las fuerzas de compresión.

☞ ***Vol. 3**, Cap. XIV-2, Aptdo. 6.1.6 Forjado
compuesto de madera y hormigón*

• **forjado compuesto** de madera y hormigón: El efecto compuesto entre la madera y el hormigón es análogo al que se produce entre el acero y el hormigón, por lo que la madera—como el acero—absorbe esencialmente las fuerzas de tracción.

☞ ***Vol. 3**, Cap. XIV-2, Aptdo. 5.1.5 Forjado
de madera maciza*

• **forjado de madera maciza**: Este es el caso relativamente raro de una losa que *no* es de hormigón. En este caso, la placa del forjado está hecha de materiales en base de madera modernos, ya sea madera de tablas apiladas, madera microlaminada o madera laminada cruzada. Mientras que los dos primeros diseños actúan como placas unidireccionales debido a la orientación uniaxial de sus fibras, la última variante puede utilizarse para crear una

30 Montaje de un elemento de losa unidireccional (losa alveolada).

31 Losa alveolada, en voladizo sobre viga.

32 Losa alveolada. Juntas de relleno visibles.

33 Elemento de forjado unidireccional.

34 Vigas maestras (transversales en la imagen) y elementos de forjado unidireccionales (longitudinales) apoyados sobre ellas ejecutados **de igual canto**. A pesar de la falta de apilamiento, la transferencia de cargas es, sin embargo, jerárquica. Los elementos del forjado de hormigón pretesado no habrían sido continuos aunque se hubieran apilado (edificio de fábrica en Como, Italia, arqu: A. Mangiarotti).

placa casi bidireccional, es decir, con descarga en dos direcciones, gracias a las capas del tablero conectadas en cruz. Cuando las capas del tablero se encolan entre sí, éste también es capaz de actuar como un diafragma resistente al cizallamiento.

☞ **Vol. 3**, Cap. XIV-2, Aptdo. 6.1.4 Forjado de panel de madera y Aptdo. 6.1.5 Forjado de elementos de construcción de madera

• forjado de **paneles de madera** y forjado de **elementos de madera**: Además de las placas de madera maciza descritas anteriormente, también se utilizan elementos nervados. Éstos, dependiendo del diseño, pueden considerarse una forma de transición a un elemento formado por costillas.

Arriostramiento

■ Gracias a su homogeneidad e isotropía, las losas macizas—a diferencia de los sistemas de barras que se comentan en el siguiente apartado—son intrínsecamente rígidas a cortante en su plano (**xy**, ⊟ **22**–**29**) y pueden utilizarse como **diafragmas** para el arriostramiento de edificios sin medidas adicionales. En el contexto de una célula estructural básica, las losas macizas son, por tanto, muy adecuadas para la conexión estructural de la célula a puntos fijos externos, como núcleos.

Los pórticos de varias plantas requieren un arriostramiento en el plano del pórtico (**xz**). Esto se puede hacer conectando a núcleos arriostrantes, para lo cual se pueden utilizar bien las losas macizas, que actúan de por sí como diafragmas. El arriostramiento por un efecto pórtico empleando la rigidez a la flexión de las paredes/forjados y a través del diseño resistente a la flexión de la conexión pared-forjado prácticamente no es posible. Esto requiere componentes más rígidos, como pilares y vigas, que puedan unirse para formar pórticos rígidos. A menudo se utilizan pórticos de hormigón armado o compuestos prefabricados.

☞ Cap. IX-1, Aptdo. 1.6.1 El elemento de cerramiento plano, sobre todo ⊟ **28** a **33**, pág. 199

Como ya se ha mencionado en el Capítulo IX-1, también hay que considerar el caso en el que la losa no se apoya en muros sino en vigas en forma de barra. Este es el caso con estructuras de esqueleto. Se produce entonces una **transferencia indirecta de cargas**.

☞ Aptdo. 2.1.2 Cobertura plana compuesta de conjuntos de barras > Arriostramiento, pág. 294, así como 2.1.3 Arriostramiento de estructuras de esqueleto, pág. 309

Las condiciones de arriostramiento de células estructurales básicas con losas de descarga unidireccional son análogas a las de conjuntos de barras en sistemas de muros y esqueleto y se analizan con más detalle a continuación.

Uso en la construcción de edificios —aspectos de proyecto

■ La losa maciza de hormigón es muy importante en la construcción de edificios modernos porque reúne ventajas que otras construcciones de forjado sólo tienen en parte. Por este motivo, se examinan a continuación con más detalle. Se aplican de la misma manera—en algunos casos incluso con mayor justificación—a las losas macizas con descarga **bidireccional**, tal y como se comenta a continuación.

☞ Aptdo. 3.1.1 Placa bidireccional sobre apoyos lineales, pág. 342

Las losas macizas tienen ventajas, por ejemplo, en cuanto a la **transferencia de cargas**:

- **efecto diafragma** en el **plano horizontal**: Suele utilizarse para arriostrar el edificio. Resulta automáticamente sin medidas adicionales gracias al componente monolítico e isótropo fabricado por moldeado y a una armadura orientada biaxialmente.

- relación muy favorable entre el **grosor** de los componentes y la **luz** en el margen habitual de luces de menos de aproximadamente 8 m. Especialmente cuando la altura del edificio y el volumen construido tienen que ser mínimos—como en la construcción de viviendas de pisos—este aspecto es de extraordinaria importancia. Las losas de descarga bidireccional pueden incluso hacerse más delgadas que las de descarga unidireccional.

☞ *Aptdo. 3.1.1 Placa bidireccional sobre apoyos lineales, pág. 342*

- la buena **distribución transversal** de cargas permite una gran libertad de proyecto a la hora de apoyar el forjado y de disponer huecos en el mismo. Por ejemplo, son ejecutables disposiciones no regulares de apoyos. También en este aspecto, las placas de descarga bidireccional presentan ventajas adicionales sobre las de descarga unidireccional.

☞ *Aptdo. 3.1.1 Placa bidireccional sobre apoyos lineales, pág. 342*

O en términos de **fabricación**:

- **condiciones geométricas** relativamente favorables para el formado y vertido, ya que se trata de un componente plano y no perfilado. En particular, el vaciado horizontal—en comparación con el vaciado vertical de muros—es una ventaja significativa de la losa maciza, ya que se ahorra una superficie completa de encofrado, es decir, la superficie superior. Incluso la compactación del hormigón fresco en el fondo del encofrado, que a veces es crítica con encofrados verticales, no es problema con la losa vertida horizontalmente debido a la escasa profundidad de hormigonado (idéntica al espesor de la losa).

- Gracias al uso de **sistemas modulares** de encofrado y de prelosas **semiprefabricadas**, los trabajos de encofrado, siempre costosos, se han simplificado considerablemente. Las losas macizas también son competitivas en términos de coste.

☞ *Cap. X-5, Aptdo. 6. Técnica de encofrado, pág. 716*
☞ *Ibid. Aptdo. 7. Semiprefabricados, pág. 722*

- Los elementos singulares como perforaciones, huecos para equipo técnico (por ejemplo, para luminarias) o cables (tubos corrugados para la instalación eléctrica, tramos de tuberías) pueden integrarse de forma flexible y ejecutarse con relativa facilidad en la producción.

Un último factor, pero no por ello menos relevante, son importantes ventajas relacionadas con el **uso**:

☞ **Vol. 1**, Cap. VI-4, Aptdo. 3.3.3 Comportamiento acústico aéreo de componentes > Componentes de una hoja, pág. 755

☞ **Vol. 1**, Cap. VI-4, Aptdo. 3.4.2 Comportamiento acústico de impacto de forjados, pág. 771, y Aptdo. 3.4.3 Mejora del aislamiento acústico de impacto por medio de revestimientos de suelo, pág. 772

- buen **aislamiento acústico aéreo** gracias al elevado peso por unidad de superficie del tablero macizo.

- suficiente **aislamiento acústico de impacto** cuando se combina con un solado adherido y un suelo resiliente blando. Se trata de un aspecto importante, ya que en los edificios administrativos sólo esta construcción de piso garantiza la necesaria **reubicación** libre de tabiques manteniendo una suficiente protección acústica contra impactos. Las construcciones de forjado con suelos flotantes no son adecuadas para esto. En estas condiciones, la **masa** total del forjado juega un papel decisivo.

- buena **protección contra incendios**. Incluso el grosor de la losa exigido estáticamente da lugar a un componente **resistente al fuego**.

- gran masa de **almacenamiento térmico**. Especialmente en verano, esta propiedad resulta muy importante para almacenar temporalmente el exceso de calor y refrigerar el edificio. Pero incluso durante los periodos de transición —especialmente con acristalamiento de gran superficie y el alto nivel de aislamiento habitual hoy en día—la inercia térmica de una losa sólida puede ser necesaria para evitar un sobrecalentamiento temporal en el espacio interior.

En su variante de losa con descarga unidireccional y apoyada linealmente, la losa maciza está predestinada sobre todo para aquellos casos en los que, por su uso, se utilizan muros como cerramientos, es decir, en particular para métodos de **construcción celular** como los habituales en la construcción residencial. Las luces de entre 5 y 8 m apropiadas para este tipo de forjado pueden conciliarse fácilmente en términos de proyecto con los siguientes ejemplos de uso:

- la anchura de **dos habitaciones** individuales;

- la anchura de **tres pequeñas células** individuales, como las que se realizan en los conceptos de oficinas combinadas;

- la anchura de **tres plazas de garaje**: (3 x 2,5 m = 7,5 m). En el caso de garajes subterráneos, éstas deben estar generalmente integradas en la misma trama estructural que la de los usos de las plantas superiores.

☞ Cap. IX-1, Aptdo. 2.2 Influencias de la transferencia de carga sobre la geometría de la célula base, pág. 212

En el *Capítulo IX-1* se exponen algunas consideraciones fundamentales para la **determinación de luces** con coberturas direccionales.

35 Estructura portante de un edificio prefabricado en el estado de construcción: placas de forjado prefabricadas unidireccionales sobre vigas, pilares prefabricados continuos de tres plantas con soportes de ménsula.

36 Vista lateral de la estructura mostrada arriba. Los nervios de los elementos de forjado están perforados para el paso de instalaciones.

2.1.2

Cobertura plana compuesta de conjuntos de barras

☞ [a] **Vol. 1**, Cap. VI-2, Aptdo. 9.4 Elemento compuesto por costillas espaciadas uniaxiales, pág. 639

☞ [b] Cap. IX-1, Aptdo. 3. El diseño constructivo del elemento superficial envolvente, pág. 222

Extensibilidad

☞ Aptdo. 2.1.1 Placa con descarga unidireccional, pág. 282

■ Una forma mucho más antigua de cubrir un espacio con un elemento plano que una losa maciza es el **forjado de vigas** formado por uno o varios grupos de barras apilados. Es muy antiguo, especialmente en la variante del forjado de vigas de madera (⊟ **37**). En su forma más sencilla, se extiende un nivel, conjunto o carrera de vigas paralelas entre dos paredes paralelas (⊟ **38**). La construcción de piso resultante puede considerarse como un sistema nervado unidireccional, tal y como se define en el *Capítulo VI-2*,[a] yendo dirigidas en este caso las cargas externas dominantes, es decir, las cargas muertas y vivas, *ortogonalmente* a la superficie del elemento. En el sentido de nuestra clasificación de estructuras constructivas de elementos superficiales, [b] el forjado de vigas pertenece a la variante **2** ó **4**, según el diseño.

■ En la dirección de las vigas (→**x**), esta célula básica sólo puede ampliarse, debido a la limitación de la luz de las mismas, de forma análoga a la losa de descarga unidireccional, es decir **añadiendo lateralmente** otra célula (⊟ **39**). Por lo tanto, se crean *crujías* paralelas (⊟ **40**).

En la dirección de la pared (→ **y**), sin embargo, esta célula básica, siguiendo su principio estructural, puede ampliarse básicamente de forma infinita, ya que sólo hay que alargar las paredes y suplementar el grupo de vigas (⊟ **41**).

En altura (→**z**), estos tipos de célula son ampliables por simple apilamiento (⊟ **42**, **43**). De nuevo, como en el caso de las losas, hay que aclarar cómo se produce la integración del conjunto de barras en el muro de carga y la transferencia de cargas verticales a través de la conexión muro-forjado. Por regla general, se evita que las cargas verticales se transmitan a través del grupo de barras por compresión de

37 Cobertura plana hecha de un conjunto de barras: forjado de vigas de madera en el Ayuntamiento de Ratisbona.

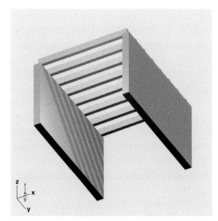

38 Cobertura consistente en un conjunto plano de barras entre muros de carga.

39 Ampliación de la célula básica en ⊟ **38** en la dirección de descarga del grupo de barras (→**x**) añadiendo una crujía conectada en paralelo.

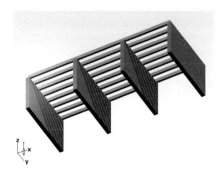

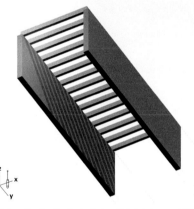

40 Extensión arbitraria de la célula básica en la dirección de descarga del conjunto de barras (→**x**) por agregación de crujías, pero a costa de la segmentación de los espacios cerrados.

41 Ampliación ilimitada de la célula básica en ⊟ **38** en la dirección de la pared (→**y**), es decir, transversal a la dirección de las barras, simplemente ampliando el principio de construcción de la célula básica.

42, **43** Ampliación de la célula básica en ⊟ **38** en altura (→ **z**).

☞ **Vol. 1**, Cap. IV-5, Aptdo. 4. Propiedades
mecánicas, pág. 285

las mismas (⊟ **46**–**48**). Esto es especialmente cierto en el caso de vigas de madera, que no pueden tolerar ninguna compresión transversal significativa, ya que la madera carece de la rigidez y la resistencia necesarias en perpendicular a la dirección de la veta. En su lugar, se deja un tramo de sección de muro residual suficiente en el núcleo del mismo entre las vigas que acometen frontalmente por ambos lados para la transmisión de la fuerza (en tal caso no es posible un efecto de continuidad de las vigas; ⊟ **47**, **48**) o, alternativamente, se transfiere la carga en los machones de muro que quedan intactos entre vigas adyacentes (⊟ **46**).

Para los apoyos finales de los forjados de vigas, se requiere una conexión articulada sobre un listón de centrado para posibilitar los ángulos de flexión que surgen por la deformación de las vigas en el apoyo. Además de evitar la compresión transversal en los forjados de vigas de madera (véase más arriba), también esto requiere desacoplar el apoyo del forjado de la transferencia de carga vertical dentro de la pared. Un ejemplo común de esto son los apoyos de los extremos del forjado en muros de obra de fábrica sobre cornisas o ménsulas sobresalientes (⊟ **44**, **45**). Además, la estricta separación constructiva de la pared y la viga en los forjados de vigas de madera protege la madera de la putrefacción debida a la humedad contenida en la fábrica.

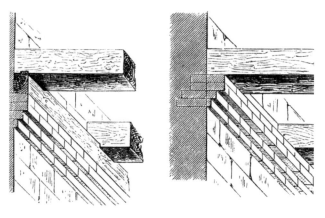

44 Apoyo de las vigas de madera de un forjado en un muro: El apoyo se efectúa sobre una cornisa continua de bloques de piedra salientes. La viga de madera está bien ventilada en todo su perímetro y no corre el riesgo de pudrirse por efecto de la humedad contenida en el núcleo del muro (véase también la variante en ⊟ **48**).

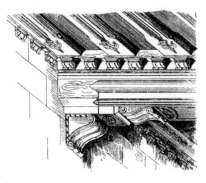

45 Ejemplo histórico de un apoyo de viga sobre una ménsula de piedra en voladizo insertada en el aparejo del muro. Las condiciones son comparables a las de ⊟ **44**.

Los retranqueos entre muros de plantas superpuestas aumentan notablemente el momento flector y el esfuerzo cortante en las vigas y anulan el efecto de diafragma del muro (⊟ **49, 50**). Es difícil imaginar circunstancias en las que esto pueda ser deseable, por lo que, de antemano, estos retranqueos deben evitarse por principio. En casos excepcionales, como en el caso de vigas con voladizos, los retranqueos de muros pueden aliviar los esfuerzos en las vigas (véase la construcción de entramado de madera: fachadas salientes) (⊟ **51**).

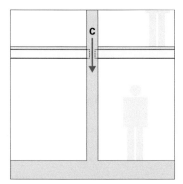

46 Transferencia de la carga **C** a través de los machones restantes del muro entre las cabezas de las vigas. Viga empotrada en la pared en huecos individuales.

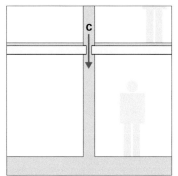

47 Transferencia de la carga **C** por una sección transversal de pared continua que queda entre los extremos de las vigas. Grupo de vigas apoyado en un rebaje continuo: debilitamiento de la sección transversal del muro.

48 Transferencia de la carga **C** por la sección transversal del muro inalterada. Apoyo de las vigas sobre un elemento separado (ménsula, viga corredera).

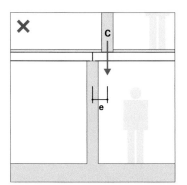

49 Desplazamiento **e** entre muros superpuestos. Momento de carga adicional **C·e** sobre la viga (o losa) de la derecha, así como esfuerzo cortante añadido que de otro modo no existe. El muro ya no puede desarrollar un efecto de diafragma rígido a lo largo de varios pisos. Esta solución debe evitarse por principio.

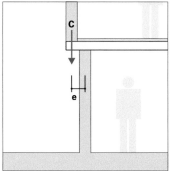

50 Desplazamiento **e** entre muros superpuestos. Momento aliviante **C·e** sobre la viga con voladizo. Un efecto de diafragma del muro no es posible, tal como a la izquierda en ⊟ **49**.

51 Típica construcción de entramado de madera con armazones de pared salientes en cada planta, cada uno de los cuales se apoya en los extremos en voladizo de las vigas de forjado.

Interconexión espacial de células añadidas

☞ *Véase Cap. IX-1,* ⊟ **38–42**, *pág. 201*

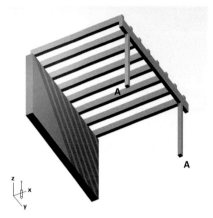

52 Reemplazo de una hoja de muro portante y envolvente por una armazón **A-A** formada por soportes y una viga maestra.

El problema de la iluminación y ventilación de células añadidas

■ Para interconectar crujías adyacentes, por ejemplo por imperativos de uso, basta con que haya **aberturas** suficientemente grandes en el paño de la pared de separación. Sin embargo, si se pretende fusionar estas células en una unidad espacial interconectada, se puede sustituir un muro de separación por una **armazón** compuesta de pilares y vigas (**A-A**) (⊟ **52**). De este modo, se pueden crear grandes unidades espaciales conectadas (⊟ **53**, **54**). La estructura unidireccional de crujías sigue siendo reconocible en las posiciones de las columnas. El diseño plano de la cobertura favorece—en contraste con una bóveda, por ejemplo—la creación de un espacio continuo.

Se pierde en esta armazón, por tanto, el **efecto arriostrante** de las paredes diafragma que se sustituyen por un entramado no rígido al descuadre: Pueden ser necesarias medidas compensatorias adecuadas en la dirección del muro o de la viga (→ **y**). Estas armazones interiores también pueden fijarse a las paredes diafragma exteriores utilizando el **efecto diafragma del forjado**. El efecto diafragma de un forjado de vigas de madera debe asegurarse por una viga anular dispuesta circunferencialmente. Esto une las vigas individuales y distribuye las cargas horizontales entrantes entre ellas. Tiene sentido ejecutar las vigas encima de los pilares como vigas continuas para poder reducir los momentos de vano y, por lo tanto, el canto de viga estáticamente necesario.

Como en todos los edificios con grandes profundidades de espacio, se plantea aquí la cuestión de la **iluminación** y **ventilación** adecuadas de los espacios interiores, que ya no pueden garantizarse sólo con ventanas en los muros perimetrales. Esta cuestión se profundiza en el siguiente apartado.

■ Como ya se ha mencionado, las zonas periféricas del espacio junto a las paredes exteriores pueden iluminarse y ventilarse a través de huecos de ventana; en cambio, esto no es posible en las zonas del interior. Cuantas más crujías se añaden lateralmente, más se agudiza el problema.

53 Esta solución permite interconectar las crujías del sistema unidireccional, que de otro modo estarían segmentadas, para formar un volumen espacial continuo.

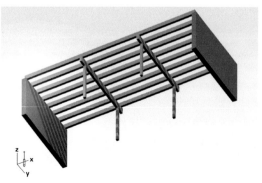

54 Las crujías sólo se distinguen entonces por las filas de columnas y las cesuras del techo creadas por las vigas, que posiblemente quedan visibles.

Como respuesta a esta necesidad surgió en la evolución de las formas arquitectónicas la sección transversal basilical. Esta denominación se remonta al tipo de edificio de la **basílica**, que tiene sus orígenes en la antigüedad y se caracteriza por la crujía o nave central elevada (⊟ **55–57**) o por una secuencia de crujías escalonadas en altura descendiendo desde el centro hacia los lados. En las paredes laterales de la crujía central sobresaliente se pueden practicar aberturas de ventana para suministrar luz y aire a la zona central. La ventilación se ve apoyada por la fuerza ascensional térmica natural: El aire interior más cálido asciende por la crujía central y escapa por las ventanas superiores, mientras que el aire fresco más frío entra por las aberturas laterales de las ventanas inferiores.

Aunque esta configuración de edificio no es absolutamente necesaria hoy en día para la iluminación y la ventilación de zonas interiores, ya que ahora—a diferencia del pasado—existen posibilidades constructivas para realizar aberturas grandes con fines de iluminación y ventilación en una superficie de cubierta, también se encuentra ocasionalmente en edificios modernos. Aunque la denominación de basílica sugiere que se trata de una forma arquitectónica exclusivamente sacra, esta particular sección de edificio también se ha realizado con frecuencia para muchos otros usos, por ejemplo en la construcción industrial.

En algunas de las estructuras portantes que se muestran como ejemplos (⊟ **57**), el techo de vigas estaba equipado adicionalmente con cubiertas inclinadas—tanto sobre la crujía central como sobre las crujías laterales—para una mejor protección contra la intemperie.

55 Ejemplo de un concepto de edificio como el mostrado en ⊟**57** (*San Miniato al Monte*, Florencia).

56 Elevación de una crujía interior para la iluminación y ventilación de la zona central del espacio interior de crujía múltiple.

57 Cobertura de los vanos estructurales con techumbres inclinadas. Estructura de tres naves o tres crujías como en los tipos de edificios basilicales históricos.

Arriostramiento

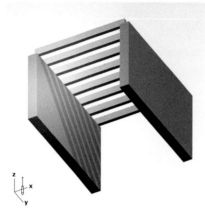

58 Arriostramiento de la célula base contra fuerzas horizontales en dirección de las barras (→**x**) por medio de muros de gravedad.

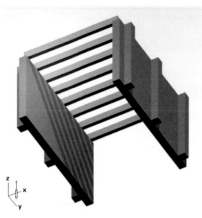

59 Arriostramiento de la célula base contra fuerzas horizontales en dirección de las barras (→**x**) por medio de contrafuertes.

☞ [a] *Cap. X-1, Aptdo. 4.2.1 Muro de gravedad, pág. 479*

☞ [b] ***Vol. 1**, Cap. VI-2, Aptdo. 9.3 Elemento compuesto por bloques de construcción > 9.3.2 Aparejo—solapamiento actuando por compresión, ⏢ **143**, pág. 637*

☞ [c] *Cap. X-1 Construcción de obra de fábrica, pág. 460*

☞ [d] *Cap. X-1, Aptdo. 5.1 Método de construcción celular, pág. 486*

■ En la dirección de las paredes (→**y**), el sistema puede considerarse rigidizado frente a fuerzas horizontales, siempre que éstas actúen en su plano como **diafragmas**. El requisito previo para ello es la necesaria resistencia a la tracción y a la compresión de los paños del muro o una **sobrecarga** suficiente para transferir las cargas horizontales por completo al terreno sin que se produzcan esfuerzos de tracción—como se requiere sobre todo en obra de fábrica. Transversalmente al plano de la pared (→**x**) el sistema no está arriostrado. Para conseguirlo, son concebibles las siguientes medidas:

• Los muros pueden ejecutarse como **muros pesados de gravedad** (⏢ **58**) y así estabilizarse por sí mismos.[a] Las fuerzas horizontales se *sobrecomprimen* prácticamente por la combinación de una gran carga muerta y una zona de apoyo más ancha debida al mayor grosor de la pared. Esta solución está asociada a un gran consumo de material y no juega ningún papel en la práctica de la construcción moderna.

• Siempre que se trate de muros de hormigón armado capaces de absorber fuerzas de flexotracción, es posible un **empotrado**—contra esfuerzos flectores en el plano **xz**—en la cimentación hasta una determinada esbeltez del muro.

• **Contrafuertes**, **machones** o **pilastras**, externos o internos, refuerzan el muro contra fuerzas horizontales (⏢ **59**, **60**).

• Una **pared transversal** estabiliza las dos paredes longitudinales. Se requiere una unión firme en la intersección de ambas paredes. Las paredes transversales pueden servir al mismo tiempo para dividir el espacio en secciones, es decir, células espaciales (⏢ **63**). El mismo efecto se consigue también con paredes transversales situadas en el exterior de la célula espacial (⏢ **65**, **66**). Sin embargo, los tramos de muro a ambos lados del muro transversal de arriostramiento (**extremos libres**) están sometidos a flexión y, por tanto, su anchura de vano está limitada. Esto es especialmente cierto para paredes de obra de fábrica.[b]

• Duplicando las paredes transversales, se pueden crear habitaciones cerradas por todos los lados (⏢ **64**). La desventaja de la variante anterior, a saber, que los extremos libres de los paños de pared longitudinales no se sujetarían y estarían en peligro en construcción de fábrica,[c] por ejemplo, se compensa con el hecho de que las paredes transversales y longitudinales se apoyan y estabilizan mutuamente. Los extremos libres se obvian sistemáticamente formando juntas a tope, en cruz o en esquina (⏢ **61**). Se crea el método de **construcción celular**.[d] De esta célula básica se desprende que hay dos categorías de muro en este sistema unidireccional (⊟ **62**):

•• **muros portantes**: muros sobre los que se apoyan las vigas (**P**), y:

•• **muros arriostrantes**: muros que no soportan vigas y sólo respaldan y estabilizan lateralmente los muros portantes (**A**). Sin embargo, estos también requieren una carga vertical suficiente para desarrollar su efecto rigidizante, sobre todo en la construcción de obra de fábrica. Si es necesario, al menos una parte de las cargas de los pisos se puede transferir a estas paredes cambiando la orientación de las vigas en los pisos superiores.

60 Pilastras.

Cuando se apoyan transversalmente los paños de pared, hay que tener en cuenta, en principio, que un paño de pared cargado transversalmente a su plano, por ejemplo por una fuerza de viento, y apoyado transversalmente varias veces, por ejemplo por paredes transversales o contrafuertes, sólo puede salvar una luz limitada entre apoyos. Esto se debe a que el muro debe repartir las cargas horizontales transversalmente a los elementos estructurales de soporte mediante flexión. Un muro de obra de fábrica, no obstante, sólo puede transferir la carga hasta cierto punto utilizando su propia limitada rigidez a la flexión El conjunto de barras del forjado no es capaz de rigidizar el muro por sí mismo sin medidas adicionales, no siendo rígido al descuadre, al contrario que una losa. Para rigidizarlo también en su canto superior en falta de un forjado rígido al descuadre, un muro de fábrica puede complementarse con una **viga anular**, que puede transferir la carga a los puntos fijos— como muros transversales—mediante flexión. Un **zuncho anular** también tiene un cierto efecto. La viga anular une el forjado de vigas para formar un diafragma. Para este efecto de carga bajo flexión con el fin de distribuir cargas

☞ *Véase el patrón de fallo en **Vol. 1**, Cap. VI-2, Aptdo. 9.3.2 Aparejo—solapamiento actuando por compresión, ⊟ **143**, pág. 637*

☞ *Cap. X-1, Aptdo. 4.2 Refuerzo y estabilización de muros en construcciones de obra de fábrica, pág. 479*

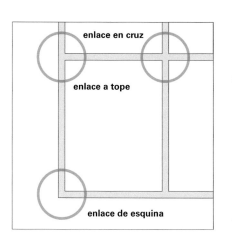

enlace en cruz

enlace a tope

enlace de esquina

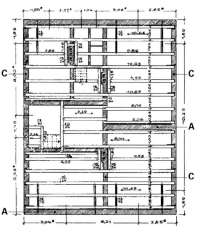

61 En el **método de construcción celular**, típico de la construcción de obra de fábrica, se evitan los extremos libres, es decir, no sujetos, de los muros formando enlaces a tope, en cruz y en esquina.

62 Diferenciación entre muros de **carga** (**C**) y muros de **arriostramiento** (**A**) en función del apoyo de los forjados de vigas en el piso mostrado. Sin embargo, las direcciones de las vigas a menudo se alternan piso por piso, entre otras cosas con el fin de introducir cargas adicionales en los muros arriostrantes **A**, que de otro modo no estarían cargados y por tanto no podrían ejercer su efecto arriostrante.

63 Arriostramiento de la célula básica contra fuerzas horizontales en dirección de las barras (→**x**) por medio de un **muro transversal** (**MT**). Sin embargo, cuando se construye en obra de fábrica, las fuerzas horizontales sólo pueden transferirse al componente rigidizante, es decir, aquí el muro transversal, si una viga anular (cf. 🔲 **70**) transfiere estas fuerzas a través de la flexión o, alternativamente, una losa diafragma como en 🔲 **64** a **69**. Lo mismo ocurre con los ejemplos de 🔲 **64** a **66**.

64 Varios muros transversales de arriostramiento (**MT**) crean células espaciales cerradas. El resultado es, por así decirlo, una caja o célula rígida cerrada.

65 Los muros transversales de arriostramiento (**MT**) también pueden disponerse externamente.

66 Todas las fuerzas de tracción y compresión horizontales externas en dirección de las vigas (→**x**) son absorbidas por el muro arriostrado (**M**, **MT**) a la derecha. En el ejemplo asimétrico mostrado, las fuerzas horizontales sobre el muro no arriostrado de la izquierda (**M′**) se transmiten axialmente a través del grupo de vigas al muro arriostrado (**M**) y luego por flexión de una viga anular a las muros transversales rigidizadores de la derecha (**MT**) .

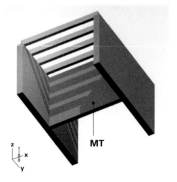

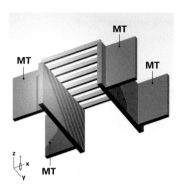
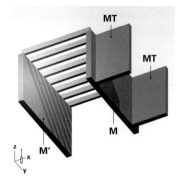

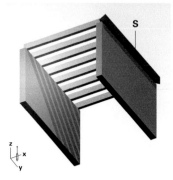

67 Apoyo de los muros en dirección transversal (→**x**) mediante un soporte externo **S** (aquí representado simbólicamente como apoyo lineal) en el plano del forjado, por ejemplo mediante losa diafragma y núcleo de contraviento.

☞ *Cap. IX-1, Aptdo. 3.5 El arriostramiento de sistemas de barras en su superficie, pág. 226*

también es útil en muros de fábrica o de hormigón armado una carga superpuesta produciendo una sobrecompresión.

- Un **forjado diafragma** conectado a uno o varios puntos fijos—por ejemplo, a un núcleo arriostrante o a paños de pared adecuadamente dispuestos fuera de la célula estructural—puede estabilizar la construcción global de la célula básica, incluidas las paredes de cerramiento (🔲 **67–72**). Las medidas constructivas para convertir un sistema de barras sin rigidez a cizallamiento en un diafragma rígido al esfuerzo cortante en su plano se han discutido anteriormente.

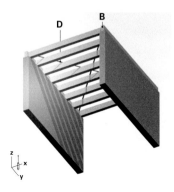

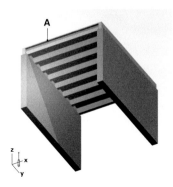

68 Formación de un forjado diafragma mediante **arriostramiento diagonal (D)** y **barras de borde (B)**. Para transferir las fuerzas horizontales al diafragma, las vigas deben estar conectadas a las diagonales en los puntos de intersección.

69 Formación de diafragma aplicando un aplacado de entrevigado **A** en la parte superior del conjunto de vigas. Además, se requiere un zuncho circunferencial por los materiales del aplacado, que normalmente no tienen suficiente resistencia a la tracción.

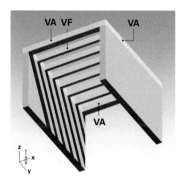

70 Formación de diafragma mediante la disposición de una viga anular circunferencial (**VA**), que transfiere la fuerza horizontal por flexión en el plano del forjado (**xy**) a los respectivos muros diafragma que discurren en la dirección de la fuerza (→ **x** o → **y**). **VF** viga de forjado.

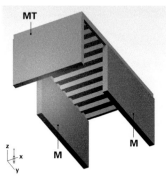

71 Un muro diafragma transversal (**MT**) puede ejercer un efecto de rigidez sobre los muros longitudinales (**M**) separados de él si un forjado diafragma (en este caso ejecutada como conjunto de vigas aplacadas según ⊟ **69**) conecta ambas.

72 La torsión, como puede ocurrir en el sistema en ⊟ **71** cuando las proporciones son desfavorables, se descarta en el sistema simétrico mostrado con dos muros diafragma transversales.

◼ Para entender el funcionamiento de este sistema, es fundamental que en el caso idealizado de un sistema isoestático—es decir, en el caso de una combinación de vigas de un solo vano—*sólo una viga* se ve afectada inicialmente por una sola carga y *ella sola* transfiere esta carga a los siguientes elementos inferiores. Es decir que no hay participación de las vigas vecinas del conjunto de vigas afectado. Por lo tanto, no hay una **distribución transversal** de cargas como se ejemplifica en el modelo del *Capítulo IX-1*. También en el siguiente nivel de vigas situado debajo, en principio sólo las dos vigas sobre las que descansa la viga cargada de la jerarquía inferior son responsables de la transferencia de la

Distribución transversal de cargas en sistemas de barras

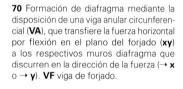

☞ *Cap. IX-1, Aptdo. 2.1 Transferencia de carga unidireccional y bidireccional,* ⊟ **58–65**, *pág. 210, 211*

☞ *Cap. IX-1, Aptdo. 3.7 Algunas consideraciones básicas de proyecto sobre grupos de barras, sobre todo* ⊟ **135**, **136**, *pág. 239*

☞ *Cap. IX-1, Aptdo. 3.4 Elemento compuesto de grupo de barras, barras transversales subordinadas y placa (variante* **4**)*,* ⊟ **99**, *pág. 225; ver allí también* ⊟ **100–103**

☞ *Cf. también las consideraciones en Cap. IX-1, Aptdo. 2.4 Transferencia de carga y uso, pág. 218*

Placa resistente a cortante

Conjuntos de vigas continuas

carga. Sus vecinos directos no reciben carga.

Con este tipo de transferencia de cargas, las carreras de vigas no tienen que estar necesariamente apiladas. Los niveles de vigas de un solo vano montados a la misma altura también transfieren la carga de esta manera. El único factor decisivo es el **apoyo** de las vigas.

Aunque este principio facilita la predicción de la trayectoria de la carga porque, hasta cierto punto, las responsabilidades están claramente reguladas, es obvio que la **economía** se queda corta si no intervienen los elementos portantes vecinos. Por esta razón, estos sistemas nunca se presentan en forma pura en la práctica, sino que de una u otra manera se asegura que la carga puede ser transferida de *varios* modos, lo que corresponde al modo de acción de los **sistemas hiperestáticos**.

A continuación, se examinarán algunas etapas en el camino de una **distribución transversal creciente** de la carga.

■ Si el aplacado final del entrevigado tiene suficiente rigidez a la flexión y resistencia al esfuerzo cortante perpendicular a su plano, puede hacerse cargo de la tarea de distribución transversal—al menos parcial—de las cargas sobre las vigas adyacentes. Este es el caso, en particular, con etapas intermedias entre una placa simple y un sistema nervado, como una losa nervada de hormigón. Un aplacado final pesado, no obstante, contradice más bien el principio estructural de los sistemas de barras; su comportamiento de carga es más similar al de una losa simple.

■ La primera y más obvia medida en la construcción de sistemas de forjado es ejecutar una carrera de vigas como **vigas continuas** de varios tramos (⊟ **75**, **76**). En este caso, se aprovecha el hecho de que las vigas están apiladas—o también suspendidas por debajo—y se las deja pasar por encima o por debajo del apoyo proporcionado por la viga maestra. La rigidez a la flexión y la resistencia al esfuerzo cortante de esta viga continua obliga a las vigas vecinas de mayor orden—las maestras—a cooperar, siempre que exista un acoplamiento correspondiente entre ambos niveles de vigas. Las variantes como las **vigas articuladas** (vigas **Gerber**) también conducen al mismo resultado y se utilizan frecuentemente en la construcción en madera, por ejemplo (⊟ **76**).

Este tipo de apoyo es **hiperestático** y puede conducir a la distribución de una carga puntual imaginaria, que se aplica a una viga continua, sobre *varias* vigas vecinas inmediatamente inferiores sobre las que se apoya.

73 Conjunto de vigas secundarias continuas, colocado sobre las vigas principales.

74 Aseguramiento contra el vuelco de grupos de vigas con sección transversal esbelta con la ayuda de un arriostramiento diagonal (véase también *Vol. 1, Cap. VI-2, ⏛ 198 en pág. 647*).

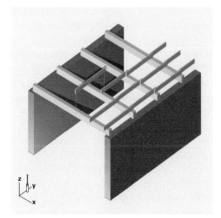

75 Los grupos de vigas apilados permiten aprovechar el efecto de continuidad y reducir mucho los momentos flectores sobre la sección de la viga superpuesta. El efecto de continuidad se consigue en la construcción de madera, por ejemplo, solapando y clavando las vigas lateralmente.

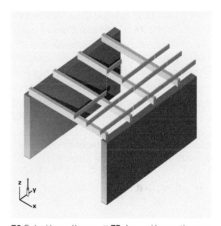

76 Solución análoga a ⏛ **75**. La acción continua se consigue mediante el acoplamiento articulado de las vigas en los puntos de momento cero (vigas continuas articuladas).

77, 78 Ejemplo de estructura portante de madera con conjuntos de vigas apilados.

Costillas transversales

☞ ᵃ *Véase el caso análogo de la placa,*
🔲 **12**
☞ ᵇ *Cap. IX-1, Aptdo. 3.3 Elemento compuesto de rejilla de barras y placa (variante* **3**), *pág. 224*
☞ ᶜ *Aptdo. 3.1.3 Emparrillado de vigas bidireccional sobre apoyos lineales, pág. 348, así como Aptdo. 3.1.4 Emparrillado de vigas bidireccional sobre apoyos puntuales, pág. 352*

Sistemas de barras unidireccionales en estructuras de esqueleto

☞ *Cap. IX-1, Aptdo. 3.7 Algunas consideraciones básicas de proyecto sobre grupos de barras, pág. 234, sobre todo* 🔲 **130** *en pág. 238*

☞ *Cap. IX-1, Aptdo. 3.7 Algunas consideraciones básicas de proyecto sobre grupos de barras, subartículo "cantos", pág. 236*

■ Una costilla transversal (🔲 **79**) que discurre entre las vigas de una carrera obliga a las vigas adyacentes a una determinada viga cargada a participar en su deformación, asumiendo así parte de la carga que actúa sobre ella. Al igual que en el caso de la viga continua, el requisito previo es de nuevo la rigidez a la flexión y la resistencia al esfuerzo cortante del nervio transversal. Este es ya un caso claro de **cooperación** de vigas vecinas. Este efecto se debilitará cuanto más alejadas estén las vigas vecinas de la viga cargada. Se produce una cierta distribución transversal de una carga puntual, lo que no ocurre con la transferencia de cargas unidireccional pura.

Obsérvese que la distribución transversal sólo es relevante y útil cuando se trata de **cargas puntuales** o al menos **asimétricas**. Una carga lineal uniformemente distribuida a través de un conjunto de vigas o una carga de área uniforme producen un comportamiento de carga igual con y sin distribución transversal.[a]

Si un único nervio transversal se complementa con otros, se produce una transición gradual hacia elementos superficiales con dos conjuntos de vigas de igual orden orientados transversalmente, tal como se define en otro apartado[b] como la variante **3**. Al final de la secuencia lógica hacia una distribución transversal de cargas creciente en sistemas de barras se encuentran los **emparrillados de vigas**, como se describen a continuación.[c]

■ No hay ningún cambio significativo en el comportamiento de carga de los sistemas de forjado unidireccionales si no se apoyan en un muro—como se ha asumido hasta ahora—sino linealmente sobre una viga—una jácena—que a su vez se apoya **puntualmente** en columnas (🔲 **81**): El muro se sustituye por un entramado de columnas y jácenas, por lo que en cierto modo se añade otra jerarquía de vigas. Sin embargo, hay que tener en cuenta que ahora se trata—a diferencia del muro—de una **transferencia indirecta de cargas**.

Los intercolumnios rectangulares, es decir, los que tienen dos luces bien diferenciadas, son típicos de los sistemas unidireccionales de forjado en estructuras de esqueleto (🔲 **82**). Obedeciendo a consideraciones sobre el flujo de fuerzas en sistemas de barras, las **vigas principales** tienden a colocarse sobre la luz *pequeña*, y las **secundarias** sobre la luz *grande*.

De este modo, se pueden asemejar los respectivos cantos de las vigas. Esto se debe a que:

• las **vigas secundarias** cubren una **luz mayor**, mientras que:

• las **vigas principales** tienen que soportar una **carga bastante mayor** porque su área tributaria de cargas es mayor.

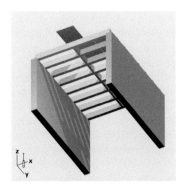

79 Sistema de carga direccional con un **nervio transversal** que distribuye la carga.

80 Ejemplo de un sistema de vigas en hormigón con un nervio transversal. La distribución de grandes cargas puntuales móviles (¡vehículos!) juega naturalmente un papel importante en un garaje.

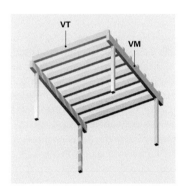

81 Célula básica compuesta de conjunto de viguetas (**VT**) sobre vigas maestras (**VM**) en lugar de muros.

82 Recuadro de intercolumnio rectangular típico de los sistemas de barras unidireccionales con dos luces claramente diferenciadas.

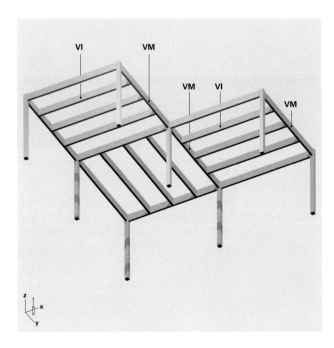

83 Cruz de San Andrés en el plano de fachada.

84 Ejemplo de sistema parcialmente unidireccional y bidireccional. En este sistema de madera, los conjuntos direccionales de barras (**VI**) se colocan alternando en forma de damero, lo que da lugar a una especie de sistema (al menos geométricamente) bidireccional en su conjunto. Esto alivia la carga de las vigas maestras (**VM**), ya que sólo reciben la carga de un conjunto de vigas a la vez (en lugar de dos, por ambos lados).

Sin embargo, en la construcción de edificios, la decisión de cómo orientar las distintas jerarquías de vigas también puede obedecer a consideraciones completamente diferentes, como el uso del edificio o el aspecto visual del techo.

☞ *Cap. X-2, Aptdo. 4.1.5 Cuatro vigas acometiendo a tope en la columna, pág. 571*

Una **forma mixta** de sistemas unidireccionales y bidireccionales son los sistemas con **orientación en damero** (⊟ **84**), que se utilizan sobre todo en la construcción de madera. Entre los módulos de intercolumnio cuadrados adyacentes, la orientación del conjunto de vigas secundarias cambia de módulo en módulo en forma de damero. De este modo, una viga maestra recibe la parte de carga procedente de *un solo* conjunto de vigas. Si las vigas secundarias tuvieran la misma orientación, descansaría sobre ella la carga de *dos* conjuntos. En consecuencia, el canto de las vigas principales puede asemejarse más al de las vigas secundarias.

2.1.3

Arriostramiento de estructuras de esqueleto

■ Las cuestiones de arriostramiento son de especial importancia para estructuras de esqueleto, ya que el efecto rigidizante de las paredes diafragma, que hasta ahora se supuso que existen como componente intrínseco en ambas direcciones a considerar (→**x**, →**y**), no es aplicable en este caso. En consecuencia, la rigidez frente a cargas horizontales debe restablecerse con medidas adicionales, es decir, con un **arriostramiento adicional**. El tipo de transferencia de cargas dentro de la cobertura, es decir, si es unidireccional o

85, **86** Ejemplo de una estructura de madera unidireccional formada por conjuntos de vigas escalonados jerárquicamente.

bidireccional, es en principio irrelevante para este requisito. Por consiguiente, las siguientes consideraciones se aplican a estructuras de esqueleto con transferencia de carga tanto unidireccional como bidireccional, o direccional y no direccional.

Las principales medidas adecuadas de arriostramiento son:

☞ **Vol. 4**, Cap. 8., Aptdo. 5.2 El arriostramiento horizontal

* conexión del esqueleto a **puntos fijos** mediante el efecto rigidizante de **forjados diafragma**. El efecto diafragma ya es inherente a losas macizas y a otros elementos superficiales similares resistentes al esfuerzo cortante. En sistemas de barras como los considerados en esta sección, se puede producir un diafragma rígido al descuadre mediante medidas como las descritas más arriba. Los puntos fijos pueden ser:

☞ Aptdo. 2.1.1 Placa con descarga unidireccional > Arriostramiento, pág. 282
☞ Cap. IX-1, Aptdo. 3.5 El arriostramiento de sistemas de barras en su superficie, pág. 226

 •• **paredes diafragma** individuales integradas en la construcción de esqueleto (⊟ **88**). Debe haber diafragmas en ambas direcciones principales →**x** e →**y** de longitud suficiente para soportar las cargas horizontales. Sus ejes no deben intersecarse en un punto; de lo contrario no se pueden acomodar las torsiones. Su disposición será tal que en las dos direcciones principales del edificio (→**x**, →**y**) se absorban las fuerzas horizontales y se transfieran los momentos actuando sobre la estructura en torno al eje vertical (→**z**) .

 •• o también **núcleos de contraviento** (⊟ **90**). Se trata, por así decirlo, de *cajas* arriostradas en sí mismas por diafragmas dispuestos transversalmente entre sí. Deben tener suficiente momento resistente en ambas direcciones de arriostramiento →**x** e →**y** contra las cargas horizontales actuantes, así como contra la torsión (⊟ **92**). Los núcleos situados en el centro del edificio permiten deformaciones de la estructura horizontales uniformes y sin restricciones, que pueden desplegarse libremente de forma radial desde del núcleo. Pueden resultar críticos núcleos múltiples situados en la periferia del edificio, especialmente en los extremos frontales de edificios tipo renglón. Esto puede dar lugar a coacciones y, como consecuencia, a grietas. Si esta disposición de núcleos es inevitable debido a consideraciones no estructurales, es posible que haya que introducir juntas de dilatación en un núcleo para eliminar la conexión del forjado con el núcleo al menos en una dirección (⊟ **93**).

☞ Cap. IX-3 Deformaciones, pág. 404

Como ya se ha mencionado, tanto diafragmas arriostrantes como núcleos de contraviento requieren una carga suficiente para cumplir su tarea estabilizadora. Por lo tanto, es conveniente integrarlos en el entramado estructural como elementos portantes principales en sustitución de soportes. Si se colocan pilares cerca de ellos, en este

☞ Aptdo. 2.1.2 Cobertura plana compuesta de conjuntos de barras > Arriostramiento, pág. 300

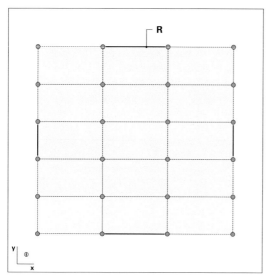

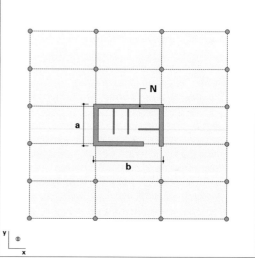

87 Arriostramiento de una estructura de esqueleto por medio de **riostras diagonales (R)** verticales. El requisito previo para este caso, así como para los siguientes, es un forjado diafragma rígido al descuadre.

88 Arriostramiento de una estructura de esqueleto por medio de **muros diafragma (MD)**.

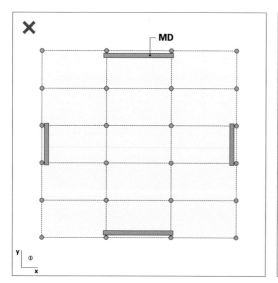

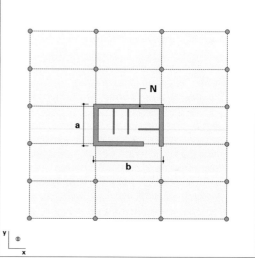

89 Al contrario que en 🗗 **88**, aquí los muros diafragma **MD** están desplazados con respecto al eje estructural. Las cargas verticales se transmiten principalmente a través de los pilares dispuestos cerca de los muros. Éstos no reciben la carga de piso necesaria para la función arriostrante.

90 Arriostramiento por medio de un **núcleo de contraviento (N)**. Las proporciones en planta del núcleo (**a : b**) son desfavorables porque un lado es mucho más corto que el otro. Esto significa que hay menos longitud de diafragma para el arriostramiento en la dirección → **y** que en la dirección → **x**. En cambio, las superficies de fachada y, por consiguiente, las superficeis de ataque del viento y las cargas totales resultantes son aproximadamente las mismas en ambas direcciones.

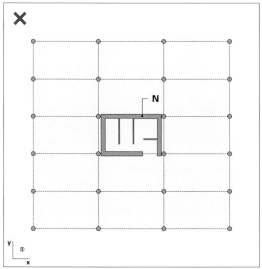

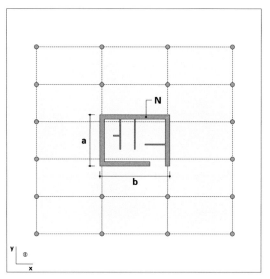

91 De forma análoga a la ⊟ **89**, este diseño de núcleo **N** introduce muy poca carga de piso en el núcleo, ya que ésta es absorbida por los pilares situados cerca del mismo.

92 Diseño del núcleo **N** con proporciones de planta más favorables **a** : **b** en comparación con la solución en ⊟ **90**.

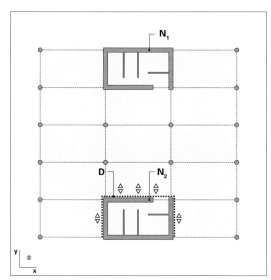

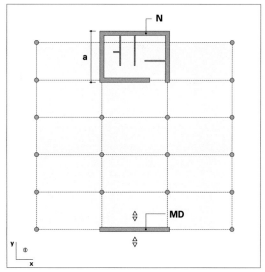

93 Con esta disposición de núcleos (**N₁**, **N₂**), hay que prestar atención a las posibles fuerzas de coacción entre los dos puntos fijos rígidos **N₁** y **N₂**. En caso de ser necesario, se dispondrán juntas de dilatación (**D**).

94 Arriostramiento alternativo a la solución en ⊟ **93** con muro diafragma **MD** en lugar de uno de los núcleos. Éste puede absorber las deformaciones que se producen ortogonalmente a su plano (→**y**) sin causar coacciones. La reducción de la rigidez resultante del sistema en la dirección →**y** puede tener que compensarse con un aumento de la dimensión del núcleo **a**.

caso falta la **sobrecarga de piso** necesaria sobre el muro o núcleo (⊟ **89**, **91**).

- rigidización de armazones individuales compuestos de pilares y vigas con ayuda de **riostras diagonales** (⊟ **87**). Al tratarse, por así decirlo, de un *sustituto de diafragma*, se aplican los mismos requisitos para la disposición de riostras diagonales que para la de diafragmas (véase más arriba). Se identificarán los lugares adecuados para las riostras; suelen desempeñar un papel importante criterios de diseño, ya sea por consideraciones estéticas o porque en lienzos de fachada con barras diagonales resulta difícil practicar aberturas, como por ejemplo para puertas y ventanas. Desde el punto de vista estático, se recomienda colocar los arriostramientos lo más cerca posible del lugar donde se producen las fuerzas horizontales a absorber, es decir, en lo que respecta a cargas de viento, preferiblemente cerca de las superficies de fachada que discurren *transversalmente* a su plano.

☞ ***Vol. 1**, Cap. VI-2, Aptdo. 7.2 Componentes compuestos en forma de barra, pág. 578*

- formar **pórticos** en una (⊟ **95**) o ambas direcciones (→**x** e →**y**) (⊟ **96**, **97**). En comparación con el arriostramiento diagonal, los pórticos tienen la ventaja de mantener libre el espacio de la armazón a arriostrar. Por lo tanto, se utilizan a menudo en grandes espacios de naves en los que se deben crear superficies útiles sin columnas. En este caso, la buena distribución de momentos entre los dinteles de la estructura y los pilares de la misma también tiene un efecto favorable, de modo que se pueden evitar cantos excesivos de dinteles para grandes vanos. En sentido transversal al plano del pórtico, se suele utilizar el arriostramiento diagonal descrito anteriormente (⊟ **98**, **99**).

  Una cierta desventaja de los pórticos es que suelen tener que ensamblarse en obra con uniones rígidas, especialmente en el caso de componentes grandes. Siempre que se mantengan unas dimensiones de transporte razonables, también se pueden prefabricar segmentos completos de pórtico—especialmente mitades de pórtico triarticulado—, de modo que no sean necesarias juntas de montaje rígidas que haya que ejecutar en obra. También es mejor evitar colocar las juntas donde suelen producirse los mayores momentos flectores, es decir, especialmente en el codo rígido del pórtico.

  Los pilares de pórticos planos requieren—a diferencia de pilares articulados—una mayor rigidez en su plano que en perpendicular a él. Por ello, se suelen utilizar secciones transversales estrechas y alargadas (⊟ **95**). Los sistemas de pórticos también pueden básicamente ejecutarse en dos direcciones (→**x** e →**y**) (⊟ **96**) y pueden añadirse verticalmente formando pórticos de plantas múltiples en la construcción de edificios.

95 Creación de pórticos (**P**) en →**y**; →**x** sin arriostrar.

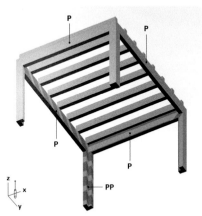

96 Pórticos (**P**) en →**x** e →**y**; los pilares del pórtico (**PP**) son rígidos a la flexión en ambas direcciones →**x** e →**y**.

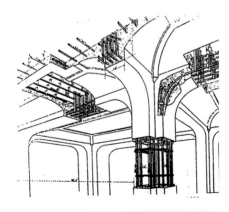

97 Formación de pórticos en →**x** e →**y**; ejemplo de una estructura de hormigón in situ (sistema Hennebique).

98 Creación de pórticos (**P**) en →**y**, riostras diagonales (**R**) en →**x**.

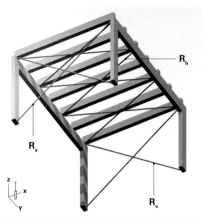

99 Arriostramiento como en 🗗 **98**; aparte de las riostras verticales (**R$_v$**), riostras diagonales horizontales (**R$_h$**) en el plano del forjado (**xy**).

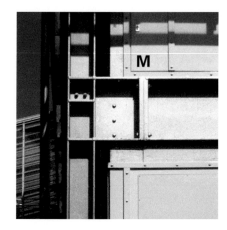

100 Esquina de pórtico con junta de montaje **M**.

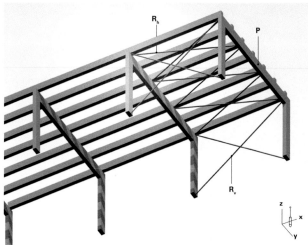

101 Secuencia de pórticos: una crujía entre pórticos está arriostrada con cruces de San Andrés verticales y horizontales (**R**$_v$, **R**$_h$). Sin embargo, las crujías no diagonalizadas están conectadas a la crujía estabilizada por el conjunto de vigas y, por tanto, están a su vez arriostradas contra fuerzas en →**x**.

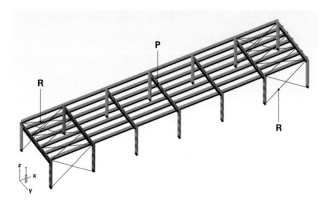

102 Formación de una estructura portante de nave completa a partir de pórticos (**P**) según el principio de ⊟ **101**. Ambas crujías de los extremos está arriostradas con riostras diagonales (**R**) en los planos de cerramiento y de cubierta, y todos las demás están también arriostradas por el efecto del conjunto de vigas.

103 Nave porticada (pista de hielo en Múnich, arqu.: K Ackermann).

104 Nave porticada: las riostras diagonales en el vano de cerramiento en el frente son claramente visibles.

105 Nave porticada: Los pórticos se sujetan transversalmente a su plano mediante un empotrado. El conjunto de correas en transversal al plano del pórtico está suspendido por debajo (*Crown Hall*, IIT Chicago; arqu.: L Mies van der Rohe).

106 Nave porticada: En la arquitectura histórica de madera de Asia oriental, las estructuras portantes no se rigidizan mediante arriostramientos diagonales, como suele ocurrir en Europa, sino formando pórtico a partir de columnas y dinteles (Ciudad Prohibida, Pekín).

2.1.4

**Cobertura plana inclinada com-
puesta de conjuntos de barras**

Techumbres de correa

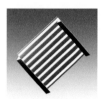

Arriostramiento

■ Si, en el caso de un forjado plano unidireccional de vigas con una jácena transversal central, ésta se eleva en su posición de manera que las vigas que se apoyan en ella se inclinan hacia los bordes, se crea el sistema estructural que subyace a la techumbre de correa convencional (⊟ **107**). Esta variante constructiva se examinará con más detalle a continuación utilizando el ejemplo de la cercha de techumbre tradicional en construcción de madera.

El término **correa** designa la viga orientada transversalmente a la dirección de la viga inclinada, es decir, en la dirección de la cumbrera (→**y**), que en el caso mostrado (⊟ **107**) se denomina **correa de cumbrera**. En una armadura de techumbre de carpintería, las vigas inclinadas, que se llaman **pares** en las armaduras de cubierta convencionales, también se apoyan en maderos (**correas inferiores**) situados encima del muro. Éstos no tienen función portante, ya que se apoyan en toda su longitud sobre la pared, sino que proporcionan compensación dimensional entre los diferentes márgenes de tolerancia de la obra de fábrica y de la construcción de madera.

En principio, el tipo de esfuerzo al que se ve sometida esta construcción de techumbre no difiere significativamente de la de un forjado plano. También en este caso, la armazón central compuesta de correas y montantes, o el caballete de correa, asume la función de un muro intermedio imaginario, es decir, soportar las cargas verticales. También en este caso las vigas o los pares actúan—al menos predominantemente—como vigas de flexión y transfieren su carga a la armazón central y a las correas inferiores o durmientes. En este sistema, su posición inclinada básicamente no altera estas condiciones. Sin embargo, también se producen fuerzas normales en el par (⊟ **112**), pero éstas no representan la carga principal de diseño.

Al igual que en las construcciones de techumbre que se comentan a continuación, la estructura se cierra en la parte superior con niveles estructurales adicionales: Para ello, el conjunto de pares de una cubierta convencional se ejecuta tan denso que la distancia entre los mismos puede salvarse con un conjunto de **latas** ligeras orientadas transversalmente, es decir, en dirección de la cumbrera (→**y**) (⊟ **109**, **110**). De ellas se cuelgan las tejas u otros elementos de cobertura.

El ejemplo mostrado (⊟ **107**) representa la cubierta de **correa simple**, ⊟ **108** muestra el de **correa doble**, en el que dos tramos de correas soportan los pares, que a su vez se prolongan en voladizo libre hacia la cumbrera y van acoplados allí en sus extremos.

■ Como se ha mencionado para las coberturas planas con armazones interiores en lugar de paredes interiores, éstos pierden el efecto de rigidez al descuadre de las paredes diafragma transversales a la dirección de los pares o vigas (→**y**) y, por lo tanto, requieren medidas rigidizantes adicionales. Esto también se aplica de la misma manera a las cubiertas

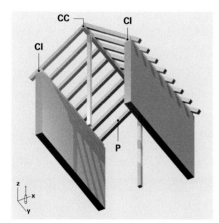

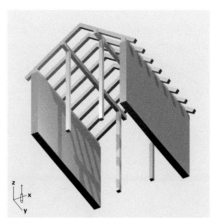

107 Esquema de principio de una **cubierta de correa** con correa de cumbrera (**CC**), correa inferior (**CI**) y pares (**P**).

108 Diagrama esquemático de una cubierta de correa doble con pares en voladizo en la parte superior.

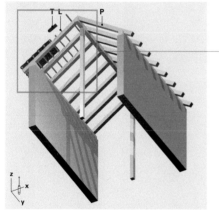

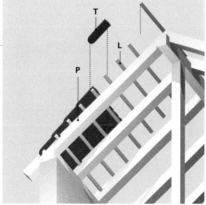

109 La distancia entre pares (**P**) se ajusta a la capacidad de carga de las latas (**L**). Estas, a su vez, se colocan a intervalos dictados por la longitud de la teja (**T**).

110 Vista detallada.

111 Característica techumbre de correa del sur de Europa, de poca pendiente.

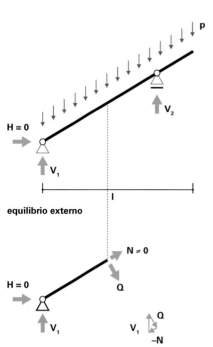

equilibrio externo

equilibrio interno

114 Cordón de correas con pie derecho y jabalcones.

112 Representación del sistema estático de una cubierta de correa (arriba). Si la carga **p** es vertical, la reacción horizontal **H** en el apoyo es nula. Si se consideran las fuerzas internas **Q** y **N** (más abajo), además de la fuerza cortante **Q** y el momento flector asociado, la inclinación de la barra respecto a la horizontal también da lugar a una fuerza normal **N** no igual a cero. Sin embargo, en comparación con las fuerzas normales en los pares de techumbres de par (*Apartado 2.2.1*), ésta es pequeña.

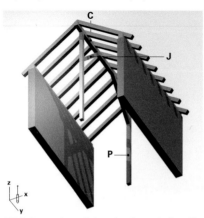

113 Arriostramiento de la techumbre en la dirección de la cumbrera (→**y**) con la ayuda de un **caballete de correa** compuesto por una correa de cumbrera (**C**), postes (**P**) y jabalcones (**J**).

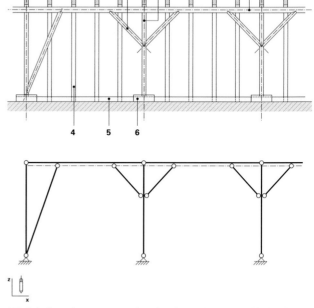

115 Caballete de correa con pies derechos y jabalcones. Abajo, sistema estático.

1 jabalcón
2 pie derecho
3 correa central
4 par
5 correa inferior
6 cabio

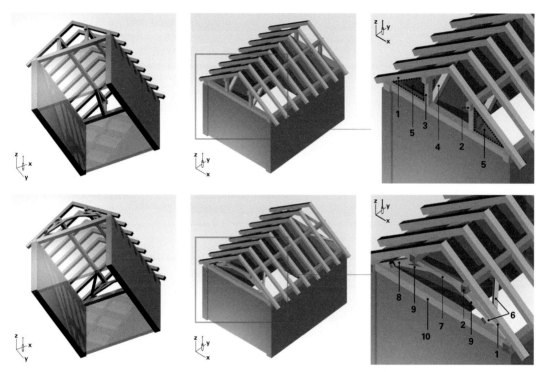

116 Esquema básico de una **techumbre de doble correa** con pares en voladizo uniéndose en la cumbrera. Ambas correas se apoyan en postes en el ejemplo superior, y en una armazón en forma de pórtico formado por tornapunta, nudillo y jabalcón en el ejemplo inferior, de manera que se crea un espacio de ático sin apoyos. Los empujes en el apoyo creados por este pórtico se cortocircuitan con la ayuda de una viga de atado, análoga a la de una techumbre de par.

1 par
2 correa
3 poste o pendolón
4 jabalcón (**yz**)
5 armazón triangular rígida
6 jabalcones (en el plano del faldón)
7 nudillo (→ **x**)
8 tornapunta (**xz**)
9 jabalcón (**xz**)
10 viga de atado

de correas. La solución tradicional a este problema en construcciones de madera son **jabalcones** en las cabezas de los postes o pendolones, que transforman el caballete de correa en un pórtico rígido (⊟ **113–115**). Gracias a las esquinas rígidas, pueden absorberse las fuerzas horizontales en dirección de la correa (→**y**).

En la dirección opuesta (→**x**), el cuchillo de la techumbre ya está ejecutado como una celosía triangular rígida formada por los pares, pero convencionalmente la carga horizontal se transfiere a una armadura suplementaria triangular y, en consecuencia, rígida, formada por pendolón, sección inferior de par y viga de piso, para evitar cargas demasiado grandes sobre los pares (⊟ **116**, imagen superior derecha). Para aliviar la carga sobre el par, también se puede insertar una tornapunta adicional como barra diagonal (⊟ **117**). Las cerchas de techumbre también se fabrican sin pies derechos para que el espacio del ático quede libre de apoyos. Las cargas procedentes del nudo de las correas se transfieren, en tal caso, a los apoyos de las correas inferiores mediante una armadura en forma de pórtico compuesta por **nudillos** horizontales, **puntales** inclinados y **tornapuntas** de refuerzo en forma de jabalcones (⊟ **116**, fila de imágenes inferior).

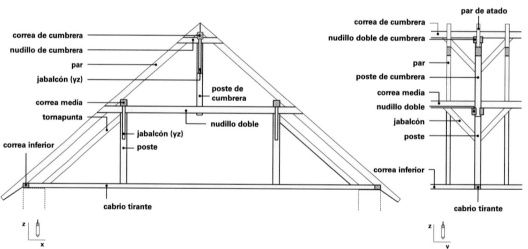

117 Ejemplo de diseño de una techumbre de correa con armazón triangular de arriostramiento (según ⊟ **116** arriba).

Techumbres de cercha

■ A partir de aquí, sólo hay un pequeño paso hasta la techumbre de cercha, donde los elementos pares, viga de piso, pendolón y jabalcones se unen para formar una **cercha** de celosía que actúa como armazón rígida (⊟ **118**). Conviene colocar estas cerchas, que son muy rígidas—por su gran canto—, a intervalos mayores, de modo que se requiere un grupo de vigas adicional (correas) en dirección de la cumbrera

(→**y**) para cubrir las grandes distancias entre cerchas.

Este tipo de techumbre también aparece en formas modificadas, como con arcos de obra de fábrica en lugar de cerchas de madera (⏢ **121, 122**), denominados en este caso **arcos diafragmáticos**. En los ejemplos históricos mostrados, los empujes horizontales de los arcos se acomodan alternativamente con estribos de fábrica internos o externos.

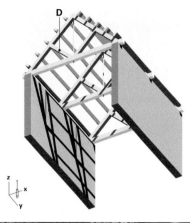

118 Formación de un cuchillo tipo **cercha de celosía** mediante la introducción de tornapuntas diagonales (**D**). Evitan que los pares esbeltos pandeen bajo la compresión y, al mismo tiempo, reducen su flectado.

119 Cuchillo tipo cercha en construcción de madera.

120 Cercha con cordón de tracción hecho de tirantes de acero (cercha Polonceau).

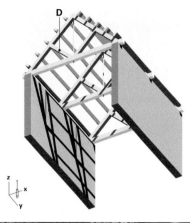

121 Arcos diafragmáticos de fábrica reemplazando las cerchas principales como en ⏢ **118**. Las correas alineadas longitudinalmente se apoyan sobre éstos.

122 Construcción como en ⏢ **121** (Iglesia de la Abadía de San Miguel de Cuxá).

2.2

Sistemas de compresión—cubiertas inclinadas y bóvedas

2.2.1

Cubierta inclinada compuesta de conjuntos de barras

Techumbres de par

☞ [a] ***Vol. 1***, *Cap. VI-2, Aptdo. 3. Comparación de momentos flectores/esfuerzos cortantes y tensiones axiales o tensiones de membrana, pág. 547*

■ Las techumbres de par funcionan sin correas, pero no obstante pertenecen a la categoría de **estructuras unidireccionales de barras** (🗗 **123**). Su principio constructivo puede derivarse de dos maneras:

• Las vigas de una célula básica simple con cobertura plana se sustituyen por **armaduras triangulares** de tres barras: dos pares inclinados y una viga horizontal. Las cargas externas ya no se transmiten por pura flexión de la viga colocada horizontalmente—como en el forjado plano—sino que son convertidas (al menos parcialmente) en **fuerza normal** en los pares como resultado de su inclinación y apoyo, un esfuerzo mucho más económico en términos de material que la flexión.[a] Cuanto más inclinados estén los pares, menor será la fuerza normal que actúe en ellos. Así, el triángulo muestra esencialmente el comportamiento de carga de una **celosía** en la que los esfuerzos normales predominan sobre los esfuerzos flectores. De este modo, el gran canto de la techumbre, inherente al sistema estructural, se activa de forma útil en términos estructurales.

• Para convertir parcialmente la fuerte **flexión** de las vigas horizontales en **fuerza normal** y poder ejecutarlas de forma más esbelta, las vigas se disponen en oblicuo para que se apoyen mutuamente en la cumbrera. La fuerza normal generada de esta manera en el par, que es mucho menor en la techumbre de correa, tiende a empujar hacia fuera la corona del muro que ofrece apoyo a los pares, que es extremadamente sensible al empuje horizontal perpendicular a su plano. Para evitarlo, se precisa otra viga que conecte los pies de los pares horizontalmente y evite que se desplacen hacia afuera. Esta viga funciona primordialmente como un **tirante** o **viga de atado**. Su tarea principal es soportar fuerzas de tracción. De este modo, sólo se transfieren cargas verticales a la corona del muro.

Una pendiente también es necesaria para que se evacue el agua de lluvia de la superficie de la cubierta lo más rápidamente posible. Desde el punto de vista del desarrollo de las formas constructivas, las cubiertas inclinadas son respuestas a las limitadas propiedades de estanqueidad de los tejados.

☞ ***Vol. 3***, *Cap. XIII-5, Aptdo. 2.2.5 Revestimiento de cubierta*

Para evitar el antiestético cuelgue de la viga de atado, que cubre una gran luz, ésta se suspendía ocasionalmente del nudo de la cumbrera con la ayuda de un pendolón (🗗 **124**).

En un paso más, los pares se apuntalan con la ayuda de tornapuntas inclinadas (🗗 **118**). De este modo, actúan como vigas de dos vanos y su longitud de pandeo bajo carga normal se reduce. En las techumbres de **par** y **nudillo** convencionales también se introduce de forma similar un apoyo intermedio, el nudillo, una viga de atado que une los pares entre sí e introduce una protección contra el pandeo originado por la fuerza de compresión normal en el par. Al

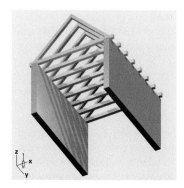

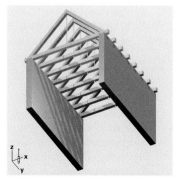

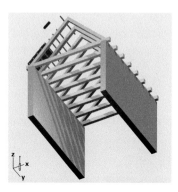

123 Diagrama esquemático de una **techumbre de par**.

124 Suspensión de la **viga de atado** de ambos pares mediante un pendolón para evitar el cuelgue.

125 Techumbre de par con conjunto de latas y tejado.

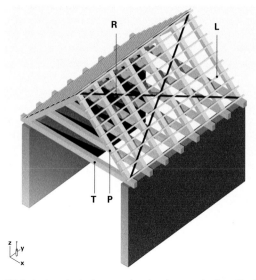

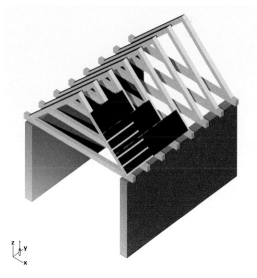

126 Arriostramiento de una techumbre de par en la dirección de la cumbrera (→**y**) formando una armazón rígida a cortante compuesta de riostras diagonales (**R**), pares (**P**) y latas (**L**). En planos paralelos al hastial (**xz**), la estructura triangular formada por dos pares (**P**) y la viga tirante (**T**) es rígida por sí misma.

127 Arriostramiento de una techumbre de par en dirección de la cumbrera (→**y**) conviertiendo los faldones en diafragmas por medio de un aplacado.

mismo tiempo, el grupo de nudillos permite crear un piso intermedio en el espacio de la techumbre de par, que suele ser relativamente alto, ya que está definido por los pares de gran inclinación.

■ Por regla general, las techumbres de par se arriostran en la dirección de la cumbrera (→**y**) rigidizándolas al descuadre en el faldón de la cubierta. Esto se suele hacer mediante **cruces de San Andrés** formando celosía. Se trata de tirantes que se clavan en diagonal a los pares y se conectan en particular a los cuchillos de los hastiales (⊟ **126**). Junto con los pares —que actúan como postes—y las latas—que actúan como largueros—o una correa de cumbrera o de base, forman una

Arriostramiento

☞ *Cap. IX-1, Aptdo. 3.5.2 Riostras diagona-*
les, pág. 226
☞ *Cap. IX-1, Aptdo. 3.5.3 Aplacados rígidos*
a esfuerzo cortante, pág. 230

2.2.2

Bóveda de cáscara homogénea

☞ *Cap. IX-1, Aptdo. 4. Cuestiones de*
forma de estructuras con esfuerzos axiales,
pág. 240

Comportamiento portante

☞ *Cap. IX-1, Aptdo. 4.5.1 Cascarones,*
pág. 262

☞ [a] *Cap. IX-1, Aptdo. 4.1 Interrelaciones*
entre apoyo, forma y esfuerzo, sobre todo
137, pág. 241

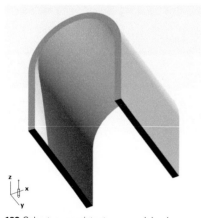

128 Cobertura consistente en una bóveda que se
apoya en dos muros.

celosía rígida a cortante que arriostra la techumbre de par en la dirección de la cumbrera y permite así la absorción de las cargas de viento actuando sobre el hastial. El mismo efecto se consigue con un aplacado de la techumbre (⊟ **127**). En el plano de los cuchillos triangulares (**xz**), la construcción es rígida en sí misma.

■ De forma análoga a las soluciones con forjados planos, los sistemas unidireccionales también pueden ejecutarse como **bóvedas** (⊟ **128**). También en este caso hay una clara dirección de descarga, suponiendo un apoyo lineal en las impostas. Al igual que los forjados de vigas, las luces de las bóvedas están limitadas por las posibilidades del material y la construcción. Sin embargo, las condiciones de transferencia de cargas no son idénticas a las de las coberturas planas sometidas a esfuerzos flectores analizadas en el *Apartado 2.1.* Las bóvedas pertenecen a la categoría de estructuras predominantemente sometidas a esfuerzos *axiales* en las que la **forma**—de manera análoga al canto de coberturas planas sometidas a esfuerzos flectores—desempeña un papel decisivo. Los problemas de forma de los sistemas portantes sometidos a esfuerzos axiales se tratan en otro lugar.

■ En este contexto, deben entenderse las bóvedas de cáscara homogénea como aquellas que constan de un componente superficial curvado continuo, o también estructurado por costillas locales. Dependiendo del tipo de ejecución, estas estructuras portantes, al transferir las cargas, actúan o bien como una secuencia de arcos individuales o bien como una lámina continua en el sentido estático. Para ello son determinantes tanto la capacidad de distribuir las cargas transversalmente como la resistencia a la tracción del componente superficial. Esto se volverá a tratar en el *Apartado 2.2.3.*

Al igual que los arcos simples, las bóvedas desarrollan su efecto de carga característico gracias a un **apoyo no desplazable,**[a] es decir, gracias a la absorción de los **empujes** de la bóveda, o sea, la componente horizontal de la fuerza normal que se produce en la bóveda a la altura de la imposta. Sólo un apoyo casi libre de deformaciones en dirección horizontal (→**x**) en la imposta permite un efecto de arco eficiente con fuerzas predominantemente axiales en el componente. Una imposta que cede ocasiona flexión en la bóveda, lo que no es deseable al menos en bóvedas de obra de fábrica y puede ser incluso crítico para su estabilidad. La flexión en una bóveda puede reducirse al mínimo con un perfil adecuado lo más ajustado posible a la línea antifunicular de empujes de las cargas actuantes.

En el caso de arranques de bóveda a nivel del suelo, los empujes de la bóveda pueden neutralizarse alternativamente por su **introducción directa en el terreno** o por el **atado** mediante un tirante (⊟ **129**, **130**). En el caso de impostas elevadas, como cuando las bóvedas se apoyan sobre muros de cerramiento, la absorción de los empujes suele convertirse en una cuestión delicada tanto en términos de diseño como de construcción, algo que causó muchos dolores de cabeza en particular a los maestros de obra históricos. El simple atado de los empujes mediante tirantes visibles en el interior (🗗 **156**) es ciertamente factible, pero nunca se consideró seriamente, por ejemplo, en naves de iglesias históricas, presumiblemente por razones de estética espacial. El soporte externo de los empujes de las bóvedas puede lograrse mediante **bóvedas adyacentes**, en las que los empujes de las bóvedas de cañón vecinas se anulan mutuamente de modo que sólo queda una componente de **carga vertical**, o mediante otras medidas adicionales. Esto se discute más adelante.

Las bóvedas sin efecto real laminar son, en particular, bóvedas de obra de fábrica, tal y como se dan en los edificios históricos. Se asemejan a una secuencia de arcos individuales (🗗 **133**) sobre todo si también se erigen de esta manera, es decir, en segmentos individuales usando repeti-

☞ *Apartados ‚Arriostramiento' y ‚Soporte de los empujes de la bóveda' más adelante en este apartado, pág. 328*

☞ *Cap. VII, Aptdo. 3.1 Realización de superficies de curvatura uniaxial > 3.1.4 Elementos de partida en forma de bloque,* 🗗 **292, 293** *en pág. 101*

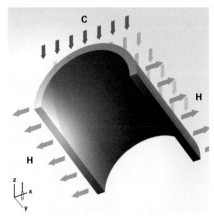

129 Una cáscara de bóveda genera un **empuje** horizontal (**H**) sobre los apoyos bajo efecto de la carga (**C**), que debe ser absorbido en el apoyo además de la componente de carga vertical (no mostrada aquí).

130 Tirantes a nivel de los apoyos pueden soportar el empuje de la bóveda. En ausencia de un cerramiento vertical, pueden integrarse en el suelo a la altura del mismo, por lo que resultan invisibles.

131 Rigidización de la bóveda mediante un **tímpano** transversal.

132 Los tímpanos transversales arriostrantes pueden utilizarse para crear espacios.

damente una estrecha cimbra, un método de construcción muy económico para bóvedas de cañón. Por regla general, los arcos y las bóvedas se ven más afectados por el proceso de construcción que otros tipos de estructura, ya que suelen ser necesarios amplios trabajos de preparación—como el cimbrado—antes de que la estructura alcance su capacidad de carga. En cuanto a la forma y el comportamiento de carga de este tipo de bóveda de obra de fábrica, se aplica esencialmente lo que ya se ha dicho sobre los arcos de fábrica.

☞ Cap. IX-1, Aptdo. 4.3 Desviaciones con respecto a la línea antifunicular, sobre todo ⊟ 148–151, pág. 255

Extensibilidad

■ Estos sistemas estructurales unidireccionales formados por bóvedas pueden extenderse de forma análoga a los de coberturas planas, es decir:

- lateralmente (en →**x**) **añadiendo** más células o crujías (⊟ **133**, **134**); en la arquitectura de iglesias se denominan *naves*;

- o transversal a la dirección de descarga (es decir, en →**y**) simplemente **continuando** la construcción (⊟ **135**).

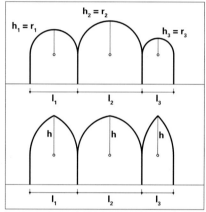

136 La altura y el radio del arco son necesariamente iguales en arcos de medio punto (semicirculares). Los arcos ojivales ofrecen mayor libertad de diseño: en el ejemplo mostrado, se puede mantener la misma altura **h** a pesar de las diferentes luces **l₁** a **l₃**.

A diferencia de coberturas planas, como losas o forjados de vigas, en las que la luz sólo influye en el **canto** de la losa o la viga, en el caso de las bóvedas existe una estrecha interacción entre la luz y la forma estructural y, por tanto, también la **altura** de la bóveda, por razones puramente geométricas. En el caso de una directriz circular, se dan interrelaciones mutuas especialmente estrechas: Esto se debe a que en las bóvedas de cañón de sección semicircular la altura de la bóveda es siempre igual a la mitad de la luz. Las variaciones de esta regla sólo son posibles cuando el ángulo de corte de la bóveda se reduce, como en el caso de un arco rebajado. La mayor libertad la permiten directrices no circulares, como las que subyacen al arco ojival gótico, una importante invención de la ingeniería estructural de la construcción de arcos que combinaba varias ventajas: fabricación en dos segmentos de arco circular con dovelas idénticas; casi total independencia de la luz al determinar la altura del arco (⊟ **136**); y mejor adaptación a la línea de empujes de las cargas actuantes que con el arco circular.

Interconexión de crujías añadidas

☞ Apartados 2.1.1 Placa con descarga unidireccional, pág. 282, y 2.1.2 Cobertura plana compuesta de conjuntos de barras, pág. 294

■ De forma análoga a las células básicas con cobertura de losa o de vigas, como se han descrito anteriormente, las crujías abovedadas también pueden estar interconectadas espacialmente. La solución constructiva mejor adaptada al material pétreo para soportar los arranques de la bóveda es el **arco**, que puede colocarse sobre pilares o columnas (⊟ **137–139**). Cabe destacar que este arco, al igual que las bóvedas, también produce empujes horizontales en sus impostas, pero en este caso paralelos al eje de la bóveda (→ **y**). Aunque estos se neutralizan mutuamente cuando se encadenan arcos, deben ser soportados en los extremos de la arcada mediante estribos adecuados (⊟ **140**).

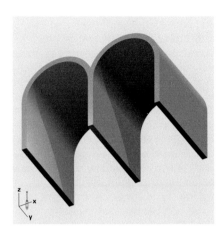

133 De forma análoga al sistema unidireccional del forjado plano compuesto de barras, la bóveda también puede ampliarse en la dirección del vano (→**x**) sólo mediante la adición lateral de crujías.

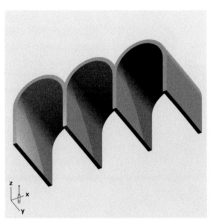

134 Segmentación característica de los espacios al extender el sistema de bóveda unidireccional en la dirección del vano (→**x**).

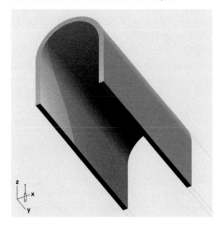

135 Extensión ilimitada de la bóveda en sentido longitudinal (→**y**), análoga al sistema plano de barras.

137 Principio similar al de ⊟ **52**, aplicado a una bóveda. Aquí se abre un paño de muro en forma de arco.

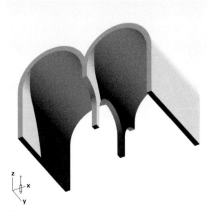

138 Interconexión espacial de dos crujías mediante aberturas en arco.

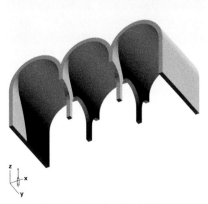

139 Continuación arbitraria del principio representado en ⊟ **138**.

140 Sustento de las paredes contra empujes de bóveda y de arco con **contrafuertes**: tanto en los muros laterales—que soportan las bóvedas de cañón de las naves laterales, efecto en dirección axial →**x**, (ver ⊟ **139**) como en los muros testeros—que soportan las arcadas situadas entre la nave central y las laterales, efecto en dirección axial →**y**) (Basílica de San Salvador, Asturias).

Arriostramiento

☞ *Aparejo entrelazado: Cap. VII, Aptdo. 3.1.4 Elementos de partida en forma de bloque, pág. 98, sobre todo* ⊟ **294** *y* **302** *en pág. 102, así como más adelante* ⊟ **158**, *pag. 333*

Soporte de los empujes de la bóveda

Debido a la geometría abovedada, la diferenciación espacial de cada una de las crujías es mayor que con forjados planos. Por lo demás, se aplican los mismos principios que para los sistemas añadidos con coberturas de vigas. Los espacios abovedados también pueden ejecutarse en forma de **sección basilical** (⊟ **141**, **142**). Al igual que en el caso de forjados planos, la crujía central se ejecuta tan alta que hay suficiente espacio para abrir ventanas en sus paredes laterales con el fin de iluminar y ventilar la zona central. Esto obliga a situar el arranque de la bóveda central por encima del borde superior de los huecos de ventana, lo que da lugar a alturas de construcción bastante grandes.

Además, esta solución lleva a que los empujes de la bóveda central ya no se compensen con los de las colindantes lateralmente (⊟ **141**). El resultado son considerables empujes horizontales, tanto a la altura de la imposta de la bóveda central hacia afuera como de las bóvedas laterales hacia adentro. Estos últimos tienden a empujar los muros de carga interiores hacia el centro de la nave central. Estas fuerzas horizontales se ven contrarrestadas por el aumento de la carga de la nave central, más grande, que en cierto modo redirige la fuerza resultante más hacia abajo y reduce así los empujes laterales. En algunos casos, la carga muerta de los muros de la crujía central se incrementó artificialmente con este fin (en analogía a ⊟ **144**). Nervios transversales rigidizantes atravesando la nave central que cortocircuitan estas fuerzas no serían deseables en las condiciones espaciales dadas, aunque esta solución también se encuentra en casos aislados.[1]

■ La bóveda con tímpanos regularmente dispuestos (⊟ **131**) es estable transversalmente a su eje (en →**x**) y no precisa de arriostramiento. Lo mismo ocurre en dirección longitudinal (→**y**) si existe un enclavamiento a esfuerzo cortante suficiente entre las franjas o los segmentos de arco individuales. Esto es el caso sobre todo con bóvedas de fábrica en aparejo entrelazado. Las bóvedas laminares resultantes son rígidas en la dirección del eje principal (→**y**).

Sin embargo, la situación cambia cuando la bóveda se apoya sobre muros perimetrales verticales. En la dirección del eje principal (→**y**), la estabilidad de la construcción suele estar garantizada por el efecto diafragma de las paredes longitudinales. Transversalmente al eje de la bóveda (→**x**), toda la construcción debe arriostrarse en este caso con medidas adicionales. Dado que el problema de la rigidez transversal de la célula base se solapa con el de acomodar los empujes de la bóveda, ambas cuestiones se tratarán conjuntamente en el siguiente apartado.

■ Además de las fuerzas horizontales externas contra las que debe arriostrarse la célula, hay que contar con los **empujes horizontales** de la bóveda inherentes al sistema estructural. En el caso de bóvedas con arranques a nivel del suelo, se in-

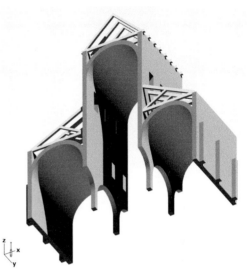

141 Complejo de tres naves con soporte de empujes de la bóveda mediante contrafuertes. Los empujes de las bóvedas de la nave central y las laterales no se neutralizan aquí debido a la diferencia de altura entre ellas. Para ello son necesarias medidas estructurales adecuadas, como minimizar los empujes mediante bóvedas realzadas o cortocircuitarlos mediante tirantes.

142 Complejo de tres naves con bóveda y cubierta inclinada adicional. Solución común en iglesias históricas.

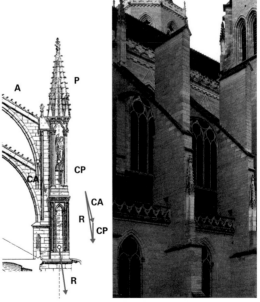

143 Catedral de Amiens. Derivación de los empujes de las bóvedas de las naves por un sistema de **arbotantes** como en ⌸ **153**.

144 Sobrecompresión de empujes horizontales de bóveda en la arquitectura gótica por carga adicional actuando sobre los arcos arbotantes **A**, aquí por el pináculo añadido **P**. La resultante **R** de la carga del arbotante **CA** y la carga vertical del pináculo (**CP**) se ve empujada más hacia la vertical y, por tanto, más hacia el interior de la sección transversal del contrafuerte situado en la parte inferior. A la derecha, suplementos del pilar generando lastre de la catedral de St. Bénigne en Dijon. El diseño completamente desprovisto de adornos del suplemento muestra claramente su función prevista como puro lastre.

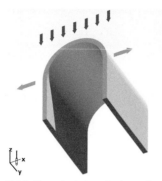

145 A diferencia de las coberturas planas de barras, la bóveda crea un **empuje horizontal** en los soportes o impostas (aquí sólo se muestra el plano más frontal).

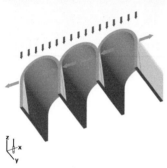

146 Con la adición lateral de crujías, los empujes de las bóvedas se neutralizan entre sí en los puntos de contacto de las mismas. Sólo los empujes en los dos extremos del sistema tienen que ser soportados por otros medios.

troducen directamente en la cimentación o se atan mediante tirantes por debajo del nivel del suelo. En el caso de bóvedas elevadas apoyadas sobre muros verticales de cerramiento, normalmente deben eliminarse mediante elementos constructivos añadidos (➾ **145**). En la construcción clásica de bóveda, ambas componentes de fuerza se descargan juntas a través de los mismos elementos rigidizantes. Los empujes se producen en la base de la bóveda o en la zona de la imposta, es decir, en ángulo recto con el plano del muro a nivel de su coronación (→**x**), donde el cerramiento es especialmente sensible a cargas horizontales.

Si se añaden crujías individuales de magnitud similar, los empujes de las bóvedas vecinas que van orientados en direcciones opuestas se neutralizan mutuamente, de modo que en este caso sólo se producen **cargas verticales** sobre los apoyos (➾ **146**). Sin embargo, los empujes de las bóvedas de los extremos deben ser absorbidos por un muro o por otra construcción adicional.

Hemos visto que en el eje de la bóveda (→**y**) la célula puede considerarse arriostrada debido al efecto diafragma de las paredes. Si el paño del muro se transforma en una arcada, los empujes de los arcos en los extremos deben ser soportados análogamente por tirantes o elementos comparables.

Las fuerzas horizontales transversales y los empujes de la bóveda (ambos en →**x**) pueden ser absorbidos en bóvedas individuales o en los flancos de hileras de bóvedas mediante las siguientes medidas:

* **machones**, en la construcción de bóvedas los llamados **contrafuertes**: situados principalmente en el exterior, ya que entonces reciben esencialmente fuerzas de compresión (➾ **147**). Esto se corresponde con el comportamiento de carga de las construcciones de obra de fábrica comúnmente utilizadas para bóvedas, en las que los esfuerzos de tracción deben evitarse en la medida de lo posible. Contrafuertes interiores también entrarían en conflicto geométrico con el intradós de la bóveda en la zona de imposta. Por estas razones, rara vez se encuentran en estas circunstancias. La profundidad de los contrafuertes se puede escalonar en su altura en función de los momentos de vuelco.

* **casquetes de bóveda** flanqueantes, en su mayoría en forma de cuartos de cilindro (➾ **152**); transmiten los empujes en diagonal en dirección del terreno y pueden, a su vez, ser arriostrados por contrafuertes o soportados por otros medios cañones. Se crean entonces secuencias de bóvedas *en cascada*, en las que cada bóveda lateral abarca su propia crujía o nave. Esta solución se encuentra en iglesias medievales con cinco o más naves.

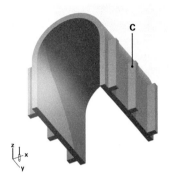

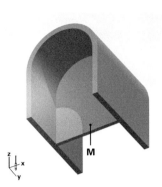

147 Arriostramiento horizontal de la célula básica abovedada por medio de **machones** o **contrafuertes C** en los paños de los muros. A diferencia de lo que ocurre en sistemas de cobertura plana, éstos también deben absorber los inevitables empujes de la bóveda, además de las cargas horizontales externas. En consecuencia, deben ser más profundos en la dirección del vano de la bóveda (→**x**) que en el otro caso.

148 Arriostramiento horizontal de la célula básica abovedada mediante un muro transversal (**M**), que al mismo tiempo arriostra la cáscara de la bóveda contra el pandeo (véase también ⌐ **131**).

149 Arriostramiento de la célula básica como en ⌐ **128** mediante varios muros transversales que forman espacio (véase también ⌐ **64**). Para este fin se utilizaban tradicionalmente, en particular, los muros testeros, ya que los espacios abovedados eran a menudo continuos, como en las naves, y no se deseaba utilizar tabiques de separación.

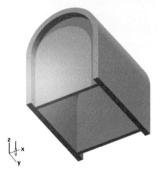

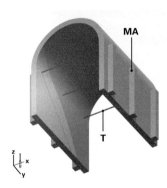

150 Neutralización de los empujes de la bóveda mediante **tirantes** (**T**) y arriostramiento horizontal mediante **machones** (**MA**), que reciben menos carga en comparación con ⌐ **153** y, en consecuencia, pueden hacerse más esbeltos. En la evolución de formas arquitectónicas, esta variante es una rara excepción debido al efecto espacial desagradable de los tirantes visibles.

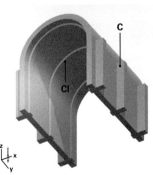

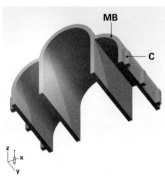

151 Refuerzo de la cáscara de la bóveda mediante **cinchos** (**CI**) o **arcos perpiaños** que concentran la carga en los contrafuertes (**C**) sustentantes, por lo que éstos deben ejecutarse más robustos que, por ejemplo, en la bóveda sin cinchos representada en ⌐ **147**.

152 Sustento de los empujes de la bóveda central mediante medias bóvedas laterales (**MB**) y contrafuertes (**C**). Creación de tres naves paralelas.

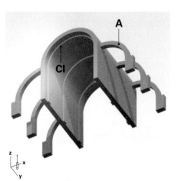

153 Sustento de los empujes de la bóveda central mediante **arbotantes** laterales (**A**). Refuerzo de la cáscara de la bóveda mediante **cinchos** (**CI**) para la concentración de cargas en los arbotantes. Se puede acomodar una nave lateral bajo cada uno de los arbotantes.

154 Cobertura de espacio de cáscaras de hormigón en forma de bóveda sobre soportes puntuales (casa de fin de semana cerca de París; arqu.: Le Corbusier).

☞ *Aptdo. 3.2.4 Cúpula de cáscara homogénea, pág. 360*

Bóveda nervada

☞ *Cap. VII, Aptdo. 3.1 Realización de superficies de curvatura uniaxial > 3.1.4 Elementos de partida en forma de bloque,* 🖵 **295** *en pág. 102*

- un sistema inclinado de **arbotantes** (🖵 **153**) Muestra un efecto similar al de los casquetes de bóveda adyacentes; sin embargo, las fuerzas se agrupan en cada eje principal de un arbotante. Por lo tanto, esta solución es especialmente adecuada para bóvedas nervadas de crucería típicas de la construcción de iglesias góticas.

- **paredes transversales internas**; también se prestan en principio como elemento de arriostramiento y de soporte de empujes. Sin embargo, estos últimos generan a su vez esfuerzos horizontales de **tracción** en este muro transversal, por lo que esta solución—a diferencia de los sistemas de forjado plano—no suele encontrarse en la construcción convencional de obra de fábrica sin más elementos para el arriostramiento transversal; también porque los muros transversales segmentan el espacio, lo que a menudo no se desea, como era el caso en las iglesias medievales.

- **paredes transversales externas**. Esta posición conduce a un esfuerzo de **compresión** en los paños del muro de refuerzo, que favorece el comportamiento de carga del material pétreo. Además, el espacio abovedado queda libre de mamparos transversales requeridos estructuralmente a intervalos regulares, que condicionarían el diseño del espacio interior. La estructura de estribo formada por paños de muro puede utilizarse para crear espacios celulares laterales. Como ocurre con todos los estribos hechos de material frágil, la **sobrecarga** favorece su tarea.

En resumen, puede afirmarse que los sistemas de bóvedas son de gran importancia para la evolución de numerosas formas constructivas históricas. Durante mucho tiempo, representaron la única posibilidad de salvar grandes vanos de forma unidireccional con material duradero, es decir, en aquella época obra de fábrica. En una variación bidireccional, por así decirlo, aparecieron también en el diseño emparentado de la cúpula, como se discute a continuación. Su funcionamiento estático como construcciones trabajando a compresión se adapta bien a las propiedades de los materiales minerales. Sin embargo, con el advenimiento de materiales modernos como el acero o el hormigón armado, estos métodos de construcción perdieron rápidamente su importancia. En la actualidad, sólo desempeñan un papel marginal en la construcción.

■ Ya el enclavamiento del aparejo en la dirección del eje de la bóveda (→**y**) (🖵 **158**), representa una primera medida para activar un efecto portante laminar, al menos parcial. De esta manera, se hace posible la rigidez contra esfuerzo cortante en la superficie de la bóveda. Se puede conseguir un mejor efecto portante laminar reforzando el componente superficial mediante **cinchos** o **arcos perpiaños** (🖵 **151**). Los **tímpanos** transversales cerrados (🖵 **131**) también

155 Edificio de pisos con forjados hechos de bóvedas tabicadas (ver derecha). En el testero se ven los contrafuertes de refuerzo (bloque residencial en Madrid, arqu.: L Moya).

156 Piso intermedio abovedado del edificio de la izquierda.

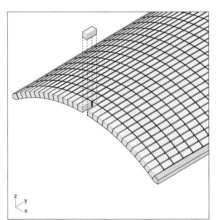

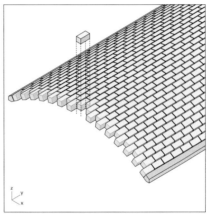

157 Bóveda de obra de fábrica formada por franjas separadas en forma de arco.

158 Bóveda uniforme de obra de fábrica **aparejada** con enjarje.

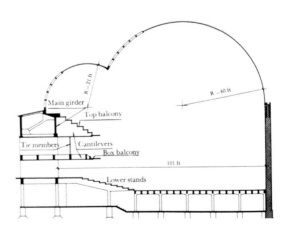

159, **160** Cascarón cilíndrico de hormigón del *Frontón Recoletos* en Madrid, fotografía del interior y sección transversal (derecha) (ing.: E Torroja).

producen este efecto, e incluso en mayor medida. Por su propia naturaleza, definen espacios y están especialmente indicados para su uso como envolventes frontales (⊟ **159**).

2.2.3

Bóveda laminar de cáscara homogénea

■ Si la bóveda de cañón es de hormigón armado, la estructura no sólo es un componente superficial continuo e isótropo con una buena capacidad para distribuir cargas transversalmente, sino que también es capaz de absorber fuerzas de tracción. Por lo tanto, actúa como una verdadero **cascarón cilíndrico**, es decir, como una superficie laminar de curvatura uniaxial (⊟ **159**, **160**). Su dirección principal de descarga no es entonces necesariamente la directriz en forma de arco ($\rightarrow$**x**), como en el caso de la bóveda convencional, sino que, en función de la carga y de los tímpanos rigidizadores, se forman dos direcciones portantes principales en el cascarón que cambian su orientación sobre la superficie del mismo (⊟ **161**).

El efecto portante bidireccional de láminas abovedadas reales permite—a diferencia de las bóvedas que no tienen efecto laminar—un **apoyo puntual** de la estructura portante. La transferencia de la carga es similar a la de las láminas curvadas sinclásticamente y apoyadas en puntos, como se explican a continuación. Para activar el efecto laminar de la estructura portante superficial de curvatura uniaxial, la cáscara de la bóveda debe ser rigidizada a intervalos regulares mediante tímpanos transversales o medidas comparables como un arriostramiento por cables (⊟ **162**), ya que en la dirección de las generatrices rectas ($\rightarrow$**y**) carece de **curvatura** y, por tanto, de rigidez.

☞ Aptdo. 3.2.6 Cascarón homogéneo, de curvatura sinclástica, sobre apoyos puntuales, pág. 374

2.2.4

Bóveda compuesta de conjuntos de arcos

☞ Cap. IX-1, Aptdo. 3. El diseño constructivo del elemento superficial envolvente, pág. 222

■ Mientras que las bóvedas de cáscara homogénea, tal y como se han comentado anteriormente, son características de métodos de construcción superficiales, como la obra de fábrica o el hormigón, las bóvedas consistentes en conjuntos paralelos de arcos individuales son típicas de los métodos de construcción que utilizan materiales resistentes a la compresión y a la tracción, como el acero o la madera, ocasionalmente también el hormigón armado, que se basan en el uso de componentes preferentemente lineales en forma de barra. Es obvio que el modo de acción de este tipo de estructuras se basa en el de arcos separados que, en la secuencia idealizada, funcionan en principio como un sistema estructural unidireccional sin distribución transversal de cargas. Al igual que en el caso de coberturas planas compuestas de conjuntos de barras, ésta bóveda debe ir provista con elementos adicionales adecuados que se orientan en perpendicular a los arcos. Éstos pueden ser barras rectas (correas) continuas en dirección del eje de la bóveda ($\rightarrow$**y**) (variante **4** en el *Capítulo IX-1*) o también barras transversales conectadas a los arcos de forma resistente al cizallamiento y a la flexión (ibid. variante **3**). Las luces reducidas debido a la estructura de arcos y barras transversales pueden finalmente cubrirse con placas delgadas. Para este tipo de estructuras se suelen utilizar cubiertas de vidrio.

■ Las bóvedas formadas por conjuntos de arcos son estables por sí mismas en la dirección de su eje transversal (→**x**), al igual que todos los arcos individuales. En cambio, a lo largo del eje longitudinal de la bóveda (→**y**), la construcción debe ser arriostrada debido a la falta de estabilidad contra vuelco de los arcos individuales. El conjunto de barras orientadas transversalmente, que ya es indispensable por la necesidad

Arriostramiento

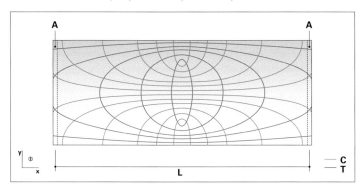

161 Flujo de fuerzas en un cascarón con forma de bóveda de cañón, con luz libre **L** (trayectorias de tensiones principales), vista en planta. **A**: apoyo; **C** compresión; **T** tracción

162 Refuerzo transversal de **tímpano** de una cáscara abovedada: aquí en forma de abanico radial de cables bajo pretensión (Complejo Bosch, Stuttgart).

163 Bóveda de cañón compuesta de un conjunto de arcos paralelos ejecutados en acero (*Designcenter Linz*, arqu.: Th Herzog). Atado de los arcos individuales mediante vigas longitudinales (correas).

164 Bóveda de cañón acristalada formada por arcos paralelos (Galería Vittorio Emmanuele en Milán).

165 Dos crujías arriostradas contra el viento con tirantes diagonales, en el centro y a la derecha (*Designcenter Linz*, arqu.: Th Herzog). El principio del arriostramiento se puede ver en ⌸ **167**.

166 Estructura portante en arco de hormigón armado (piscina municipal de Heslach, Stuttgart).

de transferir y distribuir cargas transversalmente, tiene los siguientes efectos, junto con los arcos:

- Se crean recuadros rectangulares que se pueden rigidizar mediante **arriostramientos diagonales** como se muestra en ⯐ **167**. La superficie de la bóveda se puede rigidizar a lo largo de su eje longitudinal (→**y**) distribuyendo adecuadamente recuadros triangulados. Por regla general, se prefiere el arriostramiento diagonal de sólo unas pocas crujías, cada una de las cuales abarca un par de arcos de tal manera que las fuerzas horizontales puedan introducirse en la cimentación. Desde el punto de vista de la conducción de fuerzas, estas bandas rigidizadas se disponen preferentemente en el lugar donde se producen las cargas de viento a absorber, es decir, lo más directamente posible detrás de las fachadas testeras, con el objetivo de mantener los recorridos de fuerzas lo más cortos posible. Los arcos restantes se estabilizan como se describe a continuación:

- Los arcos individuales se **atan** entre sí transversalmente a su plano mediante barras paralelas al eje de la bóveda (→**y**) (por lo que se denominan **barras de atado**), de modo que basta con conectar un grupo de arcos atados de este modo a puntos fijos—como los pares de arcos diagonalizados descritos anteriormente—para estabilizar la estructura global.

- La misma función de acoplamiento también pueden cumplirla **correas**, colocadas encima de los arcos o suspendidas entre ellos, que discurren transversalmente (⯐ **163**, **165**). Además de las fuerzas axiales de compresión y tracción a las que están sometidas como barras de atado, también están sometidas a flexión debido a cargas verticales. También deben estar conectadas horizontalmente a puntos fijos, por ejemplo, pares de arcos arriostrados. Se llaman **correas de atado**.

- Un componente superficial aplicado como recubrimiento apoyando en los arcos también puede atar el conjunto de arcos en determinadas condiciones. Esto se hace, por ejemplo, con una cáscara de chapa trapezoidal. La delgada cáscara debe ser capaz de absorber las fuerzas horizontales sin riesgo de pandeo, lo que suele limitar el nivel de fuerza admisible. Esta cáscara también debe estar conectada a un punto fijo.

Para las bóvedas elevadas formadas por conjuntos de arcos situadas sobre muros verticales de cerramiento se aplican las mismas consideraciones que para las bóvedas de cáscara homogénea en lo que se refiere a los arriostramientos y a la acomodación de los empujes.

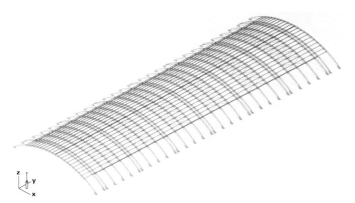

167 Centro de congresos de Linz. Arriostramiento de la bóveda de cañón por medio de arcos individuales con algunas crujías arriostradas en diagonal (arqu.: Th Herzog).

168 Estructura de arco: atado de los empujes del arco por medio de tirantes.

169 Bóveda de cañón de celosía con malla cuadrada y arriostramiento de cables diagonales. Estructura laminar con costillas de arco equidistantes para mayor rigidez, aquí reconocibles como costillas de celosía más robustas. Estos realizan una función de refuerzo similar a la de los tímpanos o abanicos radiales de cables. El cascarón puede soportar cualquier carga continua trabajando bajo esfuerzos normales (Pasaje Petrówskij, hoy grandes almacenes, Moscú; ing.: Shújov).

170 Cascarón de celosía acristalado. La rejilla cuadrada se rigidiza a cortante por el efecto de cables diagonales (Museo de Historia de Hamburgo; ing.: Schlaich, Bergermann & P).

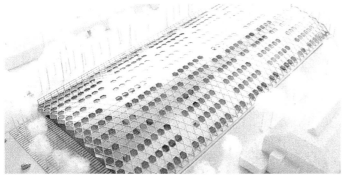

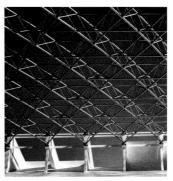

171 Cascarón de celosía en forma de bóveda de cañón con retícula triangular. De este modo, la rigidez al cizallamiento ya está garantizada sin necesidad de medidas adicionales (proyecto del *Waldstadion* Fráncfort; arqu.: N. Foster).

172 Estructura del cascarón de celosía en ⌐171 a la izquierda.

2.2.5

Bóveda de celosía

☞ *Cap. IX-1, Aptdo. 3. El diseño constructivo del elemento superficial envolvente, pág. 222*

☞ *Cap. IX-1, Aptdo. 3.5.1 Mallas triangulares, pág. 226*

■ Una variante interesante de una bóveda formada por barras longitudinales y transversales (análoga a la variante **3** discutida en otro lugar) es un entramado cilíndrico curvado de barras individuales articuladas, que en su conjunto actúa como una lámina en el sentido estático. Esto se conoce como un **cascarón**, o una **lámina, de celosía**. También puede entenderse como la disolución de una bóveda de cáscara homogénea, tal y como se ha comentado en el *Apartado 2.2.3*, convirtiéndola en una trama de celosía. Es esencial que no haya un efecto de carga principal sólo en la dirección de los arcos principales orientados transversalmente ($\rightarrow$**x**), sino un efecto de carga bidireccional en ambas direcciones de las barras de la celosía. La rigidez tangencial a cortante de la estructura de barras necesaria para ello se consigue utilizando una **trama triangular** (⊟ **171**, **172**) o, en el caso de tramas cuadradas o rectangulares, mediante el **arriostramiento diagonal** de recuadros individuales (⊟ **170**). Para garantizar una transferencia de cargas bidireccional en toda la superficie, suelen estar arriostrados en diagonal todos los recuadros. Para evitar una multitud de conexiones complejas, los cables se conducen preferentemente sin interrupción a través de los nudos en dos direcciones diagonales.

De este modo, se crea un cascarón de celosía portante. En su superficie sólo actúan **fuerzas de membrana**. Esto significa que las barras de la celosía sólo están sometidas a **esfuerzos axiales** (compresión, tracción). Por ello, pueden ser extraordinariamente esbeltas, sobre todo en comparación con bóvedas de arcos. Por ello, este tipo de celosía se utiliza a menudo en combinación con un acristalamiento completo.

Los cascarones de celosía, al igual que los de bóveda de cáscara homogénea, deben ser reforzados a intervalos regulares mediante **tímpanos de atado** en planos perpendiculares al eje de la bóveda (**xz**) para mantener su estabilidad dimensional (como se muestra en ⊟ **131**). En el caso de los cascarones de celosía, normalmente no se utilizan tímpanos cerrados, que perjudicarían el aspecto de filigrana de la construcción, sino rigidizadores de cable en forma de abanico, que someten la cáscara a un pretensado de compresión y consiguen el mismo efecto (⊟ **170**) o, alternativamente, costillas de arco locales resistentes a la flexión (⊟ **169**).

2.3

Sistemas sometidos a tracción

2.3.1

Bandas

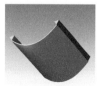

■ Las bandas son estructuras portantes de curvatura uniaxial bajo carga de tracción, que se extienden entre dos soportes lineales. Son, en cierto modo, la inversión de una bóveda de cañón cargada por compresión, como se ha comentado anteriormente.[a] Ejecutada como una estructura no rígida (estructura de cables o de membrana), adopta automáticamente la línea funicular de las cargas predominantes y, en consecuencia, funciona bajo tracción pura. Si está formada por elementos portantes rígidos a la flexión, puede modelarse según la línea funicular, al menos para las cargas principales, y de nuevo experimenta predominantemente esfuerzos de tracción puros.

Las bandas sin rigidez a la flexión son estructuras portantes móviles y, en consecuencia, reaccionan a los cambios en el patrón de cargas, como son inevitables en la construcción, con **cambios de forma** sin elongaciones. Como ya se ha mencionado, estos cambios de forma deben permanecer dentro de límites tolerables,[b] por lo que son esenciales para bandas, como para todos los demás sistemas móviles, **medidas rigidizantes** que tienen una influencia notable sobre el diseño estructural. Las bandas pueden rigidizarse por:

- un **cableado inferior**. En el caso de bandas, esto sólo es posible a lo largo de la dirección de descarga ($\rightarrow$**x**, ⊟ **180**), ya que no existe curvatura transversal a ésta ($\rightarrow$**y**). Esta medida representa un **pretensado**, es decir, una carga adicional, que también influye en el patrón de cargas y, por tanto, en la forma de la línea funicular. Si las fuerzas de pretensado se aplican en puntos, como suele ser el caso, la forma de la estructura se asemeja más a una línea poligonal. El cable portante y el subtensado crean un tipo de cercha de cables capaz de absorber cargas alternas.

- aumento del peso muerto, es decir, un **lastrado**. En este caso, se trata de estructuras de membrana con **rigidez por peso propio**. De forma similar a como en las estructuras cargadas por compresión el efecto desfavorable de cargas alternas—que conduce a una desviación de la línea del componente con respecto a la línea antifunicular y, en consecuencia, a momentos flectores—se limita aumentando el peso muerto y mejorando así la **relación de cargas**,[a] también en las bandas el aumento de la componente de carga *invariable* del lastre reduce los efectos—cambios de forma—de las componentes de carga *alternas*.

☞ [a] *Apartados 2.2.2 Bóveda de cáscara homogénea, pág. 324, y 2.2.4 Bóveda compuesta de conjuntos de arcos, pág. 334*

☞ [b] *Cap. IX-1, Aptdo. 4.5.2 Membranas y redes de cables, pág. 266, así como **Vol. 1**, Cap. VI-2, Aptdo. 9.9 Membrana con pretensado mecánico, pág. 670*

☞ [a] *Cap. IX-1, Aptdo. 4.3 Desviaciones con respecto a la línea antifunicular, pág. 248*

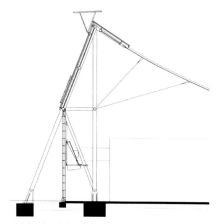

173 Atado adicional de una banda lastrada. Pabellón ferial de Hannover (arqu.: Th Herzog & P)

174 Nuevos pabellones feriales en Stuttgart: una estructura suspendida unidireccional (arqu.: T Wulf & P). Se aprecian las cerchas de celosía en posisicón tangencial a la cubierta que proporcionan apoyo a la banda y soportan los empujes ocasionados por la estructura suspendida.

175 Nuevos pabellones feriales en Stuttgart, vista de la fachada de testa.

176 Sucursal de *Lowara* en Montecchio, Italia, por Renzo Piano Building Workshop. Ejemplo de uso de cubiertas suspendidas en un edificio administrativo de una sola planta.

☞ *Cap. IX-1, Aptdo. 3. El diseño constructivo del elemento superficial envolvente, pág. 222*

Extensibilidad

Arriostramiento

• suficiente **rigidez a la flexión** de los elementos portantes. Sin embargo, esto significa que una de las grandes ventajas de estas estructuras, a saber, la extraordinaria eficiencia en términos de consumo de material gracias a la tracción pura predominante, se pierde en cierta medida, porque vuelve a entrar en juego el esfuerzo flector—por la puerta trasera, por así decirlo—y hace que la estructura vuelva a acabar siendo pesada y voluminosa.

A veces, la solución más conveniente es una combinación de estas medidas (como en el ejemplo de ⊟ **173**).

Lo característico de las bandas es, como hemos visto, la falta de curvatura transversal a la dirección de descarga. Por lo tanto, no es posible, o ni siquiera se contempla, un pretensado transversal de la estructura suspendida, como en el caso de las clásicas membranas pretensadas por vía mecánica y de curvatura anticlástica. En esta dirección (→**y**) se plantea la cuestión de la **distribución transversal de cargas**—como ocurre en todas las estructuras portantes superficiales. Esto sólo puede garantizarse en sentido transversal a la dirección de descarga mediante rigidez a la flexión suficiente de un elemento secundario que se sitúa en sentido transversal a los elementos de carga principales (por ejemplo, cables). Por lo general, esto sólo tiene sentido con una construcción de cubierta correspondiente, por ejemplo de casetones de madera de doble pared. El resultado es una estructura añadida según el principio de la variante **2** (en el *Capítulo IX-1*). También sirve un conjunto de barras rectas transversales (ibid. variante **4**). En caso contrario, es más adecuado el lastre, con el que no se requiere una distribución transversal de cargas.

■ En cuanto a la capacidad de ampliación, se aplica lo mismo que a otros sistemas unidireccionales: En la dirección de descarga (→**x**, ⊟ **180**) sólo es posible una adición de crujías sucesivas; transversalmente a la dirección de descarga (→**y**) teóricamente una continuación ilimitada de la construcción.

■ La construcción de una banda no está arriostrada en ninguna de las dos direcciones principales (→**x**, →**y**). En cada caso, se debe considerar la célula estructural básica formada por la propia banda y dos apoyos lineales elevados, incluida la estructura de soporte asociada. En la dirección de descarga (→**x**), las estructuras de soporte deben diseñarse de todos modos como armazones estables, ya que deben absorber la componente de fuerza horizontal en el apoyo de la banda. El resultado es automáticamente una estabilización de la construcción en general. En sentido transversal a la dirección de descarga (→**y**), estos apoyos se estabilizarán, a su vez, con medidas adecuadas. La propia banda debe ser capaz de transmitir las cargas horizontales a los apoyos por virtud de una suficiente rigidez a esfuerzo cortante en su superficie.

177 Estructura suspendida compuesta de perfiles de madera curvados (taller para *Wilkhahn*; arqu.: F Otto).

178 Edificios olímpicos de 1964 en Tokio. Los tirantes orientados transversalmente al eje central no son cables, sino vigas de acero curvadas (arqu.: K Tange).

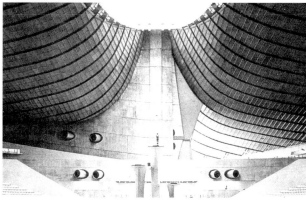

179 Edificios olímpicos de 1964 en Tokio, interior.

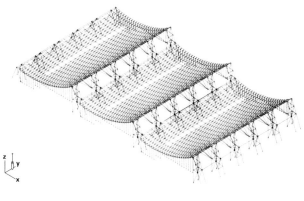

180 Principio de extensión de una banda. Como en todos los sistemas unidireccionales, la adición de módulos individuales tiene lugar en la dirección del vano (→**x**). Transversalmente (→**y**), es posible una continuación ilimitada de la construcción.

Aplicación en la construcción de edificios—aspectos de proyecto

■ Las bandas permiten salvar grandes vanos con un canto de construcción extremadamente reducido. Por lo tanto, a menudo se utilizan para cubrir espacios grandes tipo pabellón. En cierto modo, la ligereza y simplicidad estructural de la banda se obtiene a costa de una mayor complicación constructiva necesaria para crear los soportes lineales elevados y, en particular, para absorber las fuerzas horizontales inherentes al sistema que se producen en ellos (ver **174**).

3. Sistemas bidireccionales

☞ *Cap. IX-1, Aptdo. 2.1 Transferencia de carga unidireccional y bidireccional, pág. 208*

■ Mientras que hasta ahora nos hemos centrado en las estructuras unidireccionales, es decir, uniaxiales, a continuación examinaremos las que transfieren las cargas de forma **bidireccional** en el sentido de nuestra definición, inicialmente bajo la restricción de un apoyo de cuatro lados, tanto en la variante de apoyo lineal como en la de apoyo puntual. Aunque en tal caso hay esencialmente dos direcciones de descarga, se suele utilizar como sinónimo la designación como estructuras portantes **no direccionales**. Las estructuras con más de dos direcciones de descarga y apoyos en forma de anillo también se consideran de descarga bidireccional, ya que el flujo de fuerzas se puede describir completamente con el análisis de las dos componentes principales de la fuerza en la superficie.

Las estructuras portantes bidireccionales suelen ser más complicadas de construir que las unidireccionales, especialmente cuando se diseñan como armazones de barras. Como regla general, son más eficientes y económicas en cuanto al material que consumen, ya que se activa una mayor interacción de los componentes entre sí. En consecuencia, se caracterizan sobre todo por ser internamente hiperestáticas. Las estructuras bidireccionales, o las células básicas de estructuras compuestas bidireccionales, ya son reconocibles como tales por su geometría que es—al menos aproximadamente—simétrica central.

3.1 Sistemas sometidos a flexión—coberturas planas

☞ *Apartados 2.1.1 Placa con descarga unidireccional, pág. 282, y 2.1.2 Cobertura plana compuesta de conjuntos de barras, pág. 294*

■ En primer lugar, hay que analizar las coberturas planas, que son muy importantes para la construcción de edificios. Naturalmente, existen grandes similitudes con las coberturas planas unidireccionales ya mencionadas.

3.1.1 Placa bidireccional sobre apoyos lineales

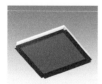

■ Los bordes laterales no apoyados de la versión unidireccional muestran un flectado bajo carga.[a] En el caso de la losa apoyada en todos los lados, esto se evita mediante el apoyo perimetral, de modo que puede activarse completamente la **flexión transversal**, no sólo como resultado de la distribución de cargas (caso **3** y **3'**),[b] sino por transferencia *directa* de cargas en el apoyo (ibid. caso **4** y **4'**). Se establece entonces una verdadera **transferencia de cargas bidireccional** con proporciones de placa cuadrada. De este modo, el hormigón puede aprovecharse mejor, ya que su resistencia a la compresión entra en acción en dos direcciones. Los esfuerzos de tracción transversales se absorben con una armadura transversal (integrada en la armadura de una malla), que sólo representa un coste adicional moderado.

☞ ª *Cap. IX-1 Fundamentos*, ⊟ **62, 63**, *pág. 211; en este Cap.* ⊟ **10–12**, *pág. 283*
☞ ᵇ *Cap. IX-1, Aptdo. 2.1 Transferencia de cargas unidireccional y bidireccional, pág. 208*

■ Un mecanismo deformacional característico de la placa de descarga bidireccional hace que las esquinas de la placa se **levanten** cuando se carga la misma. Esto puede explicarse de la siguiente manera: Si consideramos una franja de losa diagonal (**AB**, ⊟ **184**), según la regla de la transferencia de cargas bidireccional, ésta es soportada y, por tanto, aliviada parcialmente por franjas de losa transversales imaginarias (**CD**) en cada caso. En el vano, esto conduce a una reducción de su flectado; sin embargo, en la zona de las esquinas, las franjas transversales de apoyo (**C'D'** y **C''D''**, ⊟ **185**) son muy cortas y, en consecuencia, también muy rígidas. Entonces actúan como un **apoyo rígido**, lo que hace que la franja diagonal de la losa se comporte como una viga con **dos voladizos**: Sus tramos extremos en voladizo se levantan del apoyo.

Si se impide esta deformación con medidas adecuadas, por ejemplo, mediante sobrecarga, los extremos de la franja diagonal se sujetan, lo que supone una mejora adicional en el comportamiento de carga de la losa.

Como ya se ha descrito, una placa de descarga bidireccional sólo actúa como tal existiendo una transferencia *directa* de cargas si la proporción de sus bordes es aproximadamente cuadrada (⊟ **181**). Los formatos de planta rectangulares hacen que la carga se transfiera predominantemente en la dirección de la **luz corta**, es decir, en la más **rígida**. Entonces no se da un aprovechamiento biaxial del canto de la losa. Por regla general, esto ya es el caso con proporciones de **1** : **1,5**.

■ Los apoyos lineales de la losa pueden consistir, en principio, en muros verticales perimetrales que crean un espacio similar a un habitáculo cerrado por todos sus lados. Dado que los vanos de la losa son limitados, este método de construcción conduce a una secuencia de células individuales cerradas y de dimensiones limitadas en el caso de extensiones. Este tipo de construcción es propio de la construcción residencial. Alternativamente, la losa puede descansar sobre un sistema tipo esqueleto compuesto de columnas y vigas. Estas últimas proporcionan entonces un apoyo lineal para la losa. Debido al sistema, las vigas van en dos direcciones.

■ Como resultado del principio de acción estática bidireccional y de la no direccionalidad geométrica resultante de la losa junto con el apoyo, ambas direcciones principales son equivalentes con respecto a la capacidad de extensión de la construcción: Debido a los vanos limitados, la ampliación en ambas direcciones sólo puede lograrse añadiendo más módulos estructurales. En los sistemas de esqueleto de

Comportamiento de carga

☞ **Vol. 1**, *Cap. VI-2, Aptdo. 7.3.8 Elemento con cuatro apoyos lineales articulados (placa) bajo carga superficial perpendicular, pág. 598*

☞ *Véase el gráfico en* **Vol. 1**, *Cap. VI-2, Aptdo. 7.3.8*, ⊟ **83** *en pág. 600*

✎ *Véase también la restricción a la torsión en la zona del borde de un emparrillado de vigas*

La célula estructural básica

Extensibilidad

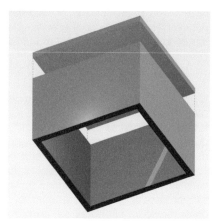

181 Placa con apoyo lineal de cuatro lados con transferencia de cargas bidireccional. Se aplican condiciones similares a las de los emparrillados de vigas (véase *Apartado 3.1.3*): El mejor aprovechamiento del material se consigue con luces iguales en ambas direcciones, es decir, con módulos estructurales cuadrados.

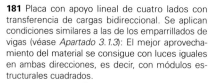

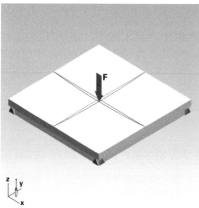

182 Transferencia de cargas bidireccional de una carga concentrada céntrica sobre una placa cuadrada con cuatro apoyos lineales. Las deformaciones son menores para los mismos vanos en comparación con las de 🗗 **10**.

183 Levantamiento **a** de las esquinas de la placa si es flexible a la torsión.

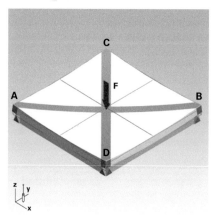

184 Visualización de las franjas diagonales (**AB**, **CD**) de la placa.

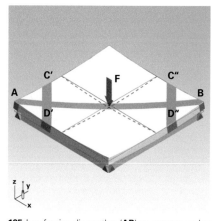

185 Las franjas diagonales (**AB**) se apoyan en las franjas transversales (**C'D'**, **C"D"**), mucho más rígidas (porque son más cortas), por lo que se produce una especie de efecto voladizo: Los extremos de la tira diagonal **AB** se levantan.

pilares y vigas, esto conduce a posiciones de pilares con recuadros de intercolumnio cuadrados en cada caso. Se puede realizar una **acción continua** a través de los apoyos sin restricciones en ambas direcciones con el tipo de diseño más común de la losa de descarga bidireccional, la losa sólida de hormigón armado.

■ Las células estructurales formadas por cerramientos en forma de pared dispuestos en todo el perímetro están, como se ha mencionado anteriormente, rigidizadas en ambas direcciones ($\rightarrow$**x**, $\rightarrow$**y**), ya que el forjado—al menos si está ejecutado como losa de hormigón—desarrolla adicionalmente un efecto estabilizador de diafragma. En combinación con un sistema de esqueleto, la célula base debe ser capacitada para soportar la carga horizontal con medidas de arriostramiento adecuadas, es decir, cruces de San Andrés, conexión a puntos fijos mediante el efecto de diafragma de la cobertura, etc. Alternativamente, también es posible—especialmente si se diseña como una estructura monolítica de hormigón armado—activar un efecto de pórtico de la columna y la viga. En consecuencia, se puede crear un **efecto de pórtico bidireccional** con esta cobertura biaxial. Las esquinas rígidas del pórtico de doble orientación pueden fundirse monolíticamente en una sola pieza. Este método de construcción representó un paso decisivo en el desarrollo inicial de la construcción de esqueleto de hormigón armado, pero hoy en día ya no tiene importancia práctica debido a los elevados costes de encofrado y armadura. En algunos aspectos, puede decirse que esta solución ha sido sustituida por las modernas losas planas apoyadas en puntos.

■ En esencia, se aplican las mismas reglas que para la losa de descarga unidireccional. La libertad en el diseño de los apoyos es aún mayor con la placa bidireccional que con la versión unidireccional. La capacidad pronunciada de la losa para distribuir cargas permite—dentro de ciertos límites—una

Arriostramiento

☞ *Véase* 🗗 **97**, *pág. 313*

☞ *Aptdo. 3.1.2 Placa bidireccional sobre apoyos puntuales, pág. 346*

Aplicación en la construcción de edificios—aspectos de proyecto
☞ *Aptdo. 2.1.1 Placa con descarga unidireccional, pág. 282*

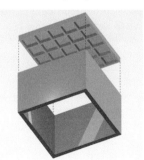

186 La placa con apoyo lineal en cuatro lados con transferencia de cargas bidireccional también puede aparecer en diseño nervado según el patrón en 🗗 **22** y **23**. En la construcción de hormigón armado, estos componentes se denominan **losas de casetones**.

187 Unidades individuales de encofrado de acero dispuestas sobre un entablado de soporte antes de hormigonar una losa de casetones.

188 Losa de casetones de hormigón in situ (arqu.: L I Kahn).

☞ *Véanse las consideraciones anteriores en el apartado ‚Arriostramiento'*

Losa nervada bidireccional (losa de casetones)

3.1.2

Placa bidireccional sobre apoyos puntuales

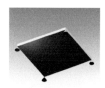

☞ *Vol. 1, Cap. VI-2, Aptdo. 7.3.10 Elemento con cuatro apoyos puntuales articulados (placa) bajo carga superficial perpendicular, pág. 604*

☞ *A pesar de ello, aún hoy en día se suele denominar "losa de hongo".*

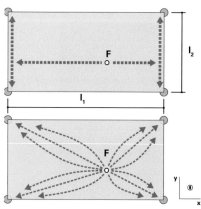

189 Transferencia indirecta de cargas en una losa rectangular: arriba desde el punto de vista de la armadura, abajo las trayectorias de tensiones principales.

ubicación en gran medida libre de vanos y apoyos lineales. También se pueden realizar configuraciones irregulares de apoyos que no se ciñen a retículas geométricas.

■ Al igual que en el caso de la losa unidireccional, la losa bidireccional se vuelve tan pesada a partir de una determinada luz que agota sus reservas de carga sólo para sostenerse a sí misma. En tal caso, también se pueden ejecutar **losas nervadas**, con dos conjuntos de nervios que se cruzan formando **casetones**.

Las losas de casetones se hormigonan en su mayor parte in situ. De este modo, las múltiples penetraciones de costillas pueden ejecutarse monolíticamente sin más problemas de conexión. Para ello existen sistemas de encofrado industrializados (véase 🗗 **187**).

■ El apoyo puntual de la losa no se acomoda en principio a su comportamiento portante, ya que las cargas sobre el apoyo tienen que transferirse sobre un área muy limitada. El espesor relativamente pequeño de la losa (véase más arriba), que por otra parte es una gran ventaja del forjado de losa, resulta ser un punto débil desde este punto de vista, ya que se producen altas concentraciones de **esfuerzos cortantes** en la zona alrededor del punto de apoyo. Existe el riesgo de **punzonamiento**.

La respuesta constructiva a este problema evolucionó en forma de la **losa de hongo** (🗗 **190**). El ensanchamiento de la cabeza del pilar en forma de hongo aumenta la llamada **sección circular crítica** en la zona cercana al pilar donde se producen los mayores esfuerzos cortantes. Esto mitiga los efectos del apoyo puntual.

Dado que este tipo de losa produce costes de encofrado bastante elevados, en la actualidad se construye preferentemente sin cabezas de hongo como una **losa plana sobre apoyos puntuales** (🗗 **191**). Los esfuerzos cortantes incrementados se absorben con la ayuda de una **armadura de pletinas radiales con conectores** (🗗 **192**). Ésta puede integrarse en el grosor regular de la losa para que se mantenga una sección transversal continua de la misma. Los costes de encofrado son comparables a los de una losa sólida convencional.

El canto de la losa se aprovecha de forma óptima en dos direcciones si los vanos son aproximadamente iguales en ambas direcciones, es decir, si los recuadros de intercolumnio son **cuadrados**. Pero incluso en el caso de recuadros de apoyo rectangulares con diferentes luces, sigue produciéndose un **efecto portante bidireccional**—a diferencia de lo que ocurre en el caso de una losa sobre apoyos *lineales* y descargando en dos direcciones con luces muy diferentes entre sí—como resultado de la transferencia indirecta de la carga. Desde el punto de vista de la armadura, cualquier carga individual se transfiere primero a través de la franja de losa más larga a la franja de borde corta más rígida y luego

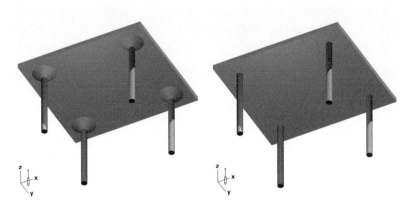

190 Losa de hongo.

191 Losa plana sobre apoyos puntuales, a menudo también llamada losa de hongo, aunque no se ejecuten tales capiteles. El efecto de carga es el mismo que la losa de hongo en ⊞ **190**, pero faltan las cabezas ensanchadas de los pilares. Los grandes esfuerzos cortantes sobre el pilar son absorbidos por una armadura especial (⊞ **192**).

se transfiere desde ésta a los apoyos (⊞ **189**). Sin embargo, el material no se utiliza tan eficazmente como con vanos iguales en ambas direcciones.

■ El desarrollo de la losa plana apoyada en puntos permitió el uso económico de la **losa sólida sin vigas** en la construcción moderna de esqueleto, en su variante más eficiente como sistema de descarga bidireccional. La célula base, una combinación de losa y cuatro pilares, no está inicialmente arriostrada: Un efecto de pórtico entre el pilar y la losa no es factible dado el espesor tan reducido de la losa. En consecuencia, se requieren para dichas estructuras elementos de arriostramiento adicionales, como **núcleos**. La estructura de esqueleto puede conectarse a estos puntos fijos gracias al efecto de diafragma horizontal de la losa.

■ Siempre que conviene la combinación de losa sólida con estructura de soporte tipo esqueleto, por ejemplo en **edificios administrativos** modernos, se utiliza ampliamente la losa plana apoyada en puntos. Tiene algunas ventajas importantes:

• Se cumplen los requisitos habituales de un forjado en la construcción de edificios:

•• aislamiento acústico aéreo;

•• aislamiento acústico de impacto;

•• **protección contra incendios**.

• Además, resulta ser una ventaja en edificios administrativos actuales la capacidad de **almacenamiento térmico**. En ellos, las fachadas altamente aislantes y, sobre todo, las elevadas cargas térmicas internas (procedentes de la iluminación, las máquinas de oficina, etc.) pueden provocar temperaturas ambientales excesivas con temperaturas exteriores medias o altas. La gran masa inerte del forjado de piso muestra aquí un comportamiento térmico favorable.

La célula estructural básica

Aplicación en la construcción de edificios —aspectos de proyecto

192 Inserción de una armadura de pletinas radiales con conectores prefabricada en el encofrado (*Halfen*®).

• En términos de **uso**, un sistema de esqueleto con losa plana ofrece la ventaja de:

•• gran **flexibilidad de uso en planta**. Debido a los pocos puntos fijos de la planta (columnas, núcleos), se puede realizar una gran variedad de distribuciones de planta reubicando tabiques ligeros.

•• gran libertad para determinar las posiciones de pilares. Gracias a la pronunciada capacidad de la placa para distribuir cargas transversalmente, es posible—dentro de ciertos límites—realizar **posiciones de pilares libres** que no tienen que seguir necesariamente una retícula de ejes. La losa sobre apoyos puntuales tiene esencialmente esta ventaja en común con todos los demás sistemas de transferencia de cargas bidireccional, como el emparrillado de vigas. Por supuesto, la libre disposición de pilares se ve limitada por las máximas luces del forjado: hasta algo más de 7 m.

•• **instalación libre** bajo el forjado, ya que ninguna viga obstruye el paso de conductos.

•• garantizar un buen **aislamiento acústico aéreo** y de **impacto** con alta variabilidad simultánea de posiciones de tabiques. Para ello, se utiliza un solado adherido o un solado sobre capa separadora que, en combinación con la masa de la losa y un revestimiento de suelo blando (por ejemplo, una moqueta), garantiza el aislamiento acústico de impacto necesario.

•• una gran superficie de **radiación térmica** utilizable en forma del techo expuesto de la losa sólida. Para ello, la losa o el solado adherido van equipados con un sistema de tubos de calefacción y refrigeración. Esto se denomina **activación térmica del componente**.

Hoy en día las losas planas sobre apoyos puntuales también se pueden realizar con **elementos semiprefabricados**.

3.1.3

Emparrillado de vigas bidireccional sobre apoyos lineales

Comportamiento portante

■ El comportamiento básico de carga de los emparrillados de vigas apoyados linealmente se discute en detalle en otro lugar.[a] Las ventajas de la transferencia de cargas bidireccional pueden aprovecharse mejor, de forma análoga a la losa homogénea, suponiendo que existe una transferencia directa de cargas de este sistema portante al componerse de formatos de emparrillado **cuadrados** con luces iguales en ambas direcciones de vano. Los emparrillados de vigas con diferentes luces, como en 🗗 **195**, favorecen a una sola dirección de descarga y, por tanto, conducen a una utilización insuficiente de los elementos portantes individuales, o a una sobrecarga de otros. Las ventajas de la transferencia de cargas bidireccional no pueden aprovecharse plenamente

193 Emparrillado de vigas con costillas esbeltas hechas de tablero de madera. La costilla del apoyo tiene mayor canto para absorber el esfuerzo cortante concentrado. Obsérvese que las secciones transversales de las costillas son muy estrechas, lo que es posible porque las numerosas costillas longitudinales y transversales se rigidizan lateralmente a intervalos cortos.

194 Emparrillado de vigas con geometría de rejilla triangular.

195 De las reflexiones en el *Cap. IX-1*, ⬚ **84** y **85**, p. 207, se desprende que en el caso de sistemas portantes bidireccionales, las luces diferentes en ambas direcciones tienen un efecto desfavorable sobre el comportamiento portante.

196 Las ventajas de la transferencia de cargas bidireccional se aprovechan mejor con recuadros de intercolumnio **cuadrados** con luces iguales en ambas direcciones de los vanos.

197 Emparrillado de vigas de celosía de acero (Colegio Solothurn, arqu.: F Haller).

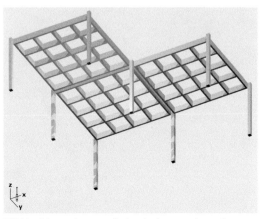

198 Un sistema de emparrillados de vigas puede ampliarse por adición en dos direcciones equivalentes.

☞ ᵃ **Vol. 1**, Cap. VI-2, Aptdo. 9.5.1 Elemento nervado con apoyo lineal, pág. 657, así
como ⊟ **224** en pág. 658

Extensibilidad

Variantes de ejecución

de este modo.

El fenómeno del **levantamiento de las esquinas** se produce de la misma manera con el emparrillado de vigas apoyado linealmente que con la losa de apoyo idéntico.

■ Debido a las mismas luces en ambas direcciones, una estructura portante hecha de emparrillado de vigas puede ampliarse en ambas orientaciones en condiciones idénticas simplemente añadiendo un elemento (⊟ **198**). Al igual que con las losas sólidas, se puede conseguir fácilmente un **efecto de continuidad** a lo largo de varios vanos de apoyo.

■ La formación de los **nudos** es siempre un detalle constructivo delicado en los emparrillados de vigas, que generalmente produce bastantes complicaciones de fabricación debido a su frecuencia—hasta cierto punto intrínseca al sistema—en el elemento. Dado que los emparrillados rara vez tienen dimensiones transportables, estas uniones, por

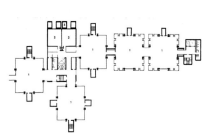

199 (Arriba) Medical Research Center, planta. Las unidades de emparrillado individuales pueden reconocerse en la planta de los edificios como pisos cuadrados (arqu.: L I Kahn).

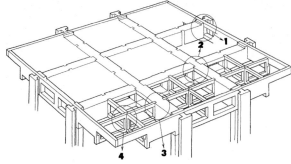

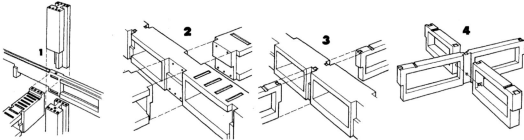

200 (Arriba derecha) Medical Research Center, representación espacial del emparrillado de vigas en hormigón postesado.

201 (Centro) Detalles de enlace con una costilla continua y dos unidas transversalmente.

202 (Abajo) fotografías de la obra.

añadidura, deben diseñarse como uniones de montaje, lo que suele excluir desde el principio determinadas técnicas de conexión, por ejemplo, la soldadura en la construcción de acero o el encolado en la construcción de madera. Otro factor de complicación es que las conexiones—de nuevo a causa del sistema—deben ser siempre **rígidas a la flexión**, lo que implica una mayor complicación técnica.

Una forma de reducir el coste de fabricación de los nudos es hacer que una costilla sea continua en el nudo y sólo hacer tope con la transversal. De esta manera, el conjunto de costillas continuas montadas en la primera fase actúa como un andamio de montaje para las secciones de costillas orientadas transversalmente que se insertarán posteriormente entre ellas (⌗ **200, 201**). Un ejemplo interesante en hormigón pretensado, donde el problema de los nudos se resolvió con el postesado en obra, muestran ⌗ **199–202**.[a]

En la construcción de madera, es difícil transferir las fuerzas que actúan en esta solución de diseño en el nudo perpendicularmente a la costilla continua, es decir la flexocompresión y la flexotracción procedentes de la costilla transversal, a través de la sección de dicha costilla, ya que la madera no puede soportar tales esfuerzos en dirección transversal a la veta.[b] En su lugar, las fuerzas deben transmitirse a través de conexiones de acero que la atraviesan, por ejemplo, mediante placas de enlace acomodadas en ranuras (⌗ **199**). En principio, la realización de emparrillados de vigas se ve dificultada en la construcción de madera por la complicación general de realizar conexiones rígidas a la flexión típica de este método de construcción. La forma más fácil de hacer que los nudos de los emparrillados de vigas sean monolíticos es realizarlos en hormigón armado. El paso hacia la conexión monolítica de la losa de entrevigado con el sistema de costillas es entonces obvio, dando lugar a una losa de casetones, como se ha comentado anteriormente.[c]

Las cuestiones abordadas en relación con el diseño estructural de emparrillados de vigas también se aplican, naturalmente, a emparrillados **apoyados en puntos**, como se discuten en el siguiente apartado.

☞ [a] *Véase también la representación de este emparrillado en Cap. X-4 Construcción de hormigón prefabricado,* ⌗ **80** *a* **87**, *pág. 686*

☞ [b] ***Vol. 1**, Cap. IV-5, Aptdo. 4. Propiedades mecánicas, pág. 285*

☞ [c] *Aptdo. 3.1.1 Placa bidireccional sobre apoyos lineales > Losa nervada bidireccional (losa de casetones), pág. 345*

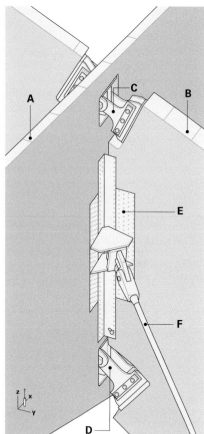

204 Nudo del emparrillado en ⌗ **203**. Una costilla (**A**) es continua, mientras que la otra (**B**) se interrumpe. Las fuerzas de flexotracción y flexocompresión pasan cada una de ellas a través de una abertura en la costilla continua **A** mediante piezas de acero (**C**, **D**). Los esfuerzos cortantes se absorben con conectores de chapa (**E**). Diagonalmente conecta la barra de un arriostramiento (**F**).

203 Estructura portante hecha de paneles de madera, curvada en su contorno, pero similar en su estructura básica y comportamiento de carga a un emparrillado de vigas. (cubierta en la Plaza de la Encarnación, Sevilla; arqu.: J Meyer-H).

Uso en la construcción de edificios —aspectos de proyecto

☞ *Véanse los emparrillados sobre apoyos puntuales en el apartado siguiente 3.1.4*

■ A efectos de nuestra consideración, los emparrillados de vigas sobre apoyos lineales son los que se apoyan en pantallas de pared portantes en todo su perímetro. Apoyarse en un sistema tipo esqueleto de pilares y vigas que proporcionen un soporte lineal al emparrillado carece de sentido desde el punto de vista conceptual, ya que la rejilla por sí misma tiene capacidad de transferencia indirecta de cargas debido a su doble alineación y puede asumir la función de una—hipotética—viga de soporte por sí misma. En consecuencia, los emparrillados con apoyo lineal se encuentran donde pueden mostrar sus capacidades, es decir, sobre todo cuando abarcan grandes salas con proporciones espaciales compactas, es decir más o menos cuadradas, en planta. Se pueden realizar geometrías de planta cuadradas o—si se utilizan rejillas triangulares—triangulares o hexagonales. Debido a la buena eficiencia estructural, la transferencia de cargas bidireccional permite que los cantos de las costillas sean mucho menores que en los sistemas de vigas unidireccionales.

Su capacidad de distribuir las fuerzas en su estructura constructiva, de forma similar a las losas, y de permitir diferentes trayectorias de fuerza alternativas ofrece una libertad muy grande en el diseño del apoyo, de forma que se pueden realizar apoyos lineales con grandes aberturas, situadas en posiciones arbitrarias, o posiciones de apoyos en gran medida libres.

3.1.4
Emparrillado de vigas bidireccional sobre apoyos puntuales

■ El principio del comportamiento de carga de los emparrillados de vigas apoyados en puntos se discute en detalle en otra parte.[a] A diferencia del emparrillado de vigas apoyado linealmente que se ha comentado en el apartado anterior, en este caso se da una **transferencia indirecta de cargas** (🗗 205).[b] Las proporciones en planta del recuadro de intercolumnio de un emparrillado de vigas apoyado en puntos, es decir, la relación entre los dos vanos, no desempeñan el mismo papel que en el caso del apoyo lineal. De forma análoga a la losa sobre apoyos puntuales, una carga concentrada que actúe en cualquier punto toma primero la trayectoria del **nervio**

206, 207 Emparrillado de elementos de celosía en acero (sistema de construcción *Maxi*, arqu.: F Haller).

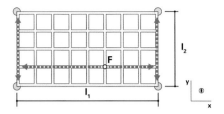

205 Transferencia indirecta de cargas con emparrillado de vigas rectangular (se supone que es flexible
a la torsión).

208, 209 Emparrillado de vigas cuadrado en acero (Nueva Galería Nacional de Berlín; arqu.: L M v d Rohe).

210 El emparrillado de vigas se premontó en el suelo y se levantó
en una sola pieza junto con los pilares, entre otras cosas para
facilitar la ejecución de las soldaduras de obra de los múltiples
nudos (Nueva Galería Nacional de Berlín, arqu.: L M v d Rohe).

211 Reducción de los momentos flectores en el emparrillado de
vigas retranqueando los pilares para crear un voladizo (Nueva
Galería Nacional de Berlín, arqu.: L M v d Rohe).

212 Emparrillado de vigas de hormigón armado.

213 Emparrillado de vigas de madera.

☞ ᵃ **Vol. 1**, *Cap. VI-2, Aptdo. 9.5 Elemento compuesto por costillas espaciadas biaxiales o multiaxiales > 9.5.2 Elemento nervado con apoyo puntual, pág. 660*
☞ ᵇ *Cap. IX-1, Aptdo. 2.2 Influencias de la transferencia de carga sobre la geometría de la célula base, pág. 212, así como* 🗗 **136** *en pág. 239*

más largo y luego se transfiere en la dirección transversal a través del **nervio de borde corto** más rígido a los apoyos (🗗 **205**). Aunque las otras costillas también participan en parte en esta transferencia de cargas, ésta es la principal vía de descarga en el emparrillado. Cuanto mayor sea la divergencia entre las luces, más resultará sobredimensionada la costilla corta—suponiendo cantos iguales en cada caso—. No obstante, en todos los casos—independientemente de las proporciones de los vanos—existe básicamente una **transferencia de cargas bidireccional**.

Extensibilidad

■ Las circunstancias son comparables a las de los emparrillados de vigas sobre apoyos lineales del *Apartado 3.1.3*.

Variantes de ejecución

■ Se aplica lo dicho en el *Apartado 3.1.3* sobre los emparrillados de vigas sobre apoyos lineales.

Uso en la construcción de edificios—aspectos de proyecto

■ Los emparrillados de vigas sobre apoyos puntuales se prestan para uso en estructuras tipo esqueleto para cubrir grandes espacios interconectados añadiendo módulos individuales en dos direcciones. Los emparrillados de vigas pueden mostrar sus puntos fuertes sobre todo en usos de espacios o conceptos arquitectónicos para los que son ventajosos intercolumnios idénticos en dos alineaciones.

Si los tramos de emparrillado individuales se acoplan entre sí sobre los pilares de forma rígida a la flexión, pueden reducirse los momentos flectores en el vano gracias a la acción continua. Incluso en el caso de tramos aislados, el esfuerzo flector—y, por tanto, el canto total—del emparrillado de vigas puede reducirse situando los apoyos formando voladizo.

☞ *Como por ejemplo en la Neue Nationalgalerie de Berlín, véase* 🗗 **211**

También en el caso de emparrillados de vigas apoyados en puntos, existe una libertad bastante grande a la hora de determinar los apoyos porque, al igual que en el caso de la losa, se trata de una estructura portante con una pronunciada capacidad de distribución lateral de cargas. Como regla general, conviene disponer un pilar preferentemente en un nudo de costillas.

3.1.5

Losa sobre apoyo anular

☞ *Cap. IX-1, Aptdo. 2.1 Transferencia de cargas unidireccional y bidireccional, pág. 208*

☞ *Cap. IX-1, Aptdo. 1.6.1 El elemento de cerramiento plano, pág. 198*

■ Mientras que en el caso de las estructuras con apoyo lineal de cuatro lados consideradas hasta ahora en el *Apartado 3.* se identifican dos direcciones de descarga, en el caso del apoyo radial hay muchas de ellas. No obstante, en la estática las estructuras de este tipo se considera que actúan por **descarga bidireccional** porque, para su análisis estático, basta con dividir la transferencia de cargas en dos direcciones ortogonales. Las consideraciones básicas hechas para las estructuras de descarga bidireccional se aplican análogamente.

Las losas planas sobre apoyos anulares son poco frecuentes en la construcción de edificios. Las dificultades generales de los diseños redondos en planta, presumiblemente la razón por la que son tan escasas, ya se han discutido anteriormente. Sin embargo, las losas circulares tienen un comportamiento de carga más favorable que las rectangulares e incluso que las cuadradas: no hay esquinas que puedan alzarse; no hay diferencia entre la dirección de descarga diagonal y la ortogonal. Se puede argumentar que, en términos de forma y de apoyo, las losas apoyadas en anillo son un caso ideal.

Además, cuando se apoya sobre paredes verticales, la geometría cilíndrica de cimborrio, que es hasta cierto punto inherente al sistema, es intrínsecamente estable frente a fuerzas horizontales y, en consecuencia, la célula estructural básica no requiere más medidas de arriostramiento.

■ Las coberturas con forma circular no pueden realizarse de forma razonable con secciones de barras paralelas,[a] por lo que en este caso se suelen utilizar **patrones de barras radiales** (⊟ **215**). Esta forma geométrica de organización conduce a un punto central de penetración en el que confluyen todas las costillas. Dado que, naturalmente, sólo se puede ejecutar una sola costilla de forma continua, todas las barras se suelen unir a tope en este punto y conectarse mutuamente. Si el número de barras es grande, es decir, el ángulo de los sectores circulares es agudo, pueden producirse bisecciones estrechas entre las barras en esta unión, que a veces son difíciles de resolver en términos de diseño. Se pueden crear condiciones geométricas más favorables introduciendo un **anillo** o **cilindro de conexión céntrico**. Debe ser capaz de absorber los momentos flectores en las conexiones de las barras, que alcanzan su valor máximo exactamente en este centro. El cilindro se comprime radialmente en la zona superior y se estira en la zona inferior. Esto se denomina momento reversor.

Como ocurre con todas las disposiciones de vigas en abanico, las áreas tributarias de carga cambiantes de las vigas son, en cierta medida, inherentes al sistema y reducen la eficiencia de la estructura si las secciones de viga permanecen invariables, lo que suele ser el caso.[a]

En una variación interesante, este sistema portante puede ejecutarse como un **sistema anular de cables** o **rueda de radios** actuando bajo tracción pura. Esto lo transforma en una estructura tensada. Esta estructura se examina con más detalle en otra parte (⊟ **214**).[b]

Conjunto radial de barras sobre apoyo anular
☞ [a] Cap. IX-1, Aptdo. 2.2.2 Interacción entre la longitud del vano, el canto y la geometría en planta > grupo de barras paralelas sobre apoyos curvos, ⊟ **83**, pág. 217

☞ [a] Cap. IX-1, Aptdo. 2.2.2 Interacción entre la longitud del vano, el canto y la geometría en planta > apoyos curvados concéntricos, ⊟ **81**, **82**, pág. 217
☞ [b] Una rueda de radios también puede entenderse como una estructura de cables pretensada mecánicamente, como se describe por ejemplo en Aptdo. 3.3.2 Membrana y estructura de cables, con pretensado mecánico, sobre apoyos lineales, pág. 392; véase también Cap. X-3, Aptdo. 3.7.4 Estructuras de cable > Sistemas radiales de cable anular – ruedas de radios, pág. 645

214 Sistema anular de cables.

216 (Izquierda) conjunto radial de vigas en la curva en U de la famosa rampa de coches en el edificio de la fábrica de Fiat en Lingotto (arqu.: M Trucco). En este caso, el grupo de vigas se apoya en el centro en un pilar.

215 (Derecha) ejemplo de un **conjunto radial de vigas** sobre una subestructura de fábrica tipo tambor. La viga del centro de la imagen es la única que es continua.

3.2

Sistemas sometidos a compresión

☞ *Aptdo. 2.2 Sistemas de compresión—cubiertas inclinadas y bóvedas, pág. 322*

3.2.1

Pirámide

☞ *Aptdo. 2.2.1 Cubierta inclinada compuesta de conjuntos de barras > Techumbres de par, pág. 322*

■ A continuación, esta categoría se centrará en particular en las coberturas hechas de **cúpulas** y **conos**. Cada una de ellas puede entenderse como la forma de revolución con simetría central de las ya mencionados coberturas inclinadas y de tipo bóveda. Sin embargo, en comparación con sus homólogos lineales axisimétricos, muestran un comportamiento de carga cualitativamente diferente.

■ Las coberturas en forma de pirámide son, en principio, similares a las techumbres de plano inclinado de las que hemos hablado anteriormente (⌸ **217, 218**). A diferencia de las cubiertas a dos aguas allí descritas, las pirámides tienen una estructura resistente al corte en ambas direcciones principales (→**x** e →**y**). Por lo tanto, no son necesarias medidas adicionales de arriostramiento. Los faldones planos de la pirámide desarrollan un efecto combinado de diafragma y placa. Se acoplan entre sí a través de las limas tesas y, por tanto, se refuerzan mutuamente. El soporte rígido mutuo, junto con el elemento de apoyo en la parte inferior, por ejemplo un muro de carga, corresponde a un apoyo lineal completamente perimetral de los faldones. Debido a su forma triangular, éstos no necesitan más elementos rigidizantes, ni siquiera en su plano.

Como en el caso de las cubiertas de par, la entrada inclinada de las fuerzas en los apoyos da lugar a una componente de fuerza horizontal además de la componente vertical, que debe ser equilibrada en el apoyo. Estos empujes pueden, por ejemplo, introducirse en un forjado actuando en forma de diafragma a la altura de los apoyos—con armadura de zuncho anular en la zona de los bordes—o también pueden acomodarse en todo su contorno mediante una viga anular. Los

217 (Izquierda) aguja con geometría piramidal sobre planta octogonal.

218 (Arriba) cubierta piramidal sobre tambor octogonal (Baptisterio de la Catedral de Florencia, ver abajo).

empujes horizontales también pueden cortocircuitarse en el sistema en ausencia de un apoyo horizontal, por ejemplo, mediante un zuncho anular circunferencial a nivel del piso.

■ En la construcción histórica de bóvedas, las cúpulas sobre apoyos lineales de cuatro lados formadas por superficies cilíndricas que se intersecan se denominan **bóvedas de gajos** o **gallones** (⊟ **219**). Desde el punto de vista de la evolución histórica, pueden entenderse, al igual que algunos tipos de cúpula (cúpulas de círculo interior y exterior),[a] como un compromiso entre dos geometrías básicas: la cáscara curvada, que descarga más o menos axialmente, al menos en la dirección de la curvatura, y el apoyo cuadrangular, por ejemplo sobre un cimborrio de obra de fábrica, que ofrece ventajas en términos de uso del interior y de adición.[b] Una desventaja de las bóvedas de gajos de cuatro lados es que los casquetes cilíndricos sólo tienen curvatura uniaxial y corren el riesgo de pandear, especialmente en la zona inferior, donde la luz entre las limas tesas es mayor. Las cáscaras sólo ligeramente curvadas trabajan allí casi como una placa. Su rigidez puede mejorar notablemente si también se les da un ligero peralte, y por lo tanto una curvatura, en dirección horizontal. Así, actúan como una lámina de doble curvatura. Como alternativa, para reducir los vanos de los casquetes, la planta cuadrada puede convertirse en octogonal, solución que se utilizó para la famosa cúpula florentina de Brunelleschi (⊟ **219**).

Las limas tesas tienen un efecto rigidizante, como en las estructuras plegadas, por ejemplo, la cubierta piramidal.

Cúpula cilíndrica   3.2.2

☞ [a] *Véase el próximo Aptdo. 3.2.6 Cascarón homogéneo, de curvatura sinclástica, sobre apoyos puntuales, pág. 374*

☞ [b] *Cap. IX-1, Aptdo. 1.5 Principios de proyecto de la adición de células estructurales, pág. 194*

219 Cúpula de casquetes cilíndricos sobre planta octogonal (*Santa Maria del Fiore*, Florencia; arqu.: F Brunelleschi).

☞ *Para la tracción anular, ver Aptdo. 3.2.4 Cúpula de cáscara homogénea, pág. 362*

A diferencia de la cúpula esférica, no hay tracción anular en la zona inferior. En cambio, existe una compresión de diafragma por el apoyo transversal mutuo de los casquetes de la bóveda.

3.2.3 **Cono**

■ Para ilustrar su comportamiento básico de carga, las cúpulas cónicas pueden dividirse en franjas meridianas individuales que, a diferencia de la superficie de doble curvatura de la cúpula, en el caso del cono son rectas (⛶ **221**). Bajo una carga vertical, como por ejemplo por su propio peso o por la nieve, estas tiras se ven sometidas, por un lado, a una fuerza axial, lo que provoca un esfuerzo de **compresión** en la dirección **meridiana**; por otro lado se produce, en sentido transversal, una **compresión anular** como consecuencia de la componente de carga dirigida transversalmente a las franjas, que deforma las mismas hacia abajo alejándolas de su eje recto, la cual, a diferencia de la cúpula esférica, se reparte por *toda la altura* del cono. No existen fuerzas anulares de tracción con carga vertical distribuida. Las fuerzas que actúan a lo largo del eje de la franja imaginaria—como la carga de una linterna apoyada—provocan una compresión axial pura en la dirección meridiana; las fuerzas anulares son entonces iguales a cero.[2] Con este tipo de carga, la superficie del cono resulta conformada según la superficie *antifunicular ideal*.

220 Los *trullos* son una antigua forma de construcción cónica formada por anillos de piedra escalonados (cúpula en voladizo) (Puglia, Italia).

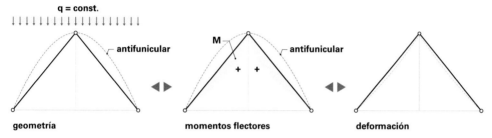

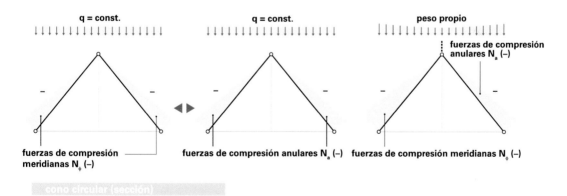

221 Ilustración del comportamiento de carga básico de una cúpula cónica circular en comparación con la estructura plana de dos tornapuntas con la misma geometría seccional. Surgen fuerzas de compresión meridianas N_ϕ y exclusivamente fuerzas de compresión anulares N_a (véase también el comportamiento de carga de la cúpula esférica en ⊟ **230**).

En cuanto a la fabricación, es significativo que el cono—a diferencia de la esfera—es geométricamente una **superficie reglada** (desarrollable) con curvatura solamente uniaxial—en la dirección de los círculos latitudinales—. Las ventajas de este tipo de construcción cuando se hace con material en forma de barra o de placa—esto también se aplica a un encofrado de hormigón—se tratan en otro lugar.

☞ *Cap. VII, Aptdo. 2.3 Tipos de superficie regulares, pág. 46*

☞ *Cap. VII, Aptdo. 3.1 Realización de superficies de curvatura uniaxial, pág. 92*

3.2.4

Cúpula de cáscara homogénea

☞ ᵃ *Las cuestiones geométricas relacionadas con cúpulas esféricas se analizan en
Cap. VII, Aptdo. 3.2.2 La esfera, pág. 110*

☞ *Ejemplo de excepción: Las bóvedas nubias de capas anulares inclinadas; ejemplo
en ⊟ **296**, **297** en pág. 102*

Comportamiento de carga

☞ *Cap. IX-1, Aptdo. 4.4.3 Detección de la
forma de estructuras laminares bajo fuerzas
de membrana, pág. 260*

■ Las cúpulas pueden considerarse estructuras laminares en forma de **cascarón**. Presentan una curvatura sinclástica. Por lo general, su superficie no puede generarse directamente a partir de líneas rectas, especialmente en el caso de la cúpula esférica clásica. Sin embargo, son posibles aproximaciones en forma de retículas poliédricas que producen cascarones de celosía estructuralmente viables. Las geometrías de componentes esféricos y curvos relacionados pueden producirse ventajosamente a partir de pequeños bloques de construcción.ᵃ Hay muchas alternativas geométricas a la cúpula esférica pura.

Las cúpulas tienen una gran importancia en la historia de la arquitectura. Como estructuras portantes sometidas predominantemente a esfuerzos de compresión, son, al igual que las bóvedas, una forma estructural predestinada para material frágil, es decir piedra, ladrillo u hormigón. La cúpula tiene incluso algunas ventajas sobre la bóveda en cuanto a tecnología de producción, ya que puede construirse en gran medida sin andamios si se construye paso a paso a partir de capas anulares resistentes a la compresión, por hiladas en obra de fábrica o con encofrado por capas. Este tipo de construcción de bóveda sin cimbras es difícil de realizar, en cambio, con bóvedas de cañón. Durante siglos, los edificios más grandes y sofisticados del área cultural occidental se cubrieron exclusivamente con cúpulas.[3]

■ El comportamiento de carga de una cúpula puede ilustrarse comparándola con un arco. De forma análoga a una bóveda, una cúpula puede entenderse inicialmente como una secuencia radial de arcos individuales (⊟ **229**). Si se concibe la cúpula de esta manera, cada arco soporta por sí mismo la carga bajo esfuerzo de compresión pura (**compresión meridiana N**$_\varphi$), siempre que siga la línea de empujes correspondiente al patrón de carga actuante—contemplado en su respectivo plano. Surgen en este caso las líneas antifuniculares aproximadamente parabólicas y las fuerzas horizontales (empujes) que cabe esperar en los apoyos con las cargas verticales distribuidas habituales. Suponiendo estas condiciones ideales, así como un apoyo adecuado que absorba los empujes horizontales, la cúpula, que se modela sobre una **superficie antifunicular** (⊟ **222**) resultante de la rotación de la línea de empujes, soporta la carga bajo esfuerzo de compresión puro a lo largo de las líneas meridianas (⊟ **223**). No existe ningún esfuerzo, ni de tracción ni de compresión, transversal a esta dirección, a lo largo de los círculos latitudinales.

Este estado ideal rara vez se alcanza en la práctica por varias razones que se discutirán más adelante. Las desviaciones con respecto a estas condiciones ideales teóricas, que fueron reconocidas por primera vez por Wren y Gaudí y realizadas de forma aproximada en cúpulas (⊟ **224**, **227**, **228**) y que pueden encontrarse en algunas formas constructivas autóctonas (⊟ **226**), conducen a fuerzas orientadas

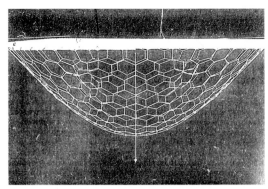

222 Determinación de la **superficie de membrana** o **superficie funicular** de una cúpula mediante un modelo suspendido. El perfil de línea catenaria es claramente reconocible (F Otto).

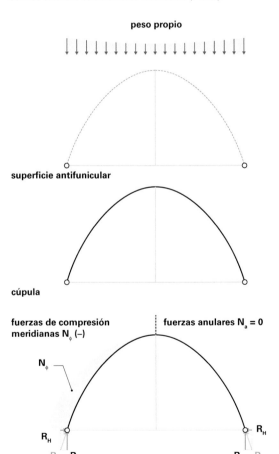

peso propio

superficie antifunicular

cúpula

fuerzas de compresión meridianas N_ϕ **(–)**   **fuerzas anulares** $N_a = 0$

N_ϕ

R_H R_H

R R_V R_V R

223 Cúpula formada según la superficie antifunicular de las fuerzas actuantes. Se crea un perfil en forma de catenaria bajo la carga prevalente. En estas condiciones idealizadas, sólo se producen **fuerzas de compresión meridianas** N_ϕ, que dan lugar a una fuerza de apoyo **R** no vertical, aunque poco inclinada, y en consecuencia a una componente de fuerza horizontal (empuje de la cúpula) R_H. No hay fuerzas anulares N_a.

224 Cúpula de la *St. Paul's Cathedral* en Londres de Christopher Wren. La construcción general tiene tres cáscaras; la que soporta la carga real es la del medio y tiene la forma de una superficie antifunicular (línea de empujes superpuesta gráficamente). Fue la primera aplicación con fundamento científico de la teoría de la línea de empujes, ya desarrollada por Hooke y Newton en aquella época, a la construcción de cúpulas.

transversalmente—en la dirección del círculo latitudinal—, que en el caso especial—aunque significativo—de la cúpula esférica se dividen en (⌗ **230**):

✐ Las fuerzas anulares también suelen denominarse—por analogía con las fuerzas meridionales N_ϕ—con la notación N_θ

- fuerzas de **compresión** (**compresión anular N_r–**) en la zona superior, por encima de la llamada **junta de fractura**;

- fuerzas de **tracción** (**tracción anular N_r+**) en la zona inferior, por debajo de la articulación de la junta de fractura.

Esto puede ilustrarse claramente con una semiesfera comprimida desde arriba, que se desgarra en la zona inferior—por la tracción—y se abomba en la superior—por la compresión—. El término *junta de fractura* se deriva naturalmente de la tecnología de la obra de fábrica. La existencia de una junta de fractura en la cúpula esférica puede derivarse como sigue.

*☞ Véase también Cap. IX-1 Fundamentos, ⌗ **147**, pág. 254*

Los arcos circulares, que pueden considerarse como elementos básicos de una cúpula esférica seccionada radialmente en hipótesis, se desvían de la línea de empujes ideal de una carga común en la construcción, como se muestra en ⌗ **232**. Bajo una fuerte carga, el arco se deforma de tal manera que la desviación con respecto a la línea de empujes es aún mayor. La zona inferior del arco tiende a desviarse hacia el exterior, por lo que, en la dirección del círculo latitudinal, se crea una fuerza de tracción a esta altura, la llamada **tracción anular**. La parte superior del arco, en cambio, tiende a desviarse hacia abajo en relación con la línea de empujes. En la dirección del círculo latitudinal, las franjas de arco individuales se comprimen entre sí, creando una **compresión anular**.

En la cúpula esférica, se puede observar la siguiente distribución de fuerzas:

- **por encima** de la junta de fractura, actúa **compresión** sobre cualquier sección de la cúpula en dirección meridiana, así como en dirección de los círculos latitudinales o en dirección anular;

- **por debajo** de la junta de fractura actúa sobre cualquier sección de la cúpula:

  - • **compresión** en la dirección del meridiano (**compresión meridiana**) (N_ϕ–);

  - • **tracción** en dirección de los círculos latitudinales (**tracción anular**) (N_r+).

Por supuesto, estas condiciones pueden invertirse si se modifica la geometría de la cúpula. Bajo la condición idealizada de una carga constante y uniformemente distribuida, surgen las **fuerzas de membrana** de acción bidireccional típicas de las estructuras laminares, que se alinean tangencialmente con respecto a la superficie de la cúpula.

225 Cascarón continuo formado según una superficie de membrana (hallada con ayuda de un modelo suspendido) sobre soporte de geometría cuadrada. De este modo, puede multiplicarse para formar un gran espacio interconectado (ing.: H Isler).

226 Cúpula de barro africana con forma de superficie de membrana real (Chad).

227 Determinación de las superficies antifuniculares de las cúpulas de la Cripta Güell mediante una maqueta suspendida (réplica de la maqueta original de A Gaudí, mostrada aquí en posición invertida).

228 *Sagrada Familia* en Barcelona (arqu.: A Gaudí).

Es interesante observar que muchas estructuras de cúpulas históricas de hecho se agrietaron radialmente por debajo de la junta de fractura como resultado de la tracción anular, ya que el material pétreo no podía absorber las fuerzas de tracción que se producían (🗗 **231**).[4] Así, las cúpulas actúan efectivamente en la zona inferior como una disposición radial de franjas de arco individuales separadas entre sí. Deben su estabilidad al hecho de que la línea de empujes se mantuvo, a pesar de todo, dentro de la sección transversal del arco.

El problema de las fuerzas de tracción anular se reconoció en algunos casos, pero las cúpulas realmente reforzadas

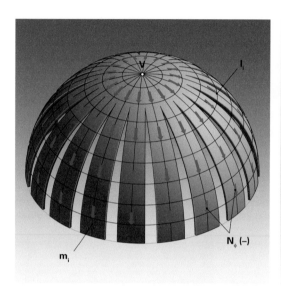

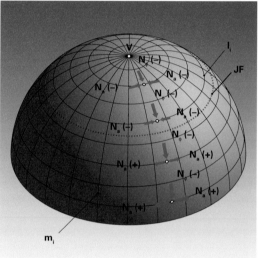

229 Cúpula dividida en franjas de arco individuales (imaginarias). Actúan fuerzas de compresión (**N**$_\phi$) características de los arcos en la dirección meridiana (**m**$_i$); **l**$_i$ círculos latitudinales.

230 Distribuión de fuerzas en la cúpula esférica. En dirección meridiana (**m**$_i$) actúan fuerzas de compresión **N**$_\phi$; en dirección de los círculos latitudinales (**c**$_i$), fuerzas de compresión **N**$_a$ (**–**) por encima de la junta de fractura, por debajo de la misma fuerzas de tracción **N**$_a$ (**+**). La magnitud de la fuerza se da en ⊟ **232**.

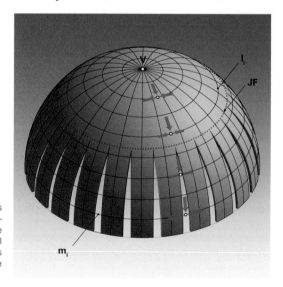

231 Patrón de grietas típico de muchas cúpulas esféricas hechas de material frágil como la obra de fábrica (las grietas están mostrada aquí sobredimensionadas), que se produce por debajo de la junta de fractura debido a la falta de resistencia a tracción. El comportamiento de carga en esta zona corresponde entonces a la secuencia radial de arcos individuales como se muestra de forma abstracta en ⊟ **229**.

contra fuerzas de tracción anular no se realizaron hasta el siglo XVIII. Las cúpulas de material resistente a compresión y a tracción, tal y como pueden realizarse técnicamente sin dificultad hoy en día, no sólo pueden absorber las fuerzas

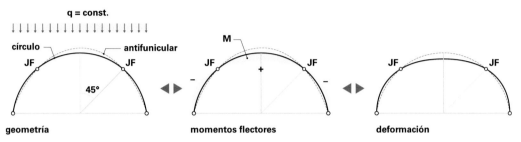

sistema de comparación del arco semicircular

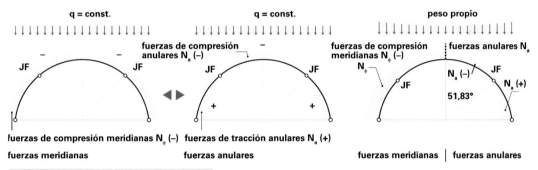

cúpula esférica (sección)

232 (Arriba) ilustración del comportamiento de carga básico de una cúpula esférica en comparación con el arco plano del mismo radio. La **junta de fractura JF** se produce en el punto de inversión entre la sección de arco peraltada y la rebajada (patrón de deformación arriba a la derecha). Suponiendo una carga uniformemente distribuida **q**, la junta de fractura **JF** se forma en un ángulo de 45°. En relación con la carga muerta (abajo a la derecha) se sitúa en 51,83° y las fuerzas meridianas N_ϕ y anulares N_a varían en consecuencia.[5]

233 (Izquierda) cúpula de la Santa Sofía con nervado meridiano. Las fuerzas meridianas se concentran en los cinchos poco antes del apoyo de los mismos siendo distribuidas a través de los plementos y los arcos sobre las ventanas, de modo que se crea una corona de ventanas que da a la cúpula un carácter casi flotante.

de tracción que se producen, sino que—a diferencia del arco—también transfieren cualquier carga continua a través de fuerzas de membrana puras, es decir, fuerzas que discurren axialmente en la sección transversal.

Cúpula nervada

☞ ᵃ *Véanse también las variantes **2**, **3** y con
restricciones también **4** en Cap. IX-1, Aptdo. 3. El diseño constructivo del elemento
superficial envolvente, pág. 222*

☞ ᵇ *Como **variante 2**, ejemplos en cada
caso en ⊟ **233** y ⊟ **236***

■ En algunos ejemplos históricos de cúpulas de obra de fábrica ya se observa una diferenciación de la envolvente continua de la cúpula en **nervios**, **cinchos** o **arcos perpia-ños** locales rígidos y **casquetes** o **plementos** envolventes más delgados que se extienden entre ellos. El objetivo más importante de esta diferenciación de elementos es reducir el peso de la cúpula manteniendo una rigidez suficiente, que se garantiza principalmente por los nervios, que son más rígidos. En este sentido, este diseño estructural no difiere fundamentalmente en cuanto a su objetivo constructivo de otros elementos superficiales hechos de grupos de barras.[a] Hay ejemplos de cúpulas con nervios únicamente en la dirección meridiana[b] (⊟ **233**) y otros con una retícula de nervios en la dirección meridiana y anillos en la dirección latitudinal (⊟ **236**). Especialmente en el caso de cúpulas con grandes luces, la reducción del peso fue un factor que influyó decisivamente en el tamaño de los empujes que se producían en la zona de imposta y que, en última instancia, decidía si la cúpula se podía construir.

La acción de diferentes esfuerzos en estos dos grupos de nervios es significativa para las cúpulas: Los **nervios meridianos** están sometidos a esfuerzo de compresión, las **nervios anulares** por encima de la junta de fractura también, mientras que por debajo de la misma—y este es el aspecto realmente crítico para las cúpulas hechas de material de construcción frágil—actúa un esfuerzo de tracción. Por lo tanto, los nervios latitudinales no podían utilizarse para la transmisión de fuerzas de tracción anulares antes de que se dispusiera de tirantes realmente funcionales.[6] No obstante, actuando como elementos de compresión, sí pueden ayudar a rigidizar lateralmente contra el pandeo los nervios meridianos que son extremadamente delgados y están sometidos a grandes esfuerzos de compresión. Sin embargo, la tracción anular, tan peligrosa para las cúpulas de obra de fábrica, no se produce *necesariamente*: Es decisiva la relación entre la línea del meridiano y la línea de empujes. La cúpula de la catedral de Florencia, por ejemplo, tiene una tracción anular insignificante gracias a la forma realzada de la cúpula y al peso de la linterna en el vértice (⊟ **236**), dos factores que contribuyeron a asemejar el perfil de la cúpula a la línea antifunicular de las cargas actuantes. Es diferente el caso de la cúpula de la Basílica de San Pedro y por ello tuvo que ser renovada ya en una fase temprana (⊟ **235**).

La división de la cúpula en nervios y plementos delgados conduce a una concentración de fuerzas en los elementos más rígidos, los nervios, y anula, al menos parcialmente, el efecto de cascarón laminar. Pueden resultar ventajas con cúpulas hechas de material frágil, como se ha mencionado anteriormente, un material que de todos modos no puede absorber la fuerza biaxial combinada de compresión y tracción típica de los cascarones—debido a la falta de resistencia a la tracción. La situación es diferente en el caso de cúpulas de hormigón armado, que son láminas predestinadas, no sólo

234 Cúpula del Panteón en Roma con articulación casetonada. No son nervios en sentido estricto, ya que la cúpula de hormigón actúa como una cáscara homogénea. En términos estructurales, las cavidades conducen a una cierta reducción de peso.

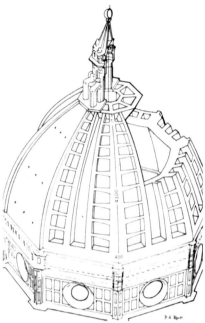

235 Cúpula de la Basílica de San Pedro con nervaduras en dirección meridiana. En esta iglesia, se instalaron por primera vez tirantes efectivos en la zona de tracción anular.

236 Cúpula de la Catedral de Florencia con nervios en dirección meridiana y latitudinal (véase ⊟**219**). La bóveda de gajos sobre octógono desarrolla un comportamiento de carga tipo cúpula (véase también sobre la bóveda de gajos *Aptdo. 3.2.1 Pirámide*, p. 356, y *3.2.2 Cúpula cilíndrica*, p. 356) .

237 El efecto laminar también está presente en este ejemplo moderno del *Palazzetto dello Sport* de P L Nervi. Los nervios se derivan principalmente del proceso de fabricación (elementos de encofrado perdido de ferrocemento).

238 Cúpula porticada de hormigón armado: *Jahrhunderthalle* en Wroclaw (arqu.: M Berg).

por su capacidad de absorber la compresión y la tracción, sino también por su estructura material continua sin juntas. No obstante, y a pesar del mayor coste de encofrado que requieren las cúpulas nervadas de hormigón armado, se pueden encontrar numerosos ejemplos de esta solución. Destacan las cúpulas de Nervi, que fueron hormigonadas sobre encofrado perdido de ferrocemento (⊟ **237**).

3.2.5 **Cúpula compuesta de barras**

■ Este tipo de cúpula se considera un cascarón de celosía con una estructura principal portante compuesta de barras, que puede ser de un material resistente a la compresión y a la tracción, como la madera o el acero. Para formar la superficie, se cubre con un elemento superficial delgado que normalmente no interviene en la función principal de carga, por ejemplo, un entablado de madera, un acristalamiento o incluso una membrana.

Al igual que en el caso de la cúpula nervada, en la subdivisión radial clásica existe básicamente una división de tareas entre las barras, de forma que las costillas meridianas transmiten a su vez fuerzas de compresión, y las costillas anulares transmiten en cada caso fuerzas de compresión—por encima de la junta de fractura—o de tracción—por debajo de la misma—. Esta estructura crea módulos individuales cuadriláteros entre barras que no son rígidos a cortante (⊟ **239**). Los esfuerzos de cizallamiento en el armazón de la celosía, por ejemplo por viento o por carga discontinua, sólo pueden en tal caso ser absorbidos por la rigidez a la flexión de las barras y los nudos de las mismas. Se crean cercos rígidos y, en consecuencia, una **cúpula porticada** en su conjunto.[7]

☞ Variantes de arriostramiento de rejillas de barras en Cap. IX-1, Aptdo. 3.5.2 Riostras diagonales, pág. 226

Mucho más eficiente para la rigidez a cortante de la estructura de celosía es un arriostramiento diagonal de los módulos (**cúpula de Schwedler**, ⊟ **240**), especialmente cuando se trata de miembros de tracción pura, que son poco visibles, lo que es importante en cúpulas cubiertas de vidrio—un dominio destacado de las cúpulas de celosía.

Hasta ahora hemos supuesto una subdivisión radial de la superficie de la cúpula, como sugiere la distinción entre meridianos y anillos latitudinales. Las dificultades geométricas de dividir una superficie de este tipo en facetas individuales aproximadamente trapezoidales ya se han tratado en otro lugar. En cuanto al flujo de fuerzas, hay que señalar que la organización radial de las barras da lugar a una gran densidad de barras en el vértice, donde las cargas a transferir, no obstante, son mínimas y donde es difícil hacer confluir estas barras en un punto. Sin embargo, en la zona de imposta, donde las cargas son máximas y sería útil un mayor número de barras, la densidad de las mismas es mínima.

☞ Cap. VII, Aptdo. 3.2.2 La esfera, pág. 110

☞ Cap. VII, Aptdo. 3.2.2 La esfera, pág. 110

Las subdivisiones alternativas de la superficie de la cúpula se estudian en otro lugar. Es interesante la división de la superficie de la cúpula por la intersección con planos paralelos entre sí, lo que lleva a una división en módulos cuadriláteros (⊟ **241**) o triangulares (⊟ **242**) de tamaño aproximadamente igual. Así se evitan las concentraciones de barras. Los módulos triangulares son entonces resistentes al cizallamiento sin más medidas y favorecen el efecto laminar de la celosía.

Sin embargo, la falta de rigidez a cortante de las facetas cuadriláteras también puede ser, en determinadas condiciones, una ventaja en la construcción de cúpulas. Las rejillas cuadradas con nudos articulados permiten dar a la superficie de la cúpula cualquier forma deseada formando

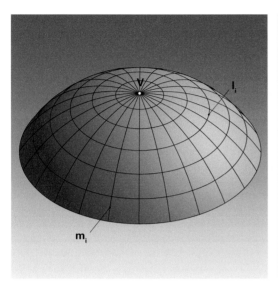

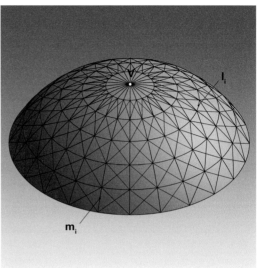

239 Subdivisión radial de una superficie esférica mediante círculos meridianos m_i y latitudinales l_i. Se crean módulos cuadriláteros que pueden ser habilitados para absorber esfuerzos cortantes en la superficie de la cáscara formando pórtico (cúpula porticada).

240 Rigidización de la cúpula hecha de una malla cuadrilátera (como se muestra en ⊟ **239**) mediante arriostramiento diagonal (cúpula de Schwedler).

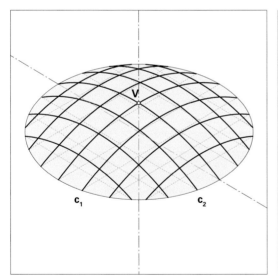

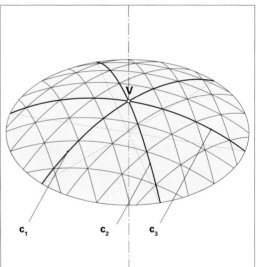

241 Subdivisión de una superficie esférica con ayuda de dos conjuntos de planos paralelos. Una vez más, se crean módulos cuadriláteros no rígidos, pero las barras—a diferencia de las divisiones radiales—se distribuyen uniformemente por la superficie de la cúpula y tienen aproximadamente la misma longitud. Por razones geométricas, esta subdivisión es especialmente adecuada para cúpulas rebajadas; c_i curvas de intersección.

242 Subdivisión de un casquete esférico rebajado como el de ⊟ **241**, pero con tres conjuntos de planos, de modo que se crean módulos triangulares intrínsecamente rígidos (cúpula laminar).

rombos (⊟ **246**). Todo lo que se necesita es ensamblar la rejilla extendida de forma plana en el suelo, desarrollada en el plano por así decirlo, (⊟ **251**) y luego erigirla adoptando la forma deseada. El requisito para ello es que las barras sean tan delgadas y elásticas que puedan producir la curvatura de la superficie de la cáscara por deformación elástica, es decir, por flexión. Esta circunstancia ya resuelve de antemano el problema de la doble curvatura, que es difícil de generar con otras construcciones laminares. Las delgadas barras se someten a un pretensado de flexión por adelantado debido al combado, lo que si bien ya consume parte de su rigidez, ésta de todos modos es sólo de importancia secundaria para la transferencia de carga en la lámina. Este principio de generación de curvatura de la superficie tiene además la ventaja de que no hay codos en los nudos, como ocurriría si las barras fueran rectas y la superficie de la cáscara fuera facetada. Por lo tanto, los nudos son siempre tangentes a la superficie de la cáscara. Las delgadas barras no están empalmadas en los puntos nodales, sino que se cruzan mutuamente a diferentes niveles (⊟ **253**, **254**). De este modo, se evita la fabricación de innumerables juntas en los nudos, lo que va unido a una importante simplificación estructural de la armazón. Gracias a la libre rotabilidad de los nudos articulados, las mallas adoptan automáticamente una forma de rombo diferente en cada punto, necesaria para generar la geometría tridimensional. A continuación, se afianzan los nudos, se refuerza la rejilla contra el cizallamiento con cables diagonales y se carga la armazón. Pueden realizarse superficies antifuniculares—que son difíciles de definir matemáticamente de antemano—transfiriendo la geometría de un modelo suspendido a la lámina de celosía. Según este principio de construcción se han realizado los más delicados cascarones reticulados (⊟ **246**).

Las superficies de cúpula formadas por mallas cuadriláteras o triangulares aproximadamente iguales, las llamadas **cúpulas laminares**, también acarrean dificultades geométricas. En particular, es difícil hacerlas a partir de material plano tipo placa y asemejar las longitudes de barras y los ángulos de nudos. Este tipo de subdivisión geométrica sólo es adecuado para casquetes esféricos muy rebajados. Como alternativa, también se ofrece una **superficie de traslación** para estas cúpulas rebajadas, lo que resuelve en gran medida los problemas mencionados: Puede fabricarse a partir de placas planas, permite reducir notablemente la variedad de longitudes de barra y es visualmente—siempre que el casquete sea rebajado—apenas distinguible de una superficie esférica pura (⊟ **243**).

Por último, hay que mencionar en este contexto la **subdivisión geodésica**[8] de la cúpula, que permite trabajar con un mínimo de barras y de ángulos de nudo diferentes. Se desarrolló principalmente para hacer frente a la dificultad de fabricar innumerables piezas individuales diferentes. Sin embargo, este problema se ha relativizado en los últimos años

☞ *Cap. VII, Aptdo. 3.2.2 La esfera, pág. 110, sobre todo* ⊟ **323** *y* **324***, pág. 112*

☞ *Cap. VII, Aptdo. 3.2.2 La esfera, pág. 110, sobre todo* ⊟ **325–327** *pág. 113*

☞ ***Vol. 1****, Cap. II-2, Aptdo. 4.2 Utilización de nuevas técnicas de planificación digital y de fabricación con control digital en la construcción, pág. 60*

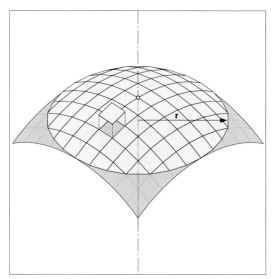

243 Una forma de sustitución del casquete esférico es la **super-ficie de traslación** formada por una directriz y una generatriz circulares. Los módulos cuadriláteros son planos. Con casquetes esféricos rebajados, la diferencia de forma con respecto a una superficie esférica pura es insignificante.

244 Ejemplo de cúpula de celosía con malla cuadrilátera rigidiza-das en diagonal. Su geometría corresponde a una superficie de traslación (*AQUAtoll,* Neckarsulm; ing.: Schlaich Bergermann & P).

245 Cascarón de celosía con malla cuadrilátera y refuerzo de cable (cubierta en el *Bosch-Areal* Stuttgart); ing: Schlaich Ber-germann & P.).

246 *Multihalle* en Mannheim (arqu.: K Mutschler y F Otto).

gracias a los métodos de fabricación digitalizada (CNC). Las cúpulas geodésicas se generan proyectando un icosaedro (poliedro regular de veinte lados) sobre la superficie esférica desde el centro de la esfera. Los 20 casquetes triangulares resultantes se dividen en hexágonos y se forman pentágonos en cada una de sus esquinas (⊟ **250**).[9]

247 Cúpula de celosía con malla triangular.

248 Nudo del vértice de una cúpula de barras en construcción de madera.

249 Palacio Olímpico en Ciudad de México, Distrito Federal (arqu.: E Castañeda, A Peiri, ing.: F Candela).

250 Subdivisión geodésica de la esfera formando celosía (Pabellón de EEUU en la Expo de Montreal; arqu.: B Fuller) (véase también ⌕ **343** en p. 118).

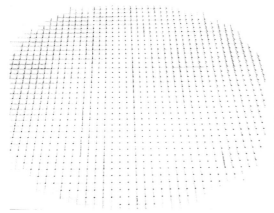

251, 252 Cascarón de celosía de malla cuadrilátera fotografiada colocada sobre el plano a la izquierda. Gracias a los nudos giratorios, se le puede dar la forma deseada durante la construcción al enderezarla.

253, 254 Formación de nudos articulados de un cascarón de celosía a partir de barras de madera que se cruzan a distintos niveles, con la ayuda de pernos. Este principio de diseño evita sistemáticamente las penetraciones de barras. En el estado de montaje, las uniones atornilladas pueden girar libremente. A continuación, se afianzan y se diagonaliza el cascarón. Dependiendo del esfuerzo, se instalan dos (arriba) o cuatro barras (izquierda) (*Multihalle* en Mannheim).

Cascarón homogéneo, de curvatura sinclástica, sobre apoyos puntuales

☞ [a] *Cap. IX-1, Aptdo. 4.5.1 Cascarones, pág. 262*

☞ [b] *Aptdo. 2.2.2 Bóveda de cáscara homogénea > Comportamiento portante, pág. 324*

☞ [c] *En el diagrama de la derecha, a cuatro puntos.*

☞ [d] *Cap. VII, Aptdo. 2.3 Tipos de superficie regulares > 2.3.3 Por ley generatriz > Superficies regladas, pág. 54, y > Superficies de traslación, pág. 58*

☞ [e] *Aptdo. 3.2.4 Cúpula de cáscara homogénea, pág. 360, así como Aptdo. 3.2.5 Cúpula compuesta de barras, pág. 368*

Comportamiento de carga

☞ *Cap. IX-1, Aptdo. 1.6.1 El elemento de cerramiento plano, pág. 198*

■ Los aspectos básicos de la acción estática de los **cascarones** se tratan en otro lugar.[a] Los cascarones admiten una gran variedad de formas y no pueden incluirse en una sola categoría en la clasificación que hemos elegido. Las estructuras laminares de cascarón pueden adoptar la forma de bóvedas de cañón (cascarones cilíndricos),[b] pero entonces, a diferencia de los cañones convencionales, pueden apoyarse en soportes puntuales. También pueden tener forma de cúpula esférica, bien apoyada linealmente en todo su contorno—cada cúpula con resistencia a la tracción anular actúa como una lámina—o también con recortes de forma que las cargas se transfieran—total o parcialmente—a puntos individuales.[c] Además, las láminas también pueden asumir curvaturas anticlásticas (por ejemplo, como paraboloides hiperbólicos).[d]

Debido a su importancia constructiva en forma de cascarones de hormigón actuando predominantemente bajo compresión, este apartado tratará de las estructuras de **cascarones de curvatura sinclástica** en su variante apoyada *puntualmente*. Más arriba ya se examinó la variante con apoyo lineal en la categoría de las cúpulas.[e]

■ En términos de la evolución histórica, este tipo de estructuras laminares es relativamente antiguo. Surgió en la construcción histórica de cúpulas por la necesidad de conciliar el rendimiento estático de los cascarones con simetría de revolución actuando bajo compresión con la capacidad de adición y la idoneidad funcional de geometrías de edificio ortogonales. Con este objetivo, se desarrollaron en la evolución histórica de este tipo de estructuras dos variantes de cúpulas que, en un sentido más amplio, pertenecen a la categoría de este apartado:[10]

- la cúpula sobre casquetes de **pechina** (⊟ **255**). Resulta del apoyo lineal continuo de una cúpula, una cúpula *de círculo interior* en relación con el cuadrado subyacente de los cuatro soportes de las esquinas, sobre cuatro casquetes esféricos—las *pechinas*—que transfieren las cargas a los cuatro puntos de apoyo. Las cuatro pechinas son secciones de una cúpula *de círculo exterior*, como se describe a continuación. Una variación de las pechinas son las *trompas* (⊟ **255**).

- la cúpula de **círculo exterior** (⊟ **256**). Su diámetro es la diagonal del cuadrado inscrito. Está cortada por planos verticales situados sobre los lados del cuadrado, lo que da lugar a cuatro aberturas laterales circulares, los **arcos torales** en los edificios históricos. El resultado es una cúpula continua, sin limas como en la cúpula sobre pechinas, con apoyos en cuatro puntos. En relación con el cuadrado

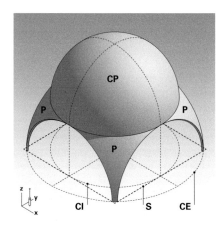

255 Cúpula sobre pechinas (**CE**: círculo exterior, **CI** círculo interior, **S** superficie cubierta, **P** pechina, **CP** cúpula principal = cúpula de círculo interior).

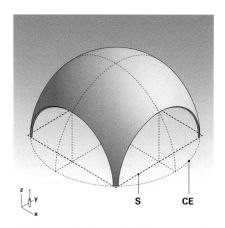

256 Cúpula de círculo exterior (**CE**: círculo exterior, **S** superficie cubierta).

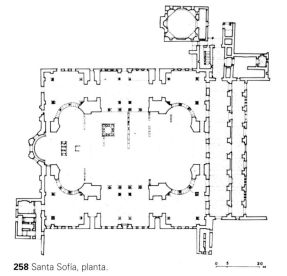

258 Santa Sofía, planta.

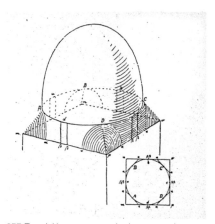

257 Transición entre una cúpula y un tambor cuadrado por medio de **trompas**.

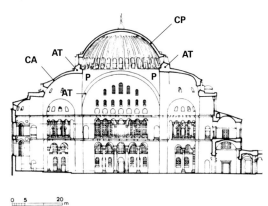

259 Santa Sofía, sección longitudinal (**CP** cúpula principal, **CA** cúpula apsidal, **P** pechina, **AT** arco toral).

260 Santa Sofía, interior.

a cubrir, la cúpula de círculo exterior tiene naturalmente un radio mayor, por lo que es mucho más rebajada que la de pechinas.

El comportamiento básico de carga de estas cúpulas esféricas truncadas o compuestas se deriva del de la cúpula esférica pura. Una cúpula sobre pechinas se comporta como una cúpula con apoyo lineal anular, siempre que el anillo de pechinas sea uniformemente rígido. Las fuerzas se transfieren al apoyo de forma continua y uniforme a través de la sección transversal, como en el caso de dicha cúpula. En el caso de las construcciones históricas de obra de fábrica, las condiciones eran más complicadas, ya que, debido a las diferencias de rigidez entre los soportes más rígidos situados encima de los vértices de los arcos torales (similares a cinchos) y los casquetes o plementos de las pechinas menos rígidos, tenía que producirse una redistribución de cargas en la cáscara de la cúpula. Esencialmente, el comportamiento portante de estos cascarones compuestos estaba determinado en gran medida por las respectivas rigideces de los elementos implicados, a saber la cúpula, las pechinas, la lima entre ambas y también los arcos torales.[11] Las cáscaras pechinas podían tener un efecto de estribo contra los empujes de la cúpula—en el caso de cúpulas de obra agrietadas o de casquetes de cúpula rebajados—, así como de cualquier cúpula apsidial lateral.

En el caso de las cúpulas de círculo exterior, las fuerzas meridianas inclinadas que llegan al borde de los recortes laterales circulares deben ser absorbidas tanto en su componente vertical a través de la compresión del arco sustentante como en su componente horizontal. En los edificios históricos con cúpula, los recortes circulares se construían como arcos torales para reforzar el cascarón. Sin embargo, un arco sólo puede absorber la componente de carga horizontal orientada transversalmente a su plano hasta cierto punto, por lo que para ello se requerían bóvedas de cañón o cúpulas apsidiales actuando como estribo. En definitiva, la inclinación más rebajada de la cúpula tuvo un efecto bastante desfavorable desde el punto de vista estático.

Un cascarón con forma de **superficie antifunicular** verdadera, que resulta de la inversión de una forma colgante, se comporta de manera diferente. En las condiciones de carga vertical dadas, ya no se trata de una superficie esférica, sino de una estructura superficial de forma libre cuya geometría ya no puede describirse fácilmente de manera matemática y debe determinarse y, en su caso, medirse en el modelo físico o digital. Se crean distribuciones de fuerza uniformes en el cascarón de modo que la fuerza fluye desde el vértice hasta los cuatro soportes de la forma más directa posible, sin concentraciones indeseables y sin tracciones, y sobre todo sin flexiones. Como consecuencia de las fuerzas que actúan siempre oblicuamente sobre los apoyos puntuales, existe una **componente de fuerza horizontal**, es decir, un

☞ Aptdo. 3.2.4 Cúpula de cáscara homogénea > Comportamiento portante, pág. 360

☞ Santa Sofía en ⊡ 259

✍ Al parecer, según [12], la primera cúpula de Santa Sofía, que se derrumbó al cabo de unos años, era una cúpula de círculo exterior, de la que aún se conservan las pechinas. La cúpula principal que existe en la actualidad es, por tanto, una cúpula de círculo interior más peraltada apoyada sobre estas pechinas.

☞ Véanse también las observaciones sobre la cúpula apoyada linealmente en el Aptdo. 3.2.4 Cúpula de cáscara homogénea > Comportamiento portante, pág. 360

261 Pechinas de la Mezquita *Mihrimah* en Estambul (arqu.: Sinán, 1555).

262 Cúpula de círculo exterior (*Bibliothèque St. Geneviève*, París; arqu: H Labrouste).

263 Adición de cúpulas de círculo exterior—aquí en una aproximación de obra de fábrica como bóveda de gajos—formando un gran espacio (sisterna de *Yerebatan* en Estambul, 532 DC).

empuje. Reacciones de apoyo exclusivamente verticales como en el cascarón semiesférico (con resistencia anular a tracción) no son posibles con cascarones con forma de membrana bajo carga externa vertical.

Extensibilidad

■ Se puede argumentar que las dos variantes históricas de la cúpula sobre pechinas y la de círculo exterior se desarrollaron específicamente con el objetivo de potenciar la capacidad de extensión. Ambas variantes pueden ampliarse indefinidamente en ambas direcciones adosándolas (⯀ **259**, **262**). También en la variante moderna de la cúpula de membrana se pueden crear diseños compuestos a partir de un módulo básico. También se pueden realizar agrupaciones alineadas de módulos sobre planta rectangular (⯀ **266**).

Uso en la construcción de edificios—aspectos de proyecto

✏ *A título comparativo: Una cáscara de huevo tiene esbelteces de alrededor de l/100.*

■ Hoy en día, los modernos cascarones de membrana de cáscara homogénea son casi exclusivamente de hormigón armado. Se pueden realizar esbelteces muy grandes de hasta **l/500**. Estos cascarones también muestran el comportamiento extremadamente eficaz de estructuras laminares con esfuerzos axiales, en este caso de compresión. Con curvatura sinclástica, pueden ejecutarse con esfuerzo de compresión casi puro. Aunque el hormigón armado también es capaz de absorber tracción, este efecto de carga de compresión tiene la ventaja de que el hormigón está sometido a compresión uniforme y, por tanto, no se agrieta. De este modo, se pueden crear cascarones impermeables que no requieren ningún otro tipo de sellado.

Por otra parte, el insuficiente aislamiento térmico de un cascarón de hormigón desnudo es definitivamente un obstáculo para el uso de cascarones en la construcción de edificios. Para ello, al menos uno de los lados del cascarón debe estar cubierto con una capa aislante, lo que compromete la ligereza y la elegancia formal de estas estructuras portantes de gran eficacia.

De forma análoga a las estructuras de membrana sometidas a tracción, el cierre lateral del espacio en las aberturas de los cascarones sometidos a compresión es técnicamente factible, pero difícil de resolver en términos estéticos. A menudo, los cascarones cerrados por paredes laterales planas aparecen torpes y poco atractivos. Los cerramientos retranqueados con bordes del cascarón muy salientes tienden, no obstante, a preservar el carácter etéreo de estas estructuras portantes.

En cuanto a la medición y el encofrado, la ventaja de la fácil

264 Mercado de Algeciras (ing: E Torroja).

265 Cascarones de hormigón curvados sinclásticamente con apoyo en tres puntos (ing.: H Isler).

266 Adición modular de cascarones con apoyos puntuales a lo largo de un eje formando un espacio interconectado (ing.: H Isler).

generación que ofrecen las formas esféricas, sencillas de definir en términos geométricos, se pierde cuando se utilizan formas suspendidas, es decir, superficies de membrana no regulares, halladas empíricamente. Sin embargo, esta tarea se ve facilitada en los últimos años gracias a las posibilidades de fabricación automatizada asistida por ordenador. También existen métodos sofisticados para crear superficies neumáticas de moldeo que reducen notablemente los costes de encofrado.

☞ **Vol. 1**, Cap. II-2, Aptdo. 4.2 Utilización de nuevas técnicas de planificación digital y de fabricación con control digital en la construcción, pág. 60

■ Además de la variante en hormigón, los cascarones apoyados en puntos también pueden ejecutarse como **cascarones de celosía**. Se utilizan barras de materiales resistentes a la tracción y a la compresión, como el acero o la madera. Morfológicamente, estas estructuras laminares pertenecen a la variante estructural **3** introducida en el Capítulo IX-1.[a]

Para este tipo de cascarones apoyados en puntos, también se presta el procedimiento descrito anteriormente para los cascarones de celosía apoyados linealmente:[b] Dos conjuntos de barras de igual rango que se cruzan sin intersecarse se disponen en una trama o celosía biaxial. A continuación, la malla se cubre con una placa delgada o piel, en su mayoría de vidrio o de membrana. La falta de rigidez al cizallamiento de estas mallas cuadradas—inicialmente no trianguladas—en el estado de construcción es una gran ventaja, ya que una rejilla de este tipo con nudos rotativos puede ser convertida en cualquier forma concebible de curvatura continua simplemente alzándola, y por lo tanto también puede adoptar la forma ideal de la **superficie antifunicular** que se determinó de antemano experimentalmente o por cálculo. Para ello, las facetas de la cuadrícula abandonan su forma cuadrada y se transforman en rombos adoptando ángulos variables, cada una de ellas adaptada a la curvatura de la superficie que surja. Después de crear esta forma de membrana, se afianzan los nudos y se rigidiza la malla con cables diagonales. Los apoyos puntuales se aseguran contra el empuje horizontal. Posteriormente, se produce el efecto laminar deseado.

Cascarón compuesto de barras, de curvatura sinclástica, sobre apoyos puntuales

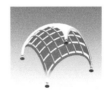

☞ [a] Cap. IX-1, Aptdo. 3. El diseño constructivo del elemento superficial envolvente > 3.3 Elemento compuesto de rejilla de barras y placa (variante **3**), pág. 224

☞ [b] Aptdo. 3.2.5 Cúpula compuesta de barras, pág. 368

3.3   **Sistemas sometidos a tracción**

☞ *Aptdo. 2.3.1 Bandas, pág. 338*

☞ *Cap. IX-1, Aptdo. 3. El diseño constructivo del elemento superficial envolvente, pág. 222*

■ Tras considerar los sistemas trabajando bajo tracción y descargando en una dirección, como las bandas, a continuación se examinarán las variantes descargando en dos direcciones, es decir, las no direccionales o bidireccionales. En consecuencia, es característica de todas las estructuras portantes que se van a discutir la **tracción biaxial** que se produce en la estructura.

Como variante estructural del componente superficial en el sentido de nuestra definición, suele aparecer en esta categoría de estructuras portantes la variante **3**, es decir, un componente formado por elementos lineales de igual rango estructural que se entrecruzan—no se intersecan en este caso—como una malla: en este caso no existen barras rígidas a la flexión, sino fibras o cuerdas flexibles, como ocurre en las **membranas tejidas** y las **redes**. Para crear una superficie estanca en el caso de telas tejidas o una superficie cerrada en el caso de redes, se recubre la malla textil o se cubren las facetas de la red con una película adecuada para este fin, que entonces sólo proporciona protección contra la intemperie y no desarrolla eficacia estática.

También aparece ocasionalmente la variante estructural **1**, es decir, un elemento laminar completamente homogéneo sometido a tracción biaxial, como en el caso de **películas**, por ejemplo.

3.3.1   **Membrana y estructura de cables, con pretensado mecánico, sobre apoyos puntuales**

✎ [a] *Siguiendo el sistema elegido presentado en* ⊟ *4–7, las estructuras de membrana sostenidas linealmente se tratan por separado en Aptdo. 3.3.2, pág. 392.*

☞ [b] ***Vol. 1**, Cap. VI-2, Aptdo. 9.9 Membrana con pretensado mecánico, pág. 670, así como en este Cap., Aptdo. 3.3.1, 3.3.2*

☞ [c] *Aptdo. 3. Sistemas bidireccionales > 3.3 Sistemas sometidos a tracción, pág. 380*

■ En esta categoría se analizan estructuras sometidas a tracción con apoyo predominantemente puntual.[a] La variante más importante de este grupo son las **membranas pretensadas** y **rigidizadas mecánicamente** y las **estructuras de cables**. Su comportamiento básico de carga se discute en detalle en el ***Volumen 1**.*[b] En este contexto, son importantes otros aspectos que se abordarán a continuación:

• Para crear la suficiente curvatura anticlástica esencial para la capacidad de carga de este tipo de estructuras, es necesario crear una serie de soportes o apoyos a alturas bajas y altas. La diferencia de altura de estos soportes y su correcta disposición en el espacio tensan la membrana en la forma de silla de montar necesaria (⊟ **268**). Ni que decir tiene que estos puntos nunca deben estar cerca de un mismo plano.

Los puntos altos se crean mediante elementos constructivos adecuados, como **mástiles** (⊟ **268**). Las membranas también pueden apoyarse en elementos lineales: por ejemplo, los que actúan bajo esfuerzos de compresión como **arcos** o de tracción como **cables de soporte**.[c] Dependiendo de la magnitud de las fuerzas de tracción actuando sobre la membrana en la cima del mástil, los mástiles de soporte pueden ser estabilizados por la propia membrana (⊟ **273**), o adicionalmente por cables tensores o **estays** separados (⊟ **269**). Esto último es especialmente necesario para mástiles situados fuera de la membrana. Debe respetarse el ángulo de inclinación

267 Protección solar en forma de membrana (Expo 92, Sevilla).

268 Red de cables con dos conjuntos de cables curvados en direcciones opuestas (dirección portante y de pretensado). Los módulos cuadrados visibles arriba a la derecha corresponden a la cobertura de placas (cubierta del Estadio Olímpico de Múnich).

269 Suspensión de la membrana (en este caso, red de cables) de mástiles arriostrados dispuestos externamente, que se apoyan como barras pendulares (cubierta olímpica de Múnich).

270 (Izquierda) primer plano de los mástiles en ⊞ **268** y **269**.

271 (Derecha) Diseño del nudo de una red de cables con dos pares de cables continuos, cruzándose a dos alturas (ing.: Schlaich, Bergermann & P).

272 Soporte puntual de una membrana y una relinga contenida en un dobladillo para introducir los esfuerzos de tracción de la membrana en el apoyo.

☞ *Ver comentarios en Cap. IX-1, Aptdo. 4.5.2 Membranas y redes de cables, pág. 266*

273 Detrás de la punta que proyecta se puede ver el soporte de la red de cables en forma de bucle suspendido del mástil.

apropiado del mástil y de los estays para que las fuerzas sean las mínimas posibles. A menudo hay que crear el correspondiente espacio libre cerca de la estructura para acomodar los anclajes necesarios, lo que hay que tener en cuenta en la planificación. Con este tipo de estabilización, los mástiles sólo están sometidos a esfuerzos axiales de compresión, es decir, actúan como **barras pendulares**.

En principio, los mástiles también pueden ejecutarse empotrados con el fin de absorber los componentes de fuerza que actúan sobre la punta del mástil transversalmente a su eje sin necesidad de arriostramiento. Sin embargo, esta solución sólo se utiliza para construcciones pequeñas debido a los esfuerzos flectores relativamente grandes que se producen.

• Las orillas libres de las membranas, que aparecen especialmente como arcos, deben reforzarse con elementos especiales, como cables en un dobladillo cosido, la vaina. Un **cable de orilla** o **relinga** se utiliza para la introducción continua de la carga procedente de la superficie de la membrana (🗗 **272**). La vaina, por su duplicación de la tela, protege el sensible borde de la membrana.

• Las membranas son extremadamente sensibles a **grandes cargas puntuales**, que son casi inevitables, por razones obvias, cuando existen apoyos puntuales. Además de refuerzos o dobleces adecuados, como los que se pueden practicar en la propia membrana para esfuerzos menores (🗗 **276**), también se pueden aplicar las siguientes soluciones:

•• orientación radial de la membrana con su urdimbre, que es más resistente, en la dirección de la fuerza principal, realizando un patrón de costura en abanico radial (🗗 **276**, **295**).

•• cables o correas meridianas aisladas acomodadas en vainas o dobladillos de membrana.

•• **rosetones**: La membrana se fija en varios puntos y se conecta al punto de apoyo (por ejemplo, la punta de un mástil) con una estrella de cables (🗗 **275**).

•• **bucles de cable** que se conectan a la punta superior del mástil y transfieren la fuerza de tracción a la delgada membrana a lo largo toda la circunferencia del bucle. Como el bucle de cable no es rígido a la flexión, se adapta tangencialmente a la superficie de la membrana (🗗 **273**).

•• análogamente, la fuerza también puede introducirse a través de **anillos** rígidos a la flexión (🗗 **276**).

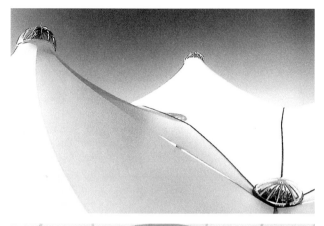

274 Superficie de membrana con puntos altos y bajos. Los cables de soporte son claramente visibles en las limas hoyas y tesas. El agua de lluvia se recoge y drena en el punto bajo de la parte inferior derecha.

275 Suspensión de una membrana en forma de rosetón mediante seis bucles de cable. Vista inferior.

276 Patrón de corte en forma de estrella de una membrana en su punto de suspensión obteniendo un efecto de refuerzo. También se puede ver la conexión lineal de la membrana a un anillo. Vista inferior.

277 Montaje en línea recta de una membrana sobre un elemento de borde rígido a la flexión (en este caso, un muro de hormigón).

☞ *Cap. VII, Aptdo. 1.3 Formación de super-ficies mediante la conjunción de elementos individuales > 1.3.2 Elementos de partida en forma de banda, pág. 18*

☞ *Véase también **Vol. 3**, Cap. XIII-8,*
🖫 **42–44**

☞ *Aptdo. 3.3.2 Membrana y estructura de cables, con pretensado mecánico, sobre apoyos lineales, pág. 392*

La célula estructural básica

•• **soportes curvos** o **casquetes esféricos**. La fuerza se introduce a la superficie a través de elementos sustentantes de curvatura continua.

•• y, por último, pero no por ello menos importante, evitar una conexión puntual de la membrana ya en la fase previa de proyecto.

• Bajo condiciones de contorno definidas, como el apoyo, las propiedades de la membrana y la pretensión aplicada, las membranas adoptan una **forma** específica, y *sólo ésta*. Ésta puede determinarse en términos de proyecto mediante modelos materiales o también digitales (🖫 **278**). Para que esta forma se materialice en el estado final construido y no se superen las tensiones calculadas, se debe extraer un **patrón de corte** en función de la forma final consistente en paneles individuales, ya que el tejido o las láminas sólo están disponibles en anchos limitados por razones de fabricación y, por tanto, las membranas siempre deben coserse, pegarse o soldarse a partir de paños individuales. La geometría de corte debe adaptarse a la anchura máxima de paño disponible en cada caso. Los errores de corte pueden provocar arrugas y, en última instancia, la rotura de la membrana (🖫 **279**, **280**).

• Las orillas libres de una membrana adoptan la forma curva cóncava de **arco** característica. Esto se debe a la fuerza de tracción que actúa siempre en la membrana y que está alineada en ángulo recto con la relinga, que tira de la fina película hacia adentro, alejándola de la orilla, por así decirlo. Las fuerzas de tracción que actúan en la membrana tangencialmente a lo largo de la relinga no pueden, como regla general, introducirse en el cable a través de fricción. Para ello, es necesario un **cinturón de orilla** cosido a la membrana, paralelo a la orilla y a la relinga, que se amarra a los apoyos puntuales en ambos extremos.

No se pueden producir bordes de membrana rectos o convexos curvados hacia el exterior sin una conexión lineal de la misma a **miembros de orilla rígidos a la flexión** con forma correspondiente (🖫 **277**). A continuación se encontrarán otros ejemplos de esta solución.

• La fuerza de pretensado, que es esencial para el efecto de carga de la membrana, debe ser transferida al terreno a través de la cimentación. Las fuerzas, a veces nada despreciables, implican a menudo elaborados cimientos que contrastan con la delicadeza y la elegancia de la construcción visible de la membrana.

■ Una forma constructiva básica de membranas es la **membrana de cuatro puntos**. Se crea cuando se tensa una membrana entre cuatro puntos que no se hallan en un plano. Tiene la superficie de silla de montar característica de

278 Determinación de una superficie de membrana utilizando un modelo de película de jabón (IL, Universidad de Stuttgart, F Otto).

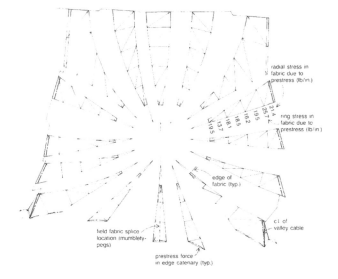

279 Ejemplo de un patrón de corte de membrana formando paneles.

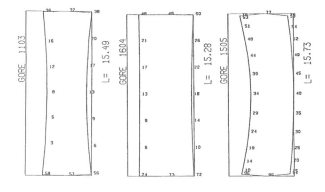

280 Corte de paneles textiles. Los rectángulos representan el paño sin cortar.

☞ *Véase también Aptdo. 3.3.2 Membrana
y estructura de cables, con pretensado
mecánico, sobre apoyos lineales, pág. 392*

las membranas. Por razones geométricas, las membranas de cuatro puntos no pueden encerrar un espacio en todos sus lados por sí solas; para ello se requieren elementos adicionales como cerramientos ligeros hechos de elementos rígidos a la flexión o también de otras superficies de membranas. Las conexiones a la membrana principal pueden realizarse mediante solapas de membrana cosidas o soldadas o también cojines neumáticos. Sin embargo, sí pueden formar envolventes completas de espacios las combinaciones de varias membranas de cuatro puntos. Para ello, los arcos de orilla pueden colocarse tan bajos que las aberturas residuales puedan cerrarse sin dificultad (como en el ejemplo de ⊟ **286**). Además, también es posible un afianzado lineal de las membranas (⊟ **277**), por lo que el interior puede cerrarse sin cenefas de cierre adicionales (⊟ **287**).

Aunque las superficies de cerramiento rígidas añadidas a las membranas son técnicamente factibles, siguen restando mucho al aspecto distintivo e idiosincrásico de estas estructuras. Esto es especialmente cierto en el caso de envolventes planas, que entran en conflicto visual con la curvatura de la membrana, formalmente muy determinante. A la hora de diseñarlas, hay que tener en cuenta que, aunque las orillas *rígidas* de membranas pueden conectarse de forma inamovible a componentes envolventes rígidos a la flexión, no se debe restringir la movilidad de las orillas *móviles* de las membranas, como los bordes de relinga libres. En este último caso, deben ejecutarse necesariamente construcciones de conexión móviles entre la membrana y el perímetro.

Extensibilidad

■ Aunque, a primera vista, las estructuras de membrana dan la impresión de que se les puede dar una forma cualquiera y unirlas en disposiciones de libre diseño sin restricción alguna, existen, no obstante, algunas limitaciones:

• Las **membranas de cuatro puntos** definidas anteriormente son el elemento básico de numerosas estructuras de membrana. Estas resultan de su simple adición. De este modo, también en la construcción de membranas puede agruparse un elemento básico sencillo y fácil de analizar capaz de generar formas más complejas, como también ocurre con otras variantes estructurales aquí comentadas. Al mantener la superficie tipo silla de montar, se garantiza la indispensable curvatura anticlástica.

• La resistencia limitada de las membranas también limita su luz libre entre apoyos. Por lo tanto, en el caso de grandes vanos, es necesario reforzarlas o segmentarlas por medio de **cables de soporte**, en los que la fina tela se sujeta linealmente y a través de los cuales se pueden introducir las fuerzas de forma concentrada en los apoyos puntuales sin sobrepasar las tensiones admisibles de la membrana. Esto da lugar a **limas hoyas** y **limas tesas** en la superficie de la misma. De este modo, la superficie

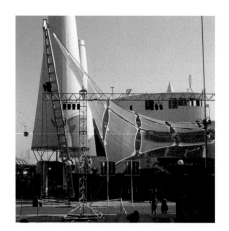

283 Membrana de cuatro puntos.

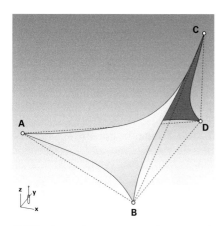

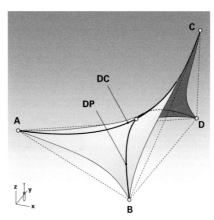

281 Membrana de cuatro puntos. Los puntos de las esquinas **A** a **D** no se encuentran en un plano, por lo que se crea la doble curvatura anticlástica necesaria.

282 Membrana de cuatro puntos. Dirección de carga **DC** y dirección de pretensado **DP** de la fuerza de tracción biaxial en la membrana.

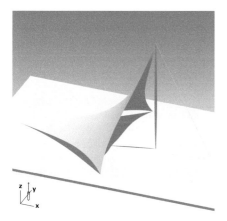

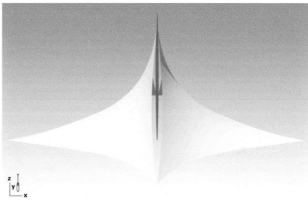

284 Membrana de cuatro puntos. El punto más alto está sostenido por un mástil amarrado (barra pendular).

285 Las membranas de cuatro puntos son un módulo básico de la construcción de membranas y pueden ensamblarse modularmente en una variedad de combinaciones. Aquí: dos membranas de cuatro puntos unidas a un mástil común.

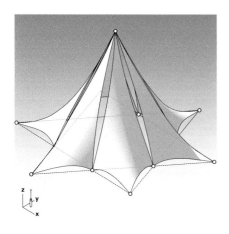

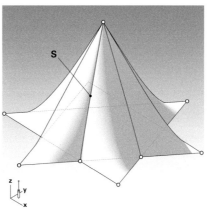

286 (Izquierda) seis membranas de cuatro puntos alrededor de un hexágono. Las orillas laterales libres entre los módulos forman en cada caso arcos dobles.

287 (Derecha) seis membranas de cuatro puntos como en la imagen de ⬒ **286**. Ambas orillas laterales están aquí atadas a un cable y forman una superficie de membrana cerrada. Las orillas inferiores también se sujetan linealmente.

de una membrana se segmenta formando diferentes **módulos** que se distinguen visualmente.

- Si bien es cierto que las membranas pueden salvar grandes vanos con un mínimo de material, siempre hay que tener en cuenta que, debido a la curvatura imprescindible para cumplir la función portante en las estructuras puras de membrana, también es necesaria una **flecha** suficiente para ello, no sólo para la **dirección portante**, sino también para la **dirección de pretensado** curvada en sentido contrario. Es relevante para el perfil del espacio interior, en particular, la línea de curvatura de la dirección de pretensado y, por lo tanto, también está determinada por los requisitos del uso de la estructura. Cuando se cubren grandes espacios, estas necesidades suelen conducir a una altura total relativamente grande, que resulta sobre todo de la suma de las flechas del pretensado y de la curvatura portante (⌐ **291**). Sólo en el caso de una curvatura de pretensado anular cerrada—como en el caso de formas de membrana con simetría central, las carpas—es decisiva para la altura del edificio la curvatura portante por sí sola (⌐ **292**). En este sentido, las membranas son similares a otras estructuras con esfuerzos axiales que también derivan su capacidad de carga de su forma, como las bóvedas y las cúpulas.
  Se puede conseguir un aumento de la curvatura, o una reducción del radio de curvatura, con una luz determinada—es decir, sin introducir apoyos adicionales en el suelo—utilizando **apoyos aéreos**, o **subtensados**, en forma de puntales sobre cableado. Para ello, las membranas deben complementarse con estructuras portantes de cables adecuadas.

- La interacción entre la altura y la luz descrita anteriormente conduce, por el contrario, a la necesidad de prever apoyos a menor distancia para estructuras de membrana rebajadas, es decir, a reducir las luces, ya que hay que mantener una curvatura mínima. Se introducirán en el suelo fuerzas alternas de compresión y tracción en los puntos altos y bajos. En los puntos bajos también debe producirse el drenaje de la superficie de la membrana.

☞ *Véanse detalles en* **Vol. 3**, *Cap. XIII-8, Aptdo 6.1 Empalmes de paños*

- Hay que tener en cuenta que en las zonas de conexión entre los módulos de la membrana actúan siempre fuerzas de **tracción biaxial**—como ocurre en todas las demás partes de la membrana—que tiran de las orillas hacia el centro de la membrana. Los bordes se pueden acoplar de forma lineal—por enlazado o eslabonado—para que las fuerzas de tracción se transmitan entre los paneles de membrana adyacentes (⌐ **287**, **296**). También es posible crear aberturas ovaladas a partir de dos arcos de orilla, que pueden cerrarse con una cenefa de relleno—una membrana o un panel transparente—. Se trata de una solución que

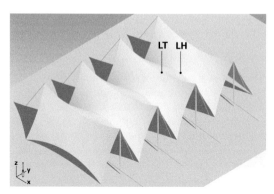

288 Secuencia modular de superficies de membrana tensadas entre cables de soporte: los cables de lima tesa **LT** y los de lima hoya **LH** pretensan las membranas y crean la curvatura necesaria.

289 Cerramiento lateral del espacio bajo una membrana de carpa.

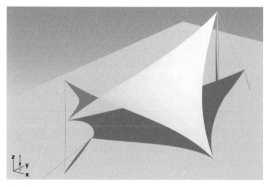

290 Membrana de cuatro puntos con dos puntos altos en mástiles afianzados con estays.

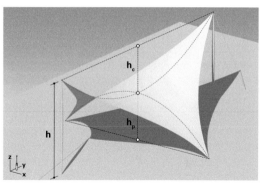

291 La altura total de la construcción **h** es aquí la suma de la flecha de la curvatura de pretensado h_p y la de la curvatura portante h_c.

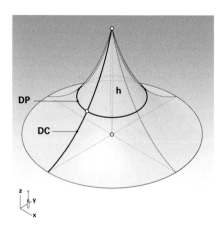

292 Membrana de carpa con pretensado anular cerrado **DP**. La altura de la estructura **h** resulta aquí únicamente de la dirección de carga **DC**.

293 Carpas.

Uso en la construcción de edificios—aspectos de proyecto

☞ *Para más información, consúltese **Vol. 3**, Cap. XIII-8, Aptdo. 4. Aspectos de física constructiva*

se presta al propósito de facilitar el reemplazo de paneles individuales de membrana en caso de necesidad (⇦ **286, 297**).

■ Las construcciones de membrana permiten cubrir espacios con un mínimo de material. Ningún otro método de construcción puede competir con ellas en este aspecto. Las membranas son fáciles de transportar cuando están embaladas y permiten un rápido montaje en obra. Debido a las conexiones desmontables que se suelen utilizar en este tipo de construcción, las estructuras de membrana se pueden volver a desmontar sin dificultad. Por estas razones, están predestinadas para edificios móviles y temporales. Este carácter se ve respaldado por ciertas desventajas, a saber, su sensibilidad a daños mecánicos y la **limitada durabilidad** de las delgadas telas de membrana, al menos en comparación con los ciclos de vida de estructuras convencionales. Sin embargo, todavía no es posible hacer afirmaciones realmente fundadas a este respecto, ya que la esperanza de vida de las membranas técnicas modernas, como PTFE o tejidos de fibra de vidrio recubiertos de silicona, es difícil de estimar, puesto que están sujetas a un ciclo de innovación muy corto.

Los usos regulares, al igual que las estructuras permanentes, también son difíciles de realizar porque las membranas están sujetas a restricciones en cuanto a la **física constructiva**:

• Ofrecen—especialmente si se ejecutan de una sola capa sin medidas adicionales—sólo un **aislamiento acústico mínimo** y también son problemáticas en términos de **acústica de sala**.

• Sólo pueden realizarse con **protección térmica limitada**. Las membranas de varias capas encierran una capa de aire razonablemente estática, siempre que las distancias entre las membranas no sean demasiado grandes. Así se evita una fuerte convección y se consiguen valores de aislamiento moderados. Las membranas pretensadas mecánicamente de varias capas se montan con separadores adecuados. Las membranas pretensadas neumáticamente pueden ejecutarse con más de dos capas incorporando capas intermedias dentro de los cojines. También son posibles rellenos aislantes, que ofrecen un mejor aislamiento térmico, pero a menudo—dependiendo del material aislante—merman o anulan la translucidez de la membrana.

Además de su extrema eficacia material en términos de capacidad de carga, cabe mencionar otras ventajas:

• La mayoría de los materiales utilizados para membranas son **translúcidos** o **transparentes**, por lo que es posible una buena iluminación natural difusa de los interiores sin necesidad de medidas adicionales.

294 Carpa del Instituto de Estructuras Ligeras Laminares de la Universidad de Stuttgart (arqu.: F Otto).

295 Cobertura de membrana actuando como protección solar (Palenque, arqu.: J M de Prada Poole, *Expo 92*, Sevilla).

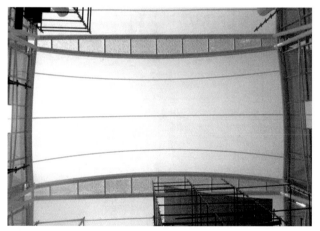

297 Cierre de una abertura de arco entre dos membranas enfrentadas mediante un elemento de relleno.

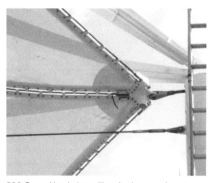

296 Conexión de las orillas de dos membranas.

298 Cobertura de membrana (*Expo 92*, Sevilla).

- Las películas y los tejidos de membrana son **impermea-bles** y **herméticos**. Por consiguiente, subfunciones tan divergentes como conducción de fuerzas y sellado se resuelven con un mismo componente.

- La fuerte curvatura, las grandes alturas del espacio interior, hasta cierto punto inherentes al sistema, y la superficie lisa de las membranas favorecen los movimientos de aire en el interior a través de la **ascensión térmica**. Es posible lograr una ventilación natural eficaz proporcionando aberturas de suministro de aire en la zona inferior—por ejemplo, en las aberturas de los arcos de orilla—y aberturas de escape de aire en los puntos altos.

3.3.2

Membrana y estructura de cables con pretensado mecánico sobre apoyos lineales

☞ [a] Aptdo. 3.3.1 Membrana y estructura de cables, con pretensado mecánico, sobre apoyos puntuales, pág. 380

✆ [b] Aunque los apoyos intermedios puntuales o los cables de sustento pueden, en sentido estricto, considerarse también apoyos externos a la membrana, se contabilizarán más bien como parte de la propia estructura de la misma y, por tanto, no se tendrán en cuenta en esta sección (véanse las notas en Aptdo. 3.3.1 Membrana y estructura de cables, con pretensado mecánico, sobre apoyos puntuales, pág. 380

■ Como complemento al estudio de las membranas y las estructuras de cables soportadas puntualmente y pretensadas mecánicamente,[a] en el presente apartado se examinarán finalmente en su variante soportada linealmente.[b] Las mismas afirmaciones se aplican, mutatis mutandis, a su comportamiento de carga y otros aspectos. A diferencia de esto, hay que tener en cuenta las siguientes características especiales:

- El soporte o afianzado lineal de una membrana es, de partida, beneficioso para su comportamiento de carga, ya que las fuerzas se distribuyen mejor en la delgada tela y se pueden evitar concentraciones locales de fuerza, como surgen inevitablemente en la zona de soportes puntuales. Si la membrana va anclada al suelo, puede desempeñar una función estabilizadora, similar a la de estays, para soportes lineales que corren el riesgo de volcarse (por ejemplo, arcos), así como para mástiles.

- Las conexiones lineales de las orillas de la membrana resuelven por sí solas el problema del **cierre espacial**, como se ha mencionado anteriormente. Esto permite que las membranas se conecten sin huecos a paredes de cerramiento rígidas o incluso a cimientos sólidos.

- Es obvio que las conexiones lineales requieren los correspondientes **elementos estructurales**, como cimientos lineales o elementos de borde rígidos a la flexión, que conllevan una mayor complicación constructiva. En la forma de membrana más sencilla y elemental, la apoyada en puntos, estos elementos se reducen al mínimo (cimientos puntuales, mástiles individuales). Sin embargo, este gasto adicional puede estar justificado, sobre todo por razones de uso del edificio (cerramiento del espacio, véase más arriba).

- En el caso de apoyos en forma anular, que actúan entonces como **anillos de compresión** cerrados como resultado de la fuerza de tracción aplicada por la membrana, normal-

299 Planta de tratamiento de residuos en Viena; arqu.: Lang, ing. J Natterer.

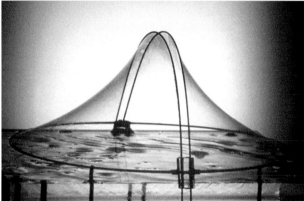

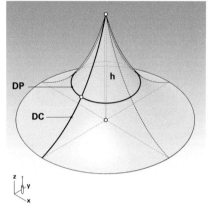

300 (Arriba) curvaturas en la dirección de carga **DC** y en la de pretensado **DP** en una carpa con simetría central. La dirección de pretensado se cortocircuita en sí misma en forma de anillo.

301 (Centro izquierda) determinación experimental de una **superficie mínima** con la ayuda de una película de jabón: ejemplo de una membrana apoyada linealmente (*IL,* Universidad de Stuttgart, F Otto).

302 Estadio en Raleigh: red de cables tensada en forma de silla de montar entre arcos inclinados (arqu.: H Stubbins).

mente orientada hacia el centro del anillo, la componente de fuerza puede **cortocircuitarse** a nivel del anillo, de modo que sólo actúan fuerzas *ortogonales al plano del anillo*, en su mayoría cargas verticales (⊟ **300**). Dependiendo de la fuerza de la membrana que actúa, el anillo puede adoptar diferentes geometrías: circular, ovalada, etc. También se consigue un efecto similar con apoyos de borde no planos y aproximadamente anulares, como dos arcos que se cruzan (⊟ **302**). Además, su geometría puede garantizar simultáneamente una curvatura anticlástica de la membrana y hacer así superfluos elementos de soporte adicionales, como arcos o mástiles.

☞ *Aptdo. 3.1.6 Conjunto radial de barras sobre apoyo anular, pág. 355; para sistemas de cables anulares, véase también Cap. X-3, Aptdo. 3.7.4 Estructuras de cable > Sistemas radiales de cable anular—ruedas de radios, pág. 645*

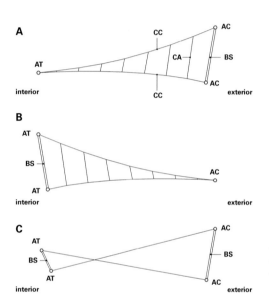

303 Variantes de diseño de sistemas anulares de cables. Sección transversal de una mitad de la estructura. **AC** anillo de compresión; **AT** anillo de tracción; **CC** cordón de cercha; **BS** barra de separación; **CA** cable de atado (reduce las deformaciones y forma una cercha de cables junto con **CC**).

3.3.3

Estructura de membrana o cable tensada por gravedad

El grupo de estructuras de cables pretensadas mecánicamente y soportadas linealmente incluye también **sistemas anulares de cables** o **ruedas de radios**, que son comparables a las estructuras de barras radiales en cuanto a la geometría de su estructura portante (🗗 **303–306**). En comparación con la armazón de barras, cada barra se convierte en dos tirantes separados uno del otro por una barra de compresión. El resultado es una sección transversal de la construcción aproximadamente triangular. Para que el sistema de cables pueda soportar fuerzas transversales a su eje, se requiere un ángulo mínimo de inclinación de los tirantes con respecto a la horizontal. De este modo, el sistema de barras trabajando bajo flexión se convierte en una **estructura de cables**. Para evitar que un grupo de cables cuelgue en condiciones de carga desfavorables, es decir, expuestos a compresión, están **pretensados**. Las condiciones de carga imperantes sólo conducen entonces a una reducción parcial de la pretensión, en cada caso, de uno de los dos conjuntos de cables.

Los tres vértices del triángulo están ocupados por tres elementos en forma de anillo esenciales para el sistema de carga, que cortocircuitan el esfuerzo de tracción de los cables y, por tanto, no requieren anclaje externo. El sistema de carga es autocontenido en términos de fuerza. Un buje interior (simple o doble) actúa siempre como **anillo de tracción**, mientras que en el exterior se requiere un **anillo de compresión** circunferencial cerrado (simple o doble). Los tres anillos necesarios pueden combinarse de diferentes maneras:

- un doble anillo de compresión exterior y un único buje o anillo de tracción interior (🗗 **303 A**);

- un doble anillo de tracción interior y un único anillo de compresión exterior (🗗 **303 B**).

También se pueden ejecutar sistemas cruzados con doble anillo de tracción y doble anillo de compresión (🗗 **303 C**).

■ Aunque, como ocurre con la mayoría de las membranas, la fuerza rigidizante suele generarse mediante un pretensado aplicado mecánicamente, lo que da lugar a la curvatura anticlástica característica, las membranas sujetas de forma lineal pueden rigidizarse alternativamente por su propio peso, de forma análoga a las bandas.[13] Al igual que en el caso de las bandas, se requiere un lastre, ya que el peso muerto de las membranas o de las redes de cables no es suficiente para este fin. Se forma entonces una curvatura sinclástica bastante atípica de membranas pretensadas mecánicamente (🗗 **307**, **308**).

304 Estructura portante en forma de rueda de radios de un estadio en estado de construcción. En el exterior se puede ver el doble anillo de compresión, en el interior el anillo de tracción formado por varios cables paralelos. (*Daimler Arena* Stuttgart; ing.: Schlaich, Bergermann & P).

305 Estructura portante en forma de rueda de radios sobre el auditorio de Utica, EEUU (ing.: L Zetlin).

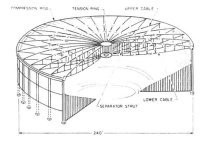

306 Rueda de radios: los cables radiales forman cercha por medio de barras de separación. Se trata de una inversión de la cercha de cables en 🗗 **303 A** y **B**, que en esos casos se realiza mediante cables de atado.

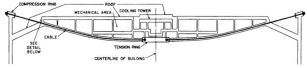

307, 308 Estructura suspendida en forma de anillo estabilizado por peso. La carga necesaria está garantizada por el piso técnico que sustenta (véase la sección abajo) (*Madison Square Garden Arena*, Nueva York; ing.: L Zetlin).

3.3.4

Membrana y estructura de cables con pretensado neumático

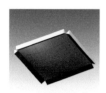

☞ [a] *Cap. IX-1, Aptdo. 4.5.2 Membranas y redes de cables, pág. 266, así como* **Vol. 1**, *Cap. VI-2, Aptdo. 9.8 Membrana con pretensado neumático, pág. 668, y también* **Vol. 1**, *Cap. VI-2, Aptdo. 4.2 Sistemas móviles, pág. 548*

☞ [b] **Vol. 1**, *Cap. VI-2, Aptdo. 4.2 Sistemas móviles, ⊟ 44 y 45, pág. 550*

Comportamiento de carga

✏ [a] *Según* [14]*, se aplican valores en torno a 10 a 100 mm de columna de agua a presión baja, y entre 2.000 y 70.000 mm a alta.*

1 Para superficies de membrana en general

$$T = \frac{p}{(1/r_1 + 1/r_2)}$$

T = tracción
p = presión
r_1 = mayor radio de curvatura de la superficie
r_2 = menor radio de curvatura de la superficie

2 Para superficies de membrana esféricas ($r_1 = r_2 = r$)

$$T = \frac{p \cdot r}{2}$$

3 Para superficies de membrana cilíndricas ($r_1 = \infty$ en dirección de la recta generatriz, r_2 in dirección anular)

$$T = p \cdot r_2$$

☞ [b] *Cf. también las condiciones (invertidas) de la cúpula, Aptdo. 3.2.4, pág. 360*

■ Las membranas pretensadas neumáticamente, al igual que las de pretensado mecánico, pueden, en principio, apoyarse tanto de forma puntual como lineal. Sus características específicas básicas se describen en otro lugar.[a] El pretensado neumático se crea debido a un gradiente de presión entre los dos lados de la membrana. Aunque este gradiente de presión también puede producirse con membranas *abiertas* tensadas neumáticamente (ejemplo: una vela de barco), este tipo de membrana neumática no tiene importancia en la construcción. En cambio, la norma en la construcción son membranas neumáticas *cerradas*. Se distingue entre **sistemas de membrana simple** y **doble**.[b] En ambas variantes, se somete un **volumen cerrado** a presión positiva o negativa. Aunque, en principio, se puede crear una envolvente de membrana cerrada sin ningún elemento adicional, es más habitual que intervengan en el cerramiento del espacio elementos lineales de borde, como cimientos lineales o bordes rígidos a la flexión. Por esta razón, las membranas pretensadas neumáticamente se discutirán bajo la categoría de estructuras **apoyadas linealmente**. Los apoyos puramente anulares son un caso especial en este contexto; al igual que con los cascarones, también son concebibles otros tipos de apoyo lineal con diversas geometrías.

■ Las membranas pretensadas neumáticamente, o cojines neumáticos, desarrollan su capacidad de carga—al igual que otras estructuras portantes sometidas a esfuerzos axiales—debido a su forma, es decir, gracias a su **curvatura**. A diferencia de los sistemas de membranas tensadas mecánicamente, en los que la curvatura es generada por fibras o conjuntos de cables orientados de forma opuesta y que se tensan mutuamente, en el caso del cojín neumático ésta es creada por un medio de soporte: en la construcción sobre todo el aire. La curvatura es casi siempre doble equidireccional o **sinclástica** (⊟ **309**, **310**), al menos en los sistemas de sobrepresión. En la membrana se produce el mismo esfuerzo de **tracción biaxial** que con el pretensado mecánico.

Se distinguen dos tipos de neumáticos fundamentalmente diferentes: sistemas de **baja** y **alta presión**.[a] Los neumáticos de alta presión son componentes cerrados lineales con una fuerte curvatura en una dirección y un trazado casi recto en la otra (mangas) (⊟ **309**, **310**). Tienen un apoyo característico y en su mayoría se cargan externamente a lo largo o a través de su eje. Representan un caso especial y no se discutirán con más detalle en este contexto. También pueden utilizarse como miembros de apoyo para **neumáticos de baja presión**. Estos últimos son el caso normal de las estructuras neumáticas.

Existe una relación directa entre el radio de curvatura de una membrana y la presión actuante[b] (⊟ **311**) según las fórmulas indicadas a la izquierda.[15] En consecuencia, a una presión **p** dada, el esfuerzo de tracción **T** en la membrana es mayor cuanto mayor es el radio de curvatura **r**, es decir,

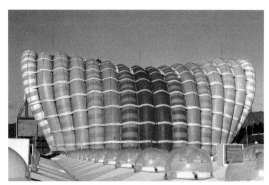

309 Construcción tubular del Pabellón de Fuji en la Expo '70 de Osaka: un sistema de alta presión con una presión entre 1.000 y 2.500 mm de columna de agua[16] (ing.: M Kawaguchi).

310 Pabellón de Fuji.

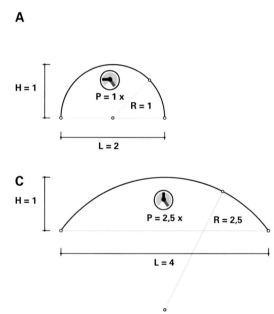

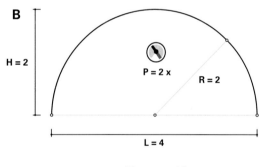

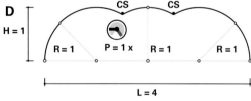

311 Relación entre presión, curvatura, altura y luz en un neumático. La presión interna **P** aumenta proporcionalmente con el radio de curvatura **R** (es decir, con la disminución de la curvatura).[14]

A: Pequeño radio de curvatura **R** cubre pequeña luz **L** a la presión de partida **P**.

B: El doble de radio de curvatura **R** duplica la altura **H** y la presión interna **P**. El volumen interior aumenta considerablemente (¡acondicionamiento interior!) y también lo hace la altura del edificio **H** (¡carga de viento!). Como consecuencia de la duplicación del radio de curvatura **R**, también se duplica la presión interna **P**, que debe mantenerse mediante un mayor aporte de energía.

C: Reducción de la altura a la original (**H** = 1) con la misma luz **L**. El radio de curvatura **R** aumenta hasta dos veces y media el valor original y, en consecuencia, también la presión interna **P**.[17]

D: Introduciendo cables de soporte **CS**, que constriñen la membrana y reducen el radio de curvatura **R** de nuevo al valor original (**R** = 1) mientras se mantiene constante la luz **L** = 4, la presión interna puede reducirse de nuevo al valor **P** = 1 x.

Estos ejemplos muestran la necesidad de aumentar la curvatura de la membrana por medio de constricción y segmentación para cubrir áreas grandes.

cuanto más rebajada es la membrana. Por lo tanto, en la mayoría de los casos se evitan radios de curvatura **r** demasiado grandes, es decir, neumáticos extremadamente rebajados, con el fin de excluir tensiones de tracción **T** demasiado grandes en el material de la membrana a un nivel de presión constante **p**. Los medios para ello son **soportes intermedios** puntuales, pero sobre todo lineales como cables, vigas o arcos. Si, por ejemplo, una membrana tensada neumáticamente se constriñe mediante cables formando varias secciones individuales, el radio de curvatura se reduce drásticamente por los abultamientos locales creados entre los cables de soporte (🗗 **312**, **313**). También se pueden evitar alturas excesivas de edificio por este medio, ya que las consideraciones a este respecto sobre las membranas pretensadas mecánicamente se aplican aquí mutatis mutandis: Debido a la curvatura mínima necesaria, los grandes vanos implican inevitablemente grandes alturas. En cierto modo, los neumáticos experimentan un pretensado mecánico adicional a través de los cables de soporte. Estos cables también deben tener una cierta curvatura mínima, porque también se aplica a ellos que cuanto mayor sea el radio de curvatura, mayor será la fuerza de tracción.

☞ *Aptdo. 3.3.1 Membrana y estructura de cables, con pretensado mecánico, sobre apoyos puntuales > Extensibilidad, pág. 380*

De nuevo, como en el caso de las membranas rigidizadas mecánicamente, son casi inevitables soportes intermedios secundarios, puntuales o preferiblemente lineales, para que los neumáticos cubran áreas grandes (🗗 **314**, **315**).

Aunque los sistemas de sobrepresión suelen ser la norma, una membrana neumática también puede rigidizarse mediante **presión negativa** (🗗 **316**). Los neumáticos de presión negativa tienen en común con las estructuras colgantes tensadas la desventaja de la **curvatura cóncava**, lo que requiere amplias estructuras de soporte secundario en los puntos altos cuando se cubren espacios y—especialmente en el caso de una curvatura cóncava sinclástica—dificulta el drenaje de las superficies de cubierta.

☞ *Aptdo. 2.3.1 Banda > Aplicación en la construcción de edificios—aspectos de proyecto, pág. 342*

Al igual que las membranas estabilizadas mecánicamente, en unas condiciones límite determinadas los neumáticos sólo adoptan *una sola* forma de membrana característica en la que prevalecen las tensiones de tracción puras, idealmente siempre las mismas. La forma ideal de la membrana puede determinarse y medirse en el modelo físico empleando películas de jabón o membranas de goma, o puede crearse alternativamente utilizando un modelo digital. Sobre esta base se determinan a continuación los **patrones de corte** adecuados de cada paño.

Uso en la construcción de edificios—aspectos de proyecto

■ La idea de confiar la capacidad de carga de una estructura al medio del aire y, de este modo, cubrir los mayores vanos con láminas delgadísimas estimuló la imaginación de los arquitectos, especialmente en los años sesenta y setenta del siglo XX. Durante ese periodo, se crearon numerosos edificios neumáticos, a veces muy espectaculares, o proyectos no realizados. Con muchos años de funcionamiento,

312, 313 Pabellón de Estados Unidos en la Expo '70 de Osaka. Una membrana de capa simple autoportante con luces de 83 m y 142 m. La curvatura extremadamente rebajada sólo fue posible introduciendo una red de cables de soporte (ing.: D Geiger)

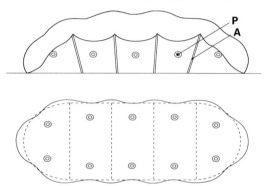

314, 315 Proyecto de nave neumática. Sistema de doble membrana con arcos de soporte **A** bajo la membrana interior y fijaciones puntuales **P** en la membrana exterior (proyecto: A Sklenar).

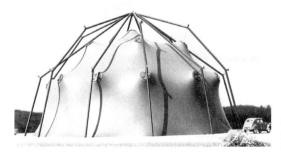

316 Neumático de presión negativa, de doble membrana: sujetado externamente en puntos por un bastidor de barras (proyecto: A Sklenar).

también se han puesto de manifiesto los puntos débiles de estas estructuras, lo que ha llevado a una evaluación más sobria. En particular, se hicieron sentir los elevados costes de mantenimiento, que se derivan sobre todo de la necesidad de mantener continuamente una sobrepresión o subpresión con el consumo de energía asociado. Además, existen las mismas restricciones funcionales que para las estructuras de membrana con rigidización mecánica.

No obstante, algunos espectaculares ejemplos recientes demuestran que las estructuras o los componentes

☞ *Aptdo. 3.3.1 Membrana y estructura de cables, con pretensado mecánico, sobre apoyos puntuales > Uso en la construcción de edificios—aspectos de proyecto, pág. 390*

portantes neumáticos pueden brindar grandes ventajas en usos específicos (⊟ **317**). Las desventajas resultantes de la limitada protección térmica pueden mitigarse con neumáticos multicapa. Los mamparos de membrana dentro de los neumáticos pueden, además de su efecto térmico, servir para aumentar la curvatura de un cojín por constricción y, en consecuencia, reducir la tensión de tracción. La curvatura sinclástica típica de los neumáticos también favorece el rápido drenaje de las superficies expuestas a la intemperie.

Los ejemplos construidos más recientemente no son sistemas de membrana simple sino doble, usados como elementos secundarios de carga en uso combinado con estructuras primarias de otros materiales, especialmente de acero. En estos casos, los neumáticos están diseñados como cojines formando superficie apoyados de forma rígida y hermética en todo su contorno (⊟ **317**). Nuevos materiales de membrana de alto rendimiento y muy duraderos, como el ETFE (politetrafluoroetileno de etileno), en particular, ofrecen condiciones favorables para un uso más amplio de estas estructuras portantes en la construcción de edificios.

☞ *Véase también* ⊟ **176** *en pág. 269*

317 Cojines neumáticos fijados a una estructura secundaria de acero (*Allianz Arena*, Múnich; arqu: Herzog & deMeuron).

Notas

1   Para una exposición detallada y muy descriptiva de las principales cuestiones constructivas en el desarrollo de la construcción de iglesias medievales, véase Choisy, Auguste (1899) *Histoire de l'Architecture*, Reimpresión 1987 por *Slatkine Reprints*, Ginebra, París

2   Heinle, Schlaich (1996) *Kuppeln aller Zeiten – aller Kulturen*, pág. 211

3   Esto se aplica a las áreas culturales de Europa, África y Asia Central, pero no a Asia Oriental ni a la América precolombina.

4   Por ejemplo, la cúpula del Panteón de Roma.

5   Según Heinle, Schlaich (1996), pág. 210

6   Véase ibidem: Hubo algunos intentos relativamente tempranos de instalar elementos resistentes a la tracción en la base de la cúpula (por ejemplo, Brunelleschi en Florencia), pero apenas fueron eficaces. Según Heinle/Schlaich, los primeros tirantes efectivos fueron instaladas por Poleni durante la renovació------n de la cúpula de la Basílica de San Pedro en Roma en 1748.

7   Ibidem pág. 154

8   La definición geométrica de la cúpula geodésica (1954) se remonta a Buckminster Fuller, pero ya fue desarrollada en 1922 por Walter Bauersfeld para el planetario de Jena.

9   Más información sobre cúpulas geodésicas: Wester Ture (1985) *Structural Order in Space – The Plate-Lattice Dualism*, Copenhague; Heinle, Schlaich (1996)

10 Una buena descripción del comportamiento de carga de las cúpulas de pechinas y de círculo exterior puede encontrarse en Heinle, Schlaich (1996), pág. 219

11 Ibidem pág. 219

12 Ibidem pág. 30

13 Aunque esto se aplica en principio de la misma manera a membranas apoyadas en puntos, las concentraciones de esfuerzos en las suspensiones son normalmente demasiado grandes como resultado de los pesados lastres. El autor no tiene conocimiento de ningún ejemplo de esto.

14 Herzog T (1976) *Pneumatic Structures – A Handbook of Inflatable Architecture*, pág. 17

15 Ibidem pág. 8

16 Ibidem pág. 76

17 Ibidem pág. 18

IX-3 DEFORMACIONES

1. Causas y propiedades de las deformaciones

☞ **Vol. 1**, Cap. IV-1, Aptdo. 11. Deformación, pág. 224

1.1 Causas

☞ **Vol. 1**, Cap. IV-1, Aptdo. 11.1 Dilatación térmica, pág. 226, así como ibid. Aptdo. 11.3.1 Deformaciones plásticas independientes de la carga, pág. 227

1.2 Requerimientos

■ Las estructuras portantes y los componentes que las constituyen se deforman bajo influencias externas. Entre ellas se encuentran:

• **cargas externas**, como:

 •• **cargas permanentes**, como cargas muertas;

 •• **cargas cambiantes**, como cargas vivas, cargas de viento, cargas de nieve, etc;

 •• **cargas extraordinarias**, como cargas sísmicas;

 las deformaciones causadas por cargas externas se denominan deformaciones **dependientes de la carga**;

• o **influencias ambientales** como:

 •• cambios de temperatura;

 •• cambios en la humedad relativa;

• o también efectos del **comportamiento del material**.

Las deformaciones resultantes de influencias ambientales y del comportamiento del material se denominan deformaciones **independientes de la carga** o **intrínsecas**.

■ Aunque la estática, el estudio de las fuerzas en sistemas estacionarios, tiene como objetivo fundamental garantizar la inmovilidad de las estructuras, las deformaciones de una estructura son, sin embargo, un fenómeno inevitable. Deben cuantificarse y limitarse según los requisitos:

• de **estabilidad**, así como

• de **capacidad de servicio**

porque deformaciones incontroladas de la estructura pueden aumentar los esfuerzos que actúan en ella y poner en peligro su **estabilidad**.

En cuanto a la **capacidad de servicio**, las deformaciones deben limitarse a un tamaño compatible con el uso de la estructura. También deben tenerse en cuenta en el diseño constructivo de elementos no portantes, como fachadas o instalaciones tal como ascensores o conductos de suministro. Si es necesario, hay que tomar medidas constructivas para que puedan desplegarse sin coacciones, es decir, sin causar daños.

Los requisitos para garantizar la capacidad de servicio son, naturalmente, más exigentes que los de garantizar la estabilidad, ya que limitan a un valor máximo preestablecido los cambios de forma durante el funcionamiento, es decir,

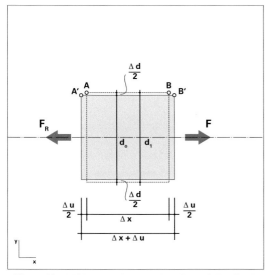

1 Elongación debida a la tensión normal resultante de la aplicación de la fuerza axial **F**. Se obtienen una **elongación longitudinal** Δu y una **elongación transversal** Δd con signo inverso.

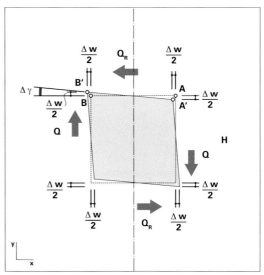

2 Deslizamiento debido a la tensión cortante por la acción del esfuerzo cortante **Q**. Se mide por la dimensión de deslizamiento Δw o mediante el cambio angular $\Delta \gamma$.

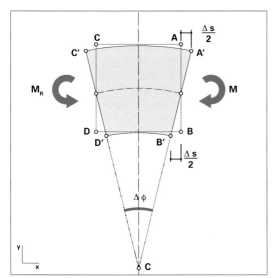

3 Flectado debido al esfuerzo resultante del momento flector **M**. El alargamiento y la contracción de las fibras de la sección transversal a ambos lados del eje baricéntrico conducen a un cambio angular $\Delta \phi$.

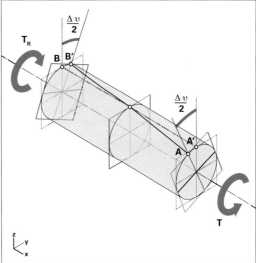

4 Torsión debida al esfuerzo cortante torsor ocasionado por el momento torsor **T**. Se mide por el cambio angular $\Delta \vartheta$.

1.3 Definición

ya asumiendo de principio que la estabilidad está asegurada. Esto se aplica, por ejemplo, al flectado admisible de un forjado de piso.

■ Las deformaciones son **variables externas de estado** y describen el desplazamiento y la torsión de los componentes de la estructura portante, así como de toda la estructura portante en sí.

Las deformaciones son el resultado de **cambios de forma** en el interior de los componentes; éstos se consideran **variables internas de estado**. Por lo tanto, se contemplan en una parte diferencial del componente. En el caso de deformaciones debidas a la aplicación de una fuerza, los cambios de forma vienen determinados cualitativamente por el tipo de **esfuerzo interno** y se diferencian como sigue:

- **elongación** bajo tensión normal (⊟ **1**),

- **deslizamiento** bajo esfuerzo cortante (⊟ **2**),

- **flectado** bajo esfuerzo flector (⊟ **3**),

- **torsión** bajo esfuerzo cortante torsor (⊟ **4**).

El tipo de esfuerzo interno del componente estructural viene determinado por las acciones externas, así como por el apoyo y la geometría de la estructura. Por ejemplo, una carga vertical axial sobre un pilar de forjado genera tensiones normales y, por tanto, una elongación negativa, es decir, una contracción. La carga transversal sobre el pilar del forjado, por ejemplo procedente de cargas de viento sobre una fachada contigua, genera esfuerzos flectores y, por tanto, un flectado del pilar (⊟ **5**).

☞ *Véase también la combinación de tensión normal y tensión de flexión para la barra comprimida cargada excéntricamente en **Vol. 1**, Cap. VI-2, ⊟ **140** en pág. 635 así como con el arco cargado excéntricamente en Cap. IX-1, ⊟ **149**, **150**, pág. 255*

Una carga uniformemente distribuida, por ejemplo procedente de un forjado apoyado, produce esfuerzos flectores en una viga y, en consecuencia, un flectado, mientras que en un arco parabólico es absorbida, en cambio, a través de esfuerzos normales que dan lugar a una compresión en el arco. Por consiguiente, a pesar de la misma acción externa, los cambios de forma internos de estos dos componentes difieren *cualitativamente* (⊟ **6**).

☞ *Véase también la comparación entre la viga flectada curva y el arco parabólico en Cap. IX-1, ⊟ **142** arriba, pág. 250*

Un caso especial es el de las **deformaciones sin elongación**, como las que se producen en estructuras portantes móviles, por ejemplo, redes de cables o membranas. Estos sistemas se caracterizan por su falta de rigidez a la flexión. Por esta razón, se justifica el término de deformación sin elongación, aunque a pesar de ello se produzcan elongaciones mínimas.

☞ ***Vol. 1**, Cap. VI-2, Aptdo. 4.2 Sistemas móviles, pág. 548*

Estas deformaciones siempre se producen cuando la forma de la estructura **no es afín** a la carga. Como resultado de esta discrepancia, los sistemas portantes rígidos a la flexión y móviles reaccionan cada uno de una manera fundamentalmente diferente:

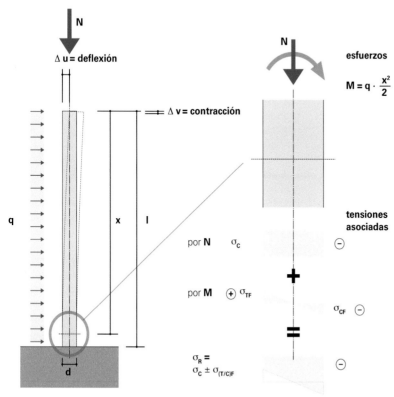

5 Soporte empotrado bajo fuerza normal **N** y momento flector **M** por efecto de la carga transversal **q**. En la sección transversal, se superponen los esfuerzos de compresión σ_c procedentes de la fuerza normal **N** y los esfuerzos de flexocompresión y flexotracción σ_{CF} y σ_{TF}. La tensión resultante σ_R es el resultado de la suma de estas componentes. Se produce una combinación de flectado y contracción.

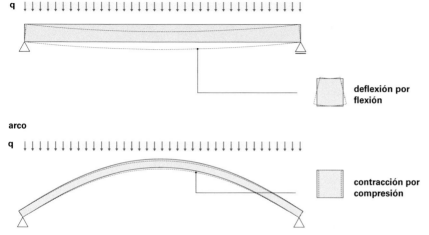

6 Deformaciones cualitativamente diferentes en la viga de flexión y en el arco bajo una acción similar de la carga **q**. Sin embargo, la forma y el apoyo de ambos sistemas estructurales son completamente diferentes.

- Los sistemas portantes móviles adaptan automáticamente su forma al nuevo patrón de carga cuando ésta cambia, restableciendo así la afinidad entre la forma y la carga. Entonces, sólo actúa en el sistema tracción pura. Esta afinidad es la razón de la extraordinaria eficiencia estática de los sistemas móviles, que, sin embargo, viene a costa, por así decirlo, de tolerar deformaciones relativamente grandes—del tipo sin elongación—. Para determinados usos de la estructura, la magnitud de estas deformaciones de hecho no es tolerable.

☞ *Vol. 1*, Cap. VI-2, ⊟ **43**, pág. 546

- Los **sistemas rígidos a la flexión** no pueden adaptarse con su forma a un cambio del patrón de carga, precisamente por su **rigidez a la flexión**. Como resultado de la falta de afinidad entre la forma y la carga, lo que es más bien la regla en sistemas rígidos a la flexión, se produce un esfuerzo flector. Esto reduce notablemente la eficiencia de estas estructuras. Por otra parte, las deformaciones se mantienen dentro de límites relativamente estrechos, lo que es básicamente más propicio para la capacidad de servicio. Además, la forma de la estructura portante puede determinarse en gran medida con independencia de los patrones de carga previstos y, por tanto, en función de otras consideraciones, como la estética o el uso. Esta libertad de diseño es la principal razón por la que los sistemas rígidos a la flexión dominan claramente sobre los sistemas móviles en la mayoría de las tareas de construcción de edificios.

☞ *Vol. 1*, Cap. IV-1, Aptdo. 11.2 Deformación elástica, pág. 226, y Aptdo. 11.3 Deformación plástica, pág. 227

La distinción entre deformaciones **elásticas** y **plásticas** se hace en el *Capítulo IV.*

1.4   Tensión y elongación

■ La magnitud de la deformación interna—es decir, la elongación, el deslizamiento, el flectado o la torsión—viene determinada, en el caso de deformaciones debidas a la acción de fuerzas, por:

☞ *Vol. 1*, Cap. IV-1, Aptdo. 11.2.1 Diagrama tensión-deformación, pág. 226

- la magnitud del **esfuerzo interno** asociado,

- la **rigidez** del material.

Esta relación, también conocida como **ley del material**, se caracteriza por el módulo de elasticidad y el módulo de cizallamiento de un material y se cuantifica en el caso de la **deformación elástica** mediante la ley de Hooke:

σ = tensión normal, **E** = módulo de elasticidad

ε = elongación

τ = tensión tangencial, **G** = módulo de cizallamiento

γ = deslizamiento

$$\sigma = E \cdot \varepsilon \qquad \text{para } \textbf{compresión} \text{ y } \textbf{tracción}$$

$$\tau = G \cdot \gamma \qquad \text{para } \textbf{esfuerzo cortante}.$$

☞ *Véase un resumen de los módulos de elasticidad y de cizallamiento en* ⊟ **7**

El gran módulo de elasticidad del acero comparado con el de la madera, por ejemplo, significa que cabe esperar una deformación interna mucho menor en un componente de acero que en un componente de madera bajo el mismo esfuerzo.

material	E_{c0m}	E_{cm} [8]		
C 12/15	25.800	21.800		
C 16/20	27.400	23.400		
C 20/25	28.800	24.900		
C 25/30	30.500	26.700		
C 30/37	31.900	28.300		
C 35/45	33.300	29.900		
C 40/50	34.500	31.400		
C 45/55	35.700	32.800		
C 50/60	36.800	34.300		

hormigón

	$E_{\parallel}$	$E_{\perp}$	G	G_T
S 7/MS 7	8.000	250	500	350
S 10/MS 10	10.000 [3][4]	300	500	330
S 13	10.500 [3][4]	350	500	330
MS 13	11.500 [3]	350	550	360
MS 17	12.500 [3]	400	600	360

pícea, pino, abeto, alerce, abeto Douglas, Southern Pine, Western Hemlock, Yellow Cedar

	$E_{\parallel}$	$E_{\perp}$	G	G_T
grupo A	12.500	600	1.000	400
grupo B	13.000	800	1.000	660
grupo C	17.000 [6]	1.200 [6]	1.000 [6]	660 [6]

grupo **A**: roble, haya, teca, Keruing
grupo **B**: afzelia, Merbau, Angelique
grupo **C**: azobé (bongossi), Greenheart

madera [1] — *conífera* [2] — *de hoja caduca* [5]

Los valores calculados deben reducirse en 1/6 en el caso de meteorización en todos los lados y en 1/4 en el caso de humedecimiento permanente.

	E	G
acero laminado y **fundido**, todas las calidades	210.000	81.000

acero

	E [8]	
vidrio de silicato de sosa (vidrio de construcción)	70.000 – 75.000	

vidrio

	E [7] [8]	
ladrillos	$3.500 \cdot \sigma_0$	
bloques silicocalcáreos	$3.000 \cdot \sigma_0$	
bloques de hormigón ligero	$5.000 \cdot \sigma_0$	
bloques de hormigón	$7.500 \cdot \sigma_0$	
bloques de hormigón celular	$2.500 \cdot \sigma_0$	

obra de fábrica

[1] Madera maciza y madera estructural maciza de conífera S 10, según *DIN 1052-1* y *DIN 1052-1/A1*
[2] Categoría de clasificación según *DIN 4074-1*, las categorías de clasificación S 7, S 10 y S 13 corresponden a los grados de calidad III, II y I según *DIN 4074-2*
[3] Para madera instalada con un contenido de humedad ≤ 15 %, los valores para los cálculos de deflexión pueden incrementarse en un 10 %.
[4] Para madera de construcción en rollo: $E_{\parallel}$ = 12.000 MN/m²
[5] Calidad media, al menos categoría de clasificación S 10 en el sentido de la norma *DIN 4074-1* o grado de calidad II en el sentido de la norma *DIN 4074-2*
[6] Estos valores se aplican independientemente del contenido de humedad de la madera.
[7] Valor calculado, módulo secante a partir de la deformación total a aproximadamente 1/3 de la resistencia a la compresión de la obra de fábrica.
[8] Se considera que los materiales frágiles no tienen resistencia al cizallamiento y, por tanto, no se les asigna un módulo de deslizamiento.

7 Resumen de los **módulos de elasticidad** (**E**) y de **cizallamiento** (**G**) de los materiales de construcción más comunes (según Schneider [1]), todos los valores en N/mm².

La magnitud de los esfuerzos internos, es decir, de las **tensiones**, depende a su vez esencialmente de la **sección transversal efectiva** del componente sobre la que se distribuyen. Así es como se producen:

- **tensiones normales** de un soporte cargado axialmente y, por tanto, su deformación interna a partir de la fuerza normal actuante **N** distribuida sobre la sección transversal del soporte con área **A**;

$$\sigma = \textbf{N/A}$$

- **tensiones de flexión** debidas a la carga transversal del soporte a partir de la fuerza actuante y del **momento resistente R** de la sección del soporte. Por ejemplo, para una sección transversal de columna rectangular, la flexión en torno al eje fuerte da lugar a esfuerzos flectores mucho menores y, por tanto, también a flectados menores, es decir, a cambios de forma internos menores, que la flexión en torno al eje débil (⊟ **8**).

Partiendo del **cambio de forma interno**, que se refiere a una sección transversal del componente, la **deformación externa** resulta de la suma de las deformaciones internas—en nuestro ejemplo, la compresión debida a la fuerza normal y la curvatura debida a la flexión—a lo largo del eje del componente utilizando relaciones cinemáticas (⊟ **5**). El cambio de longitud—desplazamiento **u**—de un soporte cargado axialmente resulta de la suma de las deformaciones sobre la longitud del mismo. Hay que tener en cuenta las condiciones de apoyo del soporte.

$$\varepsilon = \textbf{du/dx}; \text{ para } \varepsilon = \text{const. y } \textbf{dx} = \textbf{L} \rightarrow \textbf{u} = \varepsilon \cdot \textbf{L}$$

Para un apoyo rígido (**u**(0) = 0) que se supone en la base del soporte, el desplazamiento máximo **u**(**L**) se produce en la cabeza del mismo.

1.5

Cambios de forma internos intrínsecos o independientes de la carga

■ Los cambios de forma internos intrínsecos de estructuras portantes se producen debido a influencias ambientales, como los cambios de temperatura, que provocan cambios en la longitud de los componentes individuales o de toda la estructura portante y, posiblemente, a flectados. En este caso desempeñan un papel decisivo, incluso más que en el caso de deformaciones dependientes de la carga, la geometría y el apoyo de la estructura portante.

Si la deformación interna puede desplegarse libremente en la estructura portante, se trata de un **sistema isoestático**. No se producen tensiones internas, independientemente del nivel de rigidez del material y de las resistencias de la sección transversal.

Sin embargo, si los cambios de forma internos de la estructura se ven obstaculizados por su apoyo, se trata de

☞ *Vol. 1*, Cap. VI-2, Aptdo. 1.2 Asignación de funciones de conducción de fuerzas a componentes, pág. 530, así como ibid. Aptdo. 2.3 Apoyo, pág. 538

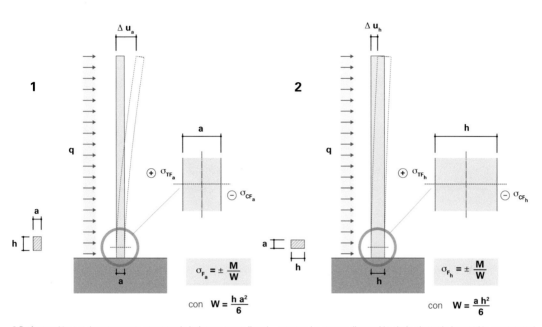

$$\sigma_{F_a} = \pm \frac{M}{W}$$

con $W = \dfrac{h\,a^2}{6}$

$$\sigma_{F_h} = \pm \frac{M}{W}$$

con $W = \dfrac{a\,h^2}{6}$

8 Deformación $\Delta \mathbf{u}$ de un soporte empotrado bajo una carga lineal horizontal **q**, una vez en la dirección de la anchura de la sección **a** (caso **1**), otra vez en la dirección de la altura de la sección **h** (caso **2**). La deformación $\Delta \mathbf{u}_h$ en la dirección del eje más fuerte, es decir, la altura de la sección transversal **h**, es naturalmente mucho menor. La mayor dimensión de la altura de la sección transversal **h** entra en el cálculo del módulo de la sección **W** con la segunda potencia. Las tensiones de flexotracción y de flexocompresión σ_F son correspondientemente menores en el caso **2**.

1   viga bajo flexión sobre apoyo deslizante (isoestático)

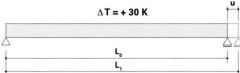

$\Delta T = + 30\,K$

L_0
L_1

cambio de forma interno intrínseco:

$\varepsilon_{\Delta T} = \alpha_T \times \Delta T$ donde α_T = coeficiente de dilatación térmica
$\varepsilon_{tot} = \varepsilon_{\Delta T}$ $u = \varepsilon_{tot} \times L_0$

esfuerzos internos: $\sigma_{\Delta T} = 0$

2   viga bajo flexión sobre apoyo no deslizante (hiperestático)

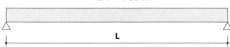

$\Delta T = + 30\,K$

L

cambio de forma interno intrínseco:

$\varepsilon_{\Delta T} = \alpha_T \cdot \Delta T$ donde α_T = coeficiente de dilatación térmica
$\varepsilon_{tot} = 0 = \varepsilon_{\Delta T} + \varepsilon_u$ $u = 0$ (impedimento de elongación)
$\rightarrow \ \varepsilon_u = -\varepsilon_{\Delta T}$

esfuerzos internos: $\sigma_{\Delta T} = E \cdot \varepsilon_{el}$

donde ε_{el} = coeficiente de elongación elástica

E = módulo de elasticidad del material (según la ley de Hooke)

9 Comparación entre una viga bajo flexión con apoyo desplazable y no desplazable, expuestas a un cambio de temperatura de $\Delta T = 30\,K$. Esta última está sometida a un esfuerzo como consecuencia del bloqueo del alargamiento causado por el apoyo y experimenta una tensión $\sigma_{\Delta T}$.

sistemas hiperestáticos. En ese caso, se acumula una fuerza de **coacción** en la estructura portante. Esto significa que la deformación interna intrínseca se contrarresta con una deformación interna elástica, de modo que la deformación total se hace cero, ya que se impide que se despliegue. Dependiendo del nivel de rigidez del material y de las resistencias de la sección transversal, el cambio de forma elástico provoca tensiones internas en la estructura portante (⊟ **9**).

Los cambios internos de forma intrínsecos también pueden acumularse gradualmente debido a las propiedades del material dependientes del tiempo. La desecación de la madera o del hormigón conlleva una reducción del volumen, que se traduce en un acortamiento de los componentes. Este fenómeno se llama **contracción** de materiales de construcción.

Los materiales como el hormigón o los plásticos tienden a **fluir** bajo una carga continua. Las deformaciones elásticas que se producen en el momento de la carga aumentan gradualmente con el tiempo. Esto se denomina **elongación por fluencia** cuando ésta puede ajustarse libremente, es decir, en el sistema isoestático. El esfuerzo permanente que genera la fluencia se mantiene constante en el proceso. Si la deformación resultante de la elongación por fluencia se ve obstaculizada—en el sistema hiperestático—la tensión permanente que genera la fluencia se reduce. Esto se denomina **relajación** (⊟ **10**).

Las acciones excepcionales, como asientos diferenciales de cimientos de una construcción, imponen un estado de deformación intrínseco externo sobre la estructura. En este caso, los efectos externos no son cargas sino deforma-

☞ **Vol. 1**, Cap. IV-1, Aptdo. 11.3.1 Deformaciones plásticas independientes de la carga, pág. 227

☞ **Vol. 1**, Cap. VI-2, Aptdo. 11.3.2 Deformaciones plásticas dependientes de la carga, pág. 227

☞ Cap. IX-4, Aptdo. 2.4 Deformaciones del suelo de cimentación, pág. 434

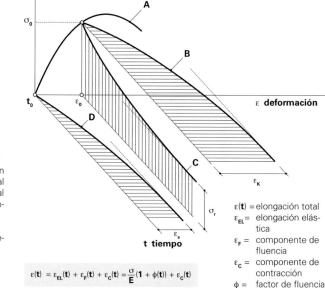

10 Comportamiento tenso-deformacional en función del tiempo **t** (utilizando el ejemplo de un material mineral como el hormigón) en un diagrama espacial con los ejes de coordenadas σ, ε y **t** con representación de la **relajación C** (según Heller [2])

A   línea de tensión-deformación, t_0 = const. (independiente del tiempo)
B   fluencia, $σ_0$ = const.
C   relajación $ε_0$ = const.
D   contracción/entumecimiento $σ_0$ = 0

$$ε(t) = ε_{EL}(t) + ε_F(t) + ε_c(t) = \frac{σ}{E}(1 + φ(t)) + ε_c(t)$$

$ε(t)$ = elongación total
$ε_{EL}$ = elongación elástica
$ε_F$ = componente de fluencia
$ε_c$ = componente de contracción
$φ$ = factor de fluencia

ciones. La geometría y el apoyo de la estructura portante también juegan un papel decisivo en este caso (🖅 **11**).

■ Las deformaciones de estructuras primarias afectan a la capacidad de carga y al rendimiento funcional de las estructuras. Deben calcularse utilizando las combinaciones de carga decisivas y considerarse tanto globalmente a nivel estructural como localmente para cada componente y sus conexiones. También deben tenerse en cuenta las transiciones a las estructuras portantes secundarias, como fachadas, y las estructuras no portantes del acabado interior.

El diseño conceptual y constructivo de los detalles de conexión de la estructura, la envolvente del edificio y el acabado requieren un conocimiento preciso de las deformaciones de la estructura, teniendo en cuenta las tolerancias de fabricación de los distintos oficios.

Efectos de deformaciones sobre las estructuras de edificios

☞ ***Vol. 1***, *Cap. II-3, Aptdo. 4. Tolerancias dimensionales: coordinación dimensional en uniones de componentes, pág. 88*

1   viga sobre pilares

2   pórtico biarticulado

ejecución

sistema estático

deformación intrínseca exterior = u_T

cambio de forma interno: $\varepsilon, \gamma, \chi \equiv 0$

→ **esfuerzo interno:** $\sigma(u_T) \equiv 0$

deformación intrínseca exterior = u_T

cambio de forma interno: $\varepsilon, \gamma, \chi \neq 0$

→ **esfuerzo interno:** $\sigma(u_T) \neq 0$

11 Comparación entre el comportamiento deformacional de un sistema isoestático (caso **1**) y de un sistema hiperestático (caso **2**) en caso de asiento del terreno.

Efectos sobre la capacidad de carga

■ Las deformaciones que generalmente se producen libremente por efectos de la carga externa se diferencian según:

• las **deformaciones globales** de la estructura en general

• y las **deformaciones locales** de los componentes individuales.

Para la capacidad de carga de una estructura, hay que investigar las **deformaciones horizontales** globales, que conducen a desalineaciones de los componentes verticales, como soportes y muros. Son esencialmente resultado de cargas de viento sobre la envolvente del edificio. Las posiciones inclinadas conducen a **esfuerzos adicionales** $\Delta\sigma$ en los soportes y paredes o a **fuerzas de desplome** que tienen que ser transmitidas en los forjados actuando éstos como diafragmas ($\boxminus$ **12**). Estos esfuerzos adicionales pueden evitarse en gran medida mediante un **arriostramiento** adecuado de la estructura primaria. Para ello, se presentan en el *Capítulo IX-2*, a modo de ejemplo, conceptos de arriostramiento para diferentes estructuras portantes comunes en la construcción de edificios.

☞ Sobre estructuras de pared: Cap. IX-2, Aptdo. 2.1.2 Cobertura plana compuesta de conjuntos de barras > Arriostramiento, pág. 300, o sobre estructuras de esqueleto: ibid. Aptdo. 2.1.3 Arriostramiento de estructuras de esqueleto, pág. 309

Las deformaciones locales de los distintos componentes de la estructura deben tenerse en cuenta, en el caso de componentes sometidos a esfuerzos de compresión, al comprobar la capacidad de carga, ya que pueden provocar un aumento de los esfuerzos en la sección transversal o un fallo por pandeo ($\boxminus$ **14**).

Las deformaciones cíclicas debidas a cambios de temperatura y las deformaciones dependientes del tiempo debidas a la contracción y a la fluencia pueden tratarse de forma análoga a deformaciones resultantes de una carga en lo que respecta a la capacidad portante, siempre que se produzcan libremente—es decir, sin obstáculos—en la estructura.

La obstrucción parcial o completa de estas deformaciones intrínsecas conduce a considerables esfuerzos de coacción en la estructura portante, cuya magnitud puede superar bastante el esfuerzo de carga, local o globalmente. Por lo tanto, en el curso del proyecto, deben desarrollarse conceptos estructurales que eviten en gran medida la aparición de coacciones en la estructura. A continuación se muestra un ejemplo típico de la construcción de edificios ($\boxminus$ **13**). En el *Capítulo IX-4* se describen otras medidas de diseño constructivo.

☞ Cap. IX-4, Aptdo. 3. Tipos de cimentación, pág. 442

Efectos sobre la capacidad de servicio

■ Las deformaciones de las estructuras portantes también afectan a la **función** de la estructura y, por tanto, a su uso. Por ejemplo, las deformaciones verticales de la estructura de una cubierta deben armonizarse con el concepto de drenaje. El flectado de forjados debe ajustarse a la capacidad de deformación del solado, así como a la de los tabiques y elementos de fachada. Estos componentes envolventes deben estar conectados a la estructura primaria de manera

1 pilar empotrado en la base

a sistema no deformado   b sistema deformado

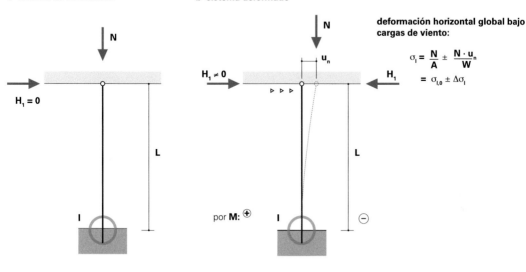

deformación horizontal global bajo cargas de viento:

$$\sigma_I = \frac{N}{A} \pm \frac{N \cdot u_n}{W}$$

$$= \sigma_{I,0} \pm \Delta\sigma_I$$

2 pilar articulado en la base

a sistema no deformado   b sistema deformado

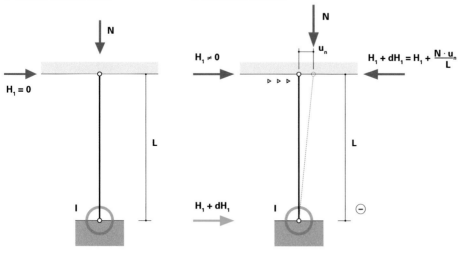

$$H_1 + dH_1 = H_1 + \frac{N \cdot u_n}{L}$$

12 Soporte bajo carga vertical pura (izquierda) y posición inclinada bajo carga vertical y horizontal combinada (derecha).

que las deformaciones estructurales puedan ajustarse libremente. De lo contrario, pueden transferirse cargas a estas estructuras no portantes y, por tanto, perjudicarlas o incluso destruirlas (**22**).

Las deformaciones horizontales de estructuras portantes primarias provocan el descuadre y el alabeo de los

componentes envolventes conectados ($\boxdot$ **15**). En particular, las fachadas sensibles a deformaciones hechas con
acristalamiento aislante pueden resultar decisivas para el
dimensionamiento de la rigidez estructural. Como alternativa, las fachadas largas pueden dividirse mediante juntas
transversales ($\boxdot$ **22**, imagen inferior).

1 **edificio de esqueleto con núcleo de acceso central**

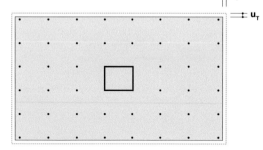

expansión libre del piso por
cambio de temperatura

coacción $\sigma_{xw} = 0$

los pilares son elásticos a la flexión

2 **edificio de esqueleto con dos núcleos de acceso en los extremos**

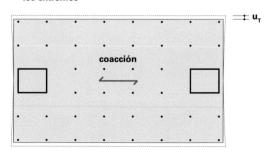

bloqueo de la expansión del piso por cambio de
temperatura en la dirección → **x**

coacción $\sigma_{xw} \neq 0$

→ la contracción produce grietas
→ el cambio de temperatura provoca
   grandes fuerzas de compresión en la placa

los núcleos son rígidos a la flexión

13 Efectos de la disposición alterna de núcleos de circulación con efecto de arriostramiento en una estructura de esqueleto.

viga bajo flexión

a sistema sin deformar

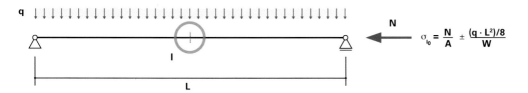

$$\sigma_{l_0} = \frac{N}{A} \pm \frac{(q \cdot L^2)/8}{W}$$

b sistema deformado

deflexión por
momento flector

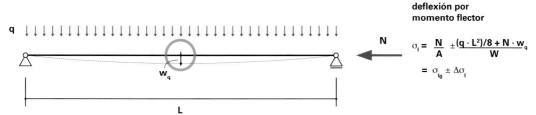

$$\sigma_l = \frac{N}{A} \pm \frac{(q \cdot L^2)/8 + N \cdot w_q}{W}$$

$$= \sigma_{l_0} \pm \Delta\sigma_l$$

14 Esfuerzo adicional $\Delta\sigma_l$ en una viga sometida a flexión y fuerza normal al deformarse.

**distorsión romboidal de un elemento
de fachada bajo esfuerzo cortante**

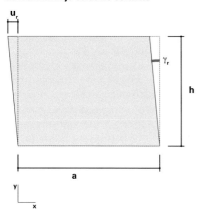

**alabeo de un elemento de fachada
bajo flexión**

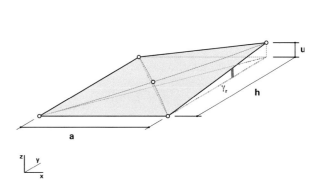

15 Descuadre (izquierda) y **alabeo** (derecha) de elementos de fachada debido a deformaciones horizontales de la estructura primaria.

3.

Soluciones estructurales y constructivas en la construcción de edificios

📖 *DIN 18197*
📖 *DIN 18195-8*
📖 *DIN 18540*

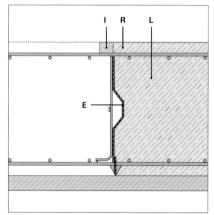

16 Elemento de encofrado **E** para una junta de dilatación en una losa de hormigón **L**, autoportante con dentado. El recubrimiento **R** de hormigón está ejecutado con una inserción **I** para crear un punto de rotura predeterminado.

☞ *Cap. IX-2, Aptdo. 2.1.3 Arriostramiento de estructuras de esqueleto, pág. 309*

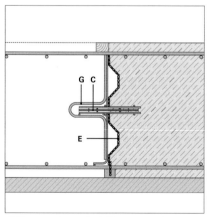

17 Elemento de encofrado **E** como en 🗗 **16**, con junta doblemente dentada y cinta de junta **C** en guía **G**.

■ Las deformaciones halladas en los cálculos estáticos constituyen la base del diseño y de los detalles de conexión de las estructuras secundarias de la envolvente y del equipamiento técnico del edificio. Por lo tanto, deben determinarse cuidadosamente las características y la magnitud de las deformaciones de toda la estructura, así como de los componentes individuales. Como se explica en el *Apartado 1*, la modelización exacta de los efectos externos—las hipótesis de carga—y el registro realista del comportamiento de materiales—las propiedades de los materiales—desempeñan aquí un papel fundamental.

Los fundamentos esenciales para una estructura económica, también desde el punto de vista de las deformaciones, se establecen ya en el curso del diseño constructivo. En cuanto a las deformaciones horizontales, se distingue entre sistemas **desplazables** y **no desplazables**:

- Los sistemas **porticados** pertenecen a los sistemas **desplazables**. Las deformaciones relativamente grandes de los pórticos bajo cargas horizontales pueden ser absorbidas por las construcciones envolventes flexibles utilizadas. El acabado interior de estos edificios, que generalmente se diseñan como naves, está en su mayor parte desconectado de la estructura portante. Las deformaciones que se producen provocan esfuerzos adicionales en el pórtico (🗗 **11**).

- Los sistemas **no desplazables** incluyen **diafragmas** y **riostras diagonales**. Permiten la absorción de cargas horizontales con poca deformación. Esto significa que no hay esfuerzos adicionales en la estructura portante (🗗 **21**).

En el *Capítulo IX-2* se muestran ejemplos de conceptos estructurales desplazables y no desplazables, así como de formas mixtas frecuentes.

Las medidas constructivas para absorber deformaciones en el diseño de detalles incluyen **juntas**, **apoyos** y **articulaciones** (🗗 **16–20**). De este modo, se eliminan obstáculos a la deformación—que causan coacciones—para que las deformaciones intrínsecas por la temperatura y la contracción puedan desplegarse libremente. La imagen en 🗗 **22** muestra una estructura de edificio con una junta circunferencial alrededor de un núcleo (caso **2**) o una junta transversal por encima de la fila central de pilares con un cargador (caso **3**).

Las articulaciones y juntas sirven a menudo para desacoplar las deformaciones de la estructura primaria y la secundaria, donde también pueden acumularse grandes esfuerzos de coacción debido a las grandes diferencias de rigidez (🗗 **23**).

Las juntas también permiten subdividir estructuras largas, en las que los cambios intrínsecos de forma—por ejemplo, debidos a cambios de temperatura—pueden acumular grandes deformaciones a lo largo de su longitud (🗗 **24**).

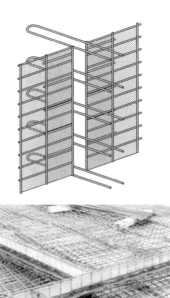

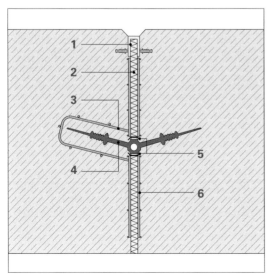

18 (Izquierda y arriba derecha) elementos de encofrado con cintas de junta para pared.

19 (Abajo derecha) elementos de encofrado para una losa antes del hormigonado.

20 Elemento de encofrado para junta de dilatación con cintas de junta (marca *Peca®*).

1 chapa plegada para cinta de acabado de juntas
2 relleno de la junta de separación según sea necesario
3 estribo de cinta de junta para alojar la cinta de junta de dilatación, inclinada hacia arriba para juntas horizontales
4 manguito central de la junta de dilatación
5 pieza para fijar el manguito central de la junta de dilatación por debajo y por encima de la cinta
6 mallazo de soporte a ambos lados del inserto de la junta para la sujeción

21 Arriostramiento diagonal: ejemplo de un **sistema no desplazable** con respecto a deformaciones horizontales.

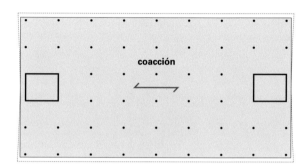

1

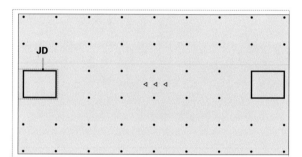

2

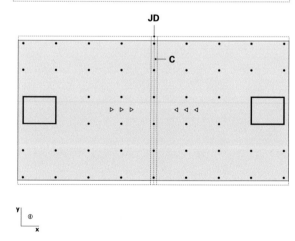

3

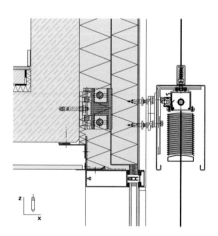

23 Desacoplamiento de deformaciones entre una losa de piso (estructura primaria) y una fachada de montantes (estructura secundaria) mediante una conexión deslizante (ver detalles en **Vol. 3**, Cap. XII-5, Aptdo. 3.1.2).

22 Medidas constructivas para acomodar la coacción en una estructura de esqueleto en el caso **1** (ver 🖳 **13**):

2 junta circunferencial alrededor de un núcleo, deformaciones a partir del punto fijo del otro núcleo (**JD** = junta de dilatación)

3 junta transversal **JD** encima de la fila central de pilares con cargador **C**, deformaciones a partir de ambos núcleos

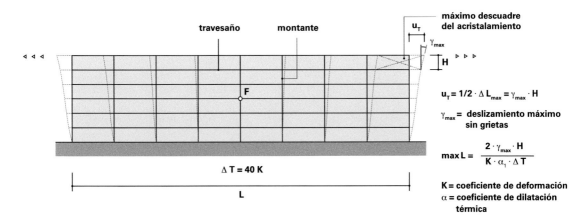

máximo descuadre
del acristalamiento

u_T

γ_{max}

H

$u_T = 1/2 \cdot \Delta L_{max} = \gamma_{max} \cdot H$

$\gamma_{max} =$ **deslizamiento máximo
sin grietas**

$$\max L = \frac{2 \cdot \gamma_{max} \cdot H}{K \cdot \alpha_1 \cdot \Delta T}$$

K = coeficiente de deformación
α **= coeficiente de dilatación
térmica**

travesaño   montante

F

$\Delta T = 40 \text{ K}$

L

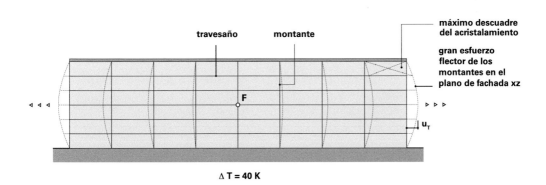

máximo descuadre
del acristalamiento

**gran esfuerzo
flector de los
montantes en el
plano de fachada xz**

travesaño   montante

F

u_T

$\Delta T = 40 \text{ K}$

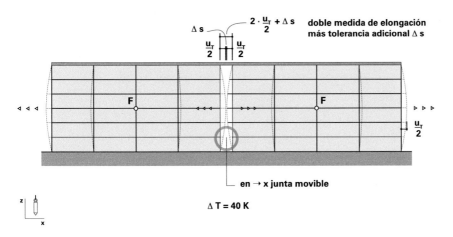

Δs

$2 \cdot \dfrac{u_T}{2} + \Delta s$ **doble medida de elongación
más tolerancia adicional Δs**

$\dfrac{u_T}{2}$ $\dfrac{u_T}{2}$

F   F

$\dfrac{u_T}{2}$

en → x junta movible

$\Delta T = 40 \text{ K}$

z

x

24 Deformación de una fachada de nave no sujeta en la parte superior (diagrama superior) y de una fachada de nave sujeta linealmente en la parte superior e inferior (diagramas central e inferior) bajo cambio de temperatura Δ**T**, en cada caso partiendo de los puntos fijos **F**. Fachada sostenida por ambos lados mostrada arriba sin, abajo con junta de dilatación (dilatación en → **x** sobredimensionada).

Notas

1   Schneider (2004) *Bautabellen für Architekten*, 16ª Ed.
2   Heller H (1998) *Padia 1 – Grundlagen Tragwerkslehre*, pág. 344 abajo

Normas y directrices

DIN 18195: 2017-07 Waterproofing of buildings—Vocabulary
DIN 18197: 2018-01 Sealing of joints in concrete with waterstops
DIN 18540: 2014-09 Sealing of exterior wall joints in building using joint sealants

IX-4 CIMENTACIÓN

1.   Generalidades

■ El apoyo de una estructura primaria determina significativamente sus esfuerzos y deformaciones. En este contexto, el concepto estático abstracto del **apoyo** de una estructura debe entenderse en última instancia como la transferencia de las cargas al terreno que sustenta el edificio.

Además del **peso muerto** del edificio, deben transferirse al terreno bajo el edificio las **cargas vivas** y de **nieve** produciendo compresiones verticales sobre el terreno. Además, también deben transferirse con seguridad al mismo los esfuerzos ocasionados por **cargas horizontales**, como el viento.

Para que las cargas del edificio se transmitan de forma segura al subsuelo, hay que diseñar y construir una **cimentación**. Es un componente de la estructura portante y representa la conexión estática entre la estructura y el subsuelo del edificio. El comportamiento de carga y de deformación del subsuelo, tan diferente del de la estructura del edificio, requiere un diseño de la cimentación adecuado que garantice la estabilidad y la capacidad de servicio de la estructura.

Mientras que la materialidad y la hechura de las estructuras portantes primarias comunes en la construcción de edificios que se han analizado en este capítulo están determinadas esencialmente por las decisiones del ingeniero proyectista, la cimentación de una estructura portante está predeterminada por el material y la composición estructural del subsuelo presente localmente. Por lo tanto, las condiciones del subsuelo local y los conceptos de cimentación técnicamente viables derivados de ellas deben tenerse en cuenta desde el principio del proceso de diseño como una condición límite esencial para un edificio y su estructura portante primaria.

Sin embargo, el subsuelo del edificio no sólo absorbe cargas y deformaciones de la estructura portante, sino que a su vez representa un esfuerzo para la misma. En efecto, presiones ejercidas por la tierra y el agua, así como asentamientos del suelo circundante, pueden provocar esfuerzos estructurales importantes. Además, al ser un semiespacio continuo, el subsuelo transmite efectos dinámicos a grandes distancias y los transfiere a las estructuras. Por lo tanto, para el comportamiento de estructuras primarias, es esencial tener en cuenta la **interacción estructura-subsuelo**. A continuación se analizará ésta con mayor detalle.

📖 *DIN 1054*

📖 *DIN 4020*
📖 *DIN 4020 Complemento 1*

2.   Interacción entre estructura portante y subsuelo

2.1   El subsuelo

📖 *DIN 18196*
📖 *EN 1997-1, -2*

■ En geotecnia, se distingue entre **suelos** en el sentido de roca suelta y **roca** en el sentido de roca sólida. Esta distinción se basa en las propiedades mecánicas completamente diferentes de estos materiales de subsuelo. El comportamiento portante de la roca se formula científicamente con la aún bastante joven mecánica de rocas para la minería, así como para la construcción de túneles y presas. Sin embargo, para las estructuras portantes primarias de edificación consideradas en este capítulo, el subsuelo suele estar formado por **capas de roca suelta**, es decir por **suelos**. Se componen de tres fases:

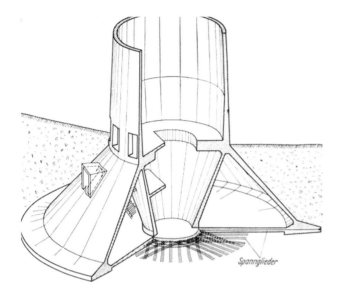

1 Cono de cimentación de la torre de telecomunicaciones de Stuttgart (ing.: F Leonhardt).

2 Zapata corrida desencofrada (izquierda), encofrado de una zapata corrida (arriba a la derecha).

3 Zapatas aisladas de una estructura de esqueleto tras el desencofrado.

- Las propiedades de la **sustancia sólida**, también conocidas como **granulado**, están determinadas en gran medida por el proceso de meteorización en el punto de origen y el proceso de transporte hasta el punto de deposición.
  En este sentido, se distingue entre:

  - **suelos granulares** (⊟ **4**)—por ejemplo de gravilla o arena—y

  - **suelos cohesivos** (⊟ **5**)—por ejemplo de arcilla o barro—.

Además, los suelos pueden contener **componentes orgánicos**—como lodos descompuestos o turba (⊟ **6**).
  El tamaño de grano o la superficie específica de la materia sólida tiene una influencia notable sobre las propiedades mecánicas del suelo. Por ejemplo, el tamaño de grano relativamente grande de los suelos granulares conduce al rozamiento entre los granos en la pila. El tamaño de grano muy pequeño y, por lo tanto, la gran superficie específica de los suelos cohesivos provoca un predominio de las fuerzas de cohesión en combinación con el agua debido a la adsorción.

☞ **Vol. 1**, Cap. IV-1, Aptdo. 9.1.2 Roca artificial > Productos de barro, pág. 210, así como ibid. Aptdo. 11.3.2 Deformaciones plásticas dependientes de la carga > Deslizamiento > granulados ligados por hidratación, pág. 228

  La distribución granulométrica describe la composición del suelo a partir de diferentes tamaños de grano, representados por líneas granulométricas en porcentaje de peso (⊟ **7**). De acuerdo con esto, se clasifican a su vez tipos de suelo, por ejemplo, suelos de grano grueso, mixto o fino, o también suelos de grano estrecho, medio o ancho.
  La distribución granulométrica tiene una importancia esencial para la compactibilidad, así como para la capacidad de rozamiento interno—es decir, la capacidad de carga—del suelo, su resistencia a la filtración y el riesgo de heladas.
  En la estructura del granulado así como entre los granos va encerrado el espacio poroso del suelo. El contenido de poros del suelo—expresado en porcentaje de volumen por medio del índice de poros—así como el tipo y el tamaño de los poros también influyen en las propiedades del mismo.
  El espacio poroso del suelo contiene **aire** y **agua** como otras fases esenciales del subsuelo:

- El **aire** se encuentra tanto en el espacio poroso cerrado como en el abierto de los suelos. En el espacio poroso cerrado, el aire influye en el peso de los componentes de la materia sólida y, por tanto, también en la estabilidad hidráulica de la estructura del granulado.

- El **agua** se encuentra en el suelo en tres estados diferentes. Se distingue entre:

  - **agua ligada molecularmente**,

•• **agua superficial** o **capilar** y

•• **agua freática libre**.

La cantidad de agua presente en el subsuelo y su estado están influidos por el contenido de los poros, así como por el tipo y el tamaño de los mismos.

Así pues, los suelos de gama de grado estrecha y grano grueso con una estructura de poros, por consiguiente, grande y gruesa contienen predominantemente agua libre. Tienen una alta permeabilidad al agua, estabilidad de filtración y son generalmente insensibles a heladas. Su capacidad de carga se ve sólo ligeramente afectada

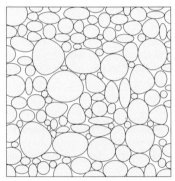

4 Suelo granular—estructura de suelo granular.

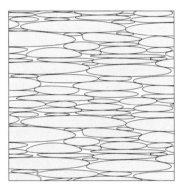

5 Suelo cohesivo—consistencia de placas.

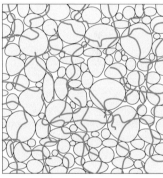

6 Suelo orgánico—intercalado con tejido de fibra.

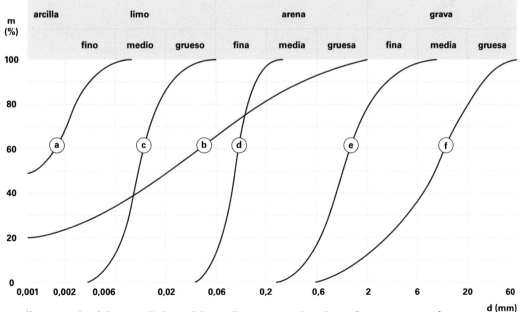

líneas granulométricas: **a** arcilla limosa, **b** limo arcilloso-arenoso, **c** limo, **d** arena fina, **e** arena gruesa, **f** grava

7 Diagrama de **líneas granulométricas** para diferentes tipos de suelo.

por el contenido de agua. Sólo cuando se alcanza el nivel de saturación higroscópica—en unidades geotécnicas con aguas subterráneas—se produce una disminución de las tensiones efectivas entre los granos con una carga superpuesta constante. Esto reduce la capacidad de carga del suelo, que se produce a través del rozamiento en la estructura del grano.

Por el contrario, los suelos finos y de gama de grado amplia, por lo tanto con una estructura de poros capilares fina, se caracterizan por una elevada proporción de agua capilar y superficial, lo que puede llevar ya a la saturación higroscópica. Esto se asocia con una escasa permeabilidad al agua y una alta sensibilidad a heladas. La capacidad de carga de estos suelos, que se basa en fuerzas de cohesión entre las partículas del suelo, está sensiblemente influenciada por la forma de las partículas y su posición en relación con las demás y, por tanto, por el contenido de agua. Por un lado, estos suelos no requieren sobrecarga para desarrollar una alta capacidad de carga, pero por otro lado son muy sensibles a los cambios de carga y a los ciclos de hielo-deshielo.

2.2 Transferencia de cargas entre la estructura y el subsuelo

■ La interacción entre la estructura y el suelo viene determinada por la relación entre las resistencias y rigideces de los dos agentes implicados. Debido a su capacidad de carga relativamente baja en comparación con la estructura portante, el subsuelo requiere una **distribución** de las fuerzas concentradas que acometen a través de columnas y muros sobre una **mayor superficie**, reduciendo de este modo las tensiones. La creación de esta mayor superficie es la principal tarea de los elementos de cimentación.

A partir de las deformaciones admisibles para la estructura y de las condiciones de fractura del suelo de cimentación, se obtienen las compresiones admisibles del suelo, que deben servir de base para el cálculo de la **superficie de apoyo** necesaria de muros y pilares.

☞ Sobre cimentación superficial, véase Aptdo.3.3 Cimentaciones superficiales, pág. 446

Por lo tanto, la distribución de las cargas concentradas en esta superficie es asumida por la estructura de cimentación: las **zapatas** en el caso de una cimentación superficial, que es el más frecuente en la práctica constructiva. La utilización de las compresiones admisibles del suelo de cimentación y la rigidez a la flexión de la misma influyen en la distribución de las compresiones del suelo bajo la base de la zapata y, por tanto, en la utilización de la capacidad de carga del suelo manteniendo una deformación mínima (⊟ 8). Por lo tanto, para las rigideces reales de los cimientos se suele aplicar una seguridad contra el hundimiento del suelo de $\eta = \mathbf{2{,}0}$.

☞ Sobre el hundimiento del terreno, ver ⊟ 21

Partes de la estructura se integran en el suelo. Esto las expone al **empuje del terreno** y a la **presión hidrostática** de aguas subterráneas. Estas cargas deben ser absorbidas local y globalmente por la estructura primaria portante del edificio.

El **empuje del terreno** es el estado de tensión espacial

en el semiespacio continuo del suelo de cimentación que debe soportar la estructura que penetra en el mismo. Es el resultado del propio peso del suelo y de las sobrecargas existentes. La magnitud del empuje del terreno aumenta con la profundidad bajo el nivel del suelo. La componente horizontal del empuje que carga el cerramiento perimetral de la estructura depende de las propiedades de resistencia del suelo de cimentación y de las deformaciones entre la estructura y el suelo. Esto último lleva a la distinción entre:

- **empujes activos** del terreno,

- **empujes al reposo** del terreno y

- **empujes pasivos** del terreno,

que difieren notablemente en cuanto a la magnitud del esfuerzo en la estructura primaria (⎅ **9**).

El **empuje al reposo** de la tierra corresponde al estado de tensión en el subsuelo no perturbado y, por lo tanto, supone una estructura casi rígida y no desplazable.

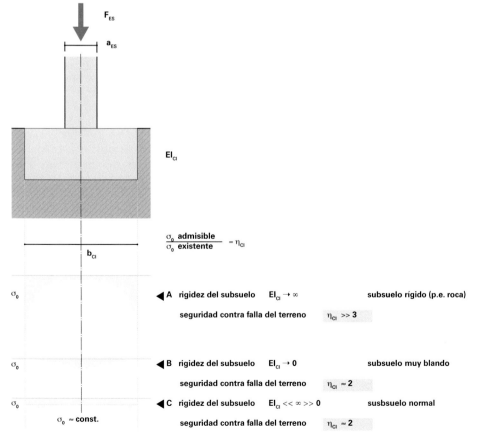

8 Distribución de la presión del suelo bajo una cimentación en suelos granulares.

Si se producen deformaciones o desplazamientos significativos de la estructura o de sus componentes individuales bajo el empuje del terreno, que generalmente van orientados alejándose del suelo de cimentación, la presión de la tierra se reduce notablemente. Esto corresponde a la carga de la cuña de tierra que se desliza siguiendo la estructura, lo que se denomina **empuje activo** del terreno.

Si la estructura o partes de ella se mueven oponiéndose al suelo bajo cargas externas (carga, temperatura, etc.), lo que corresponde a empujar hacia arriba una cuña de tierra, el empuje al reposo del terreno aumenta notablemente. Esto se denomina **empuje pasivo** del terreno.

Para la transmisión de cargas dinámicas del suelo de cimentación—por ejemplo, a causa de terremotos—son decisivas, por un lado, las propiedades de rigidez y amortiguación del suelo de cimentación y, por otro, el acoplamiento dinámico de la estructura portante al suelo—la estructura de cimentación—. Esta última puede diseñarse mediante **construcciones de amortiguación** y **absorción** adecuadas, de manera que se reduzca la entrada de cargas sísmicas o se consuma la energía sísmica ya introducida y se absorba así sin perjuicio para la estructura.

2.3 Propagación de la carga en el subsuelo

■ Las cargas transferidas al subsuelo del edificio en la base de los cimientos se propagan a través de las diferentes capas del mismo. Se produce un reparto espacial de la carga con el aumento de la profundidad, lo que provoca una reducción de las tensiones en el suelo.

El ángulo en el que la zona de carga del terreno de cimentación aumenta con el incremento de la profundidad depende de la fricción o cohesión dentro de las distintas unidades geotécnicas (🗗 **10**). En este contexto, los suelos cohesivos muestran una propagación de la carga mucho mejor. Esto se debe a la capacidad de carga de estos suelos basada en la cohesión, pero independiente de sobrecargas.

La propagación de las cargas del edificio en el suelo es de gran importancia para la predicción de los **asientos** previstos (🗗 **11**). Para el cálculo de los asientos, deben determinarse en cada unidad geotécnica las cargas existentes y las cargas adicionales resultantes de la estructura que se va a construir. Las muy diferentes rigideces e historias geológicas de asientos en el tiempo de estas capas del subsuelo, con espesores a veces muy divergentes, requieren una determinación exacta de la propagación de la carga. Por ejemplo, la precarga del subsuelo para la construcción de una estructura puede tener enormes ventajas, pero también consecuencias catastróficas (🗗 **12**). Por ejemplo, pueden mejorarse de forma selectiva la rigidez y la capacidad de carga del subsuelo mediante la compactación mecánica o el relleno de las zonas que se van a construir antes del inicio de la construcción. Por otra parte, la precarga desigual del suelo del edificio procedente de edificios vecinos existentes provoca diferencias de rigidez, que pueden dar lugar a asientos diferenciales en el caso de

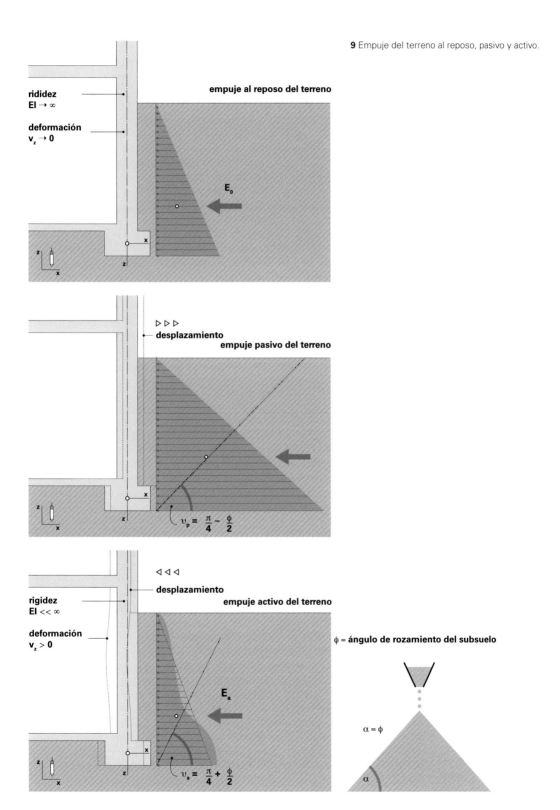

9 Empuje del terreno al reposo, pasivo y activo.

rididez
$EI \rightarrow \infty$

deformación
$v_z \rightarrow 0$

empuje al reposo del terreno

E_0

▷ ▷ ▷
desplazamiento
empuje pasivo del terreno

$v_p = \dfrac{\pi}{4} - \dfrac{\phi}{2}$

◁ ◁ ◁
desplazamiento
empuje activo del terreno

rigidez
$EI \ll \infty$

deformación
$v_z > 0$

E_a

$v_a = \dfrac{\pi}{4} + \dfrac{\phi}{2}$

ϕ = **ángulo de rozamiento del subsuelo**

$\alpha = \phi$

α

cargas adicionales procedentes de un nuevo edificio (🗗 **11**).

En algunos casos, el seguimiento de la propagación de cargas también puede ser importante para evaluar la capacidad de carga del subsuelo de cimentación. Sin embargo, en general, la capacidad de carga se comprueba verificando las compresiones admisibles del terreno en el punto de aplicación de la carga: es decir, la base de las zapatas.

Si en el perfil del subsuelo existen capas más profundas, no sometidas a carga directa, con una capacidad de carga muy reducida o variable, deberá realizarse también allí una verificación de la capacidad de carga sobre la base de la propagación de la misma. Para resaltos del terreno situados en las inmediaciones de la estructura, se investigará el deslizamiento de la masa de suelo a lo largo de la junta de cizallamiento crítica. Para ello, también hay que determinar las tensiones que se producen en el suelo debido a la propagación de la carga.

☞ *Aptdo. 2.5 Hundimiento del subsuelo, pág. 438*

2.4 Deformaciones del suelo de cimentación

■ Las deformaciones del suelo de cimentación se producen principalmente por el efecto de la carga, pero también pueden tener causas no relacionadas con la misma. A continuación se examinan con más detalle las distintas causas de deformaciones.

2.4.1 Deformaciones inducidas por la carga

■ Como los subsuelos son sustancias compresibles, reaccionan a cualquier cambio de carga cambiando su forma. Estas deformaciones se denominan **asientos** en la medida en que son movimientos verticales debidos a la compresión de la armazón granular. Se dan preferentemente en suelos cohesivos y no son lineales. Dependen de la precarga de la unidad geotécnica considerada y del tiempo de carga.

La configuración de la deformación de asiento depende del tipo de subsuelo. Mientras que en los suelos granulares los asientos se producen inmediatamente después de la aplicación de la carga como resultado de la compactación de la estructura granular, en los suelos cohesivos las cargas adicionales se absorben en gran medida como incremento de presión sobre el agua de los poros. Ésta se reduce muy lentamente y conduce a una recarga sobre la estructura granular. El drenaje asociado de la capa de suelo bajo carga aumenta considerablemente las deformaciones de asiento. En el caso de suelos cohesivos, esto se denomina **consolidación del suelo** debido a la dependencia del tiempo, que también puede conducir a un levantamiento del suelo cuando se alivia (🗗 **13**, **14**).

Este comportamiento no lineal de las diferentes unidades geotécnicas de una cimentación requiere una determinación experimental y local de las propiedades de asiento en la base de la cimentación. Para ello, se toman muestras de suelo inalterado de las distintas capas mediante perforación en un estudio geotécnico y se analizan en el laboratorio con un equipo de asentamiento por presión.

Los asentamientos determinados a partir de las cargas

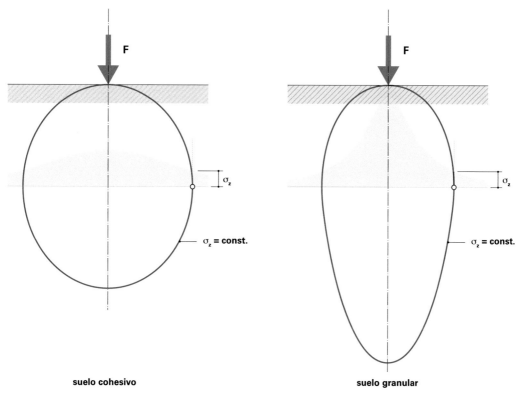

suelo cohesivo   **suelo granular**

10 Líneas de tensiones σ_z iguales, llamadas **isobaras** σ_z.

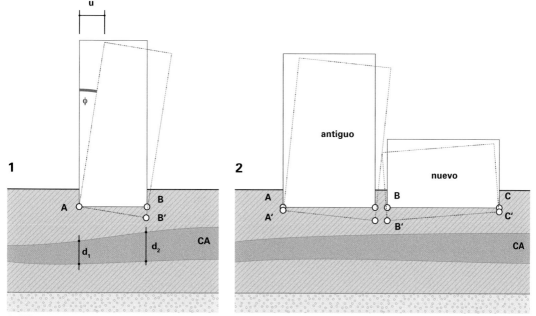

11 Diferencia de asiento de 1er (**1**) y 2° (**2**) orden.

1 espesor de la capa desigual $\mathbf{d_1}$, $\mathbf{d_2}$ de la capa de suelo sensible a asientos **CA**

2 diferentes precargas de la capa de suelo sensible a asientos **CA**

de la estructura representan a su vez un esfuerzo para la estructura portante. A este respecto, se distingue entre:

- **asientos uniformes** y

- **asientos diferenciales**.

Los **asientos uniformes** provocan un descenso de la estructura, que por lo general no provoca tensiones en la estructura portante. Este movimiento vertical de la estructura del edificio se calculará y se tendrá en cuenta en relación con aspectos funcionales, como la conexión del edificio con su entorno. Por lo general, se trata de desplazamientos verticales de unos pocos centímetros.

Los **asientos diferenciales**, también denominados **diferencias de asiento**, provocan deformaciones y tensiones en la estructura portante primaria, que también deben tenerse en cuenta para los componentes posteriores de la envolvente del edificio y los trabajos de acabado (⊟ **15**, **16**). Estas cargas coactivas procedentes de los asientos actuando sobre la estructura primaria dan lugar a un cambio en la transferencia de cargas y, por tanto, en las cargas sobre los cimientos, que a su vez modifican los asientos del subsuelo. Esta interacción requiere una modelización realista de las condiciones de rigidez de la estructura portante y de su estructura de cimentación en el caso de un subsuelo sensible a los asientos.

2.4.2　**Deformaciones inducidas por heladas**

■ El **levantamiento** por efecto de heladas en el subsuelo también provoca deformaciones y tensiones. En algunas latitudes geográficas con clima frío o moderado, es de esperar que el suelo de los edificios se congele en invierno hasta una profundidad máxima de 80 cm (**profundidad de helada**). Esto significa que el agua de los poros del subsuelo se convierte en hielo y, en consecuencia, su volumen aumenta hasta un 10%. Esto da lugar a un hinchamiento, especialmente de las zonas del suelo muy saturadas de agua, y a un levantamiento, en su mayoría desigual, de las capas cercanas a la superficie del subsuelo (**lentes de hielo** locales) (⊟ **17**). Este efecto es tanto más fuerte cuanto más fina es la textura del suelo, y disminuye notablemente al aumentar el tamaño de los poros. El efecto de la helada es inofensivo, siempre que:

- el tamaño de los poros ofrece suficiente espacio de expansión para el agua del suelo que se congela, o si ésta puede drenarse de forma fiable;

- la base de los cimientos se sitúa a una profundidad superior a la profundidad máxima de helada. Por debajo de este nivel, ya no cabe esperar que se produzcan heladas y, en consecuencia, que se dilaten las capas del suelo.

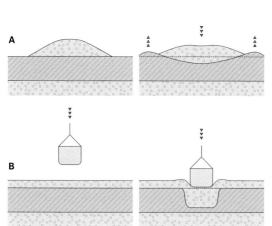

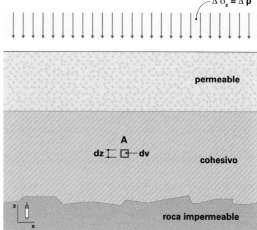

12 Desplazamiento de capas de suelo blandas por efecto de la sobrecarga (**A**) (efecto a largo plazo durante un periodo de meses) e impacto (**B**).

13 Asiento en la base de la cimentación (aquí punto **A**) debido a la sobrecarga constante **Δp** (**t**$_0$) (consolidación del subsuelo).

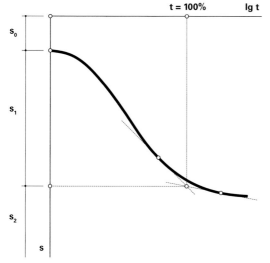

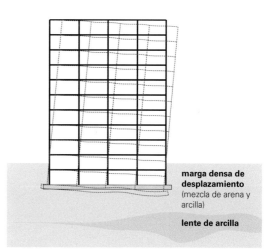

14 Diagrama semilogarítmico de tiempo-asiento relacionado con el punto **A** en ⊟ **13**.

s_0 asiento instantáneo (independiente del tiempo)
s_1 asiento primario (consolidación)
s_2 asiento secundario (fluencia)

La norma europea fija la profundidad de helada en 80 cm, pero en la práctica los cimientos suelen hacerse con una profundidad mínima de 100 cm (⊟ **18**).

Las zonas de los bordes de losas de solera expuestas al efecto de heladas pueden protegerse alternativamente contra las mismas mediante un **reborde de hormigón** (⊟ **19**) o un **encachado filtrante** de grava (⊟ **20**) que se extienda hasta la profundidad de helada.

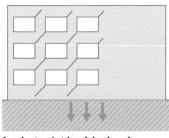 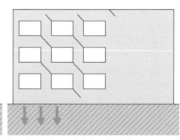 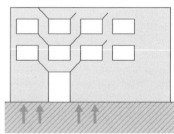

1 **asiento céntrico del subsuelo** 2 **asiento lateral del subsuelo** 3 **levantamiento del subsuelo por helada**

16 Daños por asiento en estructuras de edificio en función del tipo de asiento, utilizando el ejemplo de una construcción de muros.

2.5 Hundimiento del subsuelo

📖 *DIN 18122-1, -2*

■ Al igual que con cualquier material utilizado en la construcción, la resistencia del material del subsuelo es el factor decisivo para su capacidad de carga. Como criterio de fractura se toma el **fallo por cizallamiento** del suelo. Esto corresponde por igual al comportamiento de carga relacionado con la cohesión y el rozamiento del suelo y hace justicia a su comportamiento de carga-deformación claramente no lineal.

Así, la mayoría de las formas de fallo del subsuelo se basan en una superación de los **esfuerzos cortantes** absorbibles en el mismo. Esto da lugar a un deslizamiento del terreno a lo largo de una determinada junta de cizallamiento bajo la carga del edificio. Esto se conoce generalmente como **hundimiento del subsuelo**, que priva a la estructura primaria de su soporte definido y, por lo tanto, puede provocar su colapso (🗗 **21**).

La resistencia al cizallamiento de cualquier unidad geotécnica depende de su composición, de su historia de carga y de las variables que influyen en ella, como el contenido de agua o la sensibilidad a las heladas.

La tarea al verificar la capacidad portante consiste en determinar la junta de deslizamiento a través de las diferentes capas de suelo en el semiespacio del mismo bajo las cargas adicionales actuantes de la estructura, lo que conduce a la resistencia mínima al esfuerzo cortante máximo. Si este esfuerzo cortante supera la resistencia al corte, la cimentación se hundirá de forma incontrolada en el subsuelo, es decir, se producirá un hundimiento del subsuelo.

Otras formas de fallo son la inclinación o el deslizamiento de la estructura o de una parte de la misma sobre el suelo. Una vez más, la resistencia al corte del suelo de cimentación es la variable de resistencia decisiva. Estos modos de fallo son importantes para estructuras primarias que tienen que soportar grandes cargas horizontales, como el viento o el empuje unilateral del terreno.

Existe un riesgo de fallo por deslizamiento de la cimentación (🗗 **22**) si la fuerza horizontal de la estructura que se transfiere en la base de la cimentación originada por el viento H_a y el empuje del terreno E_a es mayor que la fricción H_s en la base de la zapata que la contrarresta (🗗 **23**). El empuje horizontal del terreno E_{pr} puede utilizarse, en el caso que contrarreste el deslizamiento, como factor estabilizador si se permite un desplazamiento horizontal de la cimentación.

La **inclinación** de una estructura en la cimentación resulta del par de las cargas horizontales que actúan sobre la estructura en relación a la base de la zapata (⬚ **24**). El momento resultante debe ser absorbido por los cimientos a través de los esfuerzos de compresión en la base de la zapata—los de tracción no pueden absorberse—. No deben superarse las compresiones admisibles en el subsuelo y debe evitarse que la cimentación **se levante** bajo cargas constantes, es

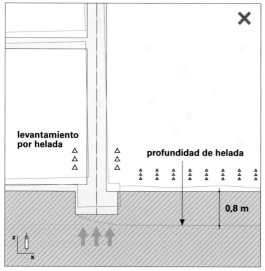

17 Cimentación de un muro exterior no resistente a heladas: la zapata no llega a la profundidad de helada y es empujada hacia arriba como resultado de la acción de la misma.

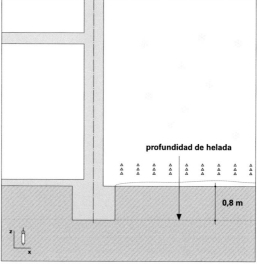

18 Cimientos a prueba de heladas: las zapatas llegan hasta la profundidad de helada. No se espera que se produzcan levantamientos.

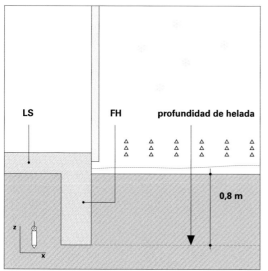

19 Construcción a prueba de heladas de una losa de suelo **LS** con la ayuda de un **faldón de hormigón** para heladas **FH** llevado hasta la profundidad de helada.

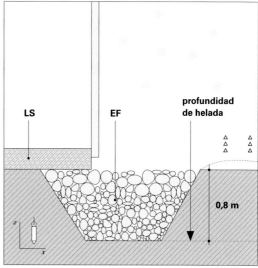

20 Ejecución a prueba de heladas de una losa de suelo **LS** con la ayuda de un encachado filtrante de grava **EF**.

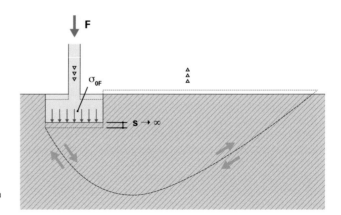

21 Hundimiento del terreno bajo la acción de una zapata con sobrecarga excesiva.

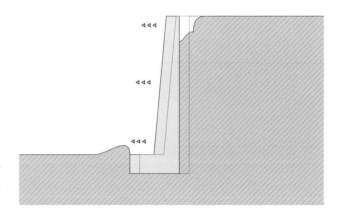

22 Deslizamiento de un muro de contención bajo la acción del empuje del terreno. Este fenómeno es típico de muros de contención, pero también puede darse en edificios en pendiente.

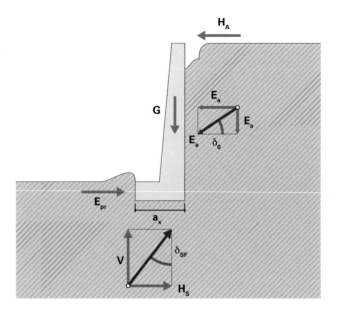

23 Relaciones de fuerza en un muro de contención como se muestra arriba con desplazamiento finito.

decir, no deben aliviarse partes de la cimentación (⊟ **25**).

Para un dimensionado de la estructura de cimentación con suficiente seguridad contra estas formas de fallo, se debe preparar un modelo de subsuelo con una predicción de las propiedades de resistencia y rigidez de las distintas unidades geotécnicas. Por lo general, esto se hace mediante análisis geotécnicos en el marco de un estudio del suelo para la ubicación respectiva del edificio. En el caso de estructuras sencillas desde el punto de vista estructural y de cimentación, también se pueden utilizar como base valores empíricos.

En general, las propiedades del subsuelo natural, muy poco homogéneo, están sujetas a considerables fluctuaciones. Éstas no se pueden captar en su totalidad con una cantidad razonable de exploración, incluso mediante investigaciones geotécnicas. Por lo tanto, se requiere un alto **nivel de seguridad** para el diseño de los cimientos de estructuras portantes en comparación con las construcciones mismas de acero u hormigón.

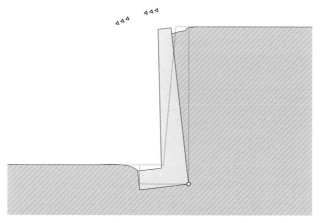

24 Inclinación de un muro de contención bajo la acción del empuje del terreno. Para evitar la inclinación, la cimentación bajo el muro de contención debe estar dispuesta de tal manera que la resultante de las fuerzas permanezca en la zona del núcleo central de la base de cimentación.

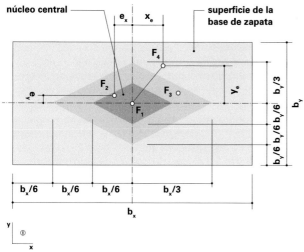

25 Esfuerzos sobre una zapata aislada: Si la fuerza (F_1) actúa en el centro de gravedad de la zapata, el resultado es una distribución constante de la presión sobre la base. Las excentricidades $e_{x,y}$ de la aplicación de la fuerza (F_2) *dentro* de la superficie del núcleo central (gris oscuro) provocan un cambio en la distribución de la presión sobre la base, pero la cimentación sigue estando sobrecomprimida. Cuando se aplica una fuerza *fuera* de la superficie del núcleo central, las tensiones en la base de zapata en el lado de la tracción pasan a ser nulas: se crea una junta abierta. Para la aplicación de la fuerza (F_3) con excentricidad $e \leq b_{x,y}/3$, la cimentación sigue siendo estable. Para la aplicación de la fuerza (F_4) con excentricidad $e > b_{x,y}/3$ existe peligro de vuelco.

3. Tipos de cimentación

3.1 La cimentación como conexión entre la estructura y el suelo

■ La cimentación de una estructura tiene la misión de armonizar los requisitos estáticos de la estructura portante con las propiedades del subsuelo existente. Esto incluye la transferencia segura de cargas de la construcción al subsuelo, la limitación de asientos al nivel de deformaciones compatibles con la estructura y la minimización o transferencia segura de las cargas procedentes del subsuelo a la estructura.

Las condiciones del subsuelo son la base decisiva para el desarrollo de conceptos de cimentación y construcciones asociadas. Incluso pueden influir en todo el diseño estructural del edificio.

Si hay capas de suelo portante cerca de la parte superior del terreno o en la zona de la base del edificio, suele realizarse una **cimentación superficial** o **directa** (⊟ **26**). Ésta se entiende como un ensanchamiento de la base del muro o pilar para distribuir las cargas entrantes al suelo de cimentación, que tiene menor resistencia. Esta forma de cimentación es en tal caso la más rentable, ya que sólo requiere una pequeña cantidad de excavación adicional en comparación con la estructura del edificio y puede ser producida por simples vigas o losas de hormigón en masa o de hormigón armado. Esto significa que la cimentación superficial es el tipo estándar en la construcción de edificios.

Si las capas de subsuelo portante sólo están presentes a gran profundidad por debajo de la base de la estructura, pueden utilizarse **cimentaciones profundas** sobre pilotes, pozos o en forma de cajones (⊟ **27**). En este caso, resultan económicas porque, de lo contrario, la ejecución de una cimentación superficial requeriría medidas de mejora del suelo o incluso la sustitución del mismo en las capas superiores.

3.2 Mejora y sustitución del subsuelo

■ Las medidas para mejorar las propiedades del subsuelo son laboriosas y costosas. Por lo tanto, rara vez se utilizan.

Sin embargo, si no se dispone de un subsuelo portante a una profundidad justificable en términos económicos, o si la presencia de capas del subsuelo con aguas subterráneas bajo presión o normas de protección del agua potable impiden una cimentación profunda, deben tomarse medidas para la mejora selectiva del subsuelo de las capas cercanas al emplazamiento. Para aumentar la resistencia al corte y la rigidez del suelo de cimentación, se pueden utilizar diferentes métodos en función de la capa de suelo que se contemple.

Los suelos más bien sueltos con un alto contenido de poros pueden transformarse en un subsuelo con capacidad de carga mediante la **compactación** y el **desplazamiento**. Para ello se utilizan planchas vibratorias (⊟ **29**) o rodillos vibratorios (⊟ **28**). En el caso de capas de suelo muy gruesas, se puede utilizar un vibrador de profundidad para mejorar el efecto de penetración (⊟ **31**). Así, se introduce energía de vibración en el suelo a una profundidad de hasta 30 m, lo que provoca la compactación de la estructura granular. La tierra que falta debido al asiento se rellena al tirar del cabezal del vibrador.

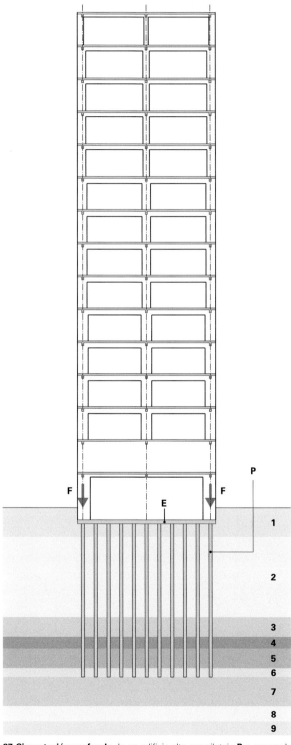

27 Cimentación profunda de un edificio alto por pilotaje **P** y encepado **E**, en estratos de subsuelo **3** a **9**.

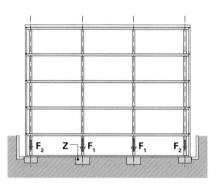

26 Cimentación superficial de una estructura de esqueleto formada por zapatas aisladas **Z**.

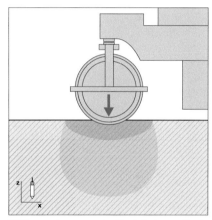

28 Zonas de compactación bajo la presión de compactación lineal ejercida por un vibrador de superficie.

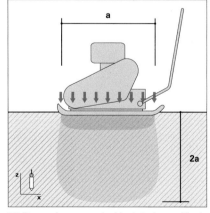

29 Zonas de compactación bajo la presión de compactación superficial ejercida por un vibrador de superficie.

El relleno del solar antes del inicio de la construcción provoca una precarga selectiva del terreno de construcción. Esto anticipa los asientos y convierte las capas del suelo en un suelo de apoyo más denso. De este modo, se puede conseguir una mayor resistencia y rigidez del subsuelo. Esta medida, también conocida como **preconsolidación**, sólo requiere, en caso de suelos granulares, un plazo de unos pocos meses previos al inicio de la construcción. Por el contrario, los suelos cohesivos absorben la precarga del relleno en forma de presión del agua de los poros, que sólo se reduce gradualmente por el drenaje a las zonas circundantes, lo que hace que la estructura granular se vea sometida a carga. En este caso, se puede conseguir una aceleración del asiento y de la compactación del suelo mediante el drenaje del subsuelo con drenaje vertical (⟱ **32**).

La estructura granular del suelo también se compacta mediante **inyección** o introducción a presión de suspensiones, emulsiones o pastas. La mezcla suelo-inyección resultante puede influenciarse específicamente en cuanto a sus propiedades. Una de las aplicaciones más comunes de este proceso es la inyección a alta presión de una suspensión de cemento (*soilcrete*) (⟱ **33**). Una lanza de inyección de rotación continua en un tubo de soporte inyecta una mezcla de agua y cemento fino en la capa de suelo que se va a mejorar a una presión de hasta 500 bares. Tras el fraguado, se forman columnas de hormigón magro en el subsuelo que, con una distancia de inyección corta, dan lugar a una capa de suelo cerrada y muy resistente.

Con el uso de una lechada adecuada, este método también puede utilizarse para cambiar la permeabilidad o impermeabilidad del subsuelo a profundidades definidas.

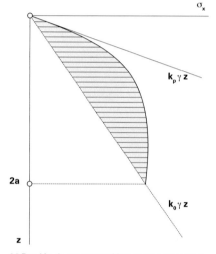

30 Presión de compactación: tensión adicional debida a la compactación en relación a la profundidad efectiva **2a** como en ⟱ **29**.

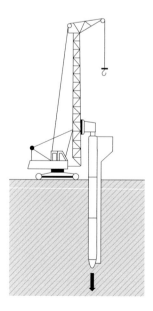
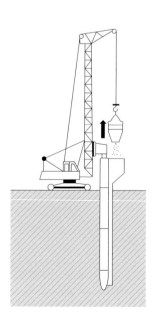

31 Vibrador profundo: izquierda propulsión, derecha extracción.

En el caso de capas de suelo de dimensión limitada o de lentes cercanas a la superficie con muy baja resistencia y alta susceptibilidad a asientos, también puede ser económica una **sustitución del suelo**. Esto implica la eliminación del material de suelo inadecuado y su sustitución por suelo con capacidad de carga, a menudo grava o arenas (⊟ **34**). A continuación, se compactan mediante rodillos vibratorios o vibradores profundos.

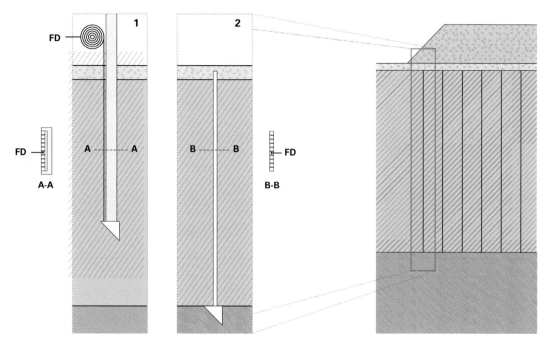

32 Drenajes verticales. FD = forro de drenaje. El croquis **1** muestra la producción, el croquis **2** el estado final del drenaje vertical.

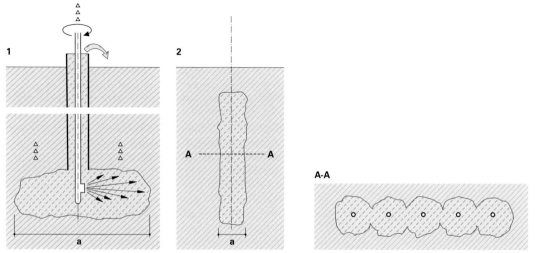

33 Mejora del suelo mediante **inyección a alta presión** de una suspensión de cemento fino. Esquema **1**: Proceso de fabricación por inyección rotativa desde la suela hacia arriba. Esquema **2**: Columnas de suelo terminadas.

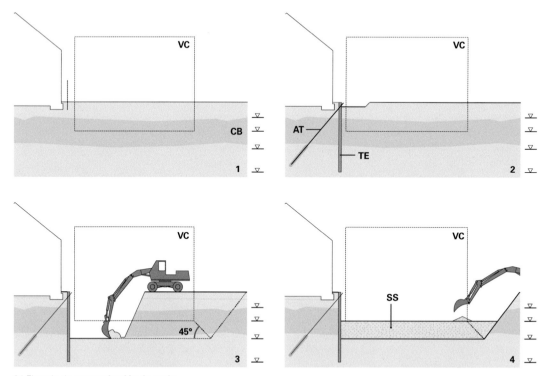

34 Ejemplo de una **sustitución de suelo**.

1 Estado de partida: construcción prevista en las proximida-
des de la edificación existente, volumen de construcción
VC.
Capa blanda **CB** poco resistente en el subsuelo, a sustituir.

2 Protección del edificio vecino mediante tablestacas **TE**,
aseguradas mediante ancla con tirante **AT**.

3 Excavar el suelo que se va a sustituir hasta eliminar por
completo la capa blanda. Borde de la fosa de excavación
definido en función del ángulo de propagación de cargas
(45°) de la nueva construcción.

4 Relleno y compactación de la fosa de excavación con
suelo sustitutivo **SS** resistente hasta el nivel de la base
de cimentación previsto.

3.3   **Cimentaciones superficiales**

■ Las cimentaciones superficiales, o también **cimentaciones
directas**, son cimentaciones poco profundas realizadas a una
profundidad libre de heladas sobre un subsuelo portante en
una fosa de excavación libre de agua. Absorben las fuerzas
concentradas de los elementos portantes verticales de la
estructura primaria y las distribuyen sobre la zona de apoyo
requerida de forma adecuada al subsuelo del edificio. En
consecuencia, los cimientos superficiales deben ejecutarse
con suficiente **rigidez a la flexión** (⊟ **35**).

Las **zapatas aisladas** transfieren las cargas de elementos
portantes lineales, como pilares o columnas, al subsuelo del
edificio (⊟ **36**–**43**). En su mayoría son de hormigón en masa
o armado. Tienen forma de ortoedro (⊟ **36**), a veces biselado
en la parte superior (⊟ **37**). Se diseñan en función del tipo y la
dirección de la carga que se va a transferir, de manera que la
base de la zapata está suficientemente sobrecomprimida, ya
que una cimentación superficial no puede transferir fuerzas
de tracción al subsuelo. Por lo tanto, las zapatas están en

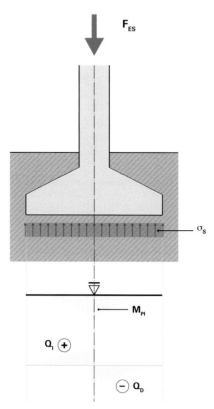

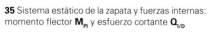

35 Sistema estático de la zapata y fuerzas internas: momento flector M_{PI} y esfuerzo cortante $Q_{I/D}$

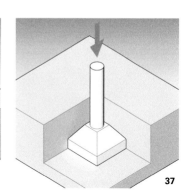

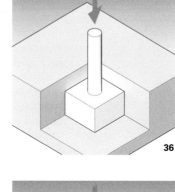

36 Zapata aislada—zapata de bloque.

37 Zapata aislada—biselada.

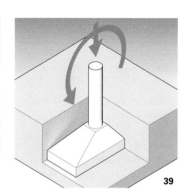

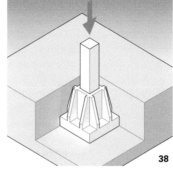

38 Zapata aislada—prefabricada, p. e. zapata de cáliz.

39 Zapata aislada con empotrado contra cargas de flexión unilateral.

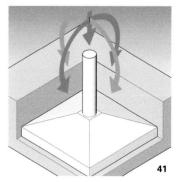

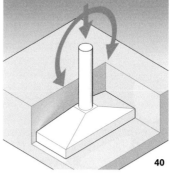

40 Zapata aislada con empotrado contra cargas de flexión bilateral.

41 Zapata aislada con empotrado contra cargas de flexión de todas las direcciones.

42 Zapata aislada—macizo con carga horizontal variable.

43 Zapata aislada—inclinada para la aplicación de cargas permanentes inclinadas.

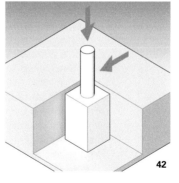

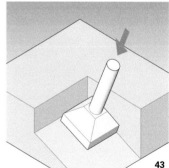

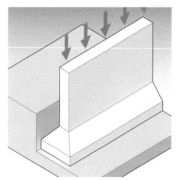

44 Zapata corrida o continua para muro con carga vertical.

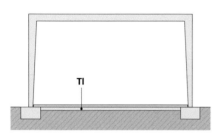

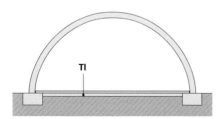

45 Tirantes TI para cortocircuitar empujes a nivel de los cimientos.

☞ *Aptdo. 3.4 Cimentaciones profundas, pág. 450*

voladizo bajo una carga de momento constante en el lado de la compresión (⌱ **39–41**). Un macizo de cimentación (⌱ **42**) genera el peso muerto necesario para absorber una fuerza horizontal variable en la base de la zapata a través de fricción.

Las **zapatas corridas** están dispuestas bajo elementos de soporte en forma de pantalla, por ejemplo, muros, y también se componen principalmente de hormigón en masa o armado (⌱ **44**). Bajo cargas de momento constante o fuerzas horizontales en ángulo recto con el plano del muro, las zapatas corridas también están en voladizo por el lado de la compresión.

Varias zapatas aisladas y corridas forman los **cimientos** de una estructura. Pueden combinarse para formar **grupos de zapatas** para mejorar la transferencia de cargas al subsuelo. Por ejemplo, un **tirante** entre zapatas sirve para compensar fuerzas horizontales que, de otro modo, correrían el riesgo de generar deformaciones si se cortocircuitaran a través del subsuelo (⌱ **45**).

Las **vigas de atado** (⌱ **46**) conectan zapatas aisladas, así como zapatas corridas, para formar una **rejilla de cimentación** resistente a la flexión (⌱ **48**). En este caso, las vigas pueden participar en la transferencia de carga al suelo de la misma manera que zapatas corridas, o pueden estar deliberadamente separadas del suelo por medio de un relleno y limitarse a su función de vigas de flexión (⌱ **47**). Permiten transferir grandes esfuerzos locales a zapatas vecinas y, por tanto, también reducen los asentamientos desiguales de la estructura actuando como **vigas centradoras**.

Sin embargo, si el subsuelo existente no es capaz de soportar un grupo de cimentación, se puede formar una cimentación superficial en forma de **losa de cimentación** continua. Esto es especialmente económico en combinación con una necesaria impermeabilización contra la presión hidrostática y en el caso de condiciones geotécnicas muy irregulares en la base de cimentación.

En el caso de suelos muy blandos y sensibles a los asientos, la losa de cimentación puede colocarse a una profundidad tal que la carga total de la estructura sea inferior al peso de la excavación. Se trata de una **cimentación compensada** o **flotante**, que debe ser anclada mediante pilotes de tracción, especialmente dentro del agua freática experimentando fuerzas de flotación (⌱ **49**).

El dimensionado de una cimentación superficial depende no sólo de las cargas que se van a transferir, sino también de la rigidez del suelo de cimentación. Cuanto más blando e irregular sea el terreno, más rígidos deben ser los cimientos superficiales. Hay que tener en cuenta la sensibilidad a los asientos de la estructura primaria y de los componentes adyacentes, por ejemplo la estructura de cerramiento.

Así, puede ser necesario formar un **cajón de cimentación** casi rígido, compuesto por la losa de cimentación, las pantallas de las paredes y los forjados de las plantas de sótano (⌱ **50**). Este tipo de cajón de sótano es especialmente

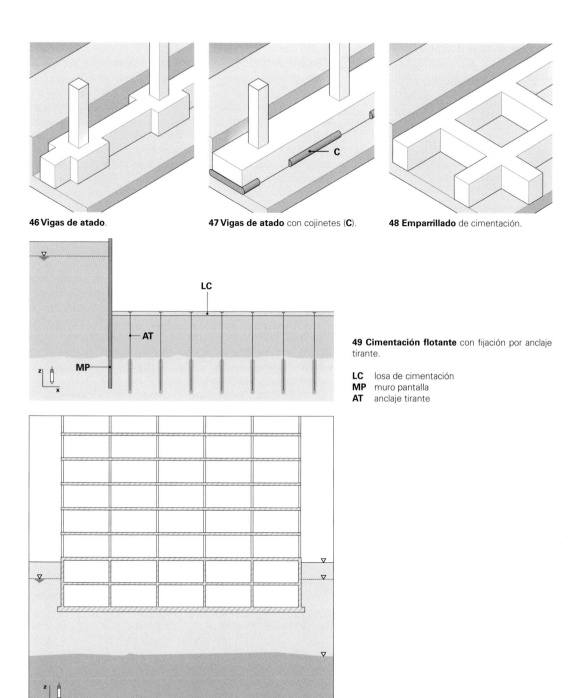

46 Vigas de atado.

47 Vigas de atado con cojinetes (**C**).

48 Emparrillado de cimentación.

49 Cimentación flotante con fijación por anclaje tirante.

LC   losa de cimentación
MP   muro pantalla
AT   anclaje tirante

50 Cajón de cimentación de un edificio de altura.

necesario para edificios de gran altura, con el fin de distribuir sobre el subsuelo del edificio las grandes cargas procedentes de una construcción de esqueleto, a la vez esbelta y flexible, con poca deformación.

3.4   Cimentaciones profundas

■ Si las capas de suelo capaces de soportar cargas se hallan a gran profundidad, la ejecución de una cimentación superficial no es económica y a menudo no es técnicamente posible. Esto da lugar a una distancia vertical entre la base de la estructura y el suelo apto para la cimentación, a través de la que se deben transportar las fuerzas de la estructura primaria. Se requiere entonces una cimentación profunda. Para ello, se utilizan principalmente **pilotes** (🗗 27). En la construcción de edificios, son predominantemente de hormigón armado y se fabrican como pilotes prefabricados o de hormigón in situ.

Para la transferencia de carga desde la estructura al subsuelo resistente situado a mayor profundidad, el pilote utiliza la **fricción de fuste** con el suelo circundante y la **compresión de punta** en la base del pilote (🗗 51). En consecuencia, en la ingeniería de cimentación, los pilotes que transportan la mayor parte de su carga a la base del pilote y allí la transfieren directamente al suelo portante se denominan **pilotes por punta** o **pilotes columna**.

Si el estrato de cimentación resistente no puede ser alcanzado por el pilote, pueden utilizarse para la cimentación **pilotes flotantes** o **por fuste**. Transmiten gradualmente sus cargas a través de la fricción del fuste al suelo blando y poco portante, que a su vez transmite los esfuerzos a las capas más profundas del suelo.

Este tipo de transferencia de carga por fricción entre el pilote y el suelo circundante permite ejecutar **pilotes a tracción** (🗗 52). A diferencia de una cimentación superficial, esto también permite anclar **fuerzas de elevación** en el suelo mediante pilotes. Esta opción se utiliza para la protección contra el levantamiento de cimientos situados por debajo del nivel freático y para la transferencia de fuerzas de tracción

📖 *EN 1537*

☞ *Aptdo. 3.3 Cimentaciones superficiales, pág. 446*

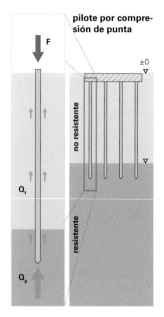
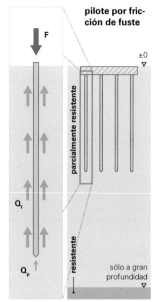

pilote por compresión de punta

pilote por fricción de fuste

51 Principios portantes de pilotes.

procedentes de anclajes de cables.

Los pilotes se diferencian además según la forma en que se introducen en el suelo. Para cimientos de edificios se utilizan principalmente o bien **pilotes de sustitución**, también denominados **pilotes hormigonados in situ,** o bien **pilotes hincados**:

- Al **hincar** o introducir por presión, el pilote o el tubo de avance va desplazando el suelo (⊟ **53**). De este modo, se comprime y permite una mayor fricción de fuste para

⌸ *EN 12699*

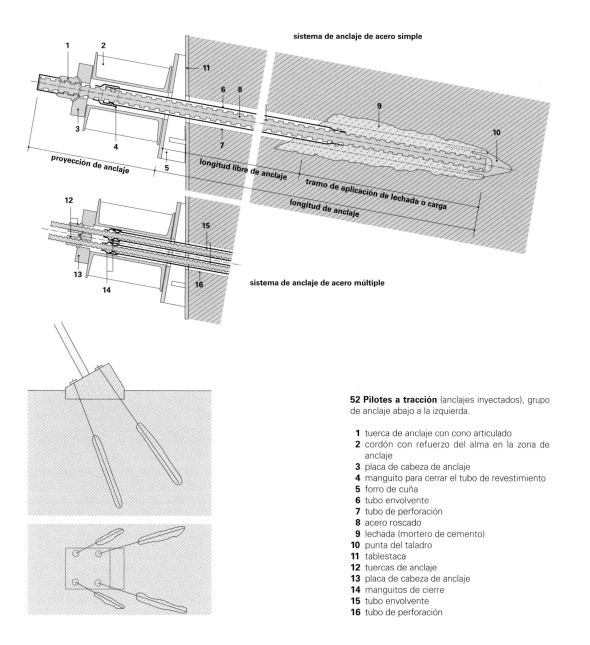

52 Pilotes a tracción (anclajes inyectados), grupo de anclaje abajo a la izquierda.

1 tuerca de anclaje con cono articulado
2 cordón con refuerzo del alma en la zona de anclaje
3 placa de cabeza de anclaje
4 manguito para cerrar el tubo de revestimiento
5 forro de cuña
6 tubo envolvente
7 tubo de perforación
8 acero roscado
9 lechada (mortero de cemento)
10 punta del taladro
11 tablestaca
12 tuercas de anclaje
13 placa de cabeza de anclaje
14 manguitos de cierre
15 tubo envolvente
16 tubo de perforación

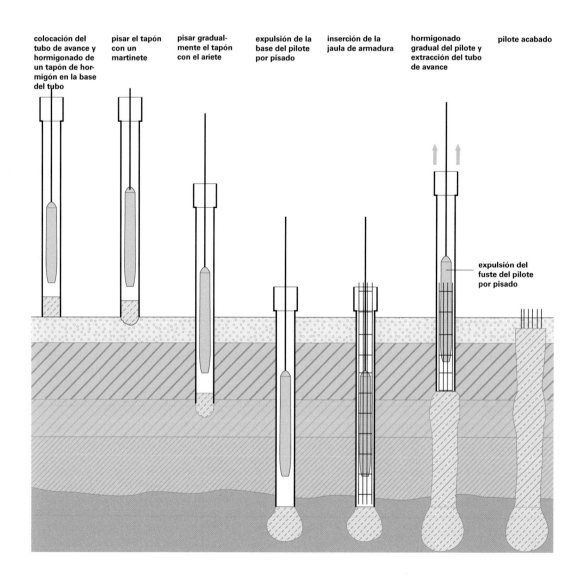

colocación del
tubo de avance y
hormigonado de
un tapón de hor-
migón en la base
del tubo

pisar el tapón
con un
martinete

pisar gradual-
mente el tapón
con el ariete

expulsión de la
base del pilote
por pisado

inserción de la
jaula de armadura

hormigonado
gradual del pilote y
extracción del tubo
de avance

pilote acabado

expulsión del
fuste del pilote
por pisado

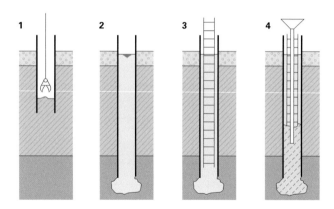

53 (Arriba) producción de un **pilote hincado** de hormigón in situ.

54 (Izquierda) producción de un **pilote de sustitución** con la tubería de apoyo (que permanece en el subsuelo) y sobrepresión de agua debido a las aguas subterráneas bajo presión.

1 inicio de la excavación en el tubo de apoyo
2 llenado automático de la cámara de perforación con agua freática
3 introducción de la armadura
4 vertido del hormigón con la ayuda de una tolva y un tubo de bajada

la transferencia de carga. La energía que se introduce en el suelo puede provocar daños por hundimiento en la edificación colindante. Los pilotes hincados tienen un diámetro y una longitud limitados. En combinación con una losa de cimentación, el llamado **encepado**, que une las cabezas de los pilotes, se prestan especialmente para cargas estructurales distribuidas sobre una gran superficie.

- Los **pilotes de sustitución**, u **hormigonados in situ**, no desplazan el suelo, ya que su volumen debe extraerse del suelo mediante perforación o lavado antes de ejecutar el pilote en la perforación (🗗 **54**). La perforación y el hormigonado se realizan principalmente con un entubado de la perforación. Los pilotes de sustitución pueden producirse con diámetros muy grandes (< 2 m) y hasta profundidades también muy grandes. Son especialmente adecuados para cargas estructurales concentradas.

📖 *EN 1536*

Los cimientos de un edificio se componen de un grupo de pilotes individuales. Se conectan entre sí por medio de una placa de encepado de aproximadamente 2 m de grosor o un emparrillado sobre pilotes y se conectan a la estructura portante principal del edificio (🗗 **55**). El encepado o el emparrillado sobre pilotes distribuye las cargas de la estructura de acuerdo con las rigideces individuales de cada pilote y compensa así las diferencias de asiento en el subsuelo y las concentraciones de carga en la estructura.

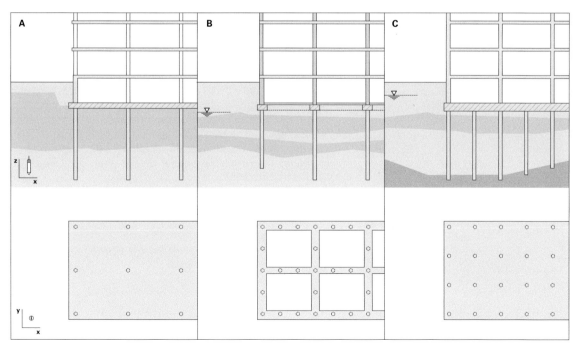

55 Emparrillados para pilotes a plomo. **A** estructura de esqueleto sobre pilotes de sustitución, **B** edificio de obra de fábrica sobre pilotes hincados, **C** cajón de hormigón sobre pilotes de sustitución.

*✎ La **bentonita** es una mezcla de minera- les arcillosos. Mientras se agita, es líquida, pero se solidifica en reposo. Se utiliza en ingeniería civil como fluido de soporte.*

La introducción de fuerzas muy grandes y concentradas en un subsuelo con estrato resistente muy profundo requiere diámetros de pilotes muy grandes y antieconómicos y una distribución de la carga estáticamente ineficiente sobre un encepado grueso para mantener la separación estática míni- ma de los pilotes. Esto se aplica en particular a estructuras de tipo torre y se requiere cuando no hay suficiente fricción de fuste para una cimentación de pilotes flotantes. Por lo tanto, son especialmente adecuadas en este caso cimen- taciones profundas de tipo pilar, como las **cimentaciones de pozo** o de **cajón**:

- Los **pozos** se producen con el método de descenso (🗗 **56**). Los diámetros y las profundidades son básica- mente ilimitados. Consisten en elementos prefabricados de hormigón armado que se montan en secciones y se hunden en el suelo por su propio peso a través de un apoyo de cuchilla. El proceso es impulsado por una camisa desli- zante apoyada con suspensión de bentonita, la excavación interna y el lavado controlado bajo las cuchillas.

  Después de alcanzar el horizonte de cimentación, se inyecta la tubería de revestimiento deslizante con suspen- sión de cemento y se sella el fondo del pozo con hormigón. Por último, el pozo se reviste desde el interior o se rellena si es necesario para aumentar el lastre. Esto crea un ma- cizo de cimentación con una capacidad de carga muy alta en términos de fricción de fuste y compresión por punta.

- Los **cajones** son estructuras cerradas y casi rígidas de hormigón armado que se colocan también sobre una base de cimentación profunda mediante el método de descenso. (🗗 **57**). A diferencia del pozo, el proceso de excavación y lavado tiene lugar en una cámara de trabajo que está protegida contra la penetración del agua subte- rránea mediante aire comprimido. Por lo tanto, se nece- sitan esclusas para las personas, el material y el equipo. A partir de una diferencia de presión de 20 m de columna de agua, el estrés del personal y los tiempos de esclusa necesarios por motivos de salud aumentan hasta tal punto que sólo es posible trabajar sin personal en la cámara de aire comprimido.

  Con este método, el cajón del sótano de un edificio de varias plantas puede construirse a nivel del suelo en hormi- gón in situ en condiciones de cimentación desfavorables y descenderse hasta la base de cimentación profunda. Así, los cajones pueden asignarse por igual a cimentaciones profundas y superficiales.

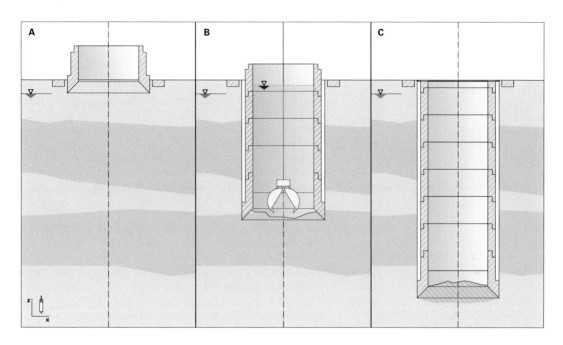

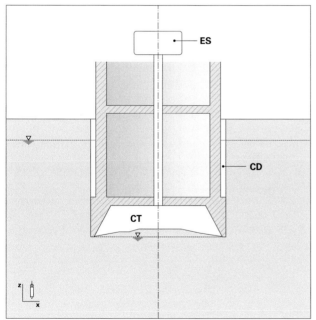

56 Pozo de descenso.

A depositar la sección con cuchilla
B descenso con camisa deslizante
C cierre del fondo

57 Descenso de un **cajón de cimentación** con aire comprimido.

CT   cámara de trabajo
ES   esclusa
CD   chaqueta deslizante

Normas y directrices

CTE DB SE-C: 2019-12 Código Técnico de la Edificación—Documento Básico SE-C—Seguridad estructural—Cimientos

UNE-EN 1536: 2016-01 Ejecución de trabajos geotécnicos especiales. Pilotes perforados
UNE-EN 1537: 2019-07 Ejecución de trabajos geotécnicos especiales. Anclajes.
UNE-EN 1538: 2016-03 Ejecución de trabajos geotécnicos especiales. Muros-pantalla
UNE-EN 1997: Eurocódigo 7 – Proyecto geotécnico
  Parte 1: 2016-06 Reglas generales
  Parte 2: 2020-05 Proyecto asistido por ensayos de laboratorio
UNE-EN 12699: 2016-11 Ejecución de trabajos geotécnicos especiales. Pilotes de desplazamiento
UNE-EN 12794: 2008-02 Productos prefabricados de hormigón. Pilotes de cimentación
  AC: 2009-01
UNE-EN 14199: 2019-05 Ejecución de trabajos geotécnicos especiales. Micropilotes

UNE-EN ISO 17892: Investigación y ensayos geotécnicos. Ensayos de laboratorio de suelos
  Parte 12: 2022-06 Determinación del límite líquido y del límite plástico. Modificación 1
UNE-EN ISO 22477: Investigación y ensayos geotécnicos. Ensayos de estructuras geotécnicas
  Parte 5: 2019-07 Ensayo de los anclajes inyectados

DIN 1054: 2021-04 Subsoil—Verification of the safety of earthworks and foundations—Supplementary rules to *DIN EN 1997-1*
DIN 4020: 2010-12 Geotechnical investigations for civil engineering purposes—Supplementary rules to *DIN EN 1997-2*
  Supplement 1: 2003-10 Aids to application, supplementary information
DIN 4124: 2012-01 Excavations and trenches—Slopes, planking and strutting breadths of working spaces
DIN 18122: Soil, investigation and testing—Consistency limits
  Part 2: 2020-11 Determination of shrinkage limit
DIN 18196: 2011-05 Earthworks and foundations—Soil classification for civil engineering purposes

X-1 CONSTRUCCIÓN DE OBRA DE FÁBRICA

© Springer-Verlag GmbH Germany, part of Springer Nature 2024
J. L. Moro, *El proyecto constructivo en arquitectura—del principio
al detalle*, https://doi.org/10.1007/978-3-662-67608-0_4

1. Generalidades

☞ **Vol. 1**, Cap. I, Aptdo. 3.1.1 a 3.1.5, pág. 13

■ El término **método de construcción**, o **método constructivo**, se define y explica en el *Capítulo I*. En este subcapítulo y en los siguientes se examinarán algunos métodos de construcción representativos de la práctica constructiva actual. El objetivo de este propósito es, en particular, mostrar la vinculación e interrelación mutua de:

- aspectos **técnicos**,

- **funcionales** y

- **estéticos**

de proyecto y construcción en el marco de las reglas características de un determinado método de construcción.

2. Clasificación de los métodos de construcción

■ Una clasificación fundamental de los métodos de construcción, que también es aplicable a los ejemplos examinados en este capítulo, distingue entre dos tipos básicos de **transferencia de cargas** y **contención del espacio**, a saber, entre la:

☞ **Vol. 4**, Cap. 8., Aptdo. 2.1 Definición de los métodos de construcción de pared, así como ibid. Aptdo. 3. Características de las construcciones de pared

- **construcción de pared**—las funciones de transmisión de la fuerza y de cerramiento del espacio las realiza el mismo componente, es decir, la pared, un componente superficial (🗗 **1**)—. Las cargas se **distribuyen** en gran medida en el componente superficial vertical. En el sentido estático, las construcciones de pared son **estructuras diafragmáticas**.

☞ **Vol. 4**, Cap. 8., Aptdo. 2.2 Definición de los métodos de construcción de esqueleto, así como ibid. Aptdo. 5. Métodos de construcción de esqueleto
☞ **Vol. 1**, Cap. II-1, Aptdo. 2.2 Subdivisión según aspectos funcionales > 2.2.1 según funciones principales, pág. 32
☞ **Vol. 1**, Cap. VI-2, Aptdo. 1.1 Categorías de estructuras, pág. 530

- **construcción de esqueleto**—las funciones de transmisión de carga y de envoltura del espacio se asignan a componentes o subsistemas *separados*—. Las cargas se transfieren en soportes verticales, es decir, componentes lineales (🗗 **2**). Los espacios están encerrados por paredes, es decir, componentes superficiales, que ya no cumplen una función primaria portante. Por lo tanto, a diferencia de los métodos de construcción de pared, las cargas se **concentran** en la sección transversal del soporte vertical.

☞ **Vol. 3**, Cap. XIII-1, Aptdo. 2. La evolución de las envolventes en la historia de la construcción
☞ Cap. IX-1, Aptdo. 1.6 Los elementos de la célula estructural, pág. 196

Ni que decir tiene que esta clasificación se aplica básicamente a formas de construcción ortogonales y prismáticas con componentes principales horizontales y verticales. La importancia evolutiva de la transición de los métodos históricos de construcción de pared a los métodos modernos de construcción de esqueleto en Europa y América se analiza con más detalle en el *Capítulo IX*.

2.1 Construcción de pared

■ En este método de construcción—también conocido como **construcción diafragmática**—los elementos portantes verticales son bidimensionales, por ejemplo muros de obra de fábrica o paredes de entramado de madera, por lo que en lo subsiguiente se utilizará el término genérico de *pared* para designar cualquier elemento estructural bidimensional plano

1 Construcción de pared en obra de fábrica del siglo XIX en Stuttgart. Las cargas verticales y horizontales se transmiten básicamente a través de los muros, que actúan como diafragmas rígidos a cortante (paredes exteriores e interiores) y que se rigidizan y estabilizan mutuamente en una estructura ortogonal. Se practican aberturas de dimensiones restringidas en los paños de muro que permiten la iluminación y ventilación necesarias de los espacios interiores. Se dimensionan de tal forma que no debiliten indebidamente la estructura del muro de carga.

2 Construcción de esqueleto—uno de los primeros ejemplos: *Wainwright Building*, 1890–91, St. Louis (USA) (arquitecto: L H Sullivan). Los muros exteriores son todavía de obra de fábrica, pero no soportan cargas de forjado, sino sólo a ellos mismos. Esto se puede apreciar por los soportes situados cerca de la fachada directamente detrás del muro, que se encargan de esta tarea. Sin embargo, a esta altura, los muros exteriores por sí solos no serían estables, debido a su extrema esbeltez, frente a cargas horizontales como el viento, por lo que tienen que estar conectados a la estructura de esqueleto, rígida por sí misma, en los bordes de los pisos.

vertical, sin distinción de su ejecución material.

Estos soportes bidimensionales permiten el apoyo lineal de los forjados y una transferencia uniforme de cargas verticales, evitando al mismo tiempo altas concentraciones de carga. Estas últimas son perjudiciales para el comportamiento portante de las paredes, contradicen la lógica inherente al método de construcción y, en consecuencia, no están previstas en el sistema estructural: Una carga concentrada en el paño de una pared (⊟ **3**) conlleva un mayor peligro de pandeo, que siempre amenaza en la dirección débil de la pared, es decir, transversal a su plano (→ **x**). Para eliminar este peligro sin elementos adicionales, habría que aumentar el espesor de la pared, y por tanto su rigidez a la flexión, en el punto de aplicación de la carga puntual (⊟ **4**) o alternativamente en toda la longitud de la pared (⊟ **5**). La primera solución equivale a un machón localizado que sobresale por delante del paramento de la pared, tiene efecto espacial y representa una especie de pilar tipo esqueleto; la última solución daría lugar a un sobredimensionamiento innecesario del espesor de la pared en toda la superficie de la misma más allá del punto de aplicación de la carga concentrada, lo que contradice flagrantemente el requisito de uso económico de materiales común a todos los métodos de construcción. Esto ilustra la necesidad absoluta de distribuir siempre las cargas lo más ampliamente posible en los métodos de construcción de pared.

Dado que, por definición, no se producen grandes concentraciones de carga, también se pueden utilizar en este tipo de construcción materiales con capacidad de carga limitada, como ladrillo aligerado o también maderos horizontales sometidos a compresión transversal a la veta, que al mismo tiempo tienen buenas propiedades de aislamiento

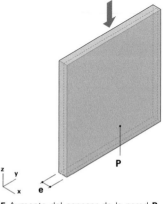

3 Gran carga concentrada actuando sobre una pared **P**: Existe riesgo de pandeo en la dirección débil de la misma (→**x**).

4 Refuerzo de la pared **P** mediante el regrueso local por un machón **M** y, por tanto, aumento de la estabilidad al pandeo en la dirección débil (→**x**). Esta solución corresponde a una **pilastra** o a un **contrafuerte**.

5 Aumento del espesor de la pared **P** en toda su longitud hasta el espesor **e**, con lo que también se consigue un aumento de la estabilidad al pandeo en la dirección débil (→**x**). Sin embargo, esta solución requiere mucho material y contradice el principio de construcción de pared.

térmico. Tradicionalmente, esto respondía a la doble función de la pared, es decir, ser responsable simultáneamente de la transferencia de cargas y del aislamiento térmico. Es cierto que este aspecto se ha relativizado hoy en día por el desarrollo técnico de construcciones de muro multicapa y multihoja altamente aislados, ya que la función aislante no la realiza la propia hoja portante, sino una capa especializada añadida, no portante: la capa de aislamiento térmico. Sin embargo, incluso hoy en día, la buena distribución de cargas prevalente en la construcción de pared es el requisito previo básico para el uso de paredes exteriores de una sola hoja altamente aislante hechas de obra de fábrica aligerada para la vivienda de escasa altura.

Los soportes lineales que proporcionan las paredes son muy adecuados para soportar forjados, especialmente los de hormigón, que son los que hoy en día se utilizan casi exclusivamente en la construcción de pared. En conjunto, esto da lugar a un sistema de diafragmas verticales y horizontales con gran rigidez estructural.

La estabilización o el **arriostramiento** del edificio frente a cargas horizontales se consigue—al menos en parte—utilizando el efecto diafragma de los componentes planos de pared, es decir, la rigidez a cortante en su plano. La construcción de pared no prevé la absorción de cargas mayores transversales al plano de la misma, ya que este elemento delgado no puede (ni debe) proporcionar suficiente rigidez en esta dirección de la fuerza. Por lo tanto, en ambas direcciones horizontales posibles de aplicación de carga (→**x**, →**y**), debe haber al menos un diafragma que transfiera las cargas horizontales que se produzcan a través de su rigidez a descuadre (no a su rigidez de placa, es decir a la flexión, que la pared no tiene que poseer en gran medida). O formulado

☞ **Vol. 1**, Cap. II-1, Aptdo. 2.2 Subdivisión según aspectos funcionales > 2.2.2 según función constructiva individual, pág. 34

☞ Ladrillo ligero perforado verticalmente en **Vol. 1**, Cap. V-1, Aptdo. 2.6 Formas de ladrillo, pág. 374, así como **Vol. 3**, Cap. XIII-3, Aptdo. 1.1.3 Muros exteriores de ladrillo aligerado de una hoja

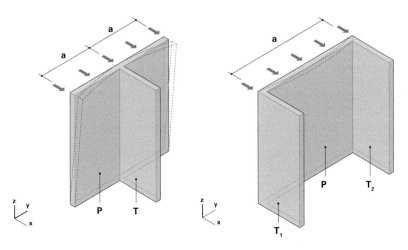

6 Rigidez a la flexión necesaria de la pared **P** (es decir, en →**x**) para que las fuerzas incidentes puedan distribuirse lateralmente (es decir, en →**y**) hacia la pared transversal rigidizadora **T**. La dimensión **a** está limitada (se supone un apoyo lineal inferior).

7 También se dan condiciones comparables a las de ⊞ **6** con dos paredes transversales de refuerzo **T₁** y **T₂**. En este caso, está limitada la distancia **a** entre las paredes transversales (también se supone un apoyo lineal inferior).

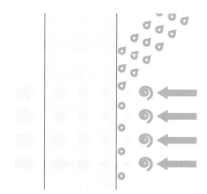

8 Funciones del cerramiento exterior: aislamiento térmico, protección contra la humedad, protección contra el viento, almacenamiento de calor.

☞ *Aptdo. 4.2.4 Rigidización mediante vigas anulares o forjados diafragma, pág. 481*

☞ *ᵃ Más información en Aptdo. 5.1. Método de construcción celular, pág. 486*

☞ *ᵇ Cap. IX-2, Aptdo. 2.1.2 Cobertura plana compuesta de conjuntos de barras > Arriostramiento, pág. 300, sobre todo ⊟ **63–67**, pág. 302*

☞ *ᶜ Más información en Aptdo. 5.3 Construcción de pantallas exentas, pág. 490*

de otra manera: toda pared diafragma que tenga la suficiente rigidez en su propio plano para soportar fuerzas en esta misma dirección debe estar apoyada transversalmente a su plano (donde es extraordinariamente sensible a la aplicación de fuerzas) por algún tipo de pared adyacente orientada en ángulo recto (o al menos por un machón como en ⊟ **4**), que a su vez absorbe la fuerza aplicada en su propio plano y la neutraliza por medio de su rigidez a descuadre.

Las distancias entre las paredes transversales rigidizantes (o, en su caso, entre los machones, como se muestra en ⊟ **4**) deben ser tan pequeñas que el espesor de la pared previsto para la transferencia de cargas verticales sea también suficiente para distribuir lateralmente las cargas horizontales que acometen entre las paredes transversales a través de su rigidez de placa, es decir, a la flexión (⊟ **6, 7**; véase también ⊟ **38**). Sólo en esta medida se requiere una rigidez de placa (sólo limitada) de la pared. Si se sobrepasa esta distancia, se requieren medidas de refuerzo adicionales. En el apoyo inferior de la pared, por ejemplo a nivel del suelo, ya hay un soporte horizontal. Por otro lado, en el borde superior de la pared, que no está rigidizado lateralmente, puede ser necesaria otra medida de refuerzo (⊟ **38**). Puede tratarse de una viga de flexión de acción horizontal (⊟ **39**) o de un forjado diafragma (⊟ **46**).

Al mismo tiempo, la rigidización lateral de las delgadas paredes mediante paños colocados transversalmente, rígidos en su propia dirección, evita el pandeo lateral perpendicular al plano de la pared por efecto de la carga vertical. Esta es la dirección en la que las paredes son especialmente delgadas y, por consiguiente, tienen la menor rigidez contra el pandeo. Además de la rigidización frente a cargas horizontales, los paños transversales de pared también estabilizan contra el pandeo por cargas verticales.

El resultado es una estructura de delgados paños de pared colocados en ángulo recto entre sí, que se refuerzan mutuamente, por así decirlo, y que son extraordinariamente rígidos en su plano pero extraordinariamente sensibles transversalmente a él. En la forma pura de construcción de pared (o construcción celular),ᵃ hay suficientes paredes que se apoyan transversalmente y, por tanto, se estabilizan mutuamente formando nudos y enlaces firmes.ᵇ

Alternativamente, el apoyo mutuo también se puede asegurar sin conectar las paredes entre sí por medio de forjados diafragma—como en el método de construcción de pantallas exentas, por ejemplo.ᶜ

Son idóneos en principio para la construcción de pared los siguientes métodos de construcción:

- construcción de **obra de fábrica** (⊟ **1**);

- construcción de **madera** en forma de blocao, construcción nervada de madera, de entramado de madera, de panel de madera y métodos de construcción de madera maciza;

9 Construcción tradicional de adobe en Arabia Saudí.

10 La Casa Schroeder de Gerrit Rietveldt en Utrecht, construida en 1924, se considera un prototipo del método de construcción de pantallas con espacios abiertos, que era novedoso para la década de 1920.

11 Elementos semiprefabricados de muro para uso como muros de sótano en contacto con el terreno, poco antes de su instalación.

- construcción de **hormigón armado** en forma de hormigón en obra (🗗 **10**) y estructuras de paneles prefabricados (🗗 **11**).

Las **construcciones de acero** pertenecen casi exclusivamente a los métodos de construcción de esqueleto.

■ La construcción moderna de esqueleto es el resultado del uso de materiales de construcción resistentes a la compresión y a la tracción, principalmente el acero y el hormigón armado, pero también la madera. Entre sus rasgos característicos se encuentran la **concentración de las cargas verticales** en

Construcción de esqueleto   2.2

los soportes y la clara separación de la estructura portante con respecto a elementos del edificio con finalidad distinta, por ejemplo, la envolvente y la tabiquería. Por otro lado, los forjados y las cubiertas se ejecutan, por razones funcionales obvias, como superficies portantes, como también ocurre con los métodos de construcción de pared. La especialización funcional entre elementos de soporte lineales y elementos bidimensionales de cerramiento vertical no portantes representa un importante paso cualitativo en la dirección de la creciente diferenciación funcional y constructiva que caracteriza las estructuras de edificios contemporáneos. Permite el uso de materiales modernos y muy resistentes como el acero o el hormigón armado para las columnas y, al mismo tiempo, proporciona una amplia libertad en cuanto al diseño de los elementos de la envolvente y, en este caso, de su acristalamiento de gran superficie.

Debido a que sólo hay unos pocos puntos fijos (pilares y, si es necesario, núcleos de contraviento o paredes o arriostramientos diagonales locales), los edificios de esqueleto ofrecen un alto grado de flexibilidad de uso, ya que los tabiques no portantes pueden organizarse o modificarse libremente en la planta. La estricta necesidad de situar las paredes de carga y de arriostramiento exactamente una encima de otra en cada planta, que es de observación obligada en construcciones de pared para permitir la transferencia continua de la carga vertical, no se extiende a las construcciones de esqueleto, por lo que las separaciones no portantes también pueden organizarse en posiciones que varían en cada planta—una enorme ventaja en términos de organización funcional—.

Dado que, a diferencia del método de construcción de pared, el principio estructural de la construcción de esqueleto no prevé muros portantes y resistentes a cortante, el esqueleto—una armazón pura—carece de estabilidad horizontal y, por consiguiente, debe arriostrarse contra cargas horizontales mediante medidas adecuadas, si es necesario. Por lo tanto, además de la estructura de esqueleto, a menudo debe pro-

12 Esqueleto de acero.

porcionarse un **arriostramiento** por medio de componentes adecuados para este fin. Los sistemas porticados, en los que los pilares y las vigas se acoplan para formar una estructura intrínsecamente rígida, son una excepción.

Para una construcción de esqueleto, se presta la:

- construcción de **madera** o construcción **compuesta** de **madera-hormigón** (⌂ **13**), [a]

- construcción de **acero** o construcción **compuesta** de **acero-hormigón** (⌂ **12**), [b]

- construcción de **hormigón armado** (⌂ **14**). [c]

Aunque en principio un edificio de obra de fábrica también puede construirse como un esqueleto con pilares de fábrica, este método de construcción no tiene importancia práctica.

☞ *Cap. IX-2, Aptdo. 2.1.3 Arriostramiento de estructuras de esqueleto, pág. 309*

☞ [a] *Cap. X-2, Aptdo. 5. Construcción compuesta de madera-hormigón, pág. 583;* **Vol. 3**, *Cap. XIV-2, Aptdo. 5.1.4 Forjado compuesto de madera y hormigón*
☞ [b] *Cap. X-3, Aptdo. 3.1 Construcción con perfiles estandarizados y conexiones articuladas > Construcción compuesta, pág. 615, así como 3.3.1 Forjados compuestos, pág. 625;* **Vol. 3**, *Cap. XIV-2, Aptdo. 6.2.2 Forjado compuesto de acero y hormigón*
☞ [c] *Cap. X-4 y -5*

13 Esqueleto de madera.

14 Esqueleto de hormigón armado.

3. **Fundamentos de la construcción de pared de obra de fábrica**

☞ *Cap. X-5, Aptdo. 8. Métodos de construcción de hormigón in situ, pág. 728*

3.1 **Interrelación de la función portante y envolvente del muro**

☞ *Véase **Vol. 1**, Cap. VI-2, Aptdo. 9.3.2 Aparejo—solapamiento actuando por compresión, sobre todo* ⊟ **131, 132, 139** *y* **146**, *pág. 633*

☞ ***Vol. 3**, Cap. XIII-9 Huecos*

■ Para comprender mejor las leyes estructurales y formales a las que están sujetos los métodos de construcción de pared, se profundizará a continuación en algunas características esenciales utilizando el ejemplo de la construcción de obra de fábrica. Las construcciones de pared de hormigón armado están sujetas a reglas diferentes porque, al contrario de la obra de fábrica, son capaces de soportar esfuerzos de tracción. Este tema se discute en otro lugar.

■ Las tareas fundamentales de un muro, a saber, **soportar** y **encerrar**, que en parte son complementarias y en parte están en conflicto entre sí, son fundamentales en su compleja interacción mutua para comprender las formas de construcción de pared en general, y de la construcción clásica de obra de fábrica en particular.

Las tareas esenciales de un componente de pared desde el punto de vista de la **función portante** son:

• absorción de cargas **verticales**;

• absorción de cargas **horizontales**, dependiendo del caso en el plano del componente o—con restricciones—en ángulo recto con el mismo.

Para entender el principio básico estático y estructural de la construcción de obra de fábrica es esencial apreciar la gran rigidez en su plano que poseen los paños de pared utilizados (debida a su rigidez de diafragma) y la debilidad de estos componentes frente a las fuerzas transversales a su plano o con respecto al riesgo de pandeo en esta dirección bajo carga vertical.

La función de **envoltura**, asociada a la de carga, da lugar a toda una serie de tareas adicionales para el cerramiento:

• proporcionar aberturas de ventanas o puertas. Dado que los espacios interiores deben estar adecuadamente iluminados y ventilados—aparte de que obviamente deben ser accesibles—, siempre es necesario, salvo raras excepciones, dotar a la pared exterior de suficientes **huecos**, horadados en el paramento de la pared, por así decirlo (⊟ **15**). Por ello, en los métodos convencionales de construcción de muros el cerramiento con huecos se denomina **fachada perforada**. Estas aberturas necesarias representan un **debilitamiento** de la estructura portante de muros. Esto es así porque:

•• Para la transmisión de cargas verticales sólo queda una **sección residual** de muro utilizable, es decir, la suma de las secciones de los machones restantes entre huecos, una vez deducidas las aberturas (⊟ **15**, **16**). Como resultado, aumentan en consecuencia las fuerzas de compresión en las secciones transversales residuales del muro. Por lo tanto, las dimensiones de los machones entre huecos de ventana deben cumplir con ciertas dimensiones mínimas en la construcción de obra de fábrica convencional.

•• Para la transmisión de cargas horizontales, el paño de muro cerrado se transforma en virtud de los huecos— según la proporción de los mismos—en una pantalla

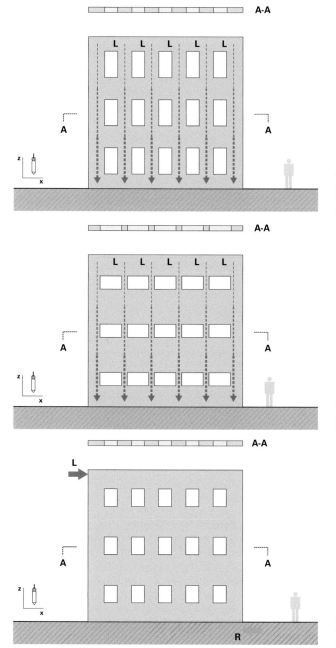

15 Fachada perforada. Los formatos de ventana altos y estrechos permiten que los machones restantes del muro sean suficientemente anchos para la transferencia de cargas. Sección portante residual en la sección **A-A**.

16 Fachada perforada. Los formatos de ventana anchos y cercanos unos a otros conducen a machones de muro estrechos y a altas concentraciones de carga.

17 Fachada perforada. Pequeña proporción de ventanas en la pared, preservación casi total del efecto diafragma.

perforada o en un elemento en gran parte diáfano, similar a un pórtico (⊟ **17**, **18**). Esto puede perjudicar el efecto estático de diafragma del muro.

Incluso algunos huecos de puerta, como son indispensables en separaciones interiores para el funcionamiento de una unidad de uso interconectada, pueden provocar un deterioro de la funcionalidad estática de un paño de obra de fábrica en determinadas condiciones. Para la transferencia de cargas verticales, se aplica lo mismo que para las fachadas perforadas. Para el efecto de rigidez de diafragma, una secuencia de aberturas de puertas superpuestas, especialmente de altura completa de piso, como puede resultar del apilamiento habitual de plantas idénticas en la construcción de muro, puede ser crítica, ya que la superficie del muro queda así cortada en dos mitades estrechas (⊟ **19**).

- cumplimiento de **funciones físicas**, como:

  - •• protección **acústica**,

  - •• protección contra **humedad**,

  - •• **almacenamiento térmico**,

  - •• así como garantizar una adecuada protección contra **incendios**.

Los objetivos de estas funciones coinciden esencialmente con los de la función **portante**. Tanto la **masa** como la **densidad** del material de la pared son, en principio, propicias para todas las tareas mencionadas anteriormente, aunque naturalmente hay que añadir propiedades adicionales del material para las subtareas individuales, por ejemplo la rigidez o la resistencia para la función de soporte de carga. En la construcción de muro, al menos en este aspecto, no hay conflictos fundamentales entre las funciones de carga y de cerramiento. A este hecho puede atribuirse, entre otras cosas, el éxito que han tenido durante mucho tiempo los métodos de construcción de muros sólidos en diversas regiones del mundo en circunstancias acompañantes muy variadas.

- garantizar un **aislamiento térmico** adecuado. En lo que respecta a esta función parcial de la envolvente, las condiciones son bastante diferentes de las que se acaban de comentar. En este caso, los requisitos de la función portante, que presupone un material sólido y denso, entran en **grave conflicto** con los de la función de aislamiento térmico, que exige un material ligero y poroso. Mientras los estándares de aislamiento térmico aplicables eran moderados—esto fue el caso durante el largo periodo de uso generalizado de la construcción sólida pétrea—las propiedades del material corriente de ladrillo eran suficientes para ambos propósitos: para una capacidad de carga y un aislamiento térmico suficientes. Esto cambió drásticamente con la introducción de requisitos más estrictos para el aislamiento térmico: En vista de los cambios en las condiciones límite, se hicieron inevitables restricciones en la funcionalidad de los muros exteriores de fábrica de una sola hoja:

•• bien limitando el aislamiento térmico y manteniendo una mejor capacidad de carga utilizando un material de ladrillo más denso y pesado;

•• o, alternativamente, asegurando un buen aislamiento térmico y aceptando una capacidad de carga limitada —esta es la opción realizada en la construcción residencial de poca altura y altamente aislada.

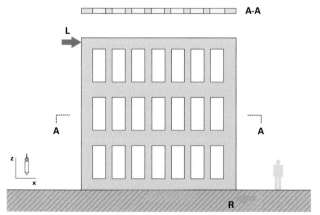

18 Fachada perforada. Gran proporción de ventanas en la pared, conversión casi completa del muro diafragma en un elemento porticado.

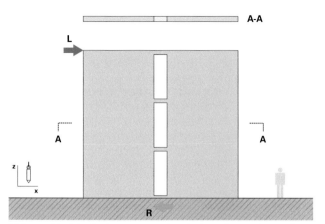

19 Separación del paño de un muro en dos mitades más estrechas mediante una secuencia de aberturas de puertas o ventanas altas y superpuestas.

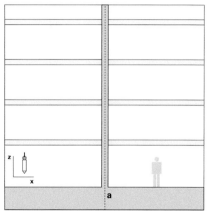

20 Efecto diafragma arriostrante con muro continuo. Las fuerzas en →**y** se transfieren en el plano del muro (eje **a**)

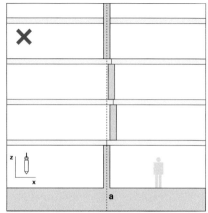

21 Los **resaltos** en el muro anulan el efecto rigidizante. Ya no se pueden transmitir fuerzas en →**y**. Además, se producen momentos de desalineación, es decir, esfuerzos adicionales, en los pisos.

☞ **Vol. 3**, Cap. XIII-3 Sistemas de hoja
sólida

Los métodos de construcción de muro en la edificación han conservado, en su variante de **una sola hoja**, al menos parcialmente, las antiguas ventajas de la construcción sólida convencional, es decir, su sencillez constructiva y su robustez, con las limitaciones mencionadas anteriormente. Sin embargo, como resultado de este desarrollo, también han surgido construcciones de paredes exteriores sólidas de **varias capas** y, más recientemente, de **varias hojas**. Todas ellas transfieren la función de protección térmica de la hoja portante a una capa de aislamiento térmico adicional especializada para este fin. Esto dio lugar a conflictos constructivos, algunos de los cuales implicaron construcciones complejas y redujeron notablemente las ventajas de la construcción de muro en comparación con otros métodos constructivos.

☞ Cap. VIII, Aptdo. 3. Sistemas de doble
hoja, pág. 146

3.2 Excentricidades

☞ Cap. IX-2, Aptdo. 2.1.2 Cobertura plana
compuesta de conjuntos de barras >
Extensibilidad, pág. 294, sobre todo ⊟ **49** y
50, pág. 297

■ Al igual que los soportes en la construcción de esqueleto, una transferencia eficiente de las cargas a la cimentación requiere que los muros portantes se coloquen **uno encima de otro** piso por piso y se extiendan hasta la cimentación. Las excentricidades en la construcción de fábrica debidas a resaltos entre muros superpuestos provocan un aumento inaceptable de momentos flectores y de esfuerzos cortantes en los forjados. Son costosas y no sólo perturban gravemente el principio de transferencia de cargas de la construcción de obra de fábrica, sino también el concepto de arriostramiento, ya que un muro de varios pisos pierde su efecto diafragma rigidizante si existen desplazamientos del plano del mismo (⊟ **20**, **21**), por no hablar de los momentos flectores adicionales sobre el forjado.

La necesidad de disponer los paños de pared verticalmente unos sobre otros conlleva naturalmente **restricciones funcionales** en el uso del edificio, en particular porque esto presupone en principio mantener la misma distribución de planta en todos los pisos. Aun si se cumple este requisito, los muros no pueden disponerse de forma arbitraria en la planta, ya que deben servir necesariamente de apoyo a los forjados, lo que no ocurre con muros no portantes. A partir de la dependencia mutua de la luz del forjado, la posible direccionalidad del mismo y la distancia entre muros en la construcción convencional de pared, se obtienen las anchuras máximas de los espacios, que suelen ir de la mano de las luces máximas del forjado. Esto no se aplica a las longitudes de espacios con forjados unidireccionales, que básicamente no están limitadas desde este punto de vista.

☞ Cap. IX-2, Aptdo. 2.1.2 Cobertura plana
compuesta de conjuntos de barras > Extensibilidad, pág. 294

3.3 Formación de células

☞ Cap. IX-2, Aptdo. 2.1.2 Cobertura plana
compuesta de conjuntos de barras >
Arriostramiento, pág. 300

■ El arriostramiento de las construcciones de muro se basa en el principio de la formación de diafragmas, de tal manera que los paños de muro se disponen en dos direcciones ortogonales. Este principio se realiza en los edificios de obra de fábrica convencionales de la forma más consistente combinando los paños de pared formando **células** cerradas. Éstas crean habitaciones individuales o recintos celulares cerrados por todos los lados. De este modo, se cumple una tarea fundamental, relacionada con el uso, de la construcción de edificios, a saber, crear espacios encerrándolos en su perímetro, en perfecta congruencia, por así decirlo, con los requisitos estáticos y constructivos de este particular método constructivo. Además de la función portante, que está garantizada por el grosor y la resistencia o rigidez del material del muro, también se cumplen otras subfunciones sin necesidad de medidas adicionales, como se ha mencionado anteriormente: por ejemplo, el aislamiento acústico o la protección contra incendios. Por lo tanto, el dominio primordial de la construcción de obra de fábrica se halla principalmente en la construcción de viviendas, o en cualquier uso de edificio que por razones funcionales presente un número determinado de habitaciones separadas y divisiones entre ellas y que no requiera cambios a corto plazo en las posiciones de dichas particiones.

■ La construcción clásica de obra de fábrica no puede satisfacer demandas de alta flexibilidad de uso, en cierto modo por razones inherentes a su sistema básico. Las posiciones de los muros son prácticamente inmutables por las razones de transferencia de carga comentadas. La creación de aberturas en las paredes con el objetivo de conectar más ampliamente células vecinas entre sí también está muy restringida, especialmente en lo que se refiere a aberturas anchas. En este caso se dan las mismas condiciones que en los huecos de ventana. Estas restricciones no se aplican de este modo a la construcción de hormigón armado.

■ Dado que las aberturas en los muros siempre suponen un debilitamiento de la estructura portante por las razones mencionadas, resulta lo siguiente:

* Cuanto más anchos sean los huecos y más estrechos los machones de los muros entre ellos, mayores serán los esfuerzos de compresión en las secciones transversales de los machones portantes restantes (⏚ **16**). Los patrones de huecos más desfavorables son los que tienen huecos extremadamente anchos y machones muy estrechos entre ellos. La altura del hueco no afecta significativamente a la capacidad de carga del muro siempre que haya una franja transversal suficientemente alta—generalmente un pretil—que asegure el efecto de diafragma o, al menos, de pórtico del elemento superficial. Estas restricciones se aplican principalmente a la construcción de obra de fábrica, por lo que la característica fachada perforada de fábrica, intrínseca al sistema, siempre tiene formatos de hueco rectangulares estrechos y verticales (⏚ **22**).

* Las alteraciones o cambios en una retícula regular de formatos de hueco estrictamente superpuestos y siempre de la misma anchura provocan necesariamente **desviaciones de fuerza** (⏚ **23**). Esto provoca inevitablemente **esfuerzos**

Flexibilidad   3.4

☞ *Véase* ⏚ **10**–**14** *y el siguiente apartado; véase también Cap. IX-1, Aptdo. 1.6.1 El elemento de cerramiento plano, pág. 198*

Posición y forma de huecos en muros   3.5

📖 *EN 1996-1-1, 8.5*

de tracción en la estructura del muro, a las que la obra de fábrica es muy sensible. Por lo general, esto también da lugar a concentraciones de carga en los machones entre huecos en cuestión. Los desplazamientos de huecos de piso a piso dentro de una cuadrícula de huecos por lo demás regular (⊟ **24**) también tienen efectos comparables.

☞ **Vol. 1**, Cap. VI-2, Aptdo. 9.3.2 Aparejo—solapamiento actuando por compresión, pág. 630, sobre todo ⊟ **143**

* Los huecos no deben estar demasiado cerca de una esquina del edificio, ya que allí se requiere un machón de muro lo suficientemente ancho. Éste no sólo es necesario para transferir la carga vertical, sino también para rigidizar el muro transversal que colinda en la esquina. Se trata de evitar **cabeceras libres** de muros. Por lo tanto, uno de los rasgos típicos de la construcción de obra de fábrica es una distancia suficiente desde los huecos de los extremos hasta la esquina del edificio.

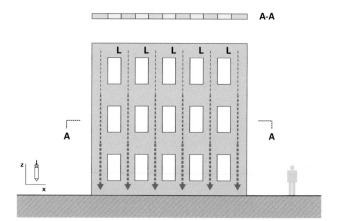

22 Transferencia directa de cargas verticales, en conformidad con el sistema, en los machones de muros superpuestos en la construcción clásica de obra de fábrica. Formato típico de las aberturas en forma de rectángulos estrechos en vertical.

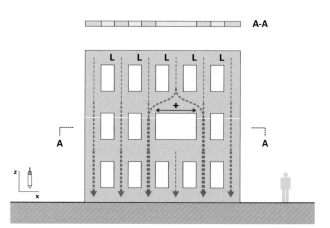

23 Desviación necesaria de fuerzas por una abertura local de gran anchura. Surgen fuerzas de tracción (**+**) en la fábrica.

Como consecuencia de estas peculiaridades de la transferencia de cargas en los paños de muro de obra de fábrica, se puede afirmar de forma simplificada que la fachada perforada de fábrica está provista de una retícula ortogonal regular de huecos estrechos orientados en vertical y no demasiado juntos.

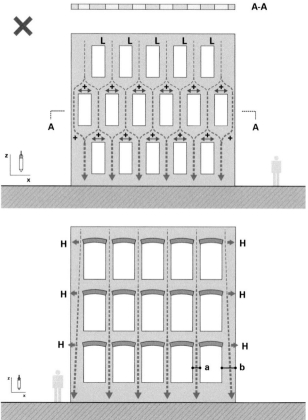

24 Redirección múltiple de fuerzas por desplazamiento de los huecos piso por piso. Surgen fuerzas de tracción (**+**) en la fábrica. Disposición de aberturas no compatible con la obra de fábrica.

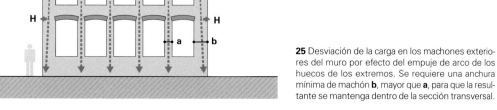

25 Desviación de la carga en los machones exteriores del muro por efecto del empuje de arco de los huecos de los extremos. Se requiere una anchura mínima de machón **b**, mayor que **a**, para que la resultante se mantenga dentro de la sección transversal.

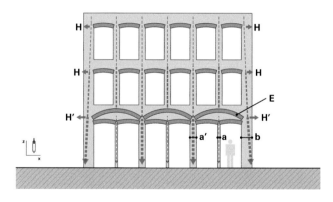

26 Arcos de descarga **D** desvían la carga sobre tres pares de aberturas en la planta baja y permiten soportes más esbeltos (**a**).

27 (Derecha) fachada perforada tradicional.

28 (Abajo derecha) moderna construcción de obra de fábrica con doble hoja.

29 (Abajo) *Chilehaus* en Hamburgo-*Kontorhausvier-tel*, 1922–24 (arqu.: F Höger)

30 Muro de gravedad resistente al vuelco. Como consecuencia de las cargas **H** y **V** que actúan simultáneamente, surge la resultante **R** del paralelogramo de fuerzas. Mientras que ésta no se acerque en la superficie de apoyo más de **d**/6 al borde del muro, el muro permanece estable por su propio peso. Es lógico que el aumento de la carga **V** tenga un efecto favorable en la estabilidad del muro, ya que „obliga" a la fuerza **R** a penetrar más en el núcleo central **NC** del muro en →–**x**.

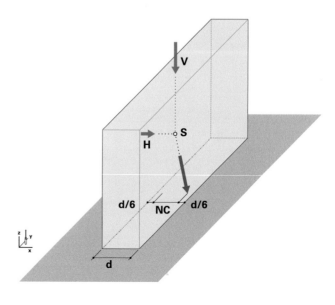

■ Además de las reglas de diseño de paños de muro perforados típicas de la obra de fábrica ya comentadas, existen otras restricciones para huecos con dinteles en forma de arco. Se refieren sobre todo a la arquitectura histórica, ya que hoy el arco sólo se utiliza para este fin en casos excepcionales.

- Los arcos crean un **empuje** en las impostas. Con los habituales patrones de hueco en forma de retícula, éste se neutraliza cuando dos huecos de igual luz se encuentran uno al lado del otro. La fuerza resultante es entonces vertical y se descarga en el machón entre huecos. Esto no es el caso en la parte exterior de los huecos de los extremos, por lo que allí hay que prever un machón de muro lo suficientemente ancho (⊟ **25**). Este debe estar dimensionado no sólo para rigidizar el muro transversal que acomete ortogonalmente en la esquina del edificio (ver arriba), sino también para acomodar el empuje del arco del último hueco.

- Para la transmisión selectiva de fuerzas en la estructura del muro, se pueden incorporar **arcos de descarga** (⊟ **26**). Se trata de arcos construidos en abanico e incorporados en el aparejo regular de la obra de fábrica. Gracias a su acción, pueden desviarse cargas sobre zonas parciales y dirigirse a determinadas secciones de muro, es decir, aquéllas en las que terminan los arcos de descarga.

■ Otros aspectos de carácter constructivo son esenciales para los métodos de construcción de obra de fábrica. Están relacionados de forma causal con la marcada diferencia de rigidez y estabilidad de un paño de muro en su plano y perpendicular a él: como se ha explicado, un muro tiene gran rigidez en su plano; transversalmente a él, en la mayoría de los casos, debe ser estabilizado por componentes de soporte.

■ Según la norma, son admisibles para estructuras de obra de fábrica los siguientes materiales:

- **piezas de arcilla cocida** según *EN 771-1* (en combinación con *DIN 20000-401*);

- **piezas sílico-calcáreas** según *EN 771-2* (en combinación con *DIN 20000-402*);

- **bloques de hormigón** (con áridos densos y ligeros, según *EN 771-3* (en combinación con *DIN 20000-403*);

- **bloques de hormigón celular** curado en autoclave según *EN 771-4* (en combinación con *DIN 20000-404*);

- **piezas de piedra artificial** según *EN 771-5* (en combinación con *DIN 20000-403*);

Características especiales de los huecos con arcos 3.6

Cuestiones constructivas en particular 4.

📖 *EN 1996-1-1, -1-2, -3*
📖 *DIN 105-100, -4, -5, -6*
📖 *EN 771-1 a -6*
☞ *Aptdo. 2.1 Construcción de pared, pág. 460*

Materiales 4.1

📖 *EN 771-1 a -6*
📖 *DIN V 20000-401 a -404*

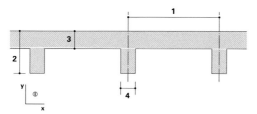

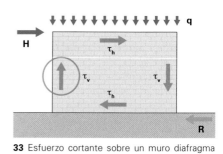

31 Representación esquemática de los parámetros utilizados en ⌐ **32**:

1 distancia entre pilastras   **3** espesor del muro
2 profundidad de pilastra   **4** ancho de pilastra

relación entre la separación de pilastras (de centro a centro) y la profundidad de las mismas	relación entre la profundidad de pilastra y espesor real del muro conectado		
	1	2	3
6	1,0	1,4	2,0
10	1,0	1,2	1,4
20	1,0	1,0	1,0

Nota: se permite una interpolación lineal entre estos valores.

32 Factor de rigidez ρ_t en el dimensionado de muros reforzados por pilastras según *EN 1996-1-1*.

33 Esfuerzo cortante sobre un muro diafragma arriostrante de obra de fábrica. Las esfuerzos τ_v en el muro resultantes de la fuerza horizontal **H** generan fuerzas de tracción de elevación (izquierda). En el caso de la obra de fábrica, deben estar sobrecomprimidas por la carga muerta **q** o por la carga combinada muerta y superpuesta.

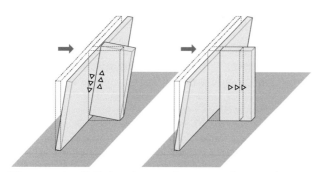

34 Los muros **longitudinales** y **transversales** que no están conectados entre sí no pueden estabilizarse mutuamente bajo la acción de cargas horizontales.

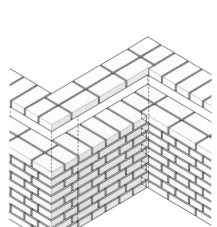

35 Enlace por **enjarje**: Conexión entre el muro longitudinal y el transversal mediante un enclavamiento del aparejo en la unión. Los paños de muro se levantan al mismo tiempo.

36 Técnica de **unión a tope**: No hay enjarje de los muros. En su lugar, se insertan anclajes en los tendeles.

• **piezas de albañilería de piedra natural** según *EN 771-6* (incl. *EN 1996-1-1/NA* anexo NA.L).

■ La construcción de pared se basa en el uso de paredes delgadas con gran rigidez en su plano. En perpendicular a su plano, no obstante, son sensibles al vuelco, así como al pandeo o al abombado. Por lo tanto, deben ser **reforzadas** o **estabilizadas** transversalmente. Existen varias posibilidades para rigidizar las construcciones de muros de obra de fábrica. [a]

■ En el caso del muro de gravedad estable contra el vuelco (⊟ **30**), la resultante **R** de todas las fuerzas procedentes de cargas verticales y horizontales (**V**, **H**) no se extiende más allá de **d**/6 hasta el límite de la superficie de apoyo del muro— entonces se encuentra dentro de su **núcleo central**—. La resultante **R** es empujada, por así decirlo, más hacia la vertical por el efecto de la gran componente de carga muerta **V** que con un muro más ligero. Un muro de gravedad es estable sin más medidas. Los muros de gravedad, no obstante, sólo tienen una importancia secundaria en la práctica de la construcción actual debido a su elevado consumo de material y al proceso de construcción más difícil como consecuencia de los grandes pesos.

■ La rigidización del muro también puede realizarse mediante un regrueso local con mayor rigidez que el propio muro, es decir, con machones o contrafuertes situados a distancia, normalmente en un solo lado del muro (⊟ **4**, **31**). El efecto estático es comparable a un engrosamiento del muro, por lo que la norma define un **grosor efectivo** del mismo t_{ef} en función de la profundidad y la separación de los machones:

$$t_{ef} = \rho_t\, t$$

ρ_t es un coeficiente, el **factor de rigidez**, que puede extraerse de la tabla de ⊟ **32**.

■ El apoyo lateral mediante muros transversales es la forma habitual en la construcción de obra de fábrica de arriostrar un muro o una estructura portante formada por un conjunto de muros. De este modo, los muros pueden ser mucho más delgados y ligeros que un muro de gravedad aislado como el descrito anteriormente. Este principio de apoyo mutuo y de formación de estructuras murales en forma de caja ha dado nombre a un método de construcción en obra de fábrica: el método de **construcción celular**. Se considera el más tradicional y original de todos los métodos de construcción de fábrica.
   La unión interna del muro, que se compone de bloques de construcción individuales y es básicamente resistente a la compresión pero no a la tracción, debe ser capaz de absorber esfuerzos cortantes como un diafragma para lograr

Refuerzo y estabilización de muros en construcciones de obra de fábrica   `4.2`

☞ [a] *Véanse también las observaciones en Cap. IX-2, Aptdo. 2.1.2 Cobertura plana compuesta de conjuntos de barras > Arriostramiento, pág. 300*

Muro de gravedad   `4.2.1`

📖 *EN 1996-1-1*

☞ *Cap. IX-4, Aptdo. 2.5 Hundimiento del subsuelo, sobre todo ⊟ 25, pág. 441*

Rigidización por medio de machones o contrafuertes   `4.2.2`
☞ *Cap. IX-2, Aptdo. 2.1.2 Cobertura plana compuesta de conjuntos de barras > Arriostramiento, pág. 300*

📖 *EN 1996-1-1, 5.5.1.3*

Rigidización por medio de muros transversales   `4.2.3`

☞ *La construcción celular se trata más adelante en Aptdo. 5.1, pág. 486*

un efecto arriostrante. Bajo carga horizontal, en el muro se produce lo siguiente ($\boxdot$ **33**):

- **esfuerzo cortante horizontal** τ_h, que es absorbido por la rigidez al corte del material de la pieza de albañilería o del mortero y por el cierre friccional tangencial en el tendel, es decir en la junta de contacto entre el mortero y la pieza. Éste último sólo puede actuar si hay suficiente compresión transversal en la junta, es decir, suficiente carga vertical (**q**).

- **esfuerzo cortante vertical** τ_v, que en su componente ascendente ($\boxdot$ **33** izquierda), es decir, en el lado del muro orientado hacia la fuerza, ejerce una tracción transversal en los tendeles y puede provocar grietas. La resistencia a la tracción de la pieza y el mortero, así como el efecto adhesivo entre la capa de mortero y la pieza no son suficientes para este fin. En su lugar, este esfuerzo debe ser anulado por una carga muerta suficiente o, preferiblemente, por una sobrecarga (por ejemplo, cargas procedentes de un

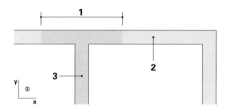

37 Anchura cooperante de un muro rigidizado **2** con efecto de rigidización sobre el muro **3** bajo esfuerzo cortante, de acuerdo con *EN 1996-1-1*. Refuerza el muro a modo de cordón o ala.

1 anchura cooperante
2 muro arriostrado
3 muro arriostrante

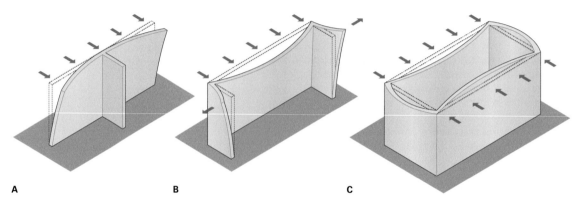

A   **B**   **C**

38 Paredes arriostradas sólo verticalmente por paredes transversales; deformación de su cabecera libre en ausencia de un forjado diafragma o de una viga anular (véase también $\boxdot$ **6** y **7**).

forjado). Por este motivo, con este tipo de rigidización, se recomienda cargar también los muros arriostrantes—no sólo los de carga—con forjados cambiando la dirección de descarga de los mismos, al menos en algunas plantas. Con las losas de hormigón que se utilizan hoy en día, su transferencia de cargas bidireccional garantiza la distribución uniforme de cargas a todos los muros, por lo que la distinción entre muros de carga y muros arriostrantes, en tal caso, queda desprovista de sentido.

Ambos factores requieren una **carga vertical** suficiente en el muro para absorber el esfuerzo cortante ocasionado por la fuerza horizontal.

Otro aspecto importante del soporte lateral es la **conexión resistente al corte** del muro de carga y del muro arriostrante. Debe evitarse la inclinación o el deslizamiento del sistema en la junta de contacto (⊟ **34**). Esto se consigue trabando los muros por medio del aparejo (⊟ **35**) o, en el caso de la técnica de unión a tope, insertando tiras de hierro en los tendeles de los muros que en tal caso van unidos sin aparejo (⊟ **36**).

Las paredes arriostrantes rígidas al descuadre, que están conectadas a la pared rigidizada de manera resistente al esfuerzo cortante, se rigidizan adicionalmente por una **anchura cooperante** de la pared transversal a la manera de un cordón (⊟ **37**).

Siempre que no se superen determinadas distancias máximas entre los apoyos transversales, este arriostramiento del muro es suficiente. Si las distancias son mayores, se requiere la siguiente medida adicional.

■ Esta opción se basa en estabilizar la cabecera libre de muros de fábrica. La rigidización de los muros únicamente por el apoyo transversal de muros perpendiculares, tal y como se ha descrito anteriormente, tiene como consecuencia que el borde superior del muro queda libre, es decir, no se sujeta lateralmente. Esto permite que se deforme bajo esfuerzo flector horizontal, así como que pandee o se abombe lateralmente bajo carga vertical (ver caso Euler **1**) (⊟ **38**). Esta cabecera libre se produce no sólo con muros completamente exentos en ese borde, sino también en combinación con forjados carentes de rigidez al descuadre—por ejemplo, forjados de vigas de madera—o que poseen dicha rigidez pero son incapaces de sujetar el muro, como losas que se apoyan de forma deslizante sobre el mismo para absorber deformaciones por cambio de temperatura.

Para mantener inamovible la cabecera libre de muros, se dispone básicamente de las siguientes posibilidades:

• Se puede utilizar una **viga anular** situada sobre la cabecera del muro, que se extiende como una viga de flexión horizontal entre dos muros de arriostramiento—los muros transversales—que le proporcionan apoyo, les transfiere la carga horizontal y evita la deformación de la cabecera

📖 *EN 1996-1-1, 5.5.3*

Rigidización mediante vigas anulares o forjados diafragma   4.2.4

☞ *Vol. 1*, *Cap. VI-2, Aptdo. 8. Mecanismos de fallo críticos, pág. 614, así como sobre todo Aptdo. 9.3.2 Aparejo—solapamiento actuando por compresión, ⊟ 132 y 143, pág. 633*

📖 *EN 1996-1-1, 8.5.1.4*

del muro (⊟ **39–42**). Por lo general, se trata de una viga de hormigón armado armada convenientemente, es decir, para la flexión en el plano horizontal. Se puede suponer que la luz máxima de una viga anular de este tipo es:

$$\mathbf{L} \sim\ \leq 30 \times \mathbf{d} \text{ del hormigón}$$

- Como alternativa, puede ejecutarse una losa de forjado que se apoya en el muro como un **diafragma** rígido a cortante con **zuncho anular** integrado compuesto por

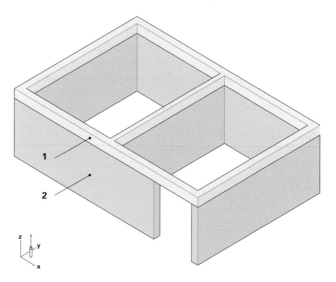

39 Disposición de vigas anulares sobre todos los muros que se van a rigidizar. La viga anular está dispuesta de forma circunferencial y refuerza todos los muros de carga gracias a su rigidez a la flexión en el plano **xy**.

1   viga anular
2   muro

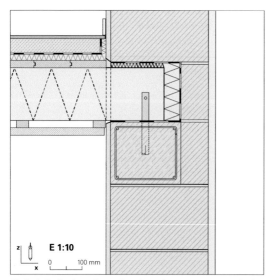

40 Forjado de vigas de madera. Las vigas se apoyan en la viga anular y se conectan a ella. Las cargas del muro no se transmiten a través de las vigas (¡compresión transversal!), sino a través de los machones del muro que quedan entre las mismas (véase también **Vol. 3**, *Cap. XIII-2*, ⊟ **157**).

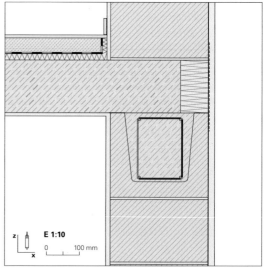

41 Zuncho anular en U de ladrillo, dispuesto bajo una losa de hormigón armado.

la armadura, incrementada en la zona de tracción (⊟ **43**, **45**, **46**). Esta solución se utiliza para los forjados de losa de hormigón generalizados hoy en día y es ahora el caso estándar.

- En el caso especial de muros de hastial, éstos se conectan al entramado de la techumbre, que a su vez está arriostrada contra el viento, por ejemplo, con aplacado o riostras diagonales.

La transmisión de fuerzas horizontales desde la cabecera libre del muro a la viga o a la losa rigidizadora puede tener lugar básicamente a través de la fricción en la superficie de apoyo entre ambos componentes (para lo cual, además de la rugosidad de las superficies, se requiere también una correspondiente carga superpuesta); o, alternativamente, mediante anclajes adecuados produciendo el atado del muro a los extremos del forjado (⊟ **44**). [a]

📖 *EN 1996-1-1, 8.5.1.4*

☞ [a] *Véase también **Vol. 4**, Cap. 8., Aptdo. 3.5.1 Arriostramiento mediante forjados de vigas, sobre todo ⊟ **44–46***

44 Abrazaderas de hierro atan el esbelto muro, que corre el riesgo de pandear, a la estructura portante del piso, que es rígida, en cada caso a la altura del mismo.

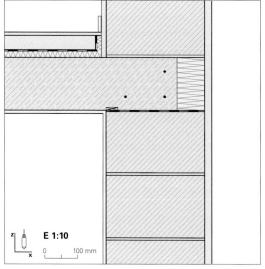

E 1:10

z

0   100 mm

x

42 Disposición de zunchos anulares en la zona del borde de una losa de hormigón armado. Con su efecto diafragma, la losa de hormigón armado asume simultáneamente la tarea de la viga anular, es decir, de asegurar la posición de la cabecera del muro exterior.

43 Molde de ladrillo para la producción de vigas y zunchos anulares como parte del programa de ladrillos perforados ligeros (*Wienerberger Ziegelindustrie GmbH*).

En principio, en todos los tipos de construcción de pared se requiere una cabecera superior de pared no desplazable para obtener un paño afianzado al menos en dos lados, es decir, en la parte superior e inferior. La presencia de dos paredes transversales de arriostramiento adicionales da lugar a un lienzo de pared que, en total, se sostiene por cuatro lados; es decir, si la cabecera libre está arriostrada por el forjado diafragma—de acuerdo con la segunda variante mencionada anteriormente—se crea una **célula** espacial cerrada en su conjunto y se proporciona la máxima estabilidad posible para un paño de pared particular. Esta variante, que es importante especialmente para la construcción moderna de obra de fábrica, se analizará con más detalle a continuación.

4.3 Creación de una célula

■ Vista en planta, una célula está formada por un recuadro compuesto por muros de carga y muros arriostrantes que se cierra horizontalmente con la cobertura y el suelo. Un método de ejecutar ambos favorable y común hoy en día es el de la losa actuando como diafragma rígida a la cizalladura o placa rígida a la flexión en construcción de hormigón, que transfiere su peso y la sobrecarga linealmente a los muros. Esto satisface la necesidad de la construcción de fábrica de distribuir uniformemente la carga y de mantener niveles de carga bajos. Debido a la transferencia de cargas bidireccional de los forjados de hormigón armado, las cuatro paredes del cajón se cargan por igual, en contraste con el antiguo forjado de vigas de madera, de modo que se obvia la distinción habitual entre muros de carga y muros arriostrantes. El efecto bidireccional es generalmente posible y útil para losas de hormigón in situ hasta una relación de formato de 1:1,5.

☞ *Cap. IX-2, Aptdo. 3.1.1 Placa bidireccional sobre apoyos lineales, pág. 342*

4.3.1 Tareas parciales del zuncho anular

■ Los muros de las estructuras de obra de fábrica afectados por cargas verticales experimentan esfuerzos en sus planos y actúan como un diafragma. Deben estar asegurados contra el pandeo. En el caso de edificios de varias plantas, el riesgo de pandeo debe considerarse en toda la altura del edificio. Sin embargo, debido al pequeño grosor de los muros, el flectado total sobre toda la altura del edificio no sería admisible. Por lo tanto, para evitar el pandeo, debe disponerse una abrazadera circunferencial, el llamado **zuncho anular**, piso por piso alrededor de todos los muros arriostrantes. Ejecutado de forma similar a los cinchos de un barril de madera, el zuncho anular reduce la longitud de pandeo de un muro exterior de varios pisos a la altura de un solo piso.

📖 *EN 1996-1-1, 8.5.1.4*

Otra subtarea del zuncho anular es absorber las fuerzas de tracción horizontales en la zona del borde de la losa de forjado que surgen en la misma debido a la aparición de un arco de compresión (⌗ **45**, **46**).

Todos los muros exteriores e interiores que sirvan para transferir fuerzas de arriostramiento deben estar provistos de zunchos anulares si existen las siguientes condiciones:

• edificios de más de dos plantas completas;

• edificios con longitudes > 18 m;

• muros con grandes huecos;

• edificios con condiciones de subsuelo desfavorables.

Los zunchos anulares deben estar dimensionados para una fuerza de tracción a absorber de al menos F_k = 45 kN o estar armados con al menos dos barras de armadura con una sección mínima de 150 mm². La armadura existente en una losa de hormigón armado puede tenerse en cuenta dentro de ciertos límites.

45 (Abajo izquierda) distribución de las cargas horizontales que actúan sobre el muro longitudinal sobre el forjado, la cimentación del edificio, los muros transversales laterales y el forjado rígido al corte. El muro longitudinal representa un ejemplo de muro apoyado en sus cuatro lados.

46 (Abajo derecha) representación del arco de compresión y del esfuerzo de tracción resultante en el borde de la losa. El tirante (= zuncho anular) va integrado en la losa de forjado **LF**. La componente T_t que discurre transversalmente al efecto de la fuerza (→**x**) es absorbida por el zuncho anular; la componente T_l que discurre longitudinalmente a ésta (→**y**) se introduce en los paños de pared alineados longitudinalmente (→**y**) **PL 1** y **PL 2**, que la transmiten a la cimentación por su efecto diafragma. Las paredes **PT 1** y **PT 2** que discurren transversalmente a la dirección de la fuerza (→**x**) no intervienen en la transferencia de **q**. Para la aplicación de carga desde la dirección ortogonal (→**x**), las condiciones se invierten en consecuencia.

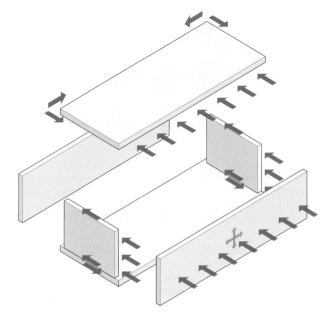

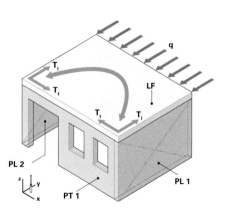

5. Métodos de construcción de obra de fábrica

5.1 Método de construcción celular

■ El método de construcción celular, como se ha descrito anteriormente, es una derivación racional de la construcción de obra de fábrica que armoniza con las propiedades estático-constructivas del material utilizado más que casi cualquier otro método constructivo (🗗 **47**, **48**). Históricamente, aparte del muro de gravedad, representa el más antiguo de los métodos de construcción de albañilería. El principio de crear células, es decir, el principio de apoyo mutuo por medio de muros transversales, también sigue siendo válido en parte para los nuevos métodos de construcción de obra de fábrica, como los de muro mamparo o de pantallas exentas, o se produce en diversas formas mixtas.

El método de construcción celular es un sistema de habitáculos unidos y cerrados por todos sus lados, cuya conexión entre sí o con el exterior sólo tiene lugar a través de aberturas locales en la pared, como ventanas o puertas. La fachada característica es la fachada perforada. Como resultado directo de este sistema de rigidización, la forma de los edificios diseñados según este método de construcción es sencilla y, en su mayoría, corresponde a un ortoedro.

El sistema celular aprovecha al máximo las posibilidades de la obra de fábrica; todos los muros pueden cargarse uniformemente, especialmente cuando se utilizan losas de piso de hormigón armado.

Cabe destacar las siguientes características:

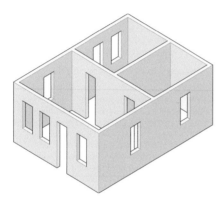

47 Construcción celular. La disposición de los muros, que se apoyan mutuamente, crea una estructura general en forma de caja.

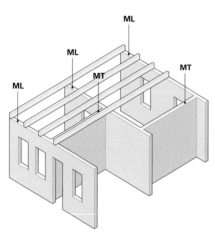

48 Construcción de muro longitudinal. Este método de construcción puede considerarse como un caso especial del método de construcción celular y como una forma de transición a la construcción de mamparo. La construcción de forjado se coloca sobre los muros de carga longitudinales **ML**. Los muros transversales **MT** sólo sirven para apuntalar los muros longitudinales y cerrar el espacio.

- arriostramiento mutuo de los muros con la correspondiente posibilidad de minimizar sus espesores, que en este contexto ya no desempeñan un papel fundamental desde el punto de vista estático, un importante factor económico del método de construcción celular.

- limitación de la libertad de distribución en planta, fijación de la configuración espacial. En la forma pura de esta construcción, sólo es posible la adición de espacios de tipo celular.

- las luces de los forjados estaban limitadas en el pasado por el uso de forjados de vigas de madera (aprox. 4,5 m de luz máxima), hoy en día por luces comunes de losas de hormigón (aprox. de 5 a 7 m).

- los huecos en el muro exterior no pueden diseñarse y disponerse de forma arbitraria, sino sólo con dimensiones limitadas y de acuerdo con el flujo de fuerzas (🗗 **22–26**).

El principio celular se ve implementado de la forma más clara en edificios residenciales tradicionales de varias plantas ejecutados en albañilería con forjados de vigas de madera. También se utilizó de forma muy consistente en casas residenciales de carácter tradicional artesanal realizadas en los años 20, que deben entenderse como contramodelos deliberados a la arquitectura moderna clásica.[1]

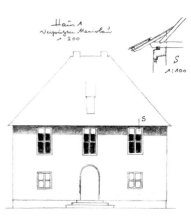

49 Dos edificios clásicos de obra de fábrica en construcción celular. La fachada refleja de forma ejemplar las normas de diseño tradicionales de la construcción de obra de fábrica: fachada perforada; disposición estrictamente regular de las ventanas; huecos de ventana situados uno sobre otro; machones anchos de obra entre los huecos de ventana; machones anchos en las esquinas; en el ejemplo de la izquierda: arcos adintelados rebajados de ladrillo; el hueco de la puerta situado en el centro se cubre con arco para soportar la carga del machón de fábrica situado encima (casa en la ladera; arqu.: P Schmitthenner). Un ejemplo convincente de la armonía entre diseño, material y construcción.

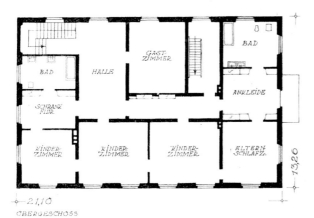

50 Planta del edificio mostrado arriba a la izquierda con la estructura celular claramente reconocible.

51 Edificio celular tradicional.

5.2   **Construcción de mamparo (construcción de muro transversal)**

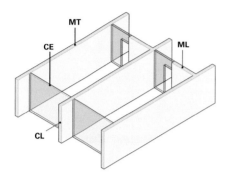

52 Construcción de mamparo: disposición de espacios idénticos con la máxima anchura de apertura en el cerramiento exterior **CE**; **MT** muro transversal = mamparo; **ML** muro longitudinal; **CL** cabecera libre de muro.

■ Se entiende que el método de construcción de mamparo o de muro transversal es la disposición lineal sumada de varios muros de carga paralelos, de manera que se crean una serie de módulos habitables de carácter similar y con las mismas condiciones de iluminación. Este método de construcción se distingue por su economía y su forma básica caracterizada por su sencillez estética y técnica, que se basa en la simple hilera como principio de ordenamiento.[2]

El origen de este moderno método de construcción se halla en la construcción de viviendas de principios de los años 1920. El tipo de edificio nació de la necesidad de satisfacer los requisitos de la vivienda en masa aplicando procesos de fabricación industrial de manera eficiente, rápida y económica. Con el método de construcción de mamparo se pudo satisfacer el deseo de los arquitectos de proporcionar una calidad de vida uniforme, una misma orientación de los edificios, un soleamiento uniforme y vistas al exterior, especialmente en la construcción de viviendas de alta densidad. Este método construcción condujo lógicamente a la organización de los edificios en hileras. Por lo tanto, también se denomina **construcción en hilera**.

Estructuralmente, se entiende por construcción de mamparo un sistema de muros de carga, cada uno de ellos alineado transversalmente al eje longitudinal del edificio—los mamparos o muros mamparo—, que se estabiliza mediante muros arriostrantes longitudinales adicionales situados en la zona del interior del edificio, por ejemplo realizados como cerramientos de células húmedas (⊟**52**). Para ello es necesaria la unión con un forjado arriostrante de hormigón armado. La construcción de mamparo presenta paralelismos con la construcción celular en su principio de arriostramiento, pero difiere de ella esencialmente en que los cerramientos exteriores no están ejecutados como muros—principalmente para favorecer una mejor iluminación del interior—. Esto da lugar a grandes fachadas acristaladas no portantes en ambos lados longitudinales del edificio, pero también a cabeceras de muro necesariamente libres, es decir, las de los mamparos o muros transversales que terminan en ellas, lo que generalmente plantea problemas estructurales en la construcción de obra de fábrica (⊟**53**). El uso de este método de construcción, por ello, no se limita a la construcción de albañilería, sino que representa una transición a la construcción de hormigón. La estructura secuencial del método de construcción se adapta muy bien a la construcción en hormigón con su mayor uso de métodos de producción industrial.

Los siguientes rasgos son característicos del método de construcción de mamparo:

• limitación/definición de la anchura de la habitación/apartamento por la **luz máxima** de los forjados **unidireccionales**—es decir, descargando de mamparo a mamparo—(⊟**55**);

- los mamparos actúan como paredes interiores/paredes divisorias de apartamentos pesadas y resistentes con el correspondiente efecto de **protección acústica** y **contra incendios** (⌐**53**);

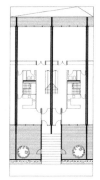
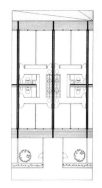

53 (Arriba izquierda) construcción de mamparo en obra de fábrica en estado de construcción. Los extremos del muro, por lo demás libres, están reforzados con pilares transversales (de piezas sílico-calcáreas blancas) unidos por enjarje.

54 (Arriba derecha) casas adosadas en Múnich-Harlaching en construcción de mamparo (arqu.: P C von Seidlein).

55 (Centro) planta: estructura de mamparo claramente reconocible. Los muros arriostrantes transversales se limitan al interior donde se encuentran las escaleras y los cuartos húmedos. Los extremos libres de las paredes transversales están sujetos lateralmente por los forjados diafragma. Por razones acústicas, los mamparos están desacoplados, es decir, no se puede utilizar un efecto de continuidad de las losas de hormigón armado. Casas adosadas en Múnich-Harlaching.

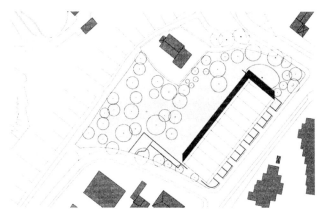

56 Plano de situación de las casas adosadas de ⌐**54** y ⌐**55**.

• cerramientos exteriores sin restricciones constructivas, especialmente en lo que respecta al tamaño de los huecos de iluminación, ya que éstos pueden diseñarse como no portantes. Los edificios con muros mamparo suelen permitir la construcción de cerramientos exteriores totalmente acristalados (⏚ **54**).

<table>
<tr><td>**5.3**</td><td>**Construcción de pantallas exentas**</td></tr>
</table>

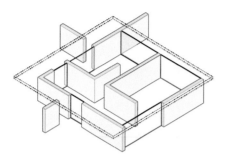

57 Construcción de **pantallas exentas**: disposición libre de pantallas que no necesariamente se conectan entre sí y están alineadas en dos direcciones principales.

☞ *Aptdo. 3.1 Interrelación de la función portante y envolvente del muro, pág. 468*

■ El método de construcción de pantallas exentas se caracteriza por la disposición libre de paños de muro bajo una losa de forjado rígida al descuadre (⏚ **57**). El uso práctico de este método de construcción se hizo posible con la introducción del hormigón armado. En contraste con la construcción celular con sus habitaciones completamente cerradas, aquí se crean conexiones espaciales fluidas y grandes aberturas al exterior. Las unidades espaciales están delimitadas por muros que soportan la carga y por elementos de envoltura que no la soportan, por ejemplo, fachadas vidriadas.[3] A diferencia del método de construcción celular, en el que se practican aberturas locales en el muro exterior de fábrica, aquí se pueden dejar abiertas zonas enteras de cerramiento para crear aberturas de gran superficie. La posibilidad de realizar transiciones fluidas del interior al exterior es una cualidad especial de este método de construcción, que resulta especialmente patente en edificios de Mies van der Rohe,[4] Frank Lloyd Wright o Richard Neutra.

El método de construcción de pantallas exentas en la construcción de albañilería, similar al método de construcción de mamparo, representa una transición más hacia la construcción de hormigón armado, ya que este método de construcción no sería posible sin el uso, al menos parcial, del mismo. Con respecto a los esfuerzos en el muro, la construcción de pantallas exentas de todos modos no representa un método clásico de construcción de obra de fábrica, ya que se producen aquí casi inevitablemente concentraciones de carga y compresión en los bordes, por ejemplo, en las cabeceras de los muros o en otras áreas locales. La albañilería clásica, en cambio, funciona según el principio de la distribución sistemática de cargas y evita siempre las concentraciones de la misma. Incluso las aberturas locales representan—como hemos visto—perturbaciones en la estructura portante de la obra de fábrica.

Las siguientes características son típicas del método de construcción de pantallas exentas:

• No se crean habitaciones en forma de caja, sino que cada habitación tiene una o más aberturas o zonas de paredes acristaladas (⏚ **58**); esto permite conexiones espaciales libremente conformables entre las distintas habitaciones, así como un diseño interior general libre.

• Igualmente característica es la conexión espacial fluida entre el interior y el exterior, algo que no es posible con el mamparo o la célula (⏚ **58**, **60**).

- La obra de fábrica sin refuerzos tipo pilar de hormigón armado sólo es posible en casos excepcionales. Las concentraciones de carga, críticas en la construcción de fábrica, se producen en particular en las **cabeceras** de los extremos libres de los muros, que aquí se dejan vistas deliberadamente.

58 Pabellón de Barcelona de 1929, fotografía histórica del interior con mobiliario de Lilly Reich (arqu.: L Mies van der Rohe). Aunque no se trata de una construcción de pantallas exentas en sentido estricto, ya que la placa de cubierta—que no es de hormigón—se apoya en columnas, este edificio encarna, no obstante, el canon de diseño de la construcción de pantallas de forma ejemplar.

59 Pabellón de Barcelona, reconstrucción del edificio de 1986. Delimitación del exterior con pantallas revestidas de piedra natural.

60 Pabellón de Barcelona, reconstrucción. Los paños de pared y el techo flotante crean espacios interiores y exteriores.

5.4

Combinación de métodos de construcción y disolución de los métodos de construcción clásicos de obra de fábrica

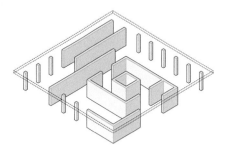

61 Combinación de célula, mamparo, pantalla y columna.

☞ *Vol. 4*, *Cap. 8., Aptdo. 5. Métodos de construcción de esqueleto*

■ A menudo se producen combinaciones de los tres sistemas: el **celular**, el de **mamparo** y el de **pantallas exentas** (⊟ **61**). Los diseños puros son bastante raros. En estas formas mixtas, la pantalla exenta es un elemento libre que se extiende al espacio exterior, el mamparo es un medio para formar espacios uniformes, y la caja en forma de célula puede actuar como elemento de rigidez y soporte.[5]

Los edificios de obra de fábrica actuales se caracterizan por la combinación de estos métodos de construcción, que en su forma pura fueron concebidos por separado. En algunos casos, esto lleva incluso a la integración de columnas o pilares locales en los muros de fábrica con el fin de absorber las concentraciones de carga que antes eran incontrolables en la construcción de albañilería. Especialmente ventajosa en términos de uso, y por lo tanto empleada a menudo en la práctica de la construcción, es la combinación de muros exteriores tipo diafragma con estructuras portantes tipo esqueleto en el interior del edificio. Esta solución estructural, que ya se puede encontrar en edificios históricos de almacenaje e industriales, permite combinar las ventajas de ambos métodos de construcción: la construcción de muro y la de esqueleto; a saber, el cerramiento del espacio en el perímetro exterior por medio de muros cerrados y la creación de grandes espacios interiores contiguos o la subdivisión sin trabas del espacio interior en función de las necesidades de uso aprovechando el esqueleto. Este factor desempeña un papel importante en particular en edificios administrativos y comerciales. Por ello, a menudo ya no se trata de una construcción de obra de fábrica en el verdadero sentido de la palabra, sino de edificios cuyo exterior hecho de una hoja sólida oculta en su interior estructuras tipo esqueleto con sistemas portantes de pilares cubriendo grandes luces—en comparación con las de la construcción de fábrica, más antigua—. La rigidez horizontal de los muros en perpendicular a su plano ya no la proporcionan en estas estructuras principalmente los muros transversales sólidos de refuerzo, como en la construcción clásica celular, sino principalmente los forjados de losa, que conectan la estructura horizontalmente con puntos fijos gracias a su efecto diafragma. En estas condiciones, suelen asumir el papel de puntos fijos muros aislados, que sólo restringen ligeramente la división libre del espacio, o núcleos completos.

Estas combinaciones son posibles sobre todo por la estrecha colaboración de la obra de fábrica con el hormigón armado, o por la introducción de métodos de construcción compuestos, especialmente con acero. La ampliación de las posibilidades constructivas ha configurado y cambiado profundamente el aspecto de los edificios modernos de obra de fábrica.

62 Centro de distrito en Stuttgart-Oeste. Ejemplo del uso contemporáneo del ladrillo visto como revestimiento. En contraste con la construcción tradicional de obra de fábrica, aquí aparecen formatos de ventana horizontales en alternancia con grandes fachadas de vidrio.

63 Edificio de oficinas en Stuttgart. La estructura bidimensional de la pared se disuelve en gran medida y se convierte parcialmente en una estructura portante tipo esqueleto con concentraciones de carga en los pilares de la pared.

64 Conversión del muro en una estructura de esqueleto, que se reviste con una hoja de fábrica.

6.

Huecos en muros de fábrica

☞ *EN 1996-1-1, EN 1996-1-2, EN 1996-3*

📖 *EN 845-2*

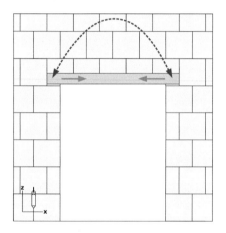

65 Modelo de tirante-arco de compresión en dinteles planos de ladrillo.

☞ ***Vol. 3**, Cap. XIII-3 Sistemas de hoja sólida y XIII-9 Huecos*

■ Los huecos para ventanas o puertas en las construcciones de obra de fábrica se salvan con **dinteles** o **arcos**.

Al dimensionar dinteles o arcos, según la norma sólo se debe incluir el peso de la parte del muro encerrada en un **triángulo equilátero** por encima del dintel. Las partes de la pared situadas por encima se apoyan como una bóveda sobre las jambas del hueco, es decir, la construcción del dintel o del arco sólo soporta la carga originada bajo esta bóveda imaginaria (🗗 **66–68**). El requisito previo es que no haya otros huecos por encima o al lado de la abertura y que el empuje resultante de la bóveda pueda ser absorbido por los paños laterales del muro o los machones del mismo.

Las cargas de forjado que actúan dentro del triángulo equilátero sólo deben tenerse en cuenta en la sección comprendida dentro del mismo (🗗 **67**).

Si los **dinteles** se ejecutan en la construcción de obra de fábrica como vigas de flexión de acero—por ejemplo, instaladas a posteriori como parte de la renovación de un edificio antiguo—o de hormigón armado, las sobrecargas se transfieren a los soportes laterales a través del efecto de flexión. El dimensionado se realiza para esfuerzos flectores y cortantes. En los soportes laterales, es decir, en las jambas del hueco, se producen concentraciones de tensión en la fábrica. Se utilizan vigas de acero preferentemente como dinteles especialmente en la renovación o reconversión de edificios de obra de fábrica, principalmente por su facilidad de montaje. Hay que tener en cuenta los problemas físicos—con respecto al aislamiento térmico y posiblemente también a la protección contra incendios—que pueden darse al incorporar dinteles de acero en muros de fábrica.

En la actualidad, los dinteles de hormigón armado, junto con dinteles prefabricados con cajas de persianas integradas, son el diseño estándar en la construcción de fábrica. Pueden instalarse en obra como dinteles prefabricados u hormigonarse directamente junto con la losa de hormigón in situ. Las caras exteriores de los dinteles de hormigón armado deben estar aisladas para evitar puentes térmicos. Esto conduce inevitablemente a una reducción de la anchura de la sección transversal del dintel con respecto a la del muro. Además, hay que prestar atención al agrietamiento del revoque exterior por el diferente comportamiento térmico del acero y la obra de fábrica y al cambio de color en la zona del dintel.

En la construcción moderna de obra de fábrica, los **dinteles prefabricados** suelen ejecutarse como los llamados **dinteles planos** de ladrillo (🗗 **80–82**). El canto de un dintel plano de este tipo puede ser pequeño en comparación con las vigas de flexión simples, ya que en el propio dintel casi sólo hay que absorber fuerzas de tracción. Se puede asumir un modelo de **tirante y arco de compresión** (🗗 **65**), ya que los empujes de un arco de compresión actuando por encima de la abertura se cortocircuitan mediante el dintel plano de ladrillo actuando como tirante y, por lo tanto, los soportes laterales no tienen que absorber empuje horizontal.[6]

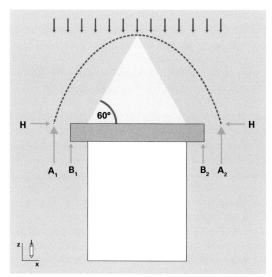

66 Modelo de arco de compresión para dimensionar dinteles en la construcción de obra de fábrica. Dado que la sección de muro situada sobre un hueco es autoportante como una bóveda (línea roja, fuerzas **A**), el dintel sobre el hueco de un muro sólo tiene que absorber las cargas **B** que se producen en el área tributaria correspondiente a un triángulo equilátero.

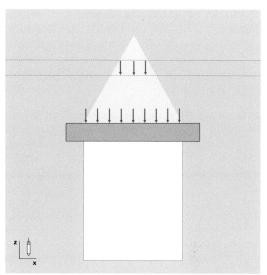

67 Dentro del triángulo equilátero, además de las cargas muertas del muro, es posible que haya que incluir otras cargas aplicadas —por ejemplo, de un piso—.

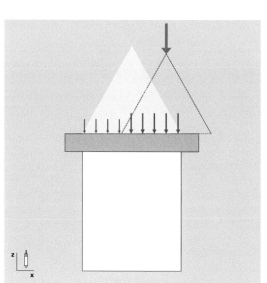

68 Otras cargas fuera del área tributaria de cargas triangular también pueden ser importantes para el dimensionado de un dintel, por ejemplo, cargas concentradas que en su área de propagación intersecan el área tributaria de un dintel.

69 Casa dañada por un fuerte terremoto. El dintel de sardinel sobre la ventana izquierda fue destruido. Una parte triangular del muro por encima de la ventana, que antes se apoyaba en el dintel, se ha desprendido, lo cual ilustra el efecto de carga descrito en ⌐ **66** a **68** (La casa, muy dañada, tuvo que ser demolida posteriormente).

6.1

Ejecución de arcos en la obra de fábrica

■ La construcción nueva de arcos de albañilería desempeña un papel menor en la construcción actual. Incluso en muros de fábrica vista, ya no suelen ejecutarse arcos. Sólo en la renovación o restauración de edificios históricos se sigue utilizando esta elaborada forma de salvar vanos (⌐ **70**).

Se distinguen las siguientes formas especiales de arco.

6.1.1

Arco de medio punto, arco ojival

■ El **arco de medio punto** (⌐ **71**) tiene forma de semicírculo completo. En la imposta se funde tangencialmente con los pilares verticales que lo soportan. Su flecha es siempre igual al radio del círculo o a la mitad de la anchura del vano. Debido a su geometría circular, las dovelas pueden ser siempre iguales, una ventaja técnica de fabricación decisiva que ha hecho que los arcos de medio punto fueran la forma de arco más común en la historia.

El **arco ojival** (⌐ **72**) está formado por dos segmentos de arco circular con ángulos <90°, cuyos centros se sitúan en la línea de unión de las dos impostas, pero que pueden disponerse a distancias variables y, por tanto, dar lugar a diferentes radios de círculo. Esto significa que la altura puede definirse casi a voluntad, independientemente de la anchura del vano, algo imposible con el arco de medio punto. Dado que los arcos ojivales están formados por dos segmentos de círculo, las dovelas pueden ser siempre idénticas—tal como en el arco de medio punto—, sólo que la clave tiene una forma diferente.

Para el arco de medio punto y el arco ojival, hay que tener en cuenta los siguientes aspectos: [8]

70 Raro ejemplo de la nueva construcción de un arco rebajado sobre una cimbra. La foto fue tomada en 2007 cerca de Mostar, en el monasterio de *Blagaij* (Bosnia-Herzegovina), en el marco de un proyecto de reconstrucción financiado por la Unión Europea. La imagen ilustra el amplio cimbrado que requiere la realización de arcos en obra de fábrica.

- ejecución de ladrillo ordinario con junta en forma de cuña (0,5–2,0 cm de ancho de junta) o uso de ladrillos cuneiformes;

- en el caso del arco de medio punto, las líneas de junta se intersecan en el centro del arco; en el caso de un arco ojival, se intersecan en la imposta opuesta u otro centro a la altura de la misma;

- el número de dovelas suele ser impar, por lo que no hay junta en el vértice, sino una clave de arco—pero esto no es una necesidad estática—;

- los centros de los círculos se hallan generalmente a la altura de la imposta, de modo que hay una transición tangencial entre el arco de círculo y la jamba vertical;

- luces máximas como orientación:

espesor 24 cm	≤ 200 cm
espesor 36,5 cm	≤ 200 cm a 550 cm
espesor > 36,5 cm	> 350 a 850 cm

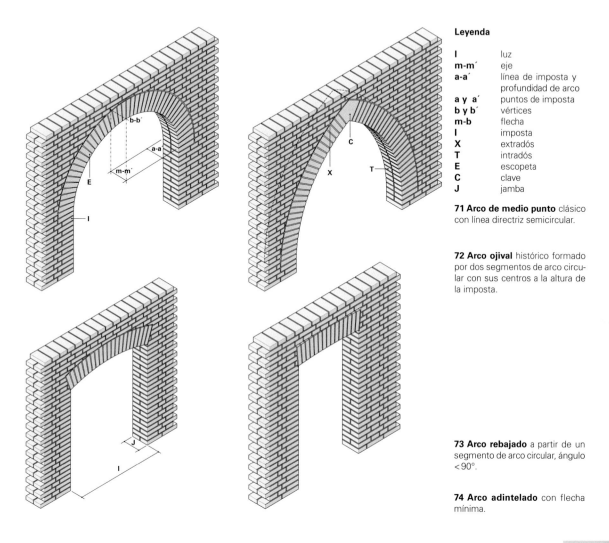

Leyenda

l	luz
m-m´	eje
a-a´	línea de imposta y profundidad de arco
a y a´	puntos de imposta
b y b´	vértices
m-b	flecha
l	imposta
X	extradós
T	intradós
E	escopeta
C	clave
J	jamba

71 Arco de medio punto clásico con línea directriz semicircular.

72 Arco ojival histórico formado por dos segmentos de arco circular con sus centros a la altura de la imposta.

73 Arco rebajado a partir de un segmento de arco circular, ángulo < 90°.

74 Arco adintelado con flecha mínima.

■ Además del clásico **arco de medio punto** con geometría semicircular (⊟ **71**), también existen arcos con geometrías más rebajadas o con ángulos de segmento circular más pequeños (**arco rebajado** o **de punto hurtado**, ⊟ **73**), así como arcos con bordes casi o completamente rectos, los llamados **arcos adintelados**, **arcos a nivel** o **a regla** (⊟ **71**, **77**). Estas variantes tienen la ventaja de requerir una altura total considerablemente menor para el arqueo de un hueco que el arco de medio punto. El arco adintelado es el que menos altura reclama y no difiere en su diseño de una viga de dintel convencional. Siempre que los sillares del arco sean adovelados o los ladrillos sardineles se coloquen en abanico, se crea, no obstante, una línea de empujes dentro de la construcción, por lo que existe de hecho un verdadero efecto de arco.

Para el arco adintelado y el arco rebajado, hay que tener en cuenta los siguientes aspectos: [7]

Arco rebajado o de punto hurtado, arco adintelado   6.1.2

- Se requieren estribos inclinados, cuyas superficies estén alineadas con el centro del arco; las geometrías de arco especialmente rebajadas generan empujes horizontales grandes en los estribos, por lo que hay que tener cuidado de que puedan ser transferidos a los paños de muro flanqueantes.

- Si es posible, el extradós del arco debe terminar en un tendel (como en el caso de ⊟ **73**), ya que los ladrillos cuneiformes (como en el caso de ⊟ **74**) que, en caso contrario, se encuentran por encima suelen ser difíciles de cortar y no se pueden aparejar apropiadamente.

- El peralte o la flecha debe ser de 1/50 del ancho de la abertura para arcos adintelados, 1/12 para arcos rebajados. También son posibles arcos adintelados sin flecha. Para ello, la hilada de sardineles debe desviarse gradualmente de la vertical a ambos lados partiendo del centro y los estribos deben estar ligeramente inclinados.

- Luces máximas como valores orientativos:

espesor 24 cm	≤ 90 cm	(arco adintelado)
espesor 24 cm	≤ 130 cm	(arco rebajado)
espesor 36,5 cm	≤ 130 cm	(arco adintelado)
espesor 36,5 cm	≤ 160 cm	(arco rebajado)

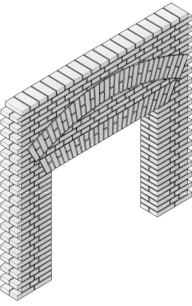

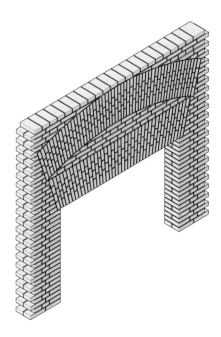

75 Abertura de muro con arco adintelado y **arco de compensación** por encima para redirigir las cargas verticales hacia las zonas de los estribos laterales.

76 Arco de descarga de ladrillo para luces de hasta 1,90 m aproximadamente. En vanos grandes, los arcos adintelados situados encima del hueco iban suspendidos de los arcos de descarga por medio de tirantes de hierro.

■ En la construcción tradicional de fábrica, se encuentran a menudo los llamados **arcos de compensación**. Su uso puede tener varias razones constructivas:

• formación de **arcos de descarga** sobre huecos de ventanas cuyos dinteles no pueden soportar una gran flexión, por ejemplo, vigas de piedra natural (⊟ **26**, **75**, **76**, **78**);

Arcos de compensación y descarga   6.2

77 Arco adintelado sobre columnas.

78 Arcos de descarga de ladrillo sobre arcos adintelados de granito.

79 Arcos de descarga incorporados en el muro exterior cilíndrico del Panteón de Roma. Se cree que durante la construcción, las secciones de los muros bajo los pequeños arcos albergaban ruedas para el funcionamiento de grúas y elevadores. Los grandes arcos de descarga transmiten las cargas verticales a los pilares internos de fábrica de la rotonda.

- incorporación de arcos de descarga en grandes áreas de muros de obra de fábrica para la transferencia selectiva de cargas a zonas de muro más resistentes o a cimientos (⊟ **79**);

- creación de plataformas de trabajo y de maquinaria de construcción durante la fase de obra. Las aberturas se cierran posteriormente; el arco de descarga permanece en el muro (véase ⊟ **79**).[9]

6.3   Ejecución de un dintel

📖 *EN 845-2*
📖 *EN 846-9*
📖 *EN 846-11*

■ Hoy en día, los dinteles sobre ventanas, puertas o aberturas similares se diseñan como vigas de flexión o tirantes. En comparación con edificios de obra de fábrica más antiguos, en los que—como se ha descrito en este capítulo—los huecos sólo tienen luces pequeñas siguiendo las reglas tradicionales de este método de construcción, hoy en día se realizan a menudo formas mixtas en las que, en comparación con edificios históricos, son posibles huecos de muro de gran luz. En la construcción de fábrica, esto requiere a veces que las concentraciones de tensiones en el muro, anteriormente problemáticas, se absorban mediante pilares de hormigón armado.

Las vigas de flexión utilizadas como dinteles suelen ser dinteles de hormigón in situ o prefabricados en los métodos de construcción habituales y deben estar aislados por fuera. Desde la introducción de ladrillos aligerados, se utilizan cada vez más dinteles planos de ladrillo en U. Estos dinteles prefabricados se caracterizan por su escaso canto (⊟ **80–82**, **84**). Los dinteles de ladrillo en U o dinteles planos de ladrillo están armados y rellenos de hormigón y pueden obtenerse de la fábrica como productos semiacabados. El funcionamiento estático de estos dinteles se describe en el *Apartado 6*.

En la construcción de viviendas, en particular, muchos dinteles prefabricados llevan integrada una persiana (⊟ **87–89**). La construcción básica parcialmente portante del cajón de la persiana suele ser metálica y está laminada con un aislamiento de aglomerado o de espuma rígida, que es necesario tanto para el aislamiento térmico como para servir de material de soporte para el revoque. La sencillez de esta solución combinada contrasta hoy en día con el notable aumento de los requisitos de aislamiento térmico; porque cajas de persianas de este tipo suelen representar puntos débiles térmicos extremos en la envolvente por el peligro de puentes térmicos debido al resalto en el plano de aislamiento o debido a que la capa de aislamiento es demasiado delgada en algunas partes. Este problema se suele resolver en las casas de bajo consumo energético o pasivas con cajas de persiana exteriores para evitar puntos débiles térmicos en la capa de aislamiento.

Hoy en día, los dinteles suelen evitarse simplemente como elemento estructural independiente, realizando los huecos de los muros a altura completa de piso y rematándolos con la losa de hormigón armado. Para ello, ésta puede armarse

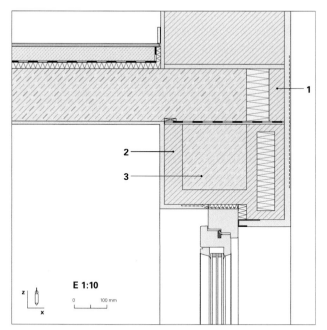

E 1:10

0   100 mm

83 Construcción de dintel mediante hoja de material de ladrillo aligerado con mocheta, para fábrica exterior de hoja única de 42,5 cm (detalle estándar de *Wienerberger Ziegelindustrie GmbH*).

1 encofrado de ladrillo formando borde de losa
2 cáscara de ladrillo
3 viga de hormigón armado

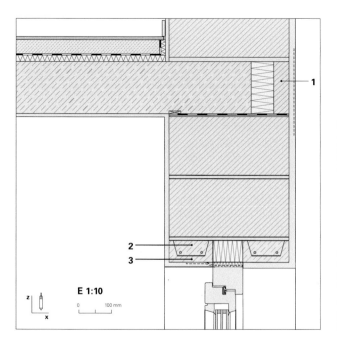

E 1:10

0   100 mm

80–82 (Arriba) dintel plano de ladrillo, marca *Wienerberger*, para muro de 36,5 cm. Consta de tres cámaras; las exteriores están armadas y hormigonadas y la interior va rellena de espuma rígida aislante para reducir la formación de puentes térmicos.

84 Ejemplo de diseño de un dintel según el modelo de tirante y arco de compresión descrito usando dinteles planos de ladrillo para muro exterior de fábrica de una sola hoja de 42,5 cm.

1 encofrado de ladrillo formando borde de losa
2 relleno de hormigón con armadura de tracción
3 cáscara U de ladrillo

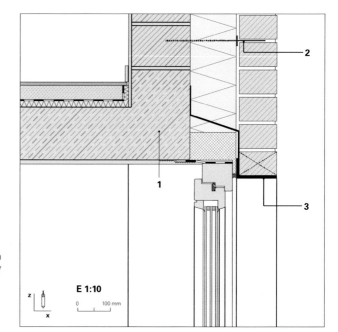

85 Construcción de dintel con viga de hormigón en combinación con hoja de ladrillo visto de 11,5 cm y hoja interior de ladrillo de 17,5 cm.

1 viga de hormigón
2 anclaje de muro (acero inoxidable)
3 dintel de acero para la hoja vista

E 1:10

0   100 mm

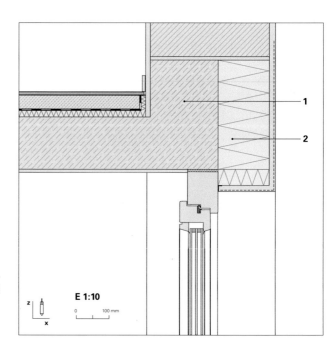

86 Ejecución de dintel mediante una viga de hormigón armado con una capa de aislamiento añadido; obra de fábrica de 36,5 cm de espesor.

1 viga de hormigón armado
2 aislamiento térmico

E 1:10

0   100 mm

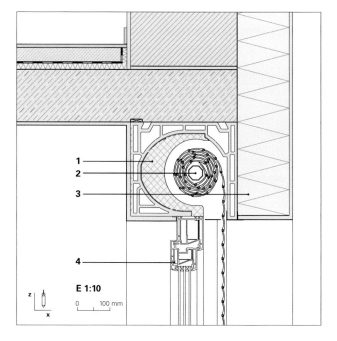

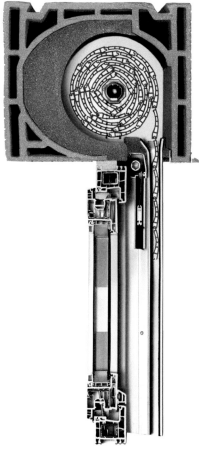

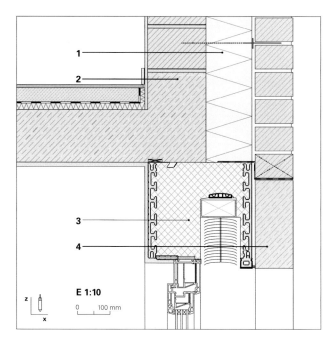

87 Caja de persiana de material de ladrillo aligerado con aislamiento de espuma rígida integrado para crear una capa de aislamiento continua; para obra de fábrica de 36,5 cm (marca *Wienerberger Ziegelindustrie GmbH*).

88 (Arriba izquierda) losa de hormigón armado y caja de persiana de material de ladrillo aligerado.

1 aislamiento térmico
2 caja de persiana
3 sistema compuesto de aislamiento térmico exterior
4 ventana de plástico

89 Ejemplo de construcción de un dintel con caja de persiana de lamas dentro de un muro de fábrica de doble hoja.

1 aislamiento térmico
2 viga de hormigón
3 caja de persiana de ladrillo no portante
4 dintel de hormigón bajo la hoja vista

7.

Construcción de muro con piezas artificiales

📖 *EN 1993-3*

adicionalmente en la zona de borde, especialmente en el caso de anchos de vano mayores (🔲 **85**, **86**).

■ Las piezas artificiales de albañilería son actualmente el material de construcción utilizado prácticamente en toda la construcción moderna de obra de fábrica. La piedra natural sólo se utiliza en casos muy raros o para la renovación de edificios antiguos.

El dimensionado de las estructuras de obra de fábrica se realiza según la nueva normativa europea del *Eurocode 6*. Esta normativa actualmente en vigor permite alternativamente un método de cálculo simplificado y un método de cálculo más preciso con el que verificar la estabilidad de las estructuras de obra de fábrica. Para la mayoría de los edificios de fábrica, es decir, aquellos con características como altura media de edificio y de planta, luces de forjado limitadas, etc., la norma *EN 1996-3* permite utilizar un método de cálculo simplificado como base para la verificación de la estabilidad. Esta simplificación es el resultado de la experiencia en el uso de este material de construcción. Se dan algunos requisitos básicos para la aplicación del método a los muros con carga vertical y de viento (🔲 **90**): [10]

* espesor mínimo de paredes interiores y exteriores;

* altura libre de piso (normalmente ≤ 2,75 m);

* carga viva del forjado (normalmente ≤ 5,0 kN/m²);

* altura del edificio ≤ 20 m;

* luz de losas de hormigón armado apoyadas ≤ 6,0 m.

componente	espesor de muro	altura libre de muro	forjado apoyado	
			requisitos	
	t mm	h m	luz l_f m	carga útil [a] q_k kN/m²
muros interiores de carga	≥ 115 < 240	≤ 2,75	≤ 6,00	≤ 5
	≥ 240	–		
tragende Außenwände und zweischalige Haustrennwände	≥ 115 [b] < 150 [b]	≤ 2,75	≤ 6,00	≤ 3
	≥ 150 [c] < 175 [c]			
	≥ 175 < 240			≥ 5
	≥ 240	≤ 12t		

[a] Incluido el recargo por tabiques interiores no portantes.

[b] Como pared exterior de una sola cáscara sólo para garajes de una sola planta y estructuras comparables que no estén destinadas a la residencia permanente de personas. Como cáscara de carga de muros exteriores de doble cáscara y para paredes divisorias de casas de doble cáscara hasta un máximo de dos pisos completos más el piso del ático convertido; paredes arriostrantes transversales a una distancia ≤ 4,50 m o distancia de borde de una abertura ≤ 2,0 m.

[c] Para resistencias a la compresión características de la fábrica $f_k < 1,8$ N/mm², también se aplica la nota b.

90 Requisitos previos para la aplicación del procedimiento de verificación simplificado según *EN 1996-3*.

91 Construcción de un sótano en obra de fábrica (marca *Wienerberger Ziegelindustrie GmbH*).

La mayoría de las estructuras de obra de fábrica cumplen las condiciones especificadas por la norma. El método de cálculo más preciso se utiliza, en consecuencia, cuando se rebasan las condiciones límite mencionadas o cuando se buscan soluciones que ahorren material. Tiene en cuenta aproximadamente el efecto pórtico entre forjados y paredes y también puede aplicarse a componentes individuales.

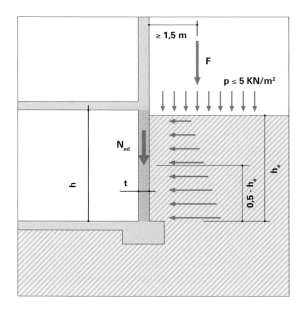

92 Ejecución de muros de sótano de obra de fábrica sin prueba de cálculo de acuerdo con *EN 1996-3*.

N_{ed} valor de diseño de la carga vertical a la mitad de la altura del relleno
t espesor de muro
h altura libre del muro de sótano
h_e altura del relleno
F carga puntual
p carga viva característica en la superficie del suelo

Muros exteriores de sótano de piezas de albañilería artificiales sin verificación especial

📖 EN 1996-3, 4.5

■ Los muros exteriores de sótanos son hoy en día principalmente de hormigón. Sin embargo, también se pueden ejecutar con ladrillo si los empujes horizontales que actúan sobre el muro exterior del sótano son anulados por las fuerzas verticales de la estructura.

La norma permite un procedimiento de cálculo simplificado, en el que se puede omitir la verificación de cálculo si se cumplen las siguientes condiciones (🔲 **92**):

* altura libre del muro del sótano ≤ 2,60 m y espesor de la hoja de fábrica ≥ 200 mm;

* el forjado del sótano puede absorber el empuje del terreno como una losa diafragma;

* la carga viva en la zona de influencia cercana al edificio no supera 5 kN/m^2; no hay carga concentrada > 15 kN a una distancia < 1,5 m del muro; la superficie del suelo no debe elevarse y la altura del relleno no debe superar la altura del muro del sótano;

* no debe haber aguas subterráneas permanentes (bajo presión) que actúen sobre la pared del sótano;

* no hay superficie de deslizamiento (por ejemplo, debido a una impermeabilización), o se toman medidas para asegurar la capacidad de carga de cizalladura.

Muros arriostrantes

📖 EN 1996-1-1

■ En el contexto del método de construcción celular introducido anteriormente, se describió el principio de arriostramiento de muros delgados con riesgo de vuelco y pandeo, que es común en la construcción de obra de fábrica, a través del apoyo mutuo de los muros que generalmente van sujetos en varios lados. El principio básico del arriostramiento consiste en el encajado, es decir, en la colocación de muros de forma transversal, que se conectan entre sí de forma resistente al corte. Para que el arriostramiento mutuo sea eficaz, los muros arriostrantes deben tener las siguientes dimensiones: [11]

* Los muros arriostrantes deben tener una longitud efectiva de al menos 1/5 de la altura de piso (🔲 **93**, **94**)

* y tener un grosor de al menos 1/3 del grosor del muro a arriostrar (mín. 11,5 cm).

* Deben ser no desplazables y estar dispuestos en ángulo recto con el muro arriostrante. Las dos paredes deben levantarse al mismo tiempo (enjarje). Para ello, ambos materiales de las paredes deben tener el mismo comportamiento deformacional.

También es posible el arriostramiento mediante pilares de hormigón armado o perfiles de acero integrados.

Como se ha descrito en el apartado sobre la construcción celular, no basta con el arriostramiento mediante paredes acometiendo en ángulo recto. El problema ya descrito del borde libre superior de un muro, la construcción de plantas y la aparición de fuerzas de tracción en la zona del borde de los forjados requieren otras medidas de arriostramiento complementarias o también superpuestas.

☞ *Aptdo. 5.1 Método de construcción celular, pág. 486*

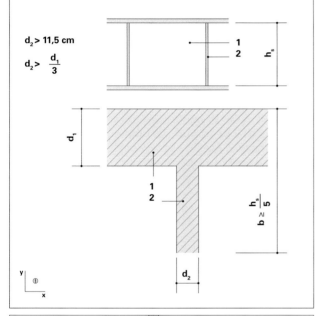

93 Dimensiones mínimas de muros con función arriostrante según *EN 1996-1-1*.

1   muro de carga (muro a arriostrar)
2   muro transversal (muro arriostrante)

94 Longitudes mínimas de muros con huecos que asumen una función arriostrante, según *EN 1996-1-1*.

7.3

Paredes interiores no portantes

☞ **Vol. 3**, Cap. XIV-3, Aptdo. 2. Tabiques de una hoja

☞ **Vol. 3**, Cap. XIV-3, Aptdo. 4. Tabiques en construcción nervada

☞ DIN 4103-1, Aptdo. 4, pág. 8, y 5.2, pág. 9

■ Las paredes interiores no portantes, es decir **tabiques**, son particiones que cumplen exclusivamente funciones de división espacial y de apantallamiento y no asumen una función portante en la estructura primaria. En la construcción de obra de fábrica suelen tener espesores de 11,5 cm y estar hechos, por ejemplo, de piezas sílico-calcáreas. Hoy en día se utilizan cada vez más en la construcción de interiores otros bloques de fábrica no cocidos, por ejemplo, bloques de hormigón celular, placas de yeso y otros. En la actualidad, los tabiques se construyen cada vez más frecuentemente como tabiques de entramado y yeso laminado. Estos tipos de pared son especialmente económicos y adecuados para conducir instalaciones en sus cavidades.

Al igual que con el arriostramiento en la construcción de obra de fábrica, el **refuerzo** de los tabiques de albañilería tiene lugar bien a través del apoyo mutuo de los mismos, si esto es posible, o a través de la conexión con el forjado de hormigón en su borde superior, lo que garantiza que los tabiques no se inclinen y al mismo tiempo se absorban los movimientos relativos hacia el forjado. Por lo tanto, es importante separar los tabiques del forjado de hormigón en dirección vertical en su conexión superior mediante tiras de aislamiento y/o láminas. La conexión inferior en la base de los tabiques de fábrica suele ser de ejecución rígida. La pared se apea sobre la losa de hormigón o sobre un solado adherido o un solado sobre capa de separación. La separación a largo plazo con respecto a la estructura debe garantizar que, durante la vida útil de una construcción, los cambios y las redistribuciones de carga o las deformaciones no provoquen tensiones en los tabiques, lo que puede acabar provocando grietas en los mismos.

De acuerdo con la norma *DIN 4103-1*, se distinguen dos **zonas de instalación** diferentes para muros de obra de fábrica no portantes:

• **Zona de instalación 1**: zonas residenciales, de oficinas, hoteleras y sociales con poca congregación de personas. Aquí se aplican cargas horizontales de 0,5 kN/m a una altura de 90 cm por encima de la base del muro.

• **Zona de instalación 2**: lugares de reunión, zonas de exposición y venta con grandes concentraciones de personas. Aquí se aplican cargas horizontales de 1,0 kN/m a una altura de 90 cm por encima de la base del muro.

En la construcción de tabiques de albañilería deben observarse las siguientes reglas:

• Se iniciará el levantamiento de los tabiques en el último piso. La deformación del forjado causada por el peso no debe generar cargas adicionales en los tabiques inferiores.

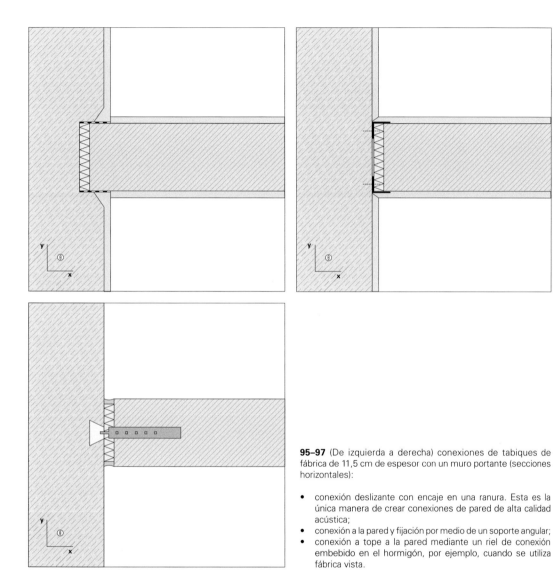

95–97 (De izquierda a derecha) conexiones de tabiques de fábrica de 11,5 cm de espesor con un muro portante (secciones horizontales):

- conexión deslizante con encaje en una ranura. Esta es la única manera de crear conexiones de pared de alta calidad acústica;
- conexión a la pared y fijación por medio de un soporte angular;
- conexión a tope a la pared mediante un riel de conexión embebido en el hormigón, por ejemplo, cuando se utiliza fábrica vista.

- Hasta una luz de 7 m, es posible la transferencia de la carga de un tabique mediante el efecto de arco. Debe garantizarse la absorción del empuje horizontal en las conexiones laterales.

- El flectado del forjado se limitará a **l**/500.

- Si se respetan los tiempos de fraguado del hormigón y se realiza un curado posterior (por ejemplo, para evitar un secado rápido), se puede reducir el flectado del forjado debido a la fluencia y la retracción. El levantamiento de los tabiques debe hacerse lo más tarde posible.

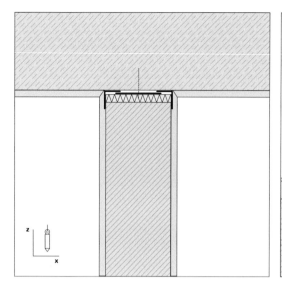

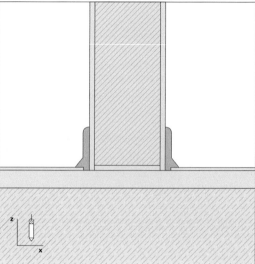

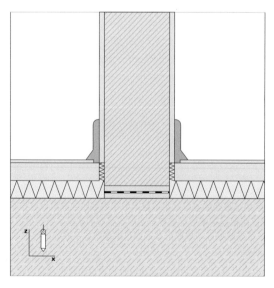

98 (Arriba izquierda), **99** (arriba derecha), **100** (abajo izquierda) conexiones a techo y suelo de tabiques de fábrica de 11,5 cm de espesor (secciones verticales):

- conexión y afianzado antivuelco de un tabique exento con el techo de hormigón armado, superficies enlucidas posteriormente, incluido el corte de llana en la esquina;
- tabique construido sobre solado adherido; éstos se utilizan a menudo hoy en día, especialmente para cumplir con los requisitos de reubicación de tabiques;
- conexión de suelo deslizante con capa separadora y conexión de suelo flotante;

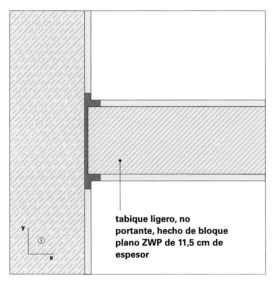

tabique ligero, no portante, hecho de bloque plano ZWP de 11,5 cm de espesor

101 (Arriba izquierda), **102** (arriba derecha), **103** (abajo izquierda) conexiones al techo y a la pared mediante un nuevo sistema de conexión con cierre por forma de la marca *Wienerberger Ziegelindustrie GmbH* (*sistema ZIS*): fácil instalación del sistema de enlace para conexiones deslizantes. El sistema de conexión absorbe las deformaciones y al mismo tiempo sirve de tope de enlucido. El sistema también sirve para mejorar la acústica al reducir la transmisión de sonido por flancos gracias al desacoplamiento completo.

7.4

Paredes exteriores no portantes

📖 *EN 1996-3*

■ Según la norma, las paredes exteriores no portantes y de mero relleno entre pilares no requieren una verificación de cálculo si se cumplen los siguientes requisitos previos:

- Las paredes se sujetan por los cuatro lados, por ejemplo, mediante enclavamientos, resalte o anclajes.

- El tamaño de las zonas de relleno $h_i \cdot l_i$ no supera los valores indicados en 🗗 **104**, siendo h_i la altura y l_i la longitud de la zona de relleno.

- Que se cumplan las demás condiciones de 🗗 **104**.

7.5

Muros exteriores de doble hoja

☞ *Cap. VIII, Aptdo. 3. Sistemas de doble hoja, pág. 146*

☞ *Otras cuestiones de ejecución se tratan en **Vol. 3**, Cap. XIII-3, Aptdo 3. Sistemas de doble hoja*

■ La obra de fábrica de doble hoja, también denominada **muro capuchino**, está formada por una hoja exterior y una interior (🗗 **105**). Ambas hojas están acopladas entre sí por medio de anclajes de alambre. La hoja interior de albañilería es la única responsable de la capacidad de carga y, por lo tanto, es decisiva para el dimensionado. La hoja exterior no es capaz de sostenerse por sí misma y debe ir atada al muro trasero. La cavidad entre las hojas puede ejecutarse alternativamente como una cámara de aire, como una capa de aislamiento térmico y una cámara de aire o como una capa de aislamiento de relleno completo. Entre otras cosas, debido a las elevadas exigencias de aislamiento térmico actuales, hoy en día se utiliza predominantemente la obra de fábrica de doble hoja con aislamiento de relleno total.

Las dimensiones estándar se pueden encontrar en 🗗 **105**. Una cámara de aire, si está presente, debe tener al menos 6 cm de espesor; también puede reducirse a 4 cm si el mortero se enrasa en al menos un lado de las hojas.

espesor de muro t mm	valores máximos permitidos [a,b] de superficie de relleno m² a una altura sobre el terreno de			
	0 m a 8 m		8 m a 20 m [c]	
	$h_i/l_i = 1,0$	$h_i/l_i \geq 1,0$ o $h_i/l_i \leq 1,0$	$h_i/l_i = 1,0$	$h_i/l_i \geq 2,0$ o $h_i/l_i \leq 0,5$
115 [c,d]	12	8	–	–
150 [d]	12	8	8	5
175	20	14	13	9
240	36	25	23	16
≥ 300	50	33	25	23

[a] Para las relaciones de aspecto $0,5 < h_i/l_i < 1,0$ y $1,0 < h_i/l_i < 2,0$, los mayores valores admisibles de los lienzos de relleno pueden interpolarse en línea recta.

[b] Los valores indicados se aplican a la fábrica de la clase 4 de resistencia a la compresión, como mínimo, con mortero de albañilería normal del grupo NM IIa y mortero de capa fina.

[c] En la zona de carga de viento 4 sólo se permite en regiones interiores.

[d] Si se utilizan unidades de clases de resistencia ≥ 12, los valores de esta línea pueden incrementarse en 1/3.

104 Valores máximos admisibles de la superficie de relleno de muros exteriores no portantes sin verificación de cálculo, según *EN 1996-3*.

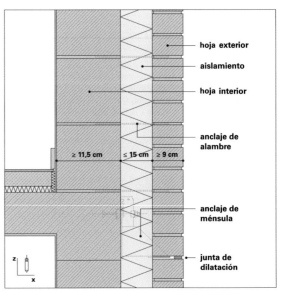

105 Obra de fábrica de doble hoja con aislamiento sin cámara de aire: componentes principales y dimensiones estándar.

■ Para la integración de las instalaciones a ras de la pared, se asierran o fresan rozas en la obra de fábrica, que suele levantarse poco antes. Los canales de mayor tamaño, por ejemplo para subidas, se suelen tener en cuenta en una fase temprana de proyecto y se crean durante el proceso de albañilería, por ejemplo, utilizando ladrillos con forma adecuada o en forma de U (🔲 **106**).

Las rozas también se pueden ejecutar de esta manera, pero esto es más bien una excepción en la práctica. Así, sigue siendo la norma hoy en día en la construcción de obra de fábrica practicar las rozas a posteriori—una deconstrucción parcial sin mucho sentido con una alta proporción de trabajo manual. (No obstante, también existen alternativas, como tabiques de instalación añadidos.) Por lo tanto, las instalaciones se incorporan posteriormente en la pared en un procedimiento bastante engorroso mediante fresado de canales, es decir las rozas. Algunos nuevos enfoques de tecnología de instalación y equipamiento de edificios justifican la esperanza de que la costosa integración de instalaciones en muros, habitual hasta ahora, sea innecesaria en el futuro o, al menos, pueda reducirse.

En particular, para la inserción posterior de rozas, la norma prescribe sus dimensiones y los rebajes que pueden ejecutarse sin más verificación (🔲 **107**, **108**). Para las que superan estas dimensiones, deben realizarse las correspondientes verificaciones estáticas en cada caso.

Rozas y canales (integración de la instalación)

106 Integración ejemplar de conductos subientes dentro de ladrillos de gran formato en forma de U (marca *Wienerberger Ziegelindustrie GmbH*).

📖 *EN 1996-1-1*

Wanddicke mm	rozas y rebajes realizados posteriormente [c]		rozas y rebajes realizados en el aparejo de ladrillo de la construcción de fábrica			
	profundidad máxima [a] $t_{ch,v}$ mm	ancho máximo [b] (roza simple) mm	espesor de pared mínimo restante mm	ancho máximo [b] mm	distancia mínima entre rozas y rebajes	
					a aberturas	entre sí
115 a 149	10	100	-	-		
150 a 174	20	100	-	-	≥ 2 veces el ancho de la roza o ≥ 240 mm	≥ ancho de la roza
175 a 199	30	100	115	260		
200 a 239	30	125	115	300		
240 a 299	30	150	115	385		
300 a 364	30	200	175	385		
≥365	30	200	240	385		

[a] Las rozas que se extienden hasta un máximo de 1 m por encima del suelo pueden realizarse hasta 80 mm de profundidad y 120 mm de ancho para espesores de pared ≥ 240 mm.
[b] La anchura total de rozas según las columnas 3 y 5 no debe superar las dimensiones de la columna 5 por cada 2 m de longitud de pared. Para longitudes de muro inferiores a 2 m, se reducen los valores de la columna 5 proporcionalmente a la longitud del muro.
[c] Abstand der Schlitze und Aussparungen von Öffnungen ≥ 115 mm.

107 Tamaño admisible $t_{ch,v}$ de rozas y rebajes verticales en obra de fábrica, sin necesidad de verificar, según *EN 1996-1-1*.

espesor de pared mm	profundida máxima de roza $t_{ch,h}$ [a] mm	
	longitud ilimitada	longitud ≤ 1.250 mm [b]
115 a 149	–	–
150 a 174	–	0 [c]
175 a 239	0 [c]	25
240 a 299	15 [c]	25
300 a 364	20 [c]	30
≥ 365	20 [c]	30

[a] Las rozas horizontales e inclinadas sólo se permiten en una zona ≤ 0,4 m por encima o por debajo del forjado bruto y en un lado de la pared a la vez. No están permitidos los ladrillos ranurados.
[b] Distancia mínima en sentido longitudinal de las aberturas ≥ 490 mm, desde la siguiente ranura horizontal, dos veces la longitud de la roza.
[c] La profundidad puede aumentarse en 10 mm si se utilizan herramientas con las que se pueda mantener la profundidad con precisión. Cuando se utilizan estas herramientas, también se pueden hacer ranuras opuestas con una profundidad de 10 mm cada una en paredes ≥ 240 mm.

108 Tamaño admisible $t_{ch,v}$ de rozas y rebajes horizontales e inclinados en obra de fábrica, sin necesidad de verificar, según *EN 1996-1-1*.

109, 110 Ejecución controlada de aberturas y rozas en muros de fábrica mediante perforación y fresado. No pueden llevarse a cabo trabajos de picado incontrolados (*Wienerberger Ziegelindustrie GmbH*).

Las rozas **horizontales** o **inclinadas** son especialmente problemáticas, ya que debilitan permanentemente la capacidad de carga de la pared que está sometida a esfuerzos de compresión vertical.

En principio, hay que tener en cuenta las siguientes reglas:

- Las rozas deben ser siempre fresadas; no deben ser nunca picadas (⌦ **109**, **110**).

- Las profundidades máximas de roza recomendadas para cables eléctricos suelen ser suficientes. Las rozas no deben estar sobredimensionadas.

- Rozas y canales no deben realizarse en zonas de obra de fábrica portante y sometida a grandes esfuerzos, es decir en zonas de apoyo de columnas, pilares o similares.

- Las rozas horizontales sólo pueden realizarse en muros de fábrica con espesores > 11,5 cm. En general, las rozas horizontales e inclinadas deben disponerse en las zonas de instalación según la norma *DIN 18015-3*; sin embargo, generalmente no están permitidos en ladrillos de perforación horizontal. Deben practicarse siempre cerca del techo o por encima del suelo para que no se debilite la rigidez al pandeo del muro (véase ⌦ **111**).

- Por lo general, es preferible realizar instalaciones antepuestas, posiblemente también instalaciones eléctricas antepuestas, si se dispone de espacio suficiente.

- No se permiten canales ni rozas en las caras de chimeneas.

Las rozas y los canales en los muros no sólo perjudican el comportamiento de carga de los mismos, sino también sus propiedades físicas.

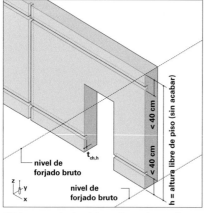

111 Las rozas horizontales y diagonales en lienzos de pared delgada sólo pueden realizarse en la zona de 40 cm por encima o por debajo del forjado bruto.

Notas

1   Schmitthenner, Paul (1984) *Das deutsche Wohnhaus*, DVA Stuttgart, pág. 62
2   Belz, Gösele, Jehnisch, Pohl, Reichert (1991) *Mauerwerks-atlas*, Köln, pág. 34
3   Ibidem pág. 34
4   David Speath (1986) *Mies van der Rohe*, Stuttgart, pág. 27
5   Belz, Gösele, Jenisch, Pohl, Reichert (1991) Mauerwerksatlas, Köln, pág. 35
6   Ohler, A (1988) *Richtlinien für die Ausführung von Flachstürzen. Mauerwerkskalender 1988*, pág. 497–505, así como Schmidt, U (2004) *Bemessung von Flachstürzen, Mauerwerkkalender 2004*, pág. 275–309
7   Frick, Knöll, Neumann, Weinbrenner (1992) *Baukonstruktionslehre Teil 1*, Stuttgart, pág. 124,
8   Belz, Gösele, Jenisch, Pohl, Reichert (1991) *Mauerwerksatlas*, Köln, pág. 248
9   Véase el caso del Panteón de Roma. El autor Heene G (2008) conjetura una función correspondiente de los arcos de descarga en el tambor (⤷ **79**)
10 En el anexo nacional alemán de la *DIN EN 1996-3/NA*, 4.2.1.1
11 Mauerwerksbau aktuell, 1999, Beuth Verlag, Werner Verlag, pág. I.91

Normas y directrices

MV 201: 1972-04 Muros resistentes de fábrica de ladrillo
NBE-FL-90: 1990-12 Norma Básica de la Edificación—Muros resistentes de fábrica de ladrillo
CTE DB SE-F: 2019-12 Código Técnico de la Edificación—Documento Básico SE-F—Seguridad estructural—Fábrica

UNE-EN 845: Especificación de componentes auxiliares para fábricas de albañilería
    Parte 2: 2018-11 Dinteles
UNE-EN 771: Especificaciones de piezas para fábrica de albañilería
    Parte 1: 2016-12 Piezas de arcilla cocida
    Parte 2: 2016-09 Piezas silicocalcáreas
    Parte 3: 2016-03 Bloques de hormigón (áridos densos y ligeros)
    Parte 4: 2016-03 Bloques de hormigón celular curado en autoclave
    Parte 5: 2016-07 Piezas de piedra artificial
    Parte 6: 2016-03 Piezas de albañilería de piedra natural
UNE-EN 1996: Eurocódigo 6: Proyecto de estructuras de fábrica
    Parte 1-1: 2013-11 Reglas generales para estructuras de fábrica armada y sin armar
    Parte 1-2: 2011-12 Reglas generales. Proyecto de estructuras sometidas al fuego
    Parte 2: 2011-12 Consideraciones de proyecto, selección de materiales y ejecución de la fábrica
    Parte 3: 2011-12 Métodos simplificados de cálculo para estructuras de fábrica sin armar

DIN 105: Clay bricks
    Part 4: 2019-01 Ceramic bricks

Part 4/A1: 2021-04 Ceramic bricks; Amendment A1

Part 5: 2013-06 Lightweight horizontally perforated clay masonry units and lightweight horizontally perforated day masonry panels

Part 6: 2013-06 High precision units

Part 41: 2019-01 Conformity assessment of ceramic bricks according to *DIN 105-4*

DIN 1045: Design of concrete structures

Part 100: 2017-09 Brick floors

DIN 1053: Masonry

Part 4: 2018-05 Prefabricated masonry compound units

DIN 4103: Internal non-loadbearing partitions

Part 1: 2015-06 Requirements and verification

DIN 4159: 2014-05 Floor bricks and plasterboards, statically active

DIN 18100: 1983-10 Doors; wall openings for doors with dimensions in accordance with *DIN 4172*

X-2 CONSTRUCCIÓN DE MADERA

1. Historia de la construcción de madera

■ La tradición de la construcción de madera se remonta a los orígenes de la historia de la humanidad. El alto nivel de conocimientos técnicos que se refleja en el uso histórico de este material en la edificación es notable y nos da una idea de la larga experiencia y tradición constructiva que todavía está presente hoy en día en este campo. El uso experto de este material de construcción puede apreciarse todavía hoy en su forma tradicional en los numerosos edificios históricos de madera que se conservan.

1.1 Primeros métodos de construcción de madera

   📖 *Viollet-le-Duc (1875) "Histoire de l´habitation humaine depuis les temps préhistoriques jusqu´à nos jours," París*

   ☞ *Véase también **Vol. 4**, Cap. 8., Aptdo. 4.2 Métodos de construcción de pared en madera, así como ibid. Aptdo. 6.1 Métodos de construcción de esqueleto de madera*

   ☞ *Cap. IX-2, Aptdo. 2.1.2 Cubrimiento plano compuesto de conjuntos de barras, pág. 294*

■ Debido a la fácil disponibilidad y a la facilidad de trabajo de la madera, ésta se utilizó muy pronto para la construcción. Por lo tanto, los edificios de madera figuran entre las estructuras más antiguas de la humanidad. Las primeras estructuras de madera se construyeron probablemente como simples habitáculos para protegerse de la naturaleza o de los enemigos (🗗 **1**, **2**). Debido a la poca durabilidad del material, estas construcciones no han sobrevivido, a diferencia de los numerosos edificios primitivos de piedra. En el mejor de los casos, sólo se encuentran restos muy escasos de estructuras de madera primitivas. Como único material de construcción biológico, la madera debe protegerse de la destrucción por podredumbre, moho o parásitos, algo que se aseguraba durante la vida útil de los edificios ya desde muy temprano, en particular aplicando medidas estructurales y constructivas.

Utilizada como elemento portante, la madera permite fabricar postes y dinteles y, de este modo, permite crear coberturas de espacio con poca dificultad constructiva. En cambio, cubrir o abovedar espacios con material pétreo siempre conllevó un esfuerzo y unos conocimientos técnicos mucho mayores. Por esta razón, aunque los edificios de piedra y ladrillo se impusieron en muchas civilizaciones avanzadas, la madera siguió siendo un material de construcción básico indispensable, incluso en aquellas regiones donde siempre fue escasa y cara. Sobre todo en las regiones frías y densamente arboladas del hemisferio norte, la casa de madera siguió siendo la norma en la construcción secular hasta la época de la Revolución Industrial. Esto se debía sobre todo a las condiciones climáticas, que por un lado creaban el medioambiente necesario para la abundancia de madera y para las que, por otro lado, la madera estaba predestinada gracias a su favorable comportamiento térmico. El procesamiento de la madera, más sencillo en comparación con el de la piedra, también favoreció el uso generalizado del material, especialmente para construcciones cotidianas.

Los primeros métodos de construcción de madera consumían bastante material en su estructura básica por el principio constructivo empleado. Los antiguos métodos de blocao y de poste y tablón (🗗 **3**) son construcciones de paredes sólidas hechas de madera maciza. Sólo las techumbres eran construcciones de armazón más ligeras que se cubrían con tejas, paja o junco. En el desarrollo posterior de las civilizaciones avanzadas, la madera se convirtió paulatinamente en una materia prima cada vez más cara. La escasez de madera surgió en la región mediterránea, por ejemplo, debido a su combustión para la producción de hierro y acero y para la producción de aglomerantes hidráulicos, para los que se consumían grandes cantidades de madera. La construcción naval también reclamó considerables recursos madereros. En el norte de Europa, se perdieron extensas áreas forestadas debido a la tala de árboles para obtener tierras de cultivo. El método tradicional de construcción con entramado de madera, que permitía un uso más eficiente del material, puede entenderse como una respuesta a estas circunstancias económicas. El ostentoso despliegue exterior de la madera, que desde entonces se había encarecido, estaba reservado en aquella época sólo a unos pocos edificios representativos. Los compartimentos del entramado se dejaron de cerrar con tablones de madera, rellenándose en cambio con cañizo, arcilla o con mampuestos, lo que resultaba más barato.

Como resultado, cambió mucho el valor social de la construcción de madera a partir de la Baja Edad Media, especialmente en Europa Central. Las catástrofes provocadas por el fuego desempeñaron sin duda un papel importante en el aprecio—o menosprecio—de la madera como material de construcción. Hoy en día, la construcción de madera se considera a menudo barata, sencilla y poco duradera, lo que no hace justicia a las verdaderas capacidades del material.

1 El árbol caído—la forma más sencilla de estructura protectora.

2 (Izquierda) sencilla cabaña primitiva hecha con árboles jóvenes y mimbre, según Viollet-le-Duc, *Histoire de l'habitation humaine*; hipotético arquetipo de las primeras construcciones de madera.

3 (Abajo) armazón de poste y tablón de una granja en la Selva Negra.

Algunas de las estructuras más antiguas que aún se utilizan en Europa Central son edificios de madera. Por ejemplo, la casa de la abadesa Sofía, de 1233, en Quedlinburg, Sajonia-Anhalt, se considera la construcción de madera más antigua de Alemania. Las vigas de roble de los forjados se cortaron en 1215, las de abeto en 1230.

Métodos americanos de construcción de madera

☞ *Aptdo. 3.4 Construcción de costillas, construcción de panel, pág. 534*

■ La construcción de madera experimentó un nuevo florecimiento en América del Norte con el desarrollo del método de construcción nervada, que se deriva de la construcción tradicional europea de entramado de madera (⊟ **4**). Los requisitos previos fueron la producción industrial de escuadrías de madera aserradas a máquina y estandarizadas, así como la producción industrial en masa de clavos de acero baratos, de alta y constante calidad. Con la invención de la construcción de **balloon frame** (antes llamada construcción de Chicago) por parte de George Washington Snow hacia 1830, comenzó el avance triunfal de este método de construcción extremadamente eficiente, impulsado sobre todo por la migración al Oeste americano y al asentamiento masivo en esos territorios. Aunque la estandarización de las escuadrías ya se conocía en la antigüedad, la utilización consecuente de productos industriales semiacabados representó un verdadero avance cualitativo en el desarrollo. A partir de entonces, se enviaban partes de casas de madera y elementos de pared, fabricados completamente de forma industrial, a varios miles de kilómetros desde Nueva Inglaterra para ser ensamblados en el oeste de los Estados Unidos. Hasta hoy, los métodos americanos de construcción con costillas de madera, con su característico entablado imbricado en las fachadas, son excelentes ejemplos de construcción eficiente con madera.[1]

Construcción de madera industrializada

☞ *Aptdo. 4. Construcción de esqueleto de madera, pág. 559*

■ Impresionados por las Ferias Mundiales y los viajes a Estados Unidos, los arquitectos europeos volvieron a intentar promover la construcción de madera a principios del siglo XX en busca de soluciones rentables para la construcción de viviendas. En este contexto, cabe destacar las obras de Konrad Wachsmann y Walter Gropius (⊟ **6–9**) del periodo posterior a la Primera Guerra Mundial, creadas en Europa y en Estados Unidos. Las experiencias de Bruno Taut en Japón y su interés por la vivienda japonesa también influyeron en la moderna construcción de madera europea. Además, la ruptura con los métodos tradicionales de construcción de pared puros y el desarrollo de métodos modernos de construcción de esqueleto, que se remontan a los modelos de Asia Oriental, hicieron avanzar de forma decisiva las posibilidades de la construcción de madera moderna.

Las ventajas de la construcción de madera contemporánea residen, además de en la economía de materiales, en el amplio desarrollo de la tecnología de montaje, la prefabricación y la estandarización que tuvo lugar en los últimos años. Estas ventajas son la base del éxito de los actuales proveedores de casas prefabricadas. A diferencia de otras regiones—por ejemplo, Escandinavia—, la construcción de madera no pudo superar completamente su imagen negativa en Europa Central hasta hace poco. Los problemas de salud y medioambientales provocados por la preservación química de la madera hicieron retroceder en ocasiones a la madera en la industria de la construcción. Sólo recientemente, sobre

4 (Izquierda) montaje de una sección de pared de costillas aplacada por un solo lado según el método de *platform frame.*

5 (Derecha) estructura portante de un edificio de entramado de madera de los años 20 (arqu.: P Schmitthenner), estado de construcción. El edificio fue completamente revocado en una fase posterior.

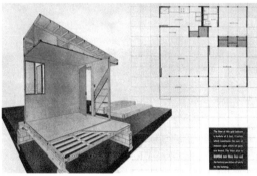

6 Residencia de Albert Einstein, Caputh, cerca de Potsdam, 1928: la famosa contribución de Wachsmann al renacimiento de la construcción en madera de finales de los años 20.

7 Residencia de Albert Einstein (arqu.: K Wachsmann).

8 Construcción de techumbre en una urbanización en Merseburg, 1922. Aquí se utiliza el método de construcción en madera de Zollinger, desarrollado en la década de 1920.

9 Exposición *Die Wohnung*, Stuttgart 1927 (colonia *Weißenhof*), casa n° 18, arqu.: L Hilberseimer. El edificio se construyó de forma prototípica utilizando un nuevo método de construcción ligera en madera (construcción *Feifel-Zickzack*).

todo por el auge de factores de sostenibilidad, se ha producido un cambio de mentalidad entre arquitectos y promotores, que también ha dado lugar a los correspondientes cambios en la legislación de la construcción.

1.4

Construcción moderna de madera

■ El desarrollo de nuevos **materiales derivados de la madera**, nuevas **conexiones** y nuevos **métodos de construcción compuesta**, en particular la construcción compuesta de madera-hormigón, ha abierto posibilidades completamente nuevas para este método de construcción.

Los nuevos **materiales derivados de la madera**, también denominados **materiales de madera**, son una respuesta a la discrepancia entre la estructura natural irregular, tan difícil de controlar, de la madera aserrada, con los correspondientes imponderables en su uso estructural, por un lado, y los requisitos de uniformidad y estandarización de la producción industrial convencional, por otro. Para producirlos, la madera se corta sistemáticamente en piezas más pequeñas o se tritura hasta el tamaño de partícula y se vuelve a ensamblar formando elementos portantes mediante diversos métodos, especialmente el encolado (⊟ **10**). Este proceso incluye una cuidadosa clasificación (es decir, la eliminación de piezas defectuosas); la eliminación de puntos débiles (por ejemplo, nudos); la elección selectiva de la orientación de la veta y, por tanto, la manipulación prácticamente arbitraria de la isotropía o la anisotropía del elemento final; y, por último, pero no por ello menos importante, la realización de casi cualquier geometría de componente, incluso curvas complejas, siempre que las piezas de base sean lo suficientemente delgadas y elásticas como para ser encoladas en una prensa generando las formas correspondientes (⊟ **11**).

☞ *Para materiales derivados de la madera:* **Vol. 1**, *Cap. V-2, Aptdo. 3., 4. y 5., a partir de pág. 411*

Otra tendencia de desarrollo en la construcción moderna de madera, que todavía está en sus inicios, procura aceptar las características dadas de la madera cultivada de forma natural, en contraste con la tecnología de materiales de madera que acabamos de describir, y utilizarlas de forma beneficiosa para fines estructurales. Esto incluye escanear la geometría o la estructura efectiva del material base, registrarla digitalmente e incorporarla a la planificación posterior de diseño y construcción; la medición digital de piezas curvas y ramas crecidas de forma natural para su uso deliberado en estructuras curvas de edificios; y, por último, la supervisión de deformaciones, especialmente de carácter higroscópico, durante el proceso de fabricación y la retroalimentación inmediata (en tiempo real) de los datos en el proceso de fabricación posterior (así, por ejemplo, pueden tenerse en cuenta deformaciones del material base tras el corte al fresar posteriormente las juntas).[2]

El amplio desarrollo de la construcción de madera laminada en los últimos años también ha dado lugar a componentes compuestos de madera maciza tipo tablero de gran superficie, que permiten realizar elementos completos de pared y forjado (⊟ **12**): una novedad absoluta en la construcción de

10 Sección transversal de madera laminada compuesta por láminas individuales seleccionadas y, por tanto, homogeneizadas; procedimiento característico de la construcción moderna con materiales derivados de la madera.

11 Elemento de arco de madera laminada curvada compuesto por delgadas láminas individuales. La elasticidad de las láminas permite darles esta forma antes de adhesivarlas en la prensa.

madera, que tradicionalmente siempre ha producido exclusivamente entramados compuestos de elementos lineales de madera maciza. Hoy en día, también pueden ejecutarse con madera métodos constructivos similares a la construcción de pared de forma casi pura. Además, los sistemas de producción automatizados permiten realizar formas complejas y alcanzar un alto grado de precisión. Por ello, las técnicas de unión por encaje, que ya eran habituales en la construcción histórica de carpintería de armar, vuelven ocasionalmente a la práctica de la construcción hoy en día en forma de uniones por encastre fabricadas de forma totalmente automática y sin elementos de fijación mecánicos.

Además de los nuevos materiales de madera, la moderna **tecnología de unión** también ha dado lugar a métodos de construcción de madera totalmente nuevos, que se engloban bajo el término genérico de **construcción de madera de ingeniería**. Ésta representa una ruptura con las técnicas tradicionales artesanales de la construcción de madera basada en la carpintería de armar, que implicaban un gran consumo de mano de obra. Con esta tecnología, las conexiones no se realizan mediante encaje, sino mediante piezas de acero de fabricación industrial, a menudo productos industriales estandarizados en serie, como pernos, pasadores o clavos. Precisamente la debilidad más evidente del material, la difícil transmisión de fuerzas en las uniones, debida entre otras cosas a su marcada anisotropía, se sortea, por así decirlo, con el uso consecuente de uniones de acero. El resultado es una especie de **construcción híbrida** en la que las partes sometidas a grandes esfuerzos no son de madera, sino de acero, un material más fuerte y rígido (⌐ **13**). (Sin embargo, recientemente también se ha producido—como se ha señalado—una vuelta a las juntas de madera puramente por encaje, que puede atribuirse al uso de sistemas de carpintería automatizados). Otro importante impulso hacia la construcción de madera de ingeniería fueron métodos de cálculo estático adecuados y normas desarrolladas para este fin (de ahí, el término de carpintería *de ingeniería*).

Por último, pero no por ello menos importante, desempeña un papel importante hoy en día la **sostenibilidad** de la madera, que no puede ser igualada ni siquiera por asomo por materiales de la competencia. El consumo de energía no renovable para producir el material es bajo o moderado en comparación con algunos otros materiales. Lo mismo ocurre con las emisiones nocivas para el medioambiente que puedan ser atribuibles a la producción de la madera y su empleo en la construcción. El impacto medioambiental de la madera no sólo es mínimo a lo largo de toda su vida útil en la construcción, sino que el material tiene incluso un balance positivo en cuanto a las emisiones de gases de efecto invernadero, dado que el árbol ya ha captado durante su crecimiento dióxido de carbono del aire, sustrayéndolo de la atmósfera.[3] En consecuencia, la madera puede considerarse un almacén de carbono que elimina temporalmente del

12 Instalación de un forjado de madera laminada cruzada sin vigas, como sólo era posible en hormigón hasta hace poco.

13 Construcción de madera de ingeniería: un método de construcción híbrido en el que se utiliza el acero en zonas de grandes esfuerzos: por ejemplo, para juntas y tirantes (Parlamento Escocés, Edimburgo; arqu.: E Miralles).

☞ **Vol. 1**, *Cap. III-2 Ecología, pág. 108, así como Cap. III-5, Aptdo. 3. Comparación de los valores de análisis del ciclo de vida de los materiales más importantes, pág. 160*

14 Madera microlaminada de haya.

medio ambiente este nocivo gas de efecto invernadero, es decir, mientras esté en uso y no se haya reciclado térmicamente o se haya podrido, y contribuye así de forma valiosa a frenar el cambio climático.

Además, tipos de madera que hasta hace poco se consideraban inadecuados para la construcción, por ejemplo, por su fuerte tendencia a la deformación o su falta de durabilidad, como en el caso de la haya, se están haciendo aptos para la construcción gracias a la nueva tecnología de materiales de madera (por ejemplo, procesada como madera microlaminada) (⏚ **14**). De este modo, no sólo se aprovecha su gran resistencia, sino que también se realiza una importante contribución ecológica en términos de fomento de la biodiversidad forestal.[4] Como consecuencia de estos avances, la madera está conquistando cada vez más ámbitos de la construcción, de modo que hoy en día incluso se construyen con este material edificios de gran altura. También en la formación de arquitectos e ingenieros civiles, la construcción de madera vuelve a desempeñar el papel que el material merece. El nuevo enfoque transmaterial que se propaga actualmente en la formación profesional pretende introducir las respectivas posibilidades de los materiales en el campo de visión del proyectista y, por tanto, también ha dado a la madera un lugar apropiado como material multifacético en la actividad constructiva de nuestros días.

2. Métodos de construcción de madera

☞ *Véase también Cap. X-1, Aptdo. 2. Clasificación de los métodos de construcción, pág. 460*

☞ *Aptdo. 6. Construcciones laminares, pág. 586*

3. Construcción de pared

☞ *Véase también **Vol. 4**, Cap. 8., Aptdo. 4.2 Métodos de construcción de pared en madera*
☞ *Véase también Cap. VII, Aptdo. 1.3 Formación de superficies mediante la conjunción de elementos individuales, pág. 16*

■ Una clasificación fundamental de los métodos de construcción de madera se basa, en primer lugar, en la distinción entre métodos de construcción de **pared** y de **esqueleto**. Básicamente, esta diferenciación se refiere a la forma en que se transfieren las cargas verticales en los elementos portantes verticales: en las construcciones de pared esto se efectúa en componentes planos con forma de pantalla; en las construcciones de esqueleto tiene lugar en soportes con forma de barra. Las construcciones de piso, en cambio, no se tienen en cuenta en esta subdivisión, ya que por su función siempre tienen que ser portantes en toda su superficie.

Por supuesto, esta clasificación se limita a las formas de construcción ortoédricas convencionales compuestas por elementos constructivos verticales y horizontales, tal y como prevalecen en la edificación, especialmente en edificios de plantas. Las formas constructivas curvas, como los cascarones, no conocen distinción entre pared (o columna) y piso, por lo que se asignan a una categoría propia.

■ Dentro de la construcción de pared, se pueden identificar varios métodos constructivos, cada uno de los cuales difiere principalmente en la forma de ensamblar los elementos verticales en forma de pared a partir de barras de madera maciza. Se trata de una tarea típica de la construcción de madera, ya que los elementos de partida tienen siempre forma de barra debido a la naturaleza del material y deben ensamblarse para formar una superficie según varios principios de adición.

Las construcciones de madera prehistóricas consistían en su mayoría en troncos de madera hincados en el suelo. Esta forma sencillísima de emplear la madera, una especie de construcción de **empalizada**, lleva asociada una grave desventaja: la inevitable putrefacción de la madera por la humedad del suelo. En un importante paso de desarrollo técnico, se abandonó en favor de métodos de construcción en los que la estructura de madera se colocaba siempre sobre una base sólida de material mineral para protegerla de la humedad del suelo. Todos los métodos de construcción de madera existentes en la actualidad se basan en este fundamental principio constructivo. Al mismo tiempo, esta innovación eliminó el empotrado de los postes de madera en el suelo y, por lo tanto, planteó inmediatamente la cuestión del arriostramiento contra fuerzas horizontales, por ejemplo, fuerzas de viento o de terremotos. Este es otro punto en el que difieren entre sí los diferentes métodos de construcción con madera, a saber, en la forma en que se transfieren a los cimientos los esfuerzos cortantes dentro de los paneles de pared.

Los siguientes métodos o tipos de construcción pueden distinguirse entre sí sobre la base de estos criterios:

- Construcción de **blocao**: troncos tendidos en horizontal se apilan verticalmente para formar un elemento de pared. En las esquinas y en las uniones de paredes interiores, las pilas de madera se conectan entre sí de forma resistente al corte, de modo que se crean paredes diafragma globalmente rígidas al descuadre (⌺ **15**).

- Construcción de **poste y tablón**: Las cargas verticales se concentran en pies derechos colocados a intervalos. Los espacios intermedios se rellenan con tablones tumbados o de pie. Debido a la concentración de carga en los pies derechos, se trata de una especie de forma de transición a la construcción de esqueleto, especialmente si los tablones de relleno se instalan horizontalmente y, por tanto, no intervienen en la transferencia de cargas. La rigidez al corte en el plano de la pared se aseguraba comúnmente mediante riostras diagonales añadidas por el exterior (⌺ **16**).

- Construcción de **entramado**: Pies derechos colocados a intervalos soportan las cargas verticales. Maderos horizontales complementan la armazón para formar elementos de pared completos. Los compartimentos que quedan entre las barras se rellenan con otro tipo de material, por ejemplo, mineral. La rigidez al descuadre de la armazón de la pared está garantizada por riostras diagonales integradas en el entramado de barras (⌺ **17**).

- Construcción **nervada**: También en este caso, los paneles de pared están formados por un entramado de costillas verticales espaciadas y barras horizontales complementarias. A diferencia de la construcción histórica de entramado, la rigidez al descuadre del elemento de pared no se garantiza en este caso con riostras diagonales, sino con aplacados resistentes a cortante fabricados con materiales de madera (🗗 **18**). Una variante de este tipo de construcción con un alto grado de prefabricación es la construcción de **paneles de madera**.

- Moderna construcción de **madera maciza**: Aquí se ensamblan escuadrías de madera maciza en forma de barra mediante diversas técnicas de unión, principalmente el encolado, según diversos patrones de adición y en varias capas en el plano de la pared para formar componentes planos. El resultado son secciones de pared sólidas sin cavidades, o con sólo una pequeña proporción de las mismas (de ahí el término construcción de madera maciza). La rigidez del elemento de pared a la cizalladura resulta de la unión de las escuadrías de madera maciza y/o del contralaminado del elemento en diferentes capas con su fibras orientadas transversalmente entre sí (🗗 **19**).

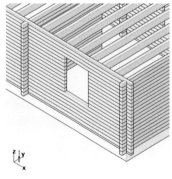

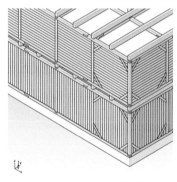

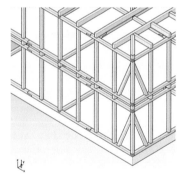

15 Blocao: piezas de madera horizontales apiladas soportan cargas verticales por compresión transversal. Rigidez al corte mediante conexión de las barras en las esquinas (derecha) y en las conexiones de los tabiques (izquierda).

16 Construcción de poste y tablón: Los montantes soportan cargas verticales a lo largo de la veta; los compartimentos se cierran con tablones verticales (abajo) u horizontales (arriba). Rigidez al corte mediante riostras diagonales aplicadas por fuera.

17 Construcción de entramado de madera: Los montantes soportan cargas verticales a lo largo de la veta; los compartimentos se cierran con otro tipo de material y no participan en la transferencia de cargas. Refuerzo a cortante mediante riostras diagonales en el plano de la pared.

18 Construcción nervada de madera: Los montantes esbeltos situados a cortas distancias soportan cargas verticales a lo largo de la veta; los compartimentos se cierran con material aislante y aplacado a ambos lados. Rigidez a cortante por medio del aplacado rígido a la cizalladura.

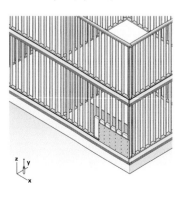

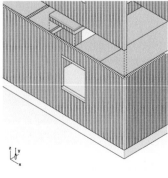

19 Construcción de madera maciza: listones estrechos se encolan para formar elementos de pared y forjado de gran superficie. Las paredes (en este caso hechas de tablas apiladas verticales) conducen la carga vertical a lo largo de la veta; rigidez a cortante de las paredes mediante encolado de las láminas o mediante elementos adicionales (largueros, tableros adicionales).

■ La construcción de troncos es uno de los métodos de construcción en madera más antiguos (⊟ **15**). Todavía se utiliza hoy en día, especialmente en la variante moderna como construcción de **blocao de tablones** (⊟ **21**, **22** derecha), sobre todo en regiones con una larga tradición de construcción de madera—como en Suiza, el Vorarlberg austriaco o Rusia.[5, 6] En lugar de troncos sin procesar o, en el mejor de los casos, descortezados, se emplean secciones de tablón serradas y, por lo general, se unen con una junta longitudinal machihembrada para hacerla hermética al viento y al agua.

Como desarrollo técnico de métodos de construcción aún más antiguos, en los que los postes de madera se enterraban en el suelo al estilo de empalizadas, la construcción de troncos es uno de los tipos de construcción más antiguos en los que la estructura de madera estaba constantemente separada del suelo húmedo. La estructura se compone de troncos o tablones de madera (o madera escuadrada) apilados (⊟ **20**), que se colocan sobre una base sólida y quedan así protegidos de la humedad del suelo. En las esquinas y las conexiones de paredes interiores, las barras de madera están unidas entre sí de forma resistente a la cizalladura. La construcción de blocao se compone así de una estructura de paredes diafragma, comparable a los métodos clásicos de construcción de muro, como el método de construcción celular de obra de fábrica, y también tiene un efecto similar en su principio de arriostramiento.[7] La rigidez al descuadre de las paredes compuestas de troncos apilados, que no existiría sin medidas adicionales por deslizar unos sobre otros, se activa en las esquinas del edificio—así como en las paredes divisorias interiores intermedias—mediante el enclavamiento de paños de pared contiguos en ángulo recto (⊟ **21**, **22**). Esta conexión evita que las barras horizontales se deslicen entre sí. El resultado es una auténtica pared diafragma en el sentido estático. Al mismo tiempo, se crea la conexión resistente a cortante, necesaria desde el punto de vista estático, entre las paredes longitudinales y transversales que se refuerzan mutuamente y que se encuentran en ángulo recto, rasgo característico de la construcción celular.

El método de construcción de troncos permite levantar un edificio a partir de troncos redondos con poco consumo de trabajo, tiempo y herramientas—sólo se necesita un hacha—, así como con uniones por encaje muy sencillas. No en vano, este método constructivo fue el de los primeros pobladores de zonas densamente arboladas, por ejemplo Norteamérica y Siberia.

En épocas anteriores, las juntas horizontales de los troncos se cerraban con materiales orgánicos, por ejemplo, musgo y arcilla, para sellarlas. Característico y fundamental para el modo de acción estático de esta construcción es, como se ha señalado, la formación de una conexión por encastre en la junta de esquina de las paredes. Por regla general, se utiliza el **enclavamiento** simple, es decir, los troncos o las tablas de blocao se cortan en la junta hasta una cuarta parte del

Construcción de blocao o de troncos   3.1

☞ **Vol. 3**, Cap. XIII-3, Aptdo. 1.1.5 Paredes exteriores de madera maciza

☞ **Vol. 1**, Cap. VI-2, Aptdo. 9.2 Elemento compuesto por barras colocadas lado a lado orientadas en **y** ó **z**, pág. 626

24 Ejecución de una ventana en un edificio de blocao de madera en Finlandia. Por razones térmicas y constructivas, el tamaño de las ventanas siempre estuvo mua limitado en la construcción tradicional de blocao.

25 Construcción de poste y tablón: armazón de una pared compuesto por montante de esquina (izquierda); montante de atado (derecha en la sombra); testero (travesaño superior); tablones horizontales (sección inferior de la pared); tablones verticales (sección superior de la pared), así como jabalcones (arriba y abajo) aplicados a media madera.

3.2   **Construcción de poste y tablón**

canto (🗗 **22**) y se apilan. En la actualidad, la junta horizontal de tablones de blocao se diseña como un machihembrado simple o doble. Las juntas también pueden cerrarse con cintas de sellado adicionales, por ejemplo, para el sellado contra el viento.

Una característica de este método constructivo es el consumo relativamente grande de material. Normalmente se utiliza madera de coníferas, ya que ésta tiene una forma de crecimiento recta ideal. En algunos edificios de blocao, el anillo de cabios bajos, es decir, el anillo de maderos más bajo, era de roble, ya que esta madera dura tiene mayor resistencia contra la compresión transversal y, sobre todo, una mayor durabilidad contra la descomposición. La madera de alerce es la más adecuada para la construcción de troncos. Ésta se vuelve cada vez más dura con la edad. Es especialmente rica en resina. A medida que la resina se filtra bajo la influencia de la luz solar, se forma un revestimiento natural que proporciona protección contra la intemperie y la infestación por parásitos.

La merma de la madera debe tenerse especialmente en cuenta con este método de construcción. Se hace notar especialmente por la reducción gradual de la altura de las paredes, ya que la madera tumbada merma predominantemente en dirección transversal a la veta, es decir en vertical. Por lo tanto, los accesorios, como ventanas o puertas, deben estar conectados de forma que puedan deslizar lateralmente (🗗 **25**).

Hoy en día, las modernas construcciones de blocao de tablones pueden prefabricarse en fábrica con gran precisión dimensional y ensamblarse in situ con un ajuste preciso mediante conexiones preparadas.

Una de las principales desventajas de este método de construcción es la distribución de planta relativamente rígida, típica de todos los métodos de construcción de pared, que sólo permite pocos cambios posteriores.

■ Posiblemente como respuesta a la dificultad típica de la construcción de blocao ocasionada por la merma transversal de la madera, surgió en un paso más de desarrollo la construcción de poste y tablón, en la que las cargas principales verticales son soportadas por postes individuales colocados a intervalos, los postes de atado y de esquina (🗗 **3**, **11**, **25**). La fuerza se transmite así en la dirección de la veta de la madera, de modo que se evitan asientos importantes. Los paños de pared así creados entre los postes se cierran con tablones, que se colocan horizontalmente y se encajan en los lados de los postes, o bien se alinean verticalmente y se empotran en el durmiente y el testero superior. Las longitudes habituales de este último y de los tablones de relleno (cuando se colocan en horizontal), es decir, de 3 a 4 m, determinan así las distancias entre los pies derechos.

Con el tiempo, los tablones horizontales (🗗 **16**, sección superior de la pared) se retraen de la transferencia de carga

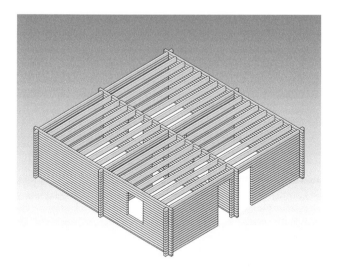

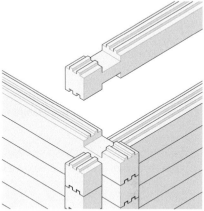

20 Axonometría estructural: **construcción de blocao** de madera con el típico diseño de esquina con engarce, que estabiliza los paños de pared arriostrándose mutuamente y también crea la unión a cortante entre los tablones situados uno encima del otro. La altura de las ventanas perforadas está limitada por razones de estabilidad, ya que interrumpen las capas de maderos horizontales.

21 Detalle de la esquina de un edificio moderno de blocao de tablones fabricado con maderos perfilados con efecto de sellado en la junta longitudinal.

22 Ejecución de la esquina en la construcción de blocao: madera maciza con muescas en un granero en Finlandia.

23 Ejemplo de una versión moderna de la construcción de blocao de madera con escuadrías ranuradas para mejorar la estanqueidad de las juntas entre maderos, como se muestra en ⌐ **21**.

☞ ᵃ **Vol. 3**, Cap. XIII-5, Aptdo. 2.1.3 Paredes de entramado de madera

☞ ᵇ Véase la introducción a la construcción en madera alemánica por Hermann Phleps (1967); también señala aquí la estrecha relación con los edificios de piedra.

☞ ᶜ Véase **Vol. 4**, Cap. 8., Aptdo. 4.2.2 Construcción de poste y tablón

3.3

Construcción de entramado

27 Típica construcción principal de un edificio de **entramado de madera alemánico**: postes situados aproximadamente en la anchura de ventana; elemento de pared de un piso compuesto por durmiente, montante y testero; jabalcones arriba y abajo, unidos al poste de atado (centro) por medio de un dentado, asegurados con clavijas de madera; arriostramiento siempre dentro de un solo compartimento para que los jabalcones no tengan que cruzar un montante; travesaño de antepecho bajo la ventana; en este caso, la ventana continúa hasta el testero (falta el travesaño de dintel); las vigas del forjado se pueden apreciar apoyadas en la parte superior del testero; encima de ellas el próximo durmiente.

vertical debido a su merma, por lo que las cargas procedentes del piso y de la techumbre son absorbidas en su totalidad por la viga de remate y transferidas a los postes por flexión. Esto corresponde esencialmente al comportamiento de carga de un edificio de esqueleto con relleno no portante. En cambio, los tablones colocados verticalmente (⊟ **16**, sección inferior de la pared) apenas merman en dirección longitudinal de la veta, por lo que contribuyen permanentemente a la transferencia de cargas verticales. Esto corresponde al comportamiento de carga de una construcción de pared.

A diferencia del método de construcción con troncos, esta estructura no proporciona, de partida, rigidez al descuadre a los paños de pared. Mientras que en los edificios de poste y tablón antiguos se confiaba en un efecto limitado de pórtico entre el poste y el madero testero superior o el durmiente, así como en una resistencia parcial a cortante de la junta entre los tablones debida a la fricción, en el desarrollo posterior de este método de construcción se introdujeron jabalcones en las esquinas, que proporcionaban la necesaria rigidez al descuadre a los paños de pared.

■ La construcción tradicional de entramado de madera no puede asignarse claramente al método de construcción de pared ni al de esqueleto.ᵃ En su concepción original, se evitaban sistemáticamente concentraciones de carga creando armazones de madera en forma de pared compuestos por elementos de pequeño formato.ᵇ Por ejemplo, las distancias entre los postes son mucho menores que en edificios de esqueleto. Sin embargo, en la construcción de entramado a veces también hay conceptos estructurales que se acercan mucho a la construcción de esqueleto en cuanto a su concentración de carga, especialmente en el interior del edificio, donde a menudo se crearon grandes espacios interconectados.

El edificio medieval de entramado de madera se desarrolló a partir de la antigua pared de **poste y tablón** (⊟ **16**),ᶜ en la que los postes soportaban las cargas verticales y los compartimentos entre ellos se cerraban con tablones horizontales o verticales. El paso de desarrollo hacia la construcción de entramado de madera puede entenderse como una racionalización de los métodos de construcción de blocao o de poste y tablón, que requieren mucho material. Para ello se utilizaba una construcción mixta consistente en una armazón portante de madera y compartimentos rellenos de material más barato, principalmente barro o mampuestos. Es informativo a este respecto el término inglés para la construcción de entramado de madera (half-timbered construction = algo así como 'construcción de madera a medias'). Otra característica de este método de construcción es la rigidización horizontal de la estructura mediante riostras diagonales integradas en los compartimentos. La distancia entre postes era mucho menor que con el método de construcción de poste y tablón.

La estructura de entramado tradicional desarrolló diversas

características regionales, como el entramado francón, el alemánico o el inglés (🖝 **25**).[8]

Los edificios de entramado se armaban con escuadrías cuadradas o rectangulares de madera maciza. A principios de la Edad Media, las escuadrías se tallaban con un hacha; aún pueden verse en los maderos originales las marcas de labra. Las secciones transversales ya estaban normalizadas en la Edad Media, por lo que podría considerarse una forma temprana de prefabricación.[9, 10]

Los entramados suelen consistir en una estructura portante formando paredes de un piso de altura, compuesta por postes, durmientes y testeros superiores. En los entramados alemánicos, los espacios entre montantes suelen tener una dimensión modular de 1,25 m, lo que permite integrar tanto un hueco de puerta como un hueco de ventana sin tener que seccionar postes (🖝 **27**). Los jabalcones se limitan a un solo compartimento entre postes adyacentes, o se colocan a través de más de un compartimento, en cuyo caso deben

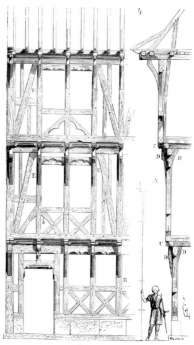

26 Vista y sección de un edificio francés de entramado de madera según Viollet-le-Duc. Todos los compartimentos cerrados están rigidizados mediante varios tipos de riostra.

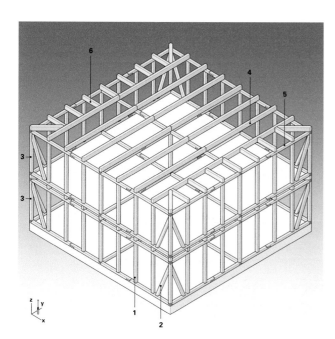

28 Estructura portante de un edificio de entramado de madera con la estructura de pared compuesta de montantes **1** y diagonales **2** típica de este tipo de construcción. Los elementos de pared **3** van segmentados por pisos. La estructura del forjado **4** está ejecutada como construcción de vigas unidireccional. En las paredes **5** paralelas a la dirección de las vigas, se incorporan secciones cortas de viga **6** transversalmente a la dirección principal del forjado. De este modo, se crea un apoyo para el durmiente del segmento de la pared superior, así como un aspecto uniforme de las cabezas de viga en las cuatro fachadas. Esta solución es típica de las construcciones históricas de entramado de madera.

29, 30 Ejemplos de uniones de madera tipo carpintería de armar en construcciones históricas de entramado de madera (Pueblo Museo de Maribo, Lolland, Dinamarca).

31 Relleno de los huecos en un edificio de entramado de madera con mampuestos y argamasa.

32 Vista detallada de la estructura portante: El apilamiento o superposición de los elementos estructurales, típico de las construcciones históricas de entramado de madera, es claramente reconocible (secuencia de durmiente, postes, testero y vigas de forjado). Además, se muestran las conexiones por encaje, aquí sobre todo las juntas de durmientes a media madera. Los jabalcones proporcionan el arriostramiento de contraviento del edificio y son característicos del diseño de muchos edificios de entramado de madera en su respectiva variante de ejecución local.

1 zócalo de piedra
2 durmiente
3 poste o montante
4 testero
5 viga de forjado
6 jabalcón
7 unión longitudinal a media madera
8 unión de esquina a media madera
9 travesaño de antepecho
10 travesaño de dintel

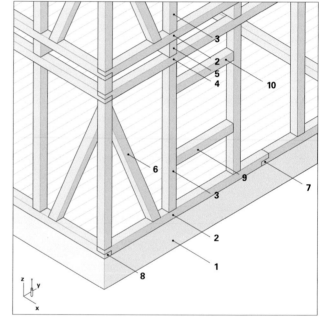

33 Edificio de entramado de madera tradicional (ayuntamiento de *Markgröningen*).

estar unidas al poste que la cruza a media madera, lo que implica un notable debilitamiento de las secciones implicadas. Travesaños de antepecho o dintel refuerzan además los postes lateralmente.

Por tanto, el entramado consta de los siguientes elementos básicos (⊟ **32**):

- **Postes**, **pies derechos** o **montantes**: los elementos verticales de los paneles de pared.

- **Durmiente** y **testero** o **solera superior**: remate horizontal inferior y superior de los paneles de pared. En el testero superior se apoyan las vigas de forjado.

- **Vigas** o **viguetas de forjado**: ejecutadas como escuadrías de madera maciza; las luces están limitadas a unos 5 m.

- **Riostras** o **jabalcones** para arriostrar, es decir, para disipar las fuerzas horizontales, como las del viento, introduciéndolas en los durmientes. En la construcción tradicional de entramado de madera, los jabalcones se diseñaron con formas regionales muy diferentes que a menudo tenían carácter decorativo (⊟ **25**, **26**). Se empleaban tanto en posición superior como inferior (⊟ **27**).

- **Travesaño de dintel** o **de antepecho**: maderos intermedios horizontales cortos entre los montantes; los rigidizan lateralmente y proporcionan un tope para puertas o ventanas.

Como método de construcción histórico, la construcción tradicional de entramado de madera se caracteriza claramente por la técnica artesanal. La estructura de madera se levantaba según la técnica de carpintería de armar, utilizando uniones estandarizadas como barbilla, cajeado o media madera. El debilitamiento resultante de las secciones, la inevitable compresión transversal sobre los durmientes y la merma de la madera maciza son claras desventajas de este método constructivo (⊟ **29**, **30**). Problemas físicos surgen en las paredes exteriores, especialmente en la zona de los compartimentos, es decir, los recuadros entre los maderos, que se cerraban con cañizo, zarzo de madera (de sauce), adobe o mampuestos. Más tarde se forraban con ladrillos y se revocaba toda la pared (⊟ **31**).

Las construcciones con entramado de madera de tipo artesanal no tienen importancia práctica en la actualidad. Hoy en día, el típico arriostramiento de las armazones mediante jabalcones ha dado paso al principio más eficaz de rigidización mediante aplacado con tablero, como se practica en las construcciones de costillas y paneles de madera.

3.4

Construcción de costillas, construcción de panel

☞ **Vol. 3**, Cap. XIII-5, Aptdo. 2.1.1 Paredes de costillas de madera

☞ **Vol. 3**, Cap. XII-5, Aptdo. 4.1 Conexiones de clavos en madera y materiales derivados de la madera

■ Desarrollada originalmente como un método de construcción barato, que ahorraba material y era fácil de ejecutar para los colonos americanos, la construcción de costillas, o también **construcción nervada**, de madera ha mantenido una posición dominante en la construcción de edificios residenciales en Norteamérica y Escandinavia hasta el día de hoy, lo que después de más de 170 años demuestra la inusual competitividad técnica y en términos de costes de este tipo de construcción.[11, 12]

Se utilizó una gama limitada de escuadrías modulares de madera escalonadas (🗗 **34**): 2 por 4 pulgadas (en inglés: *two by four inches*), es decir, aproximadamente 5 por 10 cm, o múltiplos de las mismas para las viguetas del forjado (2 por 8, 2 por 10, 2 por 12 pulgadas); secciones de tabla; más tarde también material de tablero de madera y clavos de acero fabricados industrialmente, que se utilizaron originalmente como único medio de conexión.[13] La extrema economía de material de este método constructivo se basa en la combinación de delgadas costillas, los montantes, que, dispuestas verticalmente a una distancia de unos 60 cm, crean la armazón básica de la pared, y el aplacado a ambos lados: En la primera fase, inicialmente estaba hecho de tablas colocadas en diagonal para rigidizar a cortante formando diafragma. Como alternativa, se creaba un refuerzo con riostras diagonales unidas al ras a media madera en las esquinas del edificio. Más tarde, se utilizó material de tablero producido industrialmente a partir de productos derivados de la madera para el aplacado y la rigidización al descuadre.

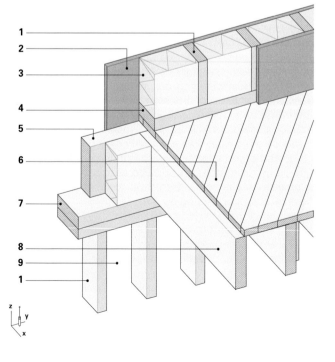

34 Estructura básica típica idealizada de una **construcción de costillas de madera** tipo *platform frame* con sus componentes esenciales (no se muestran las capas de sellado ni la construcción externa de cerramiento).

1   costilla, montante
2   aplacado de pared
3   aislamiento térmico
4   durmiente
5   viga frontal
6   entablado de forjado
7   testero
8   vigueta de forjado
9   compartimento, relleno de aislamiento térmico

En este tipo de construcción, se crea un componente de pared exterior con propiedad de diafragma resistente a cortante en construcción extremadamente ligera, que sin embargo conserva las ventajas esenciales de las paredes sólidas; porque los métodos de construcción de costillas de madera se caracterizan por las peculiaridades de los métodos de construcción de pared. El componente de pared exterior opone a la carga combinada de fuerzas verticales y horizontales en su plano su rigidez al esfuerzo cortante y, de forma similar a la construcción tradicional de entramado, evita sistemáticamente concentraciones de carga en el componente. El arriostramiento de la estructura se consigue mediante el apoyo mutuo de los paños de pared alineados ortogonalmente, de forma similar a la construcción celular de obra de fábrica.

☞ Cap. X-1, Aptdo. 2.1 Construcción de pared, pág. 460

Se distinguen dos tipos básicos en los métodos históricos de construcción de costillas de madera en Estados Unidos:[14]

* El método de construcción más antiguo es el **balloon frame**. Aquí las costillas continúan a través de dos pisos. Para el apoyo de las viguetas del forjado, se insertan en las costillas tablones de sección vertical que proporcionan una superficie de asiento similar a la de un durmiente. Las viguetas del forjado que se apoyan en ellos, que abarcan luces comúnmente de aproximadamente 4–5 m, transfieren su carga a las costillas a través de estos travesaños y se clavan a los lados de los montantes para evitar el vuelco. Las paredes con estructura de *balloon frame* fueron las primeras en ser enviadas al Oeste hechas de piezas estandarizadas y fabricadas industrialmente (⊟ **35**, **36**).

* El **platform frame**, algo más reciente, se asemeja al edificio tradicional de entramado de madera en su estructura y en su construcción piso a piso, y está ciertamente inspirado en él. Con este método constructivo, los elementos de pared se diseñan para que tengan una altura de un piso. Las paredes de costillas están provistas de un testero adicional en la parte superior. Las viguetas del forjado se colocan encima y, al contrario que en el caso de la estructura tipo *balloon frame*, se aseguran contra el vuelco mediante una viga frontal adicional. Las viguetas se entablan de forma continua por su parte superior y sobre ellas se colocan los elementos de pared del piso superior (⊟ **37**–**39**).

Desde sus inicios, la construcción de costillas de madera siempre despertó el interés de proyectistas y constructores por su sencillez constructiva. Su capacidad intrínseca de aislamiento térmico, que se consigue rellenando los espacios entre las costillas con material aislante, se incrementó posteriormente aún más—siguiendo modelos escandinavos—duplicando la capa de aislamiento térmico. Como resultado, este método de construcción ligera puede cumplir hoy en día los más altos requisitos de confort y ahorro de energía en su forma todavía original, hasta el estándar de casa pasiva. Este método de construcción se utiliza en la actualidad predominantemente en edificios residenciales de una a dos plantas, pero también de hasta 7 plantas.

Una variante moderna de las construcciones de costillas de madera comentadas anteriormente, especialmente de

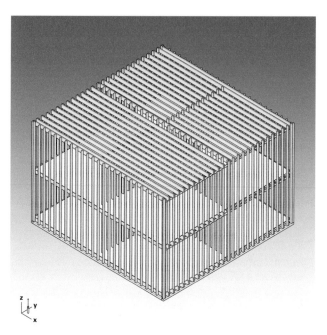

35 Representación esquemática de la estructura portante de un **balloon frame**. Costillas de más de dos pisos de longitud.

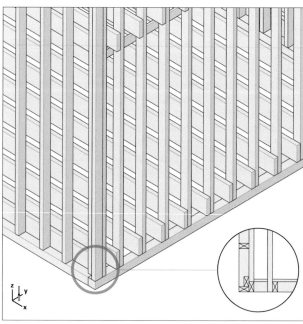

36 Vista detallada de una construcción de costillas de madera tipo **balloon frame** que muestra las costillas de pared ascendentes y las vigas del forjado. En la sección horizontal, se representa la ejecución de la esquina para la conexión y el apoyo mutuo y el arriostramiento de los elementos de pared preensamblados en el suelo. Esta disposición de las costillas en esquina es necesaria para poder afianzar los tableros por el interior y el exterior de las costillas en ángulo recto.

la construcción de tipo *platform frame*, se emplea particularmente en la prefabricación actual de viviendas. Este método constructivo adapta las ventajas de los métodos de construcción nervada estadounidenses a las normas de exigencia europeas. En contraste con el catálogo de piezas muy limitado y la resultante poca libertad de variación del método americano, en esta variante se presenta una mayor

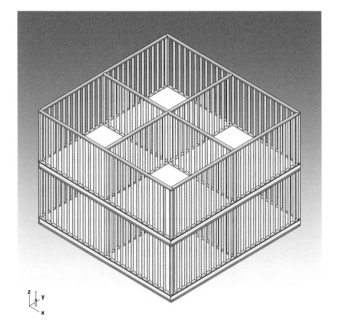

37 Construcción tipo **platform frame** en EE. UU. en obra. En la actualidad, una gran parte de las viviendas se sigue construyendo con este método en ese país.

38 Estructura portante de la construcción tipo **platform frame**. Representación esquemática de un edificio de dos plantas, cada una de ellas con elementos de pared exterior de un piso de altura.

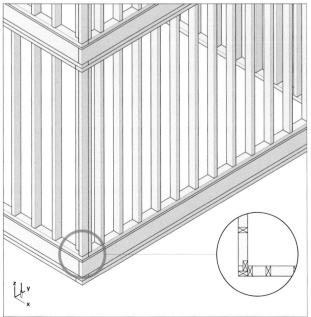

39 Edificio moderno de viviendas con estructura de costillas de madera.

40 Vista detallada de la estructura portante tipo **platform frame** con costillas de pared ascendentes. En sección horizontal, la ejecución de la conexión de esquina para conectar y rigidizar los elementos de pared premontados en el suelo. Esta disposición de las costillas en esquina es necesaria para poder afianzar los tableros por el interior y el exterior de las costillas en ángulo recto.

gama de tramas estructurales y escuadrías, lo que hace posible una aplicación más versátil de este método de construcción. También en esta variante moderna se usan principalmente uniones con clavos. El método de construcción en sí mismo puede considerarse extremadamente sencillo y barato (⌼ **41**–**43**).

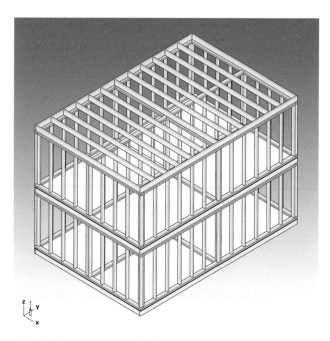

41 Estructura portante de la construcción de costillas de madera. Representación esquemática de un edificio de dos plantas, cada una de ellas con elementos de pared exterior de un piso de altura.

42 Construcción moderna de costillas de madera.

43 Vista detallada de la estructura portante de la construcción de costillas de madera con representación de los montantes de pared ascendentes. La sección horizontal muestra la conexión de esquina para unir y rigidizar los elementos de pared prefabricados. Suelen entregarse aplacados por dentro y son aislados in situ. La pantalla de intemperie se aplica en obra. La disposición de esquina de las costillas es necesaria para poder fijar los tableros por el interior y exterior en ángulo recto.

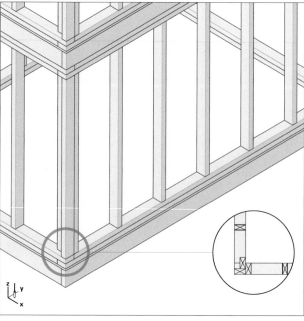

■ Los principios constructivos del método de construcción con costillas de madera estaban y están predestinados a la amplia prefabricación de elementos constructivos completos de gran formato para forjados o paredes. La variante, en gran medida prefabricada, de la construcción de costillas de madera se denomina comúnmente **construcción de panel**.[a] El deseo de economizar y de establecer estándares universalmente válidos en la construcción de edificios exigía que la fabricación se trasladara al taller. Elementos compuestos prefabricados de costillas y aplacado cooperante y arriostrante también ofrecen claras ventajas en términos de racionalización e industrialización de procesos de construcción. Los principales hitos de este desarrollo son los siguientes:

- Desarrollo de edificios residenciales estandarizados de una sola planta para la empresa *Hirsch* por Walter Gropius. Las paredes estaban formadas por elementos de costillas de madera con inserto de aluminio, así como un revestimiento interno de paneles de cemento de amianto y una capa exterior de paneles de cobre. Los elementos de pared de la empresa *Kupfer* ya eran de gran formato.

- De 1943 a 1954, Konrad Wachsmann y Walter Gropius desarrollaron en EE. UU. el sistema *Packaged House System*, que constituyó el prototipo de todos los demás edificios de paneles de madera. A diferencia de la casa *Kupfer* antes mencionada, se trataba de elementos de paneles de madera de pequeño tamaño a los que se les añadió un revestimiento vertical de madera en el exterior. Los pequeños paneles de madera estaban unidos por el llamado conector (⊟ **47**), un elemento de unión de acero de cuatro partes que permitía una conexión por encaje de los paneles individuales. Este sistema permitía la creación de plantas individuales y combinables entre sí.

- Otro hito importante en la construcción de paneles de madera fue el desarrollo del *General Panel System* por Walter Gropius y Konrad Wachsmann (⊟ **48–50**).

Hoy en día, la construcción moderna de costillas de madera se presenta principalmente en forma de construcción de paneles de madera prefabricados. En lugar de ensamblar los entramados de costillas in situ, ahora se fabrican paneles de madera de gran formato completamente por adelantado hasta las dimensiones máximas de transporte para garantizar un montaje lo más rápido posible.

Hasta hace poco, los paneles de madera se utilizaban generalmente para edificios de poca altura, especialmente para viviendas. Por regla general, en los principios de la construcción moderna de panel sólo eran posibles edificios de dos plantas como máximo. Esta altura máxima realizable también venía dictada por una normativa de protección

Construcción de paneles de madera   3.5

☞ *Información general sobre los sistemas nervados:* **Vol. 3**, *Cap. XIII-5, Aptdo. 1. Generalidades*

☞ [a] **Vol. 3**, *Cap. XIII-5, Aptdo. 2.1.2 Paredes de paneles de madera*

44 Vivienda tradicional americana en construcción tipo *balloon frame*.

45 Construcción de costillas de madera en obra.

46 Detalle de la estructura de la pared del edificio en 🗗**45** durante la construcción. La lámina difusiva (negra) se añade al exterior de las costillas y el aislamiento térmico ya instalados (por lo que no se ven). Los rastreles verticales son la subestructura para la pantalla de intemperie y proporcionan ventilación trasera si es necesario.

contra incendios relativamente estricta. Sin embargo, en los últimos años también se han realizado edificios de varias plantas con hasta 7 pisos con este método de construcción, para los que se han flexibilizado las normas de protección contra incendios aplicándolas de forma mucho más adaptada a los requisitos y la situación. Sin embargo, con esta altura se han alcanzado ciertos **límites constructivos** de la

48 Construcción de paneles de madera: ejemplo de K Wachsmann.

47 El llamado *conector*, diseñado por Walter Gropius y Konrad Wachsmann. Un cierre de gancho de metal estampado usado para la conexión universal de paredes y paneles modulares de madera.

construcción convencional de panel de madera. Por un lado, esto se debe a las dimensiones máximas razonables de las escuadrías de madera maciza de las costillas, que no deben superar los 24 cm en el lado largo de su sección transversal, aunque también son posibles soluciones con costillas de madera laminada o costillas compuestas tipo I o de cajón, que permiten profundidades de costilla y rigideces aún mayores. Por otra parte, el factor decisivo para este límite de altura es, sobre todo, la compresión transversal máxima admisible de los elementos horizontales de madera dispuestos por necesidad en los paneles de madera, es decir, las vigas o placas de forjado, los testeros superiores y los durmientes. En particular, son los maderos horizontales de paneles y forjados de los pisos bajos los que se ven sometidos a cargas transversales especialmente altas debido a la carga vertical acumulada, por lo que pueden producirse asientos notables. El límite de altura puede incrementarse si estos elementos son de madera dura o si se utilizan soluciones constructivas especiales (⊟ **53**) que permitan transmitir la fuerza a través de los maderos horizontales sin comprimirlos. El cambio sistemático de la dirección de descarga del forjado en las diferentes plantas y la consiguiente mejor distribución de la carga también alivia los elementos de pared y hace posible una mayor altura del edificio.

49 Elementos de panel de madera (K Wachsmann).

Siempre que no se supere el límite de altura de un máximo de cinco a siete plantas, las paredes de panel tienen una importante ventaja sobre las paredes de madera maciza, como se explica a continuación, y es que permiten el aislamiento térmico en el mismo plano que los elementos portantes, es decir, en los espacios entre los nervios. En cambio, en paredes de madera maciza hay que añadir la capa completa de aislamiento térmico (normalmente en el exterior). Como resultado, en paredes de panel se pueden alcanzar altos valores de aislamiento con espesores relativamente pequeños.

Una de las principales ventajas de este diseño es el tiempo de montaje muy corto gracias a la facilidad de erección. Los costes de transporte y montaje son relativamente bajos y las

☞ *Aptdo. 3.6 Construcción moderna de madera maciza, pág. 545*

estructuras son baratas en comparación con otros métodos de construcción.

Las dimensiones habituales de paneles de madera son:

- **Paneles pequeños**: **a** = 1,00 hasta 1,25 m; sin embargo, estos pequeños formatos ya no se utilizan hoy en día debido al gran número de juntas resultantes y a la proporción relativamente alta de mano de obra in situ.

- **Paneles grandes**: longitud de hasta 10 m; por tanto, reducción notable del número de juntas. Este método de construcción evita sistemáticamente los puntos débiles ocasionados por las juntas, especialmente en lo que respecta a la protección contra el viento y la estanqueidad, que pueden mermar las ventajas de este método de construcción. Las dimensiones de los paneles se adaptan a los tamaños máximos de transporte que se pueden realizar en cada caso (⊟ **51**, **52**).

50 Construcción de paneles de madera: montaje de elementos pequeños.

51 Montaje de modernos paneles de madera de gran formato en la construcción de casas prefabricadas.

52 Producción en fábrica de paneles de madera de gran formato.

■ Los paneles de madera son elementos envolventes típicos con estructura de sistema nervado (🗗**54**).[a] Su comportamiento de carga se explica por la interacción del entramado en forma de barra y el tablero plano.[b] De acuerdo con el principio de división del trabajo, las costillas absorben tanto las fuerzas axiales (compresión, tracción) como los momentos flectores a lo largo de su eje fuerte, es decir, en la dirección de su dimensión larga de sección, transversal al plano del panel (→**x**). Siempre que la conexión entre la costilla y el tablero sea lo suficientemente resistente al corte, los paneles que forman la superficie ayudan con el esfuerzo flector, ya que actúan como cordones de compresión y tracción en los dos extremos de las costillas a lo largo de una determinada anchura de tablero (anchura cooperante del tablero) y, por lo tanto, aumentan mucho el momento resistente de la sección transversal del panel. Contra el peligro de pandeo bajo fuertes fuerzas de compresión axial, la costilla se ve ayudada, por un lado, por su mencionada rigidez transversal al plano del elemento (→**x**) y, por otro, por el aplacado en la dirección del plano de la envolvente que transcurre en ángulo recto con ella (→**y**).

El aplacado asume principalmente esfuerzos cortantes que actúan en el plano del elemento (**yz**). La componente de compresión orientada diagonalmente de este esfuerzo cortante, que hace que las placas delgadas corran el riesgo de pandear, se bloquea mediante la conexión de las placas a las costillas, que tienen su eje fuerte en la posible dirección de pandeo, es decir, en ángulo recto con el plano del elemento (→**x**), y son correspondientemente resistentes a la flexión.

Así, los paneles de madera desarrollan tanto rigidez de **placa** en transversal a su plano (→**x**) como rigidez de **diafragma** en su mismo plano (**yz**). La primera característica les beneficia cuando se utilizan en forjados y en paredes exteriores expuestas a cargas de viento; la última en paredes o forjados diafragma con capacidad simultánea de carga y arriostramiento.

Modo de acción estructural de los paneles de madera

☞ [a] **Vol. 3**, Cap. XIII-5 Sistemas nervados

☞ [b] Cf. sobre la interacción de la costilla y la placa: **Vol. 1**, Cap. VI-2, Aptdo. 9.4 Elemento compuesto por costillas espaciadas uniaxiales, pág. 638

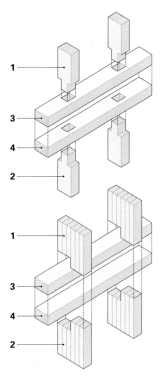

53 Soluciones constructivas para la transmisión directa de la carga vertical a través del durmiente y el testero.

1 montante superior
2 montante inferior
3 durmiente del elemento de pared superior
4 testero del elemento de pared inferior

3.5.2

Estructura de los paneles de madera

☞ **Vol. 3**, Cap. XIII-5, Aptdo. 2.1.1 Paredes de costillas de madera y 2.1.2 Paredes de paneles de madera

☞ **Vol. 3**, Cap. XIV-2, Aptdo. 6.1.4 Forjado de panel de madera

■ La versión más sencilla de las modernas **paredes de panel de madera** suele consistir en una armazón de madera estructural maciza con una sección transversal de nervios de hasta 24 cm de profundidad (⊟ **54**). Se pueden producir paneles aún más resistentes con madera laminada encolada usando costillas con secciones transversales aún mayores; se pueden conseguir mayores espesores de panel para acomodar capas de aislamiento térmico más gruesas destinadas para envolventes de edificio altamente aislantes utilizando costillas con sección de doble T, costillas de escalera o costillas de caja. Se utilizan tableros de madera para el aplacado en lugar de entablados diagonales, como era habitual en el pasado; preferiblemente tableros OSB como revestimiento interior, tableros herméticos e inhibidores de la difusión de vapor, es decir, que actúan como barrera de vapor por sí mismos. Los tableros multicapa o la madera microlaminada también sirven para este fin.

Los **forjados de panel de madera**, también conocidos como **forjados de caja**, se construyen de la misma manera. Su estructura básica, que viene determinada por la alineación de las costillas, hace que sean preferentemente elementos de forjado unidireccionales, que pueden, sin embargo, desarrollar también un efecto de continuidad o de voladizo. Mientras que para vanos pequeños basta la madera estructural maciza para la armazón de costillas, para vanos más grandes, se pueden utilizar secciones de madera laminada de mayor canto y más delgadas. El vuelco de las esbeltas costillas se evita con costillas testeras incorporadas en el elemento; el flexopandeo debido al pandeo lateral del cordón de compresión de la costilla se evita con su afianzado al

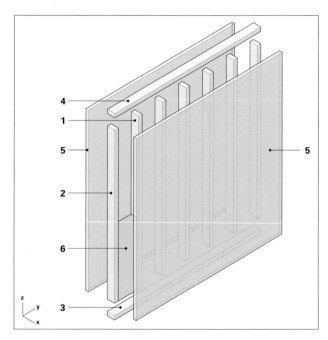

54 Componentes básicos y estructura típica de un **panel prefabricado de madera**, válido para paredes y forjados.

1   costilla: montante (pared) o viga (forjado)
2   costilla de borde
3   durmiente (pared) o viga frontal (forjado)
4   testero (pared) o costilla de borde (forjado)
5   aplacado
6   relleno de aislamiento

tablero de remate superior.

Se activa una anchura cooperante de tablero del aplacado mediante una conexión suficientemente resistente al corte entre el tablero y la costilla, por ejemplo, mediante el encolado comprimido con clavos o tornillos.

Una mejor distribución transversal de la carga, por ejemplo, para un apoyo puntual, o un voladizo lateral, puede lograrse incorporando travesaños adecuados (⏚ **55**). Es posible interrumpir una de las costillas en el punto de cruce, ya sea la costilla principal o la transversal, porque el tablero que pasa por los lados superior e inferior actúa como cordón de compresión y tracción en este punto en una longitud muy limitada (la anchura de la costilla que pasa). Este es otro ejemplo de la interacción casi simbiótica entre las nervaduras y el aplacado.

■ Un desarrollo relativamente nuevo en la construcción de madera son elementos macizos de pared y forjado, como los ofrecen varios fabricantes formando parte de sistemas abiertos de construcción de madera. Los métodos modernos de construcción de madera maciza se basan en parte en la disponibilidad de nuevos tipos de material a base de madera, es decir, componentes hechos de capas de chapa o escuadrías de madera maciza compuestas. En particular, desempeñan un papel importante en estos sistemas constructivos la prefabricación y la precedente planificación integradora de las instalaciones del edificio.[15] En comparación con los paneles de madera, que tienen forma de armadura, los elementos de madera maciza, que tienen forma de placa, en su mayoría homogénea, tienen secciones transversales resistentes mucho mayores (de ahí la denominación) y pueden soportar también cargas mucho mayores. En el acabado posterior, los elementos de madera maciza son más sencillos y más económicos que los elementos de panel, ya que por la construcción estrictamente estratificada de los componentes de madera maciza se elimina el estrecho entrelazamiento espacial en el panel de la estructura portante y el acabado (relleno con aislamiento térmico, barreras de vapor y de aire) (⏚ **54**), un factor de coste de mano de obra nada despreciable.

Moderna construcción de madera maciza

☞ *Véase también **Vol. 4**, Cap. 8., Aptdo. 4.2.4 Métodos modernos de construcción de pared en madera maciza*

☞ ***Vol. 1**, Cap. V-2 Productos de madera, pág. 404*

3.6

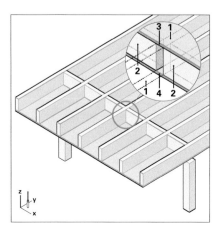

55 Forjado de panel de madera sobre apoyo puntual con costilla transversal para la transferencia de cargas bidireccional. Una de las costillas (aquí la costilla transversal) puede ser interrumpida ya que los dos tableros actúan como cordones continuos (detalle).

1 costilla longitudinal, continua
2 costilla transversal, interrumpida
3 aplacado superior (cordón superior continuo)
4 aplacado inferior (cordón inferior continuo)

Madera maciza en el uso constructivo

☞ *Cap. VIII Composición de envolventes,*
pág. 130

56 Material de madera encolada a partir de láminas individuales tipo tabla.

■ La aportación novedosa más esencial de los métodos modernos de construcción con madera maciza radica en la provisión de elementos portantes superficiales intrínsecamente homogéneos que pueden procesarse para formar paredes o forjados. Se trata de una novedad en la construcción de madera, ya que anteriormente sólo se disponía de elementos lineales, como vigas, montantes o columnas de madera aserrada, que se ensamblaban para formar superficies envolventes funcionales. Los elementos de costillas de madera formados por montantes dispuestos muy juntos pueden considerarse como una especie de forma de transición entre los métodos de construcción con barras y los de madera maciza, pero, incluso considerados como armazón, sólo pudieron utilizarse de forma realmente eficiente desde que se dispuso de materiales de madera tipo tablero para el aplacado. A diferencia de los paneles de madera, que son sistemas nervados, la mayoría de los elementos de madera maciza pertenecen a los sistemas de hoja sólida y están sometidos en muchos aspectos a las mismas condiciones estructurales que, por ejemplo, los métodos de construcción de fábrica de materiales minerales.[16]

La estructura de los elementos de madera maciza, compuesta por capas, permite aprovechar varias ventajas:

• Al igual que otros materiales derivados de la madera, pueden convertirse en componentes más homogéneos que la madera aserrada debido al corte del tronco en escuadrías más pequeñas y la **selección** deliberada de sus componentes básicos. La madera aserrada generalmente presenta fuertes irregularidades en su estructura debido a características naturales de crecimiento. Por ejemplo, es técnicamente mucho más eficaz desechar tablillas pequeñas imperfectas que troncos enteros.

• La **estructura regular** compuesta de elementos individuales pequeños (tablas de laminado, chapas) (🗗 **56**) potencia además la homogeneidad.

• La trayectoria de la veta de las chapas o de las tablas de laminado puede adaptarse específicamente a la posición de instalación o a los esfuerzos que cabe esperar. Por ejemplo, se puede conseguir una alineación de veta uniforme en elementos de madera microlaminada o de tablas apiladas si la carga actúa en una sola dirección. Esto se aplica, por ejemplo, a paredes sometidas a esfuerzos verticales o a forjados sometidos a esfuerzos unidireccionales. La distribución transversal de la carga en los elementos puede mejorarse con capas contralaminadas individuales, es decir, las que discurren transversalmente a la dirección principal de la veta. Este es el caso, por ejemplo, con la madera microlaminada o con elementos de madera laminada cruzada. Por último, también es posible producir elementos casi completamente isótropos a partir de capas de orientación alterna. Son adecuados, por ejemplo, para forjados de descarga bidireccional (🖅 **57**) o para arriostrar paredes sometidas simultáneamente a cargas a plomo y horizontales.

- Diferentes capas pueden ser de un material más fuerte (o más débil) para mejorar la capacidad de carga (o por razones económicas). Por ejemplo, las láminas del cordón superior e inferior de una sección transversal pueden ser de madera más resistente para mejorar la rigidez a la flexión.

☞ *Por ejemplo, la denominada madera laminada encolada combinada según EN 14080*

- Gracias a la elaboración con láminas delgadas, también se pueden encolar componentes curvos, en principio incluso componentes de doble curvatura. Los posibles radios de curvatura sólo están limitados por el grosor de las láminas; la dirección de la curvatura (por ejemplo, uniaxial o biaxial) por su sección transversal: es decir, dirección de combado uniaxial para secciones rectangulares (en la dirección del eje débil) y biaxial para secciones planas muy delgadas o secciones cuadradas pequeñas. Este tipo de elemento curvo de madera maciza, no obstante, sigue siendo hoy una excepción.

☞ 🖅 **11**

El uso de componentes planos en los métodos de construcción de madera maciza da como resultado, en general, una estructura portante compuesta por elementos en forma de diafragma y de placa, es decir, una construcción de pared que se comporta estáticamente de manera similar a una construcción de costillas o de paneles de madera o a una construcción celular de material mineral (obra de fábrica, hormigón). Por lo tanto, se caracteriza por una distribución sistemática de la carga, así como por la estabilización mutua de los elementos de pared que por sí solos son débiles y no estables transversalmente a su plano.

☞ *Cap. X-1 Construcción de obra de fábrica, pág. 460*

En comparación con elementos de panel fabricados con costillas de madera aserrada, los elementos de madera maciza pueden absorber fuerzas mucho mayores gracias a su sección transversal, considerablemente mayor en suma. Con una orientación de veta favorable a lo largo del eje de la fuerza, las fuerzas pueden transmitirse bien entre elementos contiguos, por ejemplo en paredes portantes de edificios de varias plantas. Sin embargo, en el caso de paneles de madera la conducción de la fuerza se ve severamente obstaculizada, como se ha mencionado anteriormente, por la compresión transversal de los maderos horizontales del elemento, es decir, el durmiente y el testero. A partir de un determinado nivel de carga, se producen asientos en la estructura. Estas propiedades estructurales favorables han abierto nuevos campos de aplicación para la construcción moderna de madera maciza, en particular la construcción de pared de varios pisos.

Sin embargo, han favorecido también el uso de elemen-

57 Elemento de madera laminada cruzada isótropo y bidireccional (5 capas) para un forjado de planta; véase también 🖅 **12**.

tos de madera maciza en edificios de varias plantas las favorables propiedades de protección contra incendios de los componentes superficiales, que minimizan el riesgo de penetración del fuego gracias a su escaso número de juntas y ralentizan la carbonización por el fuego gracias a sus sólidas secciones transversales y a su favorable factor de perfil. Otra ventaja de estos productos de madera es su buen aislamiento acústico, que se debe principalmente a su mayor masa. Por lo tanto, costosas medidas adicionales en forma de techos falsos, que son indispensables para la protección contra el fuego y el sonido en forjados convencionales de costillas o de vigas, son innecesarias en la mayoría de los casos.

Los grandes formatos de los elementos de madera maciza también se adaptan a las operaciones de construcción modernas. En comparación con los métodos de construcción de armazón convencionales, permiten ahorrar costes de mano de obra y contribuyen a reducir el tiempo de montaje in situ. La proporción relativamente baja de juntas en estos métodos de construcción también permite garantizar la estanqueidad con medios relativamente sencillos y con un riesgo relativamente bajo de filtraciones.

Por último, la estructura compuesta de elementos de madera maciza permite utilizar en el elemento maderas de mayor resistencia de forma localizada. Esto afecta principalmente a maderas duras, que están cada vez más representadas en el mercado debido al ya notable cambio climático y lo estarán cada vez más en el futuro. La desventaja de una mayor tendencia a la deformación que puede observarse en algunas maderas duras en comparación con las maderas blandas (por ejemplo, en la haya) puede mitigarse notablemente procesando láminas más delgadas.

Sin embargo, precisamente debido a la característica de placa de la mayoría de los elementos de madera maciza, se pierde el entrelazado de los nervios y el aislamiento térmico en el mismo plano, que es típico de las paredes exteriores de panel de madera. Por lo tanto, para cumplir con las estrictas normas de aislamiento térmico actuales, generalmente hay que aplicar una capa de aislamiento y una pantalla de intemperie en el exterior de los elementos de paredes exteriores. Con esta estructura hay que resolver las mismas cuestiones de física constructiva que con otros métodos de construcción de pared, hechos por ejemplo de materiales minerales. No obstante, la baja conductividad térmica del material principal, la madera, tiene un efecto favorable en este sentido.

Sin embargo, las ventajas predominantes de los métodos de construcción de madera maciza han permitido que la construcción de madera experimente un nuevo florecimiento en los últimos años y le han abierto campos de aplicación que antes le estaban vedados (no sólo técnicamente, sino también en términos de ordenanza). Las clásicas armaduras de madera maciza, que eran el estándar en la construcción de madera convencional hasta no hace mucho tiempo, hoy

☞ *Vol. 3*, *Cap. XIII-3, Aptdo. 2. Sistemas de hoja simple con trasdosado funcional*

☞ *Véase Aptdo. 4. Construcción de esqueleto de madera, pág. 559*

58 Elemento tipo cubeta en forma de U, relleno de aislamiento térmico mineral (marca *Lignatur AG*).

59 Elementos de costillas de madera laminada cruzada: ejemplos de hojas de carga con unión cruzada.

60 Construcción de **elementos nervados** de madera laminada en cruz: Ejemplo de un edificio residencial de varias plantas en la fase de construcción de la armazón antes de la aplicación de la capa de aislamiento adicional y de la pantalla de intemperie.

61 Montaje de un forjado con elementos de construcción de madera en forma de caja.

3.6.2

Elementos de madera maciza con forma de tablero

Elementos de tablas apiladas

☞ **Vol. 1**, Cap. V-2, Aptdo. 4.2.4 Madera de tablas apiladas, pág. 414

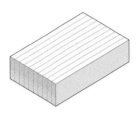

62, 63 Montaje de elementos de madera maciza laminada en cruz, hechos con capas de tablas. El método de construcción permite la prefabricación de grandes elementos de pared y forjado, con longitudes máximas de hasta 20 m.

en día aparecen como construcciones de esqueleto prácticamente sólo en los casos en que se requiere una gran flexibilidad de uso, grandes vanos o grandes alturas de edificio.

■ Los métodos de construcción de madera maciza utilizan básicamente los siguientes elementos constructivos:

■ Los elementos de tablas apiladas son productos de madera laminada en los que las tablas se unen para formar componentes sólidos de pared y forjado. En este proceso, las secciones de tabla presecadas se clavan, espigan y/o adhesivan con su cara larga orientada en ángulo recto hacia el plano del componente para formar un elemento superficial portante. Se utilizan principalmente para forjados y construcciones de cubierta macizas en los que las láminas individuales del tablero están sometidas a esfuerzos flectores en dirección de su canto fuerte. Sin embargo, los elementos de tablas apiladas también pueden utilizarse como elementos de pared cargados verticalmente siempre que las láminas discurran verticalmente, de forma que se produce una conducción de fuerzas estrictamente a lo largo de la veta.

Las tablas o tablones atraviesan todo el elemento o se unen longitudinalmente mediante encolado con juntas de dientes triangulares. La unión entre las láminas del tablero confiere al elemento una determinada característica de diafragma, cuyo alcance depende en gran medida del tipo de unión: El encolado es resistente a la cizalladura; el espigado o clavado, en cambio, es mucho más flexible. Las pilas de tablas también pueden ser aplacadas posteriormente en su superficie lateral con materiales de madera en forma de tablero, lo que dota al elemento de una rigidez adicional al descuadre. Barras de madera aplicadas a los extremos del elemento también tienen un efecto similar. La conexión transversal resistente al esfuerzo cortante de las láminas permite una distribución transversal de cargas limitada en forjados (véase más adelante); en elementos de pared, permite su uso como diafragma rigidizante.

Las fuerzas prácticamente sólo pueden ser absorbidas a lo

64 Es posible una integración en fábrica de instalaciones y se ve facilitada por el uso de CAD/CAM.

largo de las láminas del tablero en este elemento claramente anisótropo (fuerte en dirección longitudinal a lo largo de la veta, débil transversal a ella). En el caso de elementos de pared con carga vertical, esto significa que las tablas deben instalarse verticalmente; cuando se utiliza como elemento de forjado sometido a esfuerzos flectores, la pila de tablas actúa como una placa con descarga unidireccional, con distribución transversal limitada de cargas, que es mucho menor que con la madera laminada en cruz, por ejemplo (véase más adelante). Esto se debe a la escasa resistencia a la tracción transversal de la madera, que es decisiva para la distribución de la carga transversal en esta variante que carece de capas contralaminadas que pudieran repartir la carga a lo largo de su veta.

La característica de los elementos de tablas apiladas es el máximo aprovechamiento de la sección transversal completa del elemento para la conducción de fuerzas a lo largo de la veta. Esto beneficia tanto a elementos de pared cargados verticalmente, en los que las fuerzas axiales fluyen a lo largo de la veta en toda la sección transversal de la pared, como a los paneles de forjado unidireccionales, en los que actúan fuerzas de flexotracción y flexocompresión axiales y que se benefician del máximo aprovechamiento del canto. Esta elevada capacidad de carga de la estructura del elemento, vista en la dirección de la veta, va, sin embargo, a expensas de la escasa distribución transversal de cargas, como se ha señalado anteriormente.

■ Para los elementos de madera laminada en cruz, se encolan capas de tablas de 15 a 30 mm de grosor en dirección alternante para formar elementos de pared y forjado. Pueden incorporarse en el elemento incluso tableros de aglomerado de hasta 80 mm de grosor con aprobación de las autoridades de construcción. Los tamaños de los elementos prefabricados con dimensiones de transporte de un máximo de 5 m de altura y un máximo de 22 m de longitud permiten la preparación de la madera laminada en cruz en la fábrica, un fácil transporte y, mediante el atornillado, un sencillo montaje en la obra. Durante el corte, se preparan los huecos de las paredes y las perforaciones. Las paredes o bien se colocan sobre los forjados piso a piso, o bien son continuas y los forjados se conectan a ellas mediante una estructura de unión (generalmente de acero) (⌑ **68–73**). Este método constructivo es adecuado para la construcción de edificios de varias plantas (hasta edificios de gran altura). Los cerramientos exteriores deben aislarse adicionalmente por fuera y protegerse con un revestimiento contra la intemperie, como es necesario en la mayoría de los métodos de construcción con madera maciza (⌑ **62–65**).

Desde el punto de vista estático, especialmente cuando estos elementos se utilizan como placas de forjado sometidas a esfuerzos flectores, hay que tener siempre en cuenta la alineación de las dos capas exteriores del tablero, que es la

Elementos de madera laminada cruzada (X-Lam)

📖 *EN 16351*

☞ ***Vol. 1**, Cap. V-2, Aptdo. 4.3 Madera laminada cruzada (X-Lam), pág. 416*

65 Montaje de un elemento de pared completo de madera laminada en cruz, incluyendo aberturas de ventana recortadas.

misma en cada caso (ya que el número de capas es siempre impar). La dirección de la veta de estas capas determina la dirección principal de descarga del forjado, ya que es donde fluyen los mayores esfuerzos de flexotracción y flexocompresión (las tensiones de borde) y donde la madera está alineada con su dirección de veta a lo largo de ellas. Así, a pesar de la anisotropía aproximada del elemento global, se crea un forjado con transmisión de carga unidireccional (no bidireccional), pero con una buena distribución transversal de cargas. Gracias a ello, también se pueden realizar voladizos laterales y apoyos puntuales. Como placa de forjado, la madera laminada cruzada es muy adecuada para absorber esfuerzos cortantes de diafragma debido a su isotropía casi total a estos efectos.

Cuando se utiliza como elemento de pared, hay que tener en cuenta, especialmente en comparación con elementos de tablas apiladas y de madera microlaminada, que sólo está disponible aproximadamente la mitad de la sección transversal de la madera laminada en cruz para absorber fuerzas a lo largo de la veta en cada dirección principal debido al contralaminado. Esto, en consecuencia, reduce su capacidad de carga. Sin embargo, cuando se utiliza como diafragma arriostrante, el elemento vuelve a beneficiarse de su isotropía.

Elementos de madera microlaminada

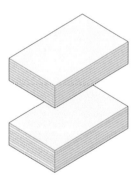

■ La madera microlaminada está formada por varias capas de chapa de madera de conífera encoladas entre sí. Últimamente, también se fabrican con chapa de haya, que tiene una resistencia bastante mayor (⌖ **14**). La veta de las capas discurre básicamente en la misma dirección, lo que da lugar a un elemento claramente anisótropo en su conjunto. Al igual que la madera de tablas apiladas, la madera microlaminada ofrece una sección transversal homogénea y completa para la transmisión de fuerzas a lo largo de la veta, de modo que las posibilidades estáticas del elemento con respecto a la transmisión de fuerzas axiales se aprovechan prácticamente de forma óptima. Los elementos de madera microlaminada son capaces, por tanto, de absorber grandes cargas. A diferencia de los elementos de tablas apiladas (no encoladas), la madera microlaminada se caracteriza por una buena rigidez a la cizalladura en su plano, por lo que el elemento es muy adecuado tanto para paneles arriostrantes de pared como de forjado.

Los paneles de forjado hechos de madera microlaminada se caracterizan claramente por la transferencia de carga unidireccional debido a su pronunciada anisotropía. La flexocompresión y la flexotracción se conducen estrictamente a lo largo de la veta. La distribución transversal de cargas es limitada, por lo que se requieren apoyos lineales. Sin embargo, ésta puede mejorarse con algunas capas contrachapadas que corren transversalmente a la dirección principal de la veta. Esto, a su vez, permite realizar voladizos laterales y apoyos puntuales.

◼ Existen en el mercado diversos elementos de construcción de madera de tipo caja o artesa con cavidades que, a diferencia de los elementos de madera maciza de tipo placa que acabamos de describir, pueden clasificarse por su estructura como sistemas nervados. Se caracterizan por nervaduras transversales espaciadas en el elemento, que, por un lado, le confieren una rigidez de placa mucho mayor y, por otro, proporcionan espacios para la instalación, el lastrado o el aislamiento. Con construcciones de forjado se pueden conseguir, por un lado, mayores luces y, por otro, se puede influir favorablemente en diversas características físicas del componente superficial. Esto se aplica en particular al aislamiento acústico, que se beneficia de la masa flexible del lastre, así como de la amortiguación de las cavidades por el material aislante de fibra. Perforaciones en la parte inferior del techo también pueden mejorar la acústica de sala.

Actualmente se han establecido en el mercado dos variantes de elementos de construcción de madera, que se examinan con más detalle a continuación.

◼ Las dimensiones características del diseño de tipo cajón con módulos acoplados lateralmente son las siguientes: espesores de tabla entre 31 y 64 mm, alturas del elemento entre 120 y 480 mm como máximo, y anchos de elemento entre 20 y 100 cm. Los módulos de cajón se acoplan entre sí mediante juntas machihembradas. Por regla general, se utiliza madera de abeto como material. Son posibles diferentes calidades visuales y de superficie.

Gracias a la estructura de costillas y a los cantos relativamente grandes disponibles, se pueden salvar grandes vanos de hasta 14 m con elementos de cajón. El diseño de las costillas tiene un efecto favorable sobre la capacidad de carga, ya que su canto es idéntico al espesor de construcción completo del elemento, de modo que las tablas superiores e inferiores de entrevigado acometen a tope con ellas lateralmente. De este modo, se puede utilizar el canto máximo del nervio. Además, es posible realizar forjados continuos (por ejemplo, forjados de dos vanos).

En función de las necesidades, las cavidades de los elementos tipo cajón pueden rellenarse con aislamiento térmico, absorbentes o granulados. Además, es posible integrar cables, conductos y canales en la cavidad de los elementos. Existen versiones abiertas en forma de U que permiten la instalación en obra por la parte superior (⊟ **50**).

Está prevista la adaptación a los respectivos requisitos de protección contra incendios (hasta REI 90). Para ello, los tableros de remate superior o inferior pueden hacerse más gruesos para garantizar la profundidad de carbonizado adicional necesaria.

Los elementos de caja y panel se utilizan en la construcción de forjados planos y cubiertas a dos aguas (⊟ **58**).

Elementos de construcción de madera

🖙 ***Vol. 3***, *Cap. XIV-2, Aptdo. 6.1.5 Forjado de elementos de construcción de madera*

Elementos tipo cajón

🖙 *Véase **Vol. 3**, Cap. XIV, Aptdo. 6.1.5 Forjado de elementos de construcción de madera*

3.6.3

Elementos nervados de madera laminada cruzada

☞ ᵃ **Vol. 3**, *Cap. XIV-2, Aptdo. 5.1.6 Forjado de elementos de construcción de madera*
☞ ᵃ *Véase también* **Vol. 3**, *Cap. XIV-2, Aptdo. 6.1.5 Forjado de elementos de construcción de madera*

■ A diferencia de los métodos de construcción de madera maciza completa y del método de construcción de tablas apiladas, los componentes de pared del método de construcción de madera laminada cruzada nervada consisten en el exterior de una o más capas de tablas con la veta paralela entre sí, que, en combinación con capas de tablas dispuestas transversalmente, en forma de costillas, colocadas a intervalos, crean un componente de forjado o pared con cavidades. [a]

El elemento de forjado o de pared, que por lo tanto no es completamente sólido y está intercalado con cavidades, tiene una gran rigidez en perpendicular a su plano. En estas cavidades se pueden colocar instalaciones, especialmente eléctricas. La longitud estándar de un elemento es de 2,50 ó 3,00 m; son posibles longitudes totales de hasta 18 m con uniones dentadas encoladas. Los elementos de construcción de madera de este tipo pueden utilizarse para todas las partes de la estructura portante primaria, pero también pueden combinarse con elementos de otros sistemas de madera maciza.

Se pueden conseguir altos valores de aislamiento acústico rellenando las cámaras con gravilla o arena gruesa. De este modo, se pueden garantizar fácilmente los requisitos habituales de aislamiento acústico para forjados de vivienda (⊟ **58**, **59**).

3.6.4   **Acabado**

■ Los elementos superficiales sólidos, como paredes o forjados de madera maciza, deben estar equipados, en la mayoría de los casos, con elementos o capas adicionales para cumplir los requisitos de física constructiva (⊟ **66**, **67**). Las siguientes subfunciones constructivas se ven afectadas:

- **Aislamiento térmico**: Los cerramientos exteriores y las cubiertas suelen estar equipados con capas adicionales de aislamiento térmico, casi sin excepción en el exterior. A pesar de la conductividad térmica favorable de la madera, los elementos de madera maciza con espesores estáticamente necesarios no son capaces, por sí solos, de garantizar los coeficientes de transmisión térmica requeridos por la ley.

- **Protección contra el viento**: Los elementos de tablero de madera maciza de gran formato se caracterizan por un número reducido de juntas. Por ello, es más fácil garantizar la estanqueidad de la envolvente del edificio, un factor que es mucho más crítico con métodos de construcción compuestos de barras. Por regla general, basta con sellar profesionalmente las pocas juntas de montaje.

- **Protección contra incendios**: Este factor afecta en particular a forjados de piso. A diferencia de forjados de vigas de madera convencionales, que suelen tener que ser equipados con costosos elementos adicionales como falsos techos por razones de protección contra

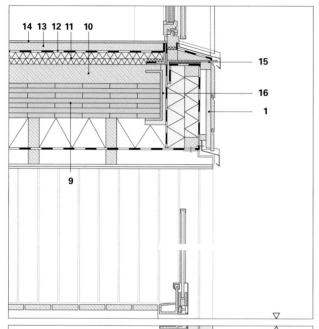

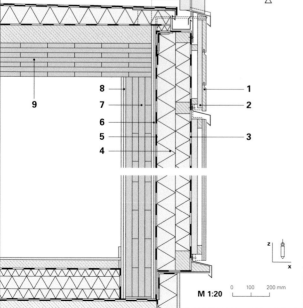

66 Ejemplo de construcción de un **forjado de madera maciza** (sobre balcón) (edificio residencial IBA Hamburgo; arqu.: Adjaye Ass. Londres).

67 Ejemplo de construcción de una **pared exterior de madera maciza** y un forjado de balcón.

1 entablado machihembrado de alerce 21 mm
2 rastrel/ventilación trasera
3 lámina de sellado abierta a la difusión
4 aislamiento térmico
5 capa de estanqueidad
6 placas de yeso laminado 2 x 12,5 mm
7 pared de madera laminada cruzada 120 mm
8 placas de yeso laminado 2 x 12,5 mm
9 forjado de madera laminada cruzada 182 mm
10 capa de hormigón unida con madera laminada cruzada
11 aislamiento acústico de impacto y capa de EPS como nivel de instalación
12 capa de separación
13 solado de cemento 45 mm
14 parqué 10 mm
15 mamparo cortafuego de chapa de acero 1,5 mm
16 perfil de acero C 260/100 mm revestido de yeso laminado

M 1:20   0   100   200 mm

incendios, los forjados de madera maciza ofrecen una buena protección contra incendios por sí mismos. Desde abajo, exponen al fuego la menor superficie posible, es decir, un plano no perfilado, y pueden dimensionarse con la profundidad de carbonizado necesaria. Desde arriba, proporcionan suficiente protección bien un suelo flotante o bien la losa de hormigón de una construcción mixta de madera-hormigón. En el caso de que los requisitos de protección contra incendios sean más elevados y no sea razonable aumentar el grosor de la construcción de madera, ésta puede revestirse con paneles de protección contra incendios (por ejemplo, de yeso laminado).

• **Protección acústica**: Debido a su mayor masa y a la casi completa ausencia de juntas, los forjados de madera maciza consiguen, ya de partida, un mejor aislamiento acústico que forjados de vigas de madera convencionales, sin necesidad de medidas adicionales especiales. Sin embargo, por regla general, no se pueden alcanzar los valores de aislamiento acústico exigidos completamente sin capas adicionales. La masa incrementada de la sección de madera maciza es un factor favorable, pero esta masa es rígida a la flexión, lo que reduce notablemente su efecto acústico. Las medidas adicionales más comunes para mejorar el aislamiento acústico de forjados de madera maciza son—además de suelos flotantes—granulados añadidos, ligados o no, que aportan masa flexible. La capa de hormigón de forjados compuestos de madera-hormigón también mejora sensiblemente el aislamiento acústico gracias a su aportación de masa. Los techos suspendidos ligeros mejoran tanto el aislamiento acústico como la protección contra incendios desde abajo, pero se pierde el techo de madera vista, que a veces es deseable.

☞ *Véase Aptdo. 3.5 Construcción de panel de madera, pág. 541*

3.6.5 Enlace pared-forjado

■ Hay que prestar especial atención a la conexión del forjado con una pared de carga cuando se construye con componentes de madera maciza, al igual que en la construcción de paneles de madera, donde se le presta aún más atención, tal como se describió anteriormente. Esto se debe a un conflicto constructivo fundamental que surge en este detalle de enlace. Está relacionado con la pronunciada anisotropía de la madera, que muestra claras debilidades en perpendicular a la dirección de la veta. En el nudo pared-forjado, esto se manifiesta a partir de un cierto número de plantas, entre tres y cinco, en la imposibilidad de someter a piezas horizontales de madera a cargas verticales procedentes de la pared, ya que las compresiones transversales se vuelven demasiado grandes. Trasladado a las condiciones estructurales y estáticas del enlace pared-forjado, el resultado es que la construcción del forjado, que por necesidad consiste en piezas de madera horizontales, no puede insertarse en la pared exterior vertical. Sin embargo, esto sería deseable desde el punto de vista constructivo, ya que la sección de pared inferior proporcionaría un apoyo conveniente para el forjado. Las soluciones tradicionales típicas para apoyar forjados de vigas de madera sobre muros de obra de fábrica, es decir, la inserción local de vigas y la transmisión de cargas verticales en los machones de muro que quedan entre las mismas, no pueden aplicarse con forjados continuos de madera maciza tipo placa, pues el apoyo sería lineal. La inserción lineal del forjado en una ranura de la pared conduce, por otra parte, a un severo debilitamiento de la sección transversal de la pared, que tiene un efecto desfavorable especialmente en los pisos inferiores debido a la acumulación de cargas.

En su lugar, en la construcción de madera maciza están disponibles las siguientes soluciones constructivas para el enlace pared-forjado:

- Conexión lateral del forjado a la pared no debilitada hecha con tablas apiladas verticales o madera laminada cruzada mediante un tipo de **apoyo corrido**. Puede tratarse de un ángulo de acero en forma de Z (⊟ **68**) o de un perfil de madera (⊟ **69**) que queda visible desde abajo o se encaja en una ranura del forjado. En este último caso, la sección transversal restante de la placa debe ser capaz de transmitir los esfuerzos cortantes que surjan.

- Rebaje en el borde superior del panel de pared, creando un apoyo para la placa pero dejando suficiente sección residual en la pared para transferir las cargas verticales a lo largo de la veta sin compresión transversal en la placa (⊟ **70**).

- Integración completa del panel de forjado de madera maciza en la sección transversal de la pared, de modo que el forjado encuentra un apoyo adecuado en la sección de pared inferior y la sección superior de la misma se apea sobre el borde del panel del forjado. Esta solución sólo es adecuada para un número reducido de plantas; de lo contrario, la compresión transversal de la madera del forjado es demasiado grande. En edificios más altos, la carga ya no se puede transmitir entre las secciones de pared superior e inferior por compresión transversal de la placa del forjado, sino se transmite localmente por medio de tacos de hormigón que se vierten en agujeros practicados en el borde del forjado antes de instalar la sección de pared superior (⊟ **71**),[17] o por elementos de acero similares. La característica de diafragma de los elementos de pared, que es un requisito previo para esta solución (por lo tanto, se deben utilizar elementos de madera laminada en cruz o de tablas apiladas encoladas, no clavadas o espigadas), garantiza por su capacidad de reparto transversal de fuerzas que las cargas verticales se puedan concentrar en la conexión del forjado sobre los tacos puntuales.

• **Apoyo de hormigón** de un forjado compuesto de madera-hormigón. En este caso, o bien se prolonga la losa de hormigón en el borde de la misma para que se apoye en la sección de pared inferior y proporcione así un apoyo para el forjado (⊟**72**); o bien la losa de hormigón se regruesa en el borde de la misma formando una especie de viga de borde hasta el espesor completo del forjado (⊟**73**). Para una buena absorción de los esfuerzos cortantes entre la viga de borde de hormigón y la placa de madera maciza, esta última puede ir entallada en el borde para su enclavamiento en el hormigón. Con ambas soluciones, la carga vertical se transmite siempre entre los paneles de pared a través de una sección de hormigón, de modo que se evita la compresión transversal de la madera del forjado, tan sensible a este esfuerzo.

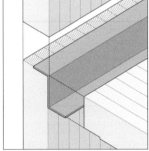

68 Apoyo del forjado sobre un ángulo de acero en forma de Z. Transmisión de cargas verticales en la pared sin debilitamiento de la sección a lo largo de la veta. Adecuado para edificios altos. El ángulo debe estar protegido del fuego en la parte inferior. No hay compresión transversal del forjado.

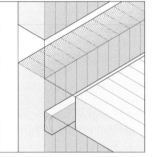

69 Apoyo del forjado sobre una viga corrida de madera. Condiciones comparables a las de ⊟**68**. La viga es visible desde abajo y debe ser dimensionada para la protección contra incendios. No hay compresión transversal del forjado.

70 Apoyo del forjado sobre un rebaje del panel de pared. Debilitamiento de la sección portante de la pared. Por lo demás, transmisión de cargas verticales en la pared a lo largo de la veta. Apoyo invisible desde abajo. Número limitado de plantas. No hay compresión transversal del forjado.

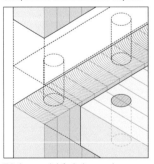

71 Apoyo del forjado en el componente de pared inferior mediante integración completa en el plano de la misma. Paso de la carga vertical a través del forjado mediante tacos locales de hormigón. Elemento de pared aquí de madera de tablas apiladas encoladas.

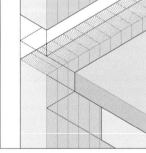

72 Apoyo por medio de la losa de hormigón sobresaliente. Buena transmisión de la carga vertical en la pared a través del hormigón, resistente a la compresión. Se requiere una armadura de cortante en el hormigón. Adecuado para edificios altos.

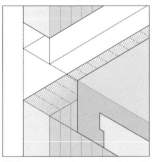

73 Apoyo por medio de viga de borde de hormigón. Enclavamiento del borde del forjado de madera con la viga de borde por medio de un rebaje. Condiciones como en ⊟**72**.

■ El efecto de carga de los métodos de construcción de madera considerados hasta ahora es comparable al de los métodos de construcción con paredes sólidas. Al igual que en estos últimos, la carga se transmite a través de los paños de muro y los mismos se rigidizan por su sustento mutuo en disposiciones de planta mayoritariamente ortogonales. Con sus estructuras de pared difíciles de modificar, están sujetos a restricciones de uso similares a las de un edificio clásico de obra de fábrica. Los espacios resultantes se caracterizan por su forma celular.

Un rasgo distintivo de la construcción de esqueleto es la forma en que se transfieren las cargas verticales, que, a diferencia de la construcción de pared, no se distribuyen linealmente sobre una sección de pared, sino que se concentran en puntos, a saber sobre la sección transversal de un soporte (🔲 **75–79**). Ciertas condiciones de contorno, que se derivan causalmente de este principio estructural básico, tienen una influencia de gran alcance en las soluciones estructurales típicas de los edificios de esqueleto y se expondrán brevemente a continuación.

La primera consecuencia que puede derivarse de esta circunstancia es la magnitud de la compresión que actúa en el soporte. Es necesariamente varias veces mayor que la compresión en la pared. Con un área tributaria de cargas comparable del forjado, la carga en la construcción del esqueleto se concentra así en el área de la sección transversal del soporte, que es relativamente pequeña, y provoca tensiones de compresión correspondientemente grandes. Por lo tanto, en edificios de esqueleto de varias plantas, es extremadamente importante la transmisión directa de la fuerza entre las secciones de columna, preferiblemente de madera testera a madera testera, incluso más que en la construcción de pared, donde esta cuestión sólo se vuelve crítica a partir de un cierto número de plantas debido al nivel general de carga relativamente bajo. Piezas de madera interpuestas, como vigas o durmientes, están expuestas a una gran compresión transversal local en estas condiciones, esfuerzos que la madera no puede tolerar debido a sus propiedades materiales y que provoca asientos notables con el tiempo (🔲 **74**). Este punto se analiza con más detalle a continuación en relación con la ejecución del enlace entre la columna y las vigas.

A pesar de la concentración de carga relativamente alta en los soportes, las estructuras de esqueleto de madera han alcanzado alturas de edificio que habrían sido impensables hace unos años. El edificio actual más alto con estructura de madera tiene algo menos de 100 m de altura (🔲 **75**). La buena resistencia a la compresión de la madera estructural en dirección de la veta, comparable a la del hormigón normal, hace posible estas grandes alturas. Los nuevos desarrollos, como la madera microlaminada o la madera laminada encolada fabricada con madera dura más resistente, como la haya, aumentan la resistencia a la compresión del material

Construcción de esqueleto de madera

4.

☞ *Véase también* **Vol. 4**, *Cap. 8., Aptdo. 6.1 Métodos de construcción de esqueleto en madera*

74 Compresión transversal de la madera de los durmientes por los montantes en la construcción histórica de entramado de madera. Debido al nivel de carga relativamente bajo como resultado de las cortas distancias entre los montantes y la altura del edificio, generalmente limitada, los asientos son insignificantes con este método de construcción, que en realidad es más bien un método de construcción de pared. Sin embargo, la situación es diferente con la construcción de esqueleto pura, especialmente con grandes alturas de edificio.

75 Edificio de gran altura con estructura de esqueleto de madera (*USB Brock Commons*, Vancouver; arqu.: Acton Ostry Architects) (véase también 🔲 **101** a **104**).

☞ [a] **Vol. 4**, Cap. 1., Aptdo. 8. La escala en el contexto de la historia del desarrollo de formas de construcción

☞ **Vol. 3**, Cap. XII-5, Aptdo. 5.2 Conexiones realizadas con conectores de tipo especial
📖 EN 912
📖 EN 14545

☞ Véase Cap. IX-2, Aptdo. 2.1.3 Arriostramiento de estructuras de esqueleto, pág. 309

hasta casi el doble del valor de una madera de conífera. Al mismo tiempo, también es decisiva en este caso una ventaja importante de las estructuras de esqueleto frente a las de pared, a saber, que el peso muerto de la estructura es proporcionalmente mucho menor que con estas últimas.[a] La acumulación de peso muerto en edificios de pisos, que establece los límites de lo que se puede construir relativamente pronto en la construcción de pared, tiene lugar mucho más lentamente en la construcción de esqueleto por esta razón, de modo que se pueden realizar alturas de edificio mucho mayores.

Dado que las columnas se ejecutan preferentemente continuas a través de las plantas (aunque unidas a tope) debido a las altas concentraciones de carga en la construcción de esqueleto, surge también la consecuencia adicional de que las vigas deben apoyarse en la cara lateral de la columna. En los métodos de construcción históricos, esta tarea era técnicamente irresoluble, por lo que vigas acometiendo a tope o vigas adosadas a una columna en el lateral prácticamente nunca se dieron en ellos. Sin embargo, la construcción moderna de madera ha desarrollado soluciones técnicas para uniones a cortante puras como se dan con uniones testeras o laterales de la viga a la columna, que se ejecutan con conectores metálicos de diseño especial según la norma. Las construcciones de pinza en las que dos vigas gemelas se conectan a dos lados de una columna, permitiendo así ejecutar tanto columnas continuas como vigas continuas, no serían factibles sin estos conectores.

Los apoyos puntuales de forjados de madera maciza tipo placa, como se encuentran cada vez más en la construcción de pisos de esqueleto hoy en día, se producen preferentemente por apeo sobre la sección de columna inferior. La carga vertical que procede de la sección de columna superior debe pasarse a través de la placa del forjado mediante piezas de acero adecuadas. Esto impide la compresión transversal excesiva de la madera del forjado. También se pueden aplicar soluciones similares a vigas de madera con piezas de acero pasantes.

Otra característica importante de edificios tipo esqueleto, que es desfavorable en comparación con los métodos de construcción de pared, es la ausencia de diafragmas verticales rígidos al esfuerzo cortante, que en la construcción de pared asumen un importante papel arriostrante frente a cargas horizontales. En su forma pura, las estructuras tipo esqueleto son armaduras de barras articuladas que requieren elementos arriostrantes adicionales para garantizar la estabilidad frente a cargas horizontales. Una conexión rígida a la flexión entre la columna y la viga, es decir, la formación de un pórtico, es generalmente difícil de realizar en la construcción de madera, por lo que esta opción es una rara excepción en la construcción de esqueleto de madera. Es cierto, sin embargo, que en una determinada variante, a saber, en la forma del jabalcón, esta solución sí se produce ocasional-

76 Edificio de esqueleto de madera en Asia Oriental (Ciudad Prohibida, Pekín).

77 Edificio de esqueleto de madera en construcción de pinza (Oficina de Construcción del Estado y la Universidad de Ulm).

78 Viga sobre columna: La viga maestra se asegura contra el vuelco mediante la columna en forma de pinza. Edificio de imprenta en Paderborn (arqu.: P C v Seidlein).
79 Construcción de esqueleto de madera, edificio de imprenta en Paderborn.

mente. Sin embargo, por razones de uso, los jabalcones se suelen evitar en la construcción de esqueleto moderna, ya que siempre suponen un obstáculo, sobre todo considerando las alturas de piso relativamente pequeñas típicas de la edificación actual.

En cambio, el tipo de arriostramiento más común en la construcción moderna de madera es la **riostra diagonal**. Su aplicación puede limitarse a unas pocas crujías para que sólo surjan restricciones mínimas de uso. Si es necesario, las concentraciones de carga resultantes en las diagonales, a veces bastante grandes, pueden ser absorbidas por barras de acero. Como alternativa, también pueden cerrarse algunos huecos del esqueleto con elementos de pared resistentes al descuadre, cuya tarea es transferir cargas horizontales, no verticales. Para ello pueden emplearse elementos modernos de madera maciza, por ejemplo de madera laminada cruzada. En edificios administrativos de poca altura, estos paneles de pared arriostrantes pueden agruparse formando un núcleo de circulación. La protección contra incendios necesaria para ello puede garantizarse mediante una profundidad de carbonizado adicional de los elementos de pared. Hoy en día, los forjados en la construcción de esqueleto de madera pueden ejecutarse básicamente como forjados resistentes a la cizalladura. Para ello, se recurre a un aplacado ejecutado según normativa, a elementos de madera maciza adecuados o a construcciones compuestas de madera y hormigón.

La principal ventaja de los métodos de construcción de esqueleto en comparación con los de pared es, por su propia naturaleza, la posibilidad de combinar espacios interiores formando grandes áreas interconectadas, lo cual es una necesidad fundamental para ciertos usos de edificio, por ejemplo edificios administrativos, industriales o muchos edificios públicos. Esta es, por así decirlo, la cara positiva de la ausencia sistémica de elementos superficiales resistentes a cortante, ya sean diafragmas o arriostramientos diagonales. Es posible que el deseo de disponer de espacios interiores más amplios e ininterrumpidos fuera el motivo que impulsara la evolución de los métodos de construcción a desarrollar la construcción de esqueleto, más moderna y a la vez más compleja desde el punto de vista conceptual y constructivo, a partir del antiguo método de construcción

☞ **Vol. 4**, Cap. 8., Aptdo. 5. Métodos de construcción de esqueleto

de pared. Ejemplos significativos de los primeros edificios tipo esqueleto son graneros europeos medievales, que en realidad eran construcciones mixtas compuestas de muros exteriores de carga y esqueleto interior. Por razones pragmáticas, la construcción de esqueleto sólo se realizó donde era realmente necesaria, es decir, en los interiores.

Sin embargo, no hay que olvidar que incluso las techumbres inclinadas de edificios de obra de fábrica en Europa siempre han sido construcciones de esqueleto. En algunos casos, estas muestran un alto grado de complejidad y soluciones de enlace técnicamente muy sofisticadas, como se aprecian en los cuchillos medievales que se conservan en la actualidad. En cambio, en Asia Oriental se encuentran edificios de esqueleto puro mucho más tempranos y mucho más complejos y perfeccionados desde el punto de vista técnico (⊟ **76**).

También es típico de la construcción de esqueleto el alto grado de **flexibilidad de uso**, que resulta del reducido número de puntos fijos inalterables, a saber, las columnas y, en caso necesario, los núcleos de circulación o cualquier otro elemento superficial arriostrante. Las separaciones espaciales verticales no portantes pueden cambiarse a voluntad en la construcción de esqueleto. A diferencia de la construcción de pared, no tienen que estar dispuestas estrictamente una encima de otra en diferentes plantas, por lo que son posibles configuraciones de planta cambiantes.

Además, con la construcción de esqueleto existe la posibilidad de acristalar grandes áreas de cerramientos exteriores y así mejorar notablemente el suministro de luz natural a los espacios interiores, o de hacer los cerramientos altamente aislantes con un espesor de pared relativamente pequeño. Esto es posible gracias a la sección transversal muy pequeña de los elementos portantes, es decir, las columnas. Sin embargo, en este contexto hay que tener muy en cuenta la posición de la columna externa en relación con el cerramiento exterior. Por razones de física constructiva, su posición interior ha demostrado ser óptima para edificios tipo esqueleto.

La construcción de esqueleto de madera se caracteriza por las siguientes características adicionales:

- gran libertad en el diseño de la estructura portante, ya que ésta se libera de la función envolvente;

- amplia gama de conexiones de ingeniería moderna con elementos de fijación de acero y acero fundido;

- amplias posibilidades de aplicación para diferentes usos de edificio: edificios residenciales, naves industriales, piscinas cubiertas, edificios agrícolas, etc.

■ A continuación, se analizarán en detalle las diferentes variantes estructurales que se utilizan hoy en día en la construcción de esqueleto de madera. Son decisivas para la clasificación de los distintos métodos de construcción de esqueleto. En particular, la relación posicional mutua de los tres elementos principales—**viga**, **vigueta** y **columna**—en la conexión estructural, así como su coordinación en la estructura global, representan el criterio esencial de diferenciación.

Aunque hoy en día se evitan las viguetas y, en su lugar, se utilizan tableros de madera maciza de gran superficie, también se tratarán a continuación los forjados de vigas apiladas y escalonadas jerárquicamente, en aras de la exhaustividad y la comprensión constructiva. Las condiciones estáticas de

Variantes estructurales básicas   4.1

los órdenes de viguetas pueden trasladarse en gran medida a los elementos nervados como se usan en la construcción de paneles de madera, es decir, a los forjados tipo caja, así como en cierta medida las condiciones constructivas.

Viga sobre columna

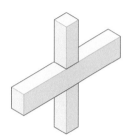

☞ *Véase por ejemplo en* ⊟ **91**

☞ *Véase la discusión en* **Vol. 4**, *Cap. 8.,
Aptdo. 6.1.1 Columna continua y 6.1.2
Columna empalmada*

☞ *Véase también la viga de borde en* ⊟ **73**

■ La variante de viga sobre columna es un principio constructivo sencillo que se utiliza a menudo para edificios de madera de una sola planta. Con ellos, no es necesario empalmar la columna en la altura, como es inevitable con una viga continua para más de una planta. La viga puede apoyarse directamente en la columna, realizando así la conexión más sencilla imaginable. Puede ser continua a través de la conexión a la columna, es decir, ir ejecutada como una viga de varios tramos, lo que reduce su esfuerzo flector en el vano. Si es necesario, se pueden insertar en la viga articulaciones Gerber en los puntos de momento cero. En la dirección de la viga principal, se pueden crear voladizos de hasta aproximadamente 1,50 m con tamaños de vano estándar. También es posible un voladizo en la dirección de las viguetas, ya que éstas suelen ir apeadas encima de las vigas y, por lo tanto, pueden aprovechar a su vez el efecto de continuidad o de voladizo. En este caso, es ventajoso ejecutar la vigueta situada en el eje de la columna como viguetas gemelas y así evitar una conexión a tope a la misma. Un desplazamiento semimodular de la posición de la carrera de viguetas con respecto al eje de la columna también conduce al mismo resultado. Los voladizos, es decir, los alerones de cubierta, tanto en la dirección de las vigas como en la de las viguetas, son especialmente ventajosos como medida de protección constructiva de la madera de la fachada.

También se puede instalar un orden de viguetas a la misma altura de las vigas para ahorrar altura de construcción (⊟ **80**, **81**). Para evitar un encuentro local de la junta de la columna y la conexión a tope de la vigueta, esta última puede desagregarse espacialmente desplazándola (⊟ **81**)

En el diseño de varios pisos, debe impedirse la compresión de la viga actuando transversalmente a su veta por acción de las secciones de columna que acometen sobre la misma. Esto es posible empleando elementos de conexión pasantes que transmiten la carga, como por ejemplo placas de chapa metálica insertadas en ranuras (⊟ **80**, **81**).

Otra manifestación de esta variante de combinación de viga y columna se encuentra en forjados compuestos de madera-hormigón, que se ejecutan con una viga de borde de hormigón (⊟ **82**). Esta última actúa como viga de apoyo para la construcción de forjado, puede asentarse fácilmente sobre la sección de columna inferior y, como elemento de hormigón, es capaz de transmitir a través del forjado incluso grandes cargas verticales concentradas en los pilares. Esta solución combina un apoyo de viga sencillo con una elevada resistencia a la compresión transversal del forjado. Se utiliza para edificios de esqueleto de gran altura.

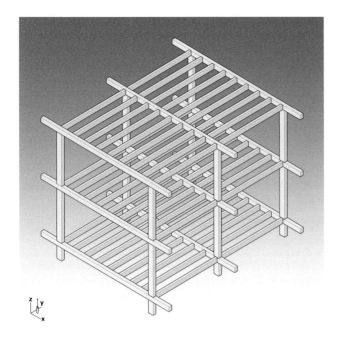

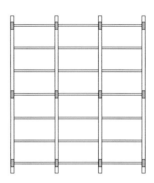

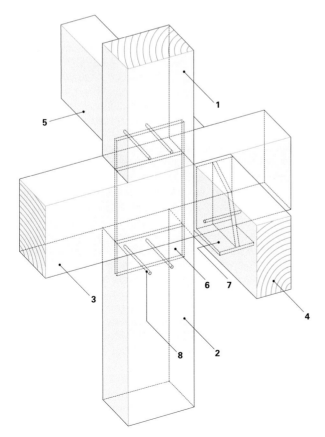

80, 81 Tipo de construcción de **viga sobre columna**: representación esquemática de la estructura portante (arriba), así como un posible diseño del nudo estructural principal (abajo; las viguetas de forjado se desplazan aquí con respecto a la columna para mantener libre el empalme de las secciones de la misma). Como alternativa, las viguetas de forjado también pueden apoyarse encima de la viga maestra creando una viga continua.

1   sección de columna superior
2   sección de columna inferior
3   viga maestra, continua
4   vigueta de forjado, delante
5   vigueta de forjado, detrás
6   placa de acero en ranura
7   ángulo de acero en ranura
8   pasador

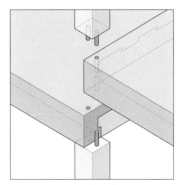

82 Una viga de borde de hormigón en un forjado compuesto de madera-hormigón, colocada sobre el pilar, transmite las cargas verticales del pilar a través del forjado sin compresión transversal de la madera.

4.1.2

Dos vigas a tope en la columna

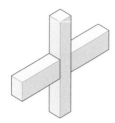

☞ *Véase la discución en **Vol. 4**, Cap. 8., Aptdo. 6.1.1 Columna continua y 6.1.2 Columna empalmada*

■ En esta variante, la sección de la columna es continua y las vigas van conectadas a tope por sus testas a dos lados opuestos de la misma. Esto satisface plenamente el requisito del paso sin obstáculos de la carga vertical en la columna a lo largo de la veta. Esta solución permite construir edificios de varias plantas más allá del límite de altura a partir del cual se consideran edificios de altura a efectos legales, es decir unos 21 m. Es irrelevante si la columna pasa por el enlace efectivamente sin empalme o si las caras testeras de dos secciones de columna se encuentran allí por contacto a compresión (y se aseguran contra el deslizamiento lateral).

Con esta solución de diseño, es preciso que el esfuerzo cortante presente en la cara testera de la viga se introduzca en la sección transversal de la columna a través de la superficie de contacto. Existen las siguientes posibilidades:

• **Rebaje** en la superficie lateral de la columna para recibir una ménsula (⊟ **83**) o un apoyo de acero (⊟ **84**). Esto debilita necesariamente la sección transversal de la columna. La carga de la viga se introduce en la columna a través de la superficie de contacto inferior entre la ménsula o el taco, que es madera testera, es decir, entra a lo largo de la veta. La viga se monta simplemente asentándola sobre la ménsula. En el caso de vigas esbeltas, puede ser necesario un dispositivo adicional contra el vuelco.

• Incorporar a la columna maderos en forma de **taco**, que proporcionan un apoyo para la viga (⊟ **85**). Esta solución deja la sección transversal de la columna prácticamente sin debilitar, pero en general es equivalente a la solución descrita anteriormente. Visualmente, los maderos laterales son muy visibles, y posiblemente molestos.

• Añadir un **ángulo de acero** al lado de la columna para acomodar la viga (⊟ **86**, **87**). La sección transversal de la columna apenas se debilita. La superficie de apoyo debe estar en la zona inferior de la viga para que no se produzcan tracciones transversales que puedan romperla.

• Insertar una placa de acero atravesando la columna con doble conexión lateral de cartela para las vigas contiguas (⊟ **88**). Debido al ranurado, se produce un ligero debilitamiento de la sección transversal de la columna. La transmisión de esfuerzos cortantes entre la placa y la viga o la columna puede realizarse mediante pasadores de acero. De nuevo, para evitar tracción transversal en la viga, los pasadores deben distribuirse uniformemente sobre todo su canto o, de lo contrario, concentrarse en su zona inferior.

• En el caso de un enlace de viga por un solo lado y con cargas relativamente pequeñas, también es posible una unión a tope con conectores en los extremos (sólo aprobada para madera laminada) (⊟ **90**).

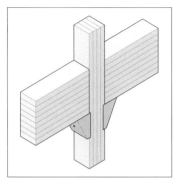

83 Viga sobre ménsula de madera dura, insertada en el lado de la columna.

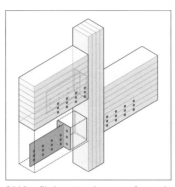

84 Viga fijada a una chapa con forma de T alojada en un rebaje en la columna; la chapa va insertada en una ranura de la viga.

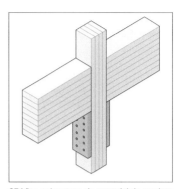

85 Viga sobre taco de material de madera fijado lateralmente.

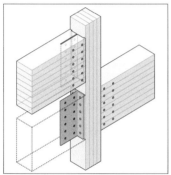

86 Viga fijada a una chapa alojada en una ranura; distribución uniforme de los pasadores sobre el canto completo de la viga.

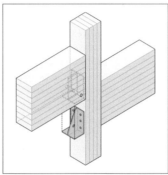

87 Viga sobre ángulo de acero conectado al lateral de la columna con placa de centrado para prevenir deslizamiento lateral.

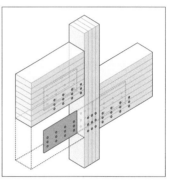

88 Viga unida a una chapa alojada en una ranura e insertada a través de la columna.

89 Conexión de una viga a una columna mediante una chapa alojada en una ranura, según 🗗 **84**, **86** ó **88**.

4.1.3

Vigas gemelas a ambos lados de la columna (construcción en pinza)

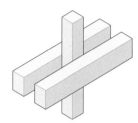

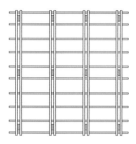

■ La construcción en pinza está formada por vigas principales gemelas que abrazan la columna en forma de pinza—de ahí su nombre—. En consecuencia, pueden ejecutarse como vigas continuas de varios tramos o como vigas con voladizo.

La conexión lateral de la viga principal con la columna es una unión a cortante realizada con conectores de diseño especial según la norma. Como es habitual en este tipo de conexión, se asegura contra la separación mediante pernos pasantes (⊟**91**). Hoy en día, se suelen utilizar conectores de anillo de inserción, que se insertan en ranuras fresadas. El fresado se realiza automáticamente en máquinas CNC.

Con esta conexión, la carga vertical se introduce en la columna a lo largo de la veta, mientras que en la viga horizontal se introduce transversalmente a ella. Por ello, merece especial atención la introducción de la fuerza en la viga: La unión de conector crea una tracción transversal en la madera, por lo que se requiere, por un lado, una distancia suficiente entre el borde superior de la viga y el taco superior y una distancia suficiente de los tacos entre sí, así como una longitud mínima de cogote medida desde la conexión hasta la testa de la viga en voladizo (⊟**91**).

Además, las esbeltas vigas gemelas reducen la excentricidad entre su eje de gravedad y el de la columna. En principio, las vigas también se pueden encajar lateralmente en la columna, pero esta medida apenas contribuye a la transmisión de fuerza debido a las diferencias de rigidez entre la unión de conector y la madera de la cara de la viga apoyada que se ve comprimida transversalmente a la veta (⊟**91**). Los rebajes también debilitan la sección transversal de la columna. En el mejor de los casos, cajeados de este tipo se utilizan como ayudas para el montaje.

Las viguetas suelen apoyarse encima de las vigas y pueden ser continuas y, si es necesario, tener voladizo, siempre que estén desplazadas respecto a la trama estructural de la columna o duplicadas cuando encuentran la misma (⊟**92**). Por lo tanto, son posibles voladizos en ambas direcciones principales. La columna también puede fabricarse—a diferencia de la variante de viga sobre columna—de forma continua a partir de una sola pieza o conectarse con una simple junta de contacto en las caras testeras, de modo que la carga de compresión normal se transfiere a lo largo de la veta sin interrupción. Por lo tanto, también se pueden ejecutar varios pisos. Esta variante constructiva se caracteriza, en consecuencia, por un desentrañamiento espacial coherente de los elementos estructurales que confluyen en el nudo principal, es decir, columna, vigas y, en su caso, viguetas (⊟**91–94**).

Debe prestarse especial atención a la protección contra la intemperie de la madera testera de los extremos de las vigas en voladizo. Deben taparse, por ejemplo, con tableros de testa o, al menos, cubrirse con vierteaguas.

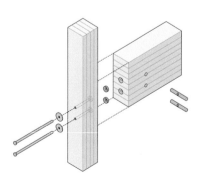

90 Viga afianzada al pilar por un lado con conectores de madera testera.

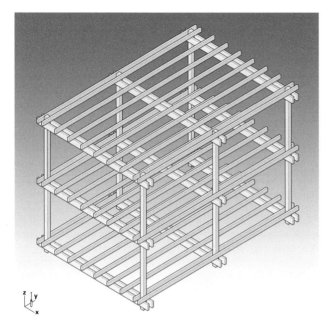

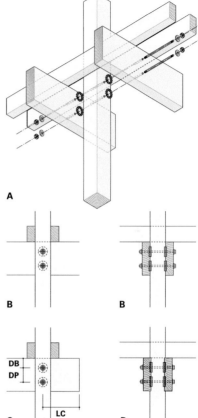

91 (Arriba) conexión en pinza: posible diseño del nudo principal.

A versión estándar, despiece
B versión estándar, dos secciones
C versión estándar; **DB** distancia al borde, **DP** distancia entre pernos, **LC** longitud de cogote.
D diseño especial con vigas insertadas en cajeado de la columna

92 (Arriba izquierda) construcción de pinza con el orden de vigas principales y secundarias: representación esquemática de la estructura portante.

93, 94 (Centro izquierda, abajo izquierda) construcción en pinza: Oficina del Consejo del Land, Villingen-Schwenningen (arqu.: Auer und Weber).

4.1.4

Viga atravesando una columna doble

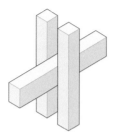

■ Los elementos que intervienen en el nudo, es decir, la viga y la columna, también pueden desentrañarse espacial y estructuralmente duplicando la columna y colocando una única viga entre las dos mitades de la misma. La conexión a esfuerzo cortante resultante se realiza de forma análoga a la construcción de pinza comentada anteriormente mediante conectores de diseño especial según la norma. Las condiciones constructivas son comparables.

Aunque esta solución también ofrece la ventaja de poder transferir las cargas verticales sin interrupciones en la columna a lo largo de la veta, tiene el inconveniente de que la columna presenta un diseño bastante desfavorable. Si las dos partes de la columna tienen en total la misma sección transversal sometida a esfuerzos de compresión que la columna de una sola pieza, las dos barras esbeltas resultantes están expuestas a un riesgo de pandeo bastante mayor que esta última. Este riesgo se suele contrarrestar atando las dos secciones de la columna, por ejemplo, insertando maderas de relleno entre ellas en diferentes puntos. Esto crea un elemento de columna en forma de escalera que necesariamente consume más espacio con su proyección en planta que una columna de una sola pieza—otra desventaja de esta solución, aparte del aspecto visual más voluminoso de esta forma de columna.

Dado que se supone que la columna del sistema tipo esqueleto considerado es una columna pendular, su sección transversal debería tender a tener la misma rigidez en ambas direcciones principales (es decir, →**x** e →**y** en ⊟ **95**). Dado que el lado fuerte de la sección transversal de la columna (la línea de unión entre las dos partes de la misma, →**y**) tiene

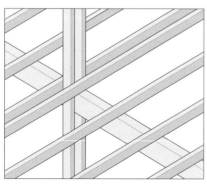

95 (Derecha) columnas y viguetas duplicadas: Representación esquemática de la estructura portante.

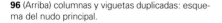

96 (Arriba) columnas y viguetas duplicadas: esquema del nudo principal.

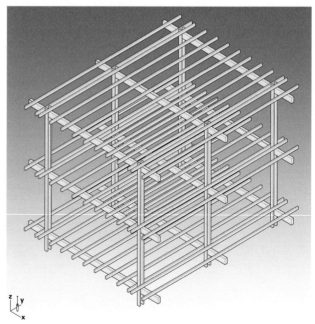

de primeras un par bastante mayor que la otra dirección de esfuerzo (la anchura de cada parte del pilar, →**x**), es más ventajoso diseñar los cordones del pilar en la dirección fuerte (→**x**) como secciones rectangulares, con el lado estrecho en la dirección del eje fuerte (→**y**). Esto también favorece la conexión a esfuerzo cortante entre la viga y los cordones de la columna.

Si hay viguetas, tiene sentido apoyarlas sobre las vigas y duplicarlas en el eje de la columna o separarlas de la columna con un desplazamiento semimodular de la trama.

■ La solución con cuatro vigas confluyendo en la columna consiste en órdenes de vigas que se orientan en una dirección, pero que, a diferencia de los métodos de construcción discutidos hasta ahora, se limitan a un solo recuadro de intercolumnio y cambian en cada caso su dirección siguiendo un patrón similar al de un tablero de ajedrez (⊟ **97**). Esto explica que en este caso no sean dos sino cuatro las vigas maestras que se conectan a la columna en cuatro direcciones.

Las columnas son continuas; todas las vigas—tanto las vigas maestras, como las viguetas—tienen la misma longitud, siempre que la columna tenga también el mismo ancho que la viga. Como las columnas son continuas, las vigas pueden conectarse a cualquier altura, es decir, también es posible incorporar un entrepiso.

Dado que la dirección de las viguetas cambia vano por vano, en cada una de las vigas entra la carga procedente de un solo recuadro de intercolumnio, es decir, de aquél cuyas viguetas conectan con ella—por un solo lado—.[a] De este modo, la carga sobre la viga maestra puede reducirse a la

Cuatro vigas acometiendo a tope en la columna   4.1.5

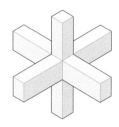

☞ [a] *Véase también para el principio portante **Vol. 3**, Cap. XIII-5, Aptdo. 4.2 Cubiertas y forjados de emparrillados de vigas, sobre todo ⊟ **293**.*

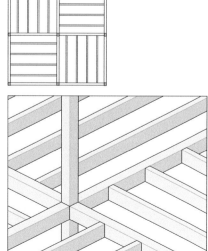

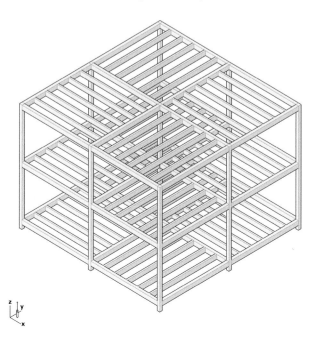

97 (Izquierda) **construcción en damero**: representación esquemática del principio portante.

98 (Arriba) **construcción en damero**: representación esquemática del nudo constructivo principal.

mitad, de tal forma que puede asemejarse en su canto total a las viguetas, que tienen áreas tributarias de carga más pequeñas y, en consecuencia, reciben menos carga. Dado que, de todas formas, no puede existir una acción de continuidad debido a la alternancia de la dirección de los vanos y que la viga maestra y la vigueta pueden ejecutarse con el mismo canto, tiene sentido colocar ambas jerarquías de viga en el mismo plano. Como consecuencia, el grosor del forjado se reduce notablemente en comparación con otros métodos de construcción de esqueleto. El precio de esta ventaja es un número doble de vigas maestras, así como un nudo principal columna/viga algo más difícil de resolver en términos constructivos, como se verá más adelante.

Aunque cada recuadro de intercolumnio representa en sí mismo una construcción de forjado unidireccional, el sistema de carga debe considerarse una estructura bidireccional cuando se contempla en su conjunto. De acuerdo con la lógica del principio de diseño, los recuadros de intercolumnio son siempre perfectamente cuadrados, es decir, con luces iguales en ambas direcciones (🗗**97**; →**x**, →**y**). En cierto modo, este principio estático-constructivo se desarrolló como solución sustitutiva para poder utilizar las ventajas de una estructura portante bidireccional también en la construcción de madera, donde debido a las peculiaridades del material hasta hace poco no se disponía de elementos superficiales portantes bidireccionales, sino sólo de elementos estructurales en forma de barra.

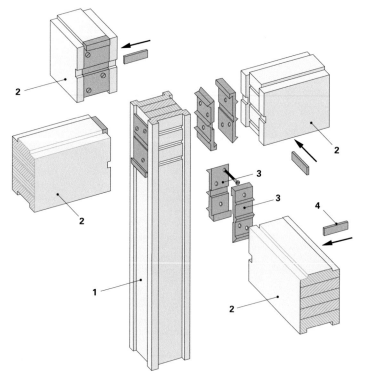

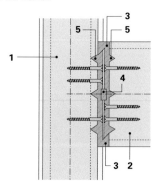

99 Posible diseño de la conexión entre la columna y las vigas (sistema *Moduli*). En la sección superior, la conexión de la viga sólo se muestra en un lado.

1 columna
2 viga
3 placa de conexión perfilada de aluminio para la columna y la viga. Crea una unión por cuña al montar la viga.
4 lengüeta de aluminio, encajada en una ranura de la pieza **3**. La cohesión de la conexión resistente al corte está garantizada por el efecto de cuña de las placas de conexión **3**.
5 unión por dentado de la placa de conexión **3** con la columna y la viga.

El orden geométrico-modular de este método de construcción da lugar a la típica conexión frontal de la viga maestra con la columna en ambas direcciones principales, de modo que siempre se conectan cuatro vigas maestras a un pilar en todo su perímetro (⊟ **98**, **99**). La conexión de la testa de la viga con el flanco del pilar en condiciones espaciales relativamente angostas requiere construcciones de conexión especiales que utilizan fijaciones de ingeniería (⊟ **99**).

Las construcciones con viguetas en damero suelen ser de dos pisos con vanos de hasta 4 m. En este caso, los aleros de cubierta sólo pueden crearse con medidas adicionales, ya que voladizos no son posibles en este sistema. Por lo demás, esta solución estructural ofrece condiciones favorables para la coordinación con la envolvente del edificio, ya que las circunstancias geométricas son las mismas en ambas direcciones principales y no hay componentes estructurales que sobresalgan—estando en voladizo—.

■ Esta variante implica un **apoyo puntual** de la placa en el que el forjado viene a descansar entre dos secciones de columna. Como resultado, el forjado transfiere cargas de forma **bidireccional**. Esta variante es relevante para la construcción de plantas, ya que la placa plana sin cuelgues, en su mayoría de madera maciza, encuentra un apoyo ventajoso en la sección inferior de la columna, apoyo que no sobresale del perímetro de la misma y, en consecuencia, es invisible y puede protegerse contra el fuego en su mayor parte con la propia construcción de madera. Especialmente en los edificios de varias plantas, para los que esta variante es especialmente adecuada, cabe esperar que los requisitos de protección contra incendios sean elevados por principio. Los bordes extremos de placas de acero de la conexión, posiblemente expuestos lateralmente, pueden protegerse contra el fuego insertándolos en el forjado de madera o mediante un solado en la parte superior y, si es necesario, mediante un techo suspendido en la parte inferior.

Sin embargo, en el caso que analizamos de una construcción de esqueleto, no es posible hacer pasar la carga vertical de la columna a través del forjado, es decir, comprimiéndolo de forma transversal a la dirección de la veta de la madera del mismo, necesariamente horizontal. Esto se debe a las altas concentraciones de fuerzas que cabe esperar en la columna, que son mucho mayores que las cargas verticales más distribuidas en un elemento de pared. Las consecuencias serían una fuerte compresión transversal y notables asentamientos. En estas condiciones es prácticamente imprescindible una construcción de acero que proporcione a ambas secciones de columna un apoyo de superficie lo más completa posible y que al mismo tiempo transmita las cargas verticales a través de un hueco de la placa sin comprimirla transversalmente. (⊟ **100**) (⊟ **102–105**).

Con este tipo de apoyo puntual de la placa, sólo se puede utilizar un **elemento de placa isótropo** debido a la transfe-

Placa sobre columna   4.1.6

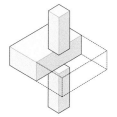

rencia de cargas bidireccional. Es especialmente adecuada la madera laminada cruzada. Debido a los tamaños máximos de transporte y producción, la anchura del elemento para el lado corto del panel es de alrededor de 3 a 4 m. Esto también especifica simultáneamente la luz entre columnas en esta dirección (→**x**). En la otra dirección (→**y**), se pueden realizar elementos de dimensiones algo mayores, lo que da lugar a distancias razonables entre apoyos del orden de 4 a 6 m. En esta dirección, el elemento puede ejecutarse de forma continua sobre múltiples vanos. Las diferentes luces resultantes del panel también se corresponden con el comportamiento de carga real de la madera laminada cruzada, que debido a su estructura tiene una dirección de descarga fuerte (→**y**) y otra débil (→**x**). Esto significa que las dos capas exteriores están orientadas con su dirección de veta en la dirección de la luz mayor (es decir, en →**y**).

☞ Aptdo. 3.6.2 Elementos de madera maciza con forma de tablero > Elementos de madera laminada cruzada (X-Lam), pág. 551

Esta conexión articulada de la placa con la columna requiere una rigidez de diafragma en el plano de la placa para conectar el esqueleto a puntos fijos, en este caso preferentemente núcleos de circulación. Para ello, los elementos del forjado pueden acoplarse de forma rígida en la junta de empalme, por ejemplo, con un listón de madera contrachapada insertado en la parte superior (🔲 **100**, elemento **8**, 🔲 **103–105**).

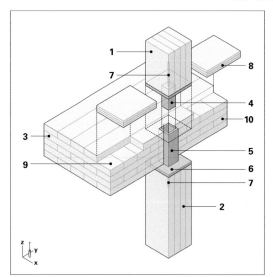

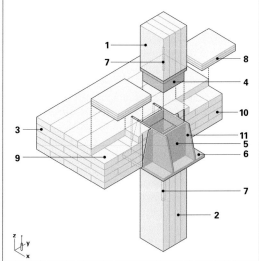

100 Apoyo puntual de la placa de forjado sobre la sección inferior de la columna con la ayuda de una pieza de acero; la fuerza se transmite a través del tubo de acero evitando la compresión transversal sobre la madera laminada en cruz. Una solución similar se ejecutó en el proyecto representado en 🔲 **101** a **104**.

1 sección de columna superior, altura de una planta; madera laminada o microlaminada
2 sección de columna inferior, altura de una planta; madera laminada o microlaminada
3 placa de forjado, madera laminada en cruz
4 elemento de apoyo de acero, mitad superior, con tubo telescópico
5 elemento de apoyo de acero, mitad inferior, con tubo telescó-

101 Apoyo puntual de la placa en una pieza de acero **4/5** que sobresale en forma de ménsula. La placa de acero **6** del apoyo tiene rigidizadores. La fuerza se transmite a través de la pieza de acero sin compresión transversal sobre la madera horizontal del forjado.

pico
6 superficie de apoyo para el forjado
7 pasador de centrado y bloqueo de deslizamiento
8 tablero de conexión para la formación de diafragma; madera contrachapada
9 rebaje para acomodar **8**
10 junta de empalme de elementos
11 rigidizador

■ Si la placa debe conectarse lateralmente a una columna continua, debe crearse un apoyo en forma de ménsula que sobresalga lateralmente (⌐ **101**). Esto, a su vez, puede lograrse mediante un elemento de acero en forma de tubo cuadrado que tiene una placa saliente en el borde inferior proporcionando el apoyo necesario. Para absorber los esfuerzos cortantes, la placa de acero debe ser lo suficientemente gruesa o estar reforzada con rigidizadores. La carga vertical de la columna se transmite, una vez más, a través de la placa mediante el tubo de acero y se transfiere por toda la superficie a la madera testera de la sección inferior de columna.

A diferencia de la solución anterior, aquí la chapa de apoyo permanece expuesta (y visible) por la parte inferior y puede tener que ser protegida adicionalmente contra el fuego. Se puede insertar en la placa del forjado y proteger la parte inferior con una tapa de madera. Sin embargo, debe quedar una sección transversal suficiente en la placa de forjado rebajada para que se puedan transferir los esfuerzos cortantes relativamente fuertes del apoyo puntual y para que las

Placa con apoyo lateral sobre la columna   4.1.7

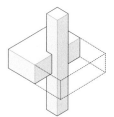

102 Edificio de gran altura con estructura de esqueleto de madera, con forjados planos de madera laminada en cruz, bidireccionales y apoyados en puntos. (Los largueros visibles en el último piso son ayudas para el montaje.) (*USB Brock Commons*, Vancouver; arqu.: Acton Ostry Architects) (véase también ⌐ **75**).

103 Estructura de esqueleto del edificio en ⌐ **102**, tras el montaje de las columnas. En las cabezas de las columnas se ven los tubos de acero para recibir la siguiente sección de pilar (análogos al elemento **5** en ⌐ **100**), así como los pasadores para centrar los elementos de forjado.

104 Estructura de esqueleto del edificio en ⌐ **102**, tras montaje del forjado. En el suelo, por ejemplo en los ejes de las columnas, se distinguen los listones de atado para crear rigidez al descuadre del forjado (elemento **8** en ⌐ **100**).

105 Estructura de esqueleto del edificio mostrado en ⌐ **102**, erección de una columna.

capas inferiores de la madera no se arranquen debido a la tracción transversal. Alternativamente, se puede añadir un falso techo. Además de la protección contra incendios de la estructura de acero que proporciona, el techo también puede mejorar el aislamiento acústico del forjado. En cualquier caso, esta opción se recomienda para forjados de madera laminada cruzada, que son relativamente rígidos desde el punto de vista dinámico y por tanto no demasiado ventajosos en términos acústicos.

En cuanto a los tamaños de los elementos, el espaciado de las columnas y la formación de diafragma, se aplican las mismas afirmaciones que para la variante anterior.

4.2 Construcción de naves

■ La construcción de naves de madera aparece prácticamente sin excepción en construcción tipo esqueleto y, por lo tanto, se caracterizará aquí asumiendo este diseño presentando sus características más importantes y soluciones de nudos.

Las estructuras portantes de nave son predominantemente estructuras uniaxales con transferencia de cargas unidireccional, en las que se evitan sistemáticamente penetraciones de los miembros portantes de una misma jerarquía (como es el caso, por ejemplo, en emparrillados de vigas bidireccionales). En correspondencia con las disposiciones típicas de sistemas unidireccionales, los espacios de las naves suelen presentar formatos rectangulares alargados en planta con una dirección de vano notablemente menor en la que se orientan los principales elementos de la estructura de cubierta (⊟ **115**, **116**; →**y**). En ángulo recto, es decir, en la dirección longitudinal de la nave (→**x**), se extiende una construcción secundaria entre las cerchas principales, formadas por pilares y vigas o un pórtico. Si los pilares no están empotrados, lo que de todos modos es una excepción en la construcción de madera, deben preverse elementos de arriostramiento adicionales, normalmente riostras diagonales, a menos que los pórticos ya realicen esta tarea en una dirección (→**y**).

La estructura principal portante de una nave típica en construcción de madera puede diseñarse básicamente en dos variantes:

☞ *Véase a este respecto **Vol. 1**, Cap. V-2, Nota 9.*

• La armadura principal se compone de **columnas pendulares** y **vigas** o **jácenas**, cada una con juntas articuladas (⊟ **115**): Se pueden realizar tanto soluciones de vano único como de vano múltiple. La conexión articulada entre la columna y la jácena es relativamente sencilla en términos constructivos. En el caso de jácenas de nave, que suelen ser esbeltas y de sección alta, y cuya anchura de sección suele estar limitada a la anchura máxima de lámina de 28 cm, hay que cuidar de que no vuelquen. Se ofrecen varias soluciones constructivas al efecto (⊟ **106–109**). Además, debe garantizarse que la esbelta jácena no se tuerza lateralmente debido al flexopandeo lateral del cordón superior como consecuencia de los esfuerzos flectores.

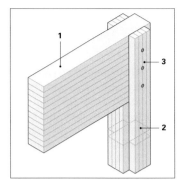

106 Jácena de nave **1** sobre columna en cruz **2** compuesta de tres partes. Las secciones de la columna **3** que pasan a ambos lados de la jácena la aseguran contra el vuelco lateral. Todas las partes son de madera laminada.

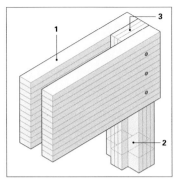

107 Jácena doble de nave **1** sobre columna en cruz **2** compuesta de tres partes. La sección central **3** de la columna que pasa entre las vigas las asegura contra el vuelco lateral. Todas las partes son de madera laminada.

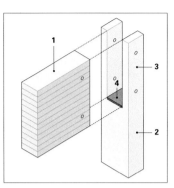

108 Jácena de nave **1** sobre columna de horquilla **2** (prefabricado de hormigón). La horquilla **3** asegura la jácena contra el vuelco lateral. Se asienta sobre un cojinete de elastómero **4**.

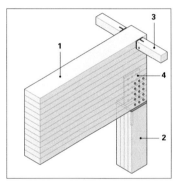

109 Jácena de nave **1** sobre columna de madera **2**. Los travesaños **3** adyacentes al lado de la jácena la aseguran contra el vuelco lateral. Éstos se pueden conectar a arriostramientos diagonales en algunas crujías. Afianzado del apoyo para la prevención del deslizamiento por medio de una placa **4** alojada en una ranura.

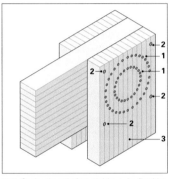

110 Codo de pórtico rígido a la flexión, montado in situ con la ayuda de dos coronas de pasadores concéntricas **1** y asegurado contra la separación con cuatro pernos con cabeza **2**. Pilar de pórtico **3** duplicado.

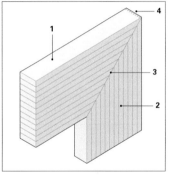

111 Codo de pórtico rígido a la flexión con corte a inglete **3** entre el dintel **1** y el pilar **2**, encolado en fábrica con ayuda de unión de dientes triangulares para piezas enteras **4**.

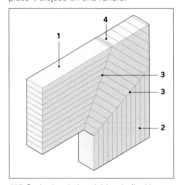

112 Codo de pórtico rígido a la flexión con doble corte a inglete **3** entre el dintel **1** y el pilar **2**, encolado en fábrica mediante unión de dientes triangulares para piezas enteras **4**.

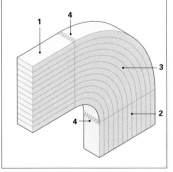

113 Codo de pórtico resistente a la flexión con pieza de transición **3** laminada en curva uniendo el dintel **1** con el pilar **2**. Se puede prescindir de las juntas **4** de dientes triangulares si el elemento se lamina en una sola pieza.

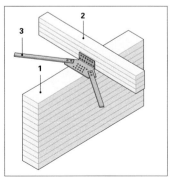

114 Nudo de jácena **1**, correa **2** y riostra diagonal **3**. La mejor manera de colocar esta última es en el plano entre la jácena y la correa.

115 (Página derecha, arriba) Ejemplo de una estructura de nave de madera convencional con **columnas pendulares**.

116 (Página derecha, abajo) Ejemplo de una estructura de nave de madera convencional con **pórticos**.

1 jácena (viga maestra) (madera laminada)
2 columna (madera estructural o madera laminada)
3 correa (viga secundaria) (madera estructural o madera laminada)
4 arriostramiento horizontal para absorber las fuerzas de viento en →**y** y transferirlas a los arriostramientos verticales **5**
5 arriostramiento vertical para absorber las fuerzas de viento en →**y**
6 arriostramiento horizontal para absorber las fuerzas de viento en →**x** y transferirlas a los arriostramientos verticales **7**
7 arriostramiento vertical para absorber las fuerzas de viento en →**x**
8 montante para absorber la componente de fuerza vertical del arriostramiento **5**
9 dintel de pórtico (madera laminada)
10 pilar de pórtico (madera laminada)

117 (Abajo derecha) nave de jácenas con columnas pendulares según el esquema estructural representado en ⊡ **115**. En primer plano y en la zona central de la cubierta se ve el arriostramiento en el plano horizontal (elemento **6** en ⊡ **115**).

118 (Abajo izquierda) conexión de la jácena de la nave en ⊡ **117** a la columna según la solución de nudo mostrada en ⊡ **106**. Los dos tramos laterales de la sección de la columna compuesta de tres partes se elevan como dispositivo antivuelco para la esbelta jácena.

Esta tarea suele ser asumida por la construcción secundaria (correas o elementos de panel de madera) orientados transversalmente a la jácena (→**x**).

Debido a las conexiones articuladas, tanto en la base de la columna como en su cabeza, la armazón principal no es estable en su plano (**yz**). Lo mismo ocurre con la dirección perpendicular (**xz**). El principio de arriostramiento habitual para las construcciones de naves de madera en estas condiciones es formar un diafragma de cubierta rígido al descuadre mediante arriostramientos diagonales al que se conectan todas las armaduras principales, y conectar este diafragma a puntos fijos verticales en las dos direcciones principales del plano (→**x**, →**y**). Dado que, por razones obvias, no son posibles puntos fijos dentro del espacio de la nave por motivos de uso, éstos se disponen en el plano de los cerramientos exteriores, en este caso tanto en los laterales (**xz**) como en los testeros (**yz**).

Por lo general, el diafragma de cubierta está formado por un anillo circunferencial de tirantes diagonales. Como resultado, se crean cerchas horizontales en cada lado de la fachada, que transfieren las cargas de viento mediante esfuerzos flectores a los puntos fijos—es decir, riostras diagonales verticales integradas en los cerramientos—dispuestos en sus extremos y alineados en la dirección de la fuerza.

Los arriostramientos verticales contra el viento se colocan preferentemente en los vanos de las crujías más exteriores de la nave, ya que desde allí las fuerzas horizontales que actúan sobre las fachadas pueden disiparse lo más rápidamente posible en el terreno del edificio sin transmitirse primero a través de la estructura de la nave. Sin embargo, también son posibles disposiciones en el centro de la fachada, ya que éstas permiten la libre expansión tér-

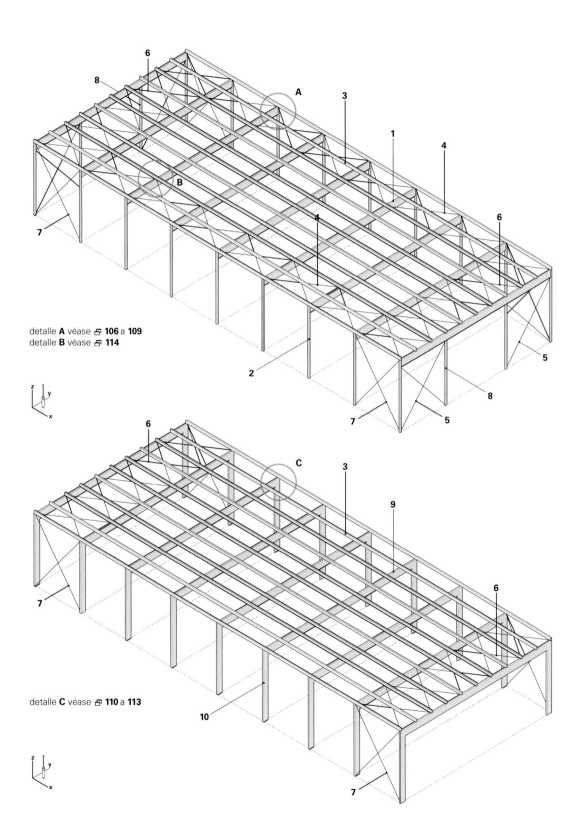

detalle **A** véase ⊞ **106** a **109**
detalle **B** véase ⊞ **114**

detalle **C** véase ⊞ **110** a **113**

mica de la construcción en dirección de los dos extremos.

- La armazón principal consta de un **pórtico** (⊟ **116**): En este caso también son viables soluciones de uno o varios vanos. En la dirección de la luz principal menor (→**y**), las armaduras básicas en forma de pórtico ya están arriostradas horizontalmente en su plano (**yz**). A diferencia de la variante anterior, esta dirección de ataque del viento (→**y**) ya está, pues, asegurada y no requiere ninguna otra medida arriostrante. Esto puede resultar ventajoso, ya que las fachadas testeras de la nave (**yz**) pueden mantenerse completamente abiertas en esta variante, por ejemplo, para amplias aperturas de portones.

  Otra ventaja de esta solución es el canto algo menor del dintel del pórtico en comparación con la jácena de un solo vano de la solución anterior, ya que los momentos se distribuyen más favorablemente en el pórtico. Sin embargo, como consecuencia, una parte de los momentos se introduce en el pilar del mismo, por lo que éste debe diseñarse (en la dirección del plano del pórtico, →**y**) con bastante mayor canto en comparación con la columna pendular.

  El montaje en la obra del codo del pórtico es posible en principio en la construcción de madera (⊟ **110**), pero se prefiere (al igual que con otros métodos de construcción) prefabricar las esquinas rígidas a la flexión en la fábrica. El principal problema de una conexión rígida a la flexión con la madera, que es un material marcadamente anisótropo, radica en la dificultad de transmitir las fuerzas de flexotracción y flexocompresión entre el dintel y el pilar del pórtico sin generar compresiones o tracciones transversales peligrosas en la madera. Esto apenas puede resolverse de forma sensata ni con un dintel ni con un pilar pasante en el enlace del codo. Sólo las soluciones con corte a inglete

123 Cancha deportiva con jácenas laminadas esbeltas sobre apoyo lineal.

124 Nave con vigas de madera laminada sobre pilares de hormigón prefabricado con apoyo de horquilla, correspondiente a la solución representada en ⊟ **108**.

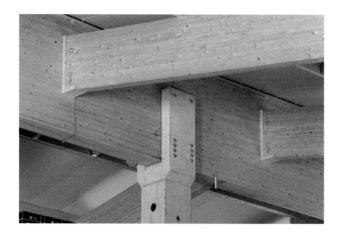

119 Apoyo en horquilla de una jácena de cubierta hecha de madera laminada sobre un pilar de hormigón prefabricado con dispositivo antivuelco según la solución de nudo representada en ⌐ **108**.

120 Arriostramiento en plano horizontal de la cubierta para la estabilización de la nave contra fuerzas de viento como se muestra en ⌐ **115** y **116** (elemento **6**).

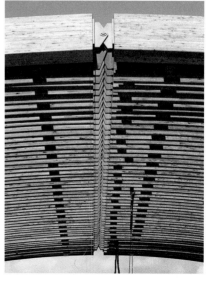

121 Construcción de puente compuesta de segmentos de arco (arco triarticulado**)**.

122 Junta del vértice de la estructura de arco representada en ⌐ **121** con conexión articulada de pasador.

(⊟ **111**) o con separadores diagonales (⊟ **112**) o, mejor aún, con transiciones curvas (⊟ **113**) entre el dintel y el pilar del pórtico crean soluciones geométricas adecuadas para garantizar una transmisión de la fuerza adaptada al material a lo largo de la veta, o al menos con sólo un ligero ángulo. En la construcción de madera, los cortes a inglete, así como las uniones entre dintel y pilar o con cualquier pieza de unión, se realizan preferentemente como uniones dentadas encoladas para piezas enteras (⊟ **111–113**). Al tratarse de ensambles de fábrica, estas soluciones sólo son viables si el pórtico se transporta en su totalidad (en el caso de un pórtico biarticulado), en una mitad (en el caso de un pórtico triarticulado) o al menos prefabricado hasta un punto de momento cero.

En la dirección longitudinal no arriostrada de la nave (→**x**), es decir, en ángulo recto con las armazones porticadas que corren riesgo de vuelco (y sólo en esta dirección), la nave debe arriostrarse adicionalmente. Esto se efectúa de forma similar a la variante anterior mediante arriostramientos diagonales en el plano de los cerramientos longitudinales (**xz**). Se aplican condiciones similares a las de allí.

El atado de cada uno de los pórticos con los puntos fijos (en →**x**) se realiza mediante la estructura secundaria de la cubierta, que en la construcción de madera pueden ser vigas secundarias (correas), elementos de panel de madera o, en su defecto, barras de atado separadas, que actúan como barras de compresión y tracción con carga axial pura y no asumen momentos flectores. Se ejecutan a menudo, por tanto, como barras tubulares redondas.

En estas condiciones, las fuerzas del viento que actúan sobre las fachadas testeras solicitan los pórticos situados detrás de las mismas en su dirección débil, transversal a su plano (→**x**), y, por tanto, deben ser absorbidas al nivel de cubierta, no de los pórticos, por arriostramientos situados en el plano horizontal, normalmente en las crujías extremas limítrofes a las fachadas testeras. Es aconsejable situar los arriostramientos dispuestos en planos verticales y horizontales en la misma crujía, preferiblemente en los dos vanos extremos inmediatamente detrás de las fachadas testeras, para que en conjunto se cree algo parecido a unos caballetes rígidos arriostrantes.

También se realizan construcciones mixtas a partir de pilares prefabricados de hormigón armado con cabeza de horquilla para asegurar la jácena contra el vuelco proporcionando un apoyo articulado para la misma (⊟ **108**). Para acortar el tiempo de montaje, las columnas pueden ir prefabricadas con zapatas incorporadas. Una de las ventajas de esta solución es que no se necesitan estructuras adicionales de arriostramiento.

■ El objetivo constructivo del compuesto de madera y hormigón radica, de forma similar al compuesto de hormigón armado, en la conexión beneficiosa de materiales muy diferentes, a primera vista incluso contradictorios, de forma que ambos se apoyen mutuamente en sus tareas constructivas.

La combinación de madera y hormigón es ciertamente algo inusual para los proyectistas de formación tradicional, pero no es un desarrollo completamente nuevo. Ya en 1922, Müller presentó una patente para una viga compuesta de madera-hormigón; en 1936, Datta realizó estudios sobre componentes de hormigón armado con bambú y en 1943 hubo una propuesta de Sperrle sobre vigas de hormigón armado con madera en losas alveoladas. Se consideró esta posibilidad siempre en tiempos de crisis, cuando el acero era escaso y caro como armadura de tracción en el hormigón. El principal problema en los días pioneros del compuesto de madera-hormigón era desarrollar ensambles adecuados que garantizaran la unión a cortante entre los dos materiales. Es de suponer que los primeros intentos fracasaron y, por tanto, no pudieron imponerse debido a este problema.

Especialmente en el contexto del ahorro de recursos y la construcción sostenible, la madera, materia prima renovable y respetuosa con el medio ambiente, ha vuelto a cobrar importancia en los últimos años. La combinación con el hormigón en una construcción compuesta permite que la madera penetre en áreas de aplicación que antes se le negaban. Esto se debe, por ejemplo, a las mejores propiedades de protección contra el fuego y el ruido, atribuibles a su uso en combinación con el hormigón, así como a la mayor rigidez de los componentes, que permite mayores alturas de pared o, en particular, mayores luces de forjado con menores deformaciones.

■ Los métodos de construcción compuesta de madera-hormigón se utilizan hoy en día en proyectos de conversión y renovación, por ejemplo como forjados en la renovación de pisos históricos de madera, pero también en la construcción de forjados de nueva planta en edificios residenciales y administrativos. Otro ámbito de aplicación relativamente nuevo de este método de construcción compuesto es la construcción de puentes.

El llamado método de construcción de encofrado compuesto permite la aplicación del compuesto de madera-hormigón como un componente similar a un panel de pared. Estos métodos de construcción compuestos se utilizaron con frecuencia en Suiza, Italia y Escandinavia. Además, hay que mencionar los métodos de construcción de paredes de bloques huecos de madera-hormigón (incluidos los bloques de aislamiento de fibra de madera).

■ Las estructuras compuestas de madera-hormigón son elementos portantes en los que una subestructura de madera y unas losas de hormigón, en su mayoría formadas por una

Construcción compuesta de madera-hormigón

`5.`

☞ *Vol. 1*, *Cap. III-2 Ecología, pág. 108*

Aplicaciones de la construcción compuesta de madera-hormigón

`5.1`

☞ *Véase más adelante, Aptdo. 5.4 Construcción de pared, pág. 585*

Fundamentos

`5.2`

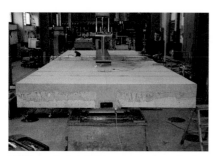

125 Elemento de forjado compuesto de madera-hormigón en un banco de pruebas.

capa de hormigón añadida, están conectadas entre sí de forma resistente al corte. La madera absorbe las fuerzas de tracción gracias a su buena resistencia a la flexotracción; la losa de hormigón, relativamente delgada, actúa como cordón de compresión con su buena resistencia a la flexocompresión. Debido a la unión elástica, es decir, fluente, la madera también absorbe esfuerzos de compresión y el hormigón, por su parte, absorbe esfuerzos de tracción, por lo que debe armarse. No obstante, se aplica esencialmente la división del trabajo entre los socios compuestos mencionada anteriormente, por lo que las inversiones de momento, como en el caso de acción continua y grandes voladizos, son problemáticas. Sin embargo, la capa de hormigón puede transmitir bien las fuerzas de diafragma en su plano, especialmente si se vierte como una losa homogénea en la obra.

El hormigón, normalmente procesado como una losa sin juntas, también sirve para cumplir importantes requisitos estructurales y físicos, como la protección contra el fuego y el sonido. En la construcción de puentes, la protección constructiva de la madera es un factor adicional.

La madera, por su parte, se caracteriza por su bajo peso muerto y su alta resistencia. El valor estético de la madera vista puede considerarse otra ventaja significativa, que muchos consideran un valor en sí mismo.

Las estructuras compuestas de madera-hormigón suelen permitir un alto grado de prefabricación. Con el hormigón aplicado en la obra, la subestructura de madera actúa como encofrado perdido. También se utilizan sistemas prefabricados por elementos, en los que los componentes ya ensamblados en compuesto en fábrica se montan en seco en obra.

126 (Izquierda) forjado compuesto de madera-hormigón hecho con tablas apiladas, unidireccional; unión a cortante a través de conectores con cabeza.

127 (Derecha) forjado compuesto de madera-hormigón hecho con tablas apiladas, unidireccional; unión a cortante a través de flejes de acero planos alojados en ranuras de la madera y embebidos en el hormigón.

128 (Izquierda) forjado compuesto de madera-hormigón hecho con tablas apiladas, unidireccional; unión a cortante a través de encaje (en rebajes).

129 (Derecha) forjado compuesto de madera-hormigón de tablero contralaminado, bidireccional; unión a cortante a través de anclajes en forma de conector con cabeza.

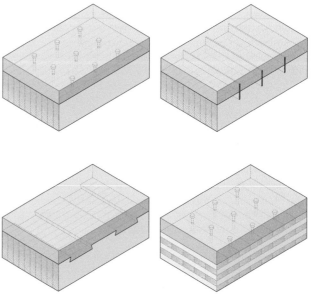

■ Los forjados compuestos de madera-hormigón consisten en una estructura de madera que está conectada a una losa de hormigón encima de ella de forma resistente al corte. Hay dos métodos básicos de construcción para el diseño del forjado:

* **construcción de madera maciza:** formación de la zona de tracción mediante un tablero de madera laminada cruzada, tablas apiladas o madera microlaminada;

* **construcción de vigas** (construcción nervada): la construcción de madera consiste en un forjado clásico de vigas de madera con descarga unidireccional y entrevigado de tablero o entablado.

Por regla general, se vierte un trasdosado de nivel de hormigón en la obra (con un grosor de unos 8–15 cm), o bien se utilizan elementos de forjado de madera-hormigón hechos en fábrica. A menudo se inserta una capa de separación entre la madera y el hormigón para proteger la estructura de madera de la lechada de cemento durante el vertido del trasdosado de hormigón.

Se pueden realizar forjados con transferencia de cargas unidireccional o bidireccional. Los ensambles de compuesto deben orientarse según la dirección principal de los esfuerzos (véase, por ejemplo, 🔲 **127**, **128**), al igual que la veta de la subestructura de madera. Para los forjados unidireccionales, son adecuados elementos de tablas apiladas o de madera microlaminada; para los bidireccionales, elementos de madera laminada cruzada (🔲 **129**).

■ Como método de construcción de pared, debe mencionarse también el método de **construcción de encofrado compuesto**: El encofrado de madera permanece en los muros colados con hormigón. Este método de construcción es utilizado por dos fabricantes europeos (*Kewo* y *Girhammar*). Las ventajas son los bajos costes y el alto grado de prefabricación. Todos los elementos de instalación se insertan en el encofrado en la fábrica. Los cerramientos exteriores reciben un aislamiento térmico adicional. Las paredes cumplen una resistencia al fuego de hasta R 180.

■ El elemento de ensamble entre la madera y el hormigón tiene una importancia decisiva en lo que respecta a la capacidad de carga y al comportamiento deformacional del compuesto. En la actualidad se pueden distinguir las siguientes posibilidades de unión a cortante entre la madera y el hormigón:

* conexiones mecánicas con cierres en forma de **varilla** (🔲 **126**);

* conexiones mecánicas con **conectores especiales** (flejes planos de acero en ranuras serradas, tiras de metal

Forjados compuestos de madera-hormigón

☞ *Véase **Vol. 3**, Cap. XIV-2, Aptdo. 5.1.4 Forjado compuesto de madera y hormigón*

5.3

Construcción de pared

5.4

Conexión a cortante

☞ *Véase **Vol. 3**, Cap. XIV-2, Aptdo. 5.1.4 Forjado compuesto de madera y hormigón*

5.5

expandido adhesivadas) ($\boxdot$ **127**);

- conexiones por puro **encaje** sin ayudas adicionales (muescas o escotaduras) ($\boxdot$ **128**);

- conexiones por **adhesivado**; aún están en desarrollo.

También es posible y útil la combinación de las distintas variantes (por ejemplo, conexiones por encaje y con varillas).

6.   Construcciones laminares

☞ *Cap. X-3, Aptdo. 3.6 Cascarones de celosía, pág. 638*

■ Aunque las estructuras laminares de madera, tal como las de acero, no representan un método de construcción estándar en el sentido de un tipo de construcción de divulgación extensa, deben abordarse aquí, al menos de forma general, por su interés constructivo y por las diversas soluciones estructurales típicas de los materiales que se utilizan con ellas. Las estructuras laminares de madera en forma de cascarón, especialmente ejecutadas con materiales derivados de la madera, también son de interés actual porque, en el contexto del diseño paramétrico y el estrecho acoplamiento de la planificación y la producción, como se ha implementado en un número creciente de ejemplos prácticos en los últimos años, han aparecido en todo un número de proyectos experimentales que muestran líneas de desarrollo muy prometedoras para la construcción moderna de madera.

6.1   Material y comportamiento de carga

■ Al igual que ocurre con las formas de arco curvo, también se plantea aquí la dificultad de ensamblar estructuras laminares de doble curvatura a partir de componentes de madera en forma de barra que crecen básicamente en línea recta. La adaptación a la curvatura requiere el uso de barras o varillas muy delgadas y, por tanto, flexibles (solución utilizada en las denominadas armazones de latas) o, de lo contrario, trabajar con barras cortas y rectas que se conectan para formar una armazón continua con la ayuda de numerosos nudos.

Para permitir la transferencia de cargas bidireccional típica de estructuras laminares, también hay que tomar ciertas precauciones de diseño con la madera, siendo ésta un material anisótropo:

- Por un lado, se puede producir una estructura laminar bidimensional mediante la unión de barras de madera colocadas lado a lado orientadas en dos direcciones principales en capas separadas, en las que las fuerzas biaxiales de la membrana siempre se pueden transferir a lo largo de la veta en cada una de las capas. El resultado es una estructura superficial pura,[18] sin discontinuidades o con nervaduras rigidizantes que sobresalen ligeramente. A efectos de la clasificación de envolventes elegida en esta obra, estas construcciones se consideran **sistemas de hoja uniforme**. Los materiales de base adecuados para esta solución son elementos de construcción en gran medida isótropos, como la madera laminada cruzada. Estos

☞ *Cap. VIII, Aptdo. 2. Sistemas de hoja sólida simple, pág. 132*

componentes superficiales son capaces de absorber tanto las fuerzas normales como los esfuerzos cortantes, ambos tangenciales.

- Por otro lado, se puede crear—en analogía a los cascarones de celosía de acero—un entramado de barras de madera orientadas (al menos) en dos direcciones, rectas o ligeramente curvadas, cuyos espacios intermedios se cierran con una estructura portante secundaria que cierra la superficie a modo de entrevigado. En el sentido de la clasificación de envolventes elegida en esta obra, estas construcciones se consideran **sistemas nervados**. En este sistema, las costillas o los nervios están sometidos a esfuerzos normales y tienen una orientación de veta a lo largo de su eje baricéntrico. Por lo tanto, pueden ser de madera maciza, de madera laminada o de láminas de tabla apiladas. La estructura portante secundaria de entrevigado que se extiende de costilla a costilla también puede ser de madera, ya sea de entablado o de materiales a base de madera. A menudo, este aplacado superficial también se encarga de la rigidización de la estructura contra cortante en dirección tangencial.

☞ *Cap. VIII, Aptdo. 5. Sistemas nervados, pág. 158*

Para el comportamiento portante del cascarón son decisivos tanto su forma como su apoyo, que debe ser compatible con este tipo de estructura laminar. Para determinar la forma, a menudo se da preferencia a superficies colgantes, que se determinan experimentalmente con modelos físicos o, hoy en día, sobre todo con la ayuda de modelos digitales. Estas formas crean las condiciones de fuerza más favorables. Debido a los patrones de carga cambiantes a los que está sometida la estructura laminar por diversos efectos temporales como el viento o la nieve, este tipo de cascarones, a pesar de la acción de membrana, suelen requerir una rigidez mínima a la flexión para poder absorber las diferencias entre la carga y la superficie ideal antifunicular. Por lo general, esto se manifiesta en un mayor canto de las costillas.

■ Ya en el siglo XVI, el arquitecto y teórico francés Philibert de l'Orme propuso estructuras de madera en forma de cascarón de costillas curvas compuestas de segmentos acoplados y estabilizadas lateralmente por travesaños (⌗ **130**, **131**). Aunque aún no se produjo una verdadera transferencia de cargas bidireccional, como es característica de un cascarón, porque la fuerza fluía principalmente a través de las costillas principales en dirección meridiana, esta primera solución constructiva ya mostraba características típicas de una estructura laminar, como la composición poligonal de las costillas curvadas a partir de segmentos individuales rectos pero cortados de forma curva, así como una estructura de celosía que podía ensamblarse in situ.

A principios del siglo XX, Friedrich Zollinger desarrolló un verdadero método de construcción laminar consistente

Primeros cascarones de madera 6.2

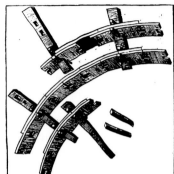

130, 131 Philibert de l'Orme: construcción de madera en forma de cascarón compuesto de costillas principales ensambladas, curvadas, y travesaños rigidizantes. Estos últimos se insertaban a través de la costilla principal y se aseguraban con cuñas en ambos lados.

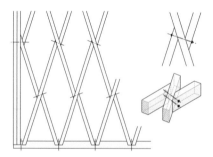

132 (Arriba) **construcción Zollinger**: Los nudos, en los que siempre pasa un madero y se interrumpen dos que colindan lateralmente, se desentrañan desplazando ligeramente estos últimos de manera que se pueden introducir pernos a través de ellos.

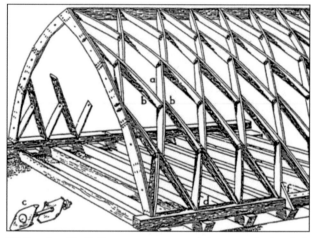

133 Construcción Zollinger: se crea un verdadero cascarón de celosía ensamblando tablas cortas, cortadas de forma curva en la parte superior, que pasan por un máximo de dos módulos con forma de rombo y se unen a tope en los extremos.

☞ **Vol. 3**, *Cap. XIII-5, Aptdo. 4.3.2 Producción de la estructura de barras del cascarón curvado*

en barras de igual orden estático, alineadas en diagonal, siempre compuestas por segmentos de tablón idénticos y prefabricados de modo industrial (⊟ **132**, **133**). La restricción de la forma de la armazón a superficies cilíndricas, resultante de usar barras de costilla idénticas, así como la conexión de perno, que cedía bajo carga, y las deformaciones por merma de las barras de madera maciza resultaron ser serias desventajas de este tipo de construcción. Sólo las técnicas modernas de construcción de madera han superado estas dificultades y han producido recientemente nuevos cascarones tipo Zollinger de grandes luces (⊟ **134**, **135**).

6.3   **Nuevas estructuras de cascarón**

■ Las primeras soluciones de estructuras de cascarón más recientes en términos de la historia del desarrollo son todas cascarones de celosía, como el método de construcción Zollinger mencionado anteriormente (⊟ **132**, **133**), ya que inicialmente no había materiales de madera planos que pudieran absorber las fuerzas implicadas. Esto ha cambiado fundamentalmente en los últimos años debido al desarrollo de modernos materiales a base de madera, de modo que se han creado recientemente estructuras portantes puramente laminares hechas de material de tablero. Se trata todavía de pequeños pabellones experimentales, pero pueden considerarse precursores de un rápido desarrollo de este método de construcción.

Desde el punto de vista constructivo, un reto fundamental de la construcción laminar de madera es, como se ha señalado, la creación de una estructura portante bidireccional a partir de un material lineal y claramente anisótropo como la madera. A continuación se expondrán brevemente varios enfoques constructivos, en particular de la formación de nudos, que han dado lugar a diferentes métodos de construcción de cascarones.

■ Lo característico de este método constructivo es el nudo formado por una barra de madera continua y dos barras contiguas a los lados (⊟ **132**). El desplazamiento entre los maderos empalmados por su testa crea una ligera excentricidad, perjudicial desde el punto de vista de la transmisión de fuerzas, pero permite que las tres piezas de unión se acoplen fácilmente con una simple conexión de perno pasante. Además de las dificultades ya mencionadas anteriormente,

Métodos modernos de construcción Zollinger

6.3.1

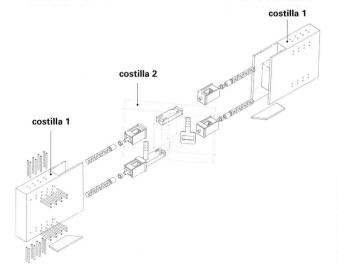

134 Construcción moderna tipo **Zollinger**: cascarón de celosía del pabellón de exposiciones de Rostock con una envergadura de 65 m (ing.: Schlaich, Bergermann & P).

135 Detalle del nudo del cascarón de celosía de la sala de exposiciones ilustrado en ⊟ **134**. Una de las costillas (costilla **2**) es continua, la otra (costilla **1**) se une a tope. La fuerza normal se transmite en el nudo por medio de piezas de acero entre las secciones empalmadas (costilla **1**) a lo largo de la fibra, sin provocar la compresión transversal de la madera que cruza (costilla **2**).

este diseño de nudo no permite una buena transmisión de la fuerza axial de las barras empalmadas, no sólo por el desplazamiento geométrico que ocasiona flexión, sino también por la necesidad de transmitir esta fuerza a través de compresión transversal de la barra pasante, algo que no tolera la madera por su anisotropía. El diseño mejorado y más rígido de los nudos y el uso de madera laminada han superado esta dificultad en ejemplos actuales (⊟ **134**, **135**). La rigidez al corte de los rombos, que no son rígidos geométricamente, se obtiene por medio del tablero de cobertura.

6.3.2 Cascarones de trama de latas

☞ *Cap. IX-2, Cap. 3.2.5 Cúpula compuesta de barras, pág. 368, sobre todo* ⊟ **246**, **251–254**

■ El cascarón está formado por una armazón de latas regular de malla cuadrada con nudos articulados. Los delgados listones de madera se cruzan en dos o más capas en los nudos y, por tanto, son continuos. Cuando se montan, los esbeltos maderos elásticos se doblan en dos direcciones y crean así la curvatura biaxial deseada sin necesidad de tomar más precauciones. La torsión asociada de las varillas de madera la pueden absorber éstas gracias a su esbeltez y elasticidad. Durante este proceso, las facetas de la malla, inicialmente cuadradas, se deforman generando rombos, de modo que se puede producir prácticamente cualquier superficie curva. Por último, los rombos, que adoptan por sí solos una geometría aleatoria resultante de la curvatura de la superficie, se rigidizan con cables diagonales para crear una armazón portante. El entramado de malla fina se acerca mucho a un cascarón laminar puro. La cobertura superficial la puede proporcionar un textil, por ejemplo.

6.3.3 Construcción de costillas de tabla [19]

■ El concepto subyacente de este método de construcción, análogo al método de trama de latas, es transmitir la fuerza en dos ejes a través del nudo superponiendo capas de tablas planas de tal manera que, alternando, siempre pasa sin empalme una tabla en cada nivel (⊟ **136**). Las láminas planas de tabla, que se doblan en la dirección de su lado corto, se

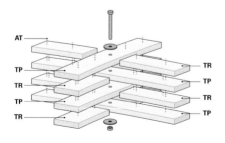

136 Construcción de costillas de tablas: Formación de un nudo a partir de capas de tablas planas con alternancia de tablas continuas y empalmadas: **TP** tabla portante; **TR** tabla de relleno; **AT** atornillado entre las láminas de tabla.

137 Construcción de costillas de tablas: cubierta de la EXPO Hannover (arqu.: Herzog & P; ing.: J Natterer).

adaptan a la curvatura del cascarón sin grandes esfuerzos flectores de borde. Sólo las tablas continuas están disponibles en cada nudo como sección transversal conductora de fuerza. Aunque las tablas de relleno empalmadas en el nudo no transmiten la fuerza axial, están unidas mediante pernos a las tablas portantes en los tramos entre los nudos para formar una barra de celosía de varias capas con rigidez limitada a la flexión. Una capa superior de tablero, entablado o listones espaciados cierra la superficie y da rigidez contra la cizalladura a la celosía ($\Box$ **137**). La armazón se construye por capas en la obra sobre una cimbra que especifica la forma del cascarón.[20] La geometría de la estructura laminar sigue generalmente una forma antifunicular.

■ La madera es un material con una resistencia a la tracción y a la compresión aproximadamente igual. Por lo tanto, estas características del material no sólo son favorables para estructuras en forma de cúpula, es decir, solicitadas a compresión, que son más frecuentes, sino también, en principio, para estructuras sometidas a tracción. Sin embargo, la dificultad reside en la transmisión de fuerzas de tracción en las conexiones entre los componentes de madera. Si bien esta debilidad del material puede mitigarse mediante nudos laminares estratificados, como se han tratado anteriormente, por ejemplo en estructuras de costilla de tablas como la cubierta de la Expo de Hannover ($\Box$ **136**, **137**), la moderna tecnología de construcción laminada por encolado, en particular, ha hecho posibles soluciones convincentes para cascarones suspendidos: Se pueden fabricar costillas de madera laminada sin empalmar en casi cualquier longitud, así como con prácticamente cualquier curvatura, incluidas torsiones.

  Esta solución se utilizó, por ejemplo, para el cascarón colgante del balneario de agua salada de Bad Dürrheim, Alemania ($\Box$ **138**). Un conjunto secundario de costillas anulares orientadas transversalmente y un entablado en diagonal que cierra el espacio y confiere rigidez a cortante, junto con las costillas principales cargadas a tracción, dan como resultado una estructura laminar de descarga bidireccional.[21]

Cascarones sometidos a esfuerzos de tracción

6.3.4

138 Cascarón colgante hecho de costillas curvadas de madera laminada sin empalmar (balneario de agua salada Bad Dürrheim, arq: Geier & Geier; ing.: K Linkwitz).

Métodos de construcción con nudos de acero

☞ *Véase a este respecto Cap. VII, Aptdo. 3.2.2 La esfera, pág. 110*

■ Numerosos cascarones de madera, algunos de ellos de gran luz, están formados por un entramado de barras, basado en diversas posibilidades de subdivisión geométrica de la superficie de una cúpula, que se conectan con elementos nodales de acero de alta resistencia para formar una armazón de barras. Dado que es difícil transmitir la fuerza en el nudo

139 Cascarón de celosía triangulada del *Tacoma Dome* de la década de 1980. Barras de celosía de madera laminada con nudos de acero (arqu.: SPS+ Architects).

140 *Konohama Dome*: interior; cobertura de material de membrana translúcido. El tamaño de la faceta es de 8 x 8 m o menor (planificación: Structural Design Division Daiken Sekkei).

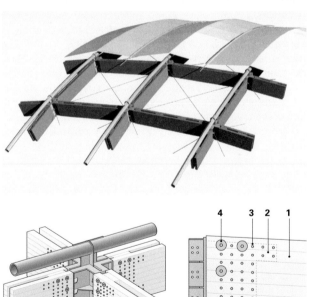

Leyenda

1 barra de celosía de madera laminada, perfil doble 150 x 1200 mm
2 placa de conexión alojada en ranura
3 pasador
4 perno

141 *Konohama Dome*: construcción del cascarón de celosía. Las barras de celosía consisten en secciones delgadas de madera laminada con maderos separadores. Placas de conexión de acero alojadas en ranuras (derecha) se insertan y fijan en obra en los nudos de acero con forma de cruz (izquierda). La fuerza se transmite de la madera al acero a través de pasadores. Rigidización a cortante mediante tirantes diagonales. La mayor luz del cascarón es de 200 m.

a través de una costilla pasante, debido a la sensibilidad de la madera a la compresión y tracción transversal, en estos métodos de construcción se unen a tope en el nudo cada una de las barras. Las costillas son en su mayoría de madera laminada encolada. Para absorber los esfuerzos cortantes tangenciales, es posible entablar o aplacar en la parte superior. En el caso de coberturas transparentes o translúcidas, también se pueden aplicar tirantes diagonales en las facetas de la celosía (⌷ **141**). Alternativamente, también sirve un entramado triangular para dar al cascarón rigidez a cortante (⌷ **139**).

Un ejemplo representativo de esta construcción de cascarón, la cúpula de Konohama en la ciudad de Miyazaki (Japón), se muestra en ⌷ **140**, **141**.

■ Además de las estructuras de cascarón nervadas, como se han considerado hasta ahora, también han aparecido en los últimos años algunas estructuras laminares puras sin nervaduras, una forma estructural que antes sólo estaba reservada a cascarones de hormigón. Se trata de estructuras experimentales, la mayoría de las cuales aún no han alcanzado tamaños mayores (⌷ **142**, **143**, **147**). En consecuencia, sigue siendo cuestionable cuál de las soluciones estructurales realizadas prevalecerá en la práctica de la construcción regular en el futuro. Sin embargo, muestran caminos prometedores para una nueva forma de construir, y especialmente para una nueva metodología informática de diseño conceptual y constructivo así como de ejecución.

Las técnicas digitales se hallan en el centro de estos métodos constructivos. Tanto la búsqueda de la forma como la definición precisa de la misma, el cálculo estático, el desarrollo constructivo de las conexiones, los conjuntos de datos para los robots de fabricación y, si es necesario, también

☞ *Véase la complejidad de la conexión en* ⌷ **135**, *donde se produce dicha transmisión.*

Estructuras laminares puras   6.3.6

142 Cascarón laminar compuesto por polígonos (Pabellón de la Muestra Estatal de Jardinería de Schwäbisch-Gmünd; ICD/ITKE, Universidad de Stuttgart).

143 Los paneles poligonales de madera contrachapada se conectan mediante encaje. La superficie del cascarón se transforma por medio de facetas en una superficie poliédrica. Tres aristas que convergen en un punto no se sitúan en un mismo plano y, por tanto, crean la curvatura de la cáscara.

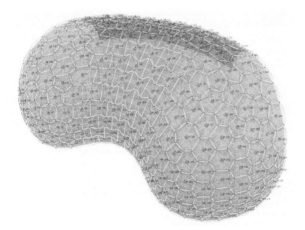

144 La forma libre del cascarón es facetada: cada punto oscuro de la superficie define un plano tangencial que se interseca con los adyacentes, definiendo así el contorno poligonal de la placa individual. Las superficies son planas; las aristas rectas; las formas poligonales son individuales, así como los ángulos diédricos (ángulos entre dos planos).

para el montaje y el control robótico y la retroalimentación rápida de los datos de los sensores sobre tolerancias de fabricación se entienden como un proceso integrado en el que la interacción interdisciplinaria del arquitecto, el ingeniero estructural, si es necesario otros ingenieros especializados y las empresas constructoras se practica desde la primera fase de proyecto. Sin embargo, la aplicación de esta metodología no se limita a este método constructivo concreto, sino que tiene todas las posibilidades de implantarse en otros ámbitos de la construcción en un futuro próximo.

Los experimentos realizados hasta ahora muestran diversos métodos, en parte muy innovadores, para crear superficies portantes a partir de elementos individuales utilizando diversos principios geométricos de formación de superficie (⊟ **143**).

Las restricciones anteriormente válidas para la definición de superficies curvas biaxiales en particular, que no hace mucho tiempo sólo podían definirse mediante simples leyes geométricas de generación o mediante métodos experimentales sobre el modelo físico, han desaparecido en gran medida gracias al uso de programas CAD paramétricos. Por analogía con modelos físicos usados para la búsqueda de forma, el proyectista manipula diversas condiciones de contorno (parámetros) que crean una superficie definida con máxima precisión geométrica mediante un algoritmo matemático (⊟ **144**).

También cabe destacar las diversas técnicas de unión utilizadas en los bordes de estas estructuras portantes facetadas, que están hechas casi en su totalidad de material de tablero plano (⊟ **143**, **144**). Las muy diferentes condiciones geométricas locales de estas conexiones que resultan de la compleja geometría requieren una producción individualizada de las mismas. Esto se hace usando robots (⊟ **146**).

Es un fenómeno interesante que las características de la antigua tecnología artesanal de la construcción de madera, que estaban en gran parte en proceso de desaparición debido a la industrialización, están resurgiendo a través de este uso innovador de la tecnología digital de planificación y ejecución—posiblemente en una forma algo alterada, más contemporánea—. Las uniones con formas extraordinariamente precisas y exigentes desde el punto de vista geométrico, como las que formaban parte de la tradición de construcción de madera en Asia oriental, vuelven a planificarse y ejecutarse digitalmente en la actualidad (⊟ **146**). Constituyen un contramodelo, posiblemente con potencialidad de futuro, al enfoque básico de la construcción de madera de ingeniería, a saber, sustituir la madera, cuyas irregularidades naturales son difíciles de monitorizar, en los puntos en los que el material muestra debilidades, es decir, especialmente en las juntas, por otro material, el acero, mucho más resistente y también mejor controlable. En cierto modo, se trata de volver a los principios originales, estrictamente prescritos por el material, de la construcción de madera artesanal.

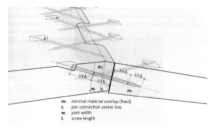

m: minimal material overlap (fixed)
c: join connection center line
w: joint width
l: screw length

145 Combinación de conexión por encaje mediante dentado (para esfuerzos cortantes tangenciales) y atornillado (para esfuerzos cortantes en ángulo recto); tanto los bordes del panel como las cavidades para los tornillos son fresados por el robot.

146 Producción robotizada de los cantos dentados de un panel. Mientras que las uniones comparables de la carpintería tradicional (por ejemplo, las uniones de cola de milano) sólo podían realizarse en la dirección de la veta (porque, de lo contrario, las puntas se romperían), la isotropía del material del contrachapado permite, en cambio, un dentado circunferencial.

147 Montaje de las facetas del cascarón de madera en ⊟ **142**.

148 (Izquierda) realizando la conexión de los bordes como se muestra en ⊟ **145**.

149 (Abajo izquierda) estructura plegada tipo Origami de paneles de madera contrachapada (estructura experimental del Instituto IBOIS de la EPFL).

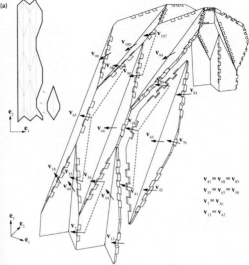

150 (Derecha) trabado de los bordes entre placas contiguas en ⊟ **149**. Como en las conexiones por encaje verdaderas, sólo hay una sola dirección de montaje, pero hay que juntar tres aristas en cada dirección (marcadas aquí con **V**ᵢ en cada caso). Los dientes deben ser cortados como corresponde.

Notas

1   Siegfried, Giedion (1976) *Der Ballonrahmen und die Indus-trialisierung.* En: *Raum, Zeit, Architektur,* Zürich, a partir de pág. 233

2   Menges A, Schwinn T, Krieg O D (ed) (2017) *Advancing Wood Architecture,* pág. 32, 120, 149

3   Sin embargo, la situación real parece ser diferente de lo que sugieren las cifras que suelen aparecer en las bases de datos de ACV: En sentido estricto, el almacenamiento de carbono de la atmósfera se debe al árbol y no a la madera de construcción. Por lo tanto, parece poco justificado que el acto de emplear la madera para fines constructivos se beneficie de algún crédito en términos de potencial de gases de efecto invernadero, ya que no mejora—en sí mismo—la huella de carbono de ninguna manera. Al contrario: Alrededor del 50 % de la madera talada se convierte en residuos en el proceso de transformación. A continuación, éstos se reciclan térmicamente, es decir, se incineran, de modo que aproximadamente la mitad del CO_2 ya almacenado en el árbol se emite de nuevo a la atmósfera, lo que supone un deterioro significativo de la situación desde el punto de vista del potencial de gases de efecto invernadero en comparación con el árbol sin talar (que, por cierto, podría seguir captando CO_2 durante algún tiempo). [Información del Sr. D Röver, proHolz Baden-Württemberg]. Esto sugiere que el potencial de gases de efecto invernadero de la madera debería ser positivo (no negativo, como figura en los bancos de datos del ACV), en magnitud de la mitad de los valores (negativos) dados: por lo que para madera aserrada ordinaria debería ser +390 equ. kg CO_2. (en lugar de −780 equ. CO_2).

4   Menges A et al (2017), pág. 158

5   Natterer, Herzog, Volz (1991) *Holzbau Atlas Zwei,* München, pág. 62

6   Herzog, Natterer, Schweitzer, Volz, Winter (2003) *Holzbau Atlas,* München, a partir de pág. 222

7   Konrad Wachsmann (1930) *Holzhausbau – Technik und Gestaltung,* Berlin, pág. 30

8   Wolfgang Ruske (1930) *Holzskelettbau,* Stuttgart, pág. 23

9   Pfeifer, Liebers, Reiners (1998) *Der neue Holzbau,* München, pág. 58

10 Scheer, Muszala, Kolberg (1984) *Der Holzbau, Material-Konstruktion-Detail,* Leinfelden-Echterdingen, pág. 86

11 Konrad Wachsmann (1930), pág. 14

12 Wolfgang Ruske (1930), pág. 26

13 Canada Mortgage and Housing Corporation (ed) (1980) *Canadian Wood-Frame House Construction,* Ottawa, pág. 27

14 Siegfried, Giedion (1976), a partir de pág. 233

15 Natterer, Herzog, Volz, Winter (2003), pág. 63

16 Aunque el término *macizo* expresa esta característica de hoja uniforme, el término técnico de *madera maciza,* que se ha introducido entretanto, sigue siendo algo equívoco porque hasta ahora los materiales macizos fueron siempre materiales minerales.

17 Kaufmann H et al (2017) *Atlas Mehrgeschossiger Holzbau*, pág. 44

18 En nuestro contexto, el término *estructura superficial* se utilizará, para distinguirla de la cáscara de celosía, de forma más restringida que suele hacerse en la mayor parte de la literatura técnica, donde estas últimas a veces también se denominan estructuras superficiales. Las transiciones son fluidas.

19 Adoptamos la denominación de la disertación de Andreas Scholz (2004). Argumenta (correctamente en nuestra opinión) que el término *construcción de pila de tablas* utilizado por Julius Natterer es engañoso, ya que este término se utiliza más comúnmente hoy en día para forjados o paredes hechas de secciones conectadas en ángulo recto a la superficie del componente; véase Natterer J et al (2000) *Holzrippendächer in Brettstapelbauweise – Raumerlebnis durch filigrane Tragwerke*.

20 Natterer J et al (2000), pág. 3

21 Scholz A (2004) *Beiträge zur Berechnung von Flächentragwerken in Holz*, tesis doctoral en la TU München, pág. 16

Normas y directrices

CTE DB SE-M: 2019-12 Código Técnico de la Edificación—Documento Básico SE-M—Seguridad estructural—Madera

UNE 56544: 2011-11 Clasificación visual de la madera aserrada para uso estructural. Madera de coníferas.

UNE-EN 336: 2020-01 Madera estructural. Medidas y tolerancias
UNE-EN 338: 2017-02 Madera estructural. Clases resistentes
UNE-EN 380: 2017-05 Estructuras de madera. Métodos de ensayo. Principios generales para los ensayos de carga estática
UNE-EN 594: 2011-10 Estructuras de madera. Métodos de ensayo. Método de ensayo para la determinación de la resistencia y rigidez al descuadre de los paneles de muro entramado
UNE-EN 912: 2011-10 Conectores para madera. Especificaciones de los conectores para madera
UNE-EN 1995 Eurocódigo 5. Proyecto de estructuras de madera Parte 1-1: 2016-04 Reglas generales y reglas para edificación
UNE-EN 14080: 2013-09 Estructuras de madera. Madera laminada encolada y madera maciza encolada. Requisitos
UNE-EN 15497: 2014-10 Madera maciza estructural con empalmes por unión dentada. Requisitos de prestación y requisitos mínimos de fabricación
UNE-EN 26891: 1992-11 Estructuras de madera. Uniones realizadas con elementos de fijación mecánicos. Principios generales para la determinación de las características de resistencia y deslizamiento

DIN 436: 1990-05 Square washers for use in timber constructions
DIN 440: 2001-03 Washers—With square hole, especially for timber constructions
DIN 1052: Timber structures—Design of timber structures Part 10: 2022-10 Additional provisions for fasteners and non-Eu-

ropean regulated bonded products and types of construction

DIN 4103: Internal non-loadbearing partitions

    Part 4: 1988-11 partitions with timber framing

DIN 18203: Tolerances in building constructions

    Part 3: 2008-08 Building components of wood and derived timber products

DIN 20000: Application of construction products in structures

    Part 3: 2022-02 Glued laminated timber and glued solid timber according to *DIN EN 14080*

    Part 5: 2022-11 Strength graded structural timber with rectangular cross section

DIN 68364: 2003-05 Properties of wood species—Density, modulus of elasticity and strength

X-3 CONSTRUCCIÓN DE ACERO

1.   Historia de la construcción de hierro y acero

☞ ***Vol. 1**, Cap. IV-6, Aptdo. 1. Etapas de desarrollo histórico, pág. 296, así como Cap. V-3, Aptdo. 1. Historia de los productos de hierro y acero, pág. 434*

■ El florecimiento temprano de la industria del hierro comenzó en la India alrededor del año 2000 a. C. La columna de Kutub, cerca de Delhi, está hecha de arrabio químicamente casi puro. Se forjó a partir de bloques individuales de hierro. Data del siglo IX a. C. El peso de la columna es de 17.000 kg, su longitud es de aproximadamente 16 m. Hasta la fecha, no hay rastros de corrosión.

El hierro no se utilizaba como material de construcción primario en la tecnología de construcción preindustrial, sino sólo como material para aplicaciones especiales, como piezas de unión en la construcción de madera, o barras tirantes y abrazaderas en la construcción de obra de fábrica. Los primeros métodos de fabricación sólo permitían producir piezas de hierro con propiedades relativamente frágiles en dimensiones limitadas. El hierro siempre fue un material escaso, caro y codiciado durante siglos debido a su compleja y difícil producción.

1.1   La construcción de puentes durante la Revolución Industrial

■ Esto cambió fundamentalmente con la introducción de nuevos métodos de producción industriales en el siglo XVIII. El puente de **Coalbrookdale** sobre el Severn, construido en 1779, es la primera estructura de hierro importante de la era industrial (⌗ **1**, **2**). Aparte de los estribos, toda la construcción portante es de hierro. La luz del puente de arco es de 100 pies ingleses (aprox. 30 m). El uso del hierro comenzó más tarde en Europa Central que en Inglaterra, debido al retraso en la industrialización.

Rápidamente aparecieron nuevos tipos de puente que utilizaban el hierro forjado, un material de construcción resistente:

- Primeros puentes de cadena ingleses y americanos, como el **puente de Bangor** de Thomas Telford, de 173 m de luz.
  Tras la sustitución de la cadena por el cable, la luz de las estructuras de puente aumentó notablemente en un periodo de tiempo muy corto: en 1870 John August Roebling se acercó a la marca de 500 m con el **puente de Brooklyn**.

- La construcción por parte de Stephenson del primer puente de viga de gran longitud, el **puente Britannia**, sobre el estrecho de Menai, en Gales, puede considerarse otro audaz logro de la ingeniería (⌗ **3**). La superestructura consiste en una viga cajón de 9 m de altura hecha de chapas de acero y perfiles laminados.

- En 1859 Isambard Kingdom Brunel construye el **puente de Saltash** en Plymouth, también conocido como **Royal Albert Bridge**, una de las primeras construcciones de cerchas tubulares (⌗ **4**).

1, **2** El primer puente de hierro del mundo sobre el río Severn en Coalbrookdale (Gales), el corazón de la primera industria siderúrgica británica, diseñado y construido en 1779 por Thomas Pritchard y Abraham Darby III. Los detalles de la estructura del puente siguen caracterizándose, no obstante, por el concepto tradicional de conexiones de madera por encaje.

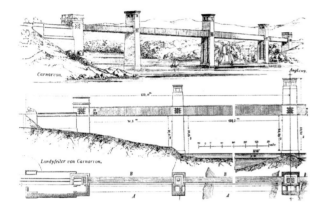

3 El puente Britannia de Robert Louis Stephenson sobre el estrecho de Menai con una luz de 140 m. El puente, junto con el de Conway, construido casi al mismo tiempo, fue la primera viga cajón construida con chapa metálica. No fue hasta 75 años después que se creó otra caja hueca de este tamaño.

4 Isambard Kingdom Brunel, *Royal Albert Bridge* en Plymouth para la *Great Western Railway Company*, 1859.

A mediados del siglo XIX, los ingenieros habían desarrollado todos los conceptos esenciales de diseño y carga para la construcción de puentes, que aún hoy determinan la construcción de puentes de acero.

1.2

Primeros edificios de hierro y acero

■ Probablemente no sea una completa coincidencia que, tras las primeras experiencias en la construcción de invernaderos de acero y cristal, el concepto para la construcción del pabellón de la Exposición Universal de 1851 fuera desarrollado precisamente por el jardinero Joseph Paxton (⊟ **5, 6**). El Palacio de Cristal para la Feria Mundial de Londres de 1851 representa una estructura clave para la construcción de acero que exhibe todas las características esenciales de un edificio moderno de esqueleto y pone en práctica la lógica de ese método constructivo de una forma notablemente consistente. El edificio es un producto temprano de la prefabricación industrial moderna y de los procesos de montaje industrial.

A finales del siglo XVIII, el hierro se utilizaba cada vez más en edificios funcionales, como almacenes y depósitos (⊟ **8, 9**). Con este nuevo material se consiguió una mayor capacidad de carga, mayores luces y proporciones más esbeltas en comparación con la madera estructural. Además, el hierro, que era incombustible, ofrecía ventajas en términos de protección contra incendios en comparación con la madera. Las viguetas de forjado de estos edificios se ejecutaron por primera vez con un tipo de perfilado en doble T. Por otra parte, los entrevigados se construyeron en su mayoría con bóvedas rebajadas de ladrillo, por ejemplo en Alemania en forma de la bóveda prusiana.

De 1843 a 1850, Henri Labrouste construyó en París la **Biblioteca Ste. Geneviève** (⊟ **10**), la primera estructura de hierro autoportante que no ejercía un empuje lateral sobre el muro de fábrica clásico circundante.

En 1871, se construye el edificio principal de la **fábrica de chocolate Menier** en Noisiel-sur-Marne, Francia, por Jules Saulnier (⊟ **12**). La estructura de acero rellena de obra de fábrica vista se arriostra con una malla de rombos.

1.3

La Escuela de Chicago

■ Para el desarrollo histórico de la construcción moderna en acero, juega un papel importante el uso revolucionario del nuevo material en el contexto del desarrollo urbano del centro económico de Chicago después de la Guerra Civil Americana, a pesar de que ya existían amplias áreas de aplicación del hierro en la construcción de edificios en los Estados Unidos desde la década de 1840 (⊟ **8, 9**). Chicago, hasta entonces una ciudad con un tejido edilicio de madera típico de Estados Unidos, ardió por completo en 1871. La reconstrucción estuvo asociada a un auge económico de proporciones inauditas y condujo a la necesidad de densificar fuertemente las áreas céntricas de la ciudad. A los primeros edificios de altura que respondieron a esta necesidad les siguieron los primeros **rascacielos** de la historia de la construcción (⊟ **13**). Desde el principio se desarrolló un tipo de planta abierta. Los edificios de gran altura, que se construyeron en una primera fase con un esqueleto de acero, se diseñaron para ser lo más neutrales posible en cuanto a su uso. Fueron requisitos necesarios para el fun-

5 Joseph Paxton, *Crystal Palace* en Londres, edificio de exposiciones para la Exposición Universal de 1851.

6 Invernadero de *Kew Gardens* en construcción. Casa de Palmeras en el Real Jardín Botánico de Kew; ejemplo más antiguo de un invernadero victoriano (1841–1849).

7 Un total de tres pabellones de exposición de hierro y cristal, construidos con motivo de las Ferias Mundiales de París de 1867, 1878 y 1898, fueron denominados Salón de Máquinas o *Galerie des Machines*.

El más famoso de estos pabellones fue el construido en 1898, obra conjunta del arquitecto Charles Louis Ferdinand Dutert y el ingeniero Victor Contamin. Fue desmantelado en 1910.

La nave tenía una planta rectangular de 422,49 m x 114,38 m y estaba dividida en una amplia nave central y dos estrechas naves laterales. Sus poderosos pórticos, que descansaban sobre 40 zócalos de piedra, causaron un gran revuelo en su momento con sus apoyos puntuales, totalmente insólitos en la época. Los arcos de hierro se elevaban libremente sin soportes intermedios hasta el vértice de la bóveda de 46,67 m de altura. La galería de máquinas superaba así todas las dimensiones imaginables de un espacio sin columnas en aquella época (superficie total de las tres naves: 48.324,9 m²).

cionamiento—y por tanto para la emergencia—de estos edificios la invención del ascensor por parte de Elisha Otis en 1857, pero también el desarrollo de instalaciones técnicas apropiadas, como el teléfono, el correo neumático, la calefacción central y los sistemas de ventilación.

En 1885, la *Carnegie Steel Company* había producido la primera viga de acero dulce, que sustituyó a las vigas de

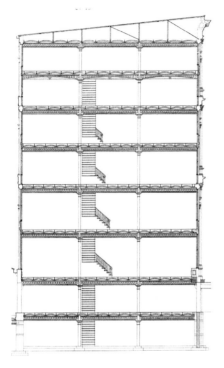

8, **9** J. M. Singer—fábrica de máquinas de coser en Nueva York, hacia 1850. Alzado y sección del edificio, que fue diseñado y erigido como un edificio de estructura de hierro de uso flexible por la *D. D. Badger Iron Works Company*. La fachada del edificio de hierro aún muestra formas de la arquitectura clásica de piedra, mientras que los interiores, realizados en construcción de esqueleto, tienen un carácter indudablemente moderno. La construcción de los muros exteriores era aún en parte de obra de fábrica, al igual que las clásicas bóvedas de los forjados. Este método de construcción se fue perfeccionando a lo largo de los años. Al final, se ofrecían sistemas completos.

Muchos de estos edificios se han conservado hasta hoy y están catalogados como monumentos. Los edificios de hierro de Nueva York se construyeron en respuesta al desarrollo económico de la ciudad y a las necesidades de protección contra incendios mucho antes del Gran Incendio de Chicago de 1871.

10 Biblioteca *Ste. Geneviève*, París, 1845–51 (arqu.: Henri Labrouste).

11 Nave industrial en Berlín por Johann Wilhelm Schwedler hacia 1863. Por primera vez, se utilizó un arco isoestático de tres articulaciones.

12 Edificio principal de la fábrica de chocolate *Menier* en *Noisiel-sur-Marne* del año 1871.

13 Primer rascacielos de Chicago, *Home Insurance Building* por William Le Baron Jenney, 1883–1885.

hierro forjado. El acero dulce poseía mejores propiedades, como una mayor homogeneidad. Los perfiles normalizados de acero dulce sustituyeron rápidamente al hierro fundido. La unión remachada se había convertido en el medio de conexión aceptado. La tecnología de construcción de rascacielos ya se había desarrollado completamente y no iba a sufrir más innovaciones significativas en los siguientes 50 años. El desarrollo posterior de la construcción de esqueleto a la construcción de tubo también se había completado ya.

14 Cercha inglesa de hierro forjado, construida como estructura de cubierta para el ferrocarril Londres-Birmingham en Londres en 1835. Ejemplo de una construcción de cubierta ligera de los primeros tiempos de la industrialización.

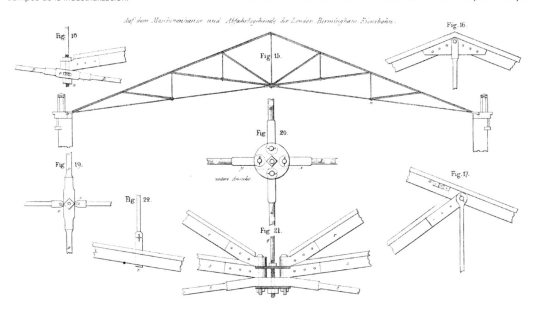

El desarrollo de la construcción de acero en el siglo XX

■ La construcción en acero se arraigó rápidamente en Inglaterra, Francia y Bélgica. No fue hasta principios del siglo XX cuando los edificios de acero se utilizaron cada vez más en Alemania para la construcción de pisos y la construcción industrial (⊟ **15**). Estos edificios fueron muy importantes para el desarrollo posterior de la arquitectura moderna a partir de 1910. Los edificios más importantes fueron la sala de turbinas de AEG en Berlín, de Peter Behrens (⊟ **16**), la fábrica de productos químicos de Luban, cerca de Posen, de Hans Poelzig, y la fábrica Fagus en Alfeld de Walter Gropius.

En particular, fue el desarrollo ulterior de la construcción de esqueleto y del muro cortina lo que preparó el camino para la moderna construcción de esqueleto de acero con la fachada de acero y vidrio tipo cortina, tal y como la esbozó en una visión del futuro Mies van der Rohe en un proyecto de rascacielos en 1920.

El verdadero avance internacional de la construcción de acero fue preparado por Mies van der Rohe en 1938 en el *IIT* de Chicago, donde Mies se estableció después de su actividad como director de la Bauhaus. Después de la Segunda Guerra Mundial, se produjo el verdadero florecimiento de la construcción de acero, que se desarrolló muy rápidamente en la edificación de altura, en la edificación administrativa y también en la edificación residencial con la manifestación arquitectónica del Estilo Internacional.

En Estados Unidos destacan los edificios de Mies van der Rohe (*Lake Shore Drive* 1949/50, *Seagram Building* 1954, ⊟ **17**) y de *Skidmore, Owings and Merrill* (*Alco-Building* 1951, *Lever-Building* 1951, *John-Hancock Center* 1968; ⊟ **18**). En la construcción de viviendas en EE.UU., puede

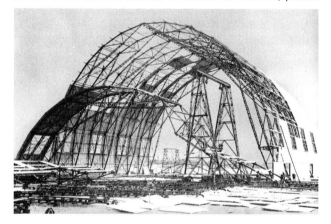

15 Nave para dirigibles Zeppelin en Alemania, alrededor de 1910. En la Primera Guerra Mundial ya se habían desarrollado todas las estructuras comúnmente utilizadas en la construcción de acero hasta el día de hoy. El camino hacia la moderna construcción ligera de acero ya se había emprendido también en la construcción industrial.

16 Nave de fábrica de AEG por Peter Behrens. Pórtico de tres articulaciones con puente grúa, alrededor de 1910. Peter Behrens construyó una serie de naves industriales pioneras para la AEG de Berlín. La más significativa fue la presente sala de máquinas AEG.

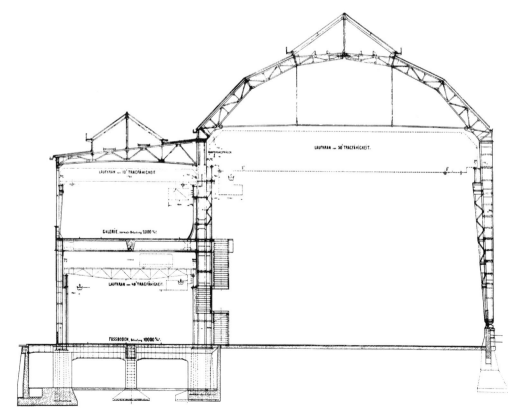

X Métodos constructivos

17 *Seagram Building*, Nueva York, 1954–58 (arqu.: L Mies van der Rohe).

19 Sede de la empresa *Olivetti* en Fráncfort del Meno por Egon Eiermann, 1968–1970.

☞ *Vol. 3*, *Cap. XIII-6 Envolventes de vidrio apoyadas en puntos*

citarse el innovador *Case Study Program* como un enfoque prototípico para nuevos conceptos de vivienda. Tras el inicio de la reconstrucción a principios de los años 1950—antes el acero y las estructuras de acero eran demasiado caros en muchos países—, este desarrollo dio lugar a nuevas interpretaciones independientes del edificio con esqueleto de acero, aquí sobre todo por parte de arquitectos como Sep Ruf y Egon Eiermann, que se ganaron reputación internacional con su pabellón para la Feria Mundial de Bruselas en 1958 y utilizaron el acero para sus posteriores edificios de oficinas, siempre pioneros (⊟ **19**). Esta tradición de construcción de esqueleto muy disciplinada y a veces ascética fue continuada posteriormente por otros arquitectos como Fritz Haller (⊟ **20**), Peter C. von Seidlein (⊟ **21**) y Kurt Ackermann.

La construcción de acero encontró una continuación innovadora en la arquitectura *hightech* a partir de la década de 1960 que definitivamente apuntaba a una representación voluntariosa de la tecnología. En ella, las ideas de la construcción industrial siguieron vivas, aunque de forma modificada. Los conceptos de prefabricación, montaje y construcción modular recibieron un nuevo enfoque temático con un marcado carácter programático. La ortogonalidad estricta y angulosa de la construcción moderna clásica de acero en la tradición miesiana, que era una manifestación de la disciplina de diseño que imponía al diseñador una paleta muy estrecha de perfiles estándar y producía estructuras portantes predominantemente sometidas a esfuerzos flectores, dio paso en la arquitectura *hightech* a una mayor variedad de conceptos estructurales en los que las fuerzas se transmitían a menudo de forma claramente visible en estructuras en forma de celosía a través de barras de compresión y tracción sometidas a esfuerzos axiales. Las conexiones, deliberadamente visibles, enfatizaban el carácter de alta tecnología de estos proyectos (⊟ **22–24**). Ejercieron una clara influencia en esta arquitectura de acero las ideas futuristas del *Grupo Archigram* y la tecnología espacial de la *NASA*. Este nuevo tipo de construcción de acero utilizaba profusamente perfiles recién introducidos en la época, en particular perfiles tubulares redondos, cuadrados o rectangulares, y cables que se caracterizaban por sus propias soluciones de nudo, tanto técnicamente como en términos de estética (⊟ **23**). A menudo se utilizaban también piezas de acero fundido para construcciones de enlace complejas (⊟ **22**). Las estructuras portantes, a menudo enfáticamente elaboradas, que en ocasiones resuelven deliberadamente—y a veces innecesariamente—requisitos exagerados con una elevada complicación técnica (⊟ **24**), son una característica típica de esta arquitectura, que a veces deja al observador con la sensación de que la tarea constructiva también podría haberse resuelto con medios mucho más sencillos.

Otro rasgo característico de la arquitectura *hightech* es el esfuerzo por reducir las construcciones secundarias de las envolventes de vidrio al mínimo técnicamente posible,

18 *John Hancock Center*, Chicago, 1970 (arqu.: SOM).

20 Ejemplo de aplicación de un sistema de construcción de acero en la construcción de viviendas (arqu.: F Haller).

21 Imprenta de la *Süddeutscher Verlag*, Múnich-Steinhausen (arqu.: P C von Seidlein).

22 El uso de perfiles tubulares industriales, tirantes y piezas de fundición de acero fabricadas individualmente para los nudos subraya el carácter deliberadamente tecnológico de la arquitectura *hightech* (*Centro Pompidou*, París).

23 Descomposición del flujo de fuerzas en una armazón expuesta de barras de tracción y compresión, característica de la arquitectura *hightech*. Las conexiones se enfatizan claramente acentuando su carácter técnico (*Centro Pompidou*, París).

24 *Hongkong and Shanghai Bank*, Hong-kong, 1979–86 (arqu.: N Foster).

25 Las fachadas de vidrio con apoyo puntual pretenden transmitir la impresión de completa inmaterialidad de envolventes en la arquitectura *hightech* (*Centro Reina Sofía*, Madrid; ing: RFR París).

dando así a la envolvente del edificio una apariencia de completa inmaterialidad. La base técnica de esta faceta fue el desarrollo de construcciones de vidrio atirantadas y fijadas en puntos (⊟ **25**).

En los últimos años, ha habido una tendencia creciente a realizar conceptos de diseño de formas expresivas con geometrías a menudo curvas, a veces muy complejas. Como ejemplos cabe mencionar proyectos de Santiago Calatrava (⊟ **26**), Zaha Hadid, Frank Gehry (⊟ **27**), Daniel Libeskind, Herzog & de Meuron (⊟ **27–30**) y otros. El proyecto del Museo Guggenheim de Bilbao, de Frank Gehry (⊟ **27**), en particular, ha alcanzado la categoría de icono, y su fama mundial ha supuesto un impulso muy importante no sólo para esta concepción particular de la creación arquitectónica, sino incluso para el desarrollo urbanístico de su emplazamiento. La difusión mediática de estos proyectos extraordinariamente espectaculares respalda su significado simbólico y hace que los factores formales desempeñen un papel absolutamente dominante en el desarrollo de estos diseños.

Otro factor de apoyo que ha favorecido estas tendencias arquitectónicas son las modernas herramientas digitales de planificación y las instalaciones automatizadas de fabricación. Sólo ellas permiten hacer frente a la complejidad, a veces extrema, de estos proyectos, tanto en la planificación como en la ejecución. Además, lo que permite realizar diseños a veces muy delicados y geométricamente muy complejos a menudo son las propiedades especiales del acero, en particular su gran resistencia, así como las modernas técnicas de unión.

Con esta evolución, los principios fundamentales tradicionales de diseño y construcción, como la noción clásica de compatibilidad con el material y de economía, o de la conveniencia de los recursos empleados, tan típica de la construcción en términos generales, se han visto prácticamente socavados por estos proyectos. El diseño de inspiración constructiva como se refleja en el edificio de esqueleto clásico de la escuela de Mies pierde su importancia en este tipo de proyectos. Las consideraciones convencionales sobre una relación razonable entre el esfuerzo y el resultado no son realmente aplicables a esta arquitectura, ya que no es el valor de utilidad primaria y la eficacia estática y constructiva lo que está en primer plano, sino la forma espectacular del edificio, que promete generar un valor añadido correspondiente a través de su expresividad visual y su adecuada difusión mediática.

Desde el punto de vista de la ingeniería tradicional, esto significa a veces aceptar conceptos que simplemente no tienen sentido aparente y que son técnicamente casi imposibles de realizar incluso con la tecnología de construcción más avanzada. Las modernas herramientas digitales de planificación y la moderna tecnología de construcción en acero, no obstante, frecuentemente hacen posible su realización contra todo pronóstico; los presupuestos de construcción prácticamente ilimitados de estos proyectos, que son normalmente muy destacados y a veces tienen incluso gran relevancia política, dan pie a los diseños más estrambóticos.[a]

Sin embargo, parece dudoso que esta filosofía de diseño pueda servir de pauta para la evolución futura de la construcción en masa, tal como afecta personalmente a la gran mayoría de los ciudadanos en su entorno cotidiano. Parece, en cambio, más plausible que estos espectaculares y mediáticos proyectos singulares, a veces extraordinariamente

☞ [a] *Véanse a este respecto también las observaciones en **Vol. 4**, Cap. 5., Aptdo. 9. La nueva libertad formal: un llamamiento*

27 Museo Guggenheim en Bilbao (arqu.: F Gehry).

28 Estadio Olímpico de Pekín. El diseño formal como *nido de pájaro* desempeña el papel dominante en este proyecto. Ni el principio de construcción constitutivo de un nido (varillas que pasan unas junto a otras, conectadas por ajuste de forma y fricción), ni las reglas de construcción ligera usando un efecto laminar y aprovechando la curvatura jugaron el más mínimo papel en esta pesada construcción porticada (arqu.: Herzog & de Meuron, Ai Weiwei).

26 *BCE-Place*, Toronto (arqu.: S Calatrava).

29 Estadio Olímpico de Pekín. Fue necesario realizar un extenso trabajo de soldadura in situ en las condiciones más adversas para ejecutar los numerosos nudos individualizados de las secciones de caja. Los preceptos convencionales de un proceso de montaje eficiente pasaron a un segundo plano.

30 Estadio Olímpico de Pekín. La geometría biaxialmente curvada de la estructura portante provoca el combado y la torsión de las barras de la celosía en forma de caja y, por lo tanto, el alabeo de las superficies.

caros, no pasen más allá de ser más bien productos caprichosos de sociedades ricas y no proporcionen un modelo realmente útil para un uso sostenible y orientado al futuro del acero como material de construcción.

2. Aspectos básicos de la construcción de acero

☞ *Vol. 1,* Cap. IV-6 Acero, pág. 296, así como ibid. Cap. V-3 Productos de acero, pág. 434

■ El término *construcción de acero* tiene apenas 100 años de antigüedad. Se estableció en la década de 1920. Antes de eso, se hablaba de la construcción de hierro. El acero moderno, comparado con el antiguo hierro forjado o fundido, se caracteriza por un contenido de carbono relativamente bajo. El material tiene tenacidad y una alta resistencia a la compresión y a la tracción. Los aceros estructurales ofrecen una alta ductilidad con valores de resistencia moderados; aceros de alto rendimiento ofrecen muy alta resistencia con mayor fragilidad. Otras calidades de acero pueden optimizarse para determinadas aplicaciones especiales, como aceros resistentes a la intemperie, aceros inoxidables, etc.

2.1 Propiedades de las estructuras de acero

📖 *EN 1993-1-1, 1-2*

■ La construcción moderna de acero se caracteriza por el uso de productos semiacabados estandarizados y fabricados industrialmente: elementos básicos lineales (⊟ **31**) o planos (⊟ **32**). En la construcción de edificios, la transformación de productos industriales de acero semiacabados en estructuras funcionales da lugar casi siempre a armaduras de esqueleto, que se caracterizan en particular por su elevada capacidad de carga y la rigidez de sus elementos y, por tanto, también por su esbeltez resultante (⊟ **34**). Gracias a estas características del material, al acero se le pueden asignar tareas constructivas especialmente exigentes, que hasta ahora sólo se pueden resolver con las posibilidades únicas de este material. Esto se aplica tanto a edificios de gran altura como a puentes de grandes luces y a estructuras extremadamente ligeras sometidas a esfuerzos de tracción.

Las propiedades favorables del acero en la construcción de pisos se han ampliado notablemente con el desarrollo de la moderna construcción compuesta de acero-hormigón. En particular, pudieron mejorarse las deficientes propiedades de protección contra incendios del acero en el compuesto con hormigón armado.

📖 *EN 1090-2*

El acero permite así la construcción de estructuras con grandes luces, así como la construcción de estructuras con pocos puntos fijos que permiten un máximo de flexibilidad de planta en su uso en la construcción de pisos. La creación de elementos portantes perforados o enrejados, como vigas perforadas, de nido de abeja o de celosía, con la posibilidad de atravesarlos con instalaciones (⊟ **33**) desempeña un papel importante sobre todo en la construcción de edificios muy instalados o en cuestiones de reutilización de edificios.

☞ *Vol. 1,* Cap. III-5, Aptdo. 3. Comparación de los valores de análisis del ciclo de vida de los materiales más importantes, pág. 160

Menos halagüeños son los valores del análisis del ciclo de vida del acero, para cuya producción, al menos en la actualidad, hay que consumir grandes cantidades de energía no renovable y aceptar un fuerte impacto medioambiental.

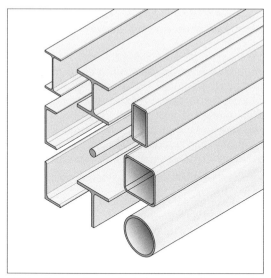

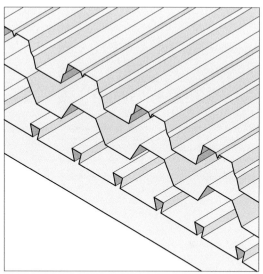

31 Selección de perfiles semiacabados normalizados, que pueden adquirirse en el comercio como productos laminados en caliente de diversos fabricantes en dimensiones y calidades normalizadas.

32 Cinta de acero laminada en caliente (abajo) y chapas trapezoidales laminadas en frío como ejemplos de productos semiacabados de acero de tipo superficial.

Este es, por así decir, el precio que hay que pagar hoy en día por poner a disposición los valores extremos de rendimiento mecánico de este material.

■ Al igual que la construcción en madera, la construcción en acero es un método de construcción de **ensamblaje**. La producción de los componentes, piezas o grupos de componentes tiene lugar en la fábrica. En la obra, se ensamblan en seco—es decir, sin periodos de fraguado ni humedad en la construcción—en breves tiempos de montaje para formar la estructura acabada. La construcción enteramente de acero permite un montaje de la estructura portante en gran medida independiente de las condiciones meteorológicas. Gracias a las posibilidades de la construcción de montaje y a la sencillez del principio de construcción diferencial, muy adecuado para la construcción moderna en

Ejecución de estructuras de acero

☞ *Vol. 1*, Cap. I, Aptdo. 3.1.1 El concepto del método de construcción, pág. 13

📖 *EN 1090-2*

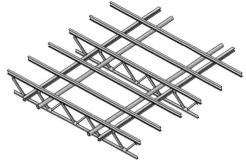

33 Creación de estructuras de forjado o cubierta fáciles de instalar que permiten una alta densidad de equipamiento técnico.

34 La gran resistencia y rigidez del acero permite una extraordinaria esbeltez y delicadeza de la estructura.

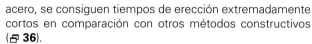

35 Unión atornillada articulada de una viga a un pilar típica de la construcción metálica. Este tipo de conexión diferencial puede realizarse en la obra en muy poco tiempo.

☞ *Vol. 3*, Cap. XII-8, Aptdo. 2. Soldar componentes de acero

☞ *Vol. 3*, Cap. XII-5, Aptdo. 2.5 Conexiones roscadas accesibles por ambos lados > 2.5.1 Acero con acero > Clases de conexiones en la construcción de acero; véase también ibid. Cap. XII-4, Aptdo. 4.1 Conexiones por superposición

2.3 **Aspectos de uso de edificios de acero**

36 (Abajo izquierda) montaje típico atornillado en la construcción de acero.

37 (Abajo derecha) construcción de una pista de patinaje sobre hielo en el recinto olímpico de Múnich. La construcción de acero se ejecuta como construcción de montaje con conexiones atornilladas.

acero, se consiguen tiempos de erección extremadamente cortos en comparación con otros métodos constructivos (⊡ **36**).

Construir con acero permite un trabajo extraordinariamente preciso con tolerancias muy ajustadas, como no permite ningún otro material utilizable para estructuras portantes primarias en la construcción de edificios. La precisión del acero permite ensamblar con exactitud los elementos de acabado, siguientes en el proceso de construcción, especialmente cerramientos exteriores ligeros.

El uso de la tecnología de soldadura en fábrica, que crea uniones insolubles que se acercan mucho al continuo de material inalterado, es una característica especial en comparación con otros materiales y tecnologías de unión. La soldadura de componentes individuales o de conjuntos de componentes se lleva a cabo en la fábrica aprovechando las condiciones fácilmente controlables, mientras que el montaje final en la obra suele realizarse mediante uniones atornilladas (⊡ **35**, **36**). Durante el montaje, se utilizan preferentemente uniones con simples tornillos actuando a cortante y aplastamiento, que pueden realizarse rápidamente. Los largos tiempos de elevación de las piezas necesarios para este fin no son problemáticos en la construcción de acero—a diferencia de lo que ocurre, por ejemplo, con piezas prefabricadas de hormigón armado—debido a que los componentes son relativamente ligeros.

■ Merecen mención las siguientes características relacionadas con el uso de edificios de acero:

• Por el uso de componentes principalmente lineales, en forma de barra, y gracias a la gran capacidad de carga de los componentes de acero, se crean estructuras de esqueleto en las que los puntos fijos dentro de las plantas pueden reducirse al mínimo, a menudo sólo a las columnas.

• La relativa facilidad de modificación de las estructuras portantes ofrece numerosas posibilidades de ampliación y adaptación al uso, un factor especialmente importante en edificios industriales y administrativos. Las técnicas

de conexión y ensamblaje utilizadas habitualmente en la construcción de acero permiten adaptar las estructuras de forma flexible a los cambios en los requisitos de uso.

• El fácil desmantelamiento de las estructuras de acero también ofrece importantes ventajas en términos de reutilización y reciclaje; además, a diferencia de la mayoría de los materiales de la competencia, la chatarra de acero es casi completamente reciclable y puede reutilizarse en cualquier número de ciclos de reciclado sin ninguna pérdida de calidad. Esto mejora un poco la calidad medioambiental del acero, que de otro modo sería bastante problemática.

☞ **Vol. 1**, *Cap. III-6, Aptdo. 3. Reciclaje de acero, pág. 170*

■ Cuando se diseña con acero, siempre hay que tener en cuenta que el material debe estar adecuadamente protegido contra el fuego y la corrosión. En particular, la protección contra incendios, especialmente para duraciones de resistencia al fuego largas, requiere la unión con el hormigón en una estructura compuesta o el recubrimiento o revestimiento de componentes de acero en forma de carcasa, lo que perjudica fuertemente el carácter visual preciso, afiligranado y afilado del material.

Especialmente cuando se compara con su competidor más exitoso en la construcción de edificios, el hormigón armado, el material muestra debilidades en su resistencia al fuego, que han llevado en muchos casos a que hoy en día las estructuras de edificios se construyan en hormigón en lugar de acero. Acontecimientos catastróficos como el derrumbe de las torres del *World Trade Center* han contribuido a que en muchos casos se prefieran las estructuras de hormigón a las de acero.

Los requisitos de protección contra incendios para las estructuras de acero—éstas deben estar protegidas contra los efectos del fuego a partir de dos plantas completas—implican medidas necesarias como:

• pinturas/recubrimientos espumantes aislantes;

• revestimientos;

• sistemas de rociadores/perfiles rellenos de agua;

• estructuras compuestas en combinación con hormigón.

■ Cuando se trata de la exposición a la intemperie de las estructuras de acero, la mayor fortaleza del material, es decir, su alta resistencia mecánica, resulta ser paradójicamente una desventaja, ya que las estructuras, normalmente extraordinariamente delicadas, exponen una superficie relativamente grande a la corrosión. Esto se aplica, a nivel de elementos portantes, especialmente a las celosías; a nivel de componente, se aplica a los aceros de sección abierta, el producto semiacabado estándar más utilizado en la construcción de

Protección contra incendios   2.4

☞ *Los fundamentos para la protección contra incendios del acero relacionados con los materiales se tratan en otro lugar:* **Vol. 1**, *Cap. VI-5, Aptdo. 10.4 Componentes de acero, pág. 830*

📖 *EN 1993-1-2*

Protección contra la corrosión   2.5

acero. Los perfiles tubulares cerrados son más favorables en este sentido.

Para la protección contra la corrosión de las estructuras de acero, el diseñador debe tomar medidas de protección adecuadas:

☞ **Vol. 1**, Cap. VI-6, Aptdo. 2. Corrosión de materiales metálicos, pág. 847

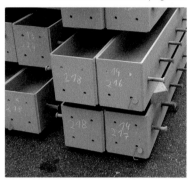

38 Componentes de acero recubiertos con pintura anticorrosiva.

- recubrimientos de pintura (⊟ **38**);

- recubrimientos sintéticos;

- recubrimientos nobles y de base (especialmente zinc, cromo);

- sistemas dúplex: recubrimiento de componentes de acero galvanizado en caliente con sustancias adecuadas (resina epoxi, resina acrílica);

- uso de aceros formadores de capas protectoras/no oxidables.

Sostenibilidad

2.6

☞ **Vol. 1**, Cap. III-2, Aptdo. 2.4 Indicadores del análisis del ciclo de vida, pág. 110, así como ibid. Cap. III-5, ⊟ **7** en pág. 156, y Aptdo. 3. Comparación de los valores de análisis del ciclo de vida de los materiales más importantes, pág. 160

☞ Sobre el concepto de inventario del ciclo de vida, véase: **Vol. 1**, Cap. III-2, Aptdo. 2.4 Indicadores del análisis del ciclo de vida > inventario del ciclo de vida, pág. 110

■ No cabe duda de que el análisis del ciclo de vida del acero, en términos de consumo de recursos e impacto medioambiental, es negativa, hoy por hoy, en comparación con otros materiales utilizados para estructuras primarias. A pesar de las afirmaciones contrarias de la industria siderúrgica y de algunos defensores de la misma, este hecho es indiscutible y puede demostrarse con cifras verificables. Incluso el acero reciclado (⊟ **39**, **40**) sigue teniendo un impacto medioambiental varias veces superior al de materiales de la competencia. Al mismo tiempo, sin embargo, es cierto que una vez que el acero ha sido fundido, sigue estando disponible como acero reciclado prácticamente de forma indefinida, sin ninguna pérdida de calidad, ya que es posible cualquier número de ciclos de reciclado. A lo largo de un periodo de tiempo largo, esto supone un factor significativo en términos de inventario del ciclo de vida que mejora la calidad ecológica del material, al menos hasta cierto punto, aunque no mitigue de forma notable sus impactos medioambientales perjudiciales.

39 Chapa residual compactada en balas, preparada para el reciclaje.

40 Derribo de una nave de acero. Reciclaje posterior del acero usado.

Sin embargo, estos puntos débiles del acero en términos de sostenibilidad se compensan, al menos en parte, cuando el material se compara con otros materiales sobre la base de **equivalentes funcionales**, es decir, con respecto a su rendimiento respectivo para resolver tareas constructivas específicas. También en este caso, desempeña un papel importante la extraordinaria resistencia y rigidez del acero, ya que permite una construcción extremadamente ligera con el consiguiente ahorro de material. También es cierto que algunas tareas constructivas exigentes o extremas simplemente no pueden realizarse sin este material. Esto se aplica, en particular, a las estructuras de grandes luces. A menudo se argumenta a favor del acero con esta indiscutible excelencia funcional, por así decirlo, del material, en compensación por sus debilidades medioambientales.

La gran flexibilidad de uso que ofrecen los edificios de estructura de acero con pocos puntos fijos es también un importante factor relacionado con el uso, principalmente económico, que puede mejorar sensiblemente el análisis del ciclo de vida de edificios de acero, dependiendo de su uso en el curso de su vida útil posterior.

■ Una forma elemental de construcción de edificios con acero se basa en el uso de **perfiles de acero laminados** normalizados como material de partida.[a] La producción relativamente sencilla de componentes a partir de perfiles estandarizados también conlleva una cierta restricción de diseño, ya que es casi imposible desviarse de un catálogo limitado de formas de perfil. En circunstancias normales, el acero laminado no puede fabricarse en respuesta a requisitos individuales, a diferencia de secciones de madera, por ejemplo. No obstante, existen numerosas posibilidades de fabricar componentes especiales adaptados a requisitos particulares soldando chapas para formar perfiles compuestos o soldando piezas complementarias, también a partir de chapas.

Con la ayuda de perfiles de acero estandarizados, es muy fácil erigir estructuras de acero extraordinariamente eficientes desde el punto de vista material, que permiten fácilmente vanos de 12–15 m y más en la edificación de plantas. De este modo, se pueden crear grandes superficies interconectadas, en gran parte libres de puntos fijos, con estructuras portantes que difícilmente serían posibles con tal esbeltez en hormigón armado.

Una construcción de pisos de acero puede reducirse generalmente a unos pocos elementos: por ejemplo, columnas de acero, vigas de forjado, losas compuestas de hormigón armado y elementos arriostrantes como núcleos.

Las uniones pueden ejecutarse como uniones articuladas de esfuerzo cortante con conexiones de cartela y tornillo, lo que garantiza un rápido montaje de estructuras portantes (🗗 **41**, **42**). A diferencia de otros métodos de construcción, como la madera o la construcción de hormigón armado

☞ *Sobre el concepto de equivalente funcional, véase:* **Vol. 1**, *Cap. III-2, Aptdo. 2.1 El sistema contemplado, pág. 109, así como ibid. Cap. III-5, Aptdo. 3. Comparación de los valores de análisis del ciclo de vida de los materiales más importantes, pág. 160*

Diseño constructivo con acero   3.

Construcción con perfiles estandarizados y conexiones articuladas   3.1

📖 *EN 1993-1-11*

☞ [a] **Vol. 1**, *Cap. V-3, Aptdo. 4. Productos de acero dulce laminados en caliente, pág. 439*

📖 *EN 1993-1-1*

☞ **Vol. 3**, *Cap. XII-5, Aptdo. 2.5 Conexiones roscadas accesibles por ambos lados > 2.5.1 Acero con acero*

☞ **Vol. 3**, *Cap. XII-5, Aptdo. 2.5 Conexiones roscadas accesibles por ambos lados > 2.5.1 Acero con acero > Clases de conexiones en la construcción de acero*

☞ *Véase más adelante Aptdo. 3.3.1 Forjados compuestos, pág. 625*

41 (Derecha) conexión articulada de una viga a una columna de acero. Dos variantes:

A La viga está unida mediante una conexión a cortante simple por medio de tornillos. La placa de conexión ya viene soldada de fábrica al perfil de la columna. Las excentricidades y los esfuerzos flectores en la unión pueden ser problemáticos en este caso.

B En este ejemplo, la conexión se realiza mediante una unión atornillada de doble corte. Las escuadras de conexión en forma de L también se fijan a la columna con tornillos. Se trata de una conexión completamente desmontable.

42 (Abajo) conexión articulada de una columna de acero a una zapata mediante una placa base. La conexión no es apta para la flexión; la unión atornillada sólo sirve para asegurar la posición horizontal del perfil de la columna.

prefabricado, también pueden realizarse conexiones rígidas a la flexión en obra con un esfuerzo razonable si las circunstancias lo aconsejan. Las uniones atornilladas antideslizantes, que en la construcción de edificios—a diferencia de las soldaduras—también se realizan en la obra, son comparables a las uniones soldadas en cuanto a su capacidad de carga y rigidez.

Para aprovechar la gran resistencia del material, las estructuras de esqueleto se realizan hoy en día con grandes luces tanto en la dirección de los vanos principales como en la de los secundarios, lo que permite la máxima flexibilidad de uso en términos de planta (⊟ **43**): Las columnas suelen situarse en ambas direcciones principales con luces del orden de > 7,20 m. En este caso, se utiliza una estructura de vigas unidireccional, en la que las vigas o viguetas se suelen acoplar a los forjados de hormigón para formar una estructura compuesta.

Debido al carácter claramente lineal de los elementos básicos de la construcción de acero (acero seccionado), que es aún más pronunciado en este método constructivo que en el de madera, por ejemplo, las estructuras portantes no direccionales, es decir, descargando en dos direcciones, como los emparrillados de vigas, son poco frecuentes. En

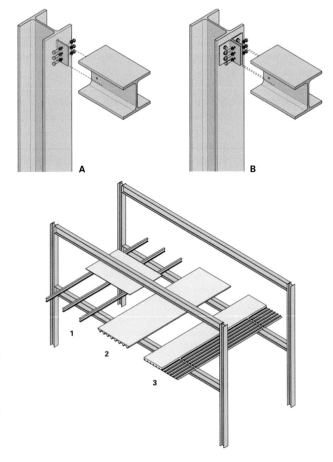

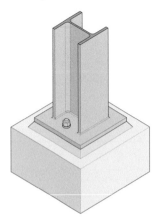

43 (Derecha) varios diseños de forjado en la construcción de acero convencional de pisos:

1 viga de forjado con losa apoyada
2 losa nervada de hormigón
3 forjado compuesto de acero y hormigón: hormigón sobre chapa trapezoidal

este caso, al igual que en otros métodos constructivos, como la construcción de madera, la dificultad de ejecutar los numerosos nudos de vigas en obra juega un papel decisivo.

Elementos portantes de acero en forma de placa sólo se utilizan al nivel de complejidad del componente, a saber en forma de chapas trapezoidales. Las chapas macizas no se utilizan en la construcción de acero como elemento estructural portante debido a su gran peso.[1]

■ La construcción mixta o compuesta de acero-hormigón tiene una gran importancia en la ingeniería estructural del acero. Se aprovechan los puntos fuertes del respectivo socio compuesto, tanto en términos de capacidad de carga como de economía: para el acero, la alta resistencia a la tracción, tanto normal como a la flexión; para el hormigón, la buena resistencia a la compresión a bajo coste. Así, las zonas sometidas a esfuerzos de compresión (como cordones superiores de vigas de un solo vano) son principalmente de hormigón, mientras que las zonas sometidas a esfuerzos de tracción (como cordones inferiores) son de acero. Además, el hormigón aporta propiedades físicas esenciales, en particular las relacionadas con la protección contra el fuego y el sonido.

El requisito previo para el efecto compuesto entre los dos materiales es su conexión resistente a la tracción y a cortante en la junta compuesta. El compuesto más comúnmente utilizado para este propósito es el anclaje con **conector de corte**. Se suelda a la pieza de acero y luego se embebe en el hormigón fresco. Al mismo tiempo, este método de construcción compuesto tiene la desventaja de resultar difícil de separar los materiales para su reciclaje, algo típico de construcciones mixtas; el acero y el hormigón de un componente compuesto prácticamente sólo pueden separarse

Construcción compuesta

📖 *EN 1994-1-1, -1-2*

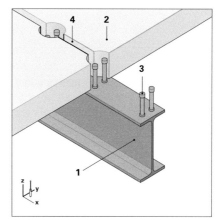

44 Unión entre el acero seccionado y la losa prefabricada producida in situ mediante relleno de junta.

1 acero seccionado
2 elemento de losa prefabricado
3 conector con cabeza
4 junta de relleno

45 Diferentes diseños de columnas compuestas (arriba) y vigas compuestas (abajo):

1 acero seccionado
2 hormigón de relleno
3 conector con cabeza
4 estribo de armadura, cerrado
5 armadura adicional
6 estribo de atado
7 tubo de acero

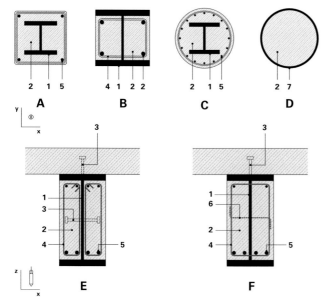

☞ ***Vol. 1**, Cap. III-6, Aptdo. 8. Diseño de construcciones compatible con reciclaje y medioambiente, pág. 182*

46 Codo de pórtico atornillado en obra como conexión de montaje. La solución de diseño corresponde a la variante en ⬚ **48**.

☞ *[a] Véase más adelante Aptdo. 3.3.1 Forjados compuestos, pág. 625*

Pórticos y conexiones rígidas a la flexión

3.2

47 Pórtico de dos articulaciones en estado de construcción. AEG Berlín, alrededor de 1930.

48 Codo de pórtico redondeado para dar apoyo a la membrana de cobertura; rigidizadores de compresión radiales para reforzar el alma en la esquina.

destruyendo al menos uno de los socios compuestos, en este caso el hormigón.

Las estructuras compuestas pueden fabricarse tanto en obra (como en el caso de forjados, por ejemplo, donde una chapa trapezoidal sirve de encofrado perdido) (⬚ **72, 73**) como prefabricarse en fábrica. En este último caso, las conexiones también pueden realizarse en la obra sin gran complicación mediante relleno de juntas (⬚ **44**). También es posible el ensamblaje sin relleno con la ayuda de uniones atornilladas antideslizantes.[2]

Las construcciones compuestas se caracterizan por su gran capacidad de carga y gran rigidez, por lo que permiten un dimensionado de componentes muy reducido. Las columnas delgadas, a su vez, maximizan el espacio utilizable en planta, ya de por sí con pocos puntos fijos, de los edificios de estructura de acero. Las construcciones compuestas son también una alternativa realista en los casos en los que elevadas tensiones en componentes de hormigón conducen a grandes densidades de armadura que no pueden ejecutarse de forma razonable.

Además de los forjados mixtos, que se tratan más adelante, se utilizan combinaciones de hormigón y perfiles laminados, sobre todo para elementos estructurales en forma de barra. Perfiles huecos, como tubos, pueden rellenarse con hormigón (⬚ **45 D**); también las cámaras de los perfiles en I (⬚ **45 B, E, F**); o se pueden embeber en el hormigón perfiles enteros laminados (⬚ **45 A, C**).

■ Los pórticos se crean a partir de la conexión angular resistente a la flexión de los componentes verticales—los pilares o las columnas del pórtico—con los componentes horizontales—los dinteles o las jácenas del mismo—para formar un sistema de carga plano intrínsecamente rígido. En este sentido, las estructuras porticadas difieren fundamentalmente de las estructuras de vigas con conexiones articuladas entre pilares pendulares y vigas. Por lo tanto, los perfiles de los pilares y del dintel del pórtico no pueden definirse independientemente unos de otros, ya que sus rigideces se influyen mutuamente. A diferencia de las armazones articuladas compuestas de pilares pendulares y vigas, los pórticos son rígidos en su plano, una ventaja importante sobre todo cuando se utilizan en estructuras de nave. Los importantes esfuerzos flectores que afectan a la viga articulada en secciones de nave y dan lugar a grandes cantos se distribuyen aquí—en el caso del pórtico—en gran medida de modo uniforme sobre pilares y dinteles. Incluso pueden controlarse específicamente en su distribución seleccionando los grados de rigidez del pilar y del dintel. Por otra parte, en el caso de los pórticos, a diferencia de los sistemas con soportes pendulares, siempre hay que contar con fuerzas horizontales en el apoyo, es decir empujes, que producen cierta complicación adicional.

Los sistemas porticados son relativamente comunes

en la construcción de naves industriales (⊟ **46–48**). Las secciones transversales de naves, necesariamente libres de obstáculos, que no se ven perturbadas por ningún componente arriostrante, como se requiere por razones de uso, a menudo sugieren el empleo de sistemas porticados que ya de por sí son rígidos en el plano de sección transversal de la nave. Las distribuciones de momentos en los pórticos, favorables en condiciones adecuadas, permiten secciones transversales relativamente delgadas. Las estructuras típicas son sistemas de pórtico de **dos** y **tres articulaciones** (también denominados **bi** y **triarticulados**). En la construcción

☞ **Vol. 3**, Cap. XII-48, Aptdo. 2.8 Soluciones constructivas estándar de la construcción de acero, sobre todo ⊟ **14–21**, así como **Vol. 4**, Cap. 9, Aptdo. 7.4 Transmisión de flexión

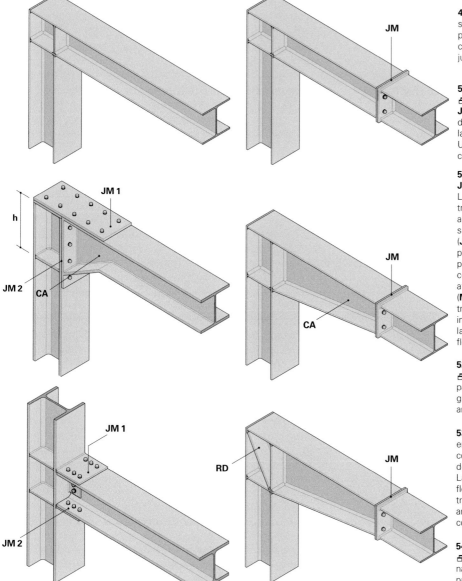

49 (Izquierda) codo de pórtico soldado en fábrica. Solución para pórticos completamente prefabricados o de tres articulaciones con junta en el vértice.

50 (Derecha) solución como en ⊟ **49**, pero con junta de montaje **JM** en el punto de momento cero del dintel (pórtico de dos articulaciones o pórtico empotrado). Unión de placa frontal simple con conexión de tornillo a cortante.

51 (Izquierda) junta de montaje **JM** en el codo rígido a la flexión. Las fuerzas de flexotracción se transmiten a través de una placa añadida y una unión atornillada sometida a esfuerzo cortante (**JM1**); las fuerzas de flexocompresión mediante contacto en la placa frontal (**JM2**); los esfuerzos cortantes a través de la unión atornillada resistente al corte (**MS2**). Una cartela **CA** en el extremo del dintel aumenta el par interior **h** de la conexión y reduce las fuerzas de flexotracción y flexocompresión.

52 (Derecha) solución como en ⊟ **50**, pero con cartabón final **CA** para una mejor absorción de los grandes momentos flectores, análoga a ⊟ **34**.

53 (Izquierda) junta de montaje en el codo rígido a la flexión con columna continua; solución típica de pórticos de varias plantas. Las fuerzas de flexotracción y flexocompresión se transmiten a través de uniones atornilladas en ambas alas sometidas a esfuerzo cortante (**JM1** y **JM2**).

54 (Derecha) solución como en ⊟ **52**, pero con rigidizante diagonal a compresión **RD** en el codo para refuerzo adicional.

55 Codo de pórtico con cartabón adosado; el triple atornillado superior recibe dos rigidizantes en el lado de la columna actuando como placas de refuerzo para evitar que la débil ala del mismo se doble bajo tracción y para transferir la fuerza al alma, que es más rígida en esa dirección.

Ejecución de sistemas porticados

3.2.1

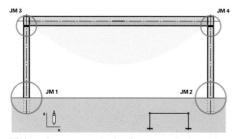

☞ ᵃ *Vol. 1, Cap. VI-2, Aptdo. 7.2.1 Pórtico biarticulado bajo carga lineal, pág. 578*

56 Armadura compuesta de pilares empotrados y viga de un solo vano sobre apoyos articulados; no se prevén momentos flectores en los pilares por cargas verticales, sólo por cargas horizontales; grandes momentos de vano en el centro del mismo. **JM** junta de montaje.

industrial, los pilares de los pórticos a menudo se empotran, también transversalmente al plano del mismo, lo que hace superfluos todos los demás elementos de arriostramiento.

En cambio, a partir de una determinada altura, los edificios de pisos rara vez se arriostran mediante codos rígidos a la flexión, ya que los **pórticos de pisos** (🗗 **64–67**) son poco rígidos en comparación con otros sistemas de arriostramiento. Equivalen a sistemas Vierendeel y se utilizan, en particular, cuando se requiere un alto grado de flexibilidad en el uso de espacios interiores o también una fachada sin molestas riostras diagonales.

En los **edificios de gran altura** (🗗 **67**) suelen hacerse, como complemento de otros sistemas de arriostramiento, rígidas a la flexión todas las uniones de las vigas con el objetivo de reducir las deformaciones y vibraciones horizontales o atar mutuamente elementos arriostrantes verticales—por ejemplo, núcleos dobles—.

◼ Los pórticos son una armadura compuesta de dinteles y pilares. Desde el punto de vista del transporte a la obra, lo más ventajoso es descomponer la armazón en estos componentes individuales, es decir, componentes rectilíneos en forma de barra que pueden transportarse eficazmente en paquetes compactos sobre plataformas de camiones. La consecuencia de este tipo de despiece es que la junta de montaje se halla en el punto donde se producen los mayores esfuerzos, es decir, en el codo rígido a la flexión. Como es habitual en la construcción de acero, en estas soluciones se utilizan uniones atornilladas (🗗 **51**, **53**).

En comparación, ofrecen ciertas ventajas soluciones con codos de pórtico soldados en fábrica (🗗 **49**, **50**, **52**, **54**): el nudo más solicitado—el codo—es más fácil de fabricar en el taller, al mismo tiempo que las juntas de montaje resultan más fáciles y rápidas de ejecutar si reciben menores esfuerzos. Para ello, se puede trabajar completamente sin juntas de montaje, como en el caso de un pórtico completamente prefabricado (que, sin embargo, sólo puede transportarse entero si no supera las dimensiones máximas de transporte), o bien trasladarlas a otro lugar con menores esfuerzos internos. Puede ser el vértice en el centro del elemento, como en el caso del pórtico triarticulado—un punto de momento cero—, o bien un punto de momento cero o mínimo en el dintel en el caso del pórtico biarticulado[a] o en el caso del empotrado (🗗 **50**, **52**, **54**). Estas uniones atornilladas transmiten las fuerzas, es decir, las fuerzas normales y cortantes y, si es necesario, pequeños momentos flectores, a través del contacto directo de compresión o a través de simples uniones atornilladas a cortante y aplastamiento.

En el caso de pórticos de doble articulación o empotrados, ambos con juntas de montaje en los puntos de momento cero del dintel, el transporte se efectúa con pilares de pórtico con codos cortos en los extremos superiores, lo que no suele causar problemas. Son mucho más voluminosas y

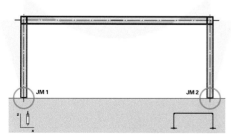

57 Pórtico de dos articulaciones, completamente prefabricado. Juntas de montaje **JM** en los puntos base.

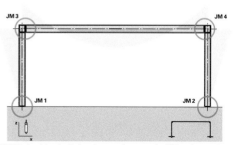

58 Pórtico biarticulado. Juntas de montaje **JM** en los codos; momentos máximos. Fácil transporte de columnas y dintel, ambos con forma de barra.

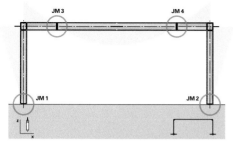

59 Pórtico biarticulado. Juntas de montaje **JM3/4** en los puntos de momento cero. Buena transportabilidad, sólo pequeños momentos en las dos articulaciones.

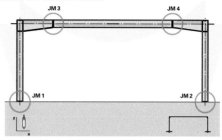

60 Pórtico biarticulado como en ⌑ **59**; con cartabones en los codos.

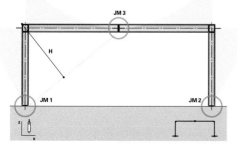

61 Pórtico triarticulado. Junta de montaje **JM3** en el centro del dintel; sin flexión en la junta, pero con mayores momentos flectores en los codos. Medio pórtico transportable cuando **H** ≤ 4 m.

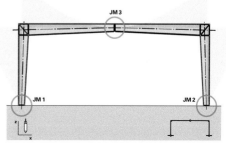

62 Pórtico triarticulado como en ⌑ **61**; con dintel acartelado y refuerzo de compresión diagonal en el codo para absorber los mayores momentos flectores.

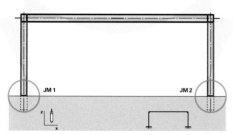

63 Pórtico empotrado. Ejecución de **JM2/3** in situ, mediante anclaje o inserción en zapatas de cáliz. Desplazamiento de la parábola de momentos hacia arriba en comparación con el pórtico de dos articulaciones: menor momento de vano, mayores momentos de codo; cambio de signo de los momentos en la columna.

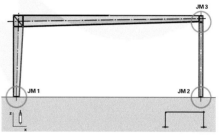

64 Pórtico asimétrico con columna pendular a la derecha; magnitud de momento máxima, comparable a la de una viga de un solo vano, pero el pórtico es rígido en su totalidad frente a fuerzas horizontales.

☞ **Vol. 1**, *Cap. VI-2, Aptdo. 7.2.2 Pórtico triarticulado bajo carga lineal, pág. 582*

más difíciles de transportar mitades completas de pórticos de tres articulaciones. En este caso, es decisiva para la transportabilidad la dimensión diagonal de la mitad del pórtico colocada verticalmente (en forma de V invertida) sobre la plataforma de carga. La altura máxima para el transporte convencional por carretera es de unos 4 m.

Las siguientes variantes de pórtico son comunes en la construcción de edificios de acero convencionales:

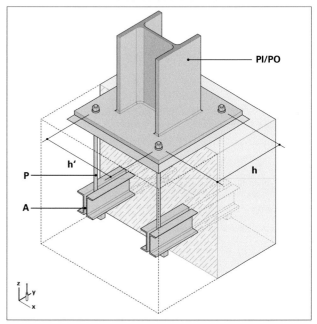

65 (Arriba derecha) barras de anclaje **A** y pernos de cabeza de martillo **P** para un pilar **PI** o un pilar de pórtico **PO** empotrado en la zapata. En este ejemplo, tanto el pilar del pórtico **PO** como el empotrado están diseñados para momentos flectores en dos direcciones principales →**x** e →**y**: las rigideces del perfil de ala ancha tipo I son comparables en ambas direcciones; los pares **h** y **h'** de los anclajes también. Este diseño permite que el pórtico sea estable también en perpendicular a su plano (es decir, en el plano **yz**). El empuje horizontal del pórtico es absorbido aquí por la resistencia a cortante de los anclajes **P**. Alternativamente, se puede ejecutar un taco de empuje como en ⬚ **68**.

66 (Abajo derecha) refuerzo de la placa base **PB** con rigidizadores **R** en ambas direcciones principales →**x** e →**y** para absorber grandes momentos flectores. Alternativamente, la placa base puede hacerse más gruesa, sin rigidizadores, para una mayor rigidez a la flexión. Tipo de empotrado por lo demás comparable con ⬚ **65**.

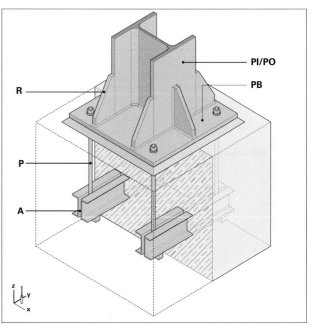

- **Columnas empotradas** (⏛ **56**): la forma más sencilla de formar una armazón rígida a partir de columnas y vigas. En la construcción de acero, el empotrado se realiza mediante barras de anclaje y una placa base soldada a la columna de acero (⏛ **65**, **66**) o, alternativamente, mediante el empotrado en una zapata de cáliz aplicando una lechada de hormigón (⏛ **67**). Para evitar que la placa base se doble cuando se produzcan grandes momentos, debe ser lo suficientemente gruesa o deben añadirse rigidizadores (⏛ **65**, **66**). La viga de un solo vano, articulada en sus apoyos, está sometida a momentos flectores mucho mayores que los dinteles de pórticos biarticulados o de pórticos empotrados, lo que exige mayores cantos.

☞ *Vol. 3*, Cap. XII-4, Aptdo. 4.1.3 Empalmes de pilar y 4.2 Conexiones articuladas de bulón, sobre todo ⏛ **50–53**

- **Pórtico empotrado** (⏛ **63**): Todas las conexiones, es decir, los puntos de base de los pilares (⏛ **65–67**) así como las conexiones entre el pilar y el dintel, son rígidas a la flexión (⏛ **49–54**). Se trata de un sistema porticado típico de la construcción industrial cuando hay que introducir en el mismo cargas elevadas—por ejemplo, de un puente grúa—y en consecuencia se requieren rigideces elevadas. Los pórticos empotrados también se apilan en la edificación formando escaleras de pisos (⏛ **70**);

☞ [a] *Vol. 1*, Cap. VI-2, Aptdo. 7.2.1 Pórtico biarticulado bajo carga lineal, pág. 578

- **Pórtico biarticulado** (⏛ **57–60**): [a] En este caso, los puntos de apoyo son articulados (⏛ **68**), lo que simplifica considerablemente el montaje in situ en comparación con el empotramiento de los pilares descrito anteriormente. La activación de un momento de vano—positivo—en la zona central del dintel, como ocurre normalmente con los

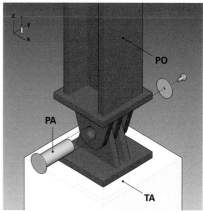

68 Conexión articulada de un pilar de pórtico **PO**, por ejemplo un pórtico de dos o tres articulaciones, a una zapata con conexión de pasador articulado **PA**. Esto permite grandes deformaciones del pilar del pórtico y evita momentos flectores. Los empujes horizontales se transfieren generalmente a la cimentación con un taco de empuje **TA** embebido en el hormigón. Plano del pórtico: **xz**.

67 Empotrado de un pilar de pórtico **PO** en una **zapata de cáliz** mediante el hormigonado del perfil en un pozo de inyección **IN**; ajuste del pilar colocándolo sobre una placa de ajuste **PL** nivelada y alineándolo mediante el ángulo de ajuste **AA**; **PF** posición final del pilar del pórtico.

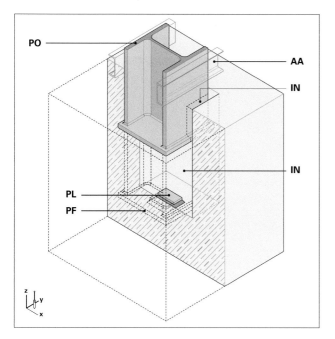

pórticos de dos articulaciones, conduce a una reducción de los momentos del codo en comparación con el de tres articulaciones (véase más abajo) y, en general, a una distribución uniforme de momentos sobre todo el pórtico. Este sistema porticado puede utilizarse tanto en la construcción de naves como en la de pisos. Los dinteles también pueden inclinarse o doblarse, por ejemplo, en naves para formar una cubierta a una o dos aguas. Los pórticos de dos articulaciones suelen requerir la ejecución de conexiones de montaje rígidas a la flexión. Éstas pueden situarse en los codos del pórtico (⊟ **51**, **58**), lo que da lugar a conexiones de montaje más complejas, pero simplifica el

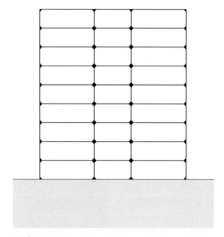

69 Pórtico de varias plantas, sistema estático. Pórtico de tres vanos.

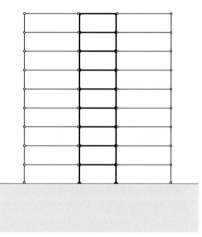

70 Pórtico de varias plantas, sistema estático. Pórtico sólo entre los pilares interiores.

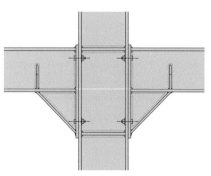

71 Posible diseño del nudo de un pórtico de piso.

72 Pórtico de varias plantas (*JP Morgan Chase Building*, San Francisco).

transporte, ya que sólo intervienen componentes en forma de barra (pilares y dinteles). Como alternativa, las juntas de montaje suelen colocarse, como ya se comentó, en la zona de los puntos de momento cero o mínimo del dintel (⌷ **50**, **52**, **54**, **59**, **60**), donde sólo se producen momentos pequeños y las conexiones de montaje se simplifican en consecuencia. En este caso, sin embargo, hay que transportar un pilar algo más aparatoso con un codo aplicado sobresaliente.

- **Pórtico triarticulado** (⌷ **61**, **62**): Con el punto de momento cero en la junta articulada de montaje en el centro del dintel y ambas juntas articuladas en los apoyos (⌷ **68**), este tipo puede considerarse el sistema porticado clásico para la construcción de naves. Los momentos negativos de los codos son mayores que en el pórtico de dos articulaciones y afectan tanto a los pilares como al dintel. En su magnitud absoluta son comparables con los momentos de vano—positivos—de una viga articulada de un solo vano con la misma luz. Por lo demás, no hay momentos de vano positivos. Si no se superan las dimensiones máximas de transporte, el pórtico de tres articulaciones puede montarse en dos mitades de pórtico prefabricadas con conexiones de montaje articuladas (⌷ **61**).

- **Pórtico asimétrico** (⌷ **64**): armazón con dintel y pilar conectados de forma rígida en un lado y un soporte pendular en el otro. La estructura es rígida en su plano frente a cargas horizontales.

- **Vanos de vigas adosados**: En su mismo plano, pueden conectarse a un pórtico otros vanos con articulaciones (⌷ **70**). La rigidez de todo el sistema estructural en su plano está garantizada por el pórtico.

- **Cadenas de pórticos**: A un pórtico se añaden otros pórticos, es decir todas las conexiones están ejecutadas para ser rígidas a la flexión (⌷ **69**).

- **Pórticos de piso**: En sustitución de un núcleo actuando como elemento arriostrante, se apilan pórticos en vertical (⌷ **69**, **70**). Esta forma de arriostramiento puede ejecutarse íntegramente en acero. Se pueden acoplar crujías articuladas adicionales a los pórticos de los pisos (⌷ **70**). Esta variante de arriostramiento se utiliza principalmente para edificios con uso flexible o intensamente instalados. En los edificios de gran altura, sólo se pueden realizar con esta construcción como máximo alturas medias por ser relativamente flexible.

☞ **Vol. 1**, *Cap. VI-2, Aptdo. 7.2.2 Pórtico triarticulado bajo carga lineal, pág. 582*

3.3

Ejecución de estructuras de cubierta y forjado en la construcción de acero

☞ [a] *Vol. 3*, *Cap. XIV-2, Aptdo. 6. Forjados en construcción nervada > 6.2 Forjados de acero en construcción nervada*

■ Según el uso y la función prevista del edificio, los forjados y las cubiertas en la construcción metálica suelen tener un diseño diferente: [a]

• **edificación de pisos**: construcción compuesta; hormigón añadido sobre encofrado perdido de chapas trapezoidales; aquí juegan un papel decisivo las elevadas cargas vivas

73 (Derecha) **forjado compuesto** de acero y hormigón con representación de la armadura adicional del mismo y una posible suspensión de piezas de acabado de las ranuras de la chapa trapezoidal.

1 chapa trapezoidal
2 viga de acero
3 conector de corte con cabeza
4 armadura de barras
5 hormigón añadido
6 pieza de acabado suspendida
7 extremo de chapa trapezoidal aplastado para el anclaje final en el hormigón (anclaje por deformación) así como para el cierre del espacio de encofrado

74 (Abajo derecha) forjado compuesto de acero y hormigón; diagrama de principio con elementos principales.

75 (Abajo) forjado compuesto de acero y hormigón en ejecución, antes de colocar las chapas trapezoidales. Los conectores de corte dispuestos en fila ya están soldados sobre el ala de la viga.

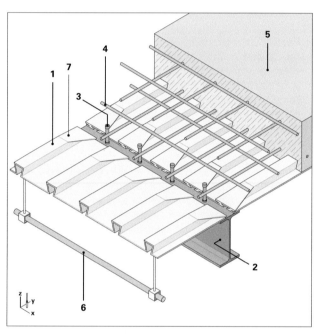

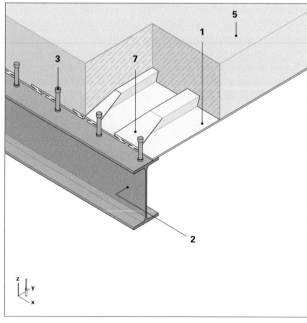

y los requisitos físicos de los forjados (protección contra incendios, aislamiento acústico);

- **construcción de naves**: construcción de cubierta de chapa trapezoidal sin hormigón; las cargas alternas relativamente pequeñas (nieve, viento) así como los escasos requisitos físicos permiten un método de construcción ligero.

■ Los forjados también suelen ser de hormigón armado en los edificios con esqueleto de acero. Son especialmente favorables tanto desde el punto de vista estático-constructivo como físico. Como diafragmas resistentes al descuadre contribuyen al arriostramiento del edificio y, al mismo tiempo, garantizan la necesaria protección acústica y contra incendios.

La conexión resistente a cortante de la losa de hormigón y la viga de acero sirve para absorber los esfuerzos cortantes horizontales ocasionados por la flexión. Los esfuerzos de flexocompresión son absorbidos por la losa de hormigón, mientras que los esfuerzos de flexotracción son absorbidos por la viga de acero, por lo que se puede elegir un perfil con menor canto para la viga que en caso de un forjado de vigas convencional. Para crear la conexión resistente a cortante entre la losa y la viga se necesitan **elementos de conexión**. Hoy en día, en la construcción de acero, se trata casi exclusivamente de anclajes de **conector de corte**.

Forjados compuestos

☞ **Vol. 3**, *Cap. XIV-2, Aptdo. 6.2.2 Forjado compuesto de acero y hormigón*

3.3.1

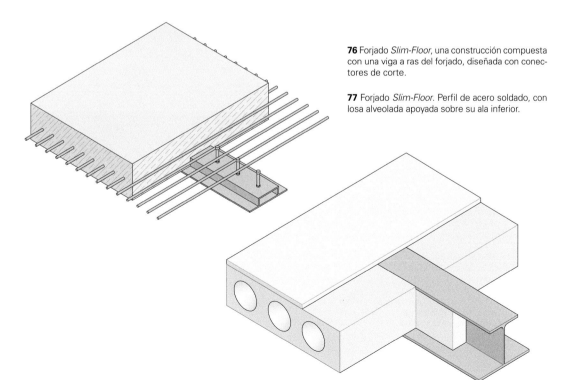

76 Forjado *Slim-Floor,* una construcción compuesta con una viga a ras del forjado, diseñada con conectores de corte.

77 Forjado *Slim-Floor.* Perfil de acero soldado, con losa alveolada apoyada sobre su ala inferior.

En la actualidad, los **forjados compuestos** (⊟ **73**–**75**) suelen estar formados por chapas trapezoidales tipo *Holorib*, que cumplen la función de un encofrado perdido durante el proceso de hormigonado. Además, en determinadas condiciones, la chapa también puede asumir fuerzas de flexotracción. Para ello, es necesario asegurar la unión en la interfaz entre el hormigón y la chapa, ya sea por simple adhesión, mediante acanaladuras o botones estampados en la chapa o mediante mallas de armadura soldadas a la chapa. A las acanaladuras de la chapa con sección de cola de milano pueden fijarse diversos elementos de acabado como techos suspendidos, conductos de ventilación, bandejas de cables o similares.

Una de las principales desventajas de las construcciones de forjado compuesto es la altura total relativamente grande de estos sistemas, que resulta de la adición del canto de la viga de acero y la losa de hormigón. Las modernas

78 Cubierta de chapa trapezoidal en una nave industrial. Véase también ⊟ **87**, **92**.

79 Imprenta de periódicos *Süddeutscher Verlag*, (arqu.: P C von Seidlein); detalle de cubierta (véase también ⊟ **21**).

1 cordón superior de la cercha de celosía
2 estratificado de la cubierta:
   gravilla 16/32 mm, h = 50 mm,
   impermeabilización de PVC, 1 capa, 1,5 mm,
   aislamiento de fibra mineral 2 x 50 mm,
   barrera de vapor, 1 capa, lámina de PVC
   chapa de acero plana, galvanizada 0,7 mm,
   soporte para las capas superiores
   chapa trapezoidal de acero, 160 mm, galvanizada y pintada por su cara inferior
   costillas perforadas (acústica), con respaldo de alfombra de fibra mineral antifiltrado, 20–30 mm
3 viga secundaria
4 chapa de acero plegada
5 dos capas de impermeabilización como protección contra radiación ultravioleta
6 listones de sujeción de aluminio
7 fijación de chapa trapezoidal:
   unión de remaches de explosión en el eje del alma de la viga secundaria
8 fachada ventilada por detrás de chapas de aluminio plegadas

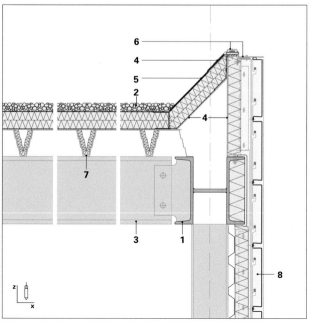

construcciones de **Slim Floor** (🗗 **76**, **77**) son un intento de contrarrestar el problema de la gran altura de construcción de forjados compuestos. Con ellos, la viga se integra a ras del canto del forjado en los lados superior e inferior. Se hormigonan directamente en la losa de hormigón armado, enrasándolos con la superficie, perfiles en I o perfiles de sombrero con conectores de corte aplicados, lo que permite realizar un canto reducido de unos 20–25 cm.

Además de la ventaja de reducir la altura total de la construcción del forjado, esto crea un piso plano sin vigas y sin ninguna obstrucción al paso de conductos. Esto es una gran ventaja, ya que la planificación de la instalación y de la estructura portante rara vez se realiza sin problemas de coordinación. Además, los servicios del edificio están sujetos a ciclos de renovación mucho más cortos que la estructura primaria. Debido a la imprevisibilidad del futuro tendido de conductos, es especialmente ventajoso utilizar este tipo de forjado que no ofrece ningún obstáculo a la instalación.

■ A diferencia de la construcción de pisos convencional, con sus requisitos específicos de protección contra el fuego y el ruido para la construcción del forjado, en la que el uso de hormigón, por ejemplo como capa superior en una construcción compuesta de acero y hormigón, es prácticamente indispensable, los forjados de piso para edificios sencillos con pocos requisitos pueden ejecutarse como una simple capa de chapa trapezoidal con una placa de cubierta plana formando la superficie del suelo.

La cubierta también puede diseñarse de forma sencilla como una construcción de chapa trapezoidal pura, espe-

☞ *Véase también Cap. X-4, 🗗 **57**, pág. 677*

Forjado y cubierta de chapa trapezoidal   3.3.2

80 Chapa trapezoidal como parte de la construcción de un forjado.

☞ **Vol. 3**, Cap. XIV-2, Aptdo. 6.2.1 Forjado
de chapa trapezoidal

📖 DIN 18807-3

☜ Cf. estratificados de cubierta con perfiles
de costillas prensadas, p. e. en **Vol. 3**, Cap.
XIII-5, Aptdo. 3.2.2 Variantes de ejecución
> perfiles de costillas prensadas
☞ **Vol. 3**, Cap. XIII-5, Aptdo. 3.3.2 Variantes de ejecución > Recuadros rígidos a
cortante, sobre todo 🔲 **285–290**

cialmente en la construcción de naves o en la construcción ligera en general. La cubierta tampoco tiene grandes cargas vivas, ni hay grandes requisitos de aislamiento acústico o protección contra incendios. De este modo, no sólo se pueden construir geometrías planas, sino también superficies curvas. Desde el punto de vista de la física constructiva, se trata de construcciones de cubiertas ventiladas o no ventiladas. En determinadas circunstancias, la chapa trapezoidal también puede asumir la función de barrera de vapor, pero para ello debe estar convenientemente sellada contra el vapor en las juntas. Además, al plano de la chapa trapezoidal también se le puede asignar la función de rigidización formando sectores rígidos al descuadre, lo que, sin embargo, repercute en el dimensionamiento de la chapa y en su conexión con la estructura portante. En la actualidad, las chapas trapezoidales pueden abarcar vanos de más de 10 m con un canto de aproximadamente 30 cm.

En la versión más sencilla, la chapa trapezoidal se atornilla directamente a las vigas. Sus acanaladuras se rellenan adicionalmente con aislamiento térmico mineral. La barrera de vapor se coloca horizontalmente sobre la chapa trapezoidal y se suelda o adhesiva sobre toda la superficie. A esta capa le sigue el aislamiento térmico, que está protegido de la intemperie por la impermeabilización de la cubierta. De este modo, se crea una construcción envolvente extraordinariamente sencilla, que sigue el principio de una cubierta no ventilada (🔲 **79**) y puede cumplir todas las funciones esenciales de la envolvente—excepto la función de almacenamiento de calor y de protección acústica—con una secuencia simple de capas.

3.4 Estructuras de celosía

■ Los sistemas de celosía son de gran importancia en la construcción de esqueleto de acero. Ofrecen una forma de aplicación predestinada para componentes de acero en forma de barra sometidos a fuerza axial pura y permiten aprovechar al máximo los ya elevados valores de resistencia del material gracias al esfuerzo normal, sin flexión, de las secciones transversales. El uso del acero en construcciones de celosía se ve favorecido por su resistencia a la compresión y a la tracción, aproximadamente igual, lo que permite absorber los esfuerzos normales cambiantes de compresión y tracción típicos de barras de celosía. Además, la alta resistencia del material permite ejecutar cerchas de gran esbeltez, lo que ofrece ventajas en términos de transporte y montaje, además de ser un importante factor estético.

La gama de aplicaciones de celosías abarca desde pequeñas luces (aprox. 10 m) hasta luces de más de 100 m.

81 Centro Georges Pompidou, 1975–1977, vista de la fachada oeste desde la Rue Saint Merri. Cercha principal de celosía con conexión a ambos lados con la llamada Gerberette, que sirve para reducir los momentos de vano. Formación adicional de una celosía para el arriostramiento del edificio en la fachada testera acoplando las vigas planta por planta para formar una cercha tan alta como el edificio (arqu.: R Piano y R Rogers; ing.: O Arup).

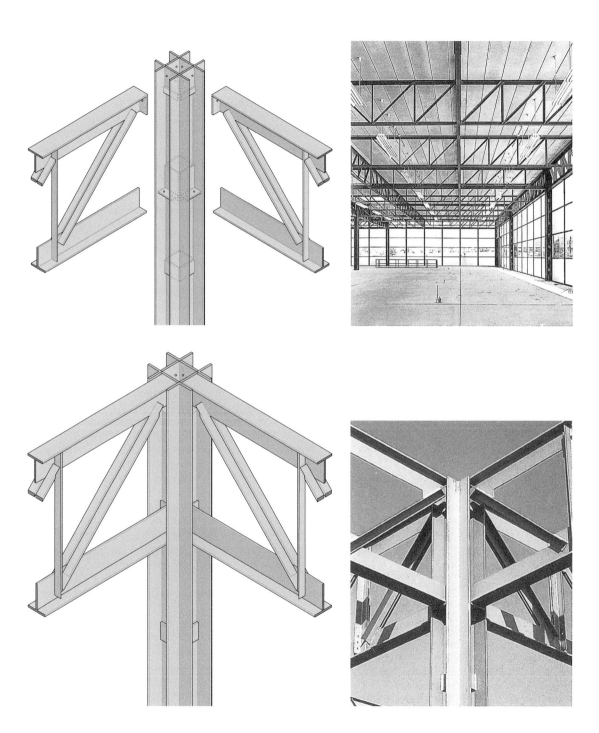

82–85 Sistema de construcción industrial de acero *MAXI*; sistema abierto de cerchas bidireccional con una luz de 14,40 m (arqu.: F Haller).

- vista interior (arriba derecha)
- conexión de montaje en la columna (arriba izquierda)
- axonometría y foto de la construcción montada (abajo)

A continuación se describen con mayor detalle algunas construcciones de celosía seleccionadas.

Aplicaciones de celosías

■ Las celosías de acero se presentan, entre otras, en las siguientes formas:

- vigas de flexión para la transmisión de cargas verticales (⊟ **75–79**);

- celosía horizontal de arriostramiento para la construcción de estructuras de forjado o cubierta resistentes al descuadre;

- celosía vertical de arriostramiento para la rigidización del edificio, es decir, los llamados sistemas sustitutivos de diafragmas.

Las vigas en doble T de alma llena son eficaces para la flexión dentro de límites de escala media, pero no pueden utilizarse para luces muy grandes, ya que se vuelven demasiado pesadas en estas circunstancias.[3] Una viga de celosía permite un aumento notable del aprovechamiento del material, ya que el alma de la viga se sustituye por compartimentos triangulares de barras, que son resistentes al corte por su geometría. De este modo, pueden diseñarse y dimensionarse en función de las fuerzas de compresión y de tracción casi puramente axiales que se producen; esto es el caso porque la flexión actuando sobre la viga en el sistema global se convierte en fuerzas normales localmente en las barras, y la viga se transforma en una estructura interconectada compuesta de barras articuladas—y por tanto de poca complicación constructiva—.

En la edificación, tanto de una planta como de varios pisos, hoy en día se utilizan principalmente cerchas paralelas, es decir, los cordones superior e inferior son paralelos entre sí. Éstas tienen un canto de 1/10 a 1/12 de la luz de la viga. Es una forma muy económica de transferencia de cargas. Sólo se producen fuerzas axiales de tracción y compresión en las barras cuando se aplican cargas sólo en los nudos.

Con esta forma de viga, la ventaja de un menor consumo de material se ve compensada por la desventaja de unos costes de fabricación relativamente elevados, sobre todo si se pretende que los nudos estén idealmente articulados. Por lo tanto, los nudos comunes de celosías en la construcción de acero son más bien aproximaciones a esta condición, de modo que se acepta un cierto esfuerzo flector en el miembro en favor de un diseño simplificado del nudo.

En condiciones de intemperie, la superficie relativamente grande expuesta de las cerchas—en comparación con las construcciones de alma llena—, así como las numerosas esquinas y bordes de la construcción, resultan ser un factor de riesgo con respecto a la corrosión.

■ En el diseño estructural de cerchas de celosía de acero deben observarse las siguientes reglas básicas:

- La triangulación continua es un importante principio de diseño: Por razones geométricas, el triángulo de barras es una armazón intrínsecamente rígida en su plano. Por otra parte, los cuadriláteros o los polígonos de más esquinas no son rígidos sin medidas adicionales; deben hacerse rígidos al corte mediante nudos rígidos y barras suficientemente dimensionadas para resistir la flexión y el corte. Esto, a su vez, reduce notablemente la eficiencia estática de la estructura. Las vigas Vierendeel basadas en este principio de diseño, sin ninguna triangulación, sólo son útiles si la ausencia de barras diagonales ofrece ventajas en otras áreas (por ejemplo, uso o instalación). Sin embargo, en comparación con cerchas trianguladas, los sistemas Vierendeel son siempre menos eficientes en cuanto a consumo de material, más pesados y visualmente menos esbeltos.

- Formación de nudos articulados: Todas las conexiones de barras son idealmente articuladas; de lo contrario se diseñan como una aproximación a una conexión articulada.

- En las barras fluyen fuerzas de tracción y compresión puramente axiales: no hay esfuerzo flector previsto.

- La transferencia de cargas a la celosía debe tener lugar en los nudos. No debe haber carga transversal sobre las barras; de lo contrario se producen esfuerzos flectores y se perderá la ventaja del esfuerzo normal.

- Las barras son siempre rectas, es decir, no tienen codos ni son curvas. Si no es así, el esfuerzo de compresión y/o tracción en la barra genera necesariamente momentos flectores por excentricidad, lo que contradice el principio de diseño de la celosía. Por esta razón, incluso las cerchas

Reglas para la ejecución de sistemas de celosía 3.4.2

☞ *Ejemplos de ejecución de nudos de celosía soldados pueden encontrarse en* **Vol. 3**, *Cap. XII-8, Aptdo. 2.8 Soluciones constructivas estándar de la construcción de acero, sobre todo ⊟ **25** a **38***

86 Arco de celosía de tres cordones de la pista de patinaje de Múnich, 1984 (Arch.: K Ackermann; ing.: Schlaich Bergermann & P).

87 Nudos de celosía con cartelas, barras de perfiles laminados en I. Arriba también se ven los arriostramientos en posición horizontal de la cubierta.

☞ Véase **Vol. 1**, Cap. VI-5, Aptdo. 10.4.1
Factor de forma A$_{mp}$/V, pág. 830

☞ **Vol. 3**, Cap. XII-1, Aptdo. 3.1.2 Condiciones de contorno geométricas

☞ Véase la nota anterior

curvas en su conjunto no están hechas de barras curvas, sino que se ensamblan como polígonos hechos a partir de elementos rectos (🗗 **86**).

- Las barras de compresión deben ser lo más cortas posible, ya que existe el riesgo de que pandeen, a diferencia de las barras de tracción. El diseño geométrico correcto, es decir, la determinación de un ángulo de inclinación favorable—ni demasiado obtuso ni demasiado agudo—de la barra diagonal, es ya un parámetro de influencia esencial a este respecto.

  Por lo tanto, si se puede elegir libremente entre diagonales de compresión y de tracción, siempre conviene preferir estas últimas.

- Además, debido al peligro de pandeo al que siempre están expuestas las barras de compresión, duplicar las mismas es siempre desfavorable. Si el área de sección transversal necesaria para transmitir la fuerza de compresión se divide entre dos secciones separadas, esto da lugar necesariamente a barras más delgadas que con una sola barra y, por tanto, a un mayor riesgo de pandeo. El factor de perfil de la sección transversal se empeora en consecuencia, lo que a su vez tiene un efecto desfavorable en términos de protección contra el fuego y la corrosión.

  Naturalmente, esto no se aplica a barras de tracción pura, donde no hay ningún peligro de pandeo. Por este motivo, las barras de tracción y compresión se fabrican a veces con perfiles diferentes (🗗 **91**).

- Deben evitarse los ángulos agudos en los nudos. Ocasionan un problema de conexión geométrico y constructivo. Lo primero y más importante es evitar uniones casi tangentes de barras.

- Los ejes baricéntricos de las barras que convergen en los nudos deben intersecarse preferentemente en un punto: De este modo se evitan momentos de desalineación, que representan una perturbación en la estructura sometida a esfuerzos normales de la celosía o provocan momentos flectores locales.

- Las cerchas son elementos constructivos en gran medida prefabricados que sólo se fabrican en secciones para ser ensambladas en la obra cuando el elemento total supera el tamaño que puede transportarse razonablemente. Como resultado, casi todos los nudos consisten en conexiones de fábrica. En la práctica, se trata sobre todo de soldaduras. La elección de perfiles de barra adecuados para los cordones y las barras de relleno (véase más adelante), así como el diseño geométrico favorable de las conexiones, desempeñan un papel decisivo en la construcción de cerchas de celosía.

■ Por lo general, son adecuadas para celosías las secciones transversales de barra con geometrías más bien compactas, debido a la típica carga de fuerza normal actuando en las mismas: así, por ejemplo, **perfiles en** I de la serie HE, que tienen momentos de resistencia similares en ambos ejes de flexión. Esto es importante para barras de compresión que están sujetas al mismo riesgo de pandeo en todas las direcciones espaciales como resultado de su esfuerzo (la forma de la sección transversal de la barra de tracción pura es irrelevante desde el punto de vista de la conducción de la fuerza; sólo el área de la misma importa). Gracias a la geometría ortogonal de la sección transversal de los perfiles en I, las conexiones en los nudos se simplifican, siempre que los cordones también estén formados por secciones en I. Las barras diagonales pueden, por ejemplo, introducirse en la barra de cordón en su cámara de perfil y conectarse a las alas del mismo. Los nudos de cartela también se pueden realizar bien con estas secciones (⊟ **87**).

Los perfiles de **tubo rectangular** o de **caja** ofrecen condiciones igualmente favorables (⊟ **88**). En este caso, se recomiendan las soldaduras a tope en los nudos, donde las fuerzas se transfieren directamente de pared a pared, por ejemplo, entre la barra de relleno y la barra de cordón. Este es el caso cuando ambos grupos de barras tienen el mismo ancho de perfil. Gracias a la geometría ortogonal de las secciones, las intersecciones son siempre rectas y, por tanto, fáciles de cortar y soldar. En comparación con perfiles en I, los perfiles tubulares cerrados exponen una superficie mucho menor a la intemperie y no crean zonas tipo cubeta donde se pueda acumular el agua de lluvia. Si las conexiones se sueldan de forma hermética, se puede descartar la acumulación de suciedad y humedad en las cámaras de los perfiles.

Los **tubos redondos** ofrecen condiciones ideales para la transmisión de fuerzas en las celosías. Sus secciones transversales circulares son completamente neutras en cuanto a la dirección posible de pandeo y, por lo tanto, permiten en comparación el mejor aprovechamiento del material bajo fuerza normal. La ejecución de nudos es algo más difícil en celosías de tubo redondo. En principio, los tubos pueden afianzarse en la zona del nudo a cartelas de conexión planas, que se sueldan en ranuras correspondientes practicadas en el tubo (⊟ **89**). Esto simplifica la conexión en comparación con juntas a tope puras, que por razones geométricas provocan intersecciones no rectas bastante difíciles de realizar. En el pasado se evitaban por esta razón las celosías de tubo redondo con juntas a tope en los nudos. En cambio, hoy en día, la producción de juntas a tope es mucho más fácil gracias a equipos automatizados: Los tubos se cortan primero en sus extremos en equipos CNC con la geometría exacta de intersección del nudo y luego se sueldan a tope en fábrica (⊟ **90**). Además de sus ventajas estático-constructivas, las construcciones de celosía tubular también ofrecen sólo

Perfiles para celosías

88 Nudo de celosía hecho de secciones de caja. El cordón y las diagonales están diseñados con la misma anchura para que en la conexión pueda producirse una transferencia directa de fuerzas entre las paredes laterales. Las esquinas están redondeadas para minimizar las tensiones de muesca.

89 Nudo de celosía tubular con placas de conexión alojadas en una ranura del tubo y soldadas.

90 Nudo de celosía tubular; uniones a tope y soldadas.

93 Celosía espacial regular construida sobre medios octaedros con el sistema *Mero* (Universidad de Stuttgart, aula temporal (arqu.: F Wagner).

Arriostramientos en posición horizontal para estructuras de cubierta o forjado resistentes al descuadre

3.4.4

91 (Abajo derecha) diseño de la sección transversal de las barras diagonales en función de sus esfuerzos: barras de compresión de tubos redondos; tirantes de construcción esbelta dividida en celosía (puente *Firth-of-Forth*, Edimburgo).

92 (Abajo izquierda) arriostramientos de cubierta en posición horizontal en una nave.

una pequeña superficie de ataque a la intemperie, tienen un factor de perfil favorable con respecto a la protección contra incendios y también crean un aspecto general limpio y sencillo sin elementos nodales distintivos.

También son posibles construcciones en las que se utilizan diferentes perfiles para los cordones, las barras de compresión y las barras de tracción, en función de las condiciones de carga y de conexión geométrica en el nudo (🗗 **91**). En el caso de las llamadas vigas R, por ejemplo, se combinan secciones de tubo para los cordones y redondos de acero para las diagonales.

Los tubos se utilizan a menudo en las llamados **cerchas de tres cordones** (🗗 **86**). La sección transversal triangular de la cercha ofrece diversas ventajas, por ejemplo, su mayor rigidez a la torsión, su resistencia al vuelco cuando se apoya en los dos cordones superiores, la rigidez al pandeo del doble cordón superior—siempre que esté sometido a esfuerzos de compresión y el triángulo de la sección transversal apunte hacia abajo, como suele ocurrir con vigas de flexión—o aspectos relacionados con el uso, como la integración de bandas de claraboyas, etc.

■ Los arriostramientos en posición horizontal actúan como cerchas para soportar cargas horizontales y, por tanto, forman parte del sistema de arriostramiento del edificio. En la edificación de pisos, estos arriostramientos son más bien una excepción. El arriostramiento está asegurado allí en su mayor parte por el efecto diafragma de los forjados, que suelen ser de hormigón. Sólo durante la fase de construcción aparecen ocasionalmente arriostramientos de forma temporal para efectos de refuerzo. La situación es diferente en la construcción de naves. Allí se evitan en la mayoría de los casos construcciones pesadas como losas de hormigón. Con ayuda de arriostramientos en posición horizontal se producen los llamados sistemas sustitutivos de diafragma. A menudo se instalan barras de tracción en ambas direcciones diagonales y se utilizan simples perfiles en L o barras de acero para este fin (🗗 **92**). Frecuentemente se disponen en el plano del cordón superior de las jácenas para su apoyo lateral adicional (asegurándolas contra el flexopandeo).

■ El intento de utilizar sistemas de celosía en tres dimensiones tuvo lugar relativamente pronto en el desarrollo de las estructuras de acero. Alexander Graham Bell (⊟ **96**) ya experimentó con estructuras tetraédricas espacialmente rígidas para aviones y trasladó esta estructura básica extraordinariamente resistente a la construcción de edificios en forma de estructura de tetraedros estandarizados de barras metálicas. Utilizó esta construcción de celosía espacial inicialmente para edificios temporales.

Las posibilidades de prefabricación y construcción ligera con estructuras espaciales fueron retomadas y desarrolladas posteriormente por Konrad Wachsmann y Buckminster Fuller. La transferencia de cargas bidireccional que permite el diseño espacial de la celosía y la ligereza de la construcción predestinan a estas estructuras portantes para grandes luces (véase el hangar de aviones de K Wachsmann en ⊟ **100**). Basándose en la geometría geodésica de cúpula, Fuller desarrolló un sistema racionalizado y totalmente triangulado con sólo unas pocas longitudes de barra diferentes que permitía la construcción de retículas espaciales esféricas (⊟ **103**).

El volumen encerrado por una celosía espacial va subdividido en unidades espaciales modulares por la armazón de barras. De ello se desprende que sólo las geometrías volumétricas que llenan el espacio tridimensional sin huecos,

Celosías espaciales

96 A G Bell, Celosía de tetraedros, utilizada hacia 1900 para estructuras temporales. Uno de los primeros ejemplos de estructuras modulares en la construcción de acero.

94 Nave industrial con estructura de acero. Los perfiles en I de las columnas y dinteles del pórtico tienen almas onduladas para reforzarlos contra el esfuerzo cortante (arqu.: Arlart).

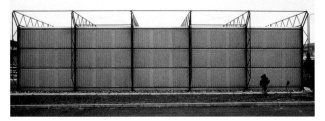

95 Sistema *Patera* en los Docklands de Londres con estructura portante externa de pórticos acoplados. El sistema se puede montar a mano sin más ayudas (arqu.: M Hopkins).

97 Poste para líneas eléctricas aéreas fabricado con perfiles en L simples laminados en caliente, antes diseñados con uniones remachadas, hoy en día con una combinación de uniones soldadas y atornilladas.

☞ *Sobre el concepto del teselado espacial:*
Cap. IX-1, Aptdo. 1.6.1. El elemento de
cerramiento plano, pág. 198

es decir, que lo teselan, resultan idóneas para estos módulos espaciales. Esta categoría, que incluye sólo poco más de 20 variantes regulares y semirregulares, incluye los poliedros regulares del paralelepípedo, el tetraedro, el octaedro truncado, el dodecaedro rómbico y algunos más.

Los elementos geométricos básicos de una celosía espacial debían diseñarse en sus primeras fases de desarrollo de la forma más sencilla y coherente posible, a fin de reducir al máximo el número de barras de diferente longitud y las diferentes geometrías nodales para la producción en serie. Algunas variantes elementales ejemplares (🗗 **98**) que cumplían estos requisitos consisten en:

• **Tetraedros** compuestos de 4 triángulos equiláteros (🗗 **96**): Todas las longitudes de barra son iguales. Todas las geometrías nodales (excepto las de los nudos de orilla) son idénticas. Esta variante tiene la ventaja de estar triangulada en todos los planos de barras, lo que aumenta notablemente la rigidez global de la estructura.

• **Medios octaedros**, es decir, pirámides de cuatro lados, formadas por 4 triángulos equiláteros y un cuadrado (🗗 **98**). También en este caso, las longitudes de las barras y las geometrías nodales (de nuevo con la excepción de las de los nudos de las orillas) son las mismas, pero los cuadrados en los planos de los cordones superior e inferior no están triangulados, lo que merma su rigidez.

En general, esto da lugar a superficies de cordón superior e inferior planas y barras diagonales alineadas en diferentes direcciones espaciales, es decir, no incluidas en estos planos.

La disponibilidad de equipos de fabricación automatizados y controlados digitalmente ha eliminado en parte la justificación para las estrictas especificaciones geométricas a las que se sometían las primeras celosías espaciales. Hoy en día, ya no es indispensable realizar siempre barras idénticas y una geometría nodal siempre igual, aunque una cierta regularidad contribuye a mantener los costes y las complicaciones dentro de límites durante el montaje en la obra.

En los últimos años, se han creado algunas celosías espaciales cuya geometría se modela a partir de estructuras de espuma, células o cristales, todas ellas aglomeraciones que rellenan el espacio sin dejar huecos (🗗 **104**). A menudo se pretende rellenar el espacio con módulos poliédricos de la menor superficie exterior posible, lo que en última instancia también conduce a las menores longitudes totales de barra posibles. Las geometrías de celosía que no se basan en triángulos sino en cuadriláteros, pentágonos o hexágonos, pierden por tanto la triangulación, de modo que los polígonos de las celosías, que ya no son geométricamente rígidos, tienen que ser reforzados contra esfuerzo cortante por la rigidez a flexión y cizalladura de las barras de celosía. Esto sólo puede hacerse a costa de un aporte adicional de mate-

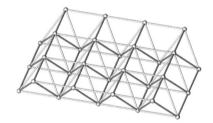

98 Axonometría de una celosía espacial, aquí sistema *Mero* de M Mengeringhausen.

99 Nudo estándar de la celosía espacial desarrollada para las Fuerzas Aéreas estadounidenses durante la Segunda Guerra Mundial. Área del cordón superior con conexión para paneles de cubierta u otros elementos de la envoltura (arqu.: K Wachsmann).

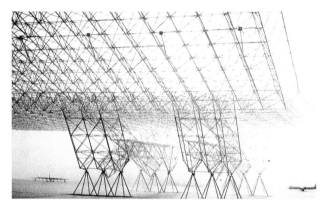

100 Maqueta de un hangar de aviones: celosía espacial de gran luz con estructura de soporte (arqu.: K Wachsmann).

103 Pabellón de Estados Unidos en la Feria Mundial de Montreal, estado de construcción (arqu.: B Fuller).

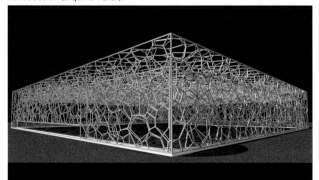

104 Celosía espacial del Centro Acuático Olímpico de Pekín. La geometría de la celosía se basa en un sistema de poliedros que llena el espacio (estructura de Weaire-Phelan) con la menor superficie posible (es decir, también teóricamente con la menor longitud total posible de barras) para una densidad de celosía determinada (arqu.: PTW Architects; ing.: Arup).

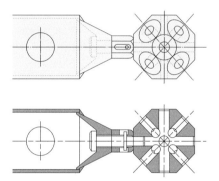

101, 102 Nudo de la celosía espacial *Mero*: el sistema de celosía espacial con mayor éxito del mundo; nudos con un máximo de 18 roscas de conexión.

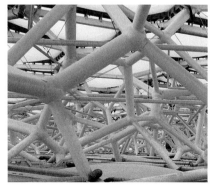

105 Celosía espacial del proyecto de la izquierda. La falta de triangulación requiere un mayor dimensionamiento de las barras de celosía, lo que queda bastante claro en esta imagen. Las barras se soldaron a tope a rótulas esféricas in situ.

rial, una circunstancia que hace que estas celosías terminen siendo más pesadas y que, en última instancia, obviamente sustrae la base a la pretensión original de que se ahorra material acortando las longitudes de las barras (⊟ **105**).

3.5.1   Ejecución de celosías espaciales

■ Las primeras celosías espaciales sólo podían realizarse, como se ha señalado, usando un inflexible sistema constructivo que permitía estandarizar la armazón. En este sentido, hubo varios enfoques, como la estructura *Mobilar* de K Wachsmann (⊟ **99**, **100**) o el sistema *Mero* de M Mengeringhausen (⊟ **101**, **102**), que se comercializó posteriormente con gran éxito y que permite la conexión articulada de 18 barras en direcciones predeterminadas en cada caso. La celosía espacial *Mero* se utilizó de diversas formas. Es adecuada para la transferencia de cargas en uno o dos ejes y también puede realizarse con formas curvas.

Gracias a la moderna tecnología CAD/CAM, se han realizado en los últimos años diversas estructuras espaciales de celosía de formas complejas con numerosas barras y nudos individualizados fabricados por CNC específicamente para las condiciones geométricas locales. Además de las geometrías de celosía especiales antes mencionadas (⊟ **104**) inspiradas por formas naturales, esto también permitió realizar superficies curvas no regulares. Incluso geometrías de celosía elementales, como mallas triangulares continuas, requieren una individualización de las longitudes de barra y de las geometrías nodales en cuanto su geometría global deja de corresponder a tipos de superficie elementales, como esferas o superficies de traslación. En el futuro, cabe esperar otras innovaciones significativas en este campo, que presumiblemente ampliarán considerablemente la gama de aplicaciones de celosías espaciales.

3.6   Cascarones de celosía

☞ *Cap. IX-1, Aptdo. 4.5.1 Cascarones, pág. 262, así como* **Vol. 3**, *Cap. XIII-5, Aptdo. 4.3 Coberturas hechas de cascarones de celosía*

■ Los cascarones de celosía representan un método constructivo muy reciente, que en cierto modo apareció como un sustituto de los métodos de cascarones de hormigón, como se desarrollaron y a menudo se realizaron a mediados del siglo pasado. Los complicados trabajos de encofrado con elevados costes de mano de obra, asociados casi inevitablemente a los cascarones de hormigón, se evitan con el método constructivo de cascarones de celosía. Su superficie no es generada por un componente homogéneo laminar sólido; esta solución de diseño prácticamente no se encuentra con acero, en particular debido al peso propio muy alto de este material.[4] En su lugar, la estructura del cascarón se crea mediante una rejilla extremadamente ligera compuesta de barras cortas que se acoplan para formar una celosía sobre la base de varias geometrías de malla. La rejilla al final suele ir cubierta de vidrio. El comportamiento portante del cascarón significa que apenas se producen esfuerzos flectores significativos en perpendicular a la superficie del mismo, sino que actúan casi exclusivamente fuerzas de membrana tangenciales. Esto significa que prácticamente sólo entran en acción fuerzas de compresión y tracción axiales en las barras, con esfuerzos cortantes adicionales tangenciales a la superficie del cascarón que tienden a descuadrar las facetas de la retícula. Estos esfuerzos debe ser absorbidos por efecto de marco, es decir, por la rigidez a flexión de las

☞ *Cap. IX-1, Aptdo. 4.4 Estructuras laminares bajo esfuerzos de membrana, pág. 258* barras y los nudos, o bien por una triangulación.

El primero es el caso de geometrías de malla no rígidas intrínsecamente, es decir, de cuadriláteros o todos los polígonos con más de cuatro vértices. Sin embargo, barras suficientemente resistentes a la flexión requieren secciones mucho mayores y son mucho más visibles que barras sometidas a fuerzas normales, una contradicción fundamental de esta opción constructiva con el concepto básico de una retícula de barras extremadamente ligeras (⊟ **106**).

Por lo tanto, se utiliza con más frecuencia la otra opción, es decir la triangulación: Esto se hace o bien disponiendo las barras ya de primeras en una retícula triangular, o bien mediante la posterior rigidización diagonal de una rejilla no triangular, por ejemplo una rejilla de malla cuadrada. Para ello, se enhebran cables continuos a través de los nudos de barras en ambas direcciones diagonales y se pretensan. De este modo, se evitan construcciones nodales complicadas con más de cuatro barras confluyendo en un punto (⊟ **107**).

Al igual que en celosías planas, los esfuerzos normales puros actuando en las barras permiten hacerlas extraordinariamente esbeltas. Esto se ve favorecido por los valores de resistencia extremadamente altos del acero. De nuevo, el riesgo de pandeo en las barras de compresión sugiere una sección transversal compacta. Para que las barras sean lo más esbeltas posible y lo menos llamativas a la vista, factor que desempeña un papel importante en este tipo de estructura de malla casi inmaterial, se suelen elegir barras macizas. Dado que las barras se hacen relativamente cortas ya por otras razones, aquí en particular por la necesidad de mantener pequeños los formatos de vidrio de la cobertura, y por lo tanto las longitudes de pandeo son también pequeñas, las barras de hecho se pueden hacer extraordinariamente delgadas.

Para el diseño estructural del cascarón de celosía es decisiva, además del tipo de malla de la celosía, también la definición de su geometría. Aunque, gracias a las posibilidades de la fabricación automatizada por CNC, hoy en día se puede construir prácticamente cualquier forma libre—aun-

106 Cascarón de malla cuadrilátera porticada sin arriostramiento diagonal. La anchura de la sección transversal de las barras sometidas a esfuerzos flectores tangenciales a la superficie del cascarón debe aumentarse en consecuencia—precisamente la dimensión que es más probable que se perciba cuando se mira desde abajo (cubierta del patio en el castillo de Dresde).

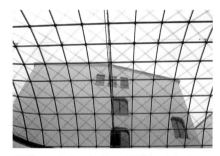

107 Cascarón de celosía cuadrilátera, reforzada con cables en diagonal. Se trata de una superficie de traslación que puede cubrirse con vidrios planos (Bosch-Areal, Stuttgart; ing.: Schlaich, Bergermann & P).

☞ *Cap. VII, Aptdo. 2. Definición de forma de superficies de capa curvas y continuas, pág. 40*

109 Nudo de un cascarón de celosía con fijación de los vidrios con arandela ancha.

108 Cascarón de celosía de malla triangular con forma libre. Las facetas triangulares permiten adaptarse a cualquier forma arbitraria. Tanto las longitudes de las barras como las geometrías nodales suelen resultar individuales localmente. La rigidez a la cizalladura está garantizada tangencialmente a la superficie del cascarón por la triangulación.

☞ *Cap. VII, Aptdo. 2.3 Tipos de superficie regulares > 2.3.3 Por ley generatriz > Superficies de traslación, pág. 58, así como > Superficies de traslación transformadas por homotecia, pág. 62*

☞ *Más detalles en la descripción de Cap. IX-2, Aptdo. 3.2.5 Cúpula compuesta de barras, pág. 368*

3.7   **Construcciones tensadas**

☞ *Cap. IX-2, Aptdo. 3.3 Sistemas sometidos a tracción, pág. 380*

que con la correspondiente complicación—, para geometrías completamente irregulares esto requiere un gran número de piezas fabricadas individualmente, lo que complica y aumenta el coste tanto de producción como de montaje: Esto afecta tanto a longitudes de barra como a ángulos de conexión de elementos nodales. Las formas libres también obligan a triangular el material de cubierta, lo que en el caso del vidrio se acepta a regañadientes debido a las delicadas esquinas puntiagudas resultantes (🗗 **108**).

Por ello, a menudo se utilizan superficies deslizantes o de traslación, que también pueden extenderse o reducirse geométricamente (superficies traslativas transformadas por homotecia) generando así una multitud de variantes geométricas (🗗 **107**). Esta categoría de superficies ofrece la gran ventaja de poder utilizar elementos de cobertura cuadriláteros y planos, muy acordes con las características del material del vidrio, además de racionalizar las longitudes de las barras.

Los elementos planos de vidrio suelen colocarse sobre las barras y sólo se fijan en las esquinas con arandelas de platillo (🗗 **109**). Las juntas se rellenan con sellador, sin barras de presión que por su protuberancia interfieren en el drenaje del agua y acumulan suciedad.

Sin tener que realizar una multitud de longitudes de barra y geometrías nodales diferentes, también se pueden realizar superficies de forma libre mediante barras articuladas acopladas en dos posiciones superpuestas y que son continuas pasando por los nudos sin empalme. Las mallas cuadradas adoptan diferentes geometrías rómbicas, de forma automática por así decirlo, al dar forma al cascarón y de este modo crean cualquier geometría de superficie. Estos cascarones de celosía también van reforzados con cables en diagonal. Sin embargo, las dificultades mencionadas anteriormente que se plantean al cubrir esta forma libre con material plano también quedan sin resolver con esta variante.

■ La calidad y la particularidad del acero en la construcción de edificios reside en las amplias posibilidades que este material con resistencia extraordinariamente alta brinda al proyectista y al diseñador. La capacidad del material para absorber fuerzas extremadamente grandes ha abierto campos de aplicación para la construcción de acero que no se prestan para ningún otro material clásico. Sin embargo, se están desarrollando también otros materiales que compiten con el acero en el ámbito de tareas de construcción exigentes, por ejemplo hormigones de alta resistencia en la construcción de edificios altos o fibras sintéticas de alta resistencia en la construcción de puentes.

La excelente resistencia a la tracción del acero permitió el desarrollo de novedosas construcciones tensadas, únicas en la historia de la construcción. Al mismo tiempo, surgió un lenguaje de diseño completamente nuevo, que se caracteriza por geometrías típicas de estructuras de cables y se diferencia claramente de las formas planas o rectas de los tipos convencionales de estructuras rígidas a la flexión.

Las construcciones sometidas a tracción pura se benefician de la ausencia de riesgo de pandeo. Mientras que los miembros de acero extremadamente delgados—que lo son precisamente debido a su alta resistencia y rigidez—son muy susceptibles de pandearse bajo compresión y, en consecuencia, no pueden aprovechar realmente toda su resistencia, las reservas de resistencia del material sí pueden aprovecharse plenamente bajo esfuerzo puro de tracción. Las secciones transversales sometidas a esfuerzos de tracción no están predeterminadas por cuestiones de geometría ni de rigidez, sino que pueden diseñarse libremente. Sólo el área absoluta de la sección importa.

Dado que las estructuras bajo tracción son sistemas portantes extremadamente eficientes desde el punto de vista estático, la debilidad relativa del acero, es decir, la relación no muy ventajosa entre la capacidad de carga y el peso muerto, desempeña un papel insignificante. Se pueden cubrir vanos muy grandes sin que el peso propio de la estructura de acero tenga un impacto significativo.

Dado que, en principio, no se requiere ninguna rigidez a la flexión bajo carga de tracción pura, la mayoría de las estructuras portantes que actúan predominantemente a tracción son **estructuras móviles**, tal como se definieron en otra parte.[a] Por lo tanto, hay que tener en cuenta las características especiales de diseño de estos sistemas portantes, es decir, el hecho de que se trata de **formas de equilibrio** que en el proyecto sólo se pueden influenciar indirectamente, pero que por lo demás están directamente vinculadas a las constelaciones de fuerza predominantes. La forma está, pues, estrechamente ligada a la fuerza, por así decirlo.

El elemento más importante de las estructuras de acero sometidas a esfuerzos de tracción, que por las razones mencionadas anteriormente trabajan con miembros delgados sin rigidez a la flexión, es decir, flexibles, es el **cable** (⊟ **110**).[b]

Siguiendo los pasos de las primeras estructuras portantes tensadas—cabe mencionar aquí nombres como Roebling o Shújov—la construcción moderna con cables ha producido estructuras únicas. A continuación se mencionan algunos ejemplos destacados: [5]

☞ [a] *Cap. IX-2, Aptdo. 3.3 Sistemas sometidos a tracción, pág. 380, así como **Vol. 1**, Cap. VI-2, Aptdo. 4.2 Sistemas móviles, pág. 548*

☞ [b] ***Vol. 1**, Cap. V-3, Aptdo. 10. Cables y haces, pág. 451*

110 Puente colgante en la Estación del Norte de Stuttgart, 1992; mástil con las conexiones de los cables colgantes principales (ing.: Schlaich, Bergermann und Partner).

3.7.1

Puentes colgantes

■ El puente *Akashi-Kaikyo* (jap. *akashi-kaikyo ohashi*) (⊟ **111**), llamado así por el estrecho de Akashi, es un puente colgante de carretera en Japón que conecta Kobe en la isla principal de Honshu y Matsuho en la isla de Awaji con 2 x 3 carriles de tráfico. Con un vano central de 1.990,8 m, es actualmente el puente colgante con la mayor luz libre del mundo. El puente se inauguró en 1998.

3.7.2

Puentes atirantados

■ *Le pont de Normandie* (El puente de Normandía) (⊟ **112**) es el puente atirantado con la mayor luz de Europa. Atraviesa el estuario del Sena y conecta Le Havre (Alta Normandía), en la orilla derecha, al norte, con Honfleur (Baja Normandía), en la orilla izquierda, al sur. La longitud de la estructura de acero es de 2.143,2 m, con una luz libre entre pilones, que tienen 215 m de altura, de 856 m (más ejemplos en ⊟ **111**, **113**)

111 Puente colgante: puente *Akashi-Kaikyo*, Kobe, Japón, 1998.

112 Puente atirantado: *Le Pont de Normandie*, 1995 (ing.: M Virlogeux).

113 Puente atirantado: puente *Ting Kau*, Hong Kong, 1998 (ing.: Schlaich Bergermann und Partner).

■ Las estructuras de red de cables, ejemplos de construcción ligera moderna, se desarrollaron para la producción de grandes superficies de cubierta continuas (Feria Mundial de Montreal 1967, Cubierta Olímpica de Múnich 1972, ⊟ **114**, **115**), en parte porque no era posible el uso de membranas textiles de estas dimensiones. En este sentido, soportan cargas y forman superficie al mismo tiempo. Al tratarse de formas de equilibrio sometidas a esfuerzos de tracción, las redes de cables tienen siempre doble curvatura en sentidos contrarios (curvatura anticlástica). Esto es necesario porque en ellas, siendo estructuras portantes móviles, dos carreras de cables pretensados orientadas en sentido contrario—una cóncava (la carrera portante) y otra convexa (la carrera de pretensado)—se mantienen en equilibrio y evitan cambios de forma que de otro modo serían inaceptables.

Las redes de cables se adaptan a su forma cortando las longitudes de los cables exactamente para que todos ellos estén bajo tracción en el estado final. Este pretensado se introduce mediante prensas a través de los cables de orilla y las fijaciones de borde. La red, que consiste de una malla tupida, requiere numerosos elementos nodales.

La cobertura debe retrazar la curvatura de la forma de equilibrio doblemente curvada, que geométricamente no es elemental y, por tanto, es muy difícil de reproducir con una cobertura hecha de vidrios planos; si acaso, por ejemplo, aprovechando la sólo escasa deformabilidad elástica de vidrios laminados. Por lo tanto, prácticamente sólo sirven materiales que se pueden cortar a medida, como láminas o membranas, o materiales elásticamente deformables, como plásticos (como en ⊟ **114**, **115**) o madera delgada.

Construcciones de redes de cables   3.7.3

📖 *EN 13411-1 a -8*

☞ *Cap. IX-2, Aptdo. 3.3 Sistemas sometidos a tracción, pág. 380*

115 Cubierta de la tribuna principal del Estadio Olímpico de Múnich, finalización 1972 (arqu.: Behnisch und Partner, Frei Otto; ing.: Leonhardt, Andrä und Partner).

114 Mástil y red de cables del Estadio Olímpico de Múnich. La cubierta se hizo con paneles de vidrio acrílico.

3.7.4 **Estructuras de cable**

■ Otra aplicación especial del acero en la construcción ligera son las estructuras de cable. A diferencia de las estructuras de redes de cables, como se han comentado anteriormente, estas estructuras no tienen que soportar cargas y formar superficies al mismo tiempo. A menudo, los elementos portantes principales, que se colocan a mayores distancias uno del otro, se completan con una construcción secundaria (por ejemplo, membranas constructivas, es decir, autoportantes) para formar una superficie cerrada. Las fuerzas de tracción de la estructura deben cortocircuitarse en el sistema o introducirse en el terreno con la ayuda de anclajes adecuados. Esta última opción permite una mayor libertad de diseño, pero siempre está asociada a un aumento de costes debido a la complicación de los cimientos; el cortocircuitado de las fuerzas dentro del sistema es mucho más eficaz, pero sólo es posible con geometrías especiales. Se denominan entonces estructuras **autoancladas**.

Cerchas de cable

■ Las cerchas de cable son elementos portantes rígidos a la flexión, fabricados con cables, obviamente siempre sometidos a esfuerzos de tracción. Pueden fabricarse a partir de dos cables cóncavos opuestos con tirantes tensados entre ellos, o bien a partir de dos cables convexos opuestos, que por ejemplo en la técnica náutica se denominan obenques, y barras resistentes a la compresión separándolos (⊟ **116**). Los cables obenques forman los cordones y los cables tensores o las barras separadoras forman los travesaños. De este modo, los cables obenques son forzados a adoptar una forma poligonal por los cables o las barras transversales, lo que les permite absorber fuerzas en ángulo recto con respecto al eje de la cercha de cable. Dependiendo de la dirección de la fuerza, sólo uno de los dos cables, es decir, el que tiene su curvatura cóncava enfrentada a la dirección de la fuerza, entra en acción. Los cordones de cable pueden absorber alternativamente fuerzas de compresión y de tracción, ya que siempre están pretensadas e incluso en el cordón sometido a compresión (con curvatura convexa hacia la fuerza) la compresión se neutraliza reduciendo la fuerza de pretensado. Esta última debe introducirse en los apoyos, es decir, en los componentes contiguos, que en este caso actúan como estribos, pero solicitados a tracción.

Son posibles las siguientes disposiciones geométricas de carreras paralelas de cerchas de cable:

116 Cercha de cable formada por dos cables poligonales tensados en direcciones opuestas, los obenques, con barras de compresión entre ellos. Absorben fuerzas horizontales de viento actuando como montantes de la fachada.

• **Disposición en fila**: disposición paralela simple de las cerchas (⊟ **116**). El comportamiento de carga corresponde al de una carrera convencional de barras paralelas. Lo ideal es que el vano principal se cubra con una cercha ligera de cable y el vano secundario con vigas de flexión convencionales, por ejemplo.

• La **disposición radial** de las cerchas crea un sistema autónomo que permite cortocircuitar las fuerzas de preten-

☞ *Cap. IX-2, Aptdo. 3.1.6 Conjunto de barras radial sobre apoyo anular, pág. 355*

sado. Ejemplos conocidos de cerchas de cable dispuestas radialmente son **sistemas de rueda de radios** o **sistemas radiales de cable anular**, que se desarrollaron como marquesinas de tribunas y estadios y se han construido en numerosos proyectos en los últimos años. A continuación se describen brevemente sus características especiales más importantes.

■ En las estructuras radiales de cable anular, las fuerzas de pretensado siempre se cortocircuitan, de modo que al final la estructura portante de la cubierta, además de cargas verticales, sólo absorbe fuerzas de viento horizontales, que se disipan en el suelo del edificio como en una cubierta normal, por ejemplo mediante arriostramientos o núcleos de contraviento. En este sentido, se consideran estructuras portantes autoancladas y son intrínsecamente rígidas, comparables a una rueda de radios. El cierre anular de las fuerzas de pretensado permite una importante simplificación de la construcción, pero impone restricciones al diseñador en cuanto a la forma: Sólo se pueden realizar formas de planta aproximadamente entre circulares y ovaladas, con algunas dificultades también aproximadamente rectangulares, que, sin embargo, no deben tener interrupciones, ya que las fuerzas deben cortocircuitarse en el anillo (🗗 **117**).

La fuerza de pretensado se introduce en un (o más de un) anillo de tracción interior y en uno o más anillos de compresión exteriores (🗗 **118**). La combinación de uno y dos anillos tiene el propósito de separar los dos cables radiales de la cercha, que respectivamente unen los anillos interiores y exteriores en cada eje radial, uno del otro, de modo que—de forma análoga a las redes de cables—se crea una carrera portante cóncava (superior) y una carrera de pretensado convexa (inferior) con respecto a la dirección de la carga vertical. La curvatura de los cables de la cercha, o mejor dicho su trayectoria poligonal, que les permite—como en el caso de las cerchas de cable comentadas anteriormente—soportar cargas (verticales) transversales a su eje, se crea mediante

Sistemas radiales de cable anular – ruedas de radios

☞ *Véase también Cap. IX-2 Aptdo. 3.3.2 Membrana y estructura de cables, con pretensado mecánico, sobre apoyos lineales, pág. 392*

117 Anillo de cable interior del estadio *Wanda Metropolitano*, Madrid. Con el sistema de cable anular, las fuerzas se cortocircuitan para no tener que anclarlas externamente. El requisito previo es la integridad del anillo, que no puede interrumpirse (ing.: Schlaich, Bergermann & P).

tirantes de acoplamiento verticales que las unen a intervalos.

Ya se han ejecutado numerosas combinaciones de anillos de compresión y de tracción (simple-doble) en varios proyectos (🖙 **118**, **119**). También se han ejecutado ya sistemas de cables de doble anillo radial anidados, en los que un sistema radial está suspendido del otro (🖙 **121**).

Básicamente, hay que tener en cuenta que el eslabón más débil de la construcción, por así decirlo, son los anillos de compresión, que—a diferencia de los cables—están expuestos a riesgo de pandeo. Este peligro se evita en parte gracias al apoyo lateral que proporcionan los amarres de los cables radiales, pero desempeña un papel esencial, en particular, la curvatura del anillo de compresión: cuanto mayor sea la curvatura (es decir, cuanto menor sea el radio de curvatura), menores serán las fuerzas normales en el anillo de compresión. Se deduce, pues, que las curvaturas fuertes son ventajosas. Lo ideal en este sentido son las geometrías de planta perfectamente circulares (por ejemplo sobre plazas de toros) con la misma curvatura (siempre la mayor posible). En el caso de plantas ovaladas, como las que se encuentran en estadios, son críticas las zonas curvas menos pronunciadas del anillo de compresión en los lados largos. Esta dificultad se suele contrarrestar aumentando la rigidez a la flexión horizontal del anillo de compresión, ya sea dándole mayor canto en dirección horizontal o convirtiéndolo en una cercha de celosía en esa misma dirección.[a]

En principio, en lugar de cortocircuitar las fuerzas de pretensado de las cerchas en el borde exterior a través de uno o dos anillos de compresión, éstas también pueden anclarse directamente en el suelo de forma local, es decir, en el eje de cada cercha radial (🖙 **120**). Aunque es útil combinar este anclaje con la base de la columna asociada (esto requiere una cruceta horizontal de desviación) para que parte de la fuerza de elevación del anclaje sea anulada por la carga vertical de la columna, en el proceso se pierden importantes ventajas que proporciona el cierre del anillo. No obstante, esta solución se ha utilizado a veces por la libertad de diseño que permite.

A diferencia de las redes de cables comentadas anterior-

🖙 [a] *Como puede apreciarse en el ejemplo del anillo de compresión formando una celosía horizontal en* 🖙 **118**, *elemento* **2**.

122 Conexión de los dos cordones de la cercha al anillo de tracción. Los cables del anillo de tracción son continuos y se desvían en abrazaderas con forma de silla de montar. La pieza de conexión es de acero fundido.

123 Arena Mercedes-Benz, Stuttgart: cubierta de membrana; doble curvatura debido a los arcos de soporte que se extienden entre las cerchas de cables (ing.: Schlaich, Bergermann & P).

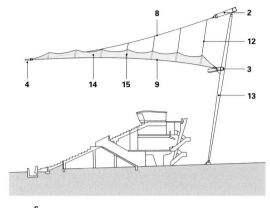

118 Arena Mercedes-Benz, Stuttgart: sección de la construcción de cable anular; dos anillos de compresión **2** y **3**, arriba y abajo respectivamente; un anillo de tracción **4**.

1	anillo de compresión	**10**	cordón superior del sistema de cable anular secundario
2	anillo de compresión superior (2 cordones de secciones de cajón, reforzadas con celosía)	**11**	cordón inferior del sistema de cable anular secundario
3	anillo de compresión inferior (un perfil de cajón)	**12**	cable de atado
		13	mástil
		14	membrana
4	anillo de tracción (conjunto de cables)	**15**	arco de apoyo
		16	barra de separación (puntal de compresión)
5	buje central	**17**	cable de anclaje posterior
6	anillo de tracción superior	**18**	toldo convertible
7	anillo de tracción inferior	**19**	eje central del estadio
8	cordón de cercha superior		
9	cordón de cercha inferior		

119 Estadio *Buki Jalil*, Kuala Lumpur: sección de la construcción de cable anular; un anillo de compresión **1**, dos de tracción **6**, **7**. La cubierta se apoya en la construcción de la tribuna (ing.: Schlaich, Bergermann & P).

120 *Gerry Weber Centre Court*, Halle: sección de la construcción de cable anular; anclaje posterior en el suelo de los cables superiores de la cercha en cada eje de la misma; por lo que no es necesario un segundo anillo de compresión (superior) exterior, que sería visualmente muy dominante. El cable de amarre **17** está acodado sobre un puntal de compresión horizontal **16** y conducido hasta la base del mástil **13**, donde las fuerzas de tracción de elevación son (al menos parcialmente) sobrecomprimidas por la carga vertical del mástil (ing.: Schlaich, Bergermann & P).

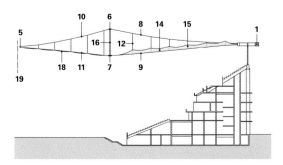

121 *Nuevo Waldstadion*, Frankfurt/M: sección de la construcción de cable anular; sistema doble de cable anular anidado. Un segundo conjunto de cables anulares **10**, **11** se tensa desde los dos anillos tensores separados **6**, **7** hasta un buje central **5**, cubriendo así completamente la superficie del estadio. La cubierta interior de membrana en forma de toldo **18** es convertible (ing.: Schlaich, Bergermann & P).

mente, los ejes de las cerchas de cable están colocados a mayor distancia para que la cobertura pueda realizarse con una construcción de membrana extremadamente ligera. Una vez más, se debe asegurar que la membrana tenga suficiente doble curvatura, utilizando elementos de apoyo adicionales, tales como tornapuntas suspendidas, arcos de apoyo o similares, si es necesario (⊟ **123**).

La extrema ligereza y eficiencia material de estas estructuras de acero ilustran en la edificación, tal como los puentes de grandes luces en la ingeniería estructural, las propiedades materiales especiales del acero, así como las enormes reservas de carga que pueden activarse utilizando formas de equilibrio. La difusión mundial de las estructuras portantes de cable anular para estadios demuestra este hecho de forma convincente.

Notas

1   Esto se debe a que la relación entre la capacidad de carga y el peso muerto del acero no es especialmente buena, y es menos favorable que la de la madera, por ejemplo, al menos para las resistencias habituales del acero estructural (véase ***Vol. 4***, *Cap. 1, Aptdo. 6.2 La influencia del material, así como Cap. 3, Aptdo. 11.3.3 Relación entre la resistencia y la densidad aparente*). Este factor es especialmente importante para los sistemas de carga estructuralmente ineficientes, como la losa, en los que el peso propio consume una buena parte de las reservas de carga y la madera, en forma de componentes de madera maciza, puede aprovechar sus buenos valores a este respecto. La situación es completamente diferente con el sistema de carga mucho más eficaz de las chapas delgadas plegadas (chapas trapezoidales), donde el peso propio relativamente grande del acero desempeña un papel mucho menor.

2   Petersen Ch (1994) *Stahlbau*, pág. 788

3   Una vez más, la mencionada relación desfavorable entre la capacidad de carga y el peso muerto juega aquí el papel decisivo.

4   Al igual que en el caso de los forjados, y por las mismas razones que en aquéllos, las estructuras portantes de chapa plana se encuentran en cascarones, como mucho, en la variante de chapa trapezoidal. Por otro lado, los cascarones de material prácticamente plano sí se pueden construir de madera. (véase *Cap. X-2, Aptdo. 6.3.6 Estructuras laminares puras*, S. 588 ff)

5   Aunque algunos de ellos son ejemplos de ingeniería estructural que no pertenecen a la construcción de edificios, conviene mencionarlos aquí para ilustrar las posibilidades estructurales del acero.

CTE DB SE-A: 2008-01 Código Técnico de la Edificación—Documento Básico SE-A—Seguridad estructural—Acero

UNE-EN 1090: Ejecución de estructuras de acero y aluminio
Parte 1: 2019-03 Requisitos para la evaluación de la conformidad de los componentes estructurales
Parte 2: 2019-03 Requisitos técnicos para las estructuras de acero
Parte 4: 2019-03 Requisitos técnicos para elementos estructurales y estructuras de acero conformados en frío para aplicaciones de cubierta, techo, forjado y muro
Parte 5: 2017-11 Requisitos técnicos para los elementos estructurales de aluminio conformados en frío y estructuras conformadas en frío para aplicaciones de cubierta, techo, forjado y muro

UNE-EN 1993: Eurocódigo 3: Proyecto de estructuras de acero
Parte 1-1: 2014-07 Reglas generales y reglas para edificios
Parte 1-2: 2016-02 Reglas generales. Proyecto de estructuras sometidas al fuego
Parte 1-3: 2012-06 Reglas generales. Reglas adicionales para perfiles y chapas de paredes delgadas conformadas en frío
Parte 1-4: 2012-12 Reglas generales. Reglas adicionales para los aceros inoxidables
Parte 1-5: 2013-04 Placas planas cargadas en su plano
Parte 1-6: 2013-04 Resistencia y estabilidad de láminas
Parte 1-7: 2013-04 Placas planas cargadas transversalmente
Parte 1-8: 2013-04 Uniones
Parte 1-9: 2013-04 Fatiga
Parte 1-10: 2013-04 Tenacidad de fractura y resistencia transversal
Parte 1-11: 2015-03 Cables y tirantes
Parte 1-12: 2010-03 Reglas adicionales para la aplicación de la Norma *EN 1993* hasta aceros de grado S700

UNE-EN 1994: Eurocódigo 4: Proyecto de estructuras mixtas de acero y hormigón
Parte 1-1: 2013-04 Reglas generales y reglas para edificación
Parte 1-2: 2016-02 Reglas generales. Proyecto de estructuras sometidas al fuego

UNE-EN 13411: Terminales para cables de acero. Seguridad
Parte 1: 2018-01 Guardacabos para eslingas de cables de acero
Parte 2: 2022-10 Spleißen von Seilschlaufen für Anschlagseile
Parte 3: 2013-11 Casquillos y asegurado de casquillos
Parte 4: 2019-04 Terminal cónico de metal y de resina
Parte 5: 2019-01 Abrazaderas con perno en U
Parte 6: 2008-12 Terminales de cuña asimétricos
Parte 7: 2022-06 Terminales de cuña simétricos
Parte 8: 2011-12 Terminales de engaste y engastados

Normas y directrices

X-4 CONSTRUCCIÓN DE HORMIGÓN PREFABRICADO

1.

Historia de la construcción de hormigón prefabricado

☞ *Véase también **Vol. 4**, Cap. 8., Aptdo. 4.3 Métodos de construcción de pared en hormigón armado, así como Aptdo. 6.3 Estructuras de esqueleto de hormigón*

■ Paralelamente al desarrollo técnico del hormigón moderno, se realizaron ya los primeros intentos de utilizar las ventajas de la prefabricación en la construcción de hormigón a mediados del siglo XIX (⊟ **1**, **2**). Los primeros sistemas de construcción prefabricada, como los de W H Lascelles (1875) en Gran Bretaña, trataban de aprovechar las ventajas específicas del material, como la seguridad contra incendios y la durabilidad, en dura competencia con las estructuras de acero, que también se estaban desarrollando simultáneamente.

En Francia, tanto F Hennebique como A Perret contribuyeron de forma significativa a la maduración técnica y a la fundamentación teórica de la construcción moderna de hormigón armado y experimentaron con combinaciones de elementos prefabricados y vertidos in situ a principios del siglo XX. En particular, Le Corbusier, alumno y antiguo colaborador de Perret, desarrolló un lenguaje formal arquitectónico específico del hormigón y sentó las bases conceptuales para la notable difusión de los prefabricados en la construcción de edificios durante las décadas de 1950 y 1960 (⊟ **3**).

El carácter intrínseco claramente modular de este método constructivo se ajustaba al concepto de construcción sistematizada de la época. Surgieron varios sistemas modulares de hormigón armado prefabricado, que en Alemania culminaron, en particular, con los sistemas de construcción universitaria de la década de los 1970. Al mismo tiempo, especialmente en los países socialistas, se construyeron numerosos bloques de viviendas de grandes paneles prefabricados.

Sin embargo, la amplia difusión del método de construcción hizo visibles las numerosas deficiencias técnicas aún no resueltas, en particular la insuficiente durabilidad de las juntas. El resultado fueron casos espectaculares de graves patologías que, junto con la pobreza formal y la irritante monotonía de la mayoría de los edificios prefabricados de la época, produjeron un profundo descrédito de este método de construcción.

En cambio, los edificios ejemplares del arquitecto italiano A Mangiarotti han mostrado las verdaderas posibilidades formales y técnicas de la moderna construcción prefabricada de hormigón pretensado.

Hoy en día, la construcción prefabricada se mantiene en aquellos ámbitos de la edificación en los que sus puntos fuertes reales, como la rapidez de montaje y la favorable protección contra incendios, son decisivos frente a los métodos constructivos de la competencia, por ejemplo en la construcción industrial. Por otra parte, la construcción con piezas semiprefabricadas, que combina las ventajas de la prefabricación y el vertido in situ, se ha convertido en un auténtico éxito en la industria de la construcción actual.

☞ *Cap. X-5, Aptdo. 7. Semiprefabricados, pág. 722*

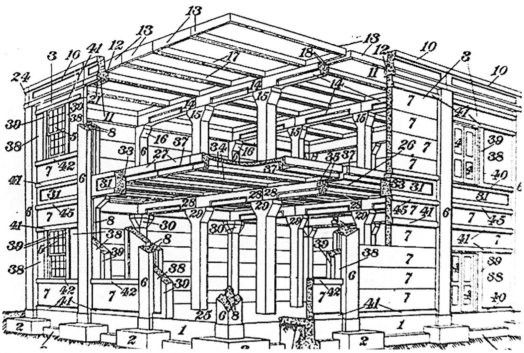

1 Sistema de construcción prefabricada de J Colzeman de 1912.

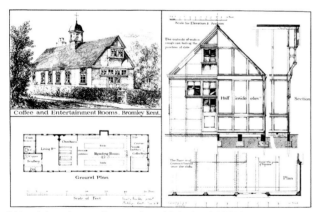

2 Uno de los primeros sistemas de prefabricados de W H Lascelles (1878).

3 *Unité d'Habitation* de Le Corbusier: Estructura portante de hormigón in situ, elementos de revestimiento visibles en la fachada ejecutados como prefabricados.

2. Fabricación

■ La base conceptual de la construcción prefabricada se asemeja a la de otros métodos de construcción de montaje con un alto grado de prefabricación: Se traslada una parte de las operaciones de producción de edificios al taller y, mediante una planificación adecuada, se intenta amortizar las inversiones iniciales realizadas en equipos técnicos para la producción industrial mediante operaciones recurrentes y la división del trabajo y se procura conseguir un valor añadido en forma de los menores costes posibles y una alta calidad de acabado.

☞ *Vol. 1*, *Cap. II-2, Aptdo. 3. Producción industrial, pág. 51*

El **transporte** y el **montaje**, a diferencia de la construcción de hormigón in situ, desempeñan un papel decisivo. El esfuerzo adicional que supone la prefabricación se compensa con la reutilización múltiple de los equipos de encofrado.

2.1 Características de la producción en fábrica en la construcción de hormigón

■ La producción en fábrica de piezas prefabricadas tiene las siguientes características esenciales:

- producción independiente de las **influencias meteorológicas** en condiciones de trabajo ideales y controlables;

- posibilidades de **tratamiento posterior** y **refinado** de las piezas de hormigón para conseguir la máxima calidad de acabado;

- utilización de **equipos de producción** de alta calidad asociados a elevadas inversiones;

- es posible producir las **24 horas del día**, por lo que se garantizan tiempos de producción cortos y una buena utilización de las instalaciones de producción;

- se pueden aplicar **técnicas de armadura especializadas**, como el pretesado con unión inmediata, que no son factibles en la obra;

- debido a las condiciones controlables en la fábrica, se puede realizar un **control de calidad** mucho mejor y más estricto que con el hormigonado in situ;

☞ *Vol. 1*, *Cap. IV-7, Aptdo. 7.1 Hormigón de alto rendimiento (HAR), pág. 323, y 7.2 Hormigones de fibra, pág. 324*

- posible uso de **tecnologías especiales** del hormigón, como los hormigones de alto rendimiento o reforzados con fibra;

- **tiempos de construcción** extremadamente cortos gracias a los breves plazos de producción y al rápido montaje.

Al utilizar un **encofrado** de alta calidad, se pueden conseguir las siguientes propiedades:

- alta **calidad de superficie**;

- menores **tolerancias**, es decir, mayor **precisión dimensional**. Pueden adaptarse específicamente a los requisitos del respectivo proyecto de construcción, pero representan un factor de coste.

■ Además, la producción en fábrica tiene las siguientes consecuencias:

- anticipación de **deformaciones plásticas** (por retracción) antes del montaje final;

- **desmontabilidad** para facilitar el reciclaje o la deconstrucción;

- **planificación muy detallada** y largos **plazos de producción**; se requiere una cuidadosa planificación de la logística;

- aplicación de modernas técnicas de **CAD-CAM**, que permiten una complejidad mucho mayor de las geometrías de encofrado;

- se utilizan generalmente sistemas portantes **articulados**, en su mayoría **isoestáticos**, con sus ventajas específicas: Son poco susceptibles a deformaciones y asientos; muestran un flujo de fuerzas fácil de prever, etc.—pero también hay que aceptar las desventajas: no hay redistribución de cargas; pórticos son difíciles de realizar, ya que las juntas de montaje rígidas a la flexión son laboriosas de ejecutar en obra—;

- simplificación del montaje mediante la **estandarización** de tamaños y pesos;

- necesidad de **organización modular** y **racionalización** de la estructura de un edificio, con efectos en otros subsistemas y oficios.

■ La fabricación tiene lugar:

- en la planta estacionaria; ésta es la regla;

- en casos excepcionales, la producción tiene lugar en una **fábrica a pie de obra**, eliminando la necesidad del transporte. Esto sólo tiene sentido para grandes cantidades de piezas o para componentes de grandes dimensiones.

■ Dependiendo del material y del diseño del molde de encofrado, se pueden producir piezas acabadas con diferentes **grados de precisión**, **calidades de superficie** y **texturas**. La vida útil y el precio del encofrado también dependen en gran medida del material y del tipo de ejecución (tabla en ⯐ **4**).

Consecuencias de la producción en fábrica   [2.2]

☞ *Vol. 1*, Cap. III-6, Aptdo. 2. Reciclaje de hormigón, pág. 165

☞ *Vol. 1*, Cap. II-2, Aptdo. 4.2 Utilización de nuevas técnicas de planificación digital y de fabricación con control digital en la construcción, pág. 60

Lugar de fabricación   [2.3]

Técnica de encofrado   [3.]

Los dispositivos adicionales para el refinado de piezas prefabricadas son:

- **mesas vibratorias**; permiten una mejor compactación del hormigón;

- dispositivos de **compresión al vacío**: aquí, el dispositivo de encofrado se cubre con una lona hermética y se bombea el aire; debido al vacío así generado, la presión atmosférica actúa sobre el hormigón en toda su superficie, lo que favorece su compactación;

- dispositivos para el **tratamiento térmico** con vapor o aceite, para acelerar el endurecimiento o aumentar la resistencia temprana.

Posición del encofrado

3.1

☞ *Cap. X-5, Aptdo. 4. Procesamiento, pág. 700*

■ La posición del encofrado es muy importante para la producción de elementos prefabricados, ya que el hormigón fresco en estado plástico debe introducirse en el encofrado desde arriba, penetrar en el espacio del encofrado por gravedad y distribuirse uniformemente. De ello se derivan algunas condiciones límite importantes para la técnica de encofrado:

- Los **encofrados verticales estrechos** pueden resultar problemáticos a partir de una determinada proporción entre altura y anchura, ya que dificultan la introducción del hormigón y su compactación, que debe realizarse desde el lado superior abierto. Este puede ser el caso, por ejemplo, al hormigonar columnas o muros, que por tanto se vierten preferentemente tumbados. Si las piezas hormigonadas en posición vertical se instalan también en posición vertical, el lado de allanado, más rugoso (véase más abajo), no suele ser una característica molesta.

- Los encofrados horizontales ofrecen condiciones más favorables para el vertido que el encofrado vertical, ya que el hormigón fresco suele poder introducirse y compactarse sin problemas debido a la poca profundidad del encofrado, que es idéntica al grosor del componente. Además, a efectos prácticos, se ahorra una superficie de encofrado completa, ya que la parte superior de la pieza no se encofra. Sin embargo, hay que tener en cuenta de nuevo que este **lado superior de allanado** tiene una superficie más rugosa que los lados en contacto con el encofrado (🔲 **13**). Esto es visible a simple vista. En el caso de piezas de vertido horizontal que se enderezan posteriormente durante el montaje—por ejemplo, columnas o paneles de pared—esto puede ser relevante y, por tanto, debe tenerse en cuenta durante la planificación.

- En casos especiales, a veces se utilizan **encofrados inclinados** porque combinan las ventajas de ambas posiciones.

tipo de encofrado	ejecución	posible reutilización	precio
encofrado de madera	sencillo	35 x	15 € / m²
encofrado de madera	refinado	50 x	25 € / m²
encofrado de madera	revestido de chapa o de plástico	80 x	70 € / m²
encofrado de acero	sencillo	100 x	75 € / m²
encofrado de plástico	de alta calidad	150 x	100 € / m²
encofrado de acero	de alta calidad	500 x (con mantenimiento)	150 €/ m²
encofrado para túneles	7 ó 6 segmentos por anillo	1500 x (con mantenimiento)	100.000 € / juego

4 Varias ejecuciones de equipos de encofrado con indicación del número medio de usos posibles. [1]

5 Encofrado de paneles de acero para un elemento de pared, con inserciones.

6 Encofrado extraíble de madera durante el proceso de engrase. Se pueden ver los bordes inclinados, que están destinados a permitir el proceso de extracción.

7 Encofrado de extracción de acero para paneles Pi.

8 Columnas prefabricadas almacenadas. Se puede ver el biselado de los bordes, las ménsulas en voladizo de tres lados, así como los tubos incorporados para el posterior inyectado.

- La posición del encofrado también puede ser decisiva para la **forma** de un elemento prefabricado. La superficie horizontal superior de allanado no encofrada es siempre plana: dependiendo de la posición del encofrado, no se puede hormigonar ninguna parte que sobresalga en este lado. Un buen ejemplo de ello son las columnas de ménsula (⊟ **9**).

- La posición del encofrado y de vertido no siempre coincide con la posición final del elemento prefabricado. Esto debe tenerse en cuenta con respecto a la manipulación, el transporte y el montaje del componente.

3.2   Proceso de desencofrado

■ Se distingue según el tipo de desencofrado:

- **encofrado de extracción** (matrices) (⊟ **6**, **7**);

- **encofrado desmontable** (⊟ **10**–**12**).

El tipo de proceso de desencofrado influye en la forma de las secciones transversales prefabricadas. Algunas reglas básicas:

- Cuando se utiliza un encofrado de extracción, las superficies de los componentes deben diseñarse con una inclinación relativa a la dirección de extracción en la que se mueven aproximadamente en paralelo a las superficies del encofrado cuando se extraen del mismo, para que no obstaculicen el proceso de desmoldeo (⊟ **9**-**A** y -**B**);

- los cantos deben estar achaflanados o redondeados, en parte por la razón que se acaba de mencionar, es decir, porque se rompen fácilmente al desencofrar, en parte porque nunca se pueden acabar sin desperfectos o pueden dañarse durante el transporte (⊟ **9**-**C** y ⊟ **18**);

- son posibles **perforaciones** y **huecos** pero implican una complicación adicional;

- se pueden ejecutar **inserciones** y **separaciones** en un encofrado básico; esto permite el hormigonado de diferentes piezas con el mismo encofrado (⊟ **9**-**D**);

- **salientes** del componente—por ejemplo, ménsulas de columna—en dos direcciones pueden producirse sin dificultad, en tres direcciones con hormigonado en posición horizontal, en cuatro direcciones sólo con hormigonado en posición vertical (⊟ **14**–**16**);

- el **lado de allanado** del elemento prefabricado tiene una calidad superficial inferior a la de los lados de encofrado, incluso con la ejecución más cuidadosa (⊟ **13**).

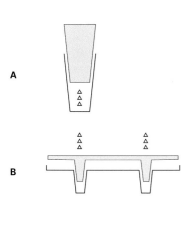

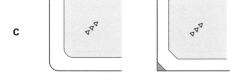

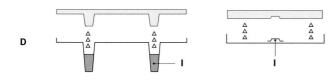

9 Influencias del proceso de desencofrado sobre el diseño de la sección transversal de elementos prefabricados:

A, **B** inclinación de las caras laterales del encofrado para encofrado de extracción
C redondeo o biselado de los cantos de los componentes para evitar el desgarro
D varias opciones para modificar las geometrías de las secciones transversales mediante inserciones **I** en el encofrado

10 Encofrado de acero ajustable para vigas en T.

11 Encofrado de acero para losas Pi con ilustración de dos posibles variantes de sección (izquierda-derecha) que pueden producirse con el mismo equipo de encofrado variando diferentes ajustes y separaciones.

1 superficie de encofrado de chapa de acero
2 paneles laterales deslizantes
3 fondo regulable en altura
4 retranqueo hasta **b**= 3,0 m
5 vibrador
6 emparrillado de vigas
7 apoyos elásticos

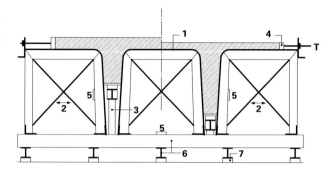

12 Encofrado de acero desmontable para secciones en I. Encofrado de acero ajustable en altura y anchura, desplazable longitudinalmente para la fabricación de pretesado, inclinación del cordón superior mediante puntales telescópicos, encofrado calentable.

1 encofrado de madera contrachapada endurecida
2 elemento de cordón superior
3 elemento de cordón inferior
4 soporte telescópico
5 vibrador
6 cordón superior ajustable
7 rigidización lateral
8 rodillos y rieles
9 plataforma de trabajo

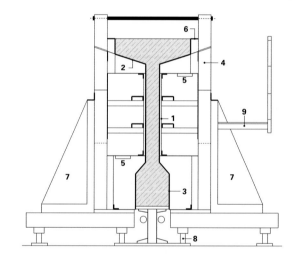

13 Las superficies de los componentes adyacentes a las superficies de encofrado siempre tienen una calidad superficial superior a la del lado de allanado superior, desde el que se vierte el hormigón fresco y que luego simplemente se alisa.

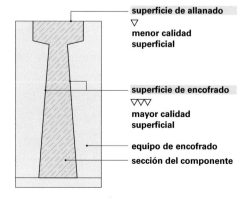

superficie de allanado
▽
menor calidad superficial

superficie de encofrado
▽▽▽
mayor calidad superficial

equipo de encofrado
sección del componente

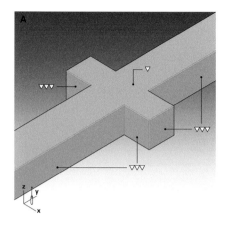

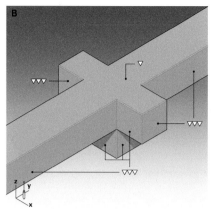

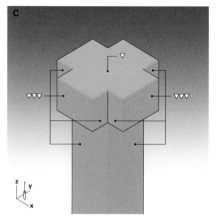

14–16 Superficies de encofrado y allanado de una columna de ménsula en función de la posición de hormigonado:

A hormigonado horizontal, dos ménsulas: superficie de allanado en un flanco de la columna (arriba)

B hormigonado horizontal, tres ménsulas: superficie de allanado en un flanco de la columna (arriba)

C hormigonado horizontal, cuatro ménsulas: superficie de allanado en la cabeza de la columna (arriba)

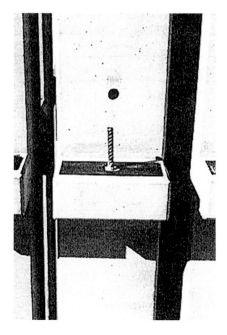

17 (Arriba) losas Pi apiladas con una losa delgada de entrevigado actuando como encofrado permanente para complementación con hormigón in situ.
18 (Izquierda) columnas de ménsula almacenadas. Son claramente visibles el pivote de centrado y el cojinete de elastómero en la superficie de apoyo de la ménsula.

4.	**Técnicas de armadura**

■ Se distingue entre las siguientes técnicas de armadura, que son fundamentalmente diferentes:

- **armadura sin pretensado** o **armadura pasiva**,

- **armadura pretensada** o **armadura activa**,

- **armadura de fibra**.

4.1   Armadura pasiva

☞ **Vol. 1**, *Cap. IV-7, Aptdo. 2. Propiedades mecánicas, pág. 316, así como Cap. X-5, Aptdo. 5. Técnica de armadura, pág. 700*

■ Se colocan en el encofrado armaduras de acero de diferentes diámetros y geometrías, sin pretensado, de acuerdo con la trayectoria esperada de la tensión de tracción en el componente, y se embeben en el hormigón. Este es el tipo de armadura convencional en la construcción de hormigón armado.

4.2   Armadura activa

■ Se aplica un **pretensado** a la armadura de forma planificada utilizando varios métodos. Mediante su anclaje en el hormigón o a través de la unión con el mismo, la fuerza de pretensado de la armadura se transfiere al hormigón de forma que prevalece un equilibrio de fuerzas dentro del componente estructural. Así, el pretensado somete al hormigón a compresión y mejora sus propiedades mecánicas; de este modo, las grietas en el hormigón se sobrecomprimen, por ejemplo, hasta un determinado nivel de carga.

4.2.1   Método de aplicación del pretensado

■ En cuanto a la forma de producir el pretensado, se distinguen dos técnicas de pretensado diferentes:

- Fabricación de **pretesado con unión inmediata**: Los tendones de pretensado se tensan en el encofrado *antes* del hormigonado. A continuación se vierte el hormigón. Se crea inmediatamente un vínculo entre los tendones y el hormigón a lo largo de toda la longitud de los mismos cuando el hormigón se endurece debido a su completa envoltura en la matriz de hormigón.

- Fabricación de **postesado**: La fuerza de pretensado sólo se introduce en los tendones *después* de que se hayan endurecido los componentes de hormigón; inicialmente no tienen una unión firme con el hormigón porque se encuentran sueltos en cavidades de la sección o completamente fuera de ella. En lo referente al efecto de unión entre ambos, esto puede hacerse de dos maneras:

  - •• Postesado **con unión posterior** o postesado **adherente**: Los tendones se insertan en vainas envolventes (⌗ **21**, **32**). Las cavidades entre los tendones y las paredes del tubo envolvente se inyectan con morteros adecuados para que, tras el fraguado, se establezca una unión con el cuerpo de hormigón en toda la longitud de los tendones. Debido a la unión, el acero de pretensado se utiliza mejor para la capacidad de carga

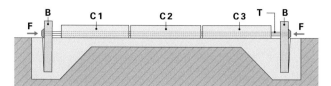

19 Representación esquemática de la producción de **pretesado** (con unión inmediata); aquí tres componentes **C 1–3** simultáneamente.

F   fuerza de pretensado
B   bloque de anclaje
C   componentes **1** a **3**
T   tendón de acero

20 Preparación de un equipo de **pretesado**: abajo, son visibles los tendones pretensados; los mamparos verticales separan las secciones individuales de las vigas entre sí, pero los tendones son continuos. En otra fase de trabajo, se montan los paneles de encofrado laterales.

21 Vainas envolventes insertadas en el encofrado de una viga cajón en el cordón inferior para el posterior **postesado**.

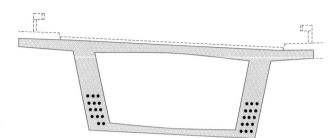

22 Ejemplo de **pretensado interior** de una sección de viga cajón.

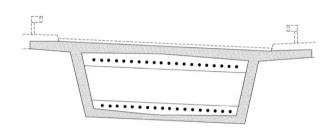

23 Ejemplo de **pretensado exterior** de una sección de viga cajón.

del componente que si no hay unión.

•• Postesado **sin unión** o postesado **no adherente**: Los tendones discurren libremente en las vainas envolventes, o incluso fuera de la sección transversal. Por lo tanto, no hay una unión continua con el hormigón en toda la longitud del tendón. En cambio, la fuerza de pretensado se introduce en el cuerpo de hormigón en sus anclajes extremos. Las cavidades en los tubos envolventes se inyectan casi siempre con agentes inhibidores de la corrosión. Aunque este método no aprovecha los tendones tan bien para el efecto de carga como cuando existe una unión, pueden ir situados fuera de la sección transversal y así aumentar notablemente el par efectivo (pretensado externo, ver más abajo).

4.2.2   **Tipo de conducción del tendón**

■ En cuanto al tipo de conducción del tendón en relación con la sección transversal del componente, se distingue entre:

• **Pretensado interior**: Los tendones se conducen dentro del área de la sección transversal. Esta variante incluye tanto el pretesado con unión inmediata como el postesado adherente o no adherente.

• **Pretensado exterior**: Los tendones se conducen fuera del área de la sección transversal del componente. Esto puede hacerse completamente fuera de la sección transversal o también en una cavidad de la misma similar a una

24 Pretesado: aplicando los gatos hidráulicos.

25 Preparando el equipo de pretesado.

26 Extrayendo la viga terminada del encofrado.

cámara, por ejemplo dentro de una sección de viga de cajón. El postesado sin unión puede realizarse tanto en el interior —en vainas envolventes— como en el exterior.

4.2.3 Producción de piezas pretesadas

■ Los aceros de pretensado se tensan en línea recta entre dos bloques de anclaje y se someten a pretensión (⯮ **19**–**26**). Por encima de esta armadura, se vierte el hormigón en el encofrado correspondiente. Una vez que el hormigón se ha endurecido, se liberan los anclajes y la fuerza de pretensado se introduce en el componente, en su mayoría por etapas, con la ayuda de la fricción entre el acero y el hormigón.

4.2.4 Producción de piezas postesadas

■ No se requiere ningún equipo de fabricación especial. En los elementos prefabricados se dejan cavidades consistentes en tubos envolventes, en los que posteriormente se insertan los tendones de acero (⯮ **27**, **28**). A continuación, éstos se someten a pretensado en ambos extremos para que el hormigón sea comprimido (⯮ **30**). A diferencia del pretesado con unión inmediata, en el postesado no adherente (véase más arriba) la fuerza de pretensado no se introduce de forma continua en el hormigón, sino en ambos extremos del tendón.

4.3 Armadura de fibra

☞ **Vol. 1**, Cap. IV-7, Aptdo. 7.2 Hormigones de fibra, pág. 324

■ La armadura consiste en finas fibras metálicas que se embeben en el hormigón de forma aleatoria o más o menos ordenada. La armadura de fibra se utiliza cada vez más en la construcción de prefabricados, sobre todo en combinación con técnicas de armadura convencionales. Los fundamentos técnicos se tratan en otra parte.

27 Sección de una viga de postesado (construcción segmentada). Se pueden ver claramente los tendones que se enhebran a través de manguitos embebidos en el hormigón.

28 Construcción por segmentos con secciones individuales prefabricadas. Aquí se ve el andamiaje necesario para este tipo de montaje.

31 Ejemplo de **pretensado exterior**, situado en el interior de una sección de viga cajón, de libre acceso. Esta imagen muestra la variante en ⊟ **23**.

29 Vigas de la cubierta de una nave unidas por postesado en construcción segmentada a partir de secciones individuales (arqu.: M Fisac).

32 Tendones en vainas durante el montaje del ejemplo mostrado arriba.

30 Anclaje final de los tendones postesados en obra.

33 Vainas envolventes para el postesado de un forjado antes del hormigonado (pretensado interior). La imagen muestra la trayectoria del tendón sobre un pilar: elevado según la trayectoria de los momentos negativos sobre apoyo. Las aberturas en el vértice sirven para el proceso de inyección.

5. Influencias de la técnica de armadura sobre la construcción

■ La elección de la técnica de armadura también influye en el diseño y la construcción del elemento prefabricado, así como en la estructura general. De la aplicación de las distintas técnicas de armadura pueden derivarse las siguientes reglas de diseño.

5.1 Armadura pasiva

■ Lo siguiente se aplica a elementos prefabricados sin pretensar:

- Las armaduras de acero pueden adaptarse libremente a la trayectoria curva de las tensiones actuando en el componente, como en la construcción de hormigón in situ, pero a diferencia del pretesado con unión inmediata. Los cambios entre momentos flectores positivos y negativos—como los que se producen en vigas con voladizo, vigas continuas o pórticos—pueden absorberse conduciendo las armaduras desde la zona del cordón inferior a la del superior.

- Los componentes pueden conectarse entre sí en la obra para formar un componente estáticamente homogéneo, por ejemplo, mediante solapes de armadura y hormigonado de juntas. En principio, esto permite crear estructuras monolíticas rígidas a la flexión: una ventaja notable de este método de construcción. Sin embargo, hay que tener en cuenta que este tipo de trabajo en obra es siempre un obstáculo para el montaje rápido, una de las principales ventajas de la construcción prefabricada.

5.2 Pretesado

■ Lo siguiente se aplica a piezas prefabricadas con pretesado de unión inmediata:

- Una desviación del acero de pretesado, que necesariamente adopta un recorrido recto bajo tracción, sólo es posible hasta cierto punto. Los momentos flectores alternos no pueden ser absorbidos por esta razón. Por lo tanto, vigas con voladizos o vigas continuas no pueden fabricarse por el procedimiento de pretesado. El apoyo típico de la viga pretensada es el de la **viga de un solo vano**.

- Los aceros de pretesado de dos piezas contiguas no pueden unirse en la obra por simple hormigonado de junta sin medidas especiales.

- Como la fuerza de pretesado se aplica después de que el hormigón se haya endurecido, pero antes del desencofrado, por lo general no son posibles nervaduras transversales en el componente, como por ejemplo en losas de casetones. Estas dificultarían el proceso de desencofrado, ya que serían presionadas contra las paredes del encofrado por efecto del pretesado, boqueándose en el proceso.

- Gracias al comportamiento estático muy favorable del hormigón pretesado, se pueden conseguir secciones extraordinariamente esbeltas, comparables a las de componentes de acero.

- El estado de transporte y de montaje sin carga puede llegar a ser crítico, ya que antes de aplicar la carga, el cordón superior está sometido a esfuerzos de tracción debido a la pretensión en el cordón inferior. Por lo tanto, puede ser necesaria una armadura superior adicional contra el agrietamiento. Sin embargo, a menudo se aceptan las grietas en el estado de transporte, ya que en el estado final éstas de todos modos siempre se cierran bajo compresión.

■ Para los elementos prefabricados sometidos a un postesado se aplica lo siguiente:

- A diferencia del pretesado, los tendones pueden adaptarse libremente a la trayectoria de los esfuerzos. Se puede resolver cualquier tipo de esfuerzo—también los de vigas con voladizo y vigas continuas—.

- Las **uniones rígidas a la flexión** se pueden crear fácilmente en la obra simplemente uniendo las piezas entre sí por postesado, o también acoplando los tendones.

- Componentes grandes que actúan estáticamente como un todo en su estado final pueden descomponerse en pequeños **segmentos** fácilmente transportables que luego se unen por compresión en la obra para formar el elemento completo (construcción segmentada) (⯐ **27**, **28**).

- Por lo general, se requiere un amplio **andamiaje auxiliar** durante el montaje (⯐ **28**).

Postesado

5.3

34 Proyecto de un sistema de naves de A Mangiarotti. Obsérvese la esbeltez de los elementos de cubierta pretesados.

6. **Principios generales de construcción y diseño de elementos prefabricados**

6.1 **Transporte**

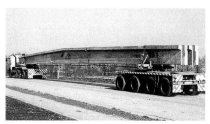

35 Transporte por carretera de una viga de cubierta pretesada.

☞ *Aptdo. 3.1 Posición del encofrado, pág. 656*

6.2 **Montaje**

☞ ***Vol. 3**, Cap. XII-4, Aptdo. 5. Composición de elementos prefabricados de hormigón armado*

■ Además de las reglas de diseño y construcción mencionadas anteriormente vinculadas a la técnica de armadura, también se pueden derivar ciertas necesidades y leyes a partir del **transporte** y, en particular, del **montaje** de los elementos prefabricados, que influyen notablemente en el diseño de las estructuras prefabricadas.

■ Algunos principios de diseño de elementos prefabricados relacionados con el transporte son:

• Los componentes en forma de **barra**, como jácenas o paneles de forjado estrechos, pueden transportarse en grandes longitudes. La mayor flexibilidad en cuanto a logística de suministro—un factor importante en la construcción de montaje—se da con el **transporte por carretera**, pero en principio también son posibles el transporte ferroviario o en barco.

• Los componentes **superficiales**, como paneles de pared, pueden transportarse en posición vertical en el transporte por carretera hasta una altura de **h** = 4 m, o algo mayor en posición inclinada.

• La técnica de encofrado y vertido está sujeta a unas condiciones de contorno especiales, que ya se han mencionado anteriormente y que exigen determinadas posiciones de encofrado, por ejemplo, al hormigonar pilares. Por lo tanto, a menudo hay una discrepancia entre la posición de los elementos prefabricados durante el **hormigonado** y la posición en el estado de **instalación**: Por ello, a menudo hay que tener en cuenta condiciones de carga especiales que no deberían ser decisivas para el dimensionado.[2]

■ Algunos principios de diseño relacionados con el montaje de elementos prefabricados:

• Las piezas prefabricadas, por su gran peso, no deben ser sostenidas por la grúa durante demasiado tiempo hasta que puedan ser colocadas en posición definitiva. Las piezas prefabricadas que, debido a su **forma** y **apoyo**, ya están aseguradas contra el **vuelco** inmediatamente después de su colocación y no necesitan un apuntalado adicional, simplifican considerablemente el montaje. Por lo tanto, las conexiones por encaje que ya se establecen por gravedad, preferiblemente autocentrantes, son muy adecuadas y generalmente típicas de la construcción de prefabricados. En el caso de apoyos con riesgo de vuelco, debe asegurarse que el centro de gravedad del componente que se va a montar está por debajo del plano del apoyo, de manera que se impide el vuelco ya sólo por su propio peso.

- La instalación suele simplificarse combinando **viga** y **forjado** en un solo elemento monolítico. Esto también ofrece ventajas estáticas, ya que la losa puede actuar como un cordón de compresión de la viga o costilla.

- Los componentes deben estar en una **magnitud de peso similar** con el fin de aprovechar bien la capacidad de la grúa. Este aspecto es más importante en la construcción prefabricada, con los grandes pesos habituales de las piezas a ensamblar, que en otros métodos de construcción más ligeros.

- Las **conexiones de montaje** deben ser **articuladas** en la medida de lo posible. La ejecución de conexiones rígidas a la flexión en obra es ciertamente posible en la construcción prefabricada, pero requiere mucha mano de obra y anula parcialmente la ventaja esencial de este método de construcción, a saber, el montaje rápido. La posibilidad de crear conexiones en la obra sin complicación adicional, una ventaja del método convencional de construcción con hormigón in situ, se pierde en gran medida con el método de construcción con prefabricados.

  En cierto modo, la creación en obra de conexiones rígidas a la flexión sólo está prevista en el caso del postesado (con la excepción de las técnicas de relleno de juntas), una técnica en la que las conexiones fijas no requieren ninguna medida adicional. Sin embargo, en el pasado se produjeron varios casos graves de daños en construcciones postesadas, que se debieron a procesos de corrosión en los tendones de pretensado alojados en los tubos envolventes, que eran difíciles de detectar y controlar. Por lo tanto, hoy en día es cada vez más frecuente instalar la construcción de postesado en cavidades de libre acceso o completamente exenta, por ejemplo, como sistema de subtensión.

- Son posibles diversas **soluciones mixtas** entre el montaje puro en seco—por atornillado, soldadura, colocación sobre cojinetes elastoméricos, etc.—y trabajos más amplios de hormigonado in situ—como con piezas semiprefabricadas—.

- En la construcción prefabricada se utilizan a menudo columnas continuas de varios pisos. Son fáciles de montar con una autogrúa. El resto de la estructura portante se puede levantar con la grúa torre.[3] Las columnas continuas evitan la unión entre las secciones de columna, que es delicada en términos estáticos y constructivos (⊟ **45**, **46** así como **50–52**). En consecuencia, se crea el típico **apoyo de ménsula** prefabricado para vigas dobles—por ejemplo, para elementos de cubeta invertida—que pasan por ambos lados de la columna, de modo que también se pueden realizar voladizos si es necesario. Se requiere

permiso especial	A [m]	H [m]	L [m]
no (perfil básico)	< 2,50	< 4,00	< 18,00
sí, sin escolta policial en carreteras federales y rurales	< 3,50	–	< 24,00
sí, sin escolta policial en las autopistas federales	< 4,50	–	< 28,00

puede prescribirse en función de cada caso una escolta mediante un vehículo de seguridad propiedad de la empresa.

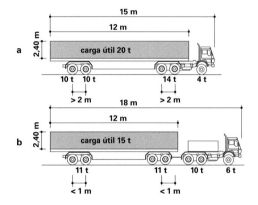

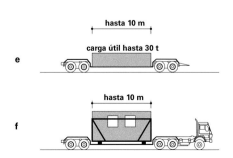

36 Dimensiones de transporte y cargas útiles para el transporte de elementos prefabricados.[5]

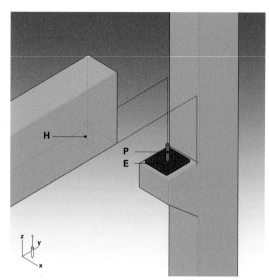

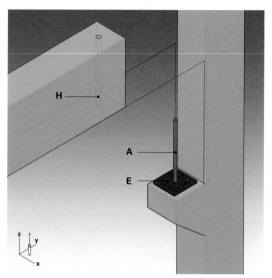

37 Apoyo de ménsula sobre cojinete de elastómero (**E**) con un solo pivote de centrado (**P**). El hueco del pivote se rellena con material plástico (**H**).

38 Apoyo de ménsula como en ⊟ **37** con barra de anclaje continua (**A**). Seguro adicional contra el vuelco de la viga.

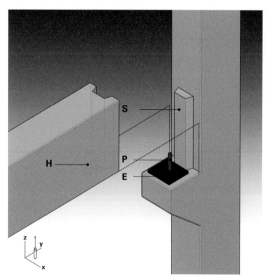

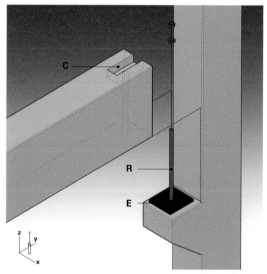

39 Apoyo de ménsula como en ⊟ **37** con dispositivo antivuelco gracias al dentado en el extremo de la viga. La sección trapezoidal del saliente (**S**) en la columna facilita el centrado.

40 Apoyo con dispositivo antivuelco mediante perno roscado (**R**). En caso necesario, debe protegerse la unión atornillada contra el fuego y la corrosión rellenando la cavidad (**C**).

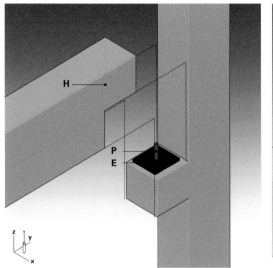

41 Apoyo de ménsula con pivote (**P**) como en ⊟ **37** con muesca en la viga para que la ménsula no sobresalga.

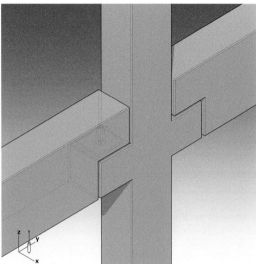

42 Doble apoyo de ménsula con pivote como en ⊟ **41**.

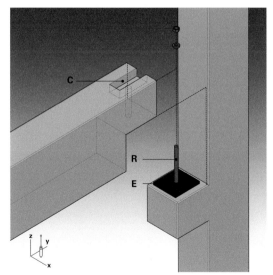

43 Apoyo de ménsula con retención por perno (**R**) como en ⊟ **40** con muesca en la viga.

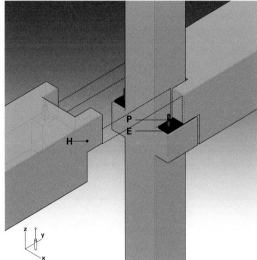

44 Apoyo de ménsula con pivote (**P**) análogo a la conexión en ⊟ **37** con viga doble en forma de cubeta invertida. La conformación y el apoyo de la viga en el soporte doble evitan el vuelco.

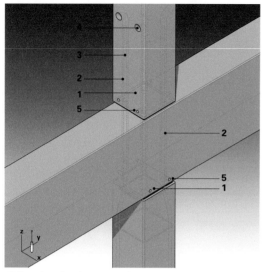

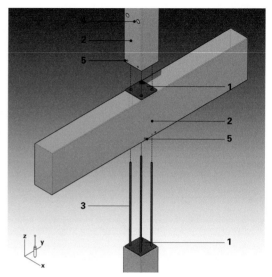

45 Empalme de columna con viga continua.

46 Despiece del nudo en ⊟ **45**.

1	capa de mortero	**4**	orificio de llenado para el hormigón de inyección
2	vaina		
3	armadura	**5**	orificio de ventilación para el proceso de inyección

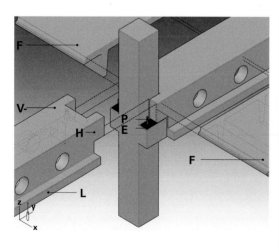

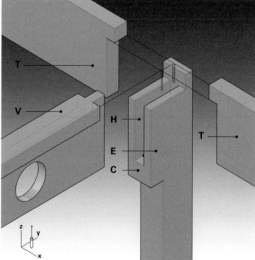

47 Apoyo de ménsula con pivote análogo a la conexión en ⊟ **44** con soporte corrido (**L**) en la viga (**V**) y forjado de losa nervada (**F**) apoyado en él.

48 Apoyo de una viga de nave (**V**) y dos travesaños (**T**) en la cabeza de la columna (**C**). Aseguramiento contra vuelco de la viga por encaje en la ranura (**H**). Los travesaños (**T**) se estabilizan gracias a su bajo centro de gravedad.

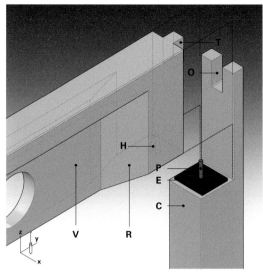

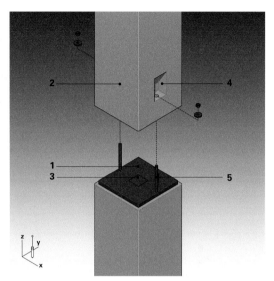

49 Apoyo de una viga de nave (**V**) con regrueso (**R**) sobre la cabeza de una columna (**C**). La estabilización contra vuelco se consigue mediante un taco (**T**) que se encaja en la horquilla (**O**).

50 Junta de columna con conexión de pernos.

1 capa de mortero **4** rebaje
2 vaina **5** armadura
3 calzado

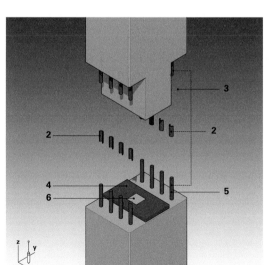

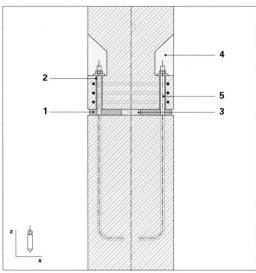

51 Unión de columna con soldadura a media caña de las barras de armadura de ambas secciones de columna. Los huecos **3** se rellenan con hormigón. **1** media caña, **2** soldadura de media caña, **3** hueco, **4** capa de mortero, **5** armadura, **6** calzado.

52 Sección de la junta en ⌗ **50** arriba.

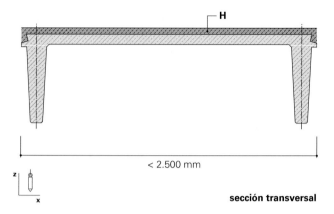

53 Losa nervada de cubeta invertida. **H** hormigón
en obra

sección transversal

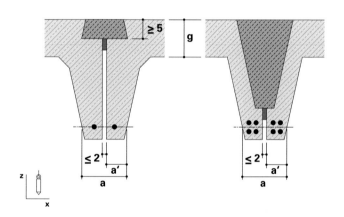

54 Ejecuciones alternativas de la juntas de dos losas
de cubeta invertida.

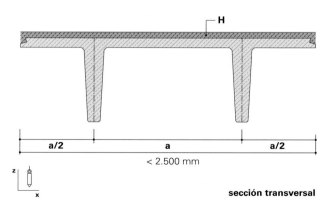

55 Losa nervada prefabricada.

sección transversal

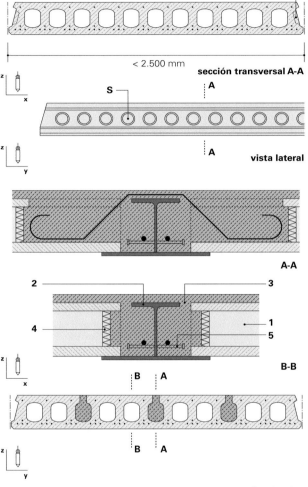

56 Losa alveolada; **R** rehundido para la sujeción resistente a cortante en →**y** de elementos contiguos después del relleno de la junta.

57 Sistema *Slim-Floor* con losas alveoladas (**1**) y viga de acero compuesta a ras de forjado (**2**), cuya ala inferior sirve de soporte para los paneles del forjado durante el montaje. Algunas cámaras están rellenadas por secciones (relleno **3**, mamparo **4**) y armadas (sección **A-A**). Conectores de corte (**5**) soldados al alma de la viga crean una unión a cortante con la lechada en la dirección longitudinal de la junta (→ **y**).

un apuntalado temporal de las columnas prefabricadas erguidas; un empotrado o una sujeción parcial es suficiente para la estabilidad durante el montaje.[4]

■ Se han establecido en la construcción de edificios los siguientes métodos de construcción prefabricada y las soluciones constructivas estándar asociadas.

■ Los métodos de construcción de muros prefabricados se utilizaron ampliamente en edificios de grandes paneles en los años sesenta y setenta del siglo XX. Hoy en día han perdido importancia por las razones ya mencionadas. Su principio funcional estático-constructivo es comparable a otros métodos de construcción de muros como la obra de fábrica. En la construcción prefabricada, se realizan tanto sistemas **celulares** como de **mamparo**. A diferencia de paños de obra de fábrica, paneles de hormigón armado también son capaces de absorber esfuerzos de tracción, por

Soluciones constructivas estándar   6.3

Métodos de construcción de muros   6.3.1

☞ *Vol. 3*, Cap. XIV-2, Aptdo. 5.1.2
Sistemas de forjado de hormigón armado prefabricados o semiprefabricados

☞ *Véanse ejemplos de ejecución de juntas en la construcción de muros prefabricados en **Vol. 3**, Cap. XII-6, Aptdo. 2.5.1 Conexiones lineales entre componentes superficiales*

☞ *Cap. IX-2, Aptdo. 2.1.3 Arriostramiento de estructuras de esqueleto, pág. 309*

☞ ***Vol. 3**, Cap. XIII-3, Aptdo. 3.1 Paredes exteriores de doble hoja sin cámara de aire > 3.1.2 de hormigón armado > Prefabricados*

lo que, por ejemplo, es posible un apoyo puntual—en lugar de lineal—del muro. Al igual que en el caso de la obra de fábrica, y a diferencia de lo que ocurre con el hormigón en obra, también debe garantizarse en los elementos prefabricados, mediante soluciones constructivas adecuadas, que los **esfuerzos cortantes de diafragma** puedan transmitirse en las juntas de empalme de los elementos superficiales, como por ejemplo en la conexión dentro de un forjado o en el nudo pared-forjado. Especialmente en este último, surgen problemas de diseño de la confluencia local de diferentes materiales como el hormigón prefabricado, el hormigón de relleno de junta y el mortero de asentamiento,[6] así como de la necesidad de transferir cargas verticales a través de los muros y esfuerzos cortantes en los forjados (⊟ **60–63**). Los ejemplos de construcción de muros con esfuerzo cortante mayor que la fuerza normal y, a veces, soluciones de conexión especiales se producen sobre todo con muros arriostrantes en la construcción de esqueleto, por ejemplo en forma de muros de un núcleo de contraviento.

Las fachadas tipo **sándwich**, que se utilizaban habitualmente en el pasado en la construcción de muros prefabricados, están formadas por dos hojas de hormigón con una capa central de aislamiento térmico (⊟ **59**). Se fabrican en la fábrica en dos fases de trabajo: Se hormigona la hoja vista exterior y posteriormente la hoja portante interior en capas sucesivas interponiendo una capa de aislamiento de espuma dura entre ellas. Ambas hojas están conectadas entre sí de forma resistente a la cizalladura por medio de anclajes de retención y soporte y se ensamblan como un elemento completo. Los pesos relativamente grandes de estos elementos, así como los problemas de física constructiva de la hoja de revestimiento no ventilada—con 8 cm de espesor bastante delgada y propensa a la corrosión—han ocasionado que hoy en día, en lugar de elementos sándwich, se utilicen

58 Elementos de cerramiento prefabricados de hormigón.

59 Elementos sándwich de hormigón armado almacenados poco antes del montaje.

preferentemente hojas simples portantes revestidas con sistemas compuestos de aislamiento térmico aplicados en su exterior, o, alternativamente, revestidas con paneles de fachada sólidos separados que se montan por fuera a una distancia delante del aislamiento térmico. Éstos pueden ir ventilados por detrás y fabricados con mayores espesores (12–14 cm).[7] Su anclaje posterior a la hoja portante también se realiza con anclajes de retención y soporte. Sin embargo, existen limitaciones de los espesores de aislamiento realizables que se deben siempre a los pesos relativamente elevados de los revestimientos prefabricados. El aumento de la distancia entre hoja portante y hoja de revestimiento conduce a secciones de anclaje correspondientemente mayores, con los problemas de puente térmico asociados.

☞ **Vol. 3**, Cap. XIII-3, Aptdo. 3.2 Paredes exteriores de doble hoja con cámara de aire > 3.2.2 de prefabricados de hormigón > Paredes con hoja vista suspendida

☞ Cap. VIII, Aptdo. 3. Sistemas de doble hoja, pág. 146, sobre todo ⊟ **26** a **28** así como **42**

■ Las construcciones prefabricadas de una sola planta se encuentran hoy en día especialmente en la construcción de naves industriales. La posibilidad de utilizar sistemas de construcción disponibles en el mercado y los breves tiempos de montaje son ventajas específicas de este método de construcción, que son de particular relevancia para este tipo de uso. Especialmente cuando se requiere una mayor protección contra incendios o ataque químico, la construcción prefabricada tiene ventaja sobre los métodos de construcción de acero de la competencia.

Se pueden salvar grandes vanos de nave con jácenas de fabricación pretesada, a menudo con un cordón superior inclinado en forma de cuchillo, de modo que es posible una buena adaptación del canto a la curva de momentos en la jácena prefabricada de un solo vano. Las columnas se empotran en zapatas de cáliz. Por lo general, no son necesarias otras medidas de arriostramiento, como formar un diafragma en la cubierta; la cimentación también se puede llevar a cabo prefabricada. En ⊟ **48** y **49** se muestran variantes de nudos para conectar la jácena con la columna. Como es habitual en los elementos prefabricados, también hay que prever un dispositivo antivuelco para la misma.

Construcción de esqueleto de una sola planta (naves)   6.3.2

☞ Sobre zapatas de cáliz, véase **Vol. 3**, Cap. XII-6, Aptdo. 2.5.2 Juntas de relleno para el empotrado de pilares

■ También se pueden realizar sistemas estructurales comparables con columnas empotradas como en la construcción de naves de una sola planta (véase más arriba) para estructuras de hasta tres plantas. Son típicos las columnas continuas de varios pisos, hormigonadas horizontalmente, con ménsulas de apoyo para vigas o elementos de forjado. Con esta técnica de hormigonado, su sección portante también puede ir escalonada planta por planta.

Para los edificios de pisos de mayor altura, deben elegirse otros conceptos de arriostramiento, preferiblemente arriostramiento de núcleo o de diafragma, o combinaciones de ambos. En estos casos, las columnas se articulan en el sentido estático piso a piso (columnas pendulares), normalmente formadas por secciones individuales y, por consiguiente, empalmadas a tope verticalmente. La junta

Construcción de esqueleto de varias plantas   6.3.3

☞ *Soluciones constructivas para esto se*
pueden encontrar en ⊟ **50** *a* **52**.
☞ *Aptdo. 6.2 Montaje, pág. 670*

☞ *Al igual que en la construcción de*
esqueleto de madera, por ejemplo. Véase
Cap. X-2, Aptdo. 4. Construcción de esque-
leto de madera, pág. 559

de la columna ya ha sido tratada anteriormente. En el caso de forjados con vigas—como se ha mencionado, en la construcción prefabricada éstas también pueden fundirse con el entrevigado—surge un problema de coordinación espacial entre el pilar y la viga, al igual que en otros métodos de construcción. En analogía con las construcciones de madera en pinza, en la construcción prefabricada las vigas también pueden duplicarse o diseñarse como elementos en forma de cubeta (⊟ **44** y **47**). Una variante de diseño de una penetración de columna y viga se encuentra en ⊟ **45** y **46**.

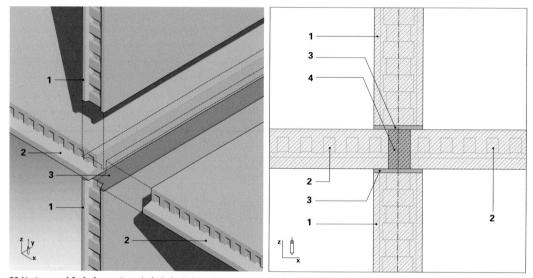

60 Nudo **pared-forjado** con losa de forjado de hormigón: **1** muro prefabricado, **2** losa prefabricada, **3** capa de mortero.

61 Sección del nudo en ⊟ **60**. **4** relleno de hormigón en obra.

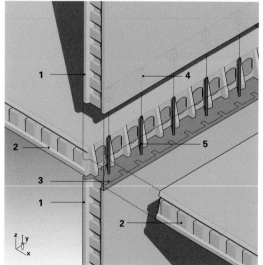

62 Nudo **pared-forjado** con losa alveolada: **1** muro prefabricado, **2** losa prefabricada, **3** capa de mortero, **4** hueco, **5** armadura.

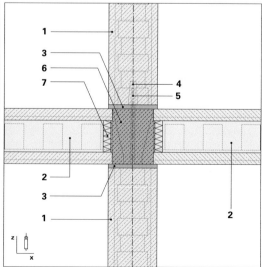

63 Sección del nudo en ⊟ **62**. **6** relleno en obra, **7** mamparo de espuma.

64 Instalando dos paneles Pi contiguos.

66 Los elementos prefabricados de hormigón arma-do, que quedan asegurados contra el vuelco por su forma, simplifican considerablemente el montaje (arqu.: A Mangiarotti).

65 Colocación de una viga en forma de cubeta.

68 Esqueleto prefabricado con columnas continuas de varios pisos y elementos de forjado con vigas integradas.

67 Colocación de un elemento de cubierta con grúa móvil.

69 Elementos de forjado prefabricados sobre vigas de cubeta invertida. Se apoyan en un soporte corrido de la viga.

70 Elementos de forjado prefabricados con vigas integradas, apoyados en vigas maestras con re-bordes corridos.

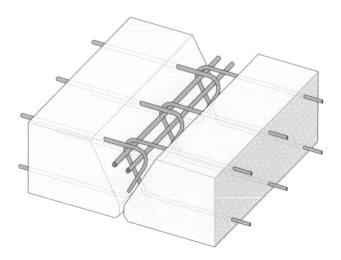

71 Ejecución de juntas entre dos elementos de forjado contiguos. El solapamiento de la armadura y el relleno de junta crean un efecto de diafragma, así como una unión resistente a cortante vertical.

72 Columnas de ménsula empotradas, aseguradas temporalmente con cuñas de madera.

73 Inmediatamente después de colocar el elemento, la grúa puede soltarlo.

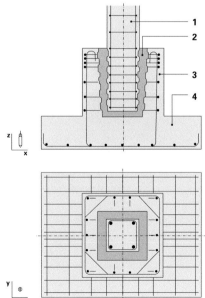

74 Colocación de **zapatas de cáliz** prefabricadas.

75 (Derecha) **zapata de cáliz** para columnas prefabricadas empotradas con representación de una armadura habitual. Las superficies de la cavidad del cáliz y de la columna están perfiladas para una conexión dentada. **1** columna prefabricada, **2** relleno en obra, **3** cáliz, **4** base de la zapata.

El arriostramiento de estructuras de esqueleto por núcleo y por muros rígidos a descuadre requiere **forjados diafragma**. Son responsables de la conexión del esqueleto a los puntos fijos. Para ello, debe garantizarse la resistencia de la unión entre los elementos del forjado frente a esfuerzos cortantes en su plano y la resistencia a tracción de los bordes de los diafragmas instalando tirantes adecuados o armadura suficiente.[a] La mayor complejidad de los trabajos de relleno de juntas o soldadura in situ para la formación de diafragmas rígidos al descuadre anula parcialmente las ventajas básicas del método de construcción prefabricado. Esta es una de las razones por las que hoy en día se utilizan cada vez más métodos de construcción semiprefabricados con una capa de hormigón vertida in situ.[b]

☞ [a] *Se pueden encontrar soluciones constructivas para la ejecución de paneles de forjado en:* **Vol. 3**, *Cap. XII-6, Aptdo. 2.5.1 Conexiones lineales entre componentes superficiales > Empalmes de forjado así como* **Vol. 3**, *Cap. XIV-2, Aptdo. 5.1.2 Sistemas de forjado de hormigón armado prefabricados o semiprefabricados*
☞ [b] *Cap. X-5, Aptdo. 7. Semiprefabricados, pág. 722*

7. Influencias sobre la forma

■ Las condiciones de contorno mencionadas y sus influencias sobre el diseño formal y constructivo de las estructuras de piezas prefabricadas de hormigón armado ponen de manifiesto que este método de construcción es una forma de tratar el material hormigón claramente diferente a la de la construcción de hormigón in situ, como se apreciará consultando el próximo capítulo. La libertad que el hormigón vertido en obra ofrece al proyectista y al constructor en este sentido se ve muy limitada en el caso de elementos prefabricados por el proceso de fabricación, que es extraordinariamente determinante. En este sentido, la construcción prefabricada es más comparable a métodos constructivos como los de madera o de acero.

☞ *Cap. X-5 Construcción de hormigón in situ, pág. 692*

Sin embargo, al menos a nivel del componente individual producido en fábrica, el método de construcción sí muestra las posibilidades de diseño escultural de gran expresividad formal, típicas del hormigón, que sólo se ven restringidas por los límites de lo que se puede lograr en términos de tecnología de encofrado. Las uniones encajadas características de los elementos prefabricados demuestran claramente el principio de transmisión de fuerzas; su principio de funcionamiento es mucho más evidente a los ojos del espectador que las uniones de otros métodos de construcción. El hecho de que este potencial formal, que se manifiesta de manera impresionante en la obra de Angelo Mangiarotti (⊟ **34, 76–79**), no se explote realmente, o más correctamente: ni siquiera de manera rudimentaria, en la práctica cotidiana de la construcción, puede deberse, por un lado, a que, tras una fase de experimentos heroicos fallidos, este método constructivo ha acabado encontrando su refugio en el nicho de la construcción industrial, un sector ferozmente resistente al buen diseño arquitectónico.

Por otro lado, la razón puede residir también en las elevadas exigencias de diseño profundizado y precisión de planificación general que este método de construcción impone al diseñador y al constructor. La planificación previa exhaustiva y detallada de todos los procesos relevantes para la ejecución, que es indispensable en la construcción de prefabricados, requiere trabajo anticipado, impone plazos relativamente largos y tiende a obstaculizar los cambios de planificación a corto plazo, que son habituales en el sector de la construcción.

En el uso como revestimiento exterior de componentes envolventes, el hormigón ha perdido claramente importancia debido las experiencias de las últimas décadas. Esto también afecta a la construcción prefabricada en su manifestación como método de construcción de muros. Las deficiencias del hormigón en términos de física constructiva ya se abordaron anteriormente, y el conflicto entre la función de carga y la de aislamiento térmico también da lugar a dificultades de diseño difíciles de resolver. Además, el hormigón no ha demostrado la durabilidad bajo la intemperie directa que pro-

☞ ***Vol. 3***, *Cap. XIII-3, Aptdo. 3.1 Paredes exteriores de doble hoja sin cámara de aire > 3.1.2 de hormigón armado*

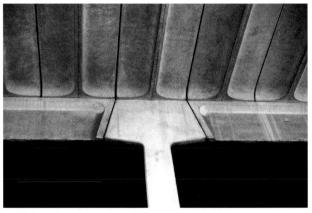

76 Elementos de cubierta pretesados en forma de franja se apoyan sobre las vigas. Edificio industrial en Lissone, de A Mangiarotti, 1964.

77 Cabeza de columna con hueco para la viga. Ensamble de encaje. Edificio industrial en Lissone, de A Mangiarotti, 1964.

78 Elementos de cubierta en forma de cubeta invertida se apoyan lateralmente en la jácena. Tienen la misma altura que la jácena. La jácena de cubeta se encaja sobre la cabeza de la columna. Edificio industrial en Como, de A Mangiarotti, 1969.

79 Estructura portante de la nave de una sola planta con columnas empotradas. Edificio industrial en Como, de A Mangiarotti, 1969.

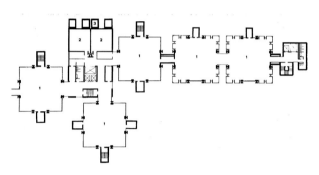

80, 81 *Medical Research Center* en Pennsylvania, arqu.: L I Kahn.

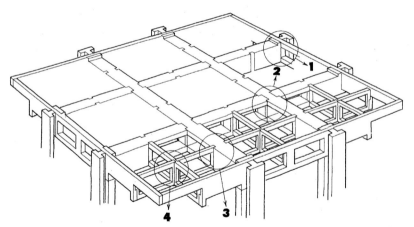

82 Representación esquemática de la construcción del forjado (*Medical Research Center*).

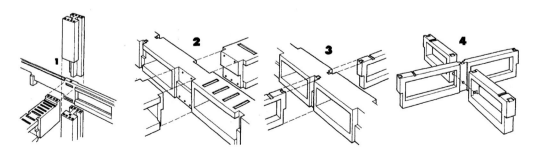

83 Despiece de los nudos del emparrillado de vigas mostrado en 🗗 **82**.

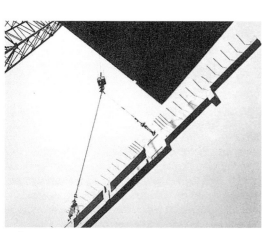

84 Colocación un elemento de viga (*Medical Research Center*).

85 Montaje del forjado de emparrillado (*Medical Research Center*).

86 Postesado de un elemento de viga por medio de prensas hidráulicas (*Medical Research Center*).

87 Emparrillado de vigas terminado con piezas prefabricadas afianzadas entre sí por postesado (*Medical Research Center*).

☞ *Aptdo. 1. Historia de la construcción prefabricada de hormigón, pág. 652*

metió en los días pioneros de los métodos de construcción de hormigón. La mala reputación autoinfligida de los métodos de construcción de muros prefabricados de hormigón ya ha sido tratada anteriormente.

El aspecto general de la mayoría de los edificios prefabricados actuales, sobre todo en la construcción industrial, se caracteriza por el sistema estático generalmente imperante consistente en elementos soportantes y soportados, es decir, columna y dintel, colocados unos encima de otros, unidos con conexiones articuladas para formar una estructura global, y representa, por así decirlo, una variante moderna de la antigua construcción adintelada de columna y arquitrabe, sólo que hecha con falta de esmero y muy fea. Casi ningún otro método de construcción abordado en esta obra está tan alejado de sus posibilidades formales en la práctica real como la construcción prefabricada. Es de esperar que una renovada atención a la idea de los sistemas constructivos, aunque bajo el signo de un enfoque mucho más diferenciado que en los años 1960 y 70, contribuya a que este tipo de construcción logre un merecido resurgimiento.

Notas

1 Originalmente procedente de: cuadro de la página 275 de: K Zimmermann (1973) *Konstruktionsentscheidungen ...*; Actualizado y completado con información de Züblin, Stuttgart
2 Bindseil P (1991), *Stahlbetonfertigteile*, pág. 39
3 Ibidem pág. 41
4 Ibidem pág. 154
5 Según Koncz T (1976) *Bauen industrialisiert*, Wiesbaden
6 Bindseil P (1991), pág. 97
7 Pauser A (1998) *Beton im Hochbau – Handbuch für den konstruktiven Vorentwurf*, pág. 273

Normas y directrices

EHE-08: 2011 Instrucción de hormigón estructural

UNE-EN 206: 2021-06 Beton – Festlegung, Eigenschaften, Herstellung und Konformität
UNE-EN 1992: Eurocódigo 2: Proyecto de estructuras de hormigón
 Parte 1-1: 2013-04 Reglas generales y reglas para edificación
 Parte 1-2: 2021-02 Reglas generales. Proyecto de estructuras sometidas al fuego
 Parte 2: 2013-04 Puentes de hormigón. Cálculo y disposiciones constructivas
UNE-EN 13224: 2012-01 Productos prefabricados de hormigón. Elementos para forjados nervados
UNE-EN 13225: 2013-09 Productos prefabricados de hormigón. Elementos estructurales lineales
UNE-EN 13369: 2018-12 Reglas comunes para productos prefabricados de hormigón
UNE-EN 13747: 2011-01 Productos prefabricados de hormigón. Prelosas para sistemas de forjados
UNE-EN 14991: 2008-01 Productos prefabricados de hormigón. Elementos de cimentación

UNE-EN 14992: 2012-10 Productos prefabricados de hormigón. Elementos para muros

UNE-EN 15258: 2009-07 Productos prefabricados de hormigón. Elementos de muros de contención

UNE-EN 15435: 2009-07 Productos prefabricados de hormigón. Bloques de encofrado de hormigón de áridos densos y ligeros. Propiedades del producto y prestaciones

DIN 1045: Concrete, reinforced and prestressed concrete structures
    Part 2: 2008-08 Concrete – specification, properties, production and conformity – application rules for *DIN EN 206-1*
    Part 3: 2022-07 Execution of structures
    Part 4: 2022-07 Precast concrete products—Common Rules
DIN 4172: 2015-09 Modular coordination in building construction
DIN 8580: 2019-11 Manufacturing processes—Terms and definitions, division
DIN 18540: 2014-09 Sealing of exterior wall joints in building using joint sealants

DIN ISO 4172: 1992-08 Construction drawings; drawings for the assembly of prefabricated structures; identical with *ISO 4172*: 1991
DIN ISO 7437: 1992-06 Construction drawings; general rules for execution of production drawings for prefabricated structural components; identical with *ISO 7437*:1990

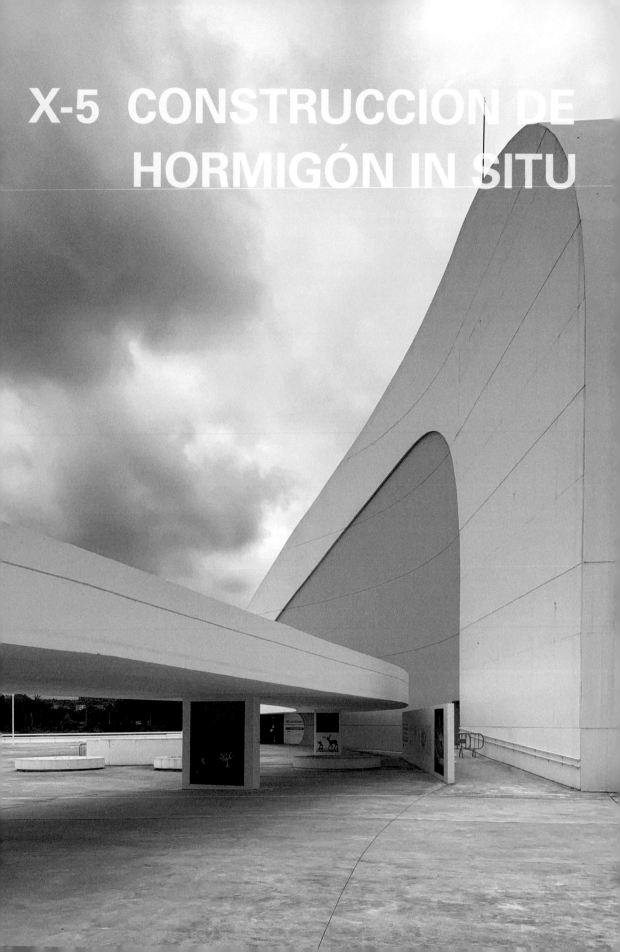

X-5 CONSTRUCCIÓN DE HORMIGÓN IN SITU

1. Historia de la construcción de hormigón

Antecedentes históricos

☞ ***Vol. 1***, *Cap. IV-3, Aptdo. 2. Etapas de desarrollo técnico de la obra de fábrica, pág. 254, así como **Vol. 1**, Cap. IV-4, Aptdo. 1. Etapas de desarrollo histórico, pág. 270, y **Vol. 1**, Cap. IV-7, Aptdo. 1. Etapas de desarrollo histórico, pág. 316*

☞ *Véase también **Vol. 4**, Cap. 8., Aptdo. 4.3 Métodos de construcción de pared en hormigón armado, así como Aptdo. 6.3 Estructuras de esqueleto de hormigón*

☞ [a] ***Vol. 1***, *Cap. IV-1, Aptdo. 9.1.2 Roca artificial, pág. 209*

■ Los esfuerzos por desarrollar una piedra artificial que pueda ser moldeada libremente previo al fraguado se remontan a una larga historia. La finalidad inicial de la masa plástica era presumiblemente proporcionar una especie de argamasa para la adhesión y la compensación dimensional entre piedras naturales o ladrillos apilados. Sin embargo, en el desarrollo posterior, el aparejo regular de obra de fábrica se sustituyó ya en la antigüedad tardía por una mezcla de masa de piedra artificial y áridos, de modo que las piedras se incorporaban en el hormigón sólo de forma muy irregular. Así, toda la estructura del edificio se moldeaba en una sola pieza, similar a lo que se hace hoy en día con el hormigón moderno.

Los primeros morteros, o masas pétreas trabajables plásticamente previo al fraguado, estaban formados por áridos y diversos aglutinantes, como cal o compuestos de cal, que daban resistencia a la mezcla.[a] Al principio, hubo que conformarse con morteros aéreos, es decir, los que se endurecen sólo por contacto con la atmósfera. Las capas de argamasa situadas en el núcleo de los muros macizos se endurecían tarde o incluso nunca. Por lo tanto, el uso estructural de este tipo de mortero era muy limitado. Con estos materiales no podían construirse estructuras monolíticas completas.

El desarrollo de los aglomerantes hidráulicos supuso un avance fundamental. Éstos se endurecen en un proceso químico—la hidratación—que no depende del contacto con el aire y que, por tanto, también puede tener lugar en el interior de estructuras sólidas. Las propiedades hidráulicas se confieren a un aglomerante añadiendo arcillas o tierras volcánicas.

La tecnología del hormigón así establecida alcanzó su primera cumbre en la antigüedad romana. El uso a gran escala de tierras volcánicas puzolánicas con propiedades hidráulicas y el trabajo de miles de esclavos permitieron la construcción de numerosas estructuras monolíticas de hormigón con un material con valores de resistencia que correspondían a nuestros hormigones normales actuales (⊟ **1–3**).[1]

El conocimiento de esta técnica se perdió con la caída del Imperio Romano de Occidente y sólo se volvió a desarrollar en el siglo XIX.

1.2 Historia del desarrollo de la construcción moderna de hormigón armado

☞ ***Vol. 4***, *Cap. 8., Aptdo. 6.3. Estructuras de esqueleto de hormigón*

■ Sólo después de una minuciosa y prolongada investigación y experimentación práctica durante el siglo XIX se desarrollaron aglomerantes hidráulicos modernos que tenían propiedades similares a los antiguos. Para su comercialización, se bautizaron como cementos *Portland*, en referencia a las piedras naturales de Portland que se utilizaban mucho en aquella época y que se consideraban especialmente resistentes y duraderas.

Las excelentes propiedades estructurales del nuevo material fueron reconocidas sólo lentamente. En experimentos prácticos, el jardinero Monier desarrolló la armadura del hormigón, y con ella el hormigón armado como material com-

1 El Panteón de Roma. La cúpula se compone de *opus caementitium*.

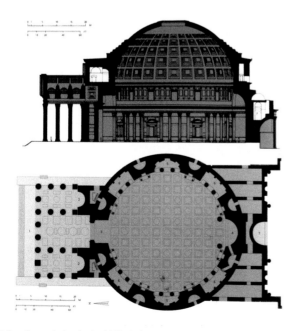

2 Núcleo de muro de hormigón romano. Son claramente reconocibles las hojas de ladrillo no portantes, que sólo actúan de encofrado perdido, (Taormina).

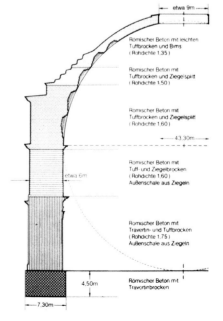

3, 4 Secciones de la cúpula del Panteón.

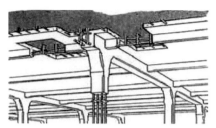

5 Losa nervada del *sistema Hennebique*, una patente del año 1892.

6 Hangar de aviones en Orly durante la obra (1921–23; ing.: E Freyssinet). Bóveda hormigonada in situ con sección transversal plegada (luz de 68 m). En primer plano se ve la cimbra móvil (cercha de celosía) que soporta las superficies de encofrado situadas por encima de ella. En el fondo están los segmentos ya hormigonados; a la izquierda, los arranques de la bóveda hormigonados previamente.

📖 [a] *Karla Britton (2001) Auguste Perret,*
Phaidon

☞ *Para el sistema Dom-Ino, véase* **Vol. 3**,
Cap. XIII-1 Fundamentos, 🖦 **44**

puesto, que patentó—sin tener idea real de la importancia constructiva y el alcance de su invención—y posteriormente licenció. Sin embargo, licenciatarios como Wayss & Freitag contribuyeron de forma decisiva al desarrollo técnico posterior del material compuesto.

F Hennebique aportó un importante desarrollo conceptual en la construcción moderna de hormigón armado. Desarrolló y patentó un primer forjado de losa nervada, un principio constructivo adaptado a las posibilidades del material, que resultaba de la fusión de losa y viga para formar un componente monolítico (🖦 **5**) e introdujo la típica división de tareas del hormigón armado, a saber: un cordón de compresión hecho de hormigón (losa) y un cordón de tracción hecho de acero (viga). Al mismo tiempo, esto sentó las primeras bases para la comprensión estructural del comportamiento de carga tridimensional del hormigón armado, que es libremente moldeable, en contraste con el comportamiento bidimensional de las estructuras de barras anteriormente comunes hechas de hierro y madera. El sistema patentado Hennebique fue autorizado en todo el mundo y se utilizó en numerosos proyectos de construcción, principalmente en la construcción industrial, donde el nuevo material se impuso cada vez más en feroz competencia con el acero.

Auguste Perret [a] aplicó el material a la construcción convencional y exploró las novedosas posibilidades técnicas y estéticas del hormigón. En su casa de la calle Franklin, en París, realizó muy pronto la separación tipo esqueleto de la estructura portante y la envolvente no portante. E Freyssinet desarrolló el hormigón pretensado en los años 1920.

La rápida difusión del hormigón armado a finales del siglo XIX y del siglo XX revolucionó la ingeniería civil y la arquitectura, dio lugar al desarrollo de tipos de edificio totalmente nuevos y propició una libertad de diseño y planificación sin precedentes (🖦 **6**). Por primera vez en casi dos milenios, la luz del Panteón romano fue claramente superada por la estructura de hormigón de la Sala del Siglo en Wrozlaw (arqu.: M Berg, 🖦 **7**), además de manera contundente con unos 65 m.

El hormigón armado desempeñó un papel importante en el desarrollo de la arquitectura moderna de los principios de la Bauhaus y fue considerado el epítome del material de construcción moderno e industrial (🖦 **8**). [2] En particular, Le Corbusier—alumno de Perret—exploró intensamente las posibilidades arquitectónicas del material en la primera mitad del siglo XX y estudió sus posibilidades en su uso arquitectónico, también y sobre todo desde el punto de vista estético. Formuló algunas innovaciones conceptuales y de diseño derivadas del uso del hormigón en los cinco puntos para una nueva arquitectura. Desde la perspectiva actual, su visión del sistema Dom-Ino parece especialmente clarividente: un edificio tipo esqueleto con forjados planos sin viguetas, que tiene grandes similitudes con los omnipresentes esqueletos de hormigón de hoy en día. Más tarde,

Le Corbusier también exploró las posibilidades plásticas de este material libremente moldeable (⊟ **9**).

■ Posteriormente, los métodos de construcción con hormigón armado experimentaron importantes desarrollos técnicos, por ejemplo en la construcción de cascarones, la construcción con hormigón pretensado o la construcción prefabricada, que han llevado a este material a un dominio casi indiscutible de la construcción moderna. Acontecimientos catastróficos como los atentados del *World Trade Center* han reforzado en los últimos años aún más la posición ya dominante del material, especialmente resistente al fuego y a las explosiones, sobre todo en la construcción de edificios de gran altura, por razones de seguridad. La redundancia estática de las estructuras monolíticas de hormigón también resulta ser una ventaja particular ante situaciones extremas difíciles de predecir. Esta tendencia también se ve favorecida por el desarrollo de los modernos hormigones autocompactantes y de alta resistencia.[a]

La desventaja, bastante relevante, de la construcción convencional de hormigón que resulta hoy en día de los elevados costes salariales de los trabajos de encofrado, ha sido contrarrestada en los últimos años por la construcción semiprefabricada, es decir, por el uso sistemático de encofrados perdidos prefabricados en plantas automatizadas, manteniendo al mismo tiempo el efecto portante monolítico.

La formabilidad libre del hormigón también se presta muy bien para realizar formas arquitectónicas complejas y de doble curvatura, como se han implementado con frecuencia en los últimos años, gracias a la aparición de métodos de diseño asistidos por ordenador, en otros métodos de construcción, principalmente en acero o madera. El principal obstáculo que ha impedido hasta ahora la conformación verdaderamente libre de este material moldeable, a saber, la difícil realización de encofrados de forma libre en madera o acero, está a punto de ser superado por la moderna tecnología CAD-CAM.

Tecnología moderna del hormigón

☞ [a] ***Vol. 1**, Cap. IV-7, Aptdo. 7. Nuevas tendencias de desarrollo en la construcción de hormigón, pág. 322*

7 Sala del Siglo en Wroclaw del año 1913. Esta estructura de hormigón armado superó por primera vez en casi 2.000 años el récord de luz del Panteón romano (arqu.: M Berg).

8 Edificio residencial en la *Colonia Weißenhof* de Stuttgart (arqu.: Le Corbusier, 1927).

9 Diseño libre con hormigón armado: formas curvas, elementos superficiales continuos y estructuras monolíticas (*Chandigarh*, arqu.: Le Corbusier, 1952–1963).

☞ **Vol. 1**, Cap. III-5, Aptdo. 2. Declaraciones medioambientales de producto (EPD), pág. 150, y Aptdo. 3. Comparación de los valores de análisis del ciclo de vida de los materiales más importantes, pág. 160

2.

El hormigón armado como material de construcción

☞ Sobre propiedades mecánicas, comportamiento deformacional y aspectos constructivos básicos: **Vol. 1**, Cap. IV-7 Hormigón armado, pág. 316
☞ Sobre el comportamiento en materia de protección contra incendios: **Vol. 1**, Cap. VI-5, Aptdo. 5.1.6 Comportamiento ante el fuego de los materiales de estructuras primarias > Hormigón/hormigón armado, pág. 798, así como 10. Medidas constructivas de protección contra incendios en el detalle constructivo estándar > 10.2 Componentes de hormigón armado, pág. 813
☞ Sobre el comportamiento frente a la corrosión: **Vol. 1**, Cap. VI-6, Aptdo. 3. Corrosión del hormigón armado, pág. 855

Sin embargo, no hay que dejar de mencionar el rápido deterioro actual de la reputación del hormigón en la percepción pública, ya que cada vez se le acusa más de ser un factor nocivo para el clima debido a los supuestos malos valores del análisis del ciclo de vida. Sin embargo, los datos fácticos invalidan esta acusación. Por otro lado, no se puede negar que, debido a su enorme difusión mundial y a su dominio de la industria de la construcción actual, se procesa una gran cantidad de hormigón y, por tanto, su huella ecológica parece problemática ante todo en términos *cuantitativos*.[3] En el futuro se verá hasta qué punto es posible y razonable sustituir el hormigón por otros materiales más compatibles con el medio ambiente.

■ El hormigón armado es un **material compuesto** de acero y hormigón que combina características de ambos materiales en una interacción extraordinariamente compleja. El hormigón, resistente a la compresión pero muy frágil, se refuerza con inserciones de acero capaces de absorber la tracción y se transforma así en un material tenaz. Los dos componentes también se complementan en una interacción simbiótica con respecto a otras propiedades constructivas.

Procesado en la obra, el hormigón armado ofrece la ventaja única en la construcción de poder producir estructuras completas de edificios de una sola pieza, sin juntas, en un proceso de conformación primaria efectuado en la obra. Es el único material adecuado para estructuras portantes primarias que, aparte de poder ser conformado en obra, también puede ser prefabricado en un alto grado. Esta gama extraordinariamente amplia de producción o procesamiento tiene implicaciones de gran alcance en la planificación y el diseño y, como resultado, también ha dado lugar a métodos constructivos claramente diferenciados, a saber, el **hormigón in situ** y la **construcción prefabricada**. Estos se distinguen claramente entre sí en la construcción de edificios y, por lo tanto, se tratan aquí por separado, a pesar del material básico común.

10 Diseño libre con hormigón armado: estructura portante laminar en forma de cascarón (arqu.: J Utzon).

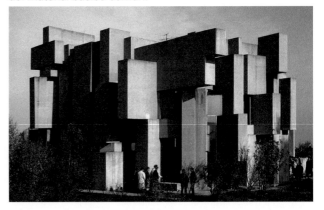

11 Diseño libre con hormigón armado: composiciones espacial-geométricas complejas (arqu.: F Wotruba).

■ Los métodos de construcción con hormigón en obra difieren significativamente de otros en algunos aspectos:

- El material en el que se basa el método de construcción es **libremente moldeable** (⊟ **10**, **11**). En este sentido, el hormigón se diferencia de la madera, que se produce en un proceso de crecimiento lineal natural, el cual no se puede influir técnicamente; asimismo se distingue del acero, que sólo puede ser moldeado dentro de las estrechas limitaciones de un proceso de fabricación específico (por ejemplo, el laminado); así como del ladrillo, que también sólo permite formarlo y cocerlo en pequeños formatos y bajo estrechas restricciones.

- Pueden fabricarse de una sola pieza **elementos superficiales** de dimensiones adecuadas para la construcción (⊟ **12**). Esta es una ventaja decisiva de este método constructivo, incluso en comparación con el método asociado de construcción prefabricada. Otros tipos constructivos tienen que recurrir al acoplamiento de componentes en forma de barra para crear superficies, como los métodos de construcción en madera. La obra de fábrica puede ejecutarse como un paño bidimensional, aunque sea de ladrillos individuales (pero requiere—a diferencia del hormigón armado—necesariamente un soporte lineal), pero no como una placa sometida a esfuerzos flectores. Esta última es omnipresente en la construcción actual como losa maciza ejecutada en hormigón armado. Los muros diafragma arriostrantes de hormigón armado son capaces (a diferencia de los de obra de fábrica) de absorber fuerzas de tracción ascendentes sin ninguna contribución significativa de grandes cargas superpuestas. Las cargas transversales al plano del muro, que abren los tendeles en la obra de fábrica, se absorben en los muros de hormigón armado a través de la rigidez a la flexión de su sección transversal, es decir por efecto de la armadura de la cara orientada hacia la carga. Los muros de hormigón armado pueden apoyarse en puntos y, por lo tanto, son capaces de salvar grandes vanos libremente con sus grandes cantos. La introducción de cargas concentradas—prácticamente imposible con muros de obra de fábrica—también puede lograrse en muros de hormigón armado relativamente delgados con la ayuda de estructuras compuestas de acero.

- Se pueden producir **estructuras monolíticas sin juntas**, siempre que el hormigón se vierta en obra (es decir, *in situ*). Esta es también una clara ventaja sobre otros métodos constructivos. En consecuencia, puede realizarse el principio de construcción integral a nivel de edificio, es decir, a escala conceptual de un edificio entero, mientras que otros materiales sólo permiten—al menos en estas condiciones—el principio de construcción cuasi integral o

Comparación con otros métodos de construcción   3.

12 El hormigón en obra puede utilizarse para crear estructuras monolíticas y componentes laminares con dimensiones típicas en construcción.

13 La armadura multicapa que se cruza en dos direcciones, permite, junto con el material isótropo del hormigón, una transferencia de carga bidireccional.

☞ *Vigas de gran canto con altura de piso, véase más adelante*

☞ **Vol. 1**, *Cap. II-1, Aptdo. 2.3 Subdivisión según aspectos constructivos > 2.3.2 debido al principio constructivo, pág. 36*

14 Emparrillado de vigas vertido in situ: una estructura portante en forma de retícula, bidireccional, en la que las penetraciones monolíticas de las costillas se ejecutan por vertido.

☞ *Véase también Aptdo. 9.2 Estructuras de pantallas exentas, pág. 729*

diferencial. En determinadas condiciones, la redundancia estática inherente a las estructuras monolíticas de hormigón hiperestáticas ofrece importantes ventajas.

• Se puede realizar una **transferencia de cargas bidireccional** sin gran complicación adicional. Tanto componentes en forma de placa (🖿 **13**) como de emparrillado (🖿 **14**) permiten un comportamiento de carga bidireccional. La transmisión de fuerzas en dos direcciones, que en otros métodos de construcción, como el de acero o madera, sólo puede realizarse en obra con una complicación considerable, es más sencilla en hormigón in situ porque las uniones o bien no existen (como en el caso de una losa) o bien se hormigonan en una sola pieza (como en el caso de un emparrillado). El comportamiento de carga bidireccional es posible tanto por la matriz de hormigón isótropa como por las barras de armadura cruzadas (sin penetrarse) que pueden colocarse en dos direcciones a diferentes niveles (🖿 **13**). Sin embargo, en la práctica actual de la construcción, estas ventajas se ven contrarrestadas en los emparrillados en parte por los costes de mano de obra relativamente elevados de los trabajos de encofrado y andamiaje necesarios en la obra.

• Los muros diafragma de hormigón armado pueden utilizarse como **vigas de gran canto** debido a su resistencia a la tracción. Esto permite utilizar el gran canto de plantas

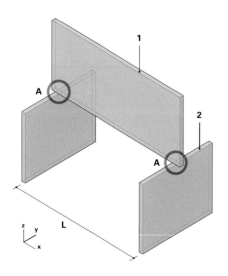

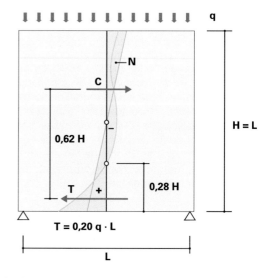

15 Las pantallas de hormigón armado son capaces de salvar grandes luces **L** actuando como vigas de gran canto **1**. Pueden apoyarse en otras pantallas **2** orientadas en ángulo recto. Se producen concentraciones de fuerzas en los apoyos **A**.

16 Distribución de las tensiones de compresión y de tracción en un muro diafragma apoyado en dos puntos, de forma aproximadamente cuadrada, bajo carga lineal **q**. **C** fuerza de compresión resultante; **T** fuerza de tracción resultante. En comparación: distribución triangular regular **N** de tensiones normales en la sección transversal de una viga bajo flexión (según Navier).

enteras, o varias de ellas, para fines de carga. Esto se hace, por ejemplo, en las plantas inferiores de edificios de gran altura, donde a menudo se requieren espacios sin columnas por razones de uso del edificio. En estos casos, los muros de carga tipo diafragma pueden dar apoyo a pilares. Muros diafragma verticales también pueden apilarse formando ángulo entre sí, es decir, de forma que se apoyan unos en otros únicamente en soportes puntuales salvando grandes vanos (⊟ **15–18**).

☞ *Véase por ejemplo* ⊟ **27** *en Cap. IX-4, pág. 443*

☞ ***Vol. 4****, Cap. 8., Aptdo. 4.3.4 Vigas de gran canto*

17 Escuela John Cranko en Stuttgart: Un edificio escalonado a lo largo de la ladera, en el que se utilizaron vigas de gran canto para crear generosas interconexiones espaciales (arqu.: Burger Rudacs).

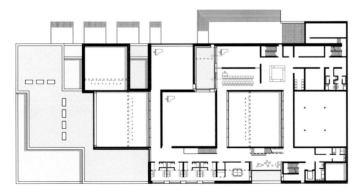

ebene 06 + 17.50

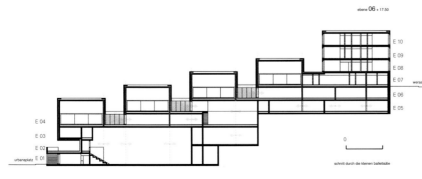

18 Escuela John Cranko en Stuttgart, planta y sección. Las vigas de gran canto están resaltadas en rojo; las interconexiones espaciales que permiten las luces libres se visualizan con flechas azules.

4. Procesamiento

19 Junta de hormigonado (horizontal) entre dos secciones de hormigonado. Estas últimas también son reconocibles por su diferente tonalidad.

☞ *Cap. VII, Aptdo. 3.2 Realización de superficies de curvatura biaxial, pág. 104*

☞ *Aptdo. 7. Semiprefabricados, pág. 722*

5. Técnica de armadura

📖 *EN 1992-1-1, 8., 9.*

■ Estas libertades de planificación, teóricamente muy amplias, que ofrece el material están limitadas, no obstante, por algunas restricciones de procesamiento:

• Las **dimensiones máximas** de los sectores que se pueden hormigonar en una sola operación son limitadas. Por lo tanto, el trabajo de hormigonado se divide en **secciones de hormigonado**, cada una de ellas separada por **juntas de hormigonado** (⊟ **19**).

• La superficie de los elementos de hormigón, teóricamente moldeable con total libertad, suele estar limitada en su geometría por restricciones de la **técnica de encofrado**. El encofrado está hecho de un material diferente (madera, acero), que a su vez está sujeto a normas de procesamiento específicas. Las superficies de doble curvatura, en particular, sólo pueden realizarse con gran dificultad (⊟ **20**, **21**).

• Los trabajos de **encofrado** y **andamiaje**, que en la construcción de hormigón siguen produciéndose en gran medida en la obra—especialmente en comparación con los métodos de construcción de la competencia, como la construcción de acero o de madera, e incluso la construcción prefabricada de hormigón—son hoy en día, a pesar de la amplia prefabricación de elementos de encofrado, un factor económico importante que perjudica fuertemente a la construcción de hormigón in situ en determinadas condiciones. Esto es especialmente cierto en el caso de cubiertas de gran luz, por ejemplos de estadios deportivos, que hoy en día apenas se fabrican con este método constructivo. En consecuencia, actualmente se utilizan cada vez más métodos de construcción semiprefabricados que no requieren ningún tipo de encofrado en obra, o, tratándose de estructuras de grandes luces, se ejecutan construcciones ligeras de acero.

■ El material de hormigón, sensible a los esfuerzos de tracción por ser frágil, se arma con inserciones de acero colocadas en zonas de tracción para absorber estos esfuerzos (⊟ **22**, **23**). Éstas están completamente embebidas en una matriz de hormigón que las rodea y a la que se unen por fricción, o más bien por encastre. El hormigón suele agrietarse en las zonas de tracción y, en consecuencia, transfiere la fuerza de tracción a la armadura de acero. La matriz de hormigón envolvente también cumple una importante función de protección contra la corrosión del acero de armadura.

A diferencia de otros materiales para estructuras portantes primarias, como la madera o el acero, en el caso del hormigón armado los elementos fundamentales para el efecto portante, los aceros de armadura, están completamente embebidos en el volumen del componente y, por tanto, quedan ocultos a la vista. Suponer que la armadura no tiene

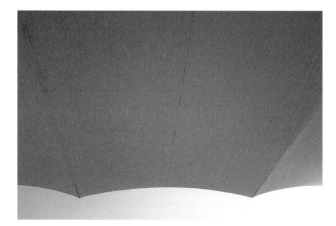

20 (Izquierda) superficie de doble curvatura (hiperboloide de revolución) realizada con la ayuda de un encofrado de tablas, colocadas a lo largo de las líneas meridianas (Hipódromo de La Zarzuela, Madrid; ing.: E Torroja).

21 (Abajo derecha) encofrado de un soporte de cáliz de la estación de ferrocarril *Stuttgart 21*: compleja superficie de doble curvatura hecha de tableros de madera contrachapada fresados en forma y luego revestidos (ver corte en ambos lados).

22 (Abajo izquierda) colocación de la armadura de un muro en el espacio de encofrado antes de montar la segunda superficie de encofrado.

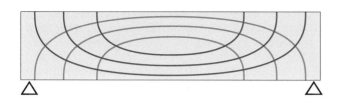

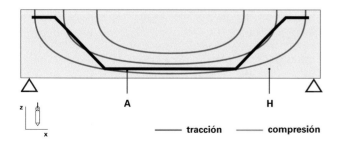

23 Representación esquemática de las **trayectorias de tensiones principales** en una viga sometida a una carga uniforme. Abajo se puede ver la cobertura de las tensiones de tracción por la armadura de barra **A**. **H** hormigón.

z

x

——— **tracción**   ——— **compresión**

ningún efecto sobre la forma de un componente de hormigón armado es, sin embargo, erróneo. Para una ejecución profesional, para una unión suficiente entre el acero y el hormigón, así como para una protección suficiente de los insertos de acero, deben crearse las condiciones espaciales necesarias en el volumen de encofrado para que la matriz de hormigón pueda cumplir sus funciones de forma fiable tras el vertido. Por regla general, esto presupone ciertas dimensiones mínimas en áreas específicas del componente y, en consecuencia, determina claramente el diseño del mismo.

Sin embargo, los recientes avances en la tecnología del hormigón han hecho que las normas clásicas de armadura pierdan su fuerza vinculante. Por ejemplo, el uso de hormigones autocompactantes permite densidades de armadura mucho más altas que las posibles con hormigón normal.

☞ *Vol. 1*, *Cap. IV-7, Aptdo. 7.3 Hormigón autocompactante (HAC), pág. 328*

Los aspectos básicos del comportamiento mecánico y de la armadura de los elementos de hormigón armado se abordan en el *Capítulo IV*. A continuación, se tratarán otras cuestiones relacionadas con la técnica de armadura. Éstas se refieren básicamente no sólo a componentes de hormigón en obra, sino que también son aplicables a elementos prefabricados.

☞ *Vol. 1*, *Cap. IV-7, Aptdo. 2. Propiedades mecánicas, pág. 316, así como ibid. Aptdo. 6. Conclusiones constructivas, pág. 321*

5.1   Instalación

■ La armadura puede considerarse como un remedio para la escasa resistencia a la tracción del hormigón, que es sólo una décima parte de su resistencia a la compresión. El requisito básico de dotar al componente de capacidad de carga suficiente se cumple especificando una **armadura mínima**. Ésta se incrementa adicionalmente con el fin de garantizar la capacidad de servicio, es decir con el objeto de limitar las deformaciones.

La trayectoria de la armadura se ajusta tanto como sea razonable a las trayectorias de tensiones principales en el elemento. Esto se denomina la **cobertura de tracción** en el componente (⊟ **24**, **25**), de modo que sean absorbidos en cada punto los esfuerzos de tracción ocasionados por flexión y por esfuerzo cortante. Por razones de implementación técnica, las secciones de armadura no se van adaptando gradualmente a las magnitudes de tensión, que normalmente cambian de forma continua, sino en secciones sucesivas de una misma densidad de armadura, de forma que se crea una distribución escalonada envolviendo las tensiones de tracción que se presentan en el componente (⊟ **24**).

☞ *EN 1992-1-1, pág. 162*

Por regla general, la armadura necesaria se determina —sin tener en cuenta posibles fases de iteración—en los siguientes pasos:

• confección de **planos de encofrado**; definición de la geometría final del componente;

• si es necesario, uso de un **modelo EF** para la determinación computacional de las tensiones en el componente;

- determinación de las tensiones de tracción que se producen;

- determinación de las secciones de armadura necesarias;

- elaboración de **planos de armadura**.

A pesar de que las trayectorias de tensiones son mayoritariamente curvas, no es habitual combar o curvar las barras de armadura con grandes radios. En su lugar, se colocan en línea recta o se doblan formando polígono, es decir, se redondean con pequeños radios en los puntos de doblado locales, pero por lo demás son rectas (véase ⟐ **23**). Los diámetros de los rodillos de doblado no deben ser inferiores a valores mínimos para evitar grietas de flexión en el acero o fallos del hormigón en la zona del codo de la barra. Los valores mínimos pueden obtenerse de la norma.

📖 *EN 1992-1-1, 8.3, Tabla 8.1 N*

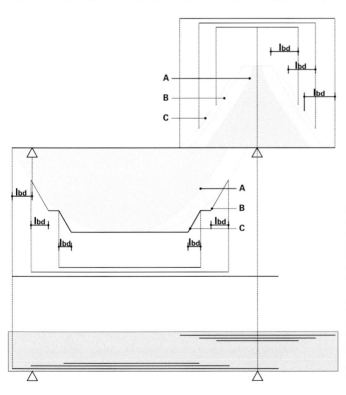

24 Representación de la cobertura de los esfuerzos de tracción en una viga ejemplar de un vano con voladizo bajo carga lineal **q** y el escalonamiento resultante de la armadura longitudinal, teniendo en cuenta las grietas oblicuas y la capacidad de carga de la armadura dentro de las longitudes de anclaje, según *EN 1992-1-1*. La curva envolvente **A** abarca los casos de carga alterna que se aplican, **B** es el valor de diseño del esfuerzo de tracción debido a la armadura de cortante (recargo), **C** es el esfuerzo de tracción que realmente puede soportar la armadura. Se tiene en cuenta la capacidad de carga reducida de las barras dentro de la longitud de anclaje l_{bd} en cada caso (línea de fuerza de tracción inclinada).

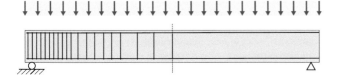

25 Representación de la **armadura de cizalladura** o **de esfuerzo cortante** en una viga ejemplar de un vano bajo carga lineal **q**.

Para evitar costosos trabajos de doblado, que producen elevados costes de mano de obra, se tiende cada vez más a no colocar las barras de forma inclinada y a armar únicamente de forma ortogonal, sobre todo en sentido horizontal y vertical, añadiendo armadura de esfuerzo cortante. Esto se aplica, por ejemplo, a la armadura de esfuerzo cortante en una viga, que puede colocarse ortogonalmente a pesar de la trayectoria diagonal de la fuerza (⮫ **27**).

5.1.1   **Tipos de armadura**

■ Dependiendo de la **función** asignada en relación con el comportamiento mecánico del hormigón armado, se pueden distinguir diferentes tipos de armadura (⮫ **27**):

- La **armadura principal** es responsable del efecto principal de carga del componente. Por lo general, se distingue entre la armadura de **flexotracción** y de **esfuerzo cortante**. Esta última se sitúa a un ángulo de entre 45° y 90° con respecto al eje baricéntrico del componente y puede consistir en una combinación de estribos, que abrazan la armadura de tracción longitudinal, y barras o ferralla inclinadas, escaleras, etc. (⮫ **29**).

- Una armadura envolvente de malla tupida, denominada **armadura de retracción** o de **superficie**, hecha con mallas electrosoldadas, tiene por objeto evitar que se formen grietas excesivamente grandes como consecuencia de la retracción del hormigón. Esta armadura también se denomina **armadura constructiva**.

- Puede ser necesaria una **armadura de montaje** adicional para mantener la armadura principal y de retracción en su lugar durante el montaje y el hormigonado.

- **Armadura de enlace** (esperas) atravesando las juntas de hormigonado.

Por lo que respecta al suministro de fábrica y a la transformación in situ del acero de armadura, cabe distinguir entre:

📖 *DIN 488-1*

☞ *Aptdo. 5.2 Barras de armadura, pág. 710*

- **barras de acero de armadura**

- **acero de armadura en anillos**

☞ *Aptdo. 5.3 Mallas de armadura, pág. 710*
☞ *Aptdo. 5.4 Armadura básica electrosoldada de celosía, pág. 713*

- **mallas** o **mallazos de armadura electrosoldadas**

- **armadura básica electrosoldada de celosía**.

5.1.2   **Distancias entre barras**

■ La distancia entre las barras debe ser lo suficientemente grande para que pueda introducirse bien el hormigón fresco y, posteriormente, se compacte lo suficiente. Siempre hay que tener en cuenta la viscosidad relativamente alta del material en estado plástico, que establece ciertos límites a la distribución automática y al llenado de cavidades en el espacio

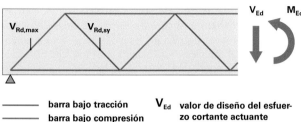

——— barra bajo tracción	V_{Ed} valor de diseño del esfuerzo cortante actuante
——— barra bajo compresión	M_{Ed} valor de diseño del momento flector actuante

26 Comportamiento de carga de una viga en la zona de apoyo con respecto a la absorción de **esfuerzos cortantes**. Representación simplificada basada en un modelo de celosía. La fuerza de la barra de compresión $V_{Rd,max}$ es absorbida por el hormigón, la fuerza de la barra de tracción $V_{Rd,sy}$ es absorbida por la armadura de esfuerzo cortante.

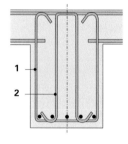

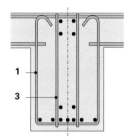

27 Ejemplos de **armadura de esfuerzo cortante** formada por combinaciones de estribos y suplementos de fuerza cortante.

1 estribo
2 ferralla de estribos como suplemento
3 suplemento en forma de escalera

📖 *EN 1992-1-1, 8.2*

del encofrado, es decir, a la autocompactación por efecto de la gravedad. Según la norma, la distancia libre—horizontal y vertical—entre barras simples paralelas o niveles de barras paralelas tiene que cumplir con ciertos valores mínimos en función del diámetro de la barra y del diámetro del grano más grande del árido. La separación de las barras también es esencial para garantizar una unión suficiente entre la matriz de hormigón y el acero de armadura, ya que se requiere un enclavamiento completo de las barras en el hormigón, así como un espesor mínimo de la matriz para transferir la fuerza entre el hormigón y el acero a través de la unión.

Además, la separación mínima de las barras también es importante para una buena compactación del hormigón con la ayuda de vibradores. Los diámetros habituales de los cilindros vibratorios, del orden de 6 a 8 cm, requieren en la práctica una separación de barras de 10 cm o más, por lo que las barras de armadura suelen colocarse con una separación de entre 10 y 15 cm. Si no se puede evitar una armadura especialmente densa, también se pueden mantener libres pasillos locales de vibración para este fin.

Las **condiciones de unión** describen las circunstancias que influyen en la unión entre el acero y el hormigón. Esto se refiere en particular al perfilado de las barras de armadura, así como a la dirección de hormigonado en relación con la orientación de la barra: Dependiendo de si la barra se coloca en la parte inferior o superior del espacio de encofrado o si se hormigona en paralelo o en ángulo recto con la alineación de la barra (más favorable: en paralelo), las condiciones de unión serán mejores o peores.

5.1.3 **Anclaje de barras longitudinales**

■ Para que las fuerzas se transmitan entre el acero de armadura y la matriz de hormigón, es necesario anclar el acero de armadura en el hormigón. Esto absorbe en particular las fuerzas de tracción que ocasiona el anclaje posterior del puntal de compresión en la barra de armadura situada encima del apoyo (⊟ **26**). Al mismo tiempo, deben tomarse precauciones para excluir el desprendimiento del hormigón en la zona de anclaje y el agrietamiento longitudinal del hormigón, que puede requerir una armadura transversal adicional.

Los anclajes pueden ejecutarse, respetando una longitud de anclaje mínima efectiva o equivalente, en forma de (⊟ **28**):

- **extremos de barra rectos**;

- **ganchos**, **ganchos en ángulo** o **bucles**;

- **extremos de barra rectos** con al menos una barra soldada en la zona de anclaje;

- **ganchos**, **ganchos en ángulo** o **bucles** con al menos una barra soldada en la zona de anclaje delante del inicio de la curvatura.

5.1.4 **Armadura transversal en la zona de anclaje**

■ Las tensiones locales de tracción transversal en la zona de anclaje que pueden provocar un efecto de desprendimiento deben ser absorbidas con una **armadura transversal**. Si hay suficiente compresión transversal en esta zona, también se puede prescindir de ella. Para elementos estructurales en forma de barra, como vigas o pilares, la armadura transversal consiste en estribos colocados a intervalos de aproximadamente cinco veces el diámetro de la barra de armadura anclada (⊟ **29**).

5.1.5 **Anclaje de la armadura de esfuerzo cortante**

■ De forma análoga a las barras longitudinales, también deben anclarse en la matriz de hormigón los estribos y las armaduras de esfuerzo cortante. Esto puede hacerse con ganchos, ganchos en ángulo o armadura transversal soldada (⊟ **30**).

5.1.6 **Empalmes de armadura**

■ Pueden ser necesarios empalmes de armadura porque las longitudes de entrega del acero de armadura son menores que las dimensiones de los componentes o porque hay que interrumpir el trabajo de hormigonado en una junta. Las uniones resistentes de barras de armadura pueden producirse mediante:

- conexiones mecánicas, como fundas de acoplamiento o conectores especiales (⊟ **31**), o bien conexiones soldadas (⊟ **32**): se trata de **empalmes directos**, es decir, sin la intervención del hormigón;

- solapamiento de las barras de hormigón en la matriz de hormigón: Se trata de **empalmes indirectos** o **de solape**,

anclaje de una barra recta utilizando su longitud de anclaje l_b

métodos alternativos de anclaje por doblado de la barra

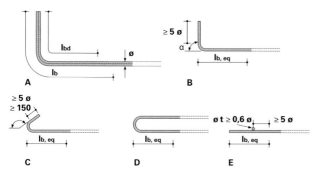

28 Tipos admisibles de **anclaje** de barras de armadura según la norma *EN 1992-1-1* con longitud de anclaje imputable l_b.

A valor base de la longitud de anclaje l_b, para todos los tipos de anclaje, medido a lo largo de la línea central
B longitud de anclaje equivalente $l_{b,eq}$ para gancho de ángulo normal
C longitud de anclaje equivalente $l_{b,eq}$ para gancho normal
D longitud de anclaje equivalente $l_{b,eq}$ para estribo normal
E longitud de anclaje equivalente $l_{b,eq}$ para barra transversal soladada

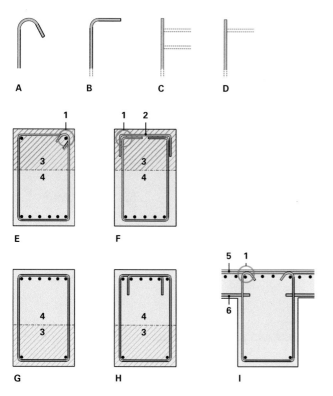

1 barras de armadura ancladas
2 barra de armadura continua

29 (Arriba) disposición de la armadura transversal (estribos) en la zona de anclaje de las barras longitudinales de una viga según *EN 1992-1-1*.

30 (Izquierda) anclaje y cierre de estribos de una armadura de esfuerzo cortante en secciones de viga según *EN 1992-1-1*.

1 elementos de anclaje según **A** y **B**
2 estribo de remate
3 zona de compresión del hormigón
4 zona de tracción del hormigón
5 armadura transversal superior
6 armadura inferior de la losa contigua

A gancho
B gancho angular
C extremos de barra rectos con dos barras transversales soldadas
D extremos de barra rectos con una barra transversal soldada
E, F cierre en la zona de compresión
G, H cierre en la zona de tracción
I cierre para losas nervadas en la zona de losa

es decir de empalmes con participación del hormigón (**33**).

Debido a su sencilla ejecución, el empalme solapado es el caso estándar en la práctica de la construcción. Sin embargo, presupone unas condiciones espaciales suficientes, que a veces no se dan, como por ejemplo en el caso del relleno de juntas de elementos prefabricados, que suelen ser demasiado estrechas para proporcionar la suficiente longitud de solape.

Los empalmes de solape adyacentes deben disponerse siempre desplazados entre sí (**34**). Deben respetarse las **longitudes mínimas de solapamiento** prescritas. Para absorber las fuerzas de tracción transversales que se producen, se debe prever una armadura transversal en la zona de solapamiento de las barras longitudinales.

Los empalmes de mallas de armadura pueden hacerse encajándolas en el mismo plano o colocándolas en dos planos separados (**35**). Mallas de armadura no requieren armadura transversal adicional en la zona de empalme.

5.1.7 **Agrupación de barras**

■ Para grandes densidades de armadura, también se utilizan **haces de barras** formados por varias barras atadas y en contacto entre sí. Las condiciones de unión compuesta con el hormigón se empeoran notablemente en comparación con barras simples exentas. Los detalles están regulados en la norma.

📖 *EN 1992-1-1, 8.9*

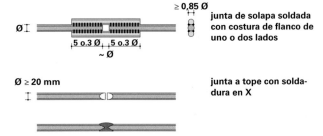

barra de enlace

barra de manga, forjada, con brida de clavado

barra de manga, manga roscada

31 Conexión de encaje roscado entre barras de armadura contiguas.

$\geq 0.85\,\varnothing$

junta de solapa soldada con costura de flanco de uno o dos lados

$\varnothing$

5 o.3 $\varnothing$ 5 o.3 $\varnothing$
~ $\varnothing$

$\varnothing \geq 20$ mm

junta a tope con soldadura en X

32 Junta soldada a tope entre barras de armadura contiguas.

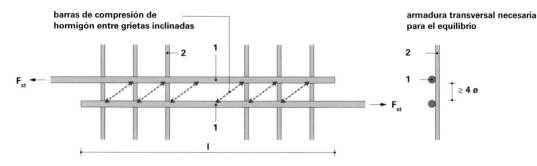

barras de compresión de hormigón entre grietas inclinadas

armadura transversal necesaria para el equilibrio

33 Representación esquemática de una unión solapada de barras **1** con armadura transversal necesaria **2**.

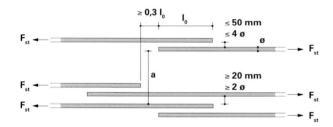

34 Desplazamiento en las juntas de solapamiento de barras de armadura según *EN 1992-1-1*. La longitud de solapamiento requerida l_0 está regulada en la norma.

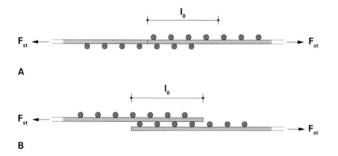

A

B

35 Juntas de solapamiento de mallazos de armadura de acuerdo con *EN 1992-1-1*.

A encaje de mallazos de armadura (sección longitudinal)
B junta de mallazos de armadura a dos niveles (sección longitudinal)

36 Barras de armadura perfiladas.

37 Ferralla armada preparada para vigas con armadura principal y de estribo.

5.2 **Barras de armadura**

📖 *DIN 488-2*
📖 *EN 10080*

■ Según la definición de la norma, las barras de armadura son un producto de acero de sección circular, o casi circular, adecuado para la armadura del hormigón. Se distinguen las siguientes versiones:

- **acero de armadura nervado**: con al menos dos filas de costillas inclinadas distribuidas uniformemente en toda la longitud; además, hay una costilla longitudinal: una costilla uniforme y continua paralela al eje de la barra, el alambrón o el cable (🔖 **38**);

- **acero de armadura acanalado**: con depresiones definidas distribuidas uniformemente en toda la longitud (🔖 **39**);

- **acero de armadura liso**.

Los productos de acero nervado y acanalado están normalizados según la geometría de superficie. Los diámetros nominales normalizados, las áreas de sección transversal y las dimensiones nominales se pueden encontrar en el resumen en 🔖 **40**.

5.3 **Mallas de armadura**

📖 *EN 10080, 3.17*

■ Según la definición de la norma, una **malla electrosoldada** o **mallazo electrosoldado** es una disposición de barras longitudinales y transversales, alambres o barras de diámetros nominales y longitudes iguales o diferentes, que discurren en principio en ángulo recto entre sí, y que se unen en la fábrica en todos los puntos de cruce mediante máquinas automáticas por soldadura eléctrica por resistencia. Las barras pueden ir soldadas simples o dobles; sin embargo, las barras dobles sólo se permiten en una capa (🔖 **43**).

Las barras del mallazo de armadura se procesan con tres filas de costillas de relieve inclinadas; una fila de costillas va en sentido opuesto (🔖 **44**).

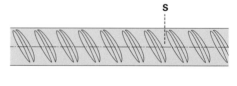

sección S

38 Geometría de las costillas de una barra de armadura nervada.

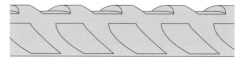

sección

39 Geometría de las depresiones de una barra de armadura acanalada.

diámetro nominal mm	área de sección nominal [a] mm²	masa nominal [b] kg/m
6,0	28,3	0,222
8,0	50,3	0,395
10,0	78,5	0,617
12,0	113	0,888
14,0	154	1,21
16,0	201	1,58
20,0	314	2,47
25,0	491	3,85
28,0	616	4,83
32,0	804	6,31
40,0	1257	9,88

[a] El área de la sección transversal nominal se calcula a partir de:

$$An = \frac{md^2}{4}$$

[b] Calculado con una densidad de 7,85 kg/dm³

40 (Izquierda) valores nominales normalizados de barras de armadura según *DIN 488-2*.

41 (Arriba) mallazos de armadura instalados para un forjado.

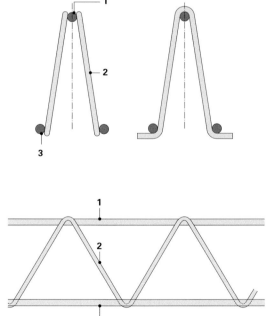

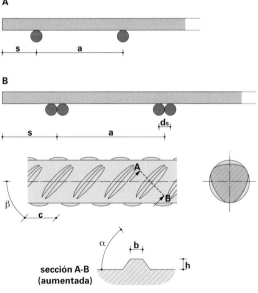

43 (Arriba derecha) construcción de mallazos de armadura con barras simples y dobles respectivamente. Definición de la separación de barras **a** y de los salientes **s**.

A   distancia **a** de las barras longitudinales o transversales y salientes **s** para barras simples

B   distancia **a** de las barras longitudinales o transversales y salientes **s** para barras dobles

44 (Abajo derecha) forma de la superficie de barras de armadura acanaladas de mallazo según *DIN 488-4*.

42 Armadura básica electrosoldada de celosía según *EN 10080*. Arriba dos variantes de sección.

1   cordón superior
2   diagonal
3   cordón inferior

La ferralla de mallazo se utiliza para la armadura de componentes superficiales. De este modo, se racionaliza la laboriosa colocación de barras una al lado de la otra en zonas grandes.

Este tipo de armadura está previsto para losas de hormigón armado bidireccionales, en las que la transferencia de cargas se produce en dos direcciones equivalentes. Para este tipo de losas se utilizan los llamados **mallazos Q**. Las dos carreras de barras tienen el mismo diámetro.

☞ *Vol. 1*, *Cap. V-3, Aptdo. 9.1 Acero de armadura según DIN 488, pág. 449*

Las losas unidireccionales con una dirección predominante de transferencia de cargas se arman con **mallazos R**, donde los diámetros de las barras pueden diferenciarse según la dirección de instalación.

En cuanto a la **forma de suministro**, se distingue entre:

- **mallazos de almacén**: composición determinada por el fabricante, disponible en stock;

- **mallazos de lista**: composición determinada por el cliente por designación;

- **mallazos de dibujo**: composición determinada por el cliente mediante dibujo (🗗 **45**).

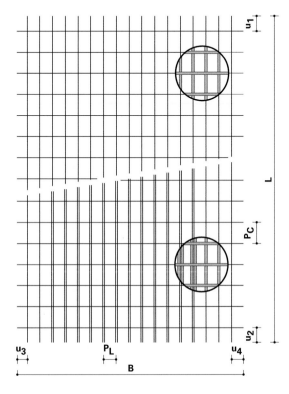

45 Características geométricas de mallazos de dibujo soldados según *EN 10080*.

P_L separación de los alambres longitudinales
P_C separación de los alambres transversales
L   longitud de los alambres longitudinales
B   longitud de los alambres transversales
u_1 protuberancia de los alambres longitudinales
u_2 protuberancia de los alambres longitudinales
u_3 protuberancia de los alambres transversales
u_4 protuberancia de los alambres transversales

■ Una armadura básica electrosoldada de celosía es una estructura metálica bidimensional o tridimensional formada por un cordón superior, uno o varios cordones inferiores y diagonales continuas o interrumpidas conectadas a los cordones mediante soldadura eléctrica o mecánicamente (🔁 **45**). Las armaduras de celosía se utilizan, por ejemplo, para forjados semiprefabricados o para forjados de bovedilla.

■ Se requiere un recubrimiento mínimo de hormigón c_{min} para (🔁 **46**):

• proteger la armadura contra la **corrosión**;

• transferir con seguridad las **fuerzas de unión compuesta** entre el acero y el hormigón;

• garantizar una resistencia al fuego suficiente.

Las condiciones ambientales dadas en forma de influencias químicas y físicas se registran en la norma clasificándolas en diferentes **clases de exposición** (🔁 **47**). Además, se definen diferentes **clases de exigencia** (**S1** a **S6**, 🔁 **48**). El recubrimiento del hormigón se determina en función de estos dos parámetros utilizando diversos valores de corrección, como cuando se utiliza armadura recubierta o acero inoxidable (🔁 **49**).
  Separadores de plástico garantizan el recubrimiento mínimo del acero. Éstos se enganchan a las barras exteriores durante la instalación de la ferralla (🔁 **50**).

Armadura básica electrosoldada de celosía

📖 *EN 10080, 3.18*

Recubrimiento de hormigón

📖 *EN 1992-1-1, 4.*
☞ ***Vol. 1***, *Cap. VI-6, Aptdo. 3. Corrosión del hormigón armado, pág. 855*

☞ ***Vol. 1***, *Cap. VI-5, Aptdo. 10.2 Componentes de hormigón armado, pág. 813*

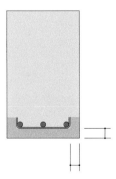

46 El **recubrimiento de hormigón** de las armaduras de acero es decisivo para su protección contra el fuego y las influencias ambientales (calculado a partir del estribo).

clase	descripción del entorno	ejemplo de asignación de clases de exposición (informativo)
1 no hay riesgo de corrosión o ataque		
X0	para hormigón sin armadura ni metal embebido: todas las clases de exposición, excepto el ataque por heladas con y sin agente descongelante, la abrasión o el ataque químico für Beton mit Bewehrung oder eingebettetem Metall: sehr trocken	hormigón en edificios con muy baja humedad del aire
2 corrosión provocada por la carbonatación		
XC1	seco o constantemente húmedo	hormigón en edificios con poca humedad; hormigón que está constantemente sumergido en agua
XC2	húmedo, raramente seco	superficies expuestas al agua durante largos periodos; a menudo en cimientos
XC3	humedad moderada	hormigón en edificios con humedad moderada o alta; hormigón protegido de la lluvia en el exterior
XC4	alternancia de húmedo y seco	superficies mojadas por el agua que no son de la clase XC2
3 corrosión de la armadura causada por cloruros, excepto el agua de mar		
XD1	humedad moderada	superficies de hormigón expuestas a niebla de pulverización con cloruro
XD2	húmedo, raramente seco	piscinas; hormigón expuesto a aguas residuales industriales que contienen cloruros
XD3	alternancia de húmedo y seco	partes de puentes expuestas a aerosoles que contienen cloruro, superficies de carreteras; pisos de aparcamientos
4 corrosión de la armadura provocada por cloruros del agua de mar		
XS1	aire salado, sin contacto directo con el agua de mar	edificios cerca de la costa o en la costa
XS2	bajo el agua	partes de estructuras marinas
XS3	zonas de marea, de salpicaduras y de aspersiones	partes de estructuras marinas
5 ataque al hormigón por heladas con y sin descongelante		
XF1	saturación moderada de agua sin descongelante	superficies verticales de hormigón expuestas a la lluvia y a las heladas
XF2	saturación moderada de agua con descongelante o agua de mar	superficies verticales de hormigón de estructuras viales expuestas a pulverización que contiene agentes descongelantes.
XF3	alta saturación de agua sin descongelante	superficies horizontales de hormigón expuestas a la lluvia y a las heladas
XF4	alta saturación de agua con descongelante o agua de mar	superficies de carreteras y tableros de puente expuestos a agentes de deshielo; superficies verticales de hormigón expuestas al rociado de agentes de deshielo y a la escarcha; zona de salpicaduras de agua de estructuras marinas expuestas a la escarcha.
6 ataque al hormigón debido al ataque químico del entorno		
XA1	entorno químico de bajo impacto según la norma EN 206-1, tabla 2	suelos naturales y aguas subterráneas
XA2	entorno químico de impacto moderado y estructuras marinas según la norma EN 206-1, tabla 2	suelos naturales y aguas subterráneas
XA3	entorno químico de fuerte impacto según la norma EN 206-1, tabla 2	suelos naturales y aguas subterráneas

47 Clases de exposición del hormigón armado según la norma *EN 1992-1-1*, de acuerdo con la norma *EN 206-1*, para registrar la carga ambiental y determinar el recubrimiento de hormigón en función de dicha carga.

criterio	clase de exigencia						
	clase de exposición según la tabla de 🖺 47						
	XO	**XC1**	**XC2/XC3**	**XC4**	**XD1**	**XD2/XS1**	**XD3/XS2/XS3**
vida útil de 100 años	aumentar la clase por 2	aumentar la clase por 2	aumentar la clase por 2	aumentar la clase por 2	aumentar la clase por 2	aumentar la clase por 2	aumentar la clase por 2
clase de resistencia a la compresión [a, b]	≥C30/37	≥C30/37	≥C35/45	≥C40/50	≥C40/50	≥C40/50	≥C45/55
	disminuir la clase por 1	disminuir la clase por 1	disminuir la clase por 1	disminuir la clase por 1	disminuir la clase por 1	disminuir la clase por 1	disminuir la clase por 1
componente en forma de losa (la posición de la armadura no se ve afectada por las obras)	disminuir la clase por 1	disminuir la clase por 1	disminuir la clase por 1	disminuir la clase por 1	disminuir la clase por 1	disminuir la clase por 1	disminuir la clase por 1
control de calidad especial probado	disminuir la clase por 1	disminuir la clase por 1	disminuir la clase por 1	disminuir la clase por 1	disminuir la clase por 1	disminuir la clase por 1	disminuir la clase por 1

[a] Se supone que la clase de resistencia a la compresión y el valor de aglomerante y agua pueden asignarse mutuamente. Puede tenerse en cuenta una composición especial del hormigón (tipo de cemento, valor de aglomerante y agua, sustancia de relleno) diseñada para producir una baja permeabilidad.

[b] Las clases de resistencia a la compresión requeridas pueden reducirse por una clase si se crean más de un 4% de cavidades de aire mediante la adición de un agente de arrastre de aire.

clase de exigencia	requisito de durabilidad para $c_{min,dur}$ (mm)						
	clase de exposición según la tabla de 🖺 47						
	XO	**XC1**	**XC2/XC3**	**XC4**	**XD1/XS1**	**XD2/XS2**	**XD3/XS3**
S1	10	10	10	15	20	25	30
S2	10	10	15	20	25	30	35
S3	10	10	20	25	30	35	40
S4	10	15	25	30	35	40	45
S5	15	20	30	35	40	45	50
S6	20	25	35	40	45	50	55

48 (Tabla de arriba) modificación recomendada de las **clases de exigencia** del hormigón armado según la norma *EN 1992-1-1*, para determinar el recubrimiento de hormigón.

49 (Tabla de abajo) **recubrimiento mínimo de hormigón $c_{min,dur}$** de hormigón armado en el ámbito de la durabilidad según *EN 1992-1-1* en función de la clase de exposición y de exigencia, para el acero de armadura según *EN 10080*.

50 Los **separadores** de plástico se sujetan a las barras de armadura y garantizan la distancia mínima al paramento del encofrado (= recubrimiento mínimo de hormigón).

5.6   Juntas de hormigonado

■ Dado que los trabajos de hormigonado de una estructura no pueden realizarse prácticamente nunca en una sola operación, es decir, deben llevarse a cabo en diferentes tramos de hormigonado, es necesario introducir juntas de hormigonado en la estructura en un punto adecuado (🗗**51**, **52**). En este caso, las barras o los mallazos de armadura—las barras de espera—sobresalen del borde de la primera sección y, después de que ésta se haya endurecido, se embeben en el hormigón fresco de la siguiente sección de hormigonado. Las fuerzas de tracción se transfieren en esta junta mediante el solape o, si es necesario, la conexión mecánica de las barras de enlace que sobresalen con las barras de la sección a hormigonar; las fuerzas de compresión se transmiten a través del contacto entre las superficies colindantes de la junta. Esta transmisión de fuerza combinada—a saber, de la tracción a través de los empalmes de armadura y la compresión a través del contacto en la junta de hormigonado—crea una unión que se acerca mucho a un material continuo. En general, la construcción puede considerarse **monolítica** a

☞ **Vol. 3**, Cap. XII-6, Aptdo. 2.1 Juntas de hormigonado

pesar de las juntas de hormigonado. La acción mecánica de estas juntas se trata en el *Capítulo XII*.

A la hora de determinar el número y la ubicación de las juntas de hormigonado, también desempeña un papel importante la posición de hormigonado: Mientras que piezas horizontales, como losas, también pueden hormigonarse sin problemas en grandes tramos, los encofrados verticales, en particular, sólo pueden llenarse de hormigón en una sola operación hasta una determinada altura. La proporción entre la altura y la anchura de los componentes juega en este caso un papel importante. Los espacios de encofrado demasiado altos o estrechos dificultan la distribución y, sobre todo, la compactación del hormigón fresco con un dispositivo vibratorio. El resultado son bolsas de aire incontroladas (coqueras).

Las juntas de hormigonado son siempre claramente visibles en las superficies de hormigón expuestas. Por esta razón—además de las cuestiones del proceso de construcción—deben planificarse cuidadosamente en su disposición y ejecución, ya que tienen una profunda influencia en el aspecto de la superficie encofrada (🗗**61**). A menudo se realizan ranuras de sombra en las juntas de hormigonado, lo que facilita disimular visualmente imperfecciones de ejecución.

6.   Técnica de encofrado

■ El encofrado es una *imagen negativa* temporal de la estructura que se va a construir. El paramento del encofrado determina la calidad superficial visible del hormigón fraguado. Los distintos materiales de encofrado producen superficies de hormigón muy diferentes.

Las superficies de encofrado deben ser lo suficientemente lisas y, si es necesario, tratadas con aceites de encofrado para permitir un desencofrado sin problemas (🗗**55**). Este último tiene lugar cuando el hormigón se ha endurecido hasta el punto de ser estable sin apoyo extensivo.

Durante el vertido y el fraguado, el encofrado debe ser

51 Sección de hormigonado terminada: junta de hormigonado preparada en la coronación del muro con armadura de enlace para la siguiente sección de hormigonado.

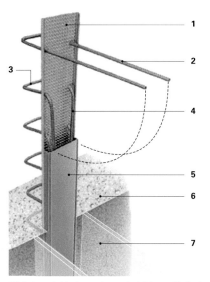

53 Enlace doblado previamente (sistema *Halfen*).

1 perfil de carcasa de acero con la parte trasera perfilada para la transmisión del esfuerzo cortante
2 barra de armadura de espera, doblada hacia arriba
3 estribo de anclaje en el hormigón de la 1ª sección de vertido
4 barra de armadura de espera, doblada hacia abajo
5 tapa perfilada en forma de U de chapa de acero galvanizado para mantener las barras de armadura dobladas libres de hormigón fresco de la 1ª sección de hormigonado. Se retira antes de doblar hacia arriba.
6 1ª sección de hormigonado
7 encofrado de la 2ª sección de hormigonado

52 Armadura de mallazo extendida sobre separadores con forma de tira (tiras oscuras) y barras de espera para muros ascendentes.

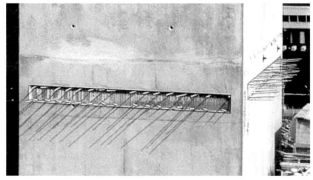

54 Armadura de espera con conexión de doblado como se muestra en 🔁 **53** (sistema *Halfen*). Armadura de enlace de un forjado a un núcleo.

capaz de absorber la presión hidráulica del hormigón fresco, que es unas 2,5 veces mayor que la del agua. Para ello, además del paramento de encofrado, se necesita el correspondiente **andamiaje**.

Básicamente, un encofrado moderno se compone de (🗗 **57**):

- **superficie de encofrado**;

- **subestructura** del paramento de encofrado, principalmente vigas de encofrado;

- **travesaños**;

- otros elementos de soporte.

Además, se suele montar una **plataforma de trabajo** en el borde superior de encofrados verticales.

6.1   Paramento de encofrado

■ Los encofrados antiguos consistían en tablas como superficie de encofrado y maderos escuadrados como vigas de sustento. La superficie de hormigón resultante, característicamente estriada, se observa a menudo en paramentos antiguos de hormigón visto (🗗 **14**).

El encofrado moderno para la construcción de hormigón in situ, en cambio, consiste en una superficie de encofrado hecha de paneles de madera revestidos y vigas de encofrado en forma de cerchas de celosía de madera estandarizadas (encofrado moderno de vigas). El patrón de juntas que aparece en la superficie del hormigón consiste, por tanto, en una retícula de impresiones de junta bastante espaciadas unas de otras resultante de los formatos de tablero utilizados comúnmente (🗗 **61**).

En principio, el paramento de encofrado no debe ser demasiado absorbente, ya que de lo contrario extraería demasiada agua de la superficie del hormigón y dificultaría el proceso de hidratación. El resultado sería un agrietamiento.

6.2   Encofrados de muro

■ Si los muros se encofran por ambos lados—con encofrados a dos caras—se utiliza la estructura según 🗗 **56**. Las dos mitades del encofrado se acoplan con la ayuda de cabezas de anclaje que las atraviesan, de modo que la presión del hormigón fresco es absorbida por un cortocircuito interno de fuerzas, por así decirlo, sin soportes externos (🗗 **58, 59**). Estas cabezas de anclaje se fijan a los travesaños horizontales. Son claramente visibles en la superficie de hormigón acabada como depresiones puntuales (🗗 **60**). Al igual que al determinar las juntas de paneles de encofrado o las juntas de hormigonado, también se recomienda planificar la posición de anclajes de encofrado en superficies de hormigón visto con antelación, no sólo en cuanto a requisitos de fabricación, sino también, si es necesario, en cuanto al aspecto visual. A menudo, estos elementos se tratan—como las juntas de

60 Primer plano de un anclaje de encofrado en una superficie de hormigón visto.

55 Desencofrado de un muro.

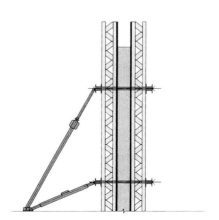

56 Encofrado de doble cara.

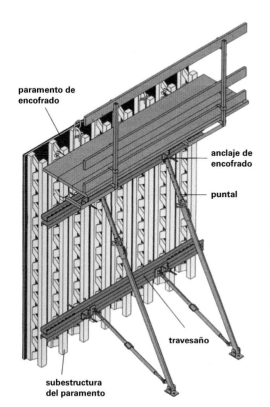

paramento de
encofrado

anclaje de
encofrado

puntal

travesaño

subestructura
del paramento

57 Estructura típica de un encofrado moderno compuesto por paramento de encofrado, vigas de celosía de madera, travesaños horizontales, anclajes de encofrado, puntales de empuje y tracción, así como una plataforma de trabajo en el borde superior.

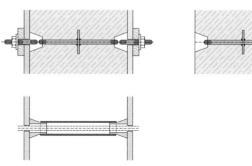

58 Anclaje de encofrado.

59 Anclajes de encofrado antes de la instalación.

hormigonado—como una característica esencial de diseño y se incorporan deliberadamente al concepto formal (⊟ **61**).

Además, el encofrado completo se asegura contra cargas horizontales externas mediante puntales de empuje y tracción (⊟ **57**). También permiten un ajuste preciso del encofrado antes del hormigonado.

En el **encofrado enmarcado**, más moderno, se combinan el encofrado, el soporte del mismo y las correderas de acero en un solo elemento (panel de cerco, ⊟ **62**). El canteado de todo el borde del paramento del encofrado prolonga considerablemente la vida útil de estos elementos.

6.3 Encofrados de muro especiales

6.3.1 Encofrado rampante

■ En el caso de muros altos que deban hormigonarse en varias fases de trabajo, puede ser útil trabajar con encofrados rampantes. Se trata de dispositivos que se desmontan por ciclos después de que una sección de trabajo se haya endurecido, se levantan y se vuelven a montar en el borde superior del componente acabado.

Esto se ilustra con el ejemplo de un moderno encofrado móvil trepador (⊟ **63**). Aquí, una vez endurecido el hormigón, el paramento de encofrado, incluidas las vigas del mismo, puede alejarse unos 75 cm de la superficie del muro con la ayuda de un carro. Esto permite limpiar el encofrado y preparar la siguiente sección de hormigonado.

A continuación, el bastidor completo se desplaza hacia arriba con una grúa y se vuelve a fijar. La superficie de encofrado puede volver a colocarse en su posición mediante el carro; el siguiente ciclo de trabajo puede comenzar.

6.3.2 Encofrado deslizante

■ Para mayores alturas, puede ser apropiado y económicamente justificable el uso de un encofrado deslizante. En este caso, el paramento de encofrado, que sólo cubre una pequeña sección de aproximadamente 1,20 m, se mueve verticalmente de forma continua las 24 horas del día.

El dispositivo consiste esencialmente en (⊟ **64**):

- el **paramento de encofrado**;

- un soporte de **horquilla** en forma de U invertida, que debe soportar la presión del hormigón fresco;

- una **pértiga de escalada** apoyada en el núcleo del muro;

- así como los denominados **elevadores**, que mueven lentamente todo el dispositivo hacia arriba apoyándose en la pértiga de escalada.

6.4 Encofrado de forjado

■ En el pasado, el encofrado convencional de forjado solía consistir en un entablado, vigas de madera escuadrada y soportes de madera redonda.

Un encofrado de forjado moderno (⊟ **65–67**) consiste en:

- el **paramento de encofrado**;

61 Superficie de hormigón visto con patrón de juntas de tablero y anclajes de encofrado cuidadosamente diseñado.

secuencia de ciclos de escalada

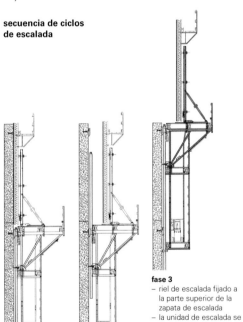

62 Encofrado enmarcado.

fase 3
– riel de escalada fijado a la parte superior de la zapata de escalada
– la unidad de escalada se desplaza a la siguiente altura al lo largo del riel de escalada sin detenerse
– el encofrado está listo para la siguiente sección de hormigonado

fase 2
– encofrado replegado
– zapata de escalada montada
– el riel de escalada se mueve hacia arriba

fase 1
– terminar de hormigonar el muro

63 Encofrado rampante.

1 pértiga de escalada
2 plataforma para el depósito de la armadura
3 dispositivo de escalada
4 tubo de camisa
5 caballete de escalada
6 andamio de ménsula
7 maderos de bastidor
8 madero portante
9 andamios suspendidos
10 paramento de encofrado

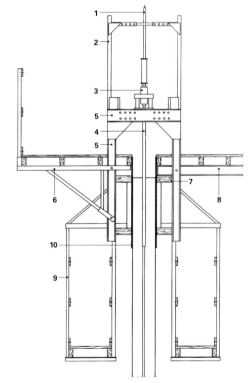

64 Típico encofrado deslizante.

- **travesaños** (vigas secundarias), en su mayoría cerchas de celosía de madera;

- **cargadores** (vigas maestras), generalmente también cerchas de celosía de madera;

- **puntales telescópicos de acero** ajustables (puntales de forjado).

También aquí, como en el caso del encofrado de muro, se utilizan mayoritariamente sistemas de encofrado modulares. [4]

Además, también se utiliza el llamado **encofrado de panel**, en el que el paramento del encofrado y las vigas transversales se combinan en un solo elemento (el panel) (⊟ **68**). Con estos sistemas, el panel y el cargador pueden retirarse en una fase temprana—generalmente a los dos días—mientras que el soporte de la losa permanece en su lugar hasta que ésta se haya endurecido lo suficiente.

También se pueden ejecutar unidades de encofrado más grandes como unidades transferibles de gran superficie, mesas enmarcadas o mesas de pórtico.

7.   Semiprefabricados

■ La tendencia a reducir la cantidad de encofrado necesario, y en particular los costes de mano de obra asociados, han llevado a la utilización generalizada de elementos semiprefabricados. El objetivo principal de esta técnica es sustituir los dispositivos de encofrado por un encofrado perdido. Especialmente para los trabajos de hormigonado a mayor altura, los semiprefabricados resultan ser una alternativa favorable y eficaz al encofrado convencional.

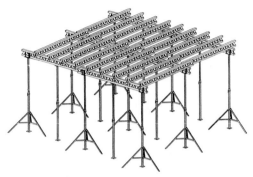

65 (Arriba) andamiaje de un encofrado de losa compuesto por vigas transversales, cargaderos y puntales.

66 (Derecha) ejemplo de estructura de encofrado como la mostrada arriba.

67 Encofrado de losa antes del hormigonado. Abajo se pueden ver las vigas transversales, arriba los cargaderos de cercha de celosía de madera y los puntales de ajuste telescópico.

68 Encofrado de panel para forjados. El paramento del encofrado y los travesaños se combinan en un solo panel.

69 Colocación de un forjado semiprefabricado actuando como encofrado perdido.

Forjados semiprefabricados

☞ **Vol. 3**, Cap. XIV-2, Aptdo. 5.1.2 Sistemas de forjado de hormigón armado prefabricados o semiprefabricados
📖 EN 13747-1, -2, -3

☞ Aptdo. 9.4 Estructuras de esqueleto con arriostramiento por núcleo, pág. 730

■ Los forjados semiprefabricados no necesitan encofrado en la obra. Debido al ahorro de trabajos de encofrado, relativamente costosos, estos sistemas son actualmente mucho más rentables que las losas macizas de hormigón in situ. Consisten en prelosas prefabricadas de hormigón de 4 a 6 cm de espesor que actúan como encofrado permanente o perdido con armadura integrada y armadura básica electrosoldada de celosía sobresaliente, sobre las que se aplica una capa de hormigón en obra. Una vez endurecido el hormigón, la construcción se comporta como una losa sólida monolítica (🗇**69**).

Las prelosas de semiprefabricado se colocan sobre los apoyos y, en principio, cubren los vanos por sí solas (🗇**70**), actuando la armadura del cordón superior de la armadura de celosía como cordón de compresión de los elementos en estado de construcción, y la armadura contenida en la losa prefabricada como zona de tracción (🗇**72**), aprovechando de esa manera antes del vertido el canto total de la armadura de celosía. Además, deben apoyarse provisionalmente sobre cargaderos cada 1,5 m a 1,8 m para soportar la carga añadida del hormigón fresco.

La losa semiprefabricada puede ejecutarse alternativamente con armadura de mallazo o de barra. La armadura de mallazo permite una transferencia de cargas bidireccional de la losa, para lo cual las juntas de los elementos se tapan en la obra con armadura de cobertura. También las losas armadas con barra pueden actuar en dos direcciones, siempre que se aplique la armadura transversal en la obra antes del hormigonado. Esto reduce inevitablemente el par utilizable en la dirección transversal, lo que conduce a un aumento del 20 al 40 % de armadura en la losa semiprefabricada en comparación con una losa maciza convencional. Este mayor consumo de material se compensa, sin embargo, con una elaboración mucho más rentable.

Incluso losas planas apoyadas en puntos pueden realizarse hoy en día como losas semiprefabricadas.

Muros semiprefabricados

📖 EN 14992

■ Los muros semiprefabricados se crean con un proceso similar al de los forjados semiprefabricados (🗇**73**, **75**). Los paramentos de los muros consisten en dos placas delgadas prefabricadas, que contienen la armadura de tracción requerida. Se entregan como elementos en forma de sándwich con una armadura de celosía de atado (🗇**71**), se montan, se apuntalan provisionalmente (🗇**75**) y se rellenan de hormigón. Si el hormigón se trasdosa sobre un muro o encofrado existente, también puede omitirse una de las dos hojas del elemento semiprefabricado.

Es posible el premontaje en fábrica de conductos vacíos para cables eléctricos, así como de cercos de puerta de acero o ventanas sencillas, como las de un sótano. Las alturas habituales de los elementos corresponden a la altura normal de piso, unos 3 m. Para crear un apoyo de forjado, a menudo se acorta la hoja interior en las paredes exteriores en la medida del grosor del forjado (🗇**75**).

70 Montaje de un forjado semiprefabricado. A la derecha se puede ver la delgada prelosa de hormigón prefabricada, es decir, el encofrado perdido, así como la armadura de celosía que sobresale y que posteriormente se embebe en el hormigón de la capa superior. También es visible la armadura de enlace que sobresale del borde del encofrado perdido, que están introduciendo los montadores en la armadura del cargadero del centro.

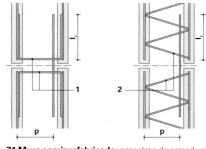

71 Muro semiprefabricado: empalme de armadura por solapamiento en una junta de conexión y par interno **p** a tener en cuenta en la zona de la junta. Estribado del empalme de armadura mediante horquilla **1** (izquierda) o armadura de celosía **2** (derecha); según *EN 14992*.

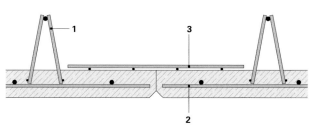

72 Vista en sección de la unión de dos elementos adyacentes de un forjado semiprefabricado. Las armaduras de celosía **1** crean la unión entre el hormigón añadido y la prelosa. La armadura de vano **2** del forjado ya va integrada en la fábrica en el encofrado perdido. **3** armadura de empalme.

73 Levantamiento de un muro semiprefabricado.

74 Corona de pletinas con conectores para la armadura del apoyo de una losa sobre la cabecera de un muro—reconocible aquí como una franja de color claro—donde se produce una concentración de esfuerzos cortantes.

75 Muro semiprefabricado apuntalado antes del hormigonado.

8. **Aspectos de diseño y planificación**

■ Básicamente, el hormigón armado permite, en comparación con los demás materiales de construcción disponibles, la mayor libertad de diseño, de concepción y de planificación de una estructura, especialmente cuando el hormigón se vierte en obra. Esto se debe a la peculiaridad del material como material moldeable y colable, una característica que—al menos con la simplicidad de procesamiento típica del hormigón y a una escala adecuada para edificios—no posee ningún otro material adecuado para estructuras portantes primarias. El principio de construcción integral que permite este tipo de elaboración hace que ni siquiera surjan los problemas de juntas y uniones que se presentan sobre todo en construcciones de acero y madera (⊡ **76**). Los esfuerzos se pueden transferir muy favorablemente de manera uniforme gracias a la continuidad del material—o a su sustitución casi equivalente por la junta de hormigonado—tanto en componentes superficiales monolíticos como en nudos de estructuras de barras. De este modo, se pueden evitar concentraciones de fuerzas en el componente más fácilmente—bajo condiciones de contorno comparables—que cuando se aplica el principio de construcción diferencial, como en construcciones de madera o acero.

El hormigón armado ofrece numerosas ventajas en la edificación como método de construcción de muro. La realización simultánea de diferentes subtareas constructivas y físicas en el mismo componente bidimensional monolítico es una de las principales ventajas de la construcción de hormigón en obra. En comparación con la construcción de obra de fábrica, que es un método de construcción de muro genuino y ofrece al menos algunas de las ventajas del principio de construcción integral gracias al aparejo de la fábrica, el hormigón armado puede soportar cargas mucho mayores. Además de la compresión—la carga que la obra de fábrica puede absorber mejor y de forma más económica—, el hormigón armado también puede someterse a esfuerzos de tracción y, sobre todo, a la combinación de compresión y tracción, es decir, a la flexión. En particular, el problema constructivo de la cabecera libre de paños de muros de fábrica, que limita mucho este método de construcción en cuanto al diseño de la estructura, no se plantea en la misma medida con el hormigón armado, ya que el material, además de su resistencia a la compresión relativamente alta, también es capaz de absorber la flexión, es decir, la flexotracción ocasionada por la misma. En consecuencia, se pueden realizar con hormigón in situ configuraciones de pantallas de pared en gran medida libres. Incluso es posible el empotrado de muros—simplemente impensable en la construcción de obra de fábrica—gracias a la resistencia a la flexotracción del material.

Como material para forjados, el hormigón armado domina claramente a todos los demás materiales para estructuras portantes primarias en la práctica actual de la edificación. También en este caso, al igual que en el de los muros, la

76 El hormigón armado permite el vertido monolítico de estructuras portantes hiperestáticas redundantes con un mínimo de juntas (*ICROA*, Madrid; arqu.: F Higueras).

capacidad del material para desempeñar una amplia gama de tareas, como la conducción de fuerzas, la protección acústica y contra el fuego, desempeña un papel decisivo. La losa de hormigón in situ, que todavía predominaba hace algún tiempo, está siendo sustituida cada vez más por sistemas semiprefabricados, que se benefician del nivel generalmente alto de los costes de mano de obra en muchos países gracias a una reducción sustancial de costes de encofrado y andamiaje. Lo mismo ocurre con los muros, que en algunos países hoy en día se construyen prácticamente sin excepción con elementos semiprefabricados.

El hormigón en obra también está predestinado para los métodos de construcción de cascarón laminar, ya que las propiedades y el procesamiento del material se adaptan muy bien a la creación de estructuras con superficies curvas. Sin embargo, son precisamente las estructuras de cascarón las que se ven especialmente afectadas por la evolución de los costes en el sector de la construcción, ya que los elevados costes de mano de obra asociados al encofrado y al andamiaje de estructuras laminares curvadas, que presentan formas a veces muy complejas, se eluden casi siempre. Por lo tanto, hoy en día los cascarones se construyen en su mayoría como celosías realizadas en otros materiales o a partir de construcciones superficiales de madera.

En general, se puede observar que actualmente se ha establecido en la práctica de la construcción una combinación de ciertas ventajas individuales del hormigonado en la obra y en la fábrica respectivamente, concretamente en forma de métodos de construcción semiprefabricados. Esto ya se ha

77 (Arriba) arquitectura escultural hecha de hormigón visto, vertido in situ (Colegio Alemán de Madrid; arqu.: Grüntuch u. P.).

78 (Izquierda) columnas prefabricadas (nave *Arena*, Stuttgart Vaihingen; arqu.: Henn).

☞ *Aptdo. 7. Semiprefabricados, pág. 722*

señalado en el *Apartado 6*. En cambio, los métodos puros de construcción de hormigón en obra y de construcción prefabricada se limitan hoy en día a ciertos nichos de aplicación: por un lado, edificios de formas libres con ambiciones estéticas y con pretensiones de representación, ejecutados en hormigón in situ (⊟ **77**)—en ellos también juega un papel importante el hormigón visto de alta calidad—y, por otro lado, edificios industriales diseñados según criterios estrictos de economía sin la más mínima ambición arquitectónica en el caso de la construcción prefabricada (⊟ **78**).

A continuación, se analizarán con más detalle algunas formas características de la construcción de hormigón en obra en su aplicación a la edificación.

9. Métodos de construcción de hormigón in situ

Estructuras celulares

☞ *Cap. X-1, Aptdo. 5.1 Método de construcción celular, pág. 486*

■ La ejecución sistemática de superficies de cerramiento de un espacio o una unidad espacial como losas de hormigón armado conduce al método de construcción celular. Esto tiene una gran utilidad en la construcción de viviendas de varios pisos (⊟ **79**). Las unidades de vivienda deben estar cerradas por completo por razones de protección contra incendios y aislamiento acústico. Los elementos sólidos de hormigón armado ofrecen condiciones ideales para ello.

En cuanto al modo de acción estructural de las células, es comparable al de la construcción de muros de obra de fábrica (construcción celular), en la que delgadas pantallas se rigidizan entre sí en unión ortogonal.

79 Edificio celular (residencia de estudiantes en Stuttgart-Vaihingen; arqu.: *Atelier 5*).

80 Estructura de pantallas exentas con cabeceras de muro sin rigidizar (*Vitra*; arqu.: Z Hadid).

Hoy en día, en la construcción industrializada de edificios se utiliza el llamado encofrado de túnel.

■ Las estructuras de pantallas exentas ya se mencionaron en el capítulo dedicado a la construcción de obra de fábrica. No obstante, encuentran su expresión predestinada en la ejecución como construcción de hormigón armado (⊟ **80**). Aquí, se combinan pantallas verticales de pared y horizontales de forjado en una disposición libre para formar una estructura portante rígida. El apoyo mutuo de pantallas de pared dispuestas en ángulo recto en planta, pero que no se tocan, se asegura mediante su acoplamiento por medio de una losa de forjado. Un requisito previo para este método de construcción es la posibilidad de dejar exentas (sin apoyo) las cabeceras de los muros o las losas de hormigón.

■ Las estructuras porticadas aprovechan la posibilidad de producir juntas de esquina rígidas entre el pilar y el dintel en la construcción de hormigón armado mediante el vertido monolítico en la obra (⊟ **81**). Además de la distribución favorable de los momentos flectores entre el pilar del pórtico y el dintel, que reduce los cantos de los componentes, esta variante tiene la ventaja de ser rígida frente a cargas horizontales en su plano sin necesidad de otras medidas. El coste relativamente elevado asociado al encofrado y, sobre todo, a la armadura de los codos de pórtico rígidos, donde son la norma altas densidades de armadura y condiciones desfavorables para el vertido, es una de las razones por las que los pórticos de hormigón in situ son poco frecuentes en la actualidad. Una vez más, al igual que con otros métodos de construcción, los costes de mano de obra desempeñan en este caso un papel decisivo.

Los pórticos pueden apilarse hasta varios pisos (pórticos de pisos) y crear estructuras portantes arriostradas por sí mismas contra cargas horizontales.

Estructuras de pantallas exentas   9.2

☞ *Cap. X-1, Aptdo. 3. Fundamentos de la construcción de pared de obra de fábrica, pág. 468*

☞ *Véanse también los comentarios sobre vigas de gran canto en Aptdo. 3. Comparación con otros métodos de construcción, pág. 697*

Estructuras porticadas   9.3

☞ *Cap. IX-2, Aptdo. 2.1.3 Arriostramiento de estructuras de esqueleto > Formación de pórticos, pág. 312*

81 Estructura porticada (estación *Satolas*, Lyon; arqu.: S Calatrava).

82 Construcción de pisos con losas planas apoyadas en puntos que actúan como diafragmas arriostrantes (*Bollwerk*, Stuttgart; arqu.: G Behnisch).

9.4   **Estructuras de esqueleto con arriostramiento por núcleo**

■ Hoy en día se ha establecido en edificios administrativos, en particular, el método de construcción con arriostramiento por núcleo y losas planas apoyadas en puntos (🗗 **82**).
Este método de construcción utiliza:

- la presencia de **forjados diafragma** de hormigón armado que distribuyen la carga, necesarios ya por razones de protección contra el fuego y el sonido. Son responsables de la conexión de la estructura de esqueleto con el núcleo arriostrante transmitiendo fuerzas horizontales.

- la necesidad de encapsular los elementos de acceso vertical, como escaleras, ascensores y pozos de instalación en edificios de plantas por razones de protección contra incendios con la ayuda de muros circundantes resistentes al fuego. Estos pueden combinarse para formar un **núcleo** sólido y rígido, que al mismo tiempo proporciona el arriostramiento del edificio.

- la posibilidad de agrupar otras zonas auxiliares, como cuartos húmedos, almacenes, etc., en el núcleo.

- la **transferencia de cargas bidireccional** de las losas macizas, que permite un mejor aprovechamiento del hormigón y, en consecuencia, pequeños espesores de losa. Estas estructuras de esqueleto bidireccionales tienen en su mayoría recuadros de intercolumnio cuadrados con luces iguales en cada una de las dos direcciones.

- el desarrollo técnico de la **armadura de punzonamiento y de cortante** compuesta de conectores con cabeza soldados sobre pletinas radiales, que permite un apoyo puntual de la losa maciza sobre pilares sin costosas cabezas de hongo. Estas últimas están asociadas a un mayor coste de encofrado y, además, obstruyen el paso de conductos (véase más adelante).

- el **paso de conductos** sin obstáculos en el espacio debajo del forjado, que es posible gracias a la losa plana sin cuelgue, así como:

- la posibilidad de conectar tabiques con el forjado de losa en cualquier lugar sin obstáculos y sin puentes sonoros: un requisito importante para la distribución libre y flexible de plantas en edificios administrativos modernos.

Básicamente, este tipo de estructura consiste en un esqueleto de losas planas y columnas, que en sí mismo no está asegurado contra cargas horizontales, y un núcleo de contraviento rígido al que el esqueleto transfiere las cargas horizontales con la ayuda de los forjados. También son posibles combinaciones de núcleos y muros diafragma con fines de arriostramiento. Esta solución puede ser especialmente ventajosa si hay que evitar coacciones entre núcleos opuestos o un único núcleo tiene proporciones de planta desfavorables.

Casi ningún otro método de construcción ofrece estas ventajas en cuanto a requisitos de edificios administrativos, por lo que esta variante de la construcción de hormigón armado se ha generalizado hoy en día en este tipo de edificio.

■ Los edificios muy esculturales y con formas libres son también un ámbito predestinado para el hormigón armado. Pueden fusionarse monolíticamente componentes superficiales y en forma de barra para formar una estructura global.

Incluso las formas curvas más complejas son relativamente fáciles de realizar con el hormigón en obra (⊟ **83**). Los límites de la formabilidad libre vienen dados únicamente por las restricciones del material de encofrado.

■ La utilización más eficaz de las propiedades específicas del hormigón armado se halla en las estructuras laminares en forma de cascarón (⊟ **84**). Se encuentran entre las formas estructurales más eficientes de la construcción en cuanto a su relación entre el grosor de los componentes y la luz (**h/l**).

A continuación se proporcionan algunos valores comparativos:

☞ *Cap. IX-2, Aptdo. 2.1.3 Arriostramiento de estructuras de esqueleto, pág. 309, así como Cap. IX-3, Aptdo. 2. Efectos de deformaciones sobre las estructuras de edificios, pág. 413*

Conceptos estructurales libres   9.5

Estructuras laminares   9.6

☞ *Cap. IX-1, Aptdo. 4.5.1 Cascarones, pág. 262*

84 Estructura de cascarón (Hipódromo de la Zarzuela, Madrid; ing.: E Torroja).

83 Formas de curvatura biaxial en hormigón visto (Museo Mercedes, Stuttgart; arqu.: B van Berkel).

- **viga** $h/l = 1 : 10$

- **losa** $h/l = 1 : 30$

- cascarón $h/l = 1 : 500$ o menor

☞ *Cap. IX-1, Aptdo. 4.4.1 Estado de membrana, pág. 259*

La elaboración bidimensional y la conformación libre del hormigón permiten utilizar el efecto membrana en los cascarones, en el que sólo se producen tensiones de compresión, tracción o cortante tangenciales a la superficie del componente, pero no se producen momentos flectores o esfuerzos cortantes normales a la misma. La rigidez de la construcción resulta principalmente de su curvatura, un requisito básico para su modo de funcionamiento como estructura portante de membrana.

Notas

1   Lamprecht O (1993) *Opus caementitium: Bautechnik der Römer*
2   Hilberseimer L (1928) *Beton als Gestalter: Bauten in Eisenbeton und ihre architektonische Gestaltung; ausgeführte Eisenbetonbauten*
3   El hormigón es responsable de un total de aproximadamente el 8 % de las emisiones mundiales de gases de efecto invernadero (*The New York Times*, 11.08.2020). El acero causa alrededor del 7 %, el tráfico total de automóviles alrededor del 6 % [*Columbia University, Center of Global Energy Policy*, 10.2019]. En 2012 se utilizaron 10.000 millones de m³ de hormigón, aproximadamente el doble que de acero estructural.
4   Rathfelder (1995) *Moderne Schalungstechnik*, pág. 53

Normas y directrices

EHE-08: 2011 Instrucción de hormigón estructural

UNE-EN 206: 2021-06 Beton – Festlegung, Eigenschaften, Herstellung und Konformität
UNE-EN 1992: Eurocódigo 2: Proyecto de estructuras de hormigón
    Parte 1-1: 2013-04 Reglas generales y reglas para edificación
    Parte 1-2: 2021-02 Reglas generales. Proyecto de estructuras sometidas al fuego
UNE-EN 10080: 2006-04 Acero para el armado del hormigón. Acero soldable para armaduras de hormigón armado. Generalidades
UNE-EN 13670: 2021-06 Ejecución de estructuras de hormigón
UNE-EN 13747: 2011-01 Productos prefabricados de hormigón. Prelosas para sistemas de forjados
UNE-EN 14992: 2012-10 Productos prefabricados de hormigón. Elementos para muros
UNE-EN 15050: 2014-06 Productos prefabricados de hormigón. Elementos para puentes

DIN 488: Reinforcing steels
    Part 1: 2009-08 Grades, properties, marking
    Part 2: 2009-08 Reinforcing steel bars
    Part 3: 2009-08 Reinforcing steel in coils, steel wire
    Part 4: 2009-08 Welded fabric
DIN 1045: Concrete, reinforced and prestressed concrete structures
    Part 2: 2008-08 Concrete – specification, properties, production and conformity – application rules for *DIN EN 206-1*
    Part 3: 2022-07 Execution of structures
    Part 4: 2022-07 Precast concrete products—Common Rules

© Springer-Verlag GmbH Germany, part of Springer Nature 2024
J. L. Moro, *El proyecto constructivo en arquitectura—del principio
al detalle*, https://doi.org/10.1007/978-3-662-67608-0

ÍNDICE

BIBLIOGRAFÍA

VII GENERACIÓN DE SUPERFICIES

- Adriaenssens S et al (2016) *Advances in Architectural Geometry 2016*
- *arcus XVIII* (1999) *– Zum Werk von Felix Candela, Die Kunst der leichten Schalen*. Müller Rudolf
- Becker K, Pfau J, Tichelmann K (2004) *Trockenbau Atlas 1. Grundlagen, Einsatzbereiche, Konstruktionen, Details*. 3ª edición revisada y ampliada. Colonia, Müller
- Becker K, Pfau J, Tichelmann K (2005) *Trockenbau Atlas 2. Einsatzbereiche, Sonderkonstruktionen, Gestaltung, Gebäude. Grundlagen, Einsatzbereiche, Konstruktionen, Details*. Köln, Müller
- Bläsi W (2008) *Bauphysik*. 7ª ed.- Haan-Gruiten: Ed. Europa-Lehrmittel Nourney, Vollmer
- Block P (2015) *Advances in Architectural Geometry 2014*, Cham, Springer
- Ceccato C (2010) *Advances in Architectural Geometry 2010*, Viena, Springer
- Häupl P, Willems W (ed) (2013) *Lehrbuch der Bauphysik: Schall - Wärme - Feuchte - Licht - Brand - Klima*. 7ª edición totalmente revisada y actualizada. Wiesbaden, Springer Vieweg
- Hesselgren L (2013) *Advances in Architectural Geometry 2012*, Viena, Springer
- Klix W D, Nickel H (1990) *Darstellende Geometrie*. Thun, Frankfurt/M, Verlag Harri Deutsch
- Pottmann H, Bentley D (2007) *Architectural Geometry*, Exton, PA, Bentley Institute Press
- Pottmann H (ed) Asperl A, Hofer M, Kilian A, (2010) *Architekturgeometrie*. Viena, Nueva York; Ambra y Springer
- Pottmann H, Wallner J (2010) *Computational Line Geometry*. Viena, Nueva York; Springer
- Schüle K, Gösele W (1985) *Schall, Wärme, Feuchte*. Wiesbaden/Berlín, Bauverlag
- Wilson E (2004) *Islamic Designs*. Londres, British Museum Press

VIII COMPOSICIÓN DE ENVOLVENTES

- Bögle A, Schmal PC, Flagge I (2003) *leicht weit – Light Structures. Jörg Schlaich, Rudolf Bergermann*. Múnich, Berlín, Londres; Prestel
- Bollinger K et al (2011) *Atlas Moderner Stahlbau: Material, Tragwerksentwurf, Nachhaltigkeit*. Múnich, Institut für Internationale Architektur-Dokumentation
- Cremers J, Binder M, Bonfig P, Hartwig J, Klos H, Leuschner I, Sohn E, Stark T (2015) *Atlas Gebäudeöffnungen: Fenster, Lüftungselemente, Außentüren*. Múnich; Detail, Institut für Internationale Architektur-Dokumentation
- Herzog T, Krippner R, Lang W (2016) *Fassaden Atlas: Zweite überarbeitete und erweiterte Auflage - Grundlagen, Konzepte, Realisierungen*. Múnich; Detail, Institut für Internationale Architektur-Dokumentation

- Hestermann U, Rongen L (2015) *Frick/Knöll Baukonstruktionslehre 1*. 36ª Ed. Wiesbaden, Springer Vieweg
- Hestermann U, Rongen L (2018) *Frick/Knöll Baukonstruktionslehre 2*. 35ª Ed. Wiesbaden, Springer Vieweg
- Hugues T, Steiger L, Weber J (2012) *Holzbau: Details, Produkte, Beispiele*. Múnich; Detail, Institut für Internationale Architektur-Dokumentation
- Kaufmann H, Krötsch S, Winter S (2017) *Atlas mehrgeschossiger Holzbau*. Múnich, Detail Business Information GmbH
- Kind-Barkauskas F, Kauhsen B, Polónyi S, Brandt J (2009) *Stahlbeton Atlas: Entwerfen mit Stahlbeton im Hochbau*. Múnich, Institut für Internationale Architektur-Dokumentation
- Knippers J, Cremers J, Gabler M, Lienhard J (2010) *Atlas Kunststoffe. Membranen, Werkstoffe und Halbzeuge, Formfindung und Konstruktion*. Múnich, Institut für Internationale Architektur-Dokumentation
- Küttinger G, Fritzen K (2014) *Holzrahmenbau: bewährtes Hausbau-System*. Holzbau Deutschland, Bund Deutscher Zimmermeister im Zentralverband des Deutschen Baugewerbes. Colonia, Bruderverlag
- Kummer N (2017) *Masonry construction*. Basilea, Birkhäuser
- Mittag M (2012) *Baukonstruktionslehre – Ein Nachschlagewerk für den Bauschaffenden über Konstruktionssysteme, Bauteile und Bauarten*. 18ª Ed revisada. Wiesbaden, Springer Vieweg
- Natterer J, Herzog T, Schweitzer R, Volz M, Winter W (2003) *Holzbau Atlas*. 4ª Ed. revisada. Basilea, Birkhäuser
- Pech A, Gangoly H, Holzer P, Maydl P (2015) *Ziegel im Hochbau: Theorie und Praxis*. Basilea, Birkhäuser
- Pottmann H, (ed), Asperl A, Hofer M., Kilian A, (2009) *Architekturgeometrie*. Viena, Nueva York; Ambra y Springer
- Raso I (2010) *GlasDoppelFassaden: Am Beispiel von fünf verschiedenen Gebäuden*. Saarbrücken, VDM Verlag Dr. Müller
- Russ C et al (2008) *Sonnenschutz: Schutz vor Überwärmung und Blendung*. Stuttgart, Freiburg Fraunhofer Solar Building Innovation Center SOBIC
- Saxe K, Stronghörner N, Uhlemann J (ed) (2016) *Essener Membranbau Symposium 2016 (Berichte aus dem Bauwesen)*. Herzogenrath, Shaker
- Saxe K, Stronghörner N (ed) (2018) *Essener Membranbau Symposium 2018 (Berichte aus dem Bauwesen)*. Herzogenrath, Shaker
- *Atlas Gebäudeöffnungen*: 2015-06 Atlas Gebäudeöffnungen – Fenster, Lüftungselemente, Außentüren

IX ESTRUCTURAS PRIMARIAS

IX-1 Fundamentos
- Choisy A (1899) *Histoire de l'Architecture*, Reimpresión 1987 por *Slatkine Reprints*. Ginebra, París
- Leicher G W (2002) *Tragwerkslehre in Beispielen und Zeichnungen*. Düsseldorf, Werner Verlag,
- Stevens P S (1974) *Patterns in Nature*. Boston, Toronto; Little, Brown & Co
- Thompson D W (autor), Bonner JT (ed) (2007) *On Growth and Form*. Cambridge, Cambridge University Press

- Weischede D, Stumpf M (2018) *Krümmung trägt – Ein Handbuch zur Tragwerksentwicklung mit Stabwerksmodellen*

VIII-2 Tipos
- Heinle E, Schlaich J (1996) *Kuppeln aller Zeiten - aller Kulturen.* Stuttgart, Dt. Verl.-Anst.
- Herzog Th (1976) *Pneumatic Structures.* Nueva York, Oxford University Press
- Mislin M (1997) *Geschichte der Baukonstruktion und Bautechnik, Band 1. Antike bis Renaissance*, 2ª Ed. Düsseldorf, Werner
- Mislin M (1988) *Geschichte der Baukonstruktion und Bautechnik: von der Antike bis zur Neuzeit; eine Einführung.* 1ª Ed. Düsseldorf, Werner,

IX-3 Deformaciones
- Derler P, Koch J, Piertyas F (2018) *Erfolgreiche Bauwerksabdichtung: Neubau - Sanierung.* Kissing, WEKA
- Leibinger-Kammüller, Nicola (2005) *Faszination Blech: ein Material mit grenzenlosen Möglichkeiten.* Würzburg, Vogel

IX-4 Cimentación
- Mehlhorn G, (1995) *Der Ingenieurbau: Grundwissen Hydrotechnik, Geotechnik.* Berlín, Ernst und Sohn
- Lang H J, Huder J, Amann P, Putrin AM (2011) *Bodenmechanik und Grundbau: Das Verhalten von Böden und Fels und die wichtigsten grundbaulichen Konzepte.* Berlín, Heidelberg; Springer
- Rübener RH (1985) *Grundbautechnik für Architekten.* Düsseldorf, Werner
- Rübener R H, Stiegler W (1998) *Einführung in Theorie und Praxis der Grundbautechnik.* Werner Ingenieur-Texte, Vol. 49, 50, 67. Düsseldorf, Werner
- Savidis S (1995) Vorlesungsskript *Grundbau und Bodenmechanik I und II.* Universidad Técnica de Berlín
- Smoltczyk U, Witt KJ (2017) *Grundbau-Taschenbuch. Geotechnische Grundlagen, Teil 1.* Berlín, Düsseldorf, Múnich; Ernst & Sohn
- Decker H, Garska B (ed) (2018) *Ratgeber für den Tiefbau.* Colonia, Bundesanzeiger

X   MÉTODOS CONSTRUCTIVOS

X-1   Construcción de obra de fábrica
- Belz W, Gösele K, Hoffmann W, Jenisch R, Pohl R, Reichert H (1999) *Mauerwerk Atlas.* 5ª Ed. revisada. Múnich, Institut für internationale Architekturdokumentation
- Blum M (2005) *Kalksandstein: Planung, Konstruktion und Ausführung.* Düsseldorf, Bau und Technik
- Deutsche Gesellschaft für Mauerwerks- und Wohnungsbau e.V. (DGfM), Zentralverband des Deutshen Baugewerbes (ZDB) (ed) (2017) *Merkblatt nichttragende innere Trennwände aus Mauerwerk*
- Eifert H (2015) *Bauen in Stein: die Historie der mineralischen Baustoffe in Deutschland und Umgebung.* Düsseldorf, Bau und Technik
- Glitza H (2004) *Grenzenloses Mauerwerk – Vom nationalen zum europäischen Mauerwerk, eine Bestandsaufnahme.* Andernach, KLB Klimaleichtblock GmbH
- Gösele K, Schüle W (1989) *Schall, Wärme, Feuchte.* 9ª Ed. revisada. Wiesbaden, Berlín; Bauverlag
- Heene G (2008) *Baustelle Pantheon: Planung – Konstruktion – Logistik.* Erkrath, Verlag Bau + Technik
- Hugues T, Greilich K, Peter C (2004): *Detail Praxis: Building with Large Clay Blocks and Panels.* Basilea, Boston, Berlín; Birkhäuser-Verlag für Architektur
- Jäger W (2016) *Mauerwerk-Kalender 2016, Baustoffe, Sanierung, Eurcode-Praxis.* Año 41. Berlín, Ernst & Sohn
- Kummer N (2017) *Masonry construction.* Basilea, Birkhäuser
- Pech A, Gangoly H, Holzer P, Maydl P (2015) *Ziegel im Hochbau: Theorie und Praxis.* Basilea, Birkhäuser
- Pfeifer G, Ramcke R, Achtziger J, Zilch K (2001) *Mauerwerk Atlas.* Basilea, Boston, Berlín; Birkhäuser-Verlag für Architektur
- Worch A (2013) *Mauerwerk im Bestand.* Múnich, WTA-Publications

X-2   Construcción de madera
- Becker K, Rautenstrauch K (2012) *Ingenieurholzbau nach Eurocode 5 Konstruktion, Berechnung, Ausführung.* Berlín, Ernst & Sohn
- Cheret P (ed) (2014) *Urbaner Holzbau: Handbuch und Planungshilfe; Chancen und Potenziale für die Stadt.* Berlín, DOM
- Giedion S (1998) *Raum, Zeit, Architektur,* 5ª Ed. Zúrich, Múnich, Londres
- Hugues T, Steiger L, Weber J (2012) *Holzbau: Details, Produkte, Beispiele.* Múnich; Detail, Institut für Internationale Architektur Dokumentation
- Iimura Y, Kurita S, Ohtsuka T (2004) *Reticulated Timber Dome Structural System Using Glulam with a Low Specific Gravity and its Scalability.*
- Jeska S et al (2015) *Neue Holzbautechnologien – Materialien, Konstruktionen, Bautechnik, Projekte.* Basel, Birkhäuser
- Kaufmann H, Krötsch S, Winter S (2017) *Atlas mehrgeschossiger Holzbau.* Múnich, Detail Business Information GmbH
- Kaufmann H et al (2011) *Bauen mit Holz – Wege in die Zukunft.* Múnich, Prestel
- Kopff B (2018) *Holzschutz in der Praxis: Schnelleinstieg für Architekten und Bauingenieure.* Wiesbaden, Springer Vieweg
- Kudla K (2017) *Kerven als Verbindungsmittel für Holz-Beton-Verbundstraßenbrücken.* Disertación, Universidad de Stuttgart
- Lückmann R (2018) *Holzbau: Konstruktion, Bauphysik, Projekte.* Kissing, WEKA
- Menges A, Schwinn T, Krieg OD (2016) *Advancing Wood Architecture: A Computational Approach.* Abindon, Taylor and Francis
- Natterer J B, Herzog T, Schweitzer R, Volz M, Winter W (2003) *Holzbau Atlas.* 4ª Ed. revisada. Basilea, Birkhäuser
- Natterer J B, Müller A, Natterer J (2000) *Holzrippendächer in Brettstapelbauweise – Raumerlebnis durch filigrane Tragwerke.* Bautechnik 77(11): pág. 783–792.
- de l'Orme, P (1561) *Nouvelles inventions pour bien bastir et a*

petits fraiz, trouvées n'aguères par Philibert de l'Orme. A Paris, de l'imprimerie de Fédéric Morel

- de l'Orme P (1576) *L'Architecture de Philibert de L'Orme conseillier & aumosnier ordinaire du roy, & abbé de S. Serge lez Angiers. A Paris, chez Hierosme de Marnef, & Guillaume Cavellat*
- de l'Orme P et al (1626) *Architecture de Philibert de l'Orme oeuvre entiere contenant onze livres, augmentée de deux; & autres figures non encores veuës, tant pour desseins qu'ornemens de maison, avec une belle invention pour bien bastir, & à petits fraiz tres-utile pour tous architectes, & maîstres iurez audit art, usans de la regle & compas. A Paris, chez Regnauld Chaudiere*
- Pérouse de Montclos J M, De l'Orme P (2000) *Philibert De L'Orme architecte du Roi 1514-1570 Jean-Marie Pérouse de Montclos.* París, Mengès.
- Pfeifer G, Liebers A, Reiners H (1998) *Der neue Holzbau - Aktuellle Architektur - Alle Holzbausysteme – Neue Technologien,* Múnich
- Phleps, H (1967) *Alemannische Holzbaukunst,* Wiesbaden
- Schmidt P et al (2012) *Holzbau nach EC 5.* Colonia, Werner bei Wolters Kluwer
- Scholz A (2004) *Ein Beitrag zur Berechnung von Flächentragwerken aus Holz.* Múnich, Universidad Técnica de Múnich.
- Seike K (1970) *The Art of Japanese Joinery,* Nueva York
- Steiger L (2013) *Basics Holzbau.* Basilea, Birkhäuser
- Taut B (1997) *Das japanische Haus und sein Leben,* Berlín
- Wachsmann K (1959) *Wendepunkt im Bauen,* Wiesbaden
- Wachsmann K (1930) *Holzhausbau,* Berlín
- Warth O (1900) *Die Konstruktionen in Holz,* Leipzig
- Weinand Y (2017) *Neue Holztragwerke – architektonische Entwürfe und digitale Bemessung.*

X-3   Construcción de acero

- Ackermann K (1988) *Tragwerke in der konstruktiven Architektur,* Stuttgart
- Baker, Godwin (1865) *Illustrations of Iron Architecture Made by The Architectural Iron Works of the City of New York,* Nueva York
- Beck W, Moeller E (2018) *Handbuch Stahl: Auswahl, Verarbeitung, Anwendung.* Múnich, Hanser
- Boake, T M (2012) *Stahl verstehen – Entwerfen und Konstruieren mit Stahl.* Basilea, Birkhäuser
- Boake T M (2014) *Diagrid Structures – Systems, Connections, Details.* Basilea, Birkhäuser
- Boake T M (2015) *Architecturally Exposed Structural Steel – Specifications, Connections, Details.* Basilea, Birkhäuser
- Bollinger K et al. (2011) *Atlas Moderner Stahlbau: Material, Tragwerksentwurf, Nachhaltigkeit.* Múnich, Institut für Internationale Architektur-Dokumentation
- Beratungsstelle für Stahlverwendung (1974) *Stahl und Form – Egon Eiermann,* 2ª Ed. Múnich
- Beratungsstelle für Stahlverwendung (1985) *Stahl und Form – Zeitungsdruckerei Süddeutscher Verlag.* Múnich
- Blaser W (1991) *Mies van der Rohe,* 5ª Ed. Zúrich
- Dierks K, Schneider K J, Wormuth R (2002) *Baukonstruktion,* 5ª Ed. Düsseldorf

- Eisele J et al (2016) *Bürogebäude in Stahl – Handbuch und Planungshilfe – nachhaltige Büro- und Verwaltungsgebäude in Stahl- und Stahlverbundbauweise.* Berlín, DOM publishers
- Greiner S (1983) *Membrantragwerke aus dünnem Blech.* Düsseldorf, Werner
- Hart F, Henn W, Sonntag H (1982) *Stahlbautlas Geschossbauten,* 2ª Ed, Bruselas
- Gayle M und C (1998) *Cast-Iron Architecture in America.* Londres, Nueva York
- ICOMOS, Deutsches Nationalkomitee (1982) *Eisenarchitektur - Die Rolle des Eisens in der historischen Architektur der zweiten Hälfte des 19. Jahrhunderts.* Maguncia, C.R. Vincentz-Verlag
- Krahwinkel M, Kindmann R (2016) *Stahl- und Verbundkonstruktionen.* SpringerLink: Bücher. Wiesbaden, Springer Vieweg
- Krausse J, Lichtenstein C (1999) *Your Private Sky – R. Buckminster, Design als Kunst einer Wissenschaft.* Zúrich, Verlag Lars Müller
- Lückmann R (2006) *Baudetail-Atlas Stahlbau.* Kissing, WEKA MEDIA
- Mengeringhausen M (1983) *Komposition im Raum – Die Kunst individueller Baugestaltung mit Serienelementen.* Gütersloh, Bertelsmann Fachzeitschriften GmbH
- Mengeringhausen M (1975) *Komposition im Raum, Band 1 - Raumfachwerke aus Stäben und Knoten.* Wiesbaden y Berlín, Bauverlag GmbH
- Minnert J, Wagenknecht G (2013) *Verbundbau-Praxis – Berechung und Konstruktion nach Eurocode 4.* Berlín, Viena, Zúrich; Beuth Verlag GmbH
- Neuburger A (1919) *Die Technik des Altertums,* Leipzig
- Petersen C (2013) *Stahlbau. Grundlagen der Berechnung und baulichen Ausbildung von Stahlbauten.* 4ª Ed. totalmente revisada y actualizada. Wiesbaden, Springer Vieweg
- Reichel A (2006) *Bauen mit Stahl – Details, Grundlagen, Beispiele. Detail Praxis.* Múnich, Institut für Internationale Architektur-Dokumentation
- Tirler W (ed) (2017) Europäische Stahlsorten: Bezeichnungssystem und DIN-Vergleich. Berlín, Viena, Zúrich; Beuth GmbH
- Schlaich J et al (2004) *Leicht weit.* Múnich, Prestel
- Schöler R (1904) *Die Eisenkonstruktionen des Hochbaus,* 2ª Ed. Leipzig
- Schulitz H C, Sobek W, Habermann K (1999) *Stahlbauatlas,* Múnich
- Wachsmann K (1959) *Wendepunkt im Bauen.* Wiesbaden, Otto Krausskopf Verlag
- Wietek B (2017) *Faserbeton: Im Bauwesen.* Wiesbaden, Springer Vieweg

X-4   Construcción de hormigón prefabricado
- Bindseil P (1991) *Stahlbetonfertigteile.* Düsseldorf, Werner
- Bindseil P (2012) *Stahlbetonfertigteile nach Eurocode 2 – Konstruktion, Berechnung, Ausführung.* Düsseldorf, Werner
- Bona ED (1980) *Angelo Mangiarotti - Il processo del costruire,* Milán

- Koncz T (1976) *Bauen industrialisiert*. Berlín, Wiesbaden; Bauverlag
- Kordina K, Meyer-Ottens C, *Beton-Brandschutz-Handbuch*
- Kind-Barkauskas F, Kauhsen B, Polónyi S, Brandt J (2009) *Stahlbeton Atlas: Entwerfen mit Stahlbeton im Hochbau*. Múnich, Institut für Internationale Architektur-Dokumentation
- Leonhardt F (2001) *Spannbeton für die Praxis*, Reprint der Ausgabe 1955. Berlín, Ernst und Sohn
- Pauser A (1998) *Beton im Hochbau – Handbuch für den konstruktiven Vorentwurf*, Düsseldorf
- Rüsch H (1972) *Stahlbeton, Spannbeton – Werkstoffeigenschaften und Bemessungsverfahren*. Düsseldorf, Werner
- Rationalisierungskuratorium der deutschen Wirtschaft (ed) (1972) *Transport von Fertigbauteilen*, Wiesbaden, Berlín
- Stupré - Studienverein für das Bauen mit Betonfertigteilen, Niederlande (ed) (1978) *Kraftschlüssige Verbindungen im Fertigteilbau*, Düsseldorf
- Zimmermann K (1973) *Konstruktionsentscheidungen bei der Planung mehrgeschossiger Skelettbauten aus Stahlbetonfertigteilen*, Wiesbaden, Berlín
- Koncz T (1962) *Handbuch der Fertigteilbauweise: mit großformatigen Stahl- und Spannbetonelementen; Konstruktion, Berechnung und Bauausführung im Hoch- und Industriebau*. Berlín, Wiesbaden; Bauverlag

X-5 Construcción de hormigón in situ

- Baar S, Ebeling K (2016) *Lohmeyers Stahlbetonbau: Bemessung - Konstruktion - Ausführung*. Wiesbaden, Springer Vieweg
- Britton K (2001) *Auguste Perret*. Londres, Phaidon
- Feix J, Walkner R (2012) *Lehrbuch Betonbau*. Innsbruck, Studia Universitätsverlag
- Hanses K (2015) *Basics Betonbau*. Zúrich, Birkhäuser
- Hilberseimer L (1928) *Beton als Gestalter*. Stuttgart, Hoffmann,
- Lamprecht, H O (1993) *Opus caementitium: Bautechnik der Römer*. Düsseldorf, Beton-Verlag
- Mettler D, Studer D (2018) *Made of Beton*. Zúrich, Birkhäuser
- Peck M (ed) (2013) *Moderner Betonbau Atlas – Konstruktion, Material, Nachhaltigkeit*. Múnich, Institut für internationale Architektur-Dokumentation
- Rathfelder M (1995) *Moderne Schalungstechnik: Grundlagen, Systeme, Arbeitsweisen*. 2ª Ed. Landsberg/Lech, Verl. Moderne Industrie, Die Bibliothek der Technik, Vol. 70
- Wommelsdorf A (2012) *Stahlbetonbau – Bemessung und Konstruktion Teil 1 – Grundlagen – Biegebeanspruchte Bauteile*. Düsseldorf, Werner
- Wommelsdorf A (2012) *Stahlbetonbau – Bemessung und Konstruktion Teil 2 – Stützen, Sondergebiete des Stahlbetonbaus*. Düsseldorf, Werner

ORIGEN DE ILUSTRACIONES

Todos los dibujos y diagramas esquemáticos que no figuran aquí fueron realizados en el Instituto de Diseño Conceptual y Constructivo, que posee los derechos de autor. La reproducción o publicación de los mismos sólo está permitida con autorización expresa.

A pesar de nuestros esfuerzos por investigar el origen de las ilustraciones, faltan las fuentes de algunas de ellas porque no pudimos identificar a los autores. No obstante, para mayor claridad de las explicaciones, hemos decidido utilizar también estas imágenes en la obra. Nos gustaría dar las gracias a los propietarios desconocidos y pedirles su consentimiento.

PD-Schöpfungshöhe, https://de.wikipedia.org/w/index.php?curid=7371559; Foto a la derecha: Amir Çausevic

154 Bill M (1964) *Le Corbusier - Oeuvre Complète Vol. 3*, pág. 124

155, 156 Autor

159, 160 Torroja E (1958) *Las Estructuras de Eduardo Torroja*, pág. 32

162 IEK

163 Prof. Thomas Herzog und Partner, Architekten

164 Geist JF (1969) *Passagen, Ein Bautyp des 19. Jahrhunderts*, pág. 473

165 Prof. Thomas Herzog und Partner, Architekten

166 Fuente no determinable

167 Herzog T (1994) *Design Center Linz*, pág. 38

168 Autor

169 Geist JF (1969) *Passagen, Ein Bautyp des 19. Jahrhunderts*, pág. 460

170 Schlaich, Bergermann & Partner

171, 172 Lambot I, Foster N (1989) *Buildings and Projects of Foster Associates – Volume 2*, pág. 141, pág. 149

173 Prof. Thomas Herzog und Partner, Architekten

174, 175 Public Domain; Autor: JuergenG

176 IEK

177 Frei Otto

178, 179 Osamu Murai, in Picon A (1997) *L'art de l'ingénieur*, pág. 504

187 www.seeger-schaltechnik.de/produkte/gfkschalung.htm (consultado el 30.9.2007)

188 Grant Mudford, in Brownlee DB, De Long DG (1991) *Louis I. Kahn: In the Realm of Architecture*, pág. 210

192 Halfen-Deha GmbH

193 Radovic B *DETAIL Serie 1 - Bauen mit Holz Januar-Februar*, pág. 96

194 Scheer C, Muszala W, Kolberg R (1984) *Der Holzbau*, pág. 124

197 Fritz Haller Bauen und Forschen GmbH

199–202 Giurgola R, Mehta J (1976) *Louis I. Kahn*, pág. 191

203 Autor

206, 207 Fritz Haller Bauen und Forschen GmbH

208 Fuente no determinable

209 Autor

210 Schulze F (1986) *Mies van der Rohe – Leben und Werk*, pág. 317 (Foto de Dirk Lohan)

211 Autor

212, 213 IEK

214 Schlaich, Bergermann & Partner

215 Autor

216 IEK

217 Autor

218 Public Domain; Autor: Lucarelli

219 Public Domain; Autor: Bruce Stokes

220 Amir Çausevic

222 Institut für Leichtbau Entwerfen und Konstruieren, Universi-

dad de Stuttgart, *IL25 Experimente*, pág. 2.83

224 Heinle E, Schlaich J (1996) *Kuppeln aller Zeiten – aller Kulturen*, pág. 119

225 Isler H (1985) *Die Kunst der leichten Schalen*, pág. 55, il. 2

226 Fuente no determinable

227 Jordi Bonet i Armengol

228 Public Domain; Autor: Bernard Gagnon

233 Public Domain; Autor: Guillaume Piolle

234 Public Domain; Autor: Picasa; Sean MacEntee

235 Public Domain; Autor: Jebulon

236 Mislin M (1997) *Geschichte der Baukonstruktion und Bautechnik, Vol 1. Antike bis Renaissance*

237 Oscar Savio, Rom, in Pier Luigi Nervi (1963) *Neue Strukturen*, pág. 80

238 Public Domain; Autor: Heinrich Götz; Digitale Bibliothek der Universität Breslau

244 Schlaich J, Bergermann R (2003) *leicht weit - light structures*, pág. 115

245 IEK

246 Institut für Leichtbau Entwerfen und Konstruieren, Universität Stuttgart *IL 25 Experimente*, pág. 7.17

247 Autor

248 Informationsdienst Holz

249 Public Domain; Autor: Tortillovsky

250 Public Domain; Autor: vi:Thàn vien:Mth

251 Institut für Leichtbau Entwerfen und Konstruieren, Universidad de Stuttgart, *IL 25 Experimente*, pág. 3.9

252 Frei Otto

253, 254 Autor

257 Mislin M (1997) *Geschichte der Baukonstruktion und Bautechnik - Vol. 1*, pág. 153

258, 259 Mango C (1978) *Weltgeschichte der Architektur: Byzanz*, pág. 64

260 Behling S, Behling S (1996) *Sol Power – Die Evolution der solaren Architektur*, pág. 99

261 Public Domain; Autor: Berkay0652

262 Fuente no determinable

263 Public Domain; Autor: quesi quesi

264 Public Domain; Autor: user:falconaumanni

265, 266 Ramm E, Schunck E (1986) *Heinz Isler Schalen*, pág. 63, pág. 73

267, 268 Autor

269, 270 Gianni Berengo Gardin Milan, in Picon A (1997) *L'art de l'ingénieur*, pág. 321, pág. 320

271 Schlaich, Bergermann & Partner

272, 273 Autor

274 Berger H (1996) *Light Structures - Sturctures of Light*, pág. 94

275, 276 Schlaich J, Bergermann R (2003) *leicht weit - light structures*, pág. 143, pág. 141

277 Autor

278 Institut für Leichtbau Entwerfen und Konstruieren, Universität Stuttgart, *IL 25 Experimente*, pág. 7.7

X-3   Construcción de acero

ted States - RL 17 350, Public Domain, https://commons.
wikimedia.org/w/index.php?curid=68935325

46   Autor
47   *Industriebau Leipzig 21* (1930) pág. 135
48   Autor
55   SAM Hochbau Planungs GmbH M Riegelbeck
72   Public Domain; Autor: Hydrogen Iodide at en.wikipedia,
      CC BY-SA 3.0, https://commons.wikimedia.org/w/index.
      php?curid=18205654
75   IEK
78   Autor
80   Public Domain, fuente no determinable
81   Idelberger K, Gladichefski H (aprox. 1980) *Stahl und Form
      – Centre National d'Art et de Culture Georges Pompidou,*
      pág. 48
82– 85 Fritz Haller Bauen und Forschen GmbH
86   Kurt Ackermann & Partner, Múnich
87   Autor
88   IEK
89–93 Autor
94   Architekturbüro Arlart
95   IEK
96   John AD McCurdy in, Wachsmann K (1959) *Wendepunkt
      im Bauen,* pág. 33
97   IEK
99   Siskind, Aaron, Institute of Design Chicago, in Wachsmann
      K (1959) *Wendepunkt im Bauen,* pág. 171
100   Picon A (1997) *L'art de l'ingénieur,* pág. 221
101   Klimke H, in Schmiedel K (1993) *Bauen und Gestalten mit
      Stahl,* pág. 167
102   Mero GmbH & Co KG
103   Picon A (1997) *L'art de l'ingénieur,* pág. 314
104   Arup CCDI PTW
105   Feng Li/Getty Images
106   Autor
107   IEK
108   Autor
109, 110 IEK
111   Public Domain; Autor: Tysto, Picture of the Akashi Bridge in
      Kobe on December 2005 Picture taken by Kim Rötzel from
      an aircraft
112   Public Domain; Autor: stone40; Copyright, HP Corp, 2003
113   Schlaich, Bergermann & Partner
114   Autor
115   IEK
116   Autor
117   Knut Stockhusen, Schlaich, Bergermann & Partner
122   Schlaich, Bergermann & Partner
123   IEK

X-4   Construcción de hormigón prefabricado
Portada Autor
1, 2   British Architectural Library, Morris AEJ (1981) *El hormigón*

premoldeado en la arquitectura, pág. 21, 58, 66
3, 5, 6 Autor
7   IEK
8   Autor
10   Bindseil P (1991) *Stahlbetonfertigteile – Konstruktion, Be-
      rechnung, Ausführung,* pág. 37
17   IEK
18   Schmalhofer O (1995) *Hallen aus Beton-Fertigteilen,* pág. 95
20   Koncz T (1962) *Handbuch der Fertigteil-Bauweise*
21   Public Domain: http://upload.wikimedia.org/wikipedia/com-
      mons/7/77/Bridge_reinforcement_weidatal.jpg (consultado
      el 10.10.2007)
24–26 NOE-Schaltechnik Georg Meyer-Keller GmbH & Co KG
      Prospekt „Schal-Report" Nr. 126/4, pág. 2, 3
27   Welton Becket and Associates, in Morris AEJ (1981) *El hor-
      migón premoldeado en la arquitectura,* pág. 128
28   Angelo Mangiarotti Milano, in Bona ED (1980) *Angelo Man-
      giarotti – Il processo del construire,* pág. 96
29   Autor
30   IEK
31–33 Stahlton AG
34   Giorgio Casali Milano, in Bona ED (1980) *Angelo Mangiarot-
      ti – Il processo del construire,* pág. 39
35   Schmalhofer O (1995) *Hallen aus Beton-Fertigteilen,* pág. 49
36   Koncz T (1962) *Handbuch der Fertigteil-Bauweise*
58, 59 Autor
64   William Hamer Productions Ltd, in Morris AEJ (1981) *El hor-
      migón premoldeado en la arquitectura,* pág. 298
65   Architekturbüro Kieferle, folleto promocional
66, 67 Angelo Mangiarotti Milano, in Bona ED (1980) *Angelo
      Mangiarotti – Il processo del construire,* pág. 41, 95
68   Architekturbüro Kieferle, folleto promocional
69, 70 IEK
72, 73 Architekturbüro Kieferle, folleto promocional
74   Schmalhofer O (1995) *Hallen aus Beton-Fertigteilen,*
      pág. 105
76–79 IEK
80   Grant Mudford, in Brownlee D, De Long DG (1991) *Louis I.
      Kahn: In the Realm of Architecture,* pág. 175
81–87 Giurgola R, Mehta J (1976) *Louis I. Kahn,* pág. 186, 190,
      191

X-5   Construcción de hormigón in situ
Portada Autor
1   Public Domain; Autor: Jean Christophe Benoist
2   Dr. Anton Flaig
3   Albert Berengo, in Stierlin H (1996) *Imperium Romanum,*
      pág. 154
4   Ward-Perkins J (1975) *Weltgeschichte der Architektur,*
      pág. 87
5–7   Fuente no determinable
8   Autor
9   IEK

10, 11 Fuente no determinable
12–14 Autor
17, 18 Burger Rudacs
19–22 Autor
36, 37 Autor
41   IEK
50   Autor
51, 52 IEK
53, 54 HALFEN-DEHA Vertriebsgesellschaft mbH
55   Autor
56, 57 Peri GmbH
59   IEK
60–62   Autor
63–65   Peri GmbH
66–68, 70, 73– 75 IEK
76–79   Autor
80   IEK
81   Fuente no determinable
82   IEK
83, 84 Autor

ANEXO

Portada de Diliff – Own work; CC BY-SA 4.0; https://commons.
      wikimedia.org/w/index.php?curid=42693401

AGRADECIMIENTOS

Nos gustaría agradecer a la sucursal de Autodesk® en Múnich su amable apoyo al poner a nuestra disposición el software *Architecural Desktop.*

Por la amable cesión de fotos, documentos de proyecto y dibujos detallados, expresamos nuestro sincero agradecimiento a las siguientes personas e instituciones:

Arquitectos e ingenieros
Atelier 5, Bern, CH, Prof. Fritz Haller, Bauen und Forschen GmbH, Solothurn, CH, Prof. Dr.-Ing. Jörg Schlaich, SBP Stuttgart, Prof. Peter C. von Seidlein, Prof. Dr.-Ing. habil. Ulf Nürnberger, Prof. Peter Cheret, Institut für Baukonstruktion 1, Uni Stuttgart, Dr.-Ing. Annette Bögle, Hermann + Bosch, Freie Architekten BDA, Stuttgart, Christian Büchsenschütz, Magdalene Jung, Manuela Fernández -Langenegger, Julian Lienhard, Alexandra Schieker, Elisabeth Schmitthenner, Helmut Schulze-Trautmann, Dr.-Ing. Christian Dehlinger, Birgit Rudacs

Fundaciones y organizaciones
Brandenburgisches Landesamt für Denkmalpflege und Archäologisches Landesmuseum, Zossen
Bundesverband der Deutschen Kalkindustrie e.V. Köln
Deutsches Architekturmuseum Frankfurt, Dr. Voigt
Feuerwache 1 Stuttgart
Informationsdienst Holz
Stiftung Archiv der Akademie der Künste, Abteilung Baukunst, Berlín
Stahl-Zentrum, Düsseldorf
Studiengemeinschaft Holzleimbau e.V., CTT Council of Timber Technologie, Wuppertal
Verein Süddeutsche. Kalksandsteinwerke e.V., Bensheim
Ziegel Zentrum Süd e.V., Múnich

Empresas
Adolf Würth GmbH & Co.KG, Künzelsau-Gaisbach
Badische Stahlwerke GmbH, Kehl
Bauglasindustrie GmbH, Schmelz/Saar
Bohrenkömper GmbH, Bünde
Cobiax Technologies AG, Darmstadt
Corus Bausysteme GmbH, Koblenz
Dow Deutschland GmbH & Co. KG, Stade
DuPont Performance Coatings GmbH & Co. KG, Vaihingen / Enz
Erlus AG, Neufahrn/NB
Eternit AG, Heidelberg
Finnforest Deutschland GmbH, Bremen
Finnforest Merk GmbH, Aichach
Fischer Holding GmbH & Co. KG, Waldachtal

Freisinger Fensterbau GmbH, Ebbs, Österreich
Glasfabrik Lamberts GmbH & Co. KG, Wunsiedel - Holenbrunn
Gutta Werke GmbH, Schutterwald
Halfen - Deha Vertriebsgesellschaft mbH, Langenfeld
Hüttenwerke Krupp Mannesmann, Duisburg
Ing. Erwin Thoma Holz GmbH, Goldegg, A
Interpane Glasindustrie AG, Lauenförde
Joh. Sprinz GmbH & Co., Ravensburg
Josef Gartner GmbH, Gundedlfingen
Knauf Gips KG, Iphofen
Lignatur AG, Waldstatt, CH
maxit Deutschland GmbH, Breisach
Okalux GmbH, Marktheidenfeld
PERI GmbH Schalung und Gerüste, Weißenhorn
Pfeifer Holding GmbH & Co. KG, Memmingen
Promat GmbH, Ratingen
Rehau AG + Co. Rehau
Rheinzink, GmbH & Co.KG, Datteln
Saint Gobain Glasindustrie Division Bauglas, Wirges
Saint Gobain Deutsche Glas GmbH, Kiel
Schaefer Kalk GmbH & Co. KG, Diez
Schneider Fensterbau GmbH &Co.KG, Stimpfach
Schöck Bautele GmbH, Baden-Baden
Schüco International KG, Bielefeld
SFS intec AG, Heerbrug, CH
Stahlton AG, Zürich, CH
Stahlwerke Bremen GmbH, Bremen
Sto AG, Stühlingen
Verlag Bau + Technik, Düsseldorf
Vdd Industrieverband Bitumen- Dach- und Dichtungsbahnen e.V., Frankfurt am Main
WERU AG, Rudersberg
Wienerberger Ziegelindustrie GmbH, Hannover
Xella International GmbH, Duisburg